Mayo Clinic科普译丛

育儿全书

（0～3岁）

第2版

Mayo Clinic Guide to Your Baby's First Years

主　编:

［美］沃尔特·库克（Walter J. Cook, M.D.）

［美］凯尔西·格拉斯（Kelsey M. Klaas, M.D.）

主　译: 崔玉涛

北京科学技术出版社

作者声明

书中的信息并不能代替专业的医疗建议，仅供参考。作者、编辑、出版者或发行者对由本书引起的任何人身伤害或财产损失不承担任何责任。

本出版物不是由妙佑医疗国际翻译的，因此，妙佑医疗国际将不对出版物中出现由翻译引起的错误、遗漏或其他可能的问题负责。

图书在版编目（CIP）数据

育儿全书：0-3岁：第2版 /（美）沃尔特·库克（Walter J. Cook），（美）凯尔西·格拉斯（Kelsey M. Klaas）主编；崔玉涛主译. —北京：北京科学技术出版社，2023.1

书名原文：Mayo Clinic Guide to Your Baby's First Years

ISBN 978-7-5714-2237-0

Ⅰ. ①育… Ⅱ. ①沃… ②凯… ③崔… Ⅲ. ①婴幼儿—哺育—基本知识 Ⅳ. ①TS976.31

中国版本图书馆CIP数据核字（2022）第092409号

责任编辑：赵美蓉	**电　　话：**0086-10-66135495（总编室）
责任校对：贾　荣	0086-10-66113227（发行部）
责任印制：吕　越	**网　　址：**www.bkydw.cn
图文制作：北京锋尚制版有限公司	**印　　刷：**北京宝隆世纪印刷有限公司
出 版 人：曾庆宇	**开　　本：**700 mm × 1000 mm　1/16
出版发行：北京科学技术出版社	**字　　数：**657 千字
社　　址：北京西直门南大街 16 号	**印　　张：**40
邮政编码：100035	**版　　次：**2023 年 1 月第 1 版
ISBN 978-7-5714-2237-0	**印　　次：**2023 年 1 月第 1 次印刷

定　　价：168.00元

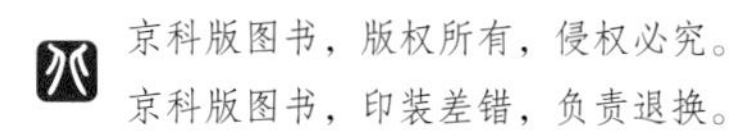

前　言

养育孩子会是你所经历的最富挑战但也最有成就感的事。可能世上没有什么会比亲子形成的长达一生的联结更加特别。

《育儿全书（0～3岁）：第2版》是一本内容丰富又使用简便的育儿入门手册，能发挥为新手父母答疑解惑的作用。本书会为你提供护理新生儿的“一站式”资源，从育儿基础知识到每月发育情况，从常见病症到健康和安全问题，包罗万象。书中还有很多提供给为人父母者的小窍门和建议。

《育儿全书（0～3岁）：第2版》是Mayo Clinic儿科专家团队的作品，他们认为照料孩子是最激动人心、引人入胜又充满成就感的工作。

育儿是人生的一段旅程。养育孩子所带来的种种变化、处处问题，蕴含着和新生宝宝一起生活的期待及希望。本书接下来的内容将帮助你做好准备，应对和新生儿一起生活时会遇到的日常问题和任务。当然，你才是最终亲身实践的那个人。积极的态度、良好的支持系统和满满的爱能够伴随你，让育儿之路充满愉悦。

本书的成功得益于各位编者的通力协作。感谢所有为本书出版做出贡献的人。

阅读指引

为了便于你查找所需信息，《育儿全书（0～3岁）：第2版》分为六个部分。

第一部分：照顾宝宝

从如何喂养新生儿到帮助幼儿养成良好的睡眠习惯，本部分详细介绍基本的婴幼儿护理技巧，比如你还可以找到一些给小宝宝穿衣服的窍门，如何抚慰哭闹的宝宝，在宝宝蹒跚学步时应对他（她）暴躁情绪的策略。

第二部分：宝宝的健康和安全

第二部分涵盖了所有让宝宝远离伤害和疾病的核心要素。你将读到关于体检和疫苗接种，以及如何在家庭中保护宝宝免受伤害的相关建议。

第三部分：生长和发育

这部分为你提供宝宝每月生长发育的深度分析。话题包括玩具和游戏、分离焦虑、肢体语言、坐站走等内容。

第四部分：常见疾病及问题

在这部分，你可以读到处理影响宝宝健康的常见问题，包括发热、感冒、耳部感染、急性结膜炎等的有效小窍门。你还能了解到何时需要用药，何时最好不用。

第五部分：处理好各种问题并享受育儿

对新手父母来说，照料新生儿可能很伤脑筋，让人筋疲力尽。第五部分的内容将会确保你做得很好，帮助你顺利度过宝宝出生后的前三年。

第六部分：特殊情况

大多数孩子生下来是健康的，但有时也会有例外。这里将探讨一些影响新生儿的疾病和发育问题，以及面对这些情况时该如何治疗。

目 录

第一部分
照顾宝宝

第一章
欢迎成为父母

恭喜你！即将开启人生中最重要的新旅程——为人父母。一生之中，也许再也没有什么比父母和子女之间的纽带情感更特别的了。这段关系将带来无尽的快乐、欢笑、欣赏和满足感。育儿生活的点点滴滴，将会是你一生中最珍贵的回忆。在即将到来的岁月里，你会对牵挂、关爱和保护有更深刻的理解。

但你也要有心理准备，为人父母的日子，并非每天都会一帆风顺，就像生活中其他事情一样有曲折起伏。从带宝宝回家的第一天开始，你可能就已经发现，为人父母的压力不小，甚至让人筋疲力尽。

家里多了个宝宝，生活确实会发生天翻地覆的变化。你曾经习以为常的生活——一个人独处、和朋友聚会、出去吃顿晚餐放松，或花一整天时间专注于自己的爱好——都需要暂时告一段落了。取而代之的，可能是一种你觉得完全陌生的生活状态。因为宝宝出生时并未自带“使用说明”，而育儿又好像在做实验。如果你从没照顾过小宝宝，你会感到紧张、不自信，也会有点茫然。这些都在意料之中，相当正常。

新手入门

许多父母形容有孩子后的第一年，感觉就像坐过山车。正如一位新妈妈所说：“前一分钟你还在哈哈大笑，下一分钟却失声痛哭，真的不知道是因为什么。”刚刚还百般怜爱地看着宝宝的小手指和小脚趾，欣喜不已，却又突然因为自己失去了私人空间而自怨自艾，甚至怀疑是否有能力照顾好新生宝宝，类似的心情转换，也许就发生在换块尿布这样的瞬息之间。

考虑到所有这些变化，带宝宝回家后的最初几周，可能是你人生中最富挑战性的阶段之一。生活节奏的变化，也许会让人陷入混乱，但你最终将学会适应。这可能需要几个月甚至更长的时间，但你完全可以——用自己的方式和速度，跨过一个个失误，最终走向成功。

尽情享受 尽管有些混乱，但这是你生命中的一段特殊时光。感激宝宝给生活带来的乐趣，不要让烦恼掩盖了快乐，毕竟宝宝很快会长大的，所以不如后退一步，珍惜此刻，享受现在。尽管第一年的生活压力非常大，但为人父母，会给日常生活带来难以想象的丰富体验。新生宝宝直视你的目光、学步宝宝蹒跚的模样，没有什么比这些更能让人感到快乐的了。

相信直觉 照料宝宝对你来说可能是个全新的领域，但要对自己有信心。你将很快学会你需要知道的事情并把你的孩子照顾得很好。同时也要意识到，谁都不可能做到无所不知。因此，你可以向朋友、家人和专业医务人员请教和

寻求帮助。如果有人主动提出建议，挑其中“适合”自己的部分，有选择性地去采纳即可。

审视预期　很多新手父母起初会抱有不切实际的期望——例如生活不会和从前有太多的不同、育儿的每分每秒都充满乐趣、小宝宝的大部分时间都在吃吃睡睡、宝宝能完美地自理一切。但期望和现实之间总有差距，而这个差距的鸿沟会带来压力和失望。你需要抛开之前任何对于育儿生活的美好设想，认真面对现实，意识到养育宝宝将会占用你大量的时间，弄明白这个新来到家里的8磅（3.6千克）重的可爱小家伙将给你带来很多额外的负担。

保持耐心　最初的几周，喂奶、洗澡、换尿布和安抚宝宝可能占据了每日生活的24小时，你的睡眠少得可怜。你可能发现连冲澡和洗衣服都很难挤出时间，更不要说做顿精致大餐了。你可能会担心，未来的生活就以这种状态继续下去了！不会的。随着时间的推移，你会适应这种新常态，重启规律的生活，建立全新的节奏。随着宝宝长大，你会发现自己有了更多的时间。

关爱自己　照顾自己也是育儿生活的重点之一。你的状态越好，就越有能力照顾好宝宝，享受育儿生活。尽可能多地休息，注意饮食，适度运动。最重要的是，当你有需要时，一定要寻求他人的帮助。

重视夫妻关系　宝宝固然可爱，但却可能对夫妻间的亲密关系带来不利的影响。育儿生活会让你失去二人世界。你也许还会发现，你和伴侣在育儿问题上存在不少分歧，那就耐心点儿吧。花些时间去欣赏另一半和宝宝的互动，你很可能会找到胜任角色的灵感，不仅作为家长，也是作为伴侣。

关于本书

对于新手父母来说，一点点来自他人的指导和安慰都会有很大帮助。

《育儿全书（0~3岁）：第2版》就专门为你提供了宝宝出生后头三年里那些常见问题的答案。希望这本书能帮你做得足够优秀。你可能会经历的负面情绪、担忧，其实许多其他父母也在感受着。

你可以用任何喜欢的方式在书中挖掘需要的信息。你可以从头开始阅读学习，也可以有选择性地查阅需要了解的信息。把这本书放在手边，以便随时翻阅，或为今后的日子做好准备。

记住，育儿是一种探险。祝你旅途愉快！

第二章

新生宝宝的最初日子

从得知怀孕的那一刻起，你便开始热切地期待着这个画面：把宝宝抱在怀里、看着他（她）的脸。现在，这一天如期而至了！

临产、分娩——当然也可能是漫长而难耐的过程——都已经成为过去式了。等了这么久，终于见到了可爱的宝宝，现在你可以享受和他（她）在一起的快乐了。

需要提醒的是，和宝宝的第一次见面，很可能和你期待的美好画面不太一样。事实上，新生宝宝的样子看上去大多会有点难看，至于你，则可能已经被分娩过程搞得筋疲力尽。不过别担心，给自己一点时间，一切都会好起来。

在本章，你将了解到关于新生宝宝人生最初日子的情况——如何建立亲子联结，如何接受宝宝的外貌特点，以及常规体检和新生儿筛查相关知识，还有新生儿常见状况。

和宝宝建立联结

从出生那一刻起，宝宝就有了被拥抱、抚摸、亲吻的需求，此外，他（她）还喜欢听父母和自己对话，为自己唱歌。这些充满爱意的日常表达，能有效促进宝宝与父母的情感联系，还有助于宝宝的大脑发育。正如宝宝的身体需要依靠食物提供营养才能得以生长一样，他（她）的大脑也需要从正向的、充满感情的肢体接触和情感交流中汲取养分。早期生活中，与他人建立的健康关系联结，对宝宝的发育有着至关重要的影响。有些父母能够迅速和新生宝宝建立起这样的情感联结，而有些父母则需要很长一段时间来完成这项任务。所以，如果你在宝宝出生后的最初几天，并没有体会到自己内心涌动出来的爱意，别担心，更不要有负罪感，并非每个初为人父母者都会立刻和新生宝宝建立情感联结的，随着时间的推移，你的感情会变得越来越强烈。

建立联结的时刻　在最初几周里，你和宝宝在一起的大部分时间，可能都花在了喂奶、换尿布和哄睡上。

这些日常工作，提供了一个建立情感联结的机会。因为当宝宝得到了温暖、及时的照料时，他（她）会获得更强烈的安全感。例如，你可以试着在给宝宝喂奶、换尿布时，深情地注视着宝宝的眼睛，温柔地和他（她）说话。

宝宝有时会安静地集中注意力，准备好学习或玩耍。这种状态可能只持续几分钟，但很容易被察觉，你要充分利用好这样的时间。

拥抱和抚摸宝宝　新生儿对压力和温度的变化非常敏感。宝宝喜欢被抱着、轻摇、抚摸、搂着、依偎、轻吻、轻拍、摩挲、按摩和背着。

别怕宠坏宝宝　要对宝宝的需求做到积极而迅速的回应。宝宝会通过声音、肢体动作、面部表情、眼神回避等方式发出信号，表达需求。无论宝宝是亢奋还是安静，都要密切关注他的需求。

让宝宝看着你的脸　出生后不久，宝宝就会开始习惯于看着你的脸，并关注你的面部表情。让你的宝宝研究你的容貌，给他（她）满满的笑容。

欣赏音乐和舞蹈　为了让宝宝的生活变得多彩，可以播放一些有节奏感的轻柔音乐，抱起宝宝让他（她）靠近你的脸，跟着旋律轻轻摇摆。

建立日常规矩和仪式感　宝宝出生后的几周里，充斥着各种意外。但是仍要尽可能多地建立一些日常规矩和仪式感，让你和宝宝能够进一步了解对方。例如，喂奶后抱起或轻摇宝宝几分钟，也可以在早晨一起欣赏窗外的景色。不断重复的积极体验，会给宝宝带来安全感。在最初的几周里，你要对自己有耐心，照顾新生宝宝的任务，可能会让人心生胆怯、备感沮丧、情绪失控、满眼茫然——所有这些负面情绪，可能会同时涌入生活！但随着时间的推移，你的育儿技能会日渐精进，你会爱上眼前的小家伙，用情之深甚至会超乎想象。

和宝宝互动　每天面对面的交流——许多专家称之为“发球与接球”时刻，比如当宝宝注视着你，而你也注视着他（她）——是刺激宝宝脑部神经，促使神经元之间建立联结的最好方式。有证据表明，即使在压力之下，这些早期的互动也有助于宝宝茁壮成长。读故事、唱歌，这些早期的“对话”不仅能鼓励宝宝进行社交，促进情感发展，也为建立亲密的亲子关系提供了机会。

宝宝的外貌

考虑到宝宝在分娩过程中所经历的一切，你就不会对新生儿看起来不像电视上或社交媒体上看到的小天使而感到奇怪了。相反，宝宝的皮肤可能会看起来又皱又红，头可能还会有点变形，并且比你想象的要大，眼睑也是浮肿的。新生儿的胳膊可能呈蜷缩状，手和脚的颜色并不粉嫩，而是蓝色或紫色。有的宝宝甚至身上还会带着血迹，或者沾满了湿滑的羊水。

而且，大多数宝宝出生时，皮肤上好像涂了乳液一般，这种东西被称为胎脂，通常存在于宝宝的胳膊下、耳后和腹股沟的位置，大部分胎脂会在宝宝第一次沐浴时被洗掉。

头部　起初，宝宝的头可能看上去扁扁的、被拉长了，或扭曲。这种奇特的状态是新生儿的常见特征之一。

婴儿的颅骨由若干块骨头组成，这些骨头间存在缝隙，这样在分娩过程中，当宝宝通过产道时，头部的形状可以根据妈妈骨盆的形状而调整。如果产程较长，则通常会导致宝宝出生时的头形又长又窄。而臀位出生的宝宝，头形则可能较短、较宽。如果用了胎头负压吸引器，宝宝的头可能会看起来特别长，有时你甚至能感觉到宝宝头部的骨

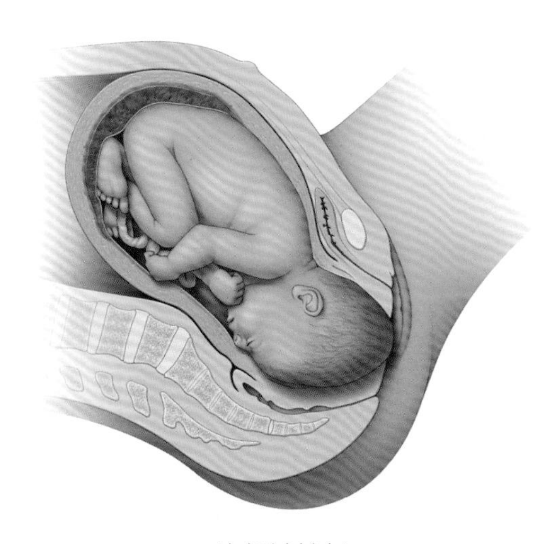

头部被拉长。

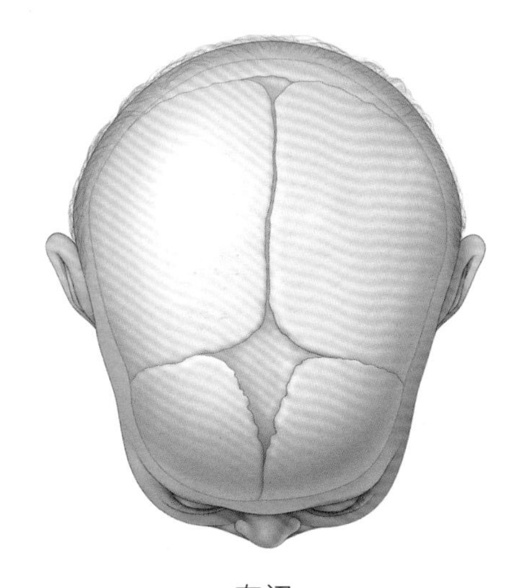

囟门。

头存在重叠的情况。但这种情况只会持续几天，随着发育，宝宝头部的隆起会逐渐消失，他（她）的头形最终会恢复正常，变得圆钝起来。

囟门 摸宝宝的头顶时，你会发现有两个柔软的区域，这个区域叫作囟门，是因为头骨还未完全闭合而形成的空隙。

位于前额附近的前囟门呈菱形，对角线约长2.5厘米。前囟门摸上去是平的，在宝宝哭闹或用力时会鼓起来。通常到宝宝2岁左右，前囟门会闭合。位于头部后方的后囟门不太明显，只有10美分硬币（直径为17.9毫米）那么大，而且闭合时间较早，一般在宝宝出生后6周左右就闭合了。

很多家长觉得囟门摸上去软软的，仿佛不能承受任何压力，因此完全不敢触碰。其实不用担心，日常抚摸、碰触囟门位置，并不会对宝宝造成伤害。

顺产的宝宝，通常会在头顶和后脑位置出现肿胀，类似的水肿会在出生后一天左右就自行消失。

皮肤 许多宝宝出生时，身上可能会有些瘀青或者瘀斑。

分娩过程中，骨盆的压力可能会给宝宝的头部造成瘀伤，这个痕迹可能需要数周才能褪去，并且你可能会在连续数月的时间里都能摸到一个小的肿块。如果分娩过程中使用了产钳，你还会在宝宝的面部或头部看到擦痕或瘀伤，这些伤痕通常会在几周内消失。

新生儿出生后不久，皮肤表层会脱落，因此，在宝宝出生后的最初几周里，你会看到他（她）的身上有很多干燥、脱落的皮屑。这种现象通常会自动消失，不必担心，当然脱皮过程中，你也可以给宝宝涂些凡士林。

有证据表明，在婴儿出生后的前6个月内，每天坚持为皮肤进行保湿工作，有助于预防湿疹。凡士林通常是性价比最高的选择，其他润肤用品，比如优色林（Aquaphor）、丝塔芙（Cetaphil）或薇霓肌本（Vanicream）都可以。

还有婴儿皮肤常见的其他状况，例如粟粒疹、婴儿痤疮，将在第七章通过图文形式进行详细介绍。

胎记 与名字相反，胎记并非总是与生俱来。有些胎记，比如血管瘤，要在出生数周后才会出现。虽然大部分胎记会伴随宝宝终生，但也有一些印记会随着宝宝长大而逐渐消退。大多数胎记不会对宝宝的健康造成危害，只不过有些可能会影响美观，也有些会因为面积增加过快引发健康隐患，这样的胎记可能需要进行治疗。常见的胎记图片请参见第12和13页。

鲑鱼红斑（橙红色斑） 鲑鱼红斑，有时被称为鹳吻痕（或天使之吻），是一种呈红色或粉红色的斑块，通常分布在后脖颈处的发际线上下。医学术语称为单纯痣。鲑鱼红斑还可能出现在眼睑、前额或上唇位置。这些印痕是由靠近皮肤的毛细血管群造成的。位于前额、眼睑或两眼之间的鲑鱼红斑会在宝宝哭闹、紧张、用力时变得更为明显，但通常会随着时间的推移消退。后脖颈处的鲑鱼红斑则可能不会消退，但大多能被头发遮住。鲑鱼红斑无须进行治疗。

真皮黑变病（蒙古斑） 真皮黑变病（蒙古斑）是一种典型的良性胎记，特点是范围较大，呈灰蓝色，宝宝出生时即有，常被认为瘀青。这种胎记在亚裔、非洲裔或西班牙裔的婴儿中更为常见，多出现在腰骶部或臀部。这种胎记通常会在童年时期自行消退，不需要任何治疗。

咖啡牛奶斑 顾名思义，这些胎记呈浅棕色或咖啡色。咖啡牛奶斑十分常见，可能出现在身体的任何地方，通常是不会自行消退的，但不需要治疗。需要注意的是，如果宝宝身上的咖啡牛奶斑块数量超过6个，则应该引起重视，及时向医生咨询，请医生判断是否需要治疗。

血管瘤 血管瘤是皮肤表层血管过度生长引起的。通常在出生时并不明显，起初只是一个小的、苍白的斑点，然后从中心开始发红。在接下来的几个月里，血管瘤会逐渐变大，呈鲜红色凸起的斑点。一般宝宝五六岁时血管瘤就会自行消失。大面积的血管瘤可能覆盖整个面部或身体较大区域。对于一些生长迅速的血管瘤，可能需要进行激光或药物治疗。针对某个部位有多个血管瘤的情况，需要医生进行评估，检查是否有潜在健康问题。

先天性色痣 先天性色痣是一种面积较大的、深色的痣，通常出现在头皮或躯干位置。大小从直径不到0.5英寸（约1.3厘米）到超过5英寸（约12.7厘米）。患有大型先天性色痣的儿童，成年后患皮肤癌的风险较高。如果宝宝有这种胎记，请及时向医生咨询，密切观察孩子的皮肤变化。

葡萄酒色痣（鲜红斑痣） 葡萄酒色痣属于永久性的，起初呈粉红色，随着宝宝逐渐长大，会变成深红色或紫色。大多数情况下，葡萄酒色痣会出现在面部和颈部，但也可能会出现在其他部位，相应区域的皮肤会增厚，并形成不规则的坑洼表面，这种情况通常可以通过激光疗法治疗。

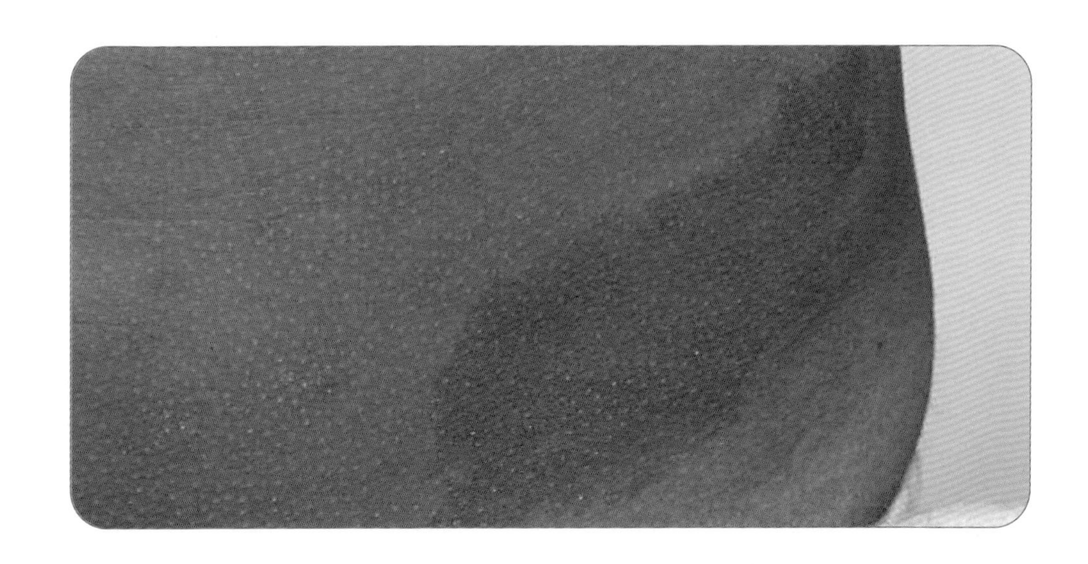

咖啡牛奶斑　属于一种色素性胎记，通常呈椭圆形。名字来源于法语的“牛奶咖啡”，因这种斑块呈浅棕色而得名。咖啡牛奶斑通常在宝宝出生时就有，且会随着他（她）的成长，面积有略微的增大。

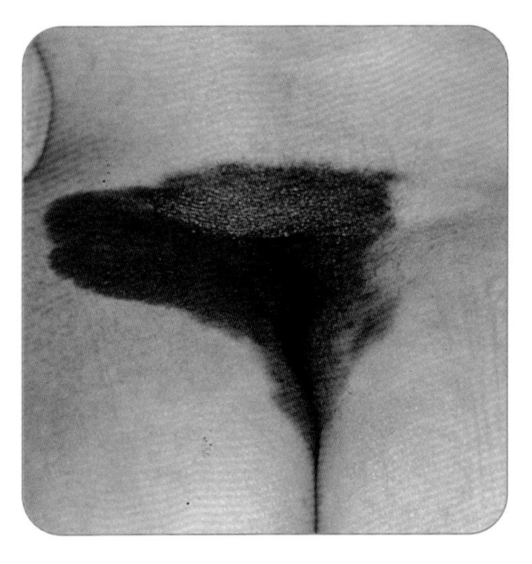

先天性色痣　是一种宝宝出生时就会有的深色痣，大小不等。典型位置在头皮或躯干，也可能出现在身体的任何部位。

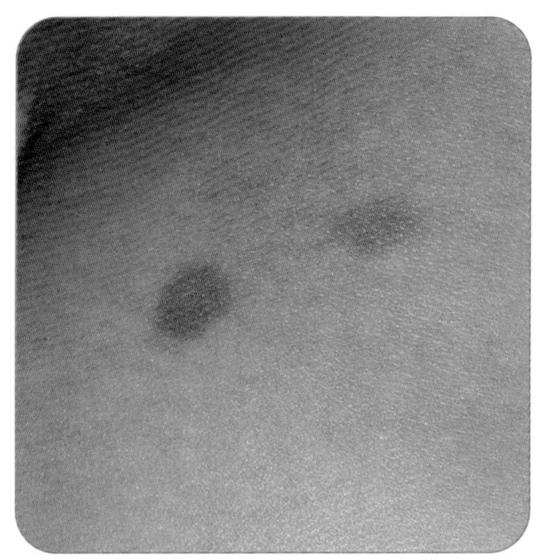

真皮黑变病（蒙古斑）这种蓝灰色的胎记经常出现在宝宝的下背部，有时会被误认为是瘀青，皮肤的颜色通常会在童年期时自行恢复正常。

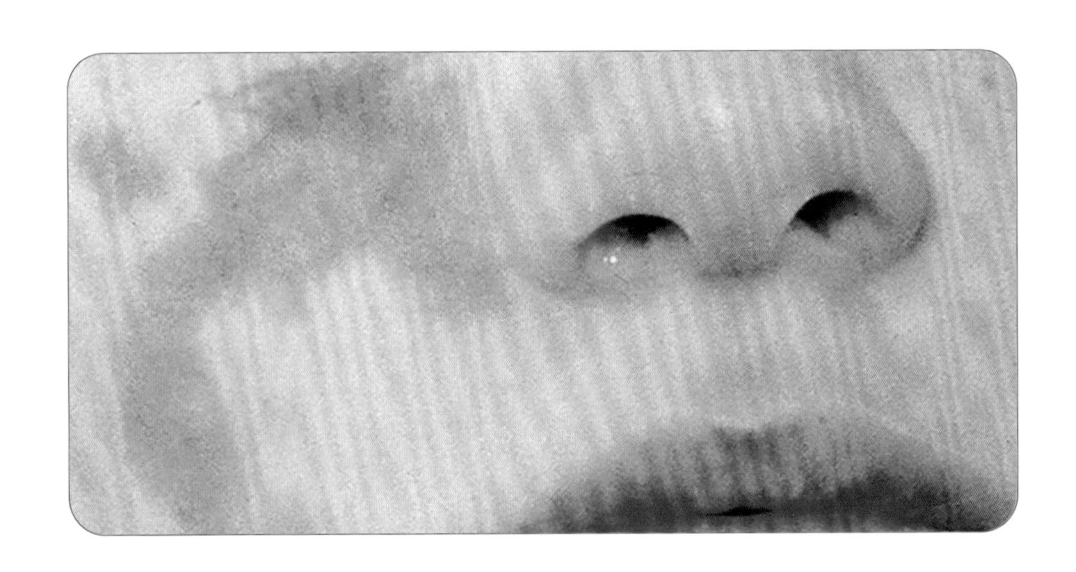

葡萄酒色痣　葡萄酒色痣是一种胎记，肿胀的血管会使皮肤呈现红紫色。早期的葡萄酒色痣通常呈扁平状，外观为粉红色。随着宝宝年龄的增长，颜色可能会变为深红色或略带紫色。

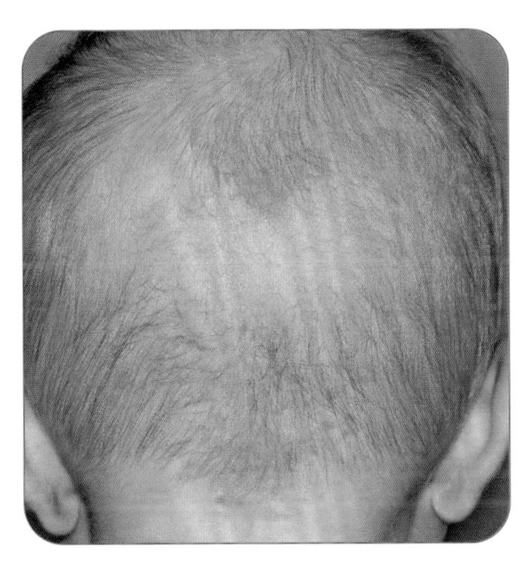

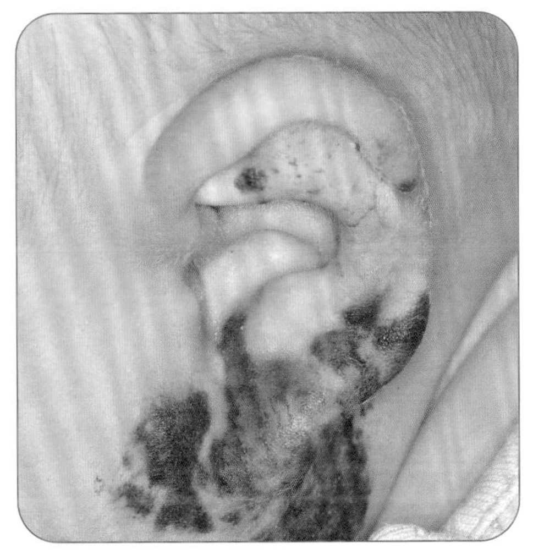

鲑鱼红斑　也被称为鹳吻痕，这种胎记是由皮肤上可见的小血管（毛细血管）造成的。最常见于前额、眼睑、上唇和后颈位置。

血管瘤　属于皮肤中血管的正常堆积，呈鲜红色、隆起状，常见于颈部或面部位置。

面部外观 当你初次见到宝宝时，可能会发现他（她）的鼻子看上去又扁又平，这是产道内的压力造成的。出生后的一两天之内，宝宝的鼻子就会恢复到正常状态。如果分娩时医生使用了产钳，宝宝的脸颊上可能还会有印痕或瘀伤，这种痕迹同样会在短期内自行消退。

眼睛 新生儿眼睑水肿是很正常的。有些宝宝的眼睑会肿到无法睁开，但是这种情况在出生后一两天内就会得到改善。

你也可能会注意到，有时候宝宝看起来是“对眼”，这也是正常的，几个月后，这种情况就会好转。

有的宝宝出生时，眼白上会有红色的斑点，这是由于毛细血管破裂造成的，属于正常现象，并不会影响视力，通常在宝宝出生后一两个星期内就会消失。

和发色一样，新生儿的眼睛颜色也未必会一成不变。虽然大多数新生儿的眼睛是蓝棕色、蓝黑色、灰蓝色或石青色的，但要到宝宝6个月甚至更大的时候，眼睛的颜色才会不再发生变化。

头发 你的宝宝出生时可能是光头，也可能有满头浓密的头发，也可能介于两者之间。不要急于爱上宝宝目前的发色，他（她）现在的发色和6个月后并不一定相同。举例来说，如果宝宝出生时是一头金发，将来可能会变成更深的金色，或者变成淡淡的红色（出生时并不明显）。

你可能会惊讶地发现，新生宝宝的毛发并不仅仅长在头上，他（她）身上也有一层细密的绒毛，这就是胎毛。宝宝出生后，背部、肩膀、前额和太阳穴的位置，也可能会被胎毛覆盖。这些毛发大部分在出生前会在子宫内脱落，因此早产的婴儿带着这些毛发就很常见。它们会在出生后几周内自行脱落。

首次体检

从宝宝降生的那一刻起，他（她）就成了全场的焦点。通常，医护人员会在分娩结束后，询问你的意见。如果宝宝看起来很健康，他（她）可能会被直接放在你的胸部，并盖上温暖的毯子，用这种方式和你进行“生后早接触”。也有可能，护士会为宝宝清理干净，吸净口鼻中的液体，以确保宝宝能正常呼吸，同时会为宝宝检查心率。有时，宝宝出生后需要立即被放入产房准备好的暖箱中，接受更彻底的检查。

所有新生儿出生后的几分钟内，全身看上去都有点发蓝灰色，特别是嘴唇和舌头。5～10分钟内，身体大部分部位的颜色会转为粉红色，只有手和脚可能仍然发青，这些情况都是正常的。助产士会在宝宝的脐带根部位置夹上一个塑料夹子，这样你或你的另一半，就能有机会亲手剪断脐带。

在接下来的一两天里，医护人员会为宝宝进行检查，做各项新生儿筛查测试，并注射疫苗。

阿普伽评分（阿氏评分） 宝宝出生后接受的第一个检查，就是为了确定阿普伽评分。阿普伽评分是对新生儿健康状况的快速评估，分别在宝宝出生后1分钟、5分钟时给出。这项检查由麻醉师弗吉尼亚·阿普伽于1952年提出，会从5个方面对新生儿进行评分：皮肤颜色、心率、反射、肌张力、呼吸。

这些标准中，每项都包括0分、1分、2分三个标准，因此阿普伽评分的最高分是10分。分数越高，表示婴儿越健康，但是别被数字绑架，医生会告诉你宝宝的具体情况，而且即便是得分较低的宝宝，通常也能健康长大。

其他检查和测评 出生后不久，宝宝还需要接受体重、身长、头围、体温、呼吸和心率的测量。医生通常会在宝宝出生后12小时内为他（她）进行体检，以便及时发现问题或异常。

宝宝出生一两个小时后，也可能要测血糖，尤其是宝宝的体重相对于标准来说过大或过小，或者看起来过分嗜睡或出现了进食困难。

血糖水平过低的宝宝，会比正常新生儿更嗜睡，通常也更难喂养。医生会提供一些帮助，来帮助宝宝促进进食，提高宝宝的血糖水平。（更多信息，请参见第591页）

治疗与疫苗接种 下列预防疾病的各项措施会在宝宝出生后不久进行。

眼部防护 为预防淋病在母婴间传播，美国各州都要求在婴儿出生后，立即对婴儿眼部进行防护，预防感染。淋病性眼部感染一度是失明的主要原因，直到20世纪初，便开始强制性要求婴儿出生后便接受眼部治疗——在眼部使用抗生素药膏或药液。这些药物制剂对眼睛很温和，不会引起痛感。

注射维生素K 在美国，宝宝出生后不久就会常规注射维生素K。在身体有出血性外伤时，维生素K能够帮助维持正常凝血功能。新生儿在出生后头几周内，体内的维生素K水平较低，及时注射可以有效预防罕见的维生素K严重缺乏导致的出血情况。当然，这种情况和血友病没有关系。

接种乙肝疫苗 新生儿可能在孕期或分娩过程中，从母亲处感染乙型肝炎。对于大部分宝宝来说，预防乙肝是从出生后立即接种乙肝疫苗开始的。

乙型肝炎是一种影响肝脏的病毒感染，会导致肝硬化或肝衰竭等疾病，也会引发肝癌。如果孩子在儿童期就被感染，那么出现这些情况的概率更高。

新生儿问题

有些宝宝在适应外部新世界的过程中，会遇到困难。幸运的是，他们在出生后的最初几天里遇到的，大部分都是小问题，很快就能被解决。

黄疸 超过一半的新生儿会出现黄疸，表现为巩膜、皮肤等处呈淡淡的黄色。黄疸通常在宝宝出生24小时后开始出现，并在出生后5 ~ 7天达到高峰。这种状态可能会持续几周。

当由红细胞分解产生的胆红素的聚集速度超过肝脏对其分解的速度，并传输到身体各处时，婴儿就会出现黄疸。

引发黄疸的原因如下。

- 胆红素产生的速度大于肝脏代谢的速度。
- 新生儿肝功能发育尚不完全，无法代谢血液中的胆红素。
- 宝宝体内胆红素过多，在通过大便被排出前，又在肠道被重新吸收了。

治疗 所有的新生儿都要接受黄疸筛查，可以使用黄疸仪，也可以借助实验室设备。轻度的黄疸一般不需要治疗，但如果情况严重，宝宝则可能需要住院接受治疗。

治疗黄疸，可以通过以下几种方法。

- 增加哺乳频率，这能够促进宝宝代谢，排出更多胆红素。
- 照蓝光，这种方式被称为蓝光疗法，很常见。具体操作方式，是用一种特制的灯帮助宝宝清除体内多余的胆红素。

- 极少数情况下，如果宝宝胆红素的水平非常高，可能需要静脉输液或采取换血疗法。

喂养问题 宝宝出生后的最初几天里，无论选择母乳喂养，还是人工喂养，你可能都会发现，很难引起他们对于进食的兴趣。喂养初期的确常遇到困难，如果你也正经历着这种情况，记住，不止你一个人有这样的问题。需要注意的是，你和宝宝都在学习。请在下一章中查看如何减少早期喂养压力的相关建议。

如果情况不理想，或者你担心宝宝不能获得足够的营养，可以向医生或护士咨询。有些宝宝在出生后的前几天进食较慢，但很快就能赶上，无论对母乳还是配方奶都有很大热情。

在第一周里，新生儿可能会比出生时减少大约10%的体重，但终究会长回来，并长得很多。

感染 新生儿的免疫系统发育尚不完全，还不能抵抗感染。因此，任何类型的感染对新生儿来说，都比儿童或成年人更严重。如果宝宝异常烦躁、过分嗜睡或出现发热症状，要尽快向医生寻求帮助，如果是在半夜出现类似情况，也要马上看急诊。

严重的细菌感染虽然不常见，但可以入侵任何器官、血液、尿液或脑脊髓液，因此针对这种情况，有必要迅速使用抗生素进行治疗。不过，即便做到了早期诊断和治疗，新生儿感染依然可能会威胁生命。尽管大多数检测结果没有显示出感染的迹象，但出于安全考虑，即便在非必要的情况下，医生也会使用抗生素，因为这总好过错过最佳的救治时间。如果一位母亲孕晚期时检测出B族链球菌阳性，或者在分娩时被确诊为感染，都可能会影响医生是否给宝宝用抗生素的决定。

新生儿也可能出现病毒感染，尽管不像细菌感染那么常见。针对某些新生儿病毒感染，例如疱疹、水痘、艾滋病病毒和巨细胞病毒，可以使用抗病毒药物治疗。

疝气 新生儿有疝气并不罕见。疝气可能发生在腹股沟区域（腹股沟疝）或肚脐附近（脐疝）。

腹股沟疝 腹股沟疝在男宝宝中更为常见。腹股沟疝是由于下腹壁较薄从而导致肠向外膨出。这种疝气看起来像下腹部或腹股沟肿胀，通常无痛感。有时只在宝宝哭泣、咳嗽或用力排便时才可见。

腹股沟疝起初可能比较小，但会逐

渐增大，因此最终需要通过手术来修补腹壁薄弱的位置。腹股沟疝通常不会自行消失。

脐疝 当部分肠道从靠近肚脐处的上腹部肌肉开口处突出来时，就形成了脐疝。当宝宝哭闹时，脐疝会突出得尤为明显，这属于脐疝的典型表现。

大多数脐疝可在宝宝1岁时自动消失，但也有一些情况需要更久的时间。如果宝宝到了4岁时脐疝还没有消失，或者又再度出现，则需通过手术进行修复，以避免出现并发症。

包皮环切术

如果是男宝宝，出生后不久，你要面临的一个抉择就是，是否给他施行包皮环切术，切除覆盖在阴茎顶部的皮肤，这是一项可选择的手术。了解该手术的潜在益处和风险，可以帮助你在充分掌握信息的前提下，做出决定。

需要考虑的问题 虽然包皮环切术在美国很常见，但仍存在一些争议。根据美国儿科学会（American Academy of Pediatrics）的说法，就目前的证据

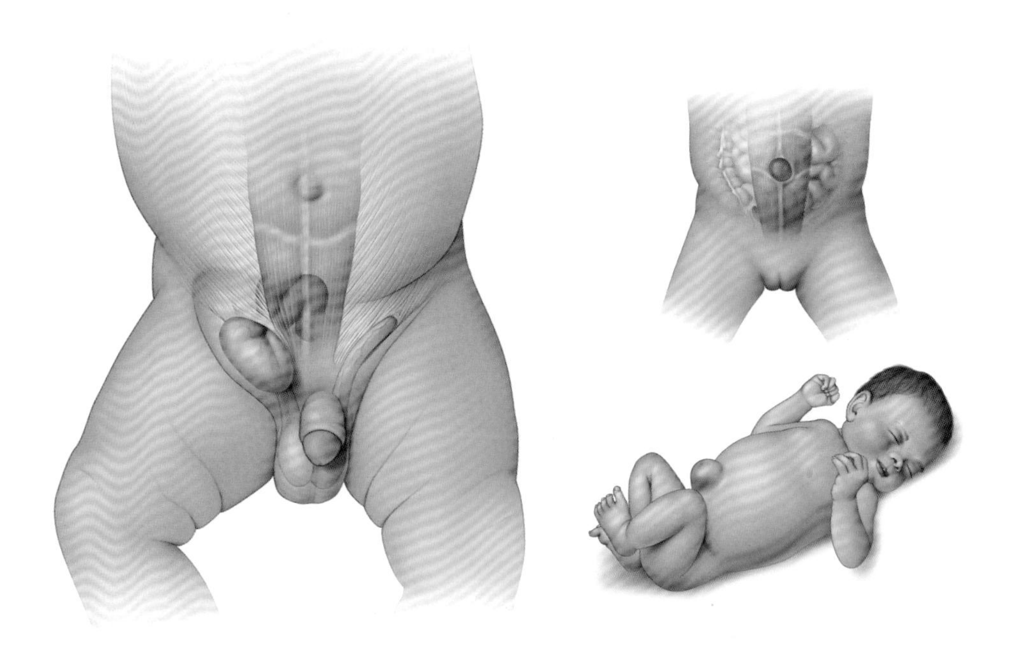

腹股沟疝（左）为一部分小肠突破下腹壁时出现。脐疝（右）是小肠从肚脐附近的腹壁开口处突出。

来看，包皮环切术所带来的医学上的益处大于风险。然而，对大多数男宝宝来说，益处可能很少，因此这是一种可选择的手术。

建议根据自身文化和社会价值观等做出决定。对于一些人来说，包皮环切术属于某种仪式。而对于其他人来说，这关系个人卫生和保健问题。还有些家长选择包皮环切术，是不希望自己的儿子看起来和同龄人不一样。

在你为自己和宝宝做决定时，可以考虑如下这些潜在的健康益处和风险。

包皮环切术的好处　一些研究表明包皮环切术能够带来某些好处，包括以下几点。

- *降低尿路感染的风险*　虽然婴儿患尿路感染的风险较低，但研究发现，此类感染在未实行包皮环切术的男宝宝中，发生的概率是施行该手术宝宝的10倍。未做过包皮环切术的男宝宝，在出生后的前3个月中，比做过手术的宝宝更容易因严重尿路感染入院。
- *降低患阴茎癌的风险*　虽然此类癌症非常少见，但做过包皮环切术的男性，比没做过该手术的人患阴茎癌概率更低。
- *小幅降低患感染性传播疾病的风险*　一些研究发现，实施包皮环切术的男性，感染人类免疫缺陷病毒（HIV）和人乳头瘤病毒（HPV）的风险较低。然而，相比包皮环切术，安全性行为在预防性传播疾病感染方面发挥的作用要重要得多。
- *预防阴茎问题*　在一些特殊情况下，未实施过手术的包皮，会变窄到很难或无法翻至阴茎根部（包皮过长），需要实施环切术进行治疗。变窄的包皮还会导致龟头炎症（龟头炎）。
- *卫生便利*　包皮环切术让清洗阴茎变得容易。但即便没有对包皮进行处理，保持阴茎清洁也是很简单的。宝宝的包皮会一直覆盖到阴茎顶端，随后在童年早期逐渐往上回缩。

包皮环切术的风险　包皮环切术通常被认为是一项安全的手术，相关风险很小。然而，其风险也是存在的。手术可能存在的隐患包括以下几点。

- *手术风险*　包括包皮环切术在内的所有外科手术，都存在某些风险，例如出血过多和感染。此外，还存在包皮可能被切得太少或太多的风险，或者愈合不好。
- *手术中的疼痛*　包皮环切术会带

来疼痛，一般会采取局部麻醉。你可以和医生讨论，确定具体采取哪种麻醉方式。

- *费用* 一些保险公司不负担包皮环切术的费用。如果你在考虑进行该手术，和保险公司确认其是否能够承担。
- *复杂因素* 有时包皮环切术需要推迟进行，例如宝宝是早产儿、有严重黄疸或喂养不良的情况。在某些状况下，手术也可能无法进行，例如宝宝的尿道开口罕见地在不正常的位置（尿道下裂）。其他可能导致无法实施包皮环切术的情况，包括外阴性别不明或有出血性疾病家族史。

尚无证据表明包皮环切术对性功能或性满意度有负面影响。无论做什么选择，负面结果很少见。

如何操作 如果决定让宝宝接受包皮环切术，可以向医生咨询与手术相关的问题，并请医生安排手术。通常，包皮环切术在宝宝出院前进行，有时候也可能是门诊手术。手术时间大约10分钟。

通常，进行手术时，宝宝仰卧，四肢被束缚住，避免乱动。清理阴茎及周围皮肤后，医生会在阴茎根部注射麻醉剂。然后，借助一种特制的夹钳或塑料环完成手术。术后医生会使用药膏，如凡士林，以防止阴茎和纸尿裤粘连。

如果宝宝在麻醉药效过后烦躁不安，你可以轻轻地抱住他——注意避免给阴茎施加压力。阴茎上的伤口通常需要7～10天就能痊愈。

术后护理 术后第一周，宝宝的阴茎顶部皮肤看起来可能很粗糙。手术位置可能会形成黄色的黏液或结痂，这属于正常的愈合过程。在术后的最初1～2天还可能有少量的出血。

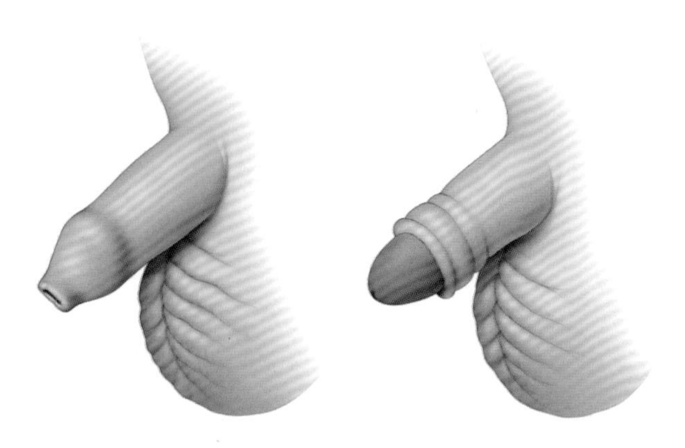

实施包皮环切术之前（左），包皮盖过了阴茎顶端（龟头）。简单的手术后，龟头即可暴露出来（右）。

为宝宝轻柔地清洁被纸尿裤包裹的区域，每次换纸尿裤时，给阴茎顶端涂抹少量凡士林，这可以防止在愈合过程中，阴茎与纸尿裤发生粘连。如果伤口上有绷带，那么每次换纸尿裤的同时，也要更换绷带。有些医院会用塑料环代替绷带，塑料环会一直放置于阴茎顶端，直到手术伤口愈合，这大约需要一周的时间，之后塑料环会自行脱落。

包皮环切术后的问题很少见，但如果出现下列情况时，要及时向医生咨询。

- 宝宝在接受包皮环切术后12～18小时后，仍未排尿。
- 阴茎顶端持续出血或红肿。
- 阴茎顶端明显肿大。
- 阴茎顶端有异味分泌物，或出现含有液体的带硬皮的疮。
- 术后2周，环还未脱落。

筛查

在宝宝出院之前，医生会取少量血液送到州卫生部门，或与州立实验室有合作的私人实验室。血液样本通常取自宝宝胳膊的静脉或足跟部位，创口很小，主要用来筛查宝宝是否存在罕见的遗传性疾病。这个检测被称为新生儿筛查。

这项筛查的目的，是为了早发现，早干预，让被查出患有部分罕见病的宝宝能够获得及时的治疗。筛查一般在1～2周内即可出结果。

有些时候，宝宝可能被要求复查。如果你遇到了这种情况，别紧张。为了确保检查的精准性，数值处在临界线周围的结果，都会被要求复查。对于早产宝宝来说，复查的情况尤为常见。

每个州都有各自的新生儿筛查计划，提供的检查项目有细微的差异。目前美国推荐一组能够筛查35种核心疾病和26种继发疾病的检测。一些州还会对额外的疾病进行检测。如果你觉得宝宝可能有患某种遗传疾病的风险，也可以要求进行某种特定的基因检测。

新生儿筛查　测试能够检测出的疾病包括以下几种。

生物素酰胺酶缺乏症　这是由于生物素酰胺酶缺乏导致的疾病。可能引发的症状包括痉挛、发育迟缓、湿疹和听力丧失。早期诊断及治疗，能预防所有的表现和症状。

先天性肾上腺皮质增生症（CAH）　这类疾病是由于某些激素缺乏造成的，症状包括嗜睡、呕吐、肌无力和脱水。轻症患儿会有生长发育方面的问题，未来也会出现生育问题，严重的则会导致肾功能障碍甚至死亡。终身采用激素治疗可以控制病情。

囊性纤维化 囊性纤维化会导致肺部和消化系统产生异常增厚的黏液分泌物。症状通常包括皮肤有咸味，体重增长缓慢，最终会出现持续咳嗽和呼吸短促的情况。患有该疾病的新生儿可能出现会威胁生命的肺部感染或肠梗阻。近年来，通过早期发现和治疗，患囊性纤维化的新生儿生存时间较从前更长，身体状况也更好。

半乳糖血症 患有半乳糖血症的婴儿不能代谢牛奶中的糖（半乳糖）。尽管患有这种疾病的新生儿通常看起来是健康的，但在开始喂奶的几周内，可能会出现呕吐、腹泻、黄疸和肝部损伤。如果不及时治疗，这种疾病可能会导致智力障碍、失明、生长不良，严重的还会导致死亡。治疗方法包括从饮食中去除牛奶和所有其他乳制品。

高胱氨酸尿症 由于某种酶缺乏而引起的高胱氨酸尿症会导致眼部出现问题、智力障碍、骨骼畸形和凝血异常。早期发现和干预——包括特制食谱和饮食补充——能够保证宝宝的正常生长和发育。

枫糖尿症（MSUD） 这种紊乱影响氨基酸代谢，有此问题的新生儿通常看起来是正常的，但出生一周后就会出现喂养困难、嗜睡和生长迟缓的问题。如果不进行治疗，会导致昏迷或死亡。

中链酰基辅酶A脱氢酶（MCAD）缺乏症 这是一种罕见的遗传性疾病，因人体内缺乏一种将脂肪转化成能量的酶所致。MCAD缺乏的宝宝，将会出现严重呕吐、嗜睡的症状，并可能恶化为昏迷、痉挛、肝衰竭和严重的低血糖。早期发现和检测，能让患有MCAD缺乏症的宝宝过上正常生活。

苯丙酮尿症（PKU） 患苯丙酮尿症的宝宝，体内有过量的苯丙氨酸，这是一种存在于几乎所有食物蛋白质中的氨基酸。如果不进行治疗，PKU可能会导致宝宝出现精神和运动障碍、生长缓慢和癫痫。早期发现并治疗能让宝宝正常生长发育。

镰状细胞病 这种遗传性疾病让血细胞无法在全身进行循环。患有镰状细胞病的宝宝更容易发生感染，生长速度也会放缓。这种疾病会导致阵发性疼痛，并对肺、肾和大脑等重要器官造成损伤。通过早期治疗，镰状细胞病的并发症发病概率可以降到最低。

听力筛查 宝宝住院期间，会接受听力测试。虽然这并非所有医院都会进行的例行检查，但新生儿听力筛查已经基本普及。该检查能够在早期发现可能存在的听力受损。如果发现听力有受损的迹象，需要通过进一步检查来确定结果。

有两种检查用来筛查新生儿听力，所需时间都很短（大约10分钟）。检查是无痛的，且可以在宝宝入睡时进行。一种检查是测量大脑对声音的反应如何，测试时医生会使用柔软的耳机给宝宝播放咔哒声或很短的音调，同时用粘贴在宝宝头部的电极测量大脑的反应。另一种测试，是测量进入宝宝耳朵的声波的特定情况。当让宝宝听过咔哒声或很短的音调后，用一个放置在宝宝耳道内的探头来进行后续的测量。

重症先天性心脏病筛查 出院前，宝宝还可能会接受心脏病筛查。虽然妈妈在孕期时可以借助超声波识别胎儿的多种心脏缺陷，但有些问题也可能被漏诊，或直到宝宝出生时才能被发现。

测试时，医生会把氧气传感器（脉搏血氧仪）固定在宝宝的手上或脚上。测试很快就能完成，不会令宝宝不适。如果测得的血氧饱和度低，或左右两侧测得的数值不同，医生可能会建议你为宝宝进行进一步的检测。

第三章 宝宝喂养

似乎这些天你的主要工作，就是在喂宝宝吃奶。没错！新生儿可能每次吃得不多，但却吃得频繁。而你在和宝宝相处的最初几周里，生活的主题就是填饱他（她）的肚子。每当你想休息片刻或者洗件衣服时，你猜会发生什么？宝宝就又想吃奶了！

起初，喂养工作让人筋疲力尽，对几乎所有的新手父母来说，和新生儿相处的最初一段时光，都会让人压力大增。你和宝宝都在适应新的生活，这通常需要时间。在调整的过程中，喂养宝宝不仅是提供乳汁本身，这是通过亲近和爱抚，帮助你和宝宝之间建立亲密关系的好时机。要让每一次喂养，成为和宝宝建立亲密联系的机会。珍惜这段时光吧，很快宝宝就能自己吃饭了。

母乳喂养与人工喂养

有些父母一开始就已经确定了是坚持母乳喂养还是给宝宝吃配方奶，而另一些家庭则会陷入挣扎与犹豫之中。

大多数儿童健康机构都提倡母乳喂养，我们常会见到“最佳食物是母乳”这样的宣传。毫无疑问，母乳喂养是哺育新生儿的最佳方式——母乳喂养有很多益处，Mayo Clinic的专家们也认同这一点。

然而，医生也发现并非所有的新妈妈都一样，人们的生活方式各异。根据个人的实际情况，一些因素会使得妈妈最终放弃母乳喂养而选择给宝宝喂配方奶，或者选择母乳和配方奶混合喂养。

一些选择人工而非母乳喂养的女性为自己的决定所困扰，她们担心自己不是一个好妈妈或者没有优先满足孩子的需求。如果你是这样的，不要有负罪感，这种负面情绪对你和宝宝都不好。

不管是母乳喂养还是配方奶喂养，都能增进亲子关系。这两种方式也都能为宝宝提供生长发育所需的营养。

常见问题　如果宝宝尚未出生，你和家人还正在讨论喂养方式的问题，可以参考以下几个方面。

- *医生如何建议*　医生通常会极力推荐母乳喂养，除非妈妈存在特定的健康问题，例如患有某些疾病或正在接受某些治疗，这种情况下人工喂养是更好的选择。
- *是否了解两种喂养方式*　许多女性对母乳喂养存有误解，尽可能多地学习婴儿喂养常识，如果有需要，可以寻求专家的建议。
- *是否计划重返职场*　如果计划日后继续工作，会对母乳喂养造成什么影响？工作场所是否有可以使用吸奶器的空间？
- *伴侣如何看待你的决定*　最终的决定权在妈妈手中，但在做决定的同时，要考虑伴侣的感受。
- *其他妈妈是如何做决定的*　如果重来一次，她们还会做同样的选择吗？

母乳喂养

之所以大力提倡母乳喂养，是因为这种喂养方式已经被证实，对宝宝和妈妈的健康都有许多好处。母乳喂养的时间越长，宝宝就更可能获得这些好处，并更有可能持续。

对宝宝的好处　母乳喂养能为宝宝提供：

- *理想的营养*　母乳含有能满足宝宝生长发育所需的全部营养成分，包括能促进宝宝生长、消化，以及大脑发育的脂肪、蛋白质、碳水化合物、维生素和矿物质。母乳的成分还会随着宝宝的生长而变化，以适应宝宝不同阶段的需要。
- *预防疾病*　母乳能为宝宝提供抗体，增强免疫系统功能，抵御常见的婴幼儿疾病。母乳喂养的宝宝通常比配方奶喂养的宝宝患感冒、耳部感染和尿路感染的概率要小；患哮喘、食物过敏和湿疹这类皮肤问题的概率也更低；患贫血的可能性也更小。研究发现，母乳喂养还可以预防婴儿猝死综合征（摇篮死亡），也可能略微减少宝宝患儿童白血病的概率。母乳甚至可以帮助宝宝预防一些成年期才有的疾病，吃母乳长大的宝宝，由于胆固醇水平较低，罹患成年心脏病和脑卒中的风险较低，患糖尿病的可能性也较小。

- *预防肥胖* 研究表明，母乳喂养的宝宝成年后患肥胖症的概率较低。配方奶喂养的宝宝，通常会比母乳喂养的宝宝摄入更多热量。而母乳本身似乎含有有助于控制饥饿和保持能量平衡的成分。
- *易于消化* 对宝宝来说，母乳比配方奶或牛奶更易于消化。因为母乳在胃里停留的时间没有配方奶长，母乳宝宝也更少吐奶。母乳喂养的宝宝，肠道中随奶液吞入的气体更少，发生便秘的情况也更少。因为母乳能抑制一些引起腹泻的细菌，并帮助促进宝宝的消化系统发育与成熟，因此吃母乳的宝宝较少患腹泻。

对妈妈的好处 母乳喂养对于妈妈来说，好处有：

- *加速产后恢复* 宝宝的吸吮会刺激妈妈分泌催产素，这种激素能够促进子宫收缩。这就意味着，相比配方奶喂养，母乳喂养可以帮助子宫在产后尽快恢复到孕前大小。
- *抑制排卵* 母乳喂养能推迟妈妈恢复排卵的时间，也就相应延长了两次怀孕的间隔时间。不过，母乳喂养并不是万无一失的避孕方式，妈妈在哺乳期也是可能受孕的。
- *可能的长期健康好处* 母乳喂养可以降低妈妈在更年期患乳腺癌的风险，同时也对子宫癌和卵巢癌有一定的预防作用。
- *便利* 许多妈妈发现，母乳喂养比人工喂养更加方便。如果宝宝饿了，随时随地都可以进行哺乳，而且无须任何装备，母乳随时都有且温度适宜。因为不需要起床取奶瓶冲奶，夜间喂奶也更容易。
- *省钱* 母乳喂养可以省钱，因为不需要购买配方奶和奶瓶。

挑战 不过，母乳喂养也会带来一些挑战，对于母乳妈妈来讲，这些挑战包括以下几点。

- *只能妈妈喂* 在出生后的最初几周里，新生宝宝每隔2～3小时就需要哺乳一次，且不分昼夜，这对妈妈的体力是一个巨大的挑战，而且爸爸无法参与其中。当然，如果新妈妈愿意，可以将母乳用吸奶器吸出来，这样可以让家人帮忙喂宝宝。

- *对妈妈的特别限制* 处于哺乳期的妈妈不能饮酒，母乳中的酒精含量与血液中的基本相同。一杯标准饮品——比如5盎司（150毫升）葡萄酒或12盎司（360毫升）啤酒——需要2 ~ 3个小时才能在血液中完全代谢（母乳中的情况也相同）。如果你确实喝了酒，至少要等上几个小时再哺乳，“吸出和倒掉”（喝完酒后将母乳吸出并且倒掉）不会降低母乳中的酒精含量。血液中的酒精浓度只会随着时间的推移慢慢下降。
- *乳头疼痛* 有些女性会经历乳头疼痛或乳腺炎。通常，正确的哺乳姿势和技巧可以帮助避免这些问题。关于恰当的哺乳姿势，可以向哺乳顾问或医生咨询。
- *其他影响* 哺乳时，体内的激素会导致阴道相对干燥，使用水性的凝胶润滑剂能帮助改善这种问题。月经可能也需要一些时间再次建立周期规律。

泌乳 孕早期时，你的乳房就已经开始为哺乳做准备了。在大约孕6个月时，乳房就已经准备好了分泌乳汁。

你的乳量在宝宝出生后3 ~ 5天逐渐增加。因为乳腺中充满了乳汁，所以乳房可能会出现饱胀的状态，有时柔软，

吃进去的都会传递给宝宝

请记住，哺乳期内你吃下去的任何食物或其他物质都会通过母乳传递给宝宝，因此哺乳期请谨记以下事项。

- *避免和限制酒精摄入。*如果你确实偶尔会饮酒，也要注意只能喝最少量，而且在刚刚哺乳后喝。
- *限制咖啡因。*日常以不含咖啡因的饮品为主。
- *核对服药情况。*大多数药物是安全的，但是在使用前应先咨询儿科医生。

因为母乳妈妈吃了某种食物导致宝宝表现得烦躁和出现胀气的情况比较少见。宝宝会因为很多原因表现得烦躁，并且会在哭泣和吃奶时吞入空气。但是如果怀疑宝宝对你吃的某些食物不耐受，试着停掉一段时间以观察宝宝的反应。

有时会变硬，或内有硬结。

宝宝吸吮时，乳汁便会从乳腺中释放出来。乳汁通过乳腺导管（输乳管）排出，乳腺导管位于乳头周围一圈深色的组织（乳晕）下。宝宝吮吸的动作挤压乳晕，促使乳汁从乳头上的乳腺导管开口处流出。

宝宝的吸吮刺激乳晕和乳头的神经末梢，给大脑传递信号释放催产素。催产素对乳房中负责产奶的腺体起作用，使其产生乳汁，供给嗷嗷待哺的宝宝。这一过程被称为泌乳反射，常伴有酥麻的感觉。

尽管宝宝的吮吸是使得妈妈泌乳的主要刺激，但其他一些刺激也会有效果。例如，宝宝的哭声、妈妈想到宝宝的样子或者潺潺的流水声，都会促使妈妈出现泌乳反射。如果没到哺乳时间，出现泌乳反射可能会让妈妈感觉有些不便。

无论是否打算进行母乳喂养，你的身体在分娩后都会开始产生乳汁。如果你不哺乳，供奶会逐渐停止。如果你哺乳，那么产乳量会根据供需情况调节。乳房排空得越频繁，产奶就会越多。

准备开始 宝宝一出生就可以开始进行母乳喂养了。如果有可能，在产房中就可以把宝宝放在胸前。早期皮肤接触被证明能有效提高母乳喂养的效果。

母乳喂养虽然是一个自然的过程，但并不意味着这项工作对所有的母亲来说都很容易。母乳喂养是妈妈和宝宝都需要学习的一项新技能，没什么能让你的乳头为哺育孩子真正做好准备。如果这是你的第一个孩子，你可能对抱孩子都不大在行，更别说把宝宝放到胸前了。这可能需要多试几次才能让你和宝宝都找到窍门。

在医院期间，可以向母乳顾问或其他医护人员寻求帮助。这些专业人士可以提供手把手的指导，以及实用的技巧。出院后，你可能需要安排一个熟悉婴儿喂养的护理师上门做一对一的指导。

参加母乳喂养课程也是一个好主意。通常孕期的分娩课程中会有母乳喂养相关的内容，或者也可以单独参加这类课程的学习。大多数医院和分娩中心，也会提供新生儿喂养相关的课程。

所需物品 如果有可能，准备一些质量好的哺乳文胸，这种内衣能够为哺乳期的乳房提供重要的支持。哺乳文胸和普通文胸的区别在于，前者是前面开口的，通常在你抱着宝宝时，就能毫不费力地打开。

你可能还需要防溢乳垫来吸收溢出

哺乳姿势

交叉摇篮抱法　把宝宝抱在胸前，宝宝的肚子紧贴自己的肚子。用哺乳侧乳房对侧的手臂抱住宝宝，同时张开手支撑宝宝的后脑勺。在帮助宝宝衔乳时，这个姿势能让你很好地控制他（她）的头。另一只手张开呈U形，从下方托起乳房，将乳头送到宝宝的嘴旁。

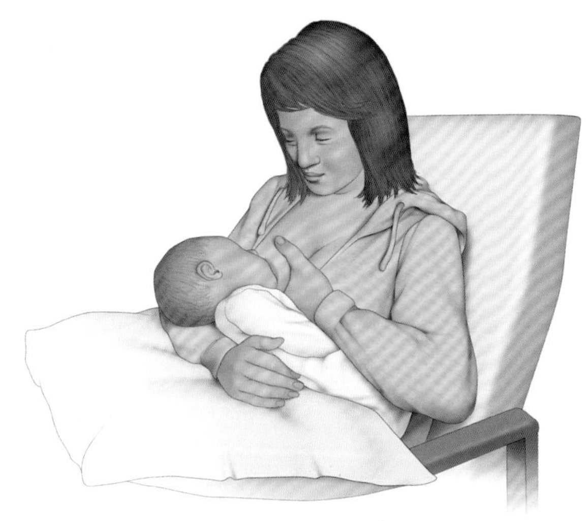

摇篮抱法　用胳膊搂住宝宝，让他（她）的头更舒服地枕在和哺乳侧乳房同侧的臂弯里。用前臂支撑住宝宝的背部，用另一只手托起乳房。

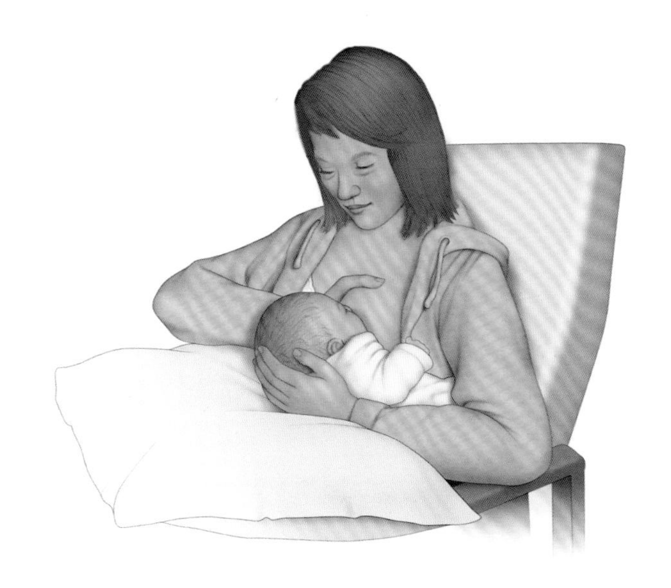

橄榄球抱法　这是跑动中的橄榄球后卫用胳膊带球的姿势。用一侧的胳膊揽住宝宝，弯曲肘部，张开手掌稳稳地托住宝宝的头部，保持和乳房同样的高度。让宝宝的躯干落在你的前臂上。可以在身体的一侧垫个枕头来支撑手臂，或者也可以选择带低扶手的椅子。

将另一只手打开呈C形，从底部托起乳房放到宝宝嘴边。因为宝宝不会靠近妈妈的腹部，所以橄榄球抱法很适合剖宫产妈妈。通常也是乳房较大或身材娇小的母亲们的选择，喂养早产宝宝也可以考虑这种姿势。

侧卧式　虽然很多新妈妈会以坐姿哺乳，但有时可能也愿意选择躺着喂。用这种方式哺乳时，可以用靠近床侧的手臂帮宝宝把头部保持在乳房附近。另一只手扶住乳房送到宝宝嘴边，用乳头轻碰宝宝的嘴唇。宝宝衔乳后，你可以用你下面的胳膊撑住自己的头，用上面的手和胳膊搂住宝宝。

的乳汁。将防溢乳垫垫在乳房和文胸之间，通常这种垫片很薄，且是一次性的。不要选择含塑料材质的防溢乳垫，这样不利于乳头周围的空气流通。防溢乳垫可以一直佩戴，也可以偶尔使用。虽然有些女性不需要，但是大多数人都会觉得防溢乳垫很有用。

哺乳姿势　哺乳时，尽量选择安静的环境，充分利用这段能和宝宝亲密互动的时间。找一个对你和宝宝来说都感到舒服的姿势，如果你采取坐姿，记得一定要坐直。可以将两个小枕头分别垫在腰部和手臂下的位置作为支撑。一个合适的哺乳枕，能让你和宝宝在哺乳的过程中都感到很舒适。

用一只手环抱宝宝，让他（她）横躺在你的手臂上面对乳房，嘴巴靠近乳头。确保宝宝的整个身体都面对你，宝宝的肚子能贴着你的肚子，保证宝宝的耳朵、肩膀、臀部都在一条直线上。用另一只手托起要哺乳的乳房，轻轻挤压乳头，让乳头对准宝宝的嘴。

不同的妈妈习惯于不同的哺乳姿势，尝试第30和31页的姿势，看看哪种哺乳方式更适合自己。

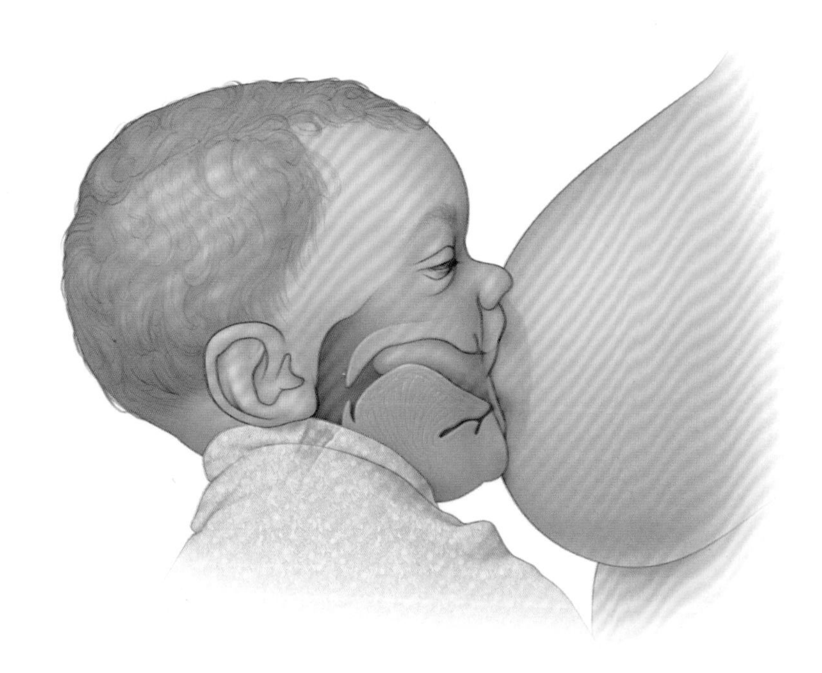

宝宝正确衔乳时，乳房起初会有轻微的被牵拉感。宝宝的嘴唇张开包裹住乳房，下巴和脸颊会贴在乳房上。

正确衔乳 当宝宝正确衔乳时，他（她）就能很顺利地吃到乳汁，你的乳头也不会产生不适感。为了帮宝宝做到正确衔乳，你可以抱好宝宝，用乳头轻轻碰触他（她）的脸颊，以引发觅食反射——这是宝宝在寻找乳头时的动作。如果宝宝饿了想吃奶，他（她）的嘴巴就会张开去主动寻找乳房。此时，把乳头送入宝宝张开的嘴中，让他（她）衔住尽可能多的乳头和乳晕，让嘴唇轻微外翻包裹住乳房，下巴和脸颊贴在乳房上。

宝宝开始吸吮时，乳头在宝宝的嘴里被拉伸，你可能会感觉到一种被拉扯的感觉。几次吸吮后，这种感觉会稍稍减弱。如果仍然有拉扯感，或者你开始觉得疼，那就捏住乳房，让宝宝的头靠得更近一些。

如果这样仍然让你感觉不舒服，那么将宝宝轻轻从胸前移开，先让他（她）停止吸吮。这时候，只要轻轻将手指放进宝宝的嘴角便可以阻断吸吮，具体做法是，慢慢地将手指推进宝宝的牙龈之间，直到你感觉到他（她）松开了乳头。然后重复帮助宝宝衔乳，直到他（她）衔乳方式正确，你要确保宝宝完全衔住了乳头，并且以正确的方式吮吸。

如果你看到了宝宝的脸颊出现有力、稳定、有节奏的动作，那说明宝宝已经吃到了乳汁，正在吞咽。如果乳房堵住了宝宝的鼻子，可以稍微将他（她）抱得高一点，或者将宝宝的头向后仰，这可以给他（她）腾出一点呼吸的空间。如果宝宝衔乳方式正确，那么即便这个姿势起初会让你觉得有些怪异，但它也是一种正确的姿势。

你应该多久喂一次奶 因为母乳易消化，所以母乳喂养的宝宝起初出现饥饿感的频率比较高。在宝宝刚出生的那段时间里，哺乳可能成了你每天唯一的工作。

大多数新生儿每天要吃8～12次奶——每隔2～3小时一次。宝宝出生后6～8周，吃奶的间隔通常开始拉长。而在猛长期，宝宝又会每次吃更多或者吃得更频繁。相信自己，你有能力满足宝宝不断增长的需求。

喂一次奶需要多长时间 一般来说，宝宝想吃多久，就让他（她）吃多久。每次哺乳时长可能会有比较大的差异。不过，平均来看，大多数宝宝一般每次吃奶的时长在半小时左右。

每次哺乳时都让宝宝吃双侧乳房。先让宝宝吃空一侧乳房，拍嗝之后，再让他（她）吃另一侧。拍嗝的方法详见第51页。下次哺乳时，换另一侧先开始，这样可以保证每侧乳房都能受到同样的刺激。

维生素D

和宝宝的医生聊一聊关于给宝宝补充维生素D的问题。母乳是宝宝营养的最佳来源，但却无法提供足够的维生素D，婴儿配方奶可能也存在同样的问题。宝宝需要维生素D来吸收钙和磷。如果人体内缺乏维生素D，会导致佝偻病、骨质软化等问题。

因为不推荐6个月以内的宝宝通过晒太阳这样的方式获取维生素D，所以服用补充剂就成了预防婴儿维生素D缺乏症的最好方式。

美国儿科学会建议母乳喂养或配方奶喂养的婴儿，从出生后的头几天开始，每天就要摄入400国际单位（IU）的液态维生素D。如果你是母乳喂养，那么需要额外给宝宝补充维生素D。如果你采用婴儿配方奶粉喂养，那么需要持续额外补充维生素D，到宝宝每天至少能够摄入32盎司（约为946毫升）的配方奶为止。

随着宝宝的月龄不断增加，开始添加固体食物后，你就可以通过给宝宝添加含有维生素D的食物（如鸡蛋和强化食品）来满足宝宝每日所需，但大多数宝宝在出生后的第一年内，不会一直吃这些食物。宝宝满一岁后，你还可以给他（她）提供全脂牛奶。

给宝宝补充维生素D时，一定不要超过推荐量。仔细阅读说明书，且只用产品自配的滴管来量取。

让宝宝将一侧乳房吃空再换另一侧，因为每次哺乳时，乳房先分泌的是富含蛋白质的前奶，而宝宝吸吮的时间足够长，才能吃到富含热量和脂肪的后奶，这些营养物质可以帮助宝宝增加体重和身高。因此，哺乳时要等到宝宝看起来不想吃这一侧乳房的奶时，再给他（她）吃另一侧。

我的宝宝吃饱了吗　宝宝需要频繁哺乳并不说明他（她）没有吃饱，反而证明了母乳容易消化。如果宝宝吃完奶后表现得很满足，且生长正常，你就该对自己的奶量有信心了。

如果你担心宝宝可能吃得不够，问问自己下面这些问题。

- *宝宝体重增加了吗*　稳步的体重增长，是宝宝吃得足够多的最可靠证据。尽管大多数宝宝在出生后的几天内，会出现体重下降的情况，但是在之后的10～14天内，体重都会长回来。

- *我能听到宝宝的吞咽声吗*　如果仔细听，你就能听到宝宝的吞咽声。也可以观察宝宝的下颌部位强烈、持续、有节奏的动作。一小部分乳汁还可能从宝宝的嘴角溢出来。
- *我的乳房会有什么感觉*　如果宝宝能正确衔乳，你会感到乳房被轻柔地拉扯，而不是有乳头刺痛或乳头被咬的感觉。乳房在哺乳前会感到饱胀，哺乳后会变软变空。
- *尿布上有什么体现*　一般从生后4天开始，宝宝每天会尿湿6～8片纸尿裤，也会形成排便规律。最初几天，宝宝的大便是深色黏稠的，最终会变成金黄色的软便，其中可能有些颗粒状的奶瓣。
- *宝宝看起来健康吗*　如果宝宝吃奶后看起来很满足，其他时间精神好、很活泼，那就说明他（她）吃饱了。也可以查看宝宝的肤色是否健康。

乳房护理　开始哺乳后，你可能偶尔会遇到一些小问题，这些情况通常很容易被解决。

涨奶　宝宝出生后的几天，你的乳房会变得很胀、摸上去很硬，而且很脆弱，让宝宝衔住乳头都会变得有点难度。这种饱胀的感觉叫作涨奶，也会造成乳汁瘀积，导致乳汁流出的速度变慢。即便宝宝能顺利衔乳，他（她）吃起来可能也觉得不很痛快。

为了解决涨奶的问题，在哺乳前可以用吸奶器或手挤出一些奶。用一只手托住准备挤奶的乳房，另一只手从外向内往乳晕方向挤。用拇指和食指挤压乳晕位置。随着你用手指轻轻按压乳房，乳汁会从乳头中流出。另外，洗热水澡也可能会让乳汁流出来，缓解涨奶的现象。当然，你也可以用吸奶器吸出一些奶。

随着乳汁被挤出，你会觉得乳晕和乳头部分都变软了。挤出足够的奶后，宝宝就可以舒适地衔乳和吃奶了。注意保持喂养频率，每次哺乳让宝宝吮吸足够久，都是避免涨奶的最好途径。

你需要规律哺乳，尽量不要错过哺乳时间，一直穿戴哺乳文胸，有助于支撑饱胀的乳房，让你觉得舒服些。

如果你在哺乳后，乳房有酸痛的感觉，可以用冰袋冷敷以缓解肿胀。一些女性发现洗热水澡能缓解乳房的不适。

返回职场

只需做一些计划和准备，你就可以在重返职场的同时，坚持母乳喂养。一些妈妈选择在家中工作，另一些妈妈会请人帮忙把宝宝带到工作地点来完成哺乳。而大多数妈妈都需要靠吸奶器的帮助。

使用双头吸奶器能够提高吸奶的效率，如果每3～4小时吸奶一次，双头吸奶器吸完双侧乳房需要大约15分钟的时间。如果你想提高泌乳量，那么就要增加哺乳和吸奶的频率。

有些妈妈会选择在家吸奶，你可以在早晨出门前或下班回家后哺乳或吸奶。只要你24小时内产生的所有乳汁都被宝宝或吸奶器吸干净了，那么奶量就会维持在一个理想的水平。

许多妈妈在工作时吸奶，然后储存起来，留到第二天给宝宝喝。如果你计划在公司吸奶，要尽早和雇主谈一谈，询问是否有干净的相对私密的空间（不是浴室），有舒服的椅子和插座。你还需要准备储奶袋、冰箱或冰柜来存放母乳，以及清洗新奶器罩杯的地方。很多雇主渐渐意识到了职场妈妈的需求，并且愿意共同努力，帮助新妈妈坚持母乳喂养。

幸运的是，这段涨奶的时期通常很短，在分娩后几天就会有所缓解。

乳头不适 起初，宝宝刚刚衔乳时，你可能会经历一些乳头不适的情况，但在宝宝吃奶的过程中，这种不适感会有缓解。不过，对有些妈妈来说，哺乳过程一直很痛苦，如果你也遇到类似的情况，首先要检查一下宝宝的衔乳姿势。

乳头疼痛和乳头皲裂通常是由错误的衔乳姿势导致的。每次哺乳时，都要确保宝宝已经含住了乳晕，而不是仅仅衔住了乳头。你还要确定抱宝宝的姿势是正确的，让宝宝的头和身体都能处在一条直线上，否则他（她）的头部在吃奶时后仰，也会导致乳头拉伤。

可以在每次哺乳后，挤一些乳汁涂在乳头上，并让乳汁自然凉干来保护乳头。哺乳后也不需要清洗乳头，乳晕的皮肤会分泌一种润滑物质，为乳房提供最自然的保护。洗澡时可以用清水和肥皂来进行清洁，之后让乳头自然凉干。

乳腺管阻塞 有时，乳腺管会被阻塞，造成乳汁瘀积。当你摸到乳房中有柔软的小肿块，或是比较大的硬块时，这就意味着乳腺管阻塞了。因为阻塞的乳腺管会导致感染，因此应该立刻采取措施疏通乳腺管。

疏通乳腺管的最好方法，就是让宝宝吸空乳汁，每次哺乳时可以先让他（她）吸出现堵塞的一边。如果宝宝没有吸空，那么你可以用手把乳汁挤出来，也可以用吸奶器吸出来。在哺乳前热敷并按摩有问题的乳房，也会有所帮助。如果靠自己处理没能解决问题，要及时向哺乳顾问或医生寻求帮助。

乳腺炎 乳汁瘀积过多，可能导致乳腺感染（乳腺炎），细菌也会从皲裂的乳头和宝宝的口腔进入到乳腺管里。这些细菌是每个人都有的，对宝宝无害，只不过不该进入乳房组织。

患乳腺炎初期，会出现和感冒类似的症状，例如发热、畏寒和身体疼痛。接着乳房会出现红肿和压痛。如果你有这样的症状和体征，要联系医生。除了注意休息和补充液体外，可能还需要使用抗生素。

服用抗生素期间可以继续哺乳。乳腺炎的治疗不会对宝宝造成伤害，哺乳过程中排空乳房，也有助于防止乳腺管阻塞，而乳腺管阻塞是另一个可能导致乳腺炎的原因。哺乳后，用冰袋冷敷乳房有助于缓解肿胀。医生也可能会建议你服用非处方止痛药。

支持 如果你有关于母乳喂养的问题，或者担心宝宝吃不饱，要及时求助。如果你感觉哺乳不顺利，或者母乳喂养的过程对你来说似乎太痛苦，那么要毫不犹豫地联系儿科医生或者哺乳顾问。

大多数医院都配有哺乳顾问，可以回答你的问题，或帮助你解决可能遇到的任何问题。

母乳喂养起初可能会很艰难，但你会逐渐胜任这个工作。身边有母乳喂养经历的朋友，可能会给你提供一些有价值的建议和所需的支持。你也可以考虑在你所在的地区找一个哺乳顾问，这名顾问最好持有国际认证泌乳顾问（IBCLC）证书。

断奶 总有一天，宝宝会从吮吸乳房过渡到用杯子喝奶。宝宝在长大，他（她）已经为下一步做好了准备。或者如果宝宝还没准备好用杯子，你可以帮助他（她）先适应瓶喂。

对于断奶，你的情绪可能很复杂。你可以采取循序渐进的方式来断奶，并且在这个过程中，给宝宝足够的爱，在亲子关系上投入更多的情感，来实现平稳过渡。选择合适的时间来给宝宝断奶，并尽你所能，让这件事成为宝宝成长过程中的一种体验。

时机 你可能想知道什么时候开始断奶最好，答案真的没有对错之分。专家建议在宝宝6个月内，要坚持纯母乳喂养，至少喂养到宝宝满1岁。母乳中含有宝宝所需的均衡营养，并促进免疫系统成熟。不过，什么时候开始给宝宝断奶，是个人的决定。

断奶的过程如果由宝宝开始，通常会最容易，自然离乳的时间可能比你想象中来得早许多，也有可能更晚一些。断奶经常在宝宝6个月大时自然发生，一般这时开始给宝宝添加辅食了，哺乳的次数开始减少。一些宝宝在1岁左右就开始尝试更多固体食物，并可以用杯子喝水，他们开始逐渐不喜欢吃母乳，并转而寻求其他形式的营养和安慰方式。另一些宝宝则可能到了蹒跚学步时才开始断奶，那时候他们不再愿意安安静静地坐着吃奶了。

当然，你也可以按照自己的意愿来决定断奶的时间。这可能比按照宝宝的节奏来更困难，但是通过一些额外的照料和关怀，也是能够完成的。

不要将自身的情况和其他家庭作比较，回想一下怀孕时或宝宝刚出生时，你给自己设定的那些期限。

如果宝宝身体不舒服或正在出牙，你可能需要考虑推迟断奶。在你们双方身体状况都良好的情况下，宝宝会更容易适应这段过渡期。

如果生活发生了重大变化，比如搬家或开始新工作，你也可以考虑推迟断奶的时间。你肯定不希望在宝宝已经感到压力的时候，再给他（她）更多的压力。

一些研究表明，对于有食物过敏家族史的儿童，坚持至少4个月的纯母乳喂养可能对其有保护作用。如果你或家人有食物过敏的情况，那么向儿科医生咨询推迟断奶可能的益处。

方式 准备开始断奶时，要注意循序渐进，每隔一两天，减少一顿母乳喂养。这种逐渐减少哺乳次数的方式，会让你的奶量越来越少，预防乳房出现肿胀不适。

宝宝往往更依恋每天第一顿和最后一顿母乳，因为这两个时间都是最需要安抚的时刻——因此，最好先停掉中午时段的母乳，晚上继续哺乳，这要根据你和宝宝的情况决定。断奶时，做些活动来转移宝宝的注意力，例如看绘本、玩玩具或做些其他有趣的活动。

根据采取的方法不同，断母乳可能需要几天、几周或几个月。不过，请记住，这个速度越慢越好。一味地追求断奶的速度，可能会影响宝宝的情绪，并导致你的乳房出现肿胀。

后续营养 如果在宝宝1岁前断母乳，那么可以考虑用含强化铁的配方奶代替母乳。可以请医生推荐一款配方奶。在宝宝满1岁前不要给他（她）喝鲜牛奶。你可以先让宝宝使用奶瓶，然后再用杯子，而如果宝宝看起来已经准备好了，也可以直接用杯子。

第一次给宝宝用奶瓶时，最好选择在他（她）不是很饿，比较有耐心的时候进行尝试。让家人帮忙也会有所帮助，因为有些宝宝看见妈妈就会想吃母乳，进而拒绝奶瓶。

最初的阶段，选择一款流速较慢的奶嘴。如果用流速较快的，宝宝在吃流速较慢的母乳时，会觉得很沮丧（或者因为奶液流速过快而呛到）。

吸奶

如果你要返回职场，或者想和另一半分担喂养的责任，那么吸出母乳是个不错的选择。这种方式能保证你不在家的时候，宝宝也可以吃到母乳。

在宝宝出生后的最初几周里，最好先采取亲喂的方式哺乳，以便让宝宝有

储存母乳

类型	室温	带冰袋的冷却器	冷藏室（40℉，约4℃）	冷冻室（0℉，约-18℃及以下）
新鲜母乳	最好于4小时内饮用完毕，特别是室温较高的情况下，如果温度较低可延长至6小时	最长24小时	最好在4天内，如果容器洁净且存放在冰箱深处，可延长至8天	最好9个月内，如果储存在冷冻室深处，可延长至12个月。
冷冻过的母乳	1～2小时	—	最长24小时	不要再次冷冻
吃剩的母乳	宝宝吃过后的2小时内			

资料来源：美国疾病控制与预防中心（CDC）、美国儿科学会（AAP）

更多机会习惯母乳喂养，也让你能熟悉哺乳的技巧，并且保证泌乳量的稳定。一旦你和宝宝已经磨合得很好了，就可以偶尔用奶瓶给宝宝喂母乳了。当然，有些妈妈会在生完宝宝后，很快就开始吸出母乳喂给宝宝，效果也比较理想。

起初，你可以在正常哺乳后，将剩余的母乳吸出来些，用这种方式储备一些母乳。然后考虑在白天有一两次用奶瓶喂母乳给宝宝喝。你需要知道的是，奶嘴对于宝宝来说，含在嘴里感觉和乳头是不一样的，吮吸的方式也不一样。因此，宝宝可能需要练习几次来适应。让家人帮助用奶瓶给宝宝喂母乳，有助于宝宝接受奶瓶，因为如果是妈妈用奶瓶喂母乳，宝宝听到妈妈的声音，闻着妈妈的味道，就会想起在妈妈怀里吃奶的感觉，进而拒绝奶瓶。

选择吸奶器　大多数母乳妈妈觉得用电动吸奶器比用手动吸奶器更容易。母乳顾问或者儿科医生可以帮你确定哪种类型的吸奶器更适合你，也会在你遇到问题时提供必要的支持。

在选择吸奶器时，有些因素需要考虑：

- *你使用吸奶器的频率*　如果你只是偶尔和宝宝分开，并且泌乳量已经稳定了，那么一个简单的手动吸奶器就足够了。这种吸奶器很小，价格也便宜。如果你要重返职场，或者计划每天离开宝宝超过几个小时，那么你可能需要买个电动吸奶器。
- *你需要比较快地吸完奶吗*　通常，吸出一侧乳房的乳汁需要大概15分钟。如果你要在工作时或其他时间比较紧张的时候吸奶，双头的电动吸奶器是比较好的选择，可以同时吸双侧。
- *你用来买吸奶器的预算是多少*　手动吸奶器售价一般不超过50美元（约316元人民币），而包含随身包和储奶冷藏包在内的电动吸奶器，售价则要超过200美元（约1264元人民币）。一些医院或药店可以出租医用级别的吸奶器，部分健康保险计划覆盖购买或租用吸奶器的费用。
- *吸奶器组装和携带是否方便*　如果某款吸奶器组装、拆卸或清洁起来很麻烦，那肯定会给人带来困扰，这也会降低你对吸奶的热情。如果你要背着它每天通勤，或者带它出行，那需要选择一款轻便的。一些吸奶器附赠随身包和储奶的冷藏包。此外，还要考虑噪声大小的问题。一些电动吸奶器的噪声要小一些。如果对你来说，不打扰别人很重要，那要

喂养方法

随着宝宝长大，他（她）渐渐地每天不需要吃那么多次奶了，但每次吃得比以前多了。一两个月后一个喂养的程序和流程就会建立起来了。无论是母乳喂养还是配方奶喂养，请记住以下要点。

将喂养看成建立联结的机会　对宝宝来说，吃奶不仅是获取营养的活动，同时还是一项社交活动。宝宝的生长发育有一部分是以喂养过程中建立的强有力的联结为基础的。因此每次喂奶时，记得抱紧宝宝，看着他（她）的眼睛，轻柔地对他（她）说话。不要错过这个为宝宝建立安全感、舒适感和信任度的好机会。

按需喂养　宝宝的胃容量很小，大约和他（她）的小拳头差不多大，清空的时间为1~3小时。准备喂养前你要注意观察宝宝饥饿的表现：他（她）用嘴或舌头做出吮吸动作，吸吮自己的小拳头，发出轻微的声音，当然还有哭闹。用不了多久，你就能比较熟练地区分宝宝是饿哭了，还是因为其他原因而哭，例如疼痛、疲倦或生病。

在宝宝发出饥饿信号时就赶快哺乳非常重要。这能帮宝宝明辨哪种不舒服的感觉代表着饥饿，而这种感觉可以通过吸吮——得到食物来解决。如果你不及时响应，宝宝可能会感到十分生气，而那时再哺乳，给他（她）带来的感觉更多是沮丧而非满足。

让宝宝掌控节奏　哺乳时不要催促宝宝，他（她）自己会决定吃多少以及吸吮的速度。和成年人一样，许多宝宝喜欢放松地吃奶，吮吸、停顿、休息、和人玩一会再继续吃，这些都是很正常的。有些宝宝吃奶的效率很高，一直吃不停歇，直到吃完为止；有些宝宝则像是“食草动物”，喜欢少食多餐。还有一些，特别是刚刚出生的宝宝，会吃一会儿就睡着了，被叫醒后继续吃，如此往复直到吃完一顿奶。

宝宝会在吃饱时给你信号。当宝宝吃饱时，他（她）会停止吸吮，闭上嘴或丢开乳头、奶嘴。宝宝可能会用舌头把乳头或奶嘴从嘴里推出来，这时候如果你还要继续喂，他（她）可能会拱起后背。不过，如果宝宝需要拍嗝或者拉臭臭，他（她）也会没心思吃奶，你可以等上一会儿，再让宝宝靠近乳房或给他（她）递上奶瓶试试。

喂昏昏欲睡的新生宝宝　大多数新生宝宝出生后的前几天内，体重会出现下降。在宝宝恢复出生体重之前——通常是在出生后一周内——保证哺乳的频率是很重要的，即便此时宝宝大部分时间都在睡觉。毫无疑问，在宝宝发出饥饿信号时，你能有些时间小憩一下。如果你需要给困倦的宝宝喂奶，可以试试下面这些方法。

- 注意并利用宝宝比较警觉的阶段，在这个时间段哺乳。
- 如果宝宝在吃奶的过程中睡着了，轻轻地叫醒他（她），鼓励他（她）继续吃奶。
- 用手指沿着宝宝脊椎向上轻抚，为他（她）做按摩。
- 给宝宝脱掉些衣服，因为婴儿的皮肤对温度变化很敏感，凉爽的感觉可以帮宝宝保持清醒，有足够长的时间来进食。
- 用指尖在宝宝嘴唇周围划几圈。
- 让宝宝呈坐姿并轻摇他（她）。当婴儿直立时，他（她）的眼睛常常是睁开的。一旦新生儿的体重开始稳步增加，达到他（她）的出生体重，那么通常就可以等到他（她）醒来再喂奶了。

要有灵活性 不要期待宝宝每天都会吃同样多的奶量。宝宝的奶量是会发生变化的，特别是在经历猛长期时，在这段时期，宝宝会需要吃更多的奶，吃奶次数也更频繁，看起来仿佛吃不饱一样。此时，就需要更频繁地给宝宝喂奶。宝宝通常不会按照固定时间间隔来吃奶。大多数宝宝会在白天和晚上的某个时段里集中吃几次奶，然后再睡几个小时。

只吃母乳或配方奶 不要给新生儿喝水、果汁或其他饮料，在宝宝满6月龄前，给他（她）喝这些东西没有必要，也会干扰他（她）吃母乳或配方奶，造成营养不良。

考虑补充剂 如果宝宝喝的是含强化铁的配方奶，那么他（她）已经有机会摄入符合推荐量的铁。如果你是母乳喂养，那么从宝宝4个月大起需要额外补铁，一直补充到宝宝每天能够摄入两份或更多富含铁的食物，例如富含铁的谷物或肉泥。如果你采取混合喂养——母乳和配方奶——而宝宝主要吃配方奶，那么就无须额外补铁。咨询儿科医生，他可能会根据你家的水质和维生素D补充的情况来确定，是否需要给宝宝补充氟化物（见第34页）。

确保吸奶器的噪声在可接受的范围。

- *吸奶器的吸力是否可调节* 对有些妈妈来说舒服的吸力，对其他妈妈来说也许并非如此。选择一款你可以调节吸力大小的吸奶器。

储存母乳 当你开始吸奶时，了解安全和妥善地储存母乳的方式非常重要。

储存容器 将吸出的母乳存放在有盖的塑料或玻璃容器中，这些容器可以在洗碗机或是热肥皂水中清洁，并且冲洗干净。如果水质有问题，要考虑在清洗之后把储奶容器煮沸消毒。

如果储存的母乳会在3天内给宝宝喝掉，你也可以考虑使用专为收集和储存母乳设计的塑料储奶袋。虽然它比较经济，但不建议使用塑料储奶袋长期储存母乳，相较于硬质的容器，它更易造成母乳溢出、渗漏，进而被污染。而且，母乳中的一些物质在长期存储的过程中，会附着在柔软的塑料储奶袋内壁上，这会减少宝宝需要摄入的重要营养物质。

方式 你可以将吸出来的母乳储存在冰箱的冷藏或冷冻室中。用防水标签和防水笔在每个容器上标明吸奶的日期和时间。将容器放在冷藏室或冷冻室的最里面，因为那里的温度比较低。按时间先后排序，先给宝宝吃较早吸出的母乳。

为了减少浪费，在每个容器里装上宝宝可以一次吃完的母乳。也可以考虑分成更小份——1～2盎司（30～60毫升）储存，以应对意外情况或日常哺乳时间被迫推迟的情况。记住母乳在冷冻过程中，体积会增大，因此不要把容器装满。

你可以把刚刚吸出来的母乳，加到当天早些时候吸出的冷藏或冷冻的奶里。但是记得把它们装在一起之前，要先把新吸出的母乳，在冷藏室或装有冰袋的冷却器中放置至少1小时，让母乳的温度降下来。不要把温热的母乳加到冻奶中，因为这会让冻奶部分融化。非同一天吸出的母乳，要分开容器存放。

母乳在储存过程中会分层——有一层厚厚的白色奶油状物质，浮在最上方。在喂宝宝之前，轻轻摇一摇储奶容器，确保奶中油脂部分均匀地混入到其他部分中。

吸出的母乳越早给宝宝喝越好。有研究表明，母乳存储的时间越长——无论是储存在冷藏室还是冷冻室——母乳中的维生素C损失就越大。还有研究表明，冷藏两天以上可能会降低母乳的杀菌性能，而长期冷冻储存可能会降低母乳脂质的质量。

解冻 先解冻吸奶日期比较久的母乳，只要提前一晚将存放冷冻母乳的容器放在冰箱冷藏室内即可。你也可以把它浸泡在温水里，注意不要让水接触到容器的口部。

不要把母乳放在常温下解冻，这会让细菌滋生。也不要把冷冻的瓶子放在火上或微波炉里加热。这些方法会造成热量分配不均，从而破坏母乳中的抗体。

解冻的母乳闻起来和吃起来都与新鲜的母乳不一样，因为母乳中的脂肪分解了，但给宝宝喝仍然是安全的。乳汁会分层，因此需要轻轻晃动，就能让解冻的母乳均匀地混合在一起。

配方奶喂养

一些父母会选择用奶瓶给新生儿喂婴儿配方奶来代替母乳喂养。这属于个人的选择，新妈妈选择配方奶喂养而放弃母乳喂养有很多原因，毕竟一些情况下，妈妈可能无法进行母乳喂养。

利与弊 选择配方奶喂养的父母，认为这种喂养方式的好处有以下几点。

- *分担喂养责任* 用奶瓶喂配方奶，可以让喂养宝宝的责任不再落在妈妈一个人身上。因此，有些妈妈觉得配方奶喂养可以让自己有更多的自由。而爸爸喜欢瓶喂，是因为这样便于他们分担喂养的责任。
- *便利* 有些妈妈觉得配方奶更便于携带，特别是外出去公众场所时，不需要找偏僻的场所来哺乳。

配方奶喂养也有以下缺点。

- *准备工作耗时* 每次喂奶前，都要准备好奶瓶并且加热好。要确保配方奶的稳定供给量，还要定时清洗奶瓶和奶嘴。如果要出门，还要随身带好配方奶。
- *花销大* 配方奶比较贵，这对部分父母来说，是个需要关注的问题。

所需物品 如果实行人工喂养，确保你准备好了充足的必需品，医院或分娩中心的工作人员，可以在宝宝出生后的头几天提供人工喂养设备和配方奶，并介绍如何用奶瓶喂养新生儿。

你不需要准备太多工具。一般来说，在宝宝刚出生的几个月里，可以准备几个4盎司（120毫升）的奶瓶。随着宝宝长大，每次喝奶的量会增加，这时候可以换成8盎司（240毫升）的奶瓶。另外，还可以准备奶瓶刷和一些备用的奶嘴、奶嘴圈、奶嘴帽。

除了买到合适的工具，如果你之前没有参加过配方奶喂养相关课程，考虑了解一下这方面的信息。通常分娩课程中会有一部分涉及新生儿喂养的信息。如果你从未用奶瓶喂过宝宝，去课程上学习一下，这能让你带宝宝回家时，感到可以应对自如。

奶瓶 奶瓶通常有两种规格：4盎司（120毫升）和8盎司（240毫升），4盎司的奶瓶适合新生儿，这时候宝宝每次喝奶的量不多。8盎司的奶瓶应该能用到宝宝一岁左右断奶时。奶瓶的材质可以是玻璃或塑料的，也可以是有软塑料衬套的塑料质地。一些奶瓶带有弯曲的瓶身设计，能一定程度上减少宝宝在吃奶过程中吞下去的空气量。

奶嘴 市面上有很多不同款式的奶嘴，根据宝宝的月龄，有不同的开口规格：新生儿、3个月、6个月等。奶嘴的流速要注意和宝宝的年龄相适应。

奶嘴的流速非常重要，流速过快或过慢都会导致宝宝吞进更多空气，引起胃部不适，需要频繁地拍嗝。可以把奶瓶倒过来数数一段时间内可以滴出多少奶量，来测试奶嘴的流速，如果能实现每秒一滴说明速度基本是合适的。

选择配方奶 如果打算给宝宝喂配方奶，你可能会有许多问题，例如一种婴儿配方奶比另一种要好吗？不同品牌的配方奶可以互相替代吗？大豆配方奶比牛奶配方奶更好吗？

市面上有许多种不同的配方奶，大部分是以牛奶为原料的，但注意绝对不要用普通牛奶来代替配方奶。在配方奶的加工过程中，牛奶经过加工已经发生了变化，以保证宝宝的安全。这个过程包括加热处理配方，使其中的蛋白质更易消化。添加更多的乳糖使其浓度与母乳相似，脂肪（乳脂）被去除，取而代之的是更容易被婴儿消化的植物油和动物脂肪。

婴儿配方奶不仅容易消化，还含有适量的碳水化合物、脂肪和蛋白质，以满足宝宝的生长发育所需。美国食品药品监督管理局（FDA）对商业化生产的婴儿配方奶进行监控。所有制造商都必须对每批配方奶进行严格检测，以确保其含有宝宝所需的营养成分，且其中没有污染物。

婴儿配方奶是一种能量强化食品，超过一半的热量来源于脂肪，脂肪由很多不同类型的脂肪酸构成，与母乳中的脂肪酸相似。这些脂肪酸有助于宝宝大脑和神经系统的发育，以及满足他（她）的能量需求。

种类 （在美国）市面销售的婴儿配方奶都受美国食品药品监督管理局的管理。主要包括以下三种类型。

- *牛奶基配方奶* 大多数婴儿配方

奶都是以牛奶为基础制作的，经过加工，让成分更接近母乳。这使得配方奶的营养成分比较均衡，也更容易消化。大多数婴儿对牛奶基配方奶的接受度都很好，但有些宝宝，例如对牛奶蛋白过敏的，则需要其他类型的婴儿配方奶。

- *大豆基配方奶*　如果你想在宝宝的饮食中去除动物蛋白，大豆基配方奶就有了用武之地。大豆基配方奶也可以成为那些对牛奶基配方奶或牛奶中的乳糖不耐受或过敏的宝宝的另一种选择。不过，对牛奶过敏的宝宝，也可能会对豆奶过敏。
- *水解蛋白配方奶*　这些是为对奶或大豆过敏的宝宝准备的。和其

奶过敏

任何年龄的人，都可能对奶过敏，但在婴儿中更为常见。当身体的免疫系统误认为奶中的蛋白质是身体需要清除的物质时，就会发生奶过敏。一些婴儿会对奶有严重的过敏反应，如出荨麻疹、呕吐，或在食用奶制品后几分钟或两小时内，出现呼吸困难的症状。此类反应可能会危及生命，需要立即就医。

更常见的是，宝宝可能出现奶蛋白不耐受的情况，这和过敏反应不同，但是仍然可能引起血便、腹泻和反流等问题。如果宝宝有这种情况，要注意避免摄入奶和以奶为基础的食物，如果你是母乳喂养，那么你的饮食中也应该规避这类食物，通常这样做就能够缓解症状。幸运的是，大多数宝宝在1岁时就能摆脱奶蛋白不耐受，3岁左右能够摆脱奶过敏。

牛奶是引起牛奶过敏的常见原因。然而，绵羊奶、山羊奶和水牛奶也会引起反应。一些对牛奶过敏的孩子也对豆奶过敏。

因为大多数配方奶粉都是从牛奶中提取的，所以配方奶喂养的宝宝，可能比母乳喂养的婴儿患奶过敏的风险更高。然而，乳制品中引发过敏反应的乳蛋白可能会交叉进入母乳中，并给母乳喂养的宝宝带来影响。对于为什么有些婴儿会对奶过敏，而另一些婴儿则不会有这个问题，研究人员还没有找到确切的结论。

如果你给宝宝喝配方奶，而宝宝对奶过敏，医生可能会建议换一种不太可能引起过敏反应的配方奶。如果你是母乳喂养，要注意限制乳制品的摄入量。

他类型的配方奶相比，水解蛋白配方奶更易消化，不容易引起过敏反应。它们也被称为低敏配方奶。

此外，还有专供早产儿和有健康问题婴儿的特殊配方奶。

形态　婴儿配方奶通常有三种形态，你可以根据预算和对便捷性的需求来做出最适合自己的选择。

- *配方奶粉*　配方奶粉是最便宜的，需要用水冲调。
- *浓缩液体奶*　这类配方奶也需要和水混合后饮用。
- *即用型液体配方奶*　这是最方便的婴儿配方奶，不需要加水冲调。也是最贵的一种。

有无品牌　在美国售卖的所有婴儿配方奶，无论是不是品牌奶，都需要符合美国食品药品监督管理局制定的营养标准。虽然生产商在配方方面不尽相同，美国食品药品监督管理局对婴儿所需营养成分都规定了推荐的下限和上限值。

添加成分　购买铁强化的婴儿配方奶很重要。宝宝的生长发育需要铁元素，尤其是在婴儿期。如果你不是母乳喂养，那使用铁强化配方奶是提供这种基本营养素的最简便方式。

一些婴儿配方奶还添加了二十二碳六烯酸（DHA）和花生四烯酸（ARA）。这些Omega-3脂肪酸可以在母乳和某些食物，例如鱼和鸡蛋中找到。一些研究认为，婴儿配方奶中添加DHA和ARA有助于婴儿视力和大脑发育，但另一些研究则未发现对这些有益处。

购买前须知

不要购买或使用过期的婴儿配方奶。如果过期了，配方奶的质量无法得到保证。

在检查保质期的同时，还要检查配方奶储存容器的状况。如果配方奶包装存在膨起、凹痕、泄漏或锈斑的情况，请不要购买或使用。储存在损坏了的容器中的配方奶，可能存在安全风险。

此外，为了模仿母乳对免疫系统的促进作用，一些婴儿配方奶现在会加入益生菌——帮助肠道菌群保持在健康水平。关于添加益生菌的配方奶的数据有限，此类配方奶的长期效果或者相关问题还不明朗。

目前还没有足够证据推荐添加各种成分的配方奶。此外，它们往往比普通配方奶更贵。如果你认为宝宝可能会从添加益生菌或其他物质的配方奶中受益，那么可以向医生咨询。

冲泡配方奶　无论选择什么类型和种类的配方奶，要用恰当的方式来冲泡和存储，以保证适量的营养素，保障宝宝的健康。

洗手和清洁喂养工具　在冲泡配方奶和准备喂养工具之前，记得彻底清洁双手。所有用来测量、混合和存储配方奶的设备，在每次使用前，要用清洗剂清洗，然后用清水冲净后并放置晾干。在第一次使用新的奶瓶、奶嘴和奶瓶盖、奶嘴圈之前要消毒，准备一个足够大的器皿，装满水，保证水平面没过这些物品，之后加热，水沸腾后持续煮5分钟，再用干净的夹子将奶瓶等从水中取出、自然风干。

第一次使用之后，就不需要对奶瓶等消毒了，你可以用奶瓶刷彻底刷洗奶瓶和奶嘴，清除配方奶留下的印迹，之后用水冲净并晾干。另外，也可以借助洗碗机来完成清洁工作。

为了防止真菌滋生，你可以每天用醋和水，以1∶1的比例混合后来冲洗奶嘴，之后自然风干。同时要确认奶嘴上的小孔没有被堵住，你可将每个奶嘴倒置，并在其中注满水，然后检查水是否能够慢慢从奶嘴中滴出来。

冲调配方奶　冲调配方奶时，要仔细按照说明书的指导操作。对于即用型配方奶，摇动容器并按推荐量将奶液倒入奶瓶中即可。如果需要使用配方奶粉或者浓缩液体奶，则务必要按照标签的规定添加准确的水量。奶瓶上的测量值可能不准确，所以最好预先用标准的量具来测量水量。冲调配方奶时，水太多或太少对宝宝都不好。如果配方奶粉稀释过多，宝宝就得不到足够的营养来满足生长发育所需，也无法消除饥饿感。而配方奶如果浓度过高，会给宝宝的消化系统和肾脏带来压力，并且可能使宝宝出现脱水症状。

你可以用任何类型的洁净水——自来水或瓶装水，来冲泡液体浓缩奶或配方奶粉。如果你担心自来水的安全性，那么在使用前，可以将其煮沸一分钟，然后在使用前30分钟内，将水冷却至室温。

如果有需要，加热配方奶　如果是出于营养角度考虑，无须加热配方奶，但宝宝可能更喜欢喝温热的奶。加热配方奶时需要注意以下几点。

- 将装有冲泡好的配方奶的奶瓶，放置在一碗或一锅热水中温几分钟，但是不要用沸水，也可以在有温热水的水龙头下，用流动水温奶。
- 温好后，摇晃奶瓶。
- 将奶瓶翻转过来，在手腕或手背处滴一两滴配方奶感受温度。配方奶应该是温热，而不是烫。
- 不要用微波炉温奶，这样会让配方奶受热不均匀，造成部分奶液温度过高，容易烫伤宝宝的嘴。

安全存放配方奶　将未开封的配方奶放置在阴凉干燥处。请勿将配方奶放置在户外、汽车内或车库中，这些地点的极端温度，会让配方奶变质。

如果你用的是即用型液体配方奶，要将刚开封尚未喝完的配方奶盖好放入冰箱储存。如果你一次性冲泡好几瓶浓缩液体奶或配方奶粉，则需要注意以下几点。

- 在每瓶上标明冲泡的时间。
- 将多余的奶冷藏在冰箱中，而不要冷冻。
- 将奶瓶放在温度最低的冰箱后部。
- 如果冲泡好的配方奶在冰箱中放置超过48小时，应当丢弃。

瓶子中的配方奶如果没有吃完，就要丢弃。如果你不确定某罐或某瓶配方奶是否安全，那最好直接扔掉。

找准姿势　瓶喂的第一步是找到让你和宝宝双方都舒服的姿势。选择一个你和宝宝都不会被打扰的安静地方。

用一只胳膊抱住宝宝，另一只手拿好奶瓶，坐在舒服的椅子里（最好是有宽宽的低扶手的椅子）。你可以在膝盖上垫个枕头，帮助起支撑作用。让宝宝贴近你，但别太紧，用胳膊垫起他（她）的头保证微微抬起，让他（她）舒服地枕在你的肘弯里，这种半抬起的姿势能让吞咽更加容易。

用奶嘴或拿着奶瓶的那只手的手指，轻轻碰触宝宝靠近你这侧的脸颊，这会让宝宝转向你，通常都会张着嘴。然后用奶嘴碰触宝宝的嘴唇或嘴角，宝宝会张开嘴然后慢慢开始吸吮。

喂宝宝时，将瓶子保持45°角。这个角度能让奶嘴中充满奶液。宝宝喝奶时要拿稳奶瓶，如果宝宝在喝奶时睡着了，可能是因为他（她）已经吃饱了，或者是吸进胃里的空气太多，让宝宝有了饱胀感。把奶瓶拿开，给宝宝拍拍嗝（详见第51页），然后再继续喂。

喂奶时要一直抱着宝宝，别把奶瓶竖着塞进宝宝嘴里，这样可能会使宝宝

拍嗝姿势

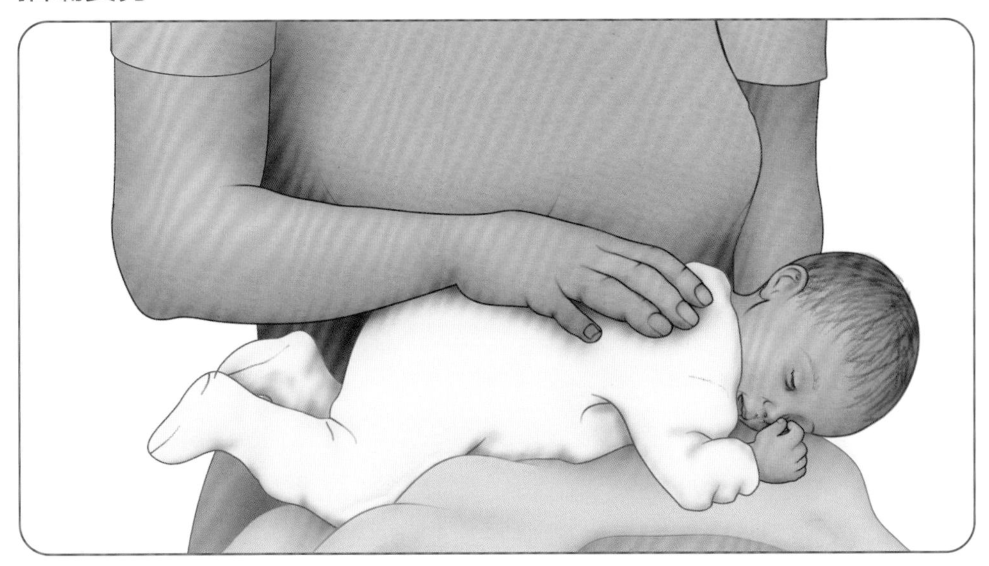

让宝宝脸朝下趴在你的腿上，然后轻轻按摩或拍宝宝的后背。

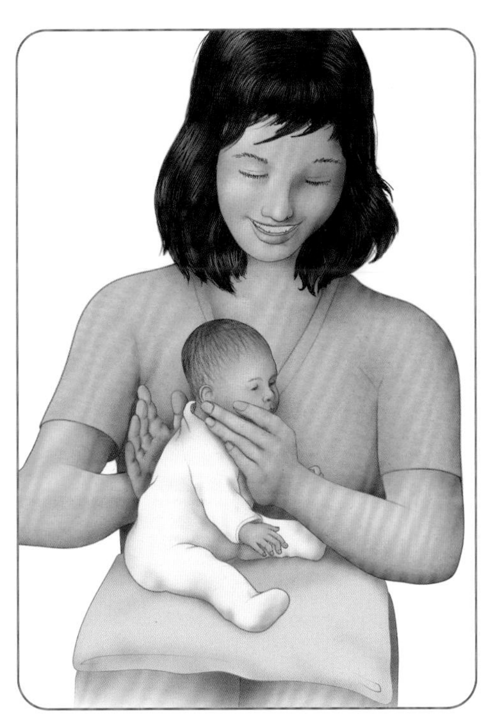

让宝宝坐直，支撑住他（她）的下巴和后背，轻轻按摩或拍宝宝的后背。

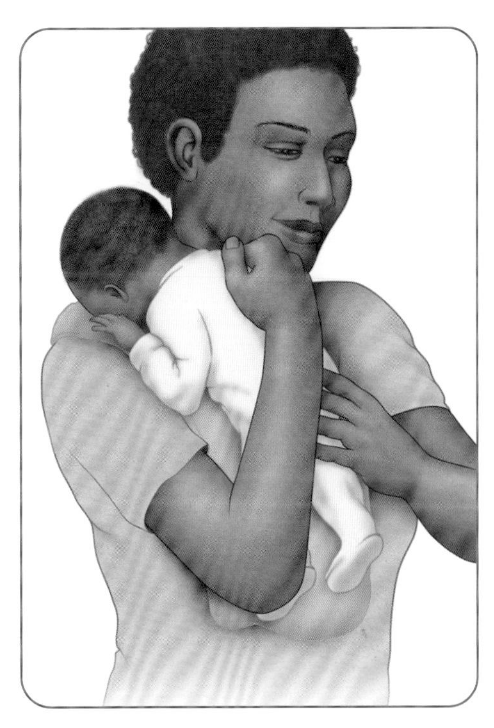

让宝宝脸朝下趴在你肩膀上，轻轻按摩或拍宝宝的后背。

呕吐，也会让宝宝吃得太多。不要在宝宝平躺时把奶瓶给他（她），这样会增加宝宝耳部感染的风险。

虽然宝宝还没长牙，但乳牙的牙胚就在牙龈里，因此不要给宝宝养成吃奶睡觉的习惯。宝宝喝着奶睡着了的话，配方奶会残留在口腔里，奶中的糖分残留在牙齿上，长此以往会造成龋齿。

奶量　在最初几周里，宝宝一般每顿要喝1～3盎司（30～90毫升）奶。如果他（她）出生后一周左右，每天需要换6～8片尿布的话，那么说明奶量足够了。宝宝每天可能会排便1～2次。

随着宝宝逐渐长大，奶量也会逐渐增加。一般来说，在第一个月里，预计24小时内要喂养6～12次，每2～4小时一次。到了6个月左右，宝宝可能每天要吃4～5次奶，每顿吃6～8盎司（180～240毫升）奶。

断奶　婴儿配方奶通常推荐喝到1周岁，随后喝全脂奶到2周岁，但你可以向医生咨询，以获得更有针对性的指导。低脂或脱脂牛奶一般不适合2岁以内的宝宝喝，因为这类牛奶无法提供婴儿早期生长发育所需的足够能量和脂肪。

吐奶

吐奶是几乎每个宝宝必定会经历的事情，虽然看起来有点脏乱，但你一般不用担心。吐奶很少会是因为什么严重问题。只要宝宝看起来没有不舒服的样子，并且能保持体重持续增长，那么通常就不需要担忧。

反流　正常情况下，食管和胃之间有一个阀门（下食管括约肌），让胃里的东西待在该待的地方。而这个阀门的发育成熟需要时间，在此之前就会产生吐奶问题，特别是当宝宝吃得太多或太快时。

少量的吐奶并不会对宝宝造成伤害，它不太会引起宝宝咳嗽、憋气或不舒服，即便在睡梦中也没有关系。宝宝可能都不会意识到有液体从嘴里流出来了。

如何应对　可以考虑采取以下方法，减少宝宝吐奶。

- *让宝宝上身保持直立*　喂奶时，保证宝宝的头部高于身体其他部位，每次喂奶后，保持坐姿15～30分钟。抱住宝宝，或者试试婴儿背带、后背式背巾或者婴儿座椅。食物消化过程中，要注意避免剧烈运动及坐婴儿秋千。

- *试试少食多餐* 喂得太多会导致宝宝吐奶。如果是母乳喂养，应该限制每次哺乳的时长；如果是配方奶喂养，给宝宝比平时吃得少一点。
- *给宝宝拍嗝* 喂奶时和喂奶后较为频繁地拍嗝，可以防止气体在宝宝胃里积聚。让宝宝坐直，一手撑住宝宝的头，另一只手轻拍他（她）的后背。（见第51页）
- *检查奶嘴* 如果是用奶瓶喂奶，确保奶嘴上的孔尺寸合适。如果孔太大，奶的流速就会过快。如果太小，宝宝会感到沮丧并吃进空气。当你把奶瓶倒置时，大小合适的奶嘴可以让一些奶液滴下来。
- *检查自己的饮食* 如果你在进行母乳喂养，宝宝的医生可能建议你减少乳制品或某些其他食物的摄入。
- *注意宝宝的睡姿* 为减少婴儿猝死综合征发生的风险，应该让宝宝以仰卧的姿势睡。如果这样看起来反而加重了反流，那么把宝宝头部那一侧的床面抬高一些，可能会有些帮助，当然如果宝宝睡觉时动来动去，这种方法很难维持效果。一般不推荐用让宝宝趴睡的方法来防止吐奶。

情况加重该如何处理 较为严重的吐奶可能预示着健康风险，如果宝宝出现下列情况，请立即向医生咨询。

- 体重不增长。
- 喷射状吐奶，将胃里的内容物都吐了出来（呕吐物）。
- 吐出黄绿色的液体、吐血，或吐出咖啡渣样物质。
- 拒食。
- 大便带血。
- 有其他疾病症状，如发热、腹泻或呼吸困难，一些婴儿会出现婴儿胃食管反流（详见第458页）。

针对这些情况，特殊的喂养方式或药物可能会有帮助。

第四章

添加固体食物

宝宝刚出生时，母乳或配方奶是他（她）所需要的全部食物。但最终，宝宝会慢慢发展出将固体食物从嘴的前部移动到后部，并且完成吞咽的协调动作。同时，他（她）的头部控制力将会提高，这样他（她）就可以靠双手支撑着坐起来。这些都是日后接受固体食物的基本技能。

当你增加宝宝可接受的食材来满足他（她）的营养需求时，同时还有机会早早鼓励宝宝建立健康的饮食习惯。通过建立规律的进餐和零食的时间表，可以让日常生活变得有规律，令人舒适，宝宝也会逐渐喜欢这种感觉。即使宝宝还小，也要鼓励他（她）和家人一起吃饭，作为社交的启蒙方式。你可以让餐桌的氛围变得放松，注意要在用餐时关闭手机、电视和其他电子设备，来保证大家的注意力都在食物上。

这些早期的习惯，将帮助宝宝始终处在一个安全舒适的环境中，用各种健康的食物来为身体提供营养，从而获益终生。这就是健康饮食的意义所在，而且从现在开始，并不算早。

准备开始

宝宝准备好开始吃固体食物了吗？根据发育情况的不同，时间可能也有差异。通常来讲，宝宝准备好接受固体食物的迹象包括：能坐在高脚餐椅或加高的椅子上、头部能够保持直立，并且表现出对食物的兴趣，且能张嘴含住勺子。

美国儿科学会推荐要等到宝宝至少4个月大，再引入固体食物作为母乳或配方奶的补充，理想状态下，最好等到孩子接近6个月大时再开始。如果对于宝宝什么时候开始添加固体食物有疑问，可以向医生咨询。

第一口辅食 传统做法是，先为宝宝添加单一谷物的婴儿营养米粉，以满足宝宝满6个月后的营养需求。但对选择第一口辅食来说，没有所谓的“正确”。肉泥也是个不错的选择，因为富含铁和锌，这些是从宝宝出生起就必需的营养素，但在宝宝出生后的几个月里，它们在宝宝体内的储备量在逐渐下降（见第59页“铁元素的重要性”）。

你也可以为宝宝添加蔬菜和水果泥，豆泥和绿叶菜都含有铁，许多水果和蔬菜中的维生素C有助于铁的吸收。如果有必要，可用配方奶或母乳来稀释泥糊状食物。

研究表明，早期接触蔬菜和有味道的食物的宝宝，在儿童期吃饭时会更容易接受这些食品。注意要避免在婴儿食品中添加盐或糖。

准备开始 用一个小勺——勺子大小以能放进宝宝嘴里为宜——从非常少量开始尝试。起初，宝宝可能会皱眉头、吐口水。这不一定是因为他（她）不喜欢，而是因为他（她）可能还不熟悉向后移动舌头。要等宝宝张开嘴主动去含住勺子——而不要强行将食物送进他（她）嘴里。如果宝宝反复用舌头向外推勺子，这可能表明他（她）还没有准备好接受固体食物。

如果宝宝把手指放进嘴里来帮助吞咽食物，不要感到惊讶。他（她）还会尝试推开勺子。要对这个混乱的过程做好心理准备。为了防止宝宝在非常饿的时候出现沮丧情绪，试着在喂母乳或配方奶的同时，给宝宝一勺食物。有些父母会跳过泥糊状食物，为宝宝准备适宜的手指食物，让他（她）通过自己吃这些食物来引导自主进食。（详见第57页）

一旦宝宝习惯了固体食物，他（她）每天可能会需要好几勺，也包括手指食物。在快满1岁时，大多数宝宝日常摄取的一半营养来自母乳或配方奶，而另一半则来自辅食。

味道和性状 婴儿会对食物在嘴里的感觉和味道做出反应。虽然你不必一丝不苟地遵循特定的食物添加顺序，但规律添加可以有助于我们为宝宝逐渐引入不同口味和性状的食物。建议首先提供单一成分的食物，每种新食物之间要隔3～5天。这样做，是因为如果宝宝对某种食物有不良反应，如腹泻、皮疹或呕吐，你能更容易排查是哪种食物引发的症状。分开吃新食物，也能让宝宝有机会适应新的口味和口感。通常需要很多次尝试（可能多达15次或更多！），才能让宝宝接受一种新的食物。

泥糊状食物 添加辅食初期，对宝宝来说，软软的食物可能更容易接受。一种选择是将1汤匙单一谷物强化铁的婴儿营养米粉与4 ~ 5汤匙的母乳或配方奶混合。或者将母乳或配方奶添加到肉、蔬菜或水果泥中，以获得类似的稀稠度。尽管食物的质地会看起来非常稀，但是也要忍住把它灌进瓶子里的冲动。当宝宝能够接受这种比较稀的泥糊时，你就可以少加些水。有些宝宝从开始就特别喜欢吃泥糊状的食物，但同时也有些宝宝没那么大的兴趣，所以要保持耐心并且不断尝试。

手指食物 大约9个月时，大部分宝宝就可以吃小份的切好的手指食物了，如煮蔬菜、软的水果、煮熟的意大利面、奶酪、全麦饼干和嫩肉。

当宝宝快满1岁时，家里其他人吃的任何食物，都可以弄成糊糊状，或者切碎了给他（她）吃。此外，要在每餐或是两餐之间，继续给宝宝喂母乳或配方奶。

果汁 果汁虽然是一种很受欢迎的饮料，但在宝宝的食谱里，并非必不可少，水果本身比果汁更有营养价值。如果你选择给宝宝喝果汁，要确保选择的

宝宝自主进食

在欧洲国家、澳大利亚和美国，都有一个日益增长的趋势：允许6个月或6个月以上的宝宝自己吃固体食物（婴儿主导性断奶或喂养），鼓励他们探索食物，并让宝宝自己控制该吃多少。这种喂养方式的关键点在于，让宝宝把食物放进自己的嘴里。初步研究认为，这种方法可以减少出现挑食的可能性。自己吃饭的宝宝和由家长喂养的宝宝，在体重上没有差异。

婴儿自己吃饭的主要问题是窒息风险。但有证据表明，只要采取适当的预防措施，自主进餐和由家长喂饭是同样安全的。为了防止宝宝在吃饭时发生窒息，请确保他（她）吃饭时能够坐直，并且有成年人全程进行监护。不要让宝宝在独处的情况下自己吃饭。同时，提供容易抓握的食物，而且要保证食物可以被宝宝嚼碎，或者容易啃咬，且不会碎成小块阻塞宝宝的呼吸道。可以考虑蒸胡萝卜、烤红薯或煮熟的鸡肉，把这些食物切成成人手指长度的小块。避免给宝宝吃太小的、硬币形状的、滑的、脆的、黏的或硬的食物。

婴儿食品

宝宝满1岁时，应该可以吃家人食谱上的大部分食物了，只要确保食物不太烫，或不存在窒息的风险即可，同时注意避免给宝宝吃过多的调味料，包括盐和糖。

如果你想为宝宝准备食物，可以用辅食机或食品加工机把食物搅成糊状，或者把食物切成小块。对于较软的食物，你可以简单地用叉子将其捣碎。以下是一些值得尝试的食物示例。

- 去皮、切成1/8块大小的苹果
- 切片、去皮、去膜的橘子
- 成熟、去皮的桃子
- 薄切片状的香蕉
- 煮熟、炒熟或炖熟的鸡蛋
- 软奶酪
- 软蛋奶糕或布丁
- 酸奶
- 熟的、软的胡萝卜和其他蔬菜
- 熟通心粉、面食、鸡蛋面和米饭
- 烤面包片或百吉饼切片
- 嫩肉：鱼、金枪鱼、羊肉、鸡肉、火鸡、牛肉和猪肉
- 意大利香肠肉酱和意大利面
- 薄煎饼和华夫饼
- 全麦饼干和谷类食品

是100%的纯果汁，并且要在宝宝满1岁以后才能喝，每天的摄入量不超过4盎司（约120毫升）。

喝太多果汁，会导致宝宝出现超重、龋齿以及引起腹泻等消化问题，还会妨碍宝宝对有营养的辅食、母乳或配方奶的摄入。

什么不能进食 宝宝满1岁前，不要喝牛奶，吃柑橘类水果，蜂蜜、玉米糖浆。牛奶无法满足婴儿的营养需求，也不能提供充足的铁元素，对于1岁以内的宝宝来说，用牛奶代替母乳或配方奶，有可能会引起缺铁性贫血。柑橘类水果会引起令宝宝疼痛的尿布疹。而蜂蜜和玉米糖浆则含有可能引起婴儿肉毒杆菌中毒的孢子。

此外，别给宝宝吃可能引起窒息的以下危险食品。

- 小的滑滑的食物，例如整颗葡萄、热狗或硬糖。
- 难咀嚼的干的食物，例如爆米

铁元素的重要性

铁是一种营养素，对宝宝的生长发育至关重要。铁能帮助将氧气从肺部转移到身体其他部位，并帮助肌肉储存和使用氧气。婴儿出生时，体内就储存着铁，但仍然需要稳定的额外补充的铁，来满足快速成长发育所需。婴儿配方奶粉中添加了铁。如果你是母乳喂养，那么在宝宝4个月大时，就要考虑给他（她）补铁了。如果宝宝是早产儿，医生可能会建议在更早的时候开始补铁。当宝宝长大并开始吃其他食物时，请注意以下几点。

- *提供富含铁的食物。*当开始给宝宝提供固体食物时——通常在4～6月龄——要选择富含铁的食物，比如强化铁的婴儿谷类食品和肉泥。对于大一点儿的宝宝来说，铁的优质来源包括红肉、鸡肉、鱼和豆腐。
- *不要喝太多牛奶。*宝宝一岁左右时可以开始喝普通牛奶，要控制在24盎司（约720毫升）以内。否则过多的牛奶会抑制身体对铁的吸收。
- *增强铁的吸收。*维生素C有助于促进膳食铁的吸收，你可以通过提供富含维生素C的食物来帮助宝宝吸收铁，如哈密瓜、草莓、甜椒、西红柿和深绿色蔬菜。

- 花、生的胡萝卜和坚果。
- 黏稠或有韧性的食物，如花生酱或大块儿的肉。

建议参加婴儿心肺复苏（CPR）课程，如果你还没有学习过相关的知识，强烈建议你参加培训，宝宝发生窒息时，在课程中学到的急救技巧会非常有帮助。

引入花生酱、牛奶和其他食物

有些食物如果不等到适当的时候再给孩子吃，会引起问题。

花生和其他易致敏的食物 为了预防食物过敏，我们曾经建议父母推迟为宝宝添加鸡蛋、鱼和花生酱。但是现在，研究人员发现，推迟4～6个月添加这些食物，也并不能预防湿疹、哮喘、过敏性鼻炎或其他食物过敏症状的出现。

事实上，最近的证据表明，早到4月龄时食用花生酱或含花生的食物可能有助于预防花生过敏。这一点，对于那些有较高花生过敏风险的婴儿来说尤其如此，比如湿疹、鸡蛋过敏或有食物过敏家族史的宝宝。如果宝宝已经开始吃固体食物，而且还没有出现任何食物过敏的迹象，你可以尝试一下用母乳、配方奶，或者是泥糊状食物等，来稀释花生酱并喂给宝宝（记得避免从罐子里直接取出很稠的花生酱或给宝宝吃整颗花生）。如果宝宝能接受，那么可以逐渐增加花生酱的摄入量。在引入其他易致敏的食物时，也要注意选择宝宝能接受的性状。

如果宝宝患有湿疹或有食物过敏家族史，那么在给宝宝添加花生酱之前，要先咨询医生。医生可能会建议宝宝先做花生过敏测试。

牛奶 在宝宝1岁左右，你可以开始让他（她）尝试全脂牛奶。当然，如果你愿意，可以继续坚持母乳喂养。在这个阶段，牛奶不能代替母乳或配方奶。但是当宝宝能从各种各样的食物中获得营养时，牛奶可以成为维生素D、钙、脂肪和蛋白质的重要来源。

美国儿科学会建议，给2岁以下的宝宝喝全脂牛奶。低脂牛奶（如2%、1%和脱脂牛奶）不能为宝宝发育中的大脑提供足够的脂肪，除非是医疗机构特别推荐，否则应避免在宝宝2岁之前饮用。

替代牛奶——如大豆、坚果和植物性牛奶——通常添加了维生素D和钙，但大多数饮品的脂肪含量，都比全脂牛奶低。如果你有任何疑问，尤其是当宝宝被诊断为牛奶蛋白不耐受或过敏时，请在给宝宝添加牛奶之前咨询医生。另外，注意控制宝宝每天的牛奶摄入量，最好不超过24盎司（约720毫升）。摄入过多，可能会导致宝宝吃不下别的食物，并引起缺铁性贫血。

家庭进餐时间

进餐时间是家庭生活的重要组成部分，给家庭成员提供了聚在一起分享食物，增进感情的机会。如果可能的话，让宝宝和其他家人一起吃饭。这有助于他（她）习惯吃饭的全过程——坐下来，选择要吃的食物，在咀嚼之间休息片刻，吃饱了就停下来——还能学会如何与人交往。

这些早期的经验将帮助宝宝收获良好的饮食习惯，并受用终生。研究表明，经常在一起吃饭的家庭，会倾向于吃更有营养的食物，因此出现儿童肥胖或饮食失调的概率就相对较小。孩子在长大后，也更有可能出现更优秀的行为，拥有更多的词汇量和更高的学术成就。

给婴儿的小贴士　为了保证能让用餐时间对每个人来说都是愉快的经历，请考虑以下建议。

始终待在座位上　起初，你要让宝宝坐在你的腿上，然后给他（她）喂食物。当宝宝可以不需要支撑就能坐好时，你就可以让他（她）自己坐一个比较稳固的婴儿餐椅了。为宝宝扣好餐椅上的安全带，并且注意不要让其他大孩子攀爬或者吊在餐椅上。

鼓励探索　宝宝可能会边吃边玩食物。虽然这样会造成混乱，但这种动手的方法有助于促进宝宝的大脑发育。你可以提前在地板上放一块抹布。给宝宝提供新的食物让他（她）进行尝试。为了保证宝宝更容易接受新食物，你可以把新食物和另一种宝宝喜欢的食物混合在一起。大多数婴儿在七八个月大的时候，就可以而且应该接受所有类型的食材了。

使用工具　当你用勺子喂宝宝吃饭时，也给他（她）一个勺子拿着。随着宝宝精细动作的发展，鼓励他（她）自己舀食物并送进嘴里。宝宝1岁后，使用餐具的技能会进一步发展，别忘了为他（她）提供练习的机会。

提供杯子　在进餐期间，用杯子给宝宝喝母乳或配方奶，有助于为戒断奶瓶打下好基础。当宝宝满9个月时，他

（她）就可以自己用杯子喝水了。你可以从防撒漏的杯子开始，也就是我们常说的“鸭嘴杯”。

分份而食 起初，宝宝每顿饭可能只吃几勺。如果你直接从大的容器中舀出食物喂给宝宝，那么勺子上的细菌和唾液，会让剩余的食物很快变质。舀出一勺食物放在盘子里，然后把剩余的食物存进冰箱。对于手指食物也是一样，宝宝吃完了一份，再取第二份。

适可而止 当宝宝吃饱后，他（她）可能会尝试离食物远一点，比如身体向后倾，或拒绝张开嘴。不要强迫宝宝再多吃一些。只要宝宝的生长情况是达标的，你就可以确信他（她）已经摄入了足够的食物。

当宝宝可以自己决定食量和进餐速度时，他们就会变得配合度很高。这样做可以让宝宝根据自己的饥饿程度来调节食物的摄入量，有助于现在和以后保持健康的体重。

给幼儿的小贴士 当宝宝开始蹒跚学步时，你可能会发现他（她）的食欲下降了。宝宝可能会对食物变得很挑剔，吃了几口就跑了，或者在吃饭时不愿意坐在餐桌边。这很正常，而且令人沮丧！

1岁以后，宝宝的生长速度减慢，因此也不需要那么多热量了。为了鼓励成长中的宝宝养成健康的饮食习惯，请遵循以下步骤。

尽量少分散注意力 充分利用家庭用餐时间。关掉电视、电话和其他电子设备。这有助于宝宝——和其他人——集中精力吃饭和关注彼此。即使宝宝还不会说话，他（她）也喜欢交流和融入家庭的感觉。这种良性刺激对孩子的心理、社交和情感发展都很重要。

小份供应 虽然宝宝长大了，但是每次提供的食物量仍然不要太多，否则宝宝很难一次吃完。在盘子里放少量的食物，大约是宝宝的拳头大小，如果宝宝没吃饱，就再提供第二份。

不要为挑食而烦恼 挑食在幼儿时期和整个学龄前时期都很常见。但通常随着宝宝年龄增长，挑食的情况会有所缓解。你不能强迫宝宝喜欢某些食物，但你可以给他提供更多机会尝试不同的食物。带着宝宝一同去购物，感受不同食材的形状和质地，在做饭准备食材

牙齿和牙齿护理

宝宝的第一颗牙，会在6～7月龄时萌出。出牙期间，宝宝可能会表现得很烦躁，这种情绪会妨碍进食。出牙会导致宝宝牙龈肿胀，当宝宝努力吸吮时，更多的血液会涌进已经肿胀的牙龈。这可能会导致宝宝扭动、呜咽和拒绝吃奶。你可以试着在喂奶前给宝宝轻轻按摩牙龈（更多关于牙齿的信息，请参阅第468页）。

宝宝一旦出牙，就有了出现蛀牙的可能。龋齿通常是由于牙齿长时间暴露于食物和饮料中的糖而引起的。为了降低牙齿损伤的风险，应做到以下几点。

- 让宝宝睡前用奶瓶喝果汁或牛奶，牛奶和果汁中的糖在嘴里停留的时间更长，因此应避免这种做法，否则可能导致宝宝患龋齿的风险增加。
- 宝宝18个月时，就要戒掉奶瓶。
- 用餐时间，也要限制含糖食物和饮料的摄入量。一般要避免碳酸饮料和含糖饮料，可以让宝宝进餐期间稍微喝点水。
- 每天用含氟牙膏（一粒米大小）清洁宝宝的牙齿两次。

时也可以邀请宝宝参与，还可以让他（她）一起品尝。

避免强迫宝宝 如果宝宝不吃某样食物，不要强迫，只需过些时间再试一次，让宝宝反复接触不同的食材，有助于保持饮食的多样性。你越强迫宝宝吃东西，他就越不可能顺从。在每次进餐时，提供营养丰富的食物，让宝宝自己选择他（她）想吃的。

关注积极的方面 对宝宝好好吃饭和尝试新食物的努力提出表扬，但在他（她）不肯吃东西时，不要给予过多的关注。尽可能地将目光集中在宝宝做得好的行为上——并且尽量忽略其他行为——有助于激发积极行为，让用餐时间变得愉快。避免用食物作为惩罚或奖赏的手段，例如不让宝宝吃甜点，或者贿赂他（她），因为这会促使宝宝和食物之间建立不健康的关系，并且强化甜点更诱人的感觉。

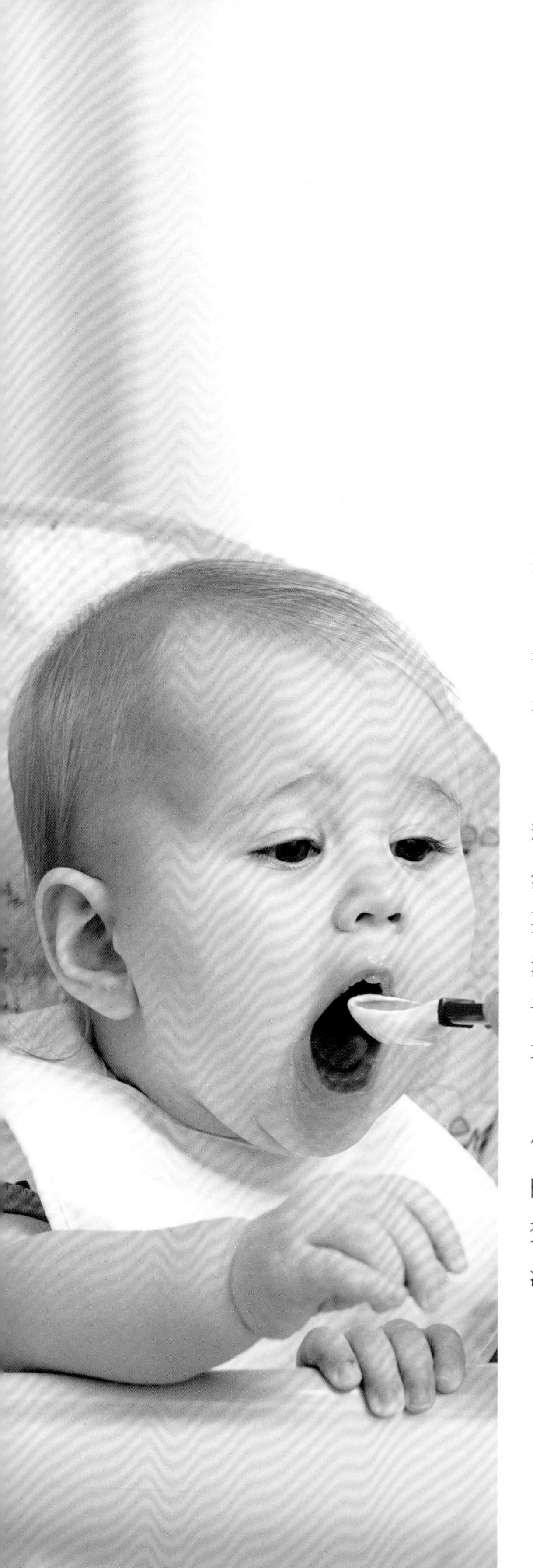

调整方式 有时候，宝宝挑食并不是不喜欢食物本身，而是不喜欢吃的方式。宝宝可能不愿意把食物混合在一起，或是盘子里同时放两种食物。如果是这样，试着调整一下。例如，提供很多不同的一口大小的食物，让它们排成一排——可能是一个熟通心粉、一个意大利白豆、一小朵蒸西兰花和一小块软软的桃子。这些食物都富含营养价值，宝宝可以挑选自己喜欢的吃。即使宝宝没有吃掉所有食物，也可以接触到食物的颜色和质地。抚摸、闻、把玩食物，都属于幼儿的探索性行为，之后才会产生接受食物的意愿。

保持耐心 通常，幼儿可能会对某种特性的食物，连续几天都很感兴趣，然后某一天开始，又突然拒绝吃了。不要太担心这样“反复无常”的情况，专注于为宝宝提供健康的选择即可，并尝试在每顿饭中提供至少一种宝宝熟悉并喜欢的食物。

对大多数宝宝来说，可以以周为单位，来考虑摄入的营养是否均衡。宝宝的挑食情况，不会在一朝一夕之间改变，所以保持耐心，不断尝试一些小方法，并记下什么是有效的。

婴幼儿的饮食行为

年龄	行为	喂养建议
7～12月龄	• 用手抓食物 • 用嘴唇从勺子里抿食物 • 吃柔软的小块食物而不噎住	• 提供柔软的食物，如强化铁的婴儿谷物食品或用少量液体稀释的肉泥 • 提供大量不同的新食材，但是每次只提供一种 • 不要强迫喂养
12～24月龄	• 自主持手指食物 • 食欲下降，生长速度降缓 • 阶段性对食物没有兴趣 • 在吃东西时表现得谨慎、好奇、叛逆	• 考虑在宝宝满18月龄前戒掉奶瓶，这样可以避免过度喂养和出现蛀牙的风险 • 提供安全的手指食物 • 提供全脂牛奶 • 允许使用不同的感官探索食物
24～36月龄	• 食欲通常很难预判 • 可能突然不喜欢以前爱吃的食物了 • 某顿饭会吃得很好，但是下一顿却什么都不肯吃 • 突然不想自己吃饭	• 允许并鼓励宝宝自主进食，即使这需要花费一段时间 • 对于同一种新事物，重复提供 • 提供全脂牛奶，除非医生有特殊要求 • 在正餐和零食之间，让宝宝喝些水

第五章
尿布和相关物品

在宝宝出生后的第一年里，有很多值得期待的事情，但换尿布显然不在单子的前列。这看起来是一个很耗神的工作——每个宝宝在练习自己如厕之前，平均要用掉5 000块尿布。你可能会想，哪种尿布最好？宝宝得了尿布疹该怎么办？还有，宝宝的黄色或绿色便便正常吗？

提前了解一些信息、做些准备能让换尿布的活儿多些愉悦、少点烦恼。你甚至可以把换尿布看成是和宝宝建立亲密关系的另一个机会。毕竟，日复一日的照顾，给了你和宝宝休息、联结和交流的时间。

找到合适的尿布

尿布分许多种类——布质的或纸尿裤，有品牌的或者自制的——还有各种不同的尺码和款式。一些宝宝对不同的尿布都能适应得很好，而另一些宝宝则需要某种正好适合他们身体的种类。如果宝宝对现有的尿布不习惯，或者有过敏的情况，那就别怕做些新的尝试。

纸尿裤 一次性可丢弃的纸尿裤现在很普遍，它吸水性强，使用也很方便。然而，纸尿裤的成本较高，尤其是当你有几个宝宝的时候。

纸尿裤的材质通常能让宝宝的皮肤在相对更长一些的时间里，保持更加干爽的状态。但是这种吸水性好的弊端是监控宝宝的尿量相对困难，而尿量是评估新生儿健康情况的一个重要指标。

纸尿裤还很方便——每次用完直接扔掉就行。但是其通常不可降解，最好的情况下，也需要比较长的时间才能降解。据估算，每年至少有180亿片纸尿裤被填埋处理。庆幸的是，越来越多的纸尿裤生产商正在尝试通过使用不同的原料、更少的染料和更好的包装，以减少纸尿裤对环境造成的负面影响。

布尿布　近年来，随着新的品牌和款式提供更有效和方便的选择，布尿布变得越来越常用。宝宝穿布质的尿布会更加舒适，从长远来看也会更省钱。不过，布尿布通常没有纸尿裤吸水性强，家长要做的工作更多。

布尿布一般是分成两部分，通常包括由柔软的棉质材料制成的内衬，加上塑料、棉或绒质地的外层。一些父母喜欢布尿布，因为这些材料不含会刺激宝宝的化学物质、织物或香味。目前的布尿布通常由卡环或布带固定，不用别针。布尿布通常不如纸尿裤吸水，因此需要在弄脏后迅速更换，以免给宝宝的皮肤造成刺激。

基于你购买的布尿布的数量，布尿布需要每周清洗几次，甚至每天清洗。有人选用布尿布清洗服务，包括上门收取脏尿布去洗，洗净后送回。一些布尿布还可以选择可丢弃的内衬，这样可以在使用后把脏的部分丢掉。甚至还有些可降解的丢弃性内衬，可以直接用于堆肥或从厕所冲走。

随着布尿布使用量的增加，也出现了更多的配件，让其使用起来更方便，包括配在厕所中的冲洗器，能把脏尿布上的尿液和粪便污渍洗掉，还有收纳待清洗的脏尿布，防止气味扩散的防水尿布袋。

尺寸　大多纸尿裤包装上都标有与宝宝体重对应的尺寸。虽然根据品牌不同范围会有些变化，但通常新生儿尺码的纸尿裤，使用上限是10磅（约4.5千克），而1号纸尿裤，是为体重8～14磅（3.6～6.4千克）的宝宝设计的。早产儿纸尿裤通常是为体重小于6磅（约2.7千

防水纸尿裤

随着宝宝长大，你可能会想带他去游泳。宝宝和父母一起游泳时，通常要穿防水纸尿裤或泳裤。这些产品在泳池里可收纳粪便的能力究竟如何还不是很清楚。虽然看上去这类纸尿裤能够吸纳所有，但一些污物和细菌还是会漏出来。如果宝宝正患腹泻或有其他不适，还是不要带他去游泳，以免污染池水，传染其他宝宝。如果你带健康的宝宝去泳池，根据需要更换防水纸尿裤。

克）的宝宝准备的。

一些布尿布也有不同的尺寸——如新生儿，小号、中号或大号——而另外一些布尿布是可调节的，适应不同成长阶段的宝宝。

数量　如果选择纸尿裤，那么每周需要80～100片，至少在新生儿阶段是如此。如果你打算买布尿布，所需要的数量取决于你清洗的频率。有些父母会储备足够多的布尿布，这样只需要每3天或更久洗一次即可，而有些父母买得比较少，因此需要每天都洗。

尿布　确保有足够的尿布存货，如果你主要使用纸尿裤，那么囤一些布尿布以备存货用完。如果你主要使用布尿布，也买些纸尿裤，以便没时间洗尿布时用。

湿纸巾　你可以买婴儿湿巾，也可以准备一块专用的湿布，或者用自己的配方自制湿巾。如果你用婴儿湿巾，选择专为敏感肌肤设计的、不含酒精或香料的，这样有助于预防过敏。不必每次换尿布时都用湿巾。尿液很少有刺激

装备起来

如果你把所有需要的东西都摆在手边，换尿布会变得容易很多。

尿布台　固定一两个常为宝宝换尿布的地方会很有帮助。这样你就能把各种东西放在固定的位置，随用随取。如果你使用尿布台，那么要确保它有宽阔结实的底座，分成小格子可以存放换尿布时要用的东西。记得换尿布时，永远要有一只手放在宝宝身上。另外一种选择是，你可以用垫子铺在地上给宝宝换尿布。把尿布放在婴儿床底部的抽屉或者附近的梳妆台里，顺手可得。

自制婴儿湿巾

婴儿湿巾在美国很常用，但不总是必需品，而且常被过度使用。一些湿巾含有可能会刺激宝宝屁股的成分。减少宝宝受这些物质影响的同时，还能省钱的方法之一就是自制婴儿湿巾。

有很多种方法可以自制婴儿湿巾，但是在你开始之前，这里有一些建议。读完这些选项，然后再决定哪种方法最适合你。

擦拭布　你可以考虑用以下材料做擦拭布，看看你最喜欢的是哪种：

- 买软的纸巾卷筒。把卷筒切成两半，这样就有了两筒短的纸卷，这个尺寸做湿巾刚刚好。
- 买一摞可重复使用的擦拭布。通常由法兰绒或其他棉质材料制成。或者买一些薄的婴儿面巾，你可以用它来做擦拭布。
- 自制可重复使用的擦拭布。购买软质法兰绒、绒布或毛绒织物，剪成5英寸（约13厘米）见方。把边缝上，这样洗的时候不会散开。

润湿液　你可以考虑的选项。

- 水。
- 自制润湿液，以下为配方。

  2大汤匙婴儿沐浴露

  2大汤匙橄榄油

  2杯水

收纳容器　选择对你来说最简便的一种。

- 圆塑料罐。将自制的润湿液倒入塑料罐底部。把半卷纸巾放入罐内，盖上盖子。纸巾会吸收液体，你需要时撕一张即可。
- 喷雾瓶。将新鲜的水或自制润湿液装在喷雾瓶中。如果使用润湿液，先用水把擦拭布浸湿，然后在每块布上喷几下润湿液。

如果你自制宝宝润湿液，可能需要先和医生确认一下，其中的婴儿沐浴露或其他成分不含有任何潜在有害或刺激性的物质。这些东西会通过宝宝的皮肤吸收到身体里，因此确保所有成分都没问题是非常重要的。

性，所以如果宝宝只是尿了，保持该区域干燥或用一块湿布擦拭一下就够了。记得大部分湿巾都不能在马桶里冲弃。用过的湿巾要扔到垃圾桶里，除非你买的湿巾包装上写明可以在马桶里冲掉。

干布　你可能需要在手边准备一些干的软布，这样给宝宝擦拭小屁股后，如果没有时间晾干，那么可以轻轻拍干他（她）的小屁股。小屁股暴露在空气中，可能会让宝宝想尿尿，正换尿布时宝宝也可能会尿。如果你家的是男宝宝，用干布轻轻盖住他的小鸡鸡，能让你在为他清洗小屁股时避免被滋一脸尿。

尿布桶或防水尿布袋　尿布桶用来存放脏纸尿裤和湿巾，防水尿布袋用来存放待清洗的脏尿布和可重复使用的湿巾。这两种产品的可选择类型很多，挑选时，最好找一种方便、卫生、能收住气味的类型。

护臀膏　除非宝宝有出现尿布疹的迹象，否则你不需要使用婴儿护臀膏。但是在手边准备一支以防万一总是好的。这样在有需要时，你就不需要立刻冲出去买了。

换尿布

到宝宝能接受如厕训练的时候，你将会成为一名换尿布的高手。同时，下列步骤和要点能帮助你成功给宝宝换尿布。

心态　换尿布是为人父母逃避不了的任务，但想想这项必做功课是一个和宝宝亲近与交流的机会，会让你感到舒适。你温暖的话语、轻柔的抚摸和鼓励的笑容，会让宝宝体会到爱和安全感，很快宝宝就能用咯咯笑和叽里咕噜来回应你了。

频率　因为新生儿的小便很频繁，在最初几个月里每两三个小时给宝宝换尿布很重要，特别是使用布尿布的情况下。如果宝宝在睡觉过程中排尿了，你可以等到他（她）睡醒再换。尿布上只有尿液时，通常不会刺激宝宝的皮肤。不过，大便中的酸性物质则不同，所以宝宝一醒就尽快换掉被便便弄脏的尿布。

准备　把湿巾和干净尿布放在触手可及的地方，先拉开或者准备好你认为用得到的数量的湿纸巾，并且把尿布打开摊平是有帮助的。和宝宝进行目光接

换纸尿裤

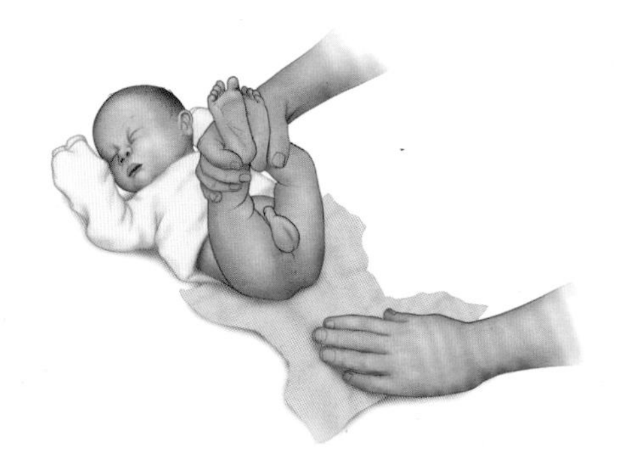

步骤一　打开干净的纸尿裤，确保纸尿裤后面的系扣在上方，或者在远离你的一侧。把纸尿裤放到宝宝身下，直到顶端（有系扣的一端）和宝宝腰部齐平。

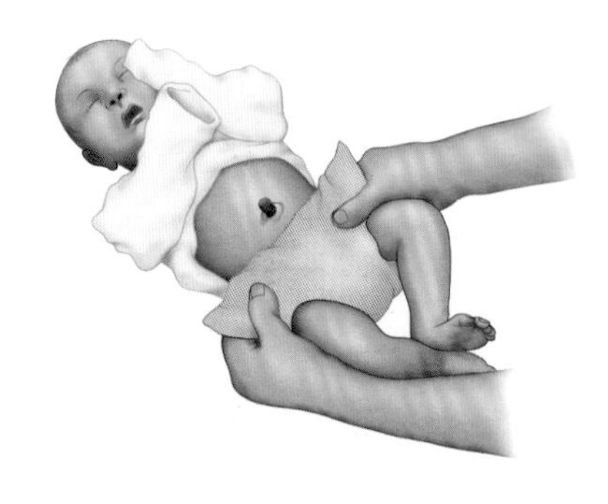

步骤二　把纸尿裤的前部从宝宝两腿间拉上来，不要歪向任何一侧。

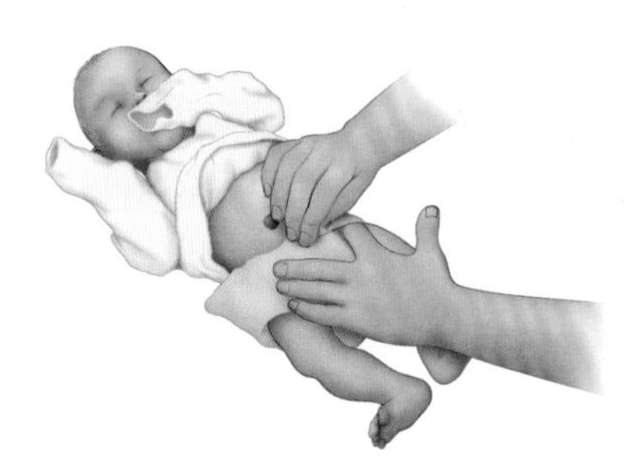

步骤三　把一边的位置放好，从系扣上打开粘扣。把系扣往前拉，粘到纸尿裤前面。另一边重复同样的步骤，确保纸尿裤舒适地环绕在宝宝的大腿上，不要扭向一边。

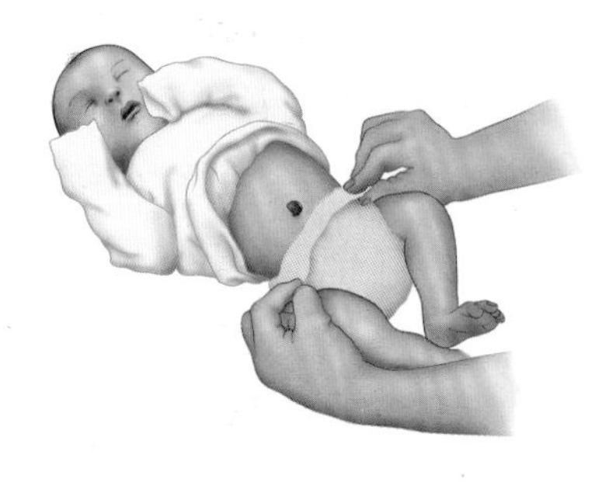

步骤四　如果是新生宝宝，要把纸尿裤最上面的边向下折，以免摩擦还在愈合过程中的脐带。纸尿裤应该舒适地贴合宝宝的腰部，只留下一个手指的空间。

触，告诉宝宝你要给他（她）换尿布了。轻轻地让宝宝仰躺下来。如果你不是在地板上给宝宝换尿布，记得始终要保持有一只手放在宝宝身上。

拿掉脏尿布 解开宝宝所穿尿布上的塑料搭扣、带子或卡扣，拉下尿布的前半部分。如果宝宝刚刚排便了，可以用尿布干净的前半部分把大部分粪便从宝宝皮肤上擦拭掉。把脏尿布放到宝宝够不着的一边。

清洁宝宝的屁股 在清洁过程中，一只手小心地抓住宝宝的脚踝并拎起宝宝的腿。用蘸了温水的毛巾或湿纸巾从前向后擦拭。记得检查和清洁臀部的褶皱位置，这些地方可能藏有粪便。你可以把脏湿巾放在脏尿布中间位置，让脏东西都集中在一起。如果你家是男宝宝，可以在给他洗屁屁时拿块布轻轻盖在他的小鸡鸡上，以免被尿滋一脸。

给女宝宝换尿布 记得从前向后擦拭，以免把（更多的）粪便带到生殖器周围。女宝宝的私处有更多褶皱，可能有粪便隐藏，因此全面清洁非常重要。但女宝宝阴唇部位经常会有一些正常的白色分泌物，没必要擦掉它。过分的摩擦会造成刺激。

擦干 清洁步骤完成后，用软布轻拍宝宝的小屁屁，在换上新的尿布之前让皮肤恢复干爽。

换上新尿布 抓住宝宝的脚踝，轻轻拎起他（她）的大腿，把新尿布放在他（她）的屁股底下。有粘扣的一边应该在后面，也就是宝宝的身体下方。把尿布的前半部分从两腿间拉上来，让尿布前后两部分在宝宝身体差不多高的位置。系上带子、塑料扣或卡扣，让尿布舒适地贴合宝宝的腰部。如果你用纸尿裤，确保环绕宝宝大腿周围的弹力部分

脐带

宝宝出生后的前几天里，你在给他（她）换尿布的同时，还需要处理脐带的残端。最好把残端尽可能多地暴露在空气中，让它干燥，最终脱落。保持脐带残端的清洁也很重要——别让它和尿液及粪便接触。大多数新生儿尿布上会设计一个小小的缺口，这样尿布只到脐带下面，不会和它发生摩擦。如果你用的尿布不是这样的，那么就把上面的部分向下折，将脐带露出来。

不要向内折进去。如果用布尿布，确保内衬在外层的正内侧。

给男宝宝换尿布 男宝宝很可能会向上尿，并且尿到尿布外面，造成渗漏，弄湿衣服。当你给他换上新尿布时，试着将小鸡鸡向下放，以防止尿液渗漏出来。你也可以把尿布向下折一下，给前面位置更多的保护。

扔掉脏尿布 如果你在用纸尿裤，可以把脏纸尿裤从前向后卷起来——把用过的湿巾放在尿布中央——然后用系扣把卷好的纸尿裤绑起来，再扔到尿布桶里。如果你在用布尿布，那么可以先将尿布上的粪便清理到马桶里，然后再稍微冲洗一下，之后放到固定存放的地方，例如防水尿布袋或尿布桶，待积攒一些后再一起彻底清洗。有些家庭会使用尿布冲洗器，这个装置可以连接在坐便器上，如果有需要，在婴儿用品店或网上可以买到。

洗手 换完尿布并把宝宝放到安全的地方后，你需要用肥皂和水清洗双手。洗手很重要，能防止细菌或真菌传播到宝宝身体的其他部位，或者传播给你及家里的其他孩子。

正常情况

新手父母通常会很关心宝宝的尿便是否正常。尤其对于新生儿来说，关于颜色、性状和频率，在一定的范围内都可以被视为正常。但也有一些指导原则，能够帮助你了解正常的是什么样子，以及什么情况下需要引起关注。

尿 对于健康的婴儿来说，尿的颜色从浅黄到深黄之间。有时，高度浓缩的尿液凝结在尿布上，会形成粉红色的粉状物，让人误以为是血。这种情况是正常的，无须担心。记住浓缩的尿液和血不同，浓缩尿干结后成粉末状，也没有血液的颜色那么红。

宝宝出生三四天后，每天应该尿湿4块尿布甚至更多。随着他（她）逐渐长大，每次吃奶后都应该会尿湿一块尿布。

便　宝宝第一次排便，通常发生在出生后48小时内，这可能会让你觉得很惊讶。在最初的几天里，新生儿的粪便经常是又厚又黏的，这种像柏油一样，绿绿黑黑的物质又被称为胎便。胎便排完后，宝宝粪便的颜色、频率和性状都会有多种不同的情况，主要取决于宝宝是母乳还是人工喂养。

颜色　如果宝宝是母乳喂养，那么大便的颜色可能接近浅色的芥末，里面有类似种子的颗粒物，软软的，甚至还有点稀。而人工喂养的宝宝，大便通常是呈棕褐色或黄色的，比母乳喂养的宝宝排出的便更成形一些，但不会比花生酱更干。

大便的颜色和性状偶尔有些变化是正常的，粪便在消化道移动的速度快慢，以及宝宝吃了什么东西，都会造成粪便颜色的差异，粪便的颜色可能是绿色、黄色、橙色或棕色。

这些多变的颜色并不重要，但需要重视的是大便带血——表现为红色或炭黑色的条条——或者呈灰白色，而非正常的接近棕黄色的颜色。灰白色粪便可能是粪便中缺乏胆红素的征兆，胆红素是人体分解多余红细胞的正常产物。这

尿布上的小意外

你可能偶尔会在宝宝的尿布上注意到让你意外的，但是通常无害的物质。可能看起来像以下物质。

胶状物质　透明或黄色的颗粒物质，可能是尿布的材料因为尿液过多而过分潮湿。

小的结晶　如果新生儿的液体摄入量过少，肾脏会制造出透明的结晶。这也会在尿布上留下橙色或粉色的痕迹。

粉色或小的血色斑点　新生女宝宝在最初几周可能会在尿布上留下些粉色或血色的污点。这通常是因为宝宝在出生前受母亲激素的影响，通常这不是问题，过一段时间就会自行消失。

些颜色苍白的粪便可能说明宝宝的身体没有在妥善地处理废物。如果你发现了血色或灰白色的大便，请立即联系医生。

性状 轻微的腹泻在新生儿中很常见。这样的粪便含水很多，排便频繁且混有黏液。便秘通常不是婴儿常见的问题，宝宝大便时会用力、出声、脸涨得通红，但这不代表他（她）便秘。当宝宝排便频率不够、排便困难，并且排泄物成球状时才是便秘。

频率 正常的排便频率，范围很宽泛，而且宝宝之间情况也各不相同。宝宝可能在每次喝奶后都会排便，或者一星期才排一次，或者没有规律可循。

血 如果宝宝的大便看起来带血——无论你看到的是红色还是炭黑色的条条，或小片，或其他情况——和医生联系并进行检查。真正的便中带血都应该予以重视，但是不要恐慌，有时候并不是什么严重的问题。

例如，新生儿在娩出时可能吞下了妈妈的一些血液，或者妈妈的乳头破溃流血了，宝宝吃奶时也会吃到一些血液。粪便中的血迹也可能是宝宝对牛奶中蛋白质过敏的一种表现，这些蛋白质在配方奶和母乳中也会存在。对大点的宝宝来说，大便发红或黑可能源自某些食物，包括西红柿、甜菜根、菠菜、樱桃和葡萄汁。

腹泻 如果你发现，宝宝的大便比正常情况更稀，且观察到他（她）大便的频率及便量逐渐或突然增加了，那么要联系医生。

导致宝宝腹泻的原因很多，一些食物会导致腹泻。腹泻也可能是疾病的一种症状，抗生素的使用是常见诱因。抗生素会将肠道内有益和有害的细菌同时清除。

如果抗生素是罪魁祸首，而宝宝已经9个月或更大了，那么可以考虑给他（她）吃一些含有益生菌的食物，例如酸奶。在某些发酵食品中存在的益生菌是含有“好细菌”的微生物，可以帮助宝宝的肠道菌群平衡，并改善消化功能。

益生菌制剂是非处方类的补充剂。不过，因为关于益生菌的研究目前所知不多，对婴幼儿的研究有限，Mayo Clinic的儿科医生一般不会推荐使用。如果你有关于益生菌的问题，可以和宝宝的医生讨论。

便秘 确定宝宝是否便秘了，要看大便的性状，而非排便的频率。宝宝如果排便困难，且排出的便干结，呈球

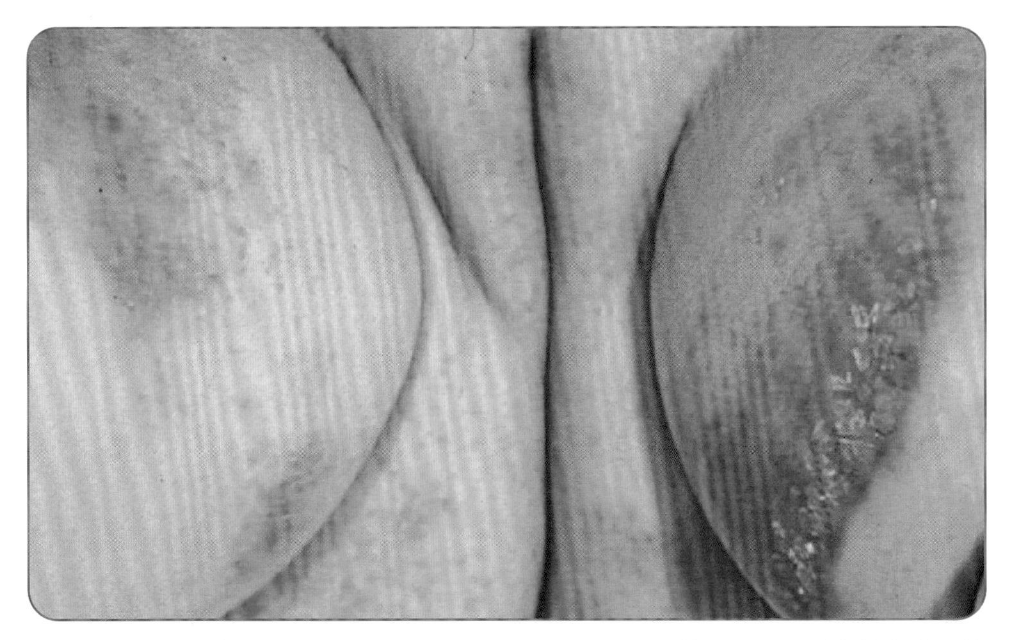

尿布疹通常由于皮肤长时间和尿液或粪便接触引起。一般状况可以通过非处方产品处理，更严重的情况需要处方药治疗。

状，则是便秘。宝宝一旦开始有规律地吃固体食物，可能会更容易便秘。如果宝宝的大便干结，那么可以给他（她）用小口杯喝2盎司（60毫升）水。这种水的摄入不能代替母乳或配方奶，但可以给宝宝额外补充一些液体，帮助缓解便秘。

在宝宝的饮食中多添加水果和蔬菜也对缓解便秘有帮助。梅子、梨和桃子经常被用来帮助软化大便，也可以把这些食物制成果泥或少量的果汁。如果这些做法无法帮助大便变软，请咨询医生，寻找其他可能引起便秘的原因和治疗方法。

尿布疹

即使尿布换得够频繁、清洗够仔细，每个宝宝都有红屁屁的时候。尿布疹如此常见，以致几乎所有宝宝在某个时刻都会得上。如果宝宝得了尿布疹，绝不意味着你是不称职的家长。幸运的是，尿布疹通常很好治疗，只需几天就会好转。

外观　尿布疹是尿布覆盖区域——臀部、大腿和生殖器——的皮肤呈红色、肿胀柔嫩。皮肤可能会有皮疹，或者只是看起来发红和发炎。宝宝可能看起来比平时更不舒服，尤其是在换尿布的时候。

诱因　引发尿布疹的原因包括以下几点。

粪便和尿液的刺激　长时间接触脏的或潮湿的尿布，会刺激婴儿敏感的皮肤。如果宝宝排便较为频繁，可能更容易患尿布疹，因为粪便比尿液的刺激性更强。

新产品产生的刺激　一次性湿巾、新品牌纸尿裤，或是用来清洗布尿布的洗涤剂、漂白剂或织物柔软剂，都会刺激宝宝娇嫩的小屁屁。其他可能引发尿布疹的物质包括婴儿乳液、爽身粉或婴儿油中的成分。

吃了新东西　宝宝开始添加辅食后，大便的成分会发生变化，这会增加宝宝得尿布疹的可能性。宝宝饮食的改变会增加排便次数，也会导致尿布疹。

细菌或酵母菌（真菌）感染　屁股、大腿和生殖器等尿布覆盖的区域温暖潮湿，给细菌和酵母菌滋生提供了很好土壤。这些皮疹通常从皮肤的褶皱处开始长，红点可能会散布到边缘处。

摩擦　尿布过紧或衣服摩擦皮肤，也会导致尿布疹。

使用抗生素　抗生素能杀死细菌——包括坏细菌和好细菌。宝宝肠道内没有良好平衡的菌群，就可能发生酵母菌感染。当宝宝服用抗生素或母乳妈妈服用抗生素时，就会发生这种情况。因为抗生素经常引起腹泻，这也会导致尿布疹。

预防红屁屁：布尿布还是纸尿裤?

在预防尿布疹这件事上，没有确凿的证据表明布尿布比纸尿裤要好，反之亦然，虽然纸尿裤确实可以让宝宝的皮肤稍稍更干燥一些。因为二者的预防能力相当，所以你可以用对你和宝宝来说最适合的即可。如果某种纸尿裤会刺激宝宝的皮肤，那就换另一种。

不管是布尿布还是纸尿裤，都要在宝宝拉臭臭之后尽快更换，保持小屁屁尽可能清洁干爽。

治疗 治疗尿布疹最重要的因素是保持宝宝的皮肤尽可能的清洁干爽。这通常意味着增加不穿尿布的时间，并在每次换尿布时用清水彻底、温和地清洗有尿布疹的区域。避免用肥皂和一次性带香味的湿巾清洗感染区域。这些产品中的酒精和香氛会刺激宝宝的皮肤，加重或引起尿布疹。

如果尿布疹很严重，将温水装在喷壶里为宝宝清洗屁股会有帮助，避免使用湿布或湿巾，这样就不需要摩擦娇嫩的皮肤了。在给宝宝换尿布之前，把屁股完全晾干也很重要。可以尝试以下做法。

- 让宝宝较长时间不用尿布。
- 避免使用塑料材质的裤子或过紧的尿布兜。
- 在尿布疹消退前，使用大一码的尿布。

此外，宝宝尿布覆盖区域的皮肤呈粉红色时，请及时使用温和的药膏进行预防。这可以减少摩擦并阻隔大便或尿布材料等化学刺激物接触宝宝皮肤。

每天多次将护臀膏薄薄地涂在红肿区域，以舒缓和保护宝宝的皮肤。如果该区域没有被尿便污染，那么就不需要在每次换尿布时擦掉护臀膏，因为摩擦只会进一步刺激皮肤。

许多有效的护臀膏含有氧化锌，有助于舒缓皮肤。选择一款不含香料、防腐剂或新霉素等其他可能引起刺激或过敏的药膏。有些外用产品会通过皮肤被吸收进体内。而且有些护臀膏含有对宝宝有害的成分，包括硼酸、樟脑、苯酚、苯佐卡因和水杨酸盐。

还要避免使用含有类固醇的乳霜，如氢化可的松，除非医生特别推荐这样的产品。含有类固醇的乳霜可能有害，而且通常不是必须使用的。也不要在宝宝的皮肤上使用滑石粉或玉米淀粉。婴儿可能会吸入滑石粉，这会对他（她）的肺部造成很大的刺激。玉米淀粉会导致细菌感染。

何时应寻求治疗 如果出现下列情况，要联系医生。

- 出现疹子的同时有发热。
- 尿布疹上有水疱、疖子、脓疱或渗液的溃疡。
- 在家护理两三天后，尿布疹不见消退或好转。
- 宝宝在服用抗生素，且疹子鲜红、出疹皮肤周围也有红块儿。这可能是真菌感染，需要进一步治疗。
- 尿布疹非常严重。
- 尿布疹出现在尿布覆盖范围之外的区域。

预防尿布疹 你可以采取多种措施

来帮助预防或至少减少尿布疹的发生。

- 经常给宝宝换尿布，避免皮肤长时间接触尿液或大便。
- 时不时让宝宝的屁股露出来，不穿尿布。
- 避免使用吸水性超强的纸尿裤，因为这样会降低更换的频率。
- 如果使用布尿布，确保清洗彻底。将被尿便污染的布尿布预先彻底浸泡，然后用热水清洗。清洗时，使用无香味的温和清洁剂，不要使用织物柔顺剂和干衣纸，因为它们会刺激宝宝皮肤。应该再用清水漂洗两遍布尿布。
- 如果用布尿布，选择带按扣的尿布套，避免使用弹性绑绳，有助于尿布覆盖区域空气流通。
- 换尿布后，认真洗手，防止病菌传播。

第六章 如厕训练

如厕训练对宝宝和家长来说，都是一个重要里程碑。许多家长都期待着有一天，不再需要处理被弄脏的尿布，不用带着尿布袋就可以自由出门，而且还能节省一笔费用。

但是，让宝宝来掌控如厕训练的节奏很重要。学会使用厕所，是宝宝成长过程中的一个自然过程，和学会用杯子喝水、走路、说话，或其他许多婴幼儿在走向独立的过程中，逐渐发展的技能没有多大区别。如果让宝宝独立学习如何使用厕所，大多数宝宝自己就能完成如厕训练。这就像学习走路一样，由一个又一个的小成功积累而成，而每一步，都发生在宝宝已经准备好的时候。

事实上，宝宝是否做好准备了，是如厕训练成功与否的关键。如厕训练出现问题最常见的一个原因就是，宝宝还没准备好。“做好准备”能让如厕训练进行得更容易、完成得更快，当然了，在这个过程中，父母的耐心也对保证如厕训练的成功有帮助。

识别准备就绪的信号

许多18 ~ 24个月大的宝宝，都有准备好开始接受如厕训练的迹象。然而，也有些宝宝可能要到3岁才准备好。不要着急，不要仅仅依赖宝宝的年龄做判断，也不要跟其他同龄的孩子作比较。寻找出宝宝表现出准备好，以及对上厕所感兴趣的关键信号。

宝宝的准备程度，主要取决于他（她）是否达到某些生理、发育和行为里程碑。这些和智力、意志或性格并无关系。

身体准备　要想成功使用马桶，宝

宝必须能够自主地控制骨盆肌肉，获得这种能力需要时间，并不太能靠外力影响，有些宝宝花的时间会长一些。能够自主控制的迹象，通常会在宝宝18个月左右开始出现。

身体准备就绪的迹象，包括能够意识到排尿或排便的冲动，并及时感觉到这种冲动，以保证能及时上厕所或坐在马桶上。大多数宝宝在24～36个月间，神经系统发育水平能够使其有这样的意识。

发育水平准备　宝宝的一些运动、语言和社交技能对如厕很重要。宝宝如果能够：

- 走到马桶边，并坐在马桶上。
- 纸尿裤可以保持干燥两小时以上。
- 能够自己穿脱裤子。
- 能够遵从简单的两步指令，例如“捡起球，然后放进玩具筐里”。
- 能够说出要上厕所的需求。

行为准备　你还可以在宝宝的行为中寻找关键迹象，例如：

- 能够模仿他人的行为，例如上厕所。
- 能够把物品放回原处，可以帮助宝宝理解要在厕所里大小便。
- 说“不”的能力，这表明宝宝开始独立，能表达反对意见。
- 表现出合作的欲望，并且不喜欢被卷入纷争。
- 对自己使用便盆，以及保持清洁和干燥感兴趣。

为成功创造条件

作为家长，其实没法通过外力来帮助宝宝加快发育速度、提高行为能力水平，尽快准备好进行如厕训练。不过，在宝宝满1岁时，确实可以通过一些方法，来帮他（她）从心理上打好基础，便于日后完成从尿布到马桶的顺利过渡。

有些绘本是专门帮助宝宝培养对如厕训练的兴趣，完成自然过渡的。你可以和宝宝一起读这些绘本，还有些视频和App，都能帮宝宝了解使用厕所的好处。

在这个早期阶段，还有一个对成功进行如厕训练有帮助的方法，那就是让宝宝观看父母和哥哥姐姐使用厕所。因此，在如厕训练真正开始之前，家庭成员可以为宝宝当一年甚至是更长时间的榜样。

家长准备 作为父母，你自己的准备也很重要。做好心理预期，完成如厕训练需要一些时间和耐心。这个过程也可能变得有点混乱。一般来说，要让宝宝有如厕的动力，而不能单纯依靠你的渴望来引导这个过程。切记避免把如厕训练的成功或遇到的阻力，与宝宝的智商或固执的性格等挂钩。

同时，记住出现小插曲是在所难免的，而惩罚在这个过程中并没有作用。通常情况下，惩罚或批评往往会使整个如厕训练的过程更长。当你或看护人可以确保在连续的几个月内，每天都投入差不多的时间和精力时，再计划开始如厕训练。

主动训练

当你觉得宝宝已经准备好可以开始使用厕所的时候，就开始行动吧。没有所谓的最佳上厕所的方式，但是有些常用的建议要记住。

准备好装备 考虑购入一个专门用来进行如厕训练的小马桶，大多数出售婴儿用品的地方都可以买到。宝宝进行如厕训练时，使用小马桶通常比马桶圈更容易些。帮宝宝找个安全的位置，以更舒服的姿势排便。此外，宝宝会觉得这个小马桶是只属于自己的，可以装饰马桶，甚至在上面画画，让这个马桶更有专属感。

把马桶放在洗手间，或者起初可以放在宝宝日间常活动的场所里。如果你家有很多层，那么可能需要在每层都放个马桶，让宝宝能够随时用到。

开始的时候，可以鼓励宝宝穿着衣服坐在上面。确保宝宝的脚放在地板或

何时开始，何时推迟训练

如果情况允许，选在一个相对没有压力的阶段，在各种时间安排较为常规的情况下，进行如厕训练。例如，如果当下的气温较低，那么可能需要将如厕训练安排在温暖的月份里开始，那时候穿的衣服层数少，不会给宝宝造成太多困扰。

如果你能预期到家庭生活会发生重大的变化，比如要搬家或者要有新宝宝出生，那么最好推迟如厕训练的时间。如果出现了意外，例如家庭成员生重病或去世，那么也要推迟训练。

凳子上。如果浴室里有马桶，可以让宝宝尝试冲马桶，这样他（她）就能习惯马桶发出的噪声和水流的声音。

讲明马桶的用途 用简单的语言来解释马桶的用途——例如用来尿哗哗和拉臭臭。坚持并积极地使用这些语言，你也可以把脏尿布上的大便倒进马桶里，让宝宝明白马桶的用途，或者让宝宝观摩你上厕所。

安排马桶休息时间 让宝宝每隔两个小时，就坐在不带尿布的便椅或马桶上，并且待上几分钟，早上和午睡后的第一件事也可以是坐在马桶上。

男宝宝起初可以先学习如何坐着小便，在如厕训练完成后，再逐渐过渡到站着小便。

宝宝在马桶上时，可以和他（她）一起看书，或者给他（她）一个玩具，让他（她）坐着玩。如果宝宝想站起来，就尊重他（她）的意愿。即使宝宝只是坐在马桶上，也要记得表扬他（她）的努力，并提醒宝宝可以稍后再试试。

为了保持如厕训练的连贯性，带宝宝离家或外出度假时，可以考虑随身带着小马桶。

对“便盆舞”做出反应 当你注意到宝宝有可能需要上厕所的迹象时——比如扭动、蹲下或握住生殖器部位——要快速做出反应。这样可以帮助宝宝熟悉这些信号，此时应该让宝宝停下手上正在做的事情，马上去厕所。当宝宝主动说出要上厕所时，记得表扬他（她）。这将有助于宝宝强化这样一种概念，就是一旦有想上厕所的感觉，就要立即采取行动。为了最大限度地提高及时上厕所的成功概率，给宝宝选择宽松、易脱的衣服。

强化舒适的感觉 有些家长认为，把尿布弄湿或者弄脏，会有助于让宝宝更有上厕所的意愿。但这通常会适得其反。如果希望宝宝习惯于感觉干净和干燥的感觉，那么可以鼓励他（她）在尿布脏了的时候来找你，并在有需要的时候尽快换尿布。同时，向宝宝解释干净、干燥和使用便盆之间的关系。你可以这样告诉宝宝：“如果上厕所，尿布或裤子就能保持干燥啦。”

解释卫生注意事项 对于女宝宝来说，排便后，从前向后仔细擦拭是很重要的，以防止细菌从肛门处被带到阴道位置。教女宝宝如何在擦拭时将双腿分开，这样做更容易擦干净。无论是男宝宝还是女宝宝，上完厕所后都要认真洗手。

戒掉尿布 在宝宝能成功保持几周白天如厕训练的成果后，就可以开始考虑将尿布换成训练裤或者普通小内裤了。有些育儿专家更推荐让宝宝穿普通的内裤，而非一次性的训练裤，因为内裤和尿布穿戴起来的感觉很不一样。不过，一次性训练裤很方便，尤其是在儿童保育场所或者离家外出时。为宝宝庆祝一下，告诉他（她）已经开始穿“大孩子”的衣服了。如果宝宝换上内裤或训练裤后，无法保持干燥，那么可以先换回到尿布，直到（她）他准备好了，再试一次。

表扬和奖励 如果宝宝能够感受到身体发出的想上厕所的信号、然后赶快去厕所，坐在便盆上，那么要及时奖励他（她），尽量少地把注意力放在宝宝犯的错误上——即便是小错误，而多放在他（她）的努力上。你开心的声音，还有拥抱和赞美，将有助于让如厕训练的每个步骤，以更积极的方式开展，最终让宝宝取得成功。可以考虑建立一些奖励措施，例如卡通或星星贴纸，作为额外的积极强化物。

夜间如厕训练 午睡和夜间训练，通常需要更长的时间才能完成。大多数宝宝在5～7岁，可以在夜晚保持干燥。因此在如厕训练期间，可以在宝宝睡觉时，选择使用尿布或训练裤和床垫套。

如厕训练该做和不该做的事

该做的事：

- 让如厕训练对宝宝来说变得有意思。
- 多给予奖励和鼓励。
- 让宝宝感觉事情在自己的掌控之中。
- 最重要的事情，放松。

不该做的事：

- 不要强迫宝宝坐在马桶上。
- 不要因为发生意外而吼宝宝或者惩罚他（她）。
- 最重要的，不要仓促行事。

排除问题

宝宝在走向成功的路上，可能会有很多失败。没关系，这恰恰是学习的本质。没有必要因为宝宝制造了问题而责骂、教训或羞辱他（她）。鼓励宝宝可以控制的行为，比如坐在便盆上，不要让宝宝对还不能控制的行为感到压力，比如只在便盆里排尿。

继续鼓励宝宝重复已经开始的学习步骤——知道什么时候该停止玩耍、去厕所、脱裤子、坐在马桶上、穿好裤子、洗手。始终保持积极的态度，宝宝也会照做的。不用担心太多，宝宝最终会成功的。

意外　毫无疑问，事故肯定会发生。如果意外情况发生了，尽快帮宝宝冷静下来，并帮他（她）换好衣服。语气中要表达出同情，例如，可以告诉宝宝："你这次忘了去厕所，下次你早点去洗手间，会做得更好的。"

同时，做好准备。准备好宝宝用来换洗的内衣和衣服，特别是在车里、外出或在儿童保育中心时。

刚开始的时候，很多宝宝离开厕所后，马上就会小便或大便，这可能会让父母感到沮丧。如果这种情况经常发生，记得保持耐心。学会有意识地放松肠胃和膀胱肌肉需要一段时间。如果如厕训练会导致你和宝宝之间出现焦虑或紧张的氛围，那么可以考虑推迟一段时间再开始训练。

缺乏兴趣　如果宝宝对使用马桶椅或马桶不感兴趣，或者在几周内没有掌握使用的窍门，那就休息一下。很可能是他（她）还没有准备好。在宝宝还没有准备好的时候强迫他（她），可能会导致让人沮丧的权利斗争。几个月后再试一次，宝宝的工作是最终学会控制自己的膀胱和大便。作为父母，工作就是耐心地支持宝宝的努力。

行为倒退　有时，宝宝在接受过如厕训练后，反而会失去上厕所的意愿，或者忘记某些步骤。像这样的倒退并不罕见，尤其是在宝宝的日常生活发生变化时。通常情况下，这只是通往如厕训练成功之路的一个步骤。在进行必要的日程调整时，不断地调整方式和进行积极强化，是让宝宝的如厕训练走上正轨的关键。

积极的抵抗　有些宝宝比较独立，喜欢自己做事。随着年龄的增长，他们可能会抵制父母的"细致管理"。这可能会妨碍如厕训练的进展。宝宝甚至可能会继续弄湿或弄脏自己。如果你已经按照前面描述的步骤进行了几个月的如

协调如厕训练和儿童保育

许多宝宝在如厕训练的同时，也要去保育机构。为了保证如厕训练的顺利进行，要和保育员密切沟通，说明你正在努力为宝宝进行如厕训练，以便保育员能够在机构中帮你继续完成训练。如果在家中和在机构中，使用类似的如厕训练方法，那么宝宝就不太可能产生困惑，也更可能成功完成训练。在儿童保育机构进行如厕训练的好处是，保育员通常能够更准确地识别宝宝想上厕所的迹象，并帮助宝宝正确使用厕所。和其他上厕所的宝宝待在一起，也有助于激励你的宝宝这么做。当然，如果儿童保育机构人手不足，或者保育员与家长之间缺乏沟通，也可能会出现不利的情况。

厕训练，但没有成功，且宝宝已经快3岁了，那么可以向医生咨询，医生会帮助进行指导，并检查是否有潜在的问题，也许这说明是时候尝试一些新的东西了。

有时候，对于喜欢独立自主的大点的孩子来说，家长退一步，让他们自己来对上厕所负责是有帮助的。

让宝宝知道，如厕训练这件事现在由他（她）自己做主，你不再负责提醒他（她）使用厕所。告诉宝宝——用你觉得合适的话——他（她）每天要小便或大便的时候，都需要在便盆里完成。你可以说："对不起，我已经提醒了你这么多次，让你坐在便盆上，现在你不需要我的帮助了，你可以自己去做。"不再提醒宝宝该上厕所了，让他（她）决定什么时候去洗手间。如果宝宝尿裤子了，要保持温柔，不要惩罚、批评或问为什么，或什么时候发生的。只要告诉他（她）去清理干净，换上干衣服即可。如果宝宝提出需要帮助，那么就提供简单、自然的帮助。

当宝宝不再因为不去厕所而受到关注时，他（她）最终会因为正确使用厕所而受到关注。在孩子上厕所的时候，给他（她）足够的微笑、拥抱和表扬，宝宝很快就能掌握这项新技能。

如果你对如厕训练有疑问，或者宝宝在训练过程中遇到了困难，请向医生咨询。如果宝宝有便秘、排尿时有疼痛或灼烧感等问题，也可以向医生咨询，解决这些问题都有助于促进如厕训练的成功。

第七章
洗澡和皮肤护理

给宝宝洗澡，是种甜蜜而有趣的体验。如果起初你感觉怪怪的，别担心——掌握给一个身上滑溜溜还扭来扭去的宝宝洗澡的窍门需要练习。如果宝宝不喜欢洗澡也别感到惊讶，这对他（她）和你来说都是一种全新的体验。

下面的小窍门，会让沐浴程序安全顺利，你也将学会如何判定和处理宝宝第一年里常见的皮肤问题。有时人们希望新生宝宝拥有无瑕的肌肤，但事实上却很少如此。

洗澡入门

随着宝宝逐渐长大，他（她）有可能会开始喜欢上洗澡。宝宝能感受到拍水和玩洗澡玩具的乐趣，对于浑身泡沫这件事，通常会欣然接受。然而，新生儿通常不喜欢洗澡，他们不喜欢脱掉衣服或不穿衣服时冰冷的感觉。

幸运的是，婴儿不需要频繁洗澡。等宝宝更大一些，有更多清洁需要的时候，洗澡才会成为一项更加常规性的活动。

频率 一般情况下，宝宝在出生后的第一年里，每周只需要洗1～3次澡，除非医生有特别的建议。

在宝宝出生后的前几周里，即使脐带还在，也可以洗澡。只是脐带脱落前，要避免将宝宝的腹部浸入水中。如果洗澡过程中脐带被弄湿了，要彻底擦干。

在两次洗澡间隙，检查宝宝的大腿、腹股沟、腋窝、小拳头和双下巴的皱褶，看看是否需要偶尔的局部清洁。

一旦宝宝开始爬来爬去，或是吃固

体食物，他（她）可能需要一周洗三次澡。

擦浴还是洗浴 你不必一开始就用海绵给宝宝洗澡，不过这对新生宝宝来说的确是一种温和而简单的方法。对于出生6周内或再稍微大一点的宝宝来说，擦浴是正规沐浴很好的替代方式。

擦浴一般是用一块热毛巾来给宝宝擦洗，而不是把他（她）放在装满水的浴盆里。用这种方式洗澡时，你可以用干毛巾裹着宝宝以免他（她）着凉。洗到身体的哪个部位，就将哪边的毛巾打开一点点即可。洗完后，将该区域拍干，并用毛巾盖上，再洗下一个区域。别忘了给宝宝的皮肤做好保湿。

何时洗澡 找个对你和宝宝来说都方便的时间，很多人会选择在睡觉前给宝宝洗澡，作为一种放松、助眠的方式。另一些人则喜欢在宝宝完全清醒的时候洗。如果你不着急或者不太可能被干扰，那就会更享受这个时间。

宝宝进食或喝奶后，需要过一会儿再洗澡，以便让胃休息一会儿。稍等一会儿再洗澡，也能减少宝宝洗澡时尿尿或拉臭臭的可能。

水温 为了宝宝的安全，洗澡水不要太热——这会弄疼甚至烫伤宝宝。为了让他（她）感觉舒适，水温也不能太冷，否则宝宝可能会着凉。一般来说，95～100°F（35～37℃）是洗澡水的理想温度。

首先，确保家中的热水器温度不高于120°F（48℃），这样可以防止热水温度过高。在往浴盆或浴缸放水之前，用手腕试试水温。水应该摸起来是温热的，而不是烫的。放好洗澡水后，再次试遍温度——水温经常会在放水过程中发生变化。千万不要在宝宝坐在浴缸里时放水，而是应该先放好水，再测试一遍水温。

一旦你确信水温合适，再把宝宝放在浴缸里。如果你对温度不确定，可以考虑买个浴缸温度计来帮忙。

专注度 给宝宝洗澡时，集中全部注意力是非常重要的。如果电话响了，或者有人按门铃，不要管它。因为宝宝可能瞬间就在水深不足1英寸（约2.5厘米）的浴缸中溺水，出现生命危险，因此你绝对不能对眼前这项工作分心。甚至当宝宝能坐着洗澡的时候，也可能还会从较高的地方坠落或者滑倒撞到头部。因此，洗澡时要全程目不转睛地盯着你的小家伙。

如果你忘了拿洗澡要用的物品，即便它在离得很近的地方，也要把宝宝从澡盆里抱出来，带他（她）一起去拿。

洗澡步骤

当你决定是时候给宝宝尝试沐浴时，那么婴儿浴盆开始派上用场，你可以把浴盆放在浴缸里、地板上或洗脸池旁。在婴儿浴盆里放入足够多的水，试试水温，然后把宝宝放进去开始给他（她）洗澡。开始几次沐浴要特别轻柔，并且时间尽量短。如果宝宝不喜欢，那么可以再擦浴一段时间，之后再重新尝试沐浴。一旦宝宝长大了，能够独坐，那么可以在家里的浴缸里放上几厘米深的温水，然后让他（她）在里面洗澡，效果也很好。

物品准备 准备好你需要的所有东西。通常包括以下物品。

- 两块干净柔软的毛巾。
- 温和、无香味婴儿肥皂或洗发水，事实上这对新生儿来说并不是必要的，因为清水就很好，但随着宝宝年龄的增长（并且有更多的机会把自己弄得脏兮兮），它才会变得更加重要。
- 几条柔软的干毛巾，适合宝宝尺寸的毛巾通常更方便使用。
- 温和，无香味的保湿霜。
- 干净的尿布和睡衣或衣服。
- 洗澡玩具在宝宝小时作用不大，但随着他（她）逐渐长大，宝宝可能会喜欢在洗澡时有一两个玩具来玩耍，在整个洗澡过程中有点事干。

让宝宝做好准备 帮宝宝脱掉衣服和尿布。轻轻地把他（她）放低，支撑住头部和躯干，给他（她）安全感。

牢牢抓紧 宝宝的身体滑溜溜的，而且会突然扭动，因此洗澡时要始终牢牢抓紧他（她）。可行的方法是用常用的那只手来拿东西和洗澡，另一只手用来抓住宝宝确保安全。

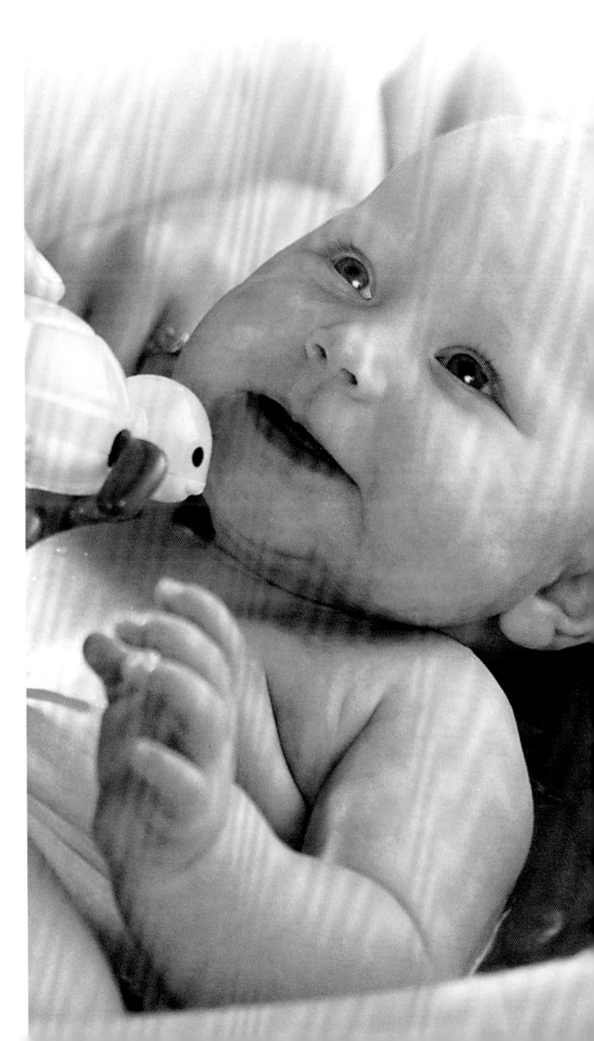

宝宝的第一次沐浴

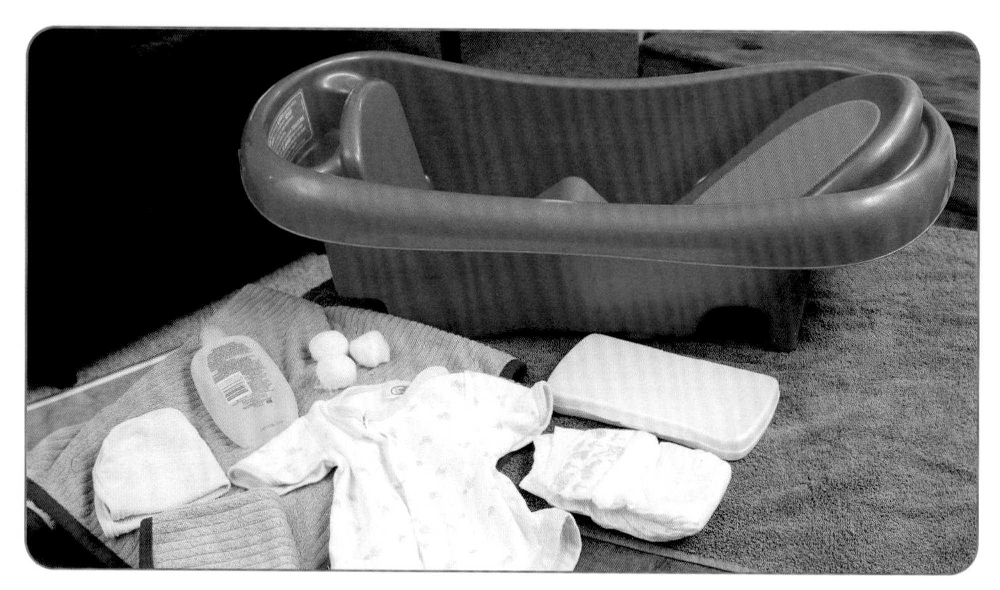

解决浴盆问题　当你准备好给宝宝洗盆浴的时候，不管从一开始就这么做，还是先尝试擦浴，你可以有很多选择。你可以用专门为新生宝宝设计的独立的塑料浴盆，简单的塑料脸盆或者能放到浴缸里的小的充气澡盆。厨房或浴室的洗脸池也是个选择，把毛巾或橡胶垫放在一旁。

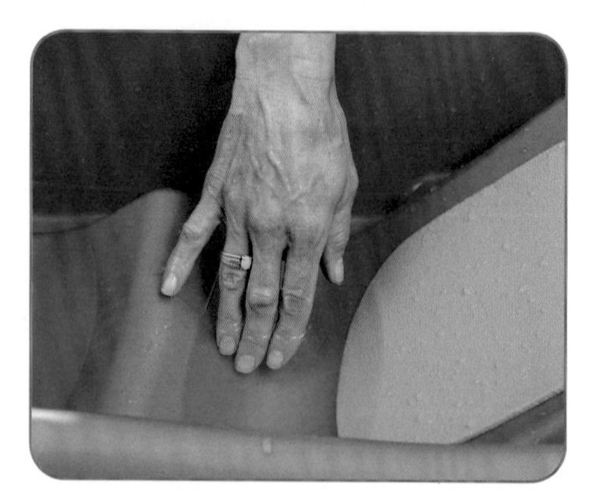

检查水温　你只需要几厘米深的水。为了避免烫伤宝宝，将家中的热水器温度设置到120℉（48℃）以下，用你的手来试水温。

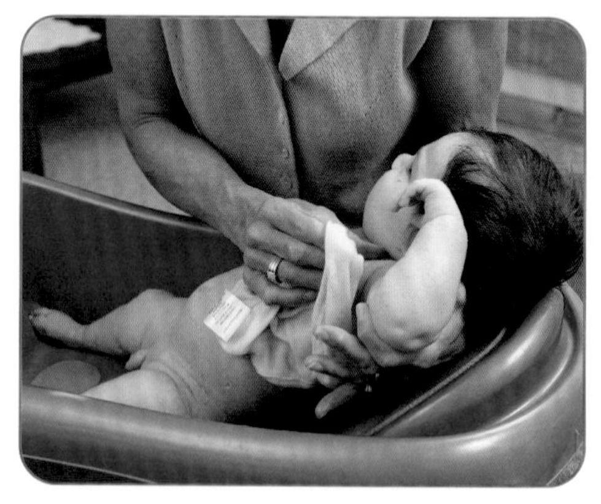

安全握持　安全的握持姿势会让宝宝觉得舒服，也能确保在浴盆里的安全。用一只手支撑宝宝的头部，另一只手抓着并引导宝宝的身体。

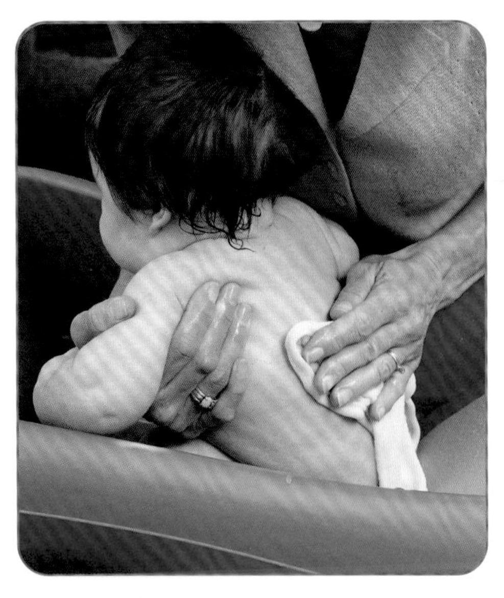

清洗背部 当给宝宝洗背和屁股时，让他（她）面朝前靠在你的胳膊上。仍然要抓住宝宝的腋下。

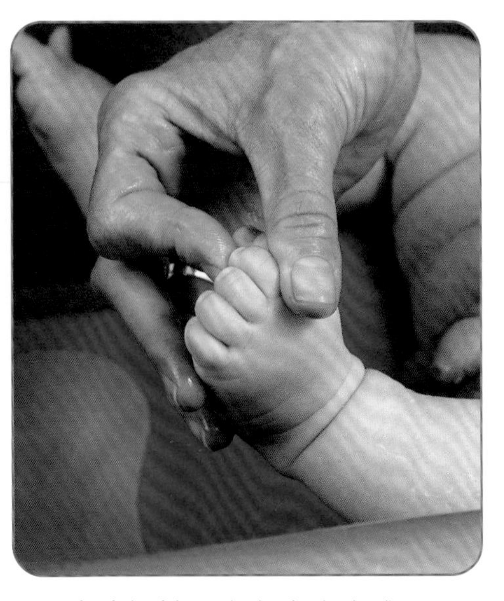

清洗褶皱 注意清洗胳膊下、耳后、脖子周围和尿布覆盖区域的褶皱。宝宝的手指缝和脚趾缝也要清洗。

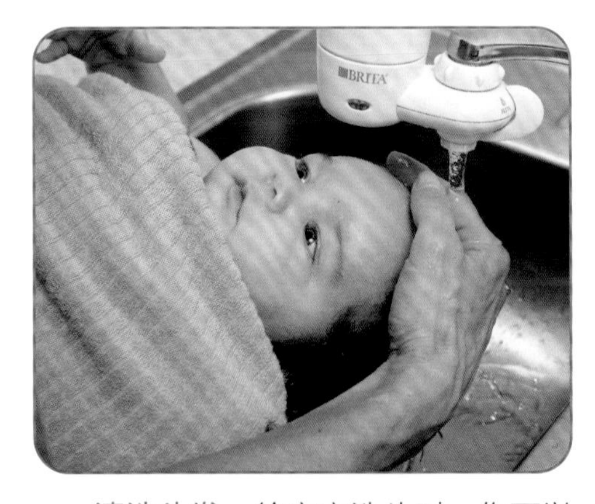

清洗头发 给宝宝洗头时，你可以尝试在水龙头下用“橄榄球抱”的方式捧好宝宝的小脑袋，这样在洗头过程中就能稳定地托住他（她）的头部。

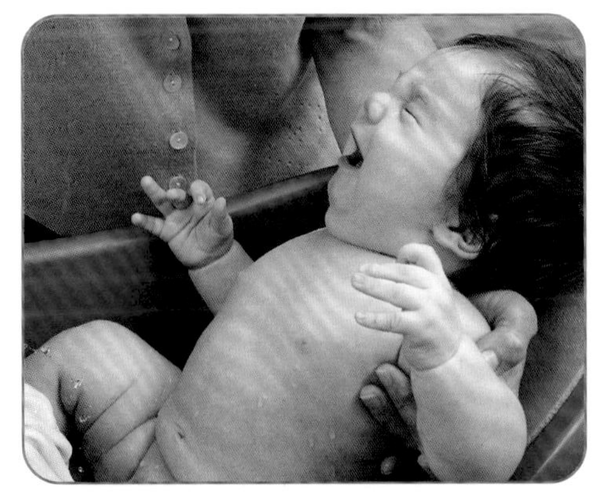

宝宝哭闹 如果宝宝在洗澡时哭闹，你要保持冷静，尽快洗完，然后用毛巾将宝宝裹起来。等几天然后再试。同时用擦浴的方式清洗必要的部位。

先洗眼部 洗澡时可以先清洁眼睛部位。用一块布或棉球蘸水，从内眼角向外清洗宝宝的眼睛。

从头部开始 用一块软布蘸水清洗宝宝的脸部，再轻轻拍干。用水给宝宝洗头时，将他（她）的头向后倾，或用你的手挡住他（她）的前额以免水或皂液流到宝宝的眼睛里。

不用每次洗澡都用洗发水给宝宝洗头发，每周用1～2次就足够了。如果宝宝看起来对把头发弄湿很不高兴，那么你可以最后再洗头。你可以用柔软的洗澡巾、你的指尖或婴儿软刷来给他（她）洗头发和头皮。

清洗并检查褶皱处 从上到下清洗宝宝身体的其他部位，包括皮肤褶皱内和生殖器区域。轻轻翻开女宝宝的小阴唇，小心清洗这个区域，抬起男宝宝的阴囊，清洗下面的位置。如果宝宝没做过包皮环切术，不要试着把包皮前端往后褪。让宝宝伏在你的胳膊上，然后为他（她）清洗背部和臀部，把小屁屁分开清洗一下肛门部位。

轻轻拍干 当宝宝洗好并擦干身上的水后，小心地把他（她）抱出来并用浴巾裹住——记得他（她）的身体会很滑！你可以把浴巾竖着放在自己身上，一端搭在肩膀上。将宝宝抱到胸前，把浴巾从下面折上来裹住宝宝。另一个选择是把浴巾铺在地上，然后把宝宝放在浴巾上再把他（她）裹住。

涂抹润肤霜 用浴巾把宝宝轻轻拍干。用拍的方式，不要擦，这样避免让宝宝的皮肤受到刺激。擦干后，用温和、无香味的润肤霜或凡士林来滋润宝宝的皮肤。你可能会发现在尿布台上或

水中的快乐

有一点点水溅到宝宝的眼睛和耳朵里是没关系的——宝宝会通过眨眼的方式，来防止那点水进到眼睛里。如果你不让宝宝接触到哪怕是一点点小水花，那么结果可能是他（她）会很怕水。

随着宝宝长大，如果他（她）喜欢泡在洗澡水里，那么洗完澡后，多给他（她）点时间玩玩水。这将有助于培养宝宝对水的好感，减少今后他（她）对于水的排斥感。

床上做这件事比在浴室更容易。有研究表明，日常保湿有助于预防婴儿湿疹（特应性皮炎），尤其是有家族病史的婴儿。

收尾工作 给宝宝穿上干净的尿布，然后穿上衣服或睡衣来保暖。这样，洗澡的工作就全部完成了，享受这甜蜜时刻吧。

脐带护理

新生儿的脐带被剪断后，剩下的只是一个小小的残端。大多数情况下，脐带残端会在宝宝出生后1～3周内变干并脱落。在此之前，你要尽可能地保持这个区域的清洁和干燥。

要避免用酒精等擦拭脐带残端。虽然过去推荐这种做法，但研究表明这样做可能会延长脐带脱落的时间。

让脐带暴露在空气中，使其底部干燥，能加速脐带脱落。为了防止刺激并保持肚脐部位干燥，将宝宝的纸尿裤折到脐带残端下方。洗澡时，要避免将宝宝的腹部浸入水中，如果不小心弄湿了，要彻底擦干。天气暖和的话，给宝宝只穿尿布和T恤即可，让腹部位置空气保持流通，有助于脐带干燥。

在脐带脱落之前，肚脐处有分泌物或血迹是正常情况。但是如果宝宝的肚脐看起来红红的或者有气味难闻的分泌物，要及时向医生咨询。当脐带残端脱落时，可能会有一点点血，这也是正常的。

脐带的问题，包括感染等并不常见。但是，如果发现以下任何情况，请带宝宝就医检查。

- 肚脐持续出血。
- 脐带底部周边皮肤发红。
- 脐带处有气味难闻的黄色分泌物。
- 当你触碰脐带或肚脐周围皮肤时，宝宝会哭。
- 宝宝2个月大时，脐带残端还未干燥脱落。

新生儿脐肉芽肿 某些情况下，脐带会形成一小块红色的疤痕组织（肉芽肿），即使脐带脱落后，这些疤痕组织仍留在肚脐上。脐肉芽肿通常会渗出淡黄色的液体。如果你发现宝宝有这样的情况，请联系医生，确认是否需要带他（她）进行检查。一般情况下，脐肉芽肿会在1周左右自行消退，但如果没有的话，可能需要由医生来清除它。

脐疝 如果宝宝在哭闹、紧张或坐起时，脐带区域或肚脐有突出或隆起的情况，那么说明他（她）可能得了脐疝。这是一种常见的情况，当宝宝的腹部受到压力时，腹腔内的一部分会从腹壁上的洞向外突出。脐疝通常会自愈，不需要治疗。在极少数情况下，可能需要通过手术来封闭这个洞。用胶带将肚脐突出的部分勒住，或用硬币压在脐疝位置，都是有潜在危害的做法，应该避免。

包皮环切术护理

如果宝宝做了包皮环切术，在手术后的第一周，阴茎顶部的皮肤可能看起来很粗糙。也可能会形成黄色黏液结痂或硬皮，这是愈合过程中的正常表现。术后的最初一两天里，还会有少量的出血。

轻柔地清洁阴茎周围的区域，每次换尿布时，在手术部位涂抹足量的凡士林。这样可以防止愈合过程中，尿布和阴茎粘在一起。如果阴茎上有绷带，每次换尿布时也要更换一下。

一些医院会用塑料环代替绷带。在包皮环切部位愈合之前，环会一直留在那里，1周后它会自行脱落。

包皮环切术后很少会出现问题，但如果发现阴茎顶部有出血、发红或带有积液的硬痂，要及时联系医生。此外，如果阴茎顶部肿胀或有气味难闻的分泌物，也要加以注意。

清洗环切过的阴茎　在阴茎环切的伤口愈合过程中，可以轻柔地对其进行清洗。愈合后就不需要进行特别的护理了。可以用温水和温和的婴儿沐浴液清洗阴茎，就像给宝宝洗小屁屁一样。偶尔可能会有一小块包皮留在阴茎上，如果发生这种情况，轻轻地拉下那块皮肤，以确保阴茎顶部是干净的。

护理未环切过的阴茎　在宝宝出生后的头几个月，用清水和温和的婴儿沐浴液来清洗未做过环切术的阴茎，就像清洗小屁屁其他部位一样。不需要用消毒产品或棉签，也不要往下拉或是褪下包皮，这样做会导致撕裂、疼痛和出血。包皮会自行褪下，但这个过程可能需要数月到数年的时间。

每隔一段时间，观察一下宝宝的小便情况，这很重要。如果你注意到他的尿线不够有力，或者他在小便时看起来很不舒服，请及时联系医生。有可能是包皮上的孔太小，无法让正常流量的尿液流过。

由于包皮分离可能需要几个月或更长时间，因此可以咨询医生，来确认宝宝的包皮是否已经和阴茎分离。一旦完成，你就可以在清洗阴茎时轻轻褪下包皮，结束后再将包皮拉回去盖住阴茎的顶部。

当宝宝再大一些时，教他按照以下三个步骤正确地清洗阴茎。

- 轻轻地将包皮从阴茎顶部褪下。
- 用温水和肥皂清洗阴茎顶部以及包皮的褶皱处。
- 把包皮拉回原来的位置，盖住阴茎的顶部。

指甲护理

宝宝的指甲很软，但很锋利。新生儿很容易抓破自己或你的脸。为了防止宝宝不小心抓伤脸，你需要在他（她）出生后不久，就修剪或锉平他（她）的指甲，之后每周都要修剪几次指甲。

有时候，你用手就能小心地把指甲末端撕下来，因为宝宝的指甲非常柔软。不用担心，你不会把整个指甲都撕下来的。你也可以用婴儿指甲剪或者小剪刀来修剪。下面是一些能让剪指甲变得更容易些的小窍门。

- 洗澡后修剪指甲。此时指甲会更软，更容易被剪断。
- 等宝宝睡着后再剪指甲。
- 让另一个人抱着宝宝，你来给他（她）剪指甲。

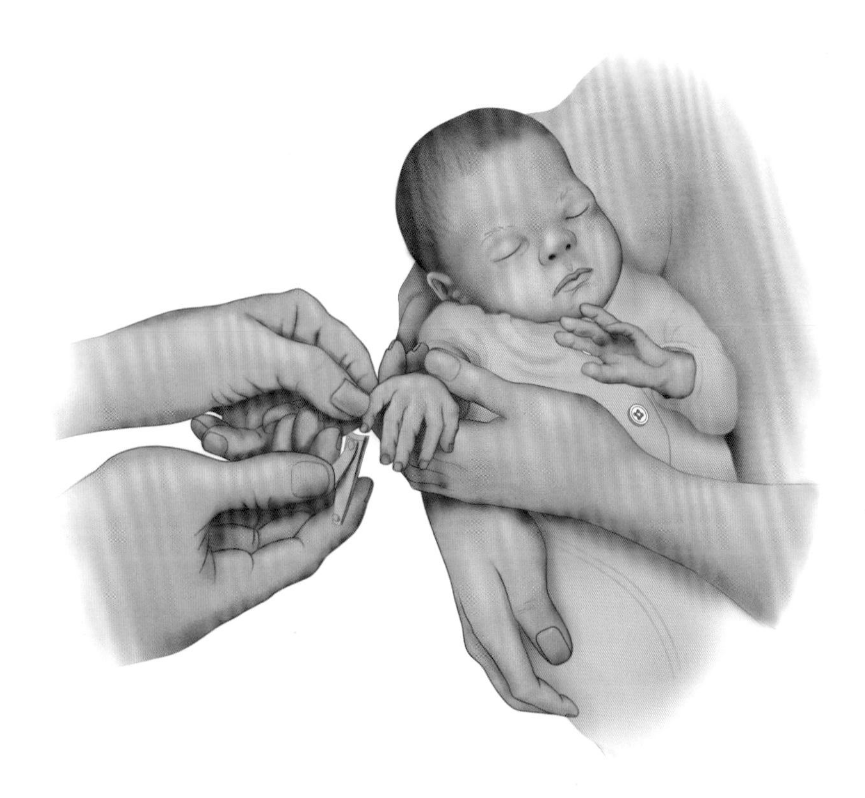

两个让修剪指甲更容易的方法：等宝宝睡着后修剪；二人协作，一个人抱着宝宝，另一个人修剪指甲。

• 水平地剪一下指甲。

不要用咬的方式来给宝宝修剪指甲，这样会造成感染。

宝宝的脚趾甲可能比手指甲长得慢得多，一个月只需要修剪一两次。脚趾甲也比手指甲更软，因此看起来像是长进了肉里面，但只要指甲周围的皮肤没有看起来红肿发炎，那么就是没有问题的。

常见皮肤问题

在许多父母的期望中，新生儿的皮肤是完美无瑕的。但大多数宝宝出生时都会有一些瘀伤，皮肤上的斑点和痣也很常见。在宝宝出生后的头几周里，他（她）的皮肤通常会干燥，还会脱皮，尤其是手、脚部位。有些宝宝的手和脚颜色发青，这都是正常的，这种情况可能会持续几周。皮疹也很常见，这个问题甚至会持续到幼儿时期。宝宝的大多数皮疹和皮肤状况很容易治疗，或者不治而愈。

粟丘疹　粟丘疹是指出现在鼻子、下巴和脸颊上的白色小丘疹或肿块。尽管它们看起来像是凸起的，但摸上去几乎是平的，而且很光滑。如果宝宝有粟丘疹，每天可以用温水和温和的婴儿肥皂给他（她）洗一次脸，但不要使用乳液、润肤油或其他产品。别去动那部分皮肤也很重要——不要擦洗或揉捏那些疹子。粟丘疹通常会在几周内自行消失，无须治疗。

新生儿痤疮　新生儿痤疮（新生儿头部脓疱病）是指在一些新生儿的脸、脖子、上胸部和背部出现的红色和白色的凸起的疹子。疹子通常在宝宝出生后的头几周内最明显。护理新生儿痤疮的方法是，在宝宝的头下面放一条柔软、干净的婴儿垫毯，用温和的婴儿肥皂轻柔地给他（她）洗脸，每天一次。避免使用乳液、润肤油和其他药品，不要擦洗、挤压或揉捏有问题的皮肤。新生儿痤疮通常会在宝宝出生后的几个月内自行消失，不会留疤痕。如果几个月后，痤疮还未消退，那么要及时向医生咨询。

毒性红斑　毒性红斑是一种皮肤病的医学术语，通常在宝宝出生时或出生后几天内出现。它的特征是皮肤呈粉色或红色，中间有小的白色或黄色凸起。这种情况不会给宝宝造成任何不适感，也不会传染。毒性红斑会在几天内消失，但有时也会变大破裂后再消退。不需要治疗。

脓疱性黑变病　这些小斑点看起来

像是黄白色的芝麻粒，很快就会变干并剥落。脓疱性黑变病看起来可能类似于皮肤感染（脓疱），但它并非真的是感染，不用治疗就会自行消失。这些斑点常见于宝宝的颈部、肩部和上胸部的褶皱处。在深色皮肤的婴儿身上更常见。

乳痂　乳痂（婴儿脂溢性皮炎）是指宝宝头皮上长的红红的鳞片状皮屑。皮脂腺分泌过多油脂时，就会形成乳痂。乳痂在婴儿中很常见，通常在出生后的最初几周出现，数周或几个月后彻底消失。情况较轻的乳痂，是呈头皮屑状的会干燥脱落的皮肤碎片，较为严重的情况会有厚厚的油性的黄色硬壳状剥落的皮肤。

用温和的婴儿洗发水为宝宝洗头发，对去除乳痂有帮助，不用担心给宝宝洗头太频繁。清洗的同时轻轻擦拭，能够帮助洗掉头皮屑。如果鳞状皮屑无法轻易去除，在宝宝头皮上涂抹几滴矿物油，让它在乳痂部位浸润几分钟，再擦拭并使用洗发露。如果将油留在宝宝的头发上，则会加重皮屑堆积，让乳痂情况更严重。

如果乳痂持续存在或扩散到了宝宝

安全的婴儿护理产品

找到绝对安全且温和的婴儿护理产品，看起来应该是一件很简单的事情。但情况并不总是如此。商家一般都会宣称它们的婴儿产品安全、温和、无害、纯天然，但有些产品可能含有会对宝宝产生刺激的成分。

记得当你要给宝宝的皮肤上涂抹婴儿护理产品时，产品里的成分会通过皮肤吸收进宝宝的身体。以下是能保护宝宝免受潜在有害成分伤害的一些方法。

- 限制宝宝所用的产品的数量。
- 阅读标签，确保所有成分都没有问题。不过这种方法有其局限性，因为大多数人并不熟悉很多化学品的名称和类型。此外，美国食品药品监督管理局（FDA）不要求厂家列出用以制造芳香剂的单独成分，一些产品就只列出“芳香剂”作为一种成分。
- 做好功课。关于你使用或考虑购买的产品中的成分，去互联网上学习更多与之相关的知识。

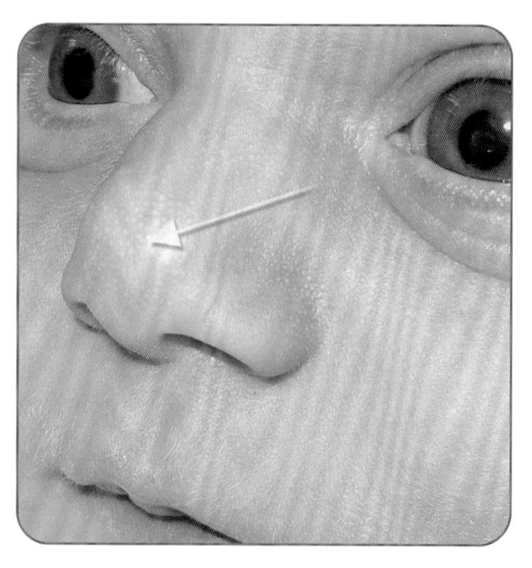

粟丘疹　很多宝宝出生时在鼻子、下巴或脸颊处都有白色的小凸起。这种情况称为粟丘疹，当脱落的皮屑在宝宝的皮肤表面堆积时，就会出现。

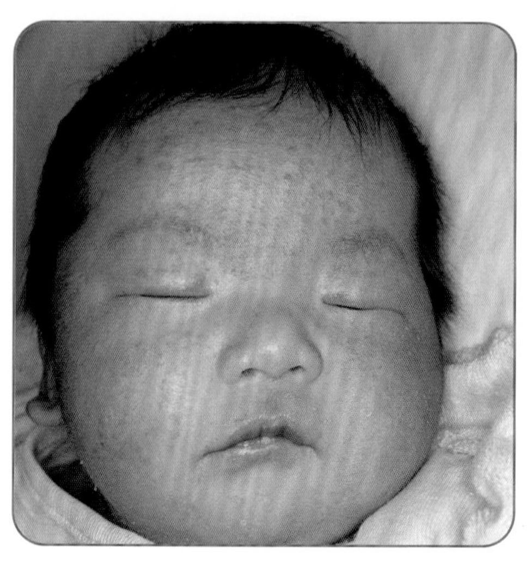

痤疮　痤疮通常出现在宝宝的前额或脸颊，呈红色或白色的凸起。这一问题通常是因为孕期受母亲激素影响而导致的。

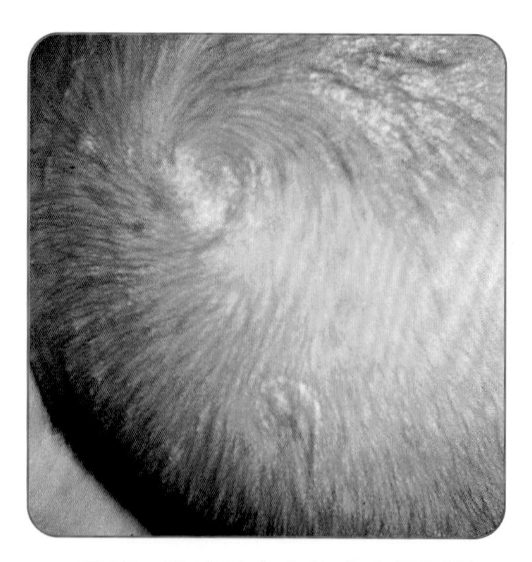

乳痂　乳痂是宝宝头皮上厚厚的、黄色的硬壳状物或油脂块。乳痂在新生儿中很常见，通常在出生后数周内消失。

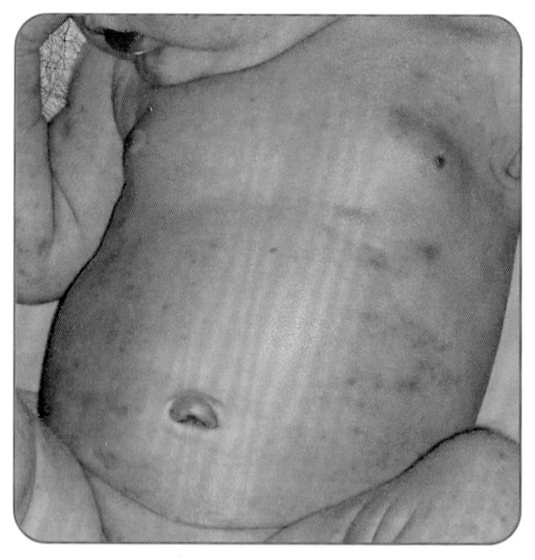

毒性红斑　这种情况的主要症状是黄色偏白的小皮疹（丘疹），周围皮肤泛红。数量可能较少，也可能很多。

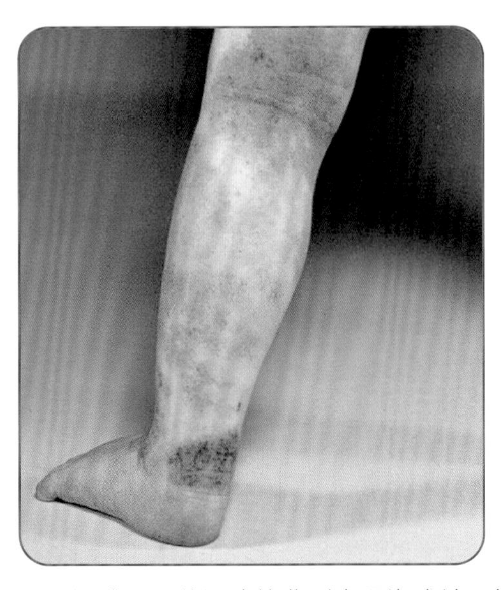

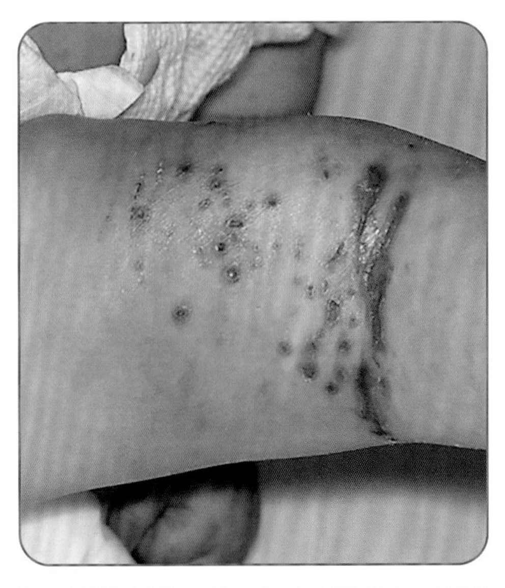

湿疹　婴儿湿疹的典型表现为成片、红色、鳞状疹子，且宝宝会感到瘙痒。严重的湿疹可能会伴有渗液、结痂。湿疹通常出现在肘弯、膝盖和脸颊处。

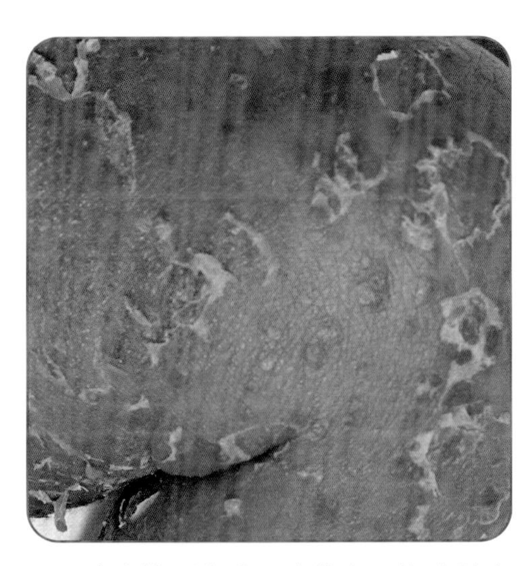

脓疱性黑变病　症状表现为皮肤上起初出现小小的，像种子一样的水疱，随后干燥、脱皮。其后水疱会留下斑点、或“雀斑”印，数周至几个月后消失。

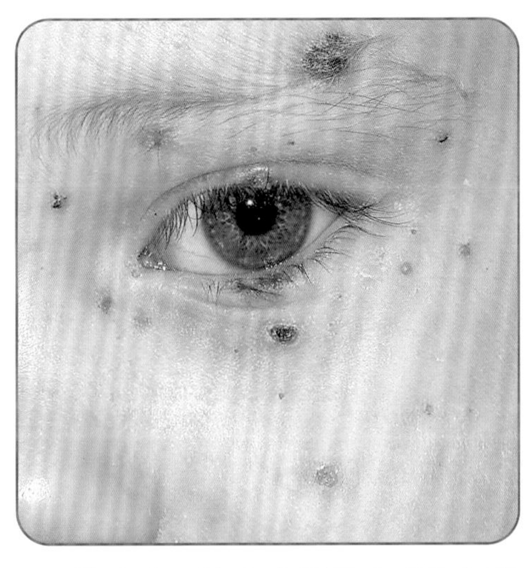

脓疱病　脓疱病起初表现为红色溃疡，随后溃疡会破溃、渗液，持续几天，之后形成蜂蜜色的硬壳。溃疡主要出现在鼻子和嘴周围，蔓延到面部其他部位。

身体的其他部位，特别是在肘弯或耳后出现的话，要及时联系医生。医生可能会建议使用药用洗发水或乳液。

通常乳痂不会让宝宝感到不舒服或痒痒，但有时受影响的皮肤部位会发生真菌感染。这种情况下，皮肤会很红、发痒。如果你发现有这种情况，要及时联系医生。

湿疹　湿疹也被称为特应性皮炎，是皮肤上出现的干燥、瘙痒、有皮屑的红色斑点，通常出现在宝宝的肘部或膝盖。有时受影响的区域较小，不会对宝宝造成太大影响，不需要治疗。很多宝宝会随着年龄增长而不再患湿疹。

而在另一些情况下，湿疹覆盖的皮肤面积较大，很痒，会让宝宝很不舒服。这时候，就需要向医生咨询，看是否需要进行治疗。你也可以试试以下方法，来预防湿疹复发。

- 使用无香型的婴儿肥皂为宝宝洗澡，用不含芳香剂、染色剂和除臭剂的清洁剂来清洗宝宝的衣物。即便“温和”的婴儿肥皂液也可能会含有少量芳香剂，可能会刺激宝宝敏感的皮肤。
- 给宝宝穿着柔软的棉质衣服，避免使用合成纤维材质和羊毛制品。
- 每天用低变应原配方的无香型沐浴油给宝宝洗澡，它能够帮助滋润宝宝的肌肤，还能预防湿疹等宝宝常见的皮肤感染。
- 在给宝宝沐浴拍干后，使用无香型的润肤露，这可以帮助皮肤锁住沐浴带来的水分。
- 让宝宝远离易引发湿疹的环境因素，包括高温和干燥。
- 检查宝宝的睡眠环境，保证该区域没有灰尘，以及可能含有尘螨的垫衬物。

接触性皮炎和“口水疹”　接触性皮炎是一种由皮肤接触的物质导致激惹或过敏反应时发生的皮肤炎症。它造成的红色、瘙痒、干燥、凸起的皮疹不会传染，也不会威胁生命，但是可能会让人很不舒服。导致宝宝患接触性皮炎的罪魁祸首可能包括肥皂、洗衣液、粗纤维织物，甚至是他（她）自己的口水（有时这种状况被称为口水疹）。

如果你能找到刺激物，并不再让宝宝接触，那么接触性皮炎就会痊愈了。很多时候，使用吸水性强的口水巾并频繁更换，在患处抹上凡士林等隔离乳膏可以帮助防止皮疹恶化。同时，用湿布按压患处可以让宝宝舒服点。如果皮疹很严重、有所恶化、宝宝皮肤有渗液情况或痒得厉害的话，要及时联系医生。

脓疱病 脓疱病具有高度传染性，主要发生在婴儿和儿童中（见第450页）。通常以红色溃疡的形式出现，常见于脸部，尤其是鼻子和嘴部周围。溃疡可能被黄棕色结痂或硬皮覆盖，或者长成水疱、丘疹并渗液。脓疱病通常是因细菌通过伤口或蚊虫叮咬进入皮肤而发生的，但也会在完全健康的皮肤上出现。

因为脓疱病有时会导致并发症，因此需要向医生咨询，以确认是否要使用抗生素药膏或口服抗生素进行治疗。

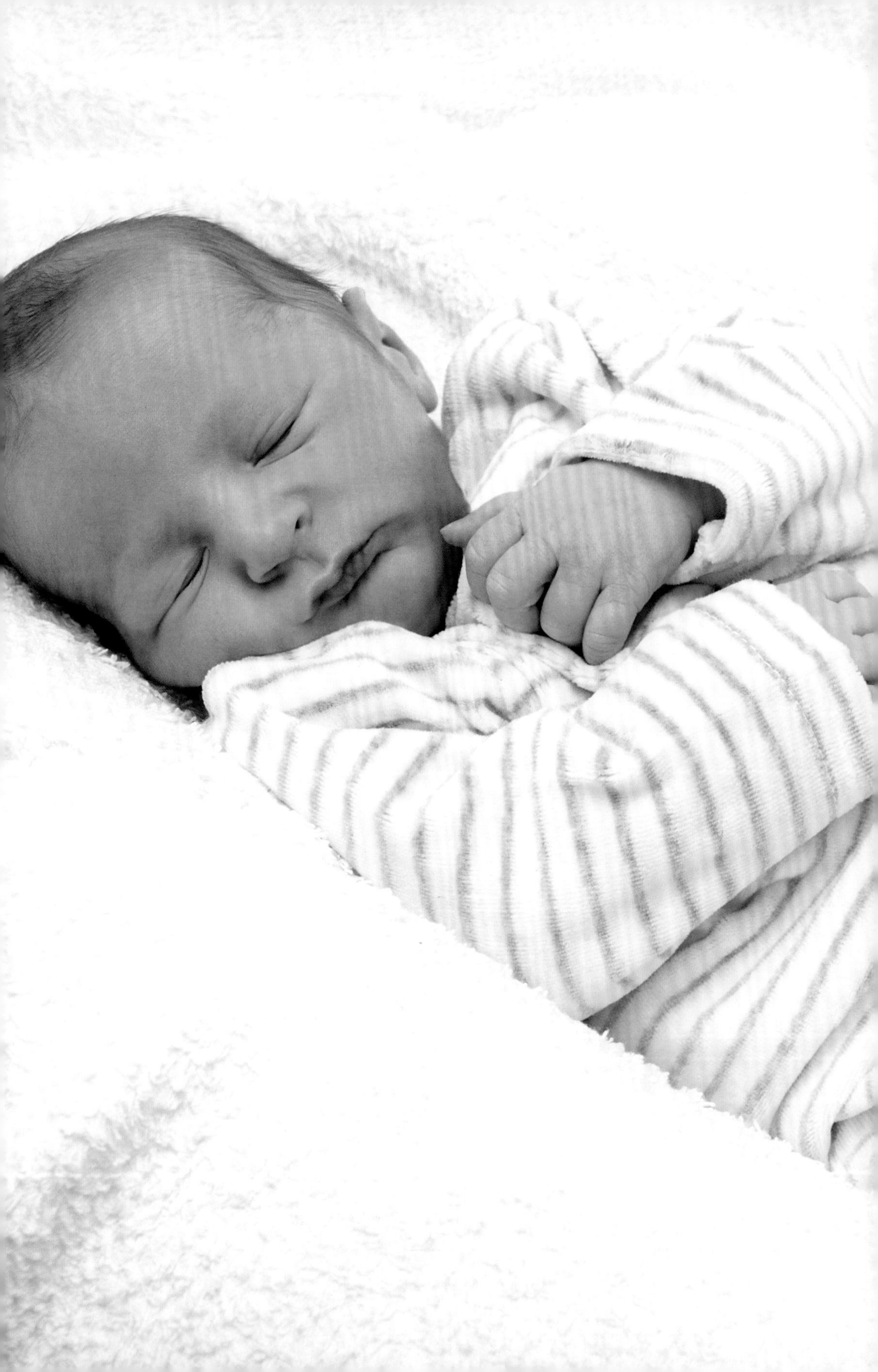

第八章
给宝宝穿衣服

许多新手父母在孕期和宝宝出生之后，最为期待的事情之一就是给宝宝添置新衣服！虽然很难抗拒闪亮的礼服、时髦的牛仔裤或者缩小版的靴子——它们是如此可爱！——你也会考虑在给宝宝穿衣方面更讲求点实际。尿布的渗漏、学步时摔倒、吃饭时撒漏、在公园和水坑玩耍时沾染的泥污，孩子在最初的几年里需要换很多衣服，而穿衣服、脱衣服可能是他（她）最不喜欢的活动之一。所以没必要让事情变得更复杂。不过别绝望，短裙和恐龙服装等这类有趣的衣服，肯定会在日后成为宝宝衣橱中的一部分。

购物指南

如果你没有太多打扮宝宝的经验，下面这些建议，你在给宝宝买衣服时可能会觉得有用。

尺寸 几乎所有的宝宝衣物都是以每3个月的间隔来区分尺码的，通常从0～3个月的尺码开始，接着是3～6个月、6～9个月和9～12个月。有些品牌只有一个号码，这通常是尺寸范围的上限。例如，18个月的尺码与其他品牌的12～18个月的尺码相当。

但给宝宝买衣服往往并不是那么简单——很多不得不退货的父母都能证明这一点！

在给新生宝宝买衣服时，不要严格按照标签来。看看衣服本身对宝宝来说是否显小，或者刚刚好。你可能会发现想买大一码，即便这个尺码不是给新生宝宝穿的。很多宝宝长得比尺码标识的月份快，一个新生宝宝可能在出生几周后就要穿3～6个月的衣服了。而4个月大的宝宝穿6～9个月的衣服也很常见。

很多妈妈会说，如果等到宝宝6个月时，再给他（她）穿6～9个月的衣服，可能穿上就发现小了。一些生产商会在标签上注明每个尺码对应的体重和身高，这能让你在判断这件衣服是否合身时更好地把握。

布料　一般来说，应该选择柔软、舒适、耐洗的衣物。选择不会刺激、紧绷、裹身或摩擦皮肤的衣物。通常推荐皮肤敏感的宝宝选择100%纯棉的衣服——包括大多数婴儿。

购买可机洗的衣服，洗涤时可以预先处理污渍。不过切记，棉质的衣服可能会有点缩水。

安全　选择款式简单的衣服。避免购买带扣子的衣服，以防脱落的扣子被（宝宝）吞下去，也不要有带子或绳子，避免造成窒息。别买带拉绳的衣服，它们会挂住其他东西，勒住宝宝。

便利性　因为你可能一天之内要给宝宝换几次衣服，或者至少一天换几次尿布，所以要确保衣服款式简单，而且容易穿脱。最好选前面有扣子或开口的衣服、袖子宽松，且布料有弹性。最好避免选择带拉链的衣服，以免不小心夹伤宝宝皮肤。

成本　因为宝宝长得很快，因此可以考虑在二手商店、家庭车库售卖或从其他父母那里购买一些衣服。如果有人主动要送你一些旧衣服，别把这当成是一种冒犯。穿旧衣服是省钱的好方法，你可以用省下的钱去给宝宝买其他想要添置的物品。

衣柜必需品

因为婴幼儿长得太快了，所以不要一下买太多衣服。否则可能宝宝还没来得及穿某件衣服，就已经长大了。过几个月买几件衣服通常是最好的做法。

此外，如果提前囤很多大一些的衣服，当宝宝长到可以穿时，可能这件衣服已经不适合当下的季节了。

你也会发现，有些衣服宝宝似乎穿着率比较高——通常是因为这类衣服容易穿脱，且穿起来很舒适或方便。

当宝宝的动作变得更灵活时，要给他（她）选择穿起来便于活动的衣服。

连体衣　这类衣服在两腿间有开扣，连体衣对小宝宝来说很适合，因为可以盖住肚子，有长袖和短袖可以供选择。

连体衣可以当作内衣，或者当温度比较暖和时，也可以单独穿着。这种衣服穿脱简便，不仅能让宝宝保暖，也有助于防止其他衣物摩擦到宝宝娇嫩的皮肤。你可以多买几件，供换洗用。

外穿连体服　包脚的连体服有很多名称，包括弹力连体服、连体睡衣和宽松的连裤外衣。宝宝小的时候，你会发现这种衣服很实用。通常在前面和胯部用按扣开合，便于穿脱。连体衣有包脚或不包脚两种款式。

长睡衣和连体服差不多，但是不分腿，底部更像一个睡袋。长睡衣的底部可以打开，有弹性。

同样，因为宝宝几乎每天都要穿连体服，特别是在出生后的第一年。确保你有足够的衣服供换洗。

外出连体服非常适合会爬的宝宝，因为如果是宽松的分体裤子，很难在爬行过程中保持服帖。弹力的棉质裤子或者打底裤也比较适合在宝宝爬行时候穿。

当宝宝开始走路或者能够攀爬时，要选择没有绳子等装饰品的衣服，以免宝宝在活动过程中，被家具绊住或者被其他宝宝拽着走。

睡衣　根据天气不同，宝宝睡衣的材质有轻便和厚重之分。在炎热的夏季，宝宝睡觉时穿上一件连体睡衣或长睡衣就够了。而在寒冷的冬天，则可能需要给宝宝穿上厚些的棉绒睡衣。这种睡衣能够为宝宝保暖，不需要再额外盖被子或毯子。每个季节你可能需要准备几套睡衣，供换洗。

不要购买尺码过大的睡衣，不管它们看起来有多舒服。如果衣服跑到了宝宝的脖子或头上，又或者肩膀处太松垮，都可能会增加宝宝窒息的风险。

有些睡衣是用经过化学处理的织物制成的，这种织物可以阻燃，在发生火灾时有助于防止烧伤。如果你担心宝宝衣服里的这些化学物质，你可以选择舒适的睡衣——那种从肩膀到袖子末端，从大腿到裤腿下摆逐渐变窄的睡衣。相比宽松睡衣，紧身的款式更不容易碰触到火苗等。最重要的是，采取适当的防火措施，比如在家里安装烟雾探测器、不吸烟、明火旁一定有人看管。

套装　偶尔带宝宝外出想把他（她）打扮得正式点儿的时候，也要选择舒适、易穿脱的款式。

将连体衣与裤子搭配，能够防止裤子滑落或上衣跑上去。如果在腰部、大腿或胳膊处有松紧，确保不要太紧。在炎热的夏天，短袖短裤一件套在白天是最好的穿着。

袜子　你可能已经发现，袜子很容易掉！选择一些可以穿得住的，但也要做好会在路上弄丢一些袜子的准备。在宝宝开始学走路之前，不需要考虑买底部防滑的袜子。

冬装　在冬季，你需要买一顶帽子来护住宝宝的头部，还需要手套。宝宝小的时候，你会发现连体保暖服很方便。但如果宝宝坐在安全座椅里的时候，不推荐穿这种口袋状的外衣。额外的布料会让宝宝无法被安全带固定，这时候可以用汽车座椅罩或毯子来给宝宝保暖。

当宝宝活动能力增强时，会在户外玩更长时间，并且不太受天气影响——因此要注意选择正确的装备。当宝宝在不平坦的雪地上摔倒时，一件连体防雪服可以防止雪进到衣服里。还可以考虑雪地裤和暖和的冬装，特别是当宝宝走得比较稳的时候。宝宝坐安全座椅时，也不建议穿这类防雪服，因为这种款式也会影响安全带的牢固性。

根据居住地的气候状况，宝宝也许还需要温暖的冬靴，以及冬帽和温暖的手套。刚学会走路的宝宝，往往会拒绝穿戴这些，因为他们刚刚开始坚持自己的独立性。但是，在寒冷的天气里给宝宝保暖是很重要的！

夏季装备　为了保护宝宝的皮肤，并且能够起到遮阳作用，在炎热的夏季，最好给宝宝戴上宽檐帽子或棒球帽子，帽子还有助于防止阳光照射到眼睛。一些学步的宝宝对于戴太阳镜会感到很兴奋，而且太阳镜还能保护眼睛。如果你准备为宝宝购买太阳眼镜，请确保选择能防紫外线的款式，而且镜片要选择不易破碎的材质。尽量避免在一天中最热的时候在户外活动——通常在上

看天气穿衣

新手父母有时候会给宝宝穿得过多。一条经验法则便是让宝宝跟你穿得件数一样多，再或者多薄薄的一件。例如，可以给宝宝穿纸尿裤、内衣，再穿件连体睡衣或长睡衣，然后用婴儿毯裹一下。

在气温超过75°F（约24℃）的热天里，给宝宝穿一层就够了。宝宝不易出汗，会体温过热。不过，如果宝宝待在空调房里或者靠近（中央空调的）出风口，那么可以给宝宝多穿一层。

记得宝宝的皮肤很容易被晒伤。如果你要出门，别让宝宝被太阳直晒，用衣服和帽子保护好宝宝的皮肤。

午10点到下午4点之间。尽量让小婴儿远离阳光。6个月以上的宝宝可以使用防晒指数为30或更高的防晒霜（详见第466页）。

鞋子　许多宝宝1岁后才开始走路，但也有一些宝宝开始学步早些。如果宝宝开始走路的时间比较早，你可能需要给他（她）买一双鞋。

让宝宝光着脚走路并没什么问题，这实际上也是一个很好的学习方法。不过，有时的确需要穿鞋，来保护宝宝的脚不受尖锐物体和其他物品的伤害，尤其是在户外时。

买鞋时，要选择有弹性、防滑的低帮鞋。鞋面应该由透气性好、重量轻的材料制成。选择尺码时，宁可稍微大一些也不要小，当然，鞋码不要大到让宝宝走路都困难。

一旦宝宝能熟练走路了，就一定要穿鞋了！包脚的鞋可以给小脚提供最好的保护，以免宝宝走路和跑步时，摔倒弄伤脚。

清洗宝宝的衣物

宝宝出生后，你可能看起来一直在洗衣服。为了让这一过程尽可能简单，买那些耐穿、易清洗的衣服。买回的新衣服，在给宝宝穿之前应该先洗一遍，这样可以防止生产过程中有些刺激性的物质残留在衣服上。下面有一些清洗的小窍门。

污渍　污渍是不可避免的。母乳、配方奶、呕吐物、粪便，这些物质很容易就弄到宝宝的衣服上，也会弄到你的衣服上。不久的将来，食物、污垢、颜料和墨水渍也会变得很常见。

如果可能的话，在这些东西刚刚沾到衣服上的时候就清理，别等它已经渍入衣服的纤维中。你可以将脏衣服用预浸泡剂先浸泡一下再洗，最起码在放进洗衣机之前先用去污剂弄湿它们。可以在喷雾瓶中放等量的白醋和水的混合物，用来对付新鲜的污渍。

洗衣液　宝宝的皮肤很敏感，常规的洗衣液可能会对一些宝宝的皮肤造成刺激，甚至一些婴儿专用的洗衣液也会有气味，对皮肤有刺激性。因此，最好选择用不含香料的洗衣液给宝宝洗衣服。有些品牌，会标明“无刺激”“无刺激、无添加”和“无香精”。由于同样的原因避免使用织物柔软剂，尽管有些无味织物柔软剂是可用的。

有些父母在洗宝宝衣物时，会多过一遍清水，以保证没有洗衣液残留。这没有必要，但如果你想这么做，不妨尝试一下看是否有效果。

第九章 睡眠和睡眠问题

哦，宝贝！没有什么比睡一晚好觉更美好的事了。虽然新生儿通常每天能睡16小时，但经常一次只睡一两个小时。虽然宝宝按照这个作息可以茁壮成长，但却会让你精疲力竭。如果从宝宝降生起，你就没睡过一晚好觉，不要觉得意外，好多家长都和你一样。但别绝望，宝宝会学会在晚上睡得更好，真的！

睡眠对宝宝的生长发育至关重要。从宝宝出生起，你就可以鼓励他（她）养成良好的睡眠习惯。到了第一年年底，宝宝很可能会在晚上睡整觉，通常白天会小睡1~2次，而这样的睡眠模式将持续几年。

通常，预防睡眠问题比出现问题后再解决更容易。无论宝宝多大，都需要用冷静、持续的努力和耐心来帮助他（她）养成健康的睡眠习惯。

本章提供了建立睡眠计划的建议，探讨了降低婴儿猝死综合征（SIDS）和婴儿床事故风险的预防策略，并概述了帮助幼儿学会独立睡眠的步骤。如果事态没有按计划发展，也不要自责。尽你最大的努力，最终每个宝宝都会享受酣甜一夜。

新生儿睡眠计划

新生儿需要一段时间才能建立规律睡眠。在出生后的第一个月里，他们通常不分昼夜地睡睡醒醒，每两次吃奶中间的睡眠时间都差不多长。

此外，新生儿无法区分白天和黑夜，他们需要些时间来建立生物钟——也就是24小时内醒和睡的循环，以及其他事情的固定模式。随着宝宝神经系统逐渐成熟，他（她）睡眠和清醒的阶段也会更加清晰。

每日睡眠 虽然新生儿通常每一觉的时长不会超过几小时，但他们一般每天要睡12～16小时。在重新入睡之前，他们可能会醒足够长的时间来吃奶，也许会清醒2小时。如果在刚从医院回家后的前几天里，你觉得筋疲力尽，不要感到惊讶。记住，你刚刚有了宝宝，你在努力调整自己习惯晚上跟着宝宝夜醒。

到宝宝两周大时，你可能会注意到他（她）睡眠和清醒的时间都变长了。而到3～4个月大时，一些宝宝每次至少可以睡上5小时，并且把睡眠时间更多地转到了夜里。这对父母来说简直是极大的解放！到6个月时，就有可能晚上连续睡上9～12小时了。

许多新生儿频繁地小睡，每次也就一两个小时。随着宝宝长大，午睡时间可能会延长，而且更有规律。不过，对一些宝宝来说，小睡仍然是随机的，他们从不建立任何规律。

当宝宝几个月大的时候，你会发现他（她）开始建立睡眠规律，每天大概

呼吸有声

那句熟悉的说法“睡得像个宝宝”，会在你脑海中勾勒出一幅宝宝安静躺着，轻柔地呼吸酣睡的画面。不过宝宝们，特别是新生儿，在睡觉时通常并不是完全安静的。

新生儿大概一半的睡眠时间属于浅睡眠。称为快速眼动睡眠（REM）。在快速眼动睡眠期，宝宝的呼吸会不规则，发出呼噜、哼唧声，还会不时扭动。在称为非快速眼动睡眠期（NREM）的深度睡眠阶段，宝宝睡得更安稳些。随着宝宝长大一些，他们处在非快速眼动睡眠的时间会更长，活跃睡眠的时间则会变短。因此一般来讲，他们变得没那么吵了。

此外，新生儿以鼻呼吸为主，他们通过鼻子，而不是嘴巴来呼吸。正因为如此，宝宝可以在吃奶的同时呼吸。因此，在空气通过宝宝细小的鼻腔时，其中最细微的阻塞或鼻涕也会造成很多噪声。如果宝宝的呼吸听起来像鼻子不通气，不一定说明他（她）着凉或过敏了。

父母可能很担心宝宝呼吸有声的状况。但大多数时候，这些声音是正常的。不过，如果你担心有点不对劲，就和医生联系。

有三次小睡：上午一次、下午早些时候一次，傍晚一次。不过同样的，每个宝宝之间差别很大。

白天和夜晚 一些宝宝明显黑白颠倒了，他们白天比晚上睡得更多。对于被剥夺了睡眠的父母来说，这段时间的压力很大。不过，通常在几周到几个月内，宝宝会在白天还是夜里睡觉就会变得有规律性，也更好预测。

帮助加快这一过渡的方式之一，是限制白天小睡的时间，每次不超过3小时。此外，白天让宝宝睡在正常活动的区域，开着灯，能听到各种声音。相反的，晚上要保持卧室的黑暗和安静。

在喂夜奶和换尿布时，不要刺激宝宝。把灯光调暗，说话轻柔，不要和宝宝交流或玩耍。这会给宝宝强化一种信息——晚上就是要睡觉的。

睡眠安全

婴儿猝死综合征（SIDS）是指，看起来完全健康的婴儿，在睡眠中突然死亡，且原因不明。尽管确切原因尚不清楚，但婴儿猝死综合征似乎与婴儿大脑中负责控制呼吸和睡眠唤醒的区域出现异常有关。其他危险因素包括趴卧或侧卧、在过软的床面上睡觉，或与父母同床睡。

婴儿猝死综合征听上去确实很可怕，但有多种方法可以帮助降低婴儿猝死综合征发生的概率，让宝宝安全入睡。

仰卧睡觉 始终让宝宝保持仰卧，即使是小睡时。这是降低发生婴儿猝死综合征风险的最安全的睡眠姿势。

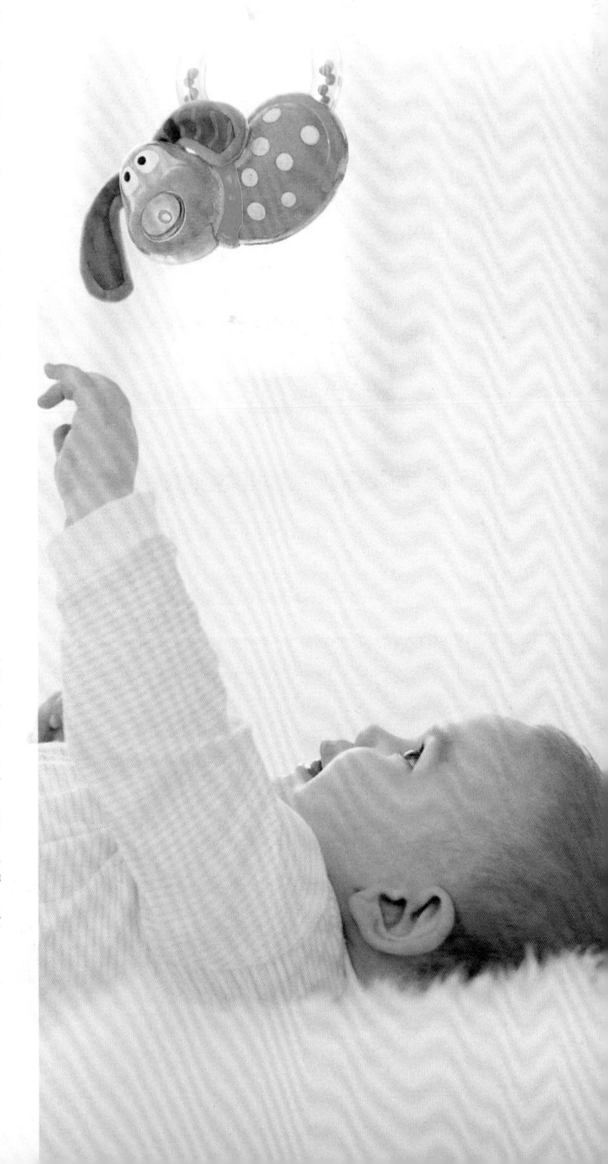

研究表明，相比仰卧，俯卧睡觉的宝宝更容易死于婴儿猝死综合征。侧卧的婴儿也有较高的风险，可能是因为采取这种睡姿的宝宝，很可能会翻成俯卧。自1992年美国儿科学会开始推荐婴儿仰卧位睡觉以来，美国婴儿猝死综合征的发病率显著下降。

只有对于那些有健康问题，仰卧睡觉风险更大的宝宝来说，才需要用俯卧的姿势睡觉。如果你的宝宝出生时有先天缺陷，如进食后经常反流，或有呼吸、肺、心脏问题，请咨询医生，由医生推荐最适合宝宝的睡眠姿势。

确保所有宝宝的看护人都知道应该让他（她）采取仰卧的姿势睡觉。这可能包括宝宝的祖父母、保育员、保姆、朋友和其他人。请大家严格遵守你的要求。让宝宝仰卧入睡，这样做是基于大量的证据——仰卧姿势可以挽救宝宝的生命。

有些宝宝起初不喜欢仰卧睡觉，但很快就会习惯。许多家长担心，如果宝宝仰卧睡觉时吐奶或呕吐，会导致窒息，但研究人员发现，窒息或类似问题并没有增加。

仰卧睡觉的宝宝可能会出现后脑某部位扁平的情况。大多数情况下，这种情形在宝宝会坐后就会消失。你可以通过调整宝宝躺着时头的朝向，来帮他（她）保持正常头型——头朝着婴儿床的一侧睡几晚，然后再朝另一侧睡几晚。这样，宝宝就不会总是用头的相同

对宝宝来说安全的睡眠环境

为了保证宝宝在睡眠中的安全，请遵循美国儿科学会的以下建议。

- 每次都保证让宝宝以仰卧的姿势睡觉。
- 让宝宝睡在较硬的床面上。
- 坚持母乳喂养。
- 和宝宝同房不同床。
- 宝宝的床上不要有柔软的物品和蓬松的被褥。
- 考虑在睡眠期间使用安抚奶嘴。
- 避免吸烟、酗酒和吸毒。
- 避免过热。
- 按时给宝宝接种疫苗。

位置接触床面了。

一旦宝宝能成功地从仰卧翻到俯卧，然后再翻回来——通常在他（她）6个月大的时候，你就可以让他（她）自由选择睡姿了。但是，在宝宝学会自己走路之前，不要在摇篮或婴儿床上放蓬松的被褥或玩偶，以防宝宝翻滚时，不慎将脸埋入其中却无法推开这些物品。

同房不同床　许多新手爸妈都想带着孩子在同一张床上睡觉。这通常是因为他们累了，可以理解！因为在同一张床上照顾宝宝似乎更方便。对一些父母来说，这也是他们的父母和祖父母的做法。

但事实是，和宝宝同床会增加安全风险。成人床的床垫，通常比婴儿床更柔软，还会有很多毯子和枕头。尽管成年人觉得舒适，但这些因素会干扰婴儿的呼吸或使婴儿感觉过热。此外，成人在睡觉时，很可能会无意中翻身压到宝宝身上，或将宝宝埋在被褥里，导致窒息。选择在沙发或椅子上和宝宝一起入睡可能会更危险，因为这些地方的空间更为狭小。

此外，如果宝宝习惯在父母的床上睡，这会使以后他（她）在自己的床上睡觉变得更困难。宝宝长大后，也很难改掉和人同床睡的习惯。美国儿科学会建议在宝宝出生后的第一年或至少前6个月，父母要和宝宝同住在一个房间，但不要睡在同一张床上。在这段时间内，婴儿猝死综合征和其他睡眠相关疾病等造成的死亡率最高。和宝宝同房睡意味着宝宝和你睡在同一个卧室里，但是睡在单独的摇篮、婴儿床或其他专门为婴儿设计的床上。和宝宝在同一房间里睡觉，可以让父母更安心，也更容易观察宝宝的情况。有证据表明，和宝宝同房不同床，能够将婴儿猝死综合征发生的风险降低一半。

安全的睡眠空间　确保宝宝是舒适和安全的。如果你已经确定婴儿床和周围的区域是安全的，那么宝宝哭的时候，你就不必突然紧张起来，担心他（她）出了危险。下面是一些需要遵循的准则。

不要使用旧婴儿床或摇篮　即使旧婴儿床的状况良好，但是时隔多年，关于婴儿床的安全标准也有所提高，所以如果情况允许，买个新的婴儿床是更好的选择。如果你用二手婴儿床，要确保它符合当前的安全标准。有些比较旧的婴儿床，有可以下翻的一侧——那种可以上下移动的侧围栏——现在被认为是不安全的。此外，一些较旧的婴儿床可能使用了含铅的涂料，这对健康有危害。婴儿床应该是一个让父母安心，放心可以让宝宝一个人舒适地待着的地方。

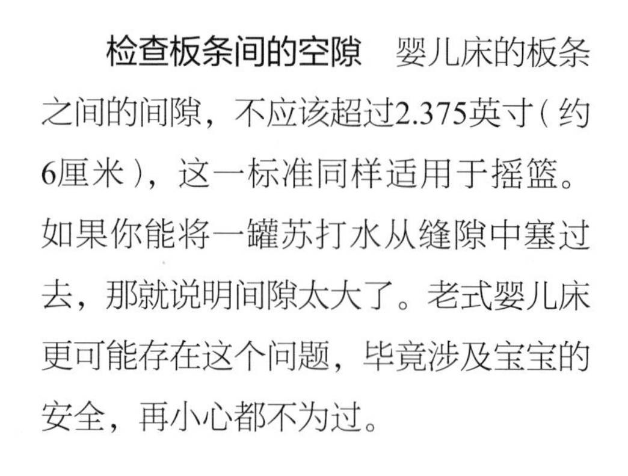

检查板条间的空隙 婴儿床的板条之间的间隙，不应该超过2.375英寸（约6厘米），这一标准同样适用于摇篮。如果你能将一罐苏打水从缝隙中塞过去，那就说明间隙太大了。老式婴儿床更可能存在这个问题，毕竟涉及宝宝的安全，再小心都不为过。

选对床垫 宝宝床垫的表面应牢固、平整、光滑。确保床垫紧贴在床或摇篮的框架内，这样可以避免有空隙会卡住宝宝。

拿走无关的物品 在宝宝出生后的第一年，或者至少在他（她）可以自己翻身之前，注意不要把多余的床上用品留在婴儿床或者摇篮里，比如护垫、枕头、靠垫和被褥。这样可以防止宝宝陷入窒息的状态。如果要给宝宝保暖，可以试试睡袋或睡衣。玩具和玩偶等，要在宝宝醒着且有人照看的时候，才可以放到床上。

尽早拿掉婴儿床上的小物件 婴儿床上的小物件一般包括绳子和小配件。确保宝宝够不到它们，以免小家伙被缠住或把小配件拽下来。当宝宝能用手或膝盖支撑自己时，这些小物件就需要被清理掉了。

安全的襁褓 许多宝宝在襁褓中会睡得更好。如果你想包裹宝宝，记得用透气的、100%的纯棉毯子或睡袋。检验毯子是否透气时，可以将它放在自己的嘴边，如果感觉可以正常呼吸，就说明毯子足够透气。这对宝宝来说很重要，因为如果毯子不慎滑落，盖住了宝宝的脸，透气的毯子可以保证宝宝仍然能正常呼吸。纯棉的质地易于散热，能防止宝宝在襁褓中过热。

给宝宝包襁褓时，一定要留出臀部和腿部能自由活动的空间。如果把宝宝的臀部和腿部裹得太紧，会妨碍他（她）的正常生长和关节发育。正常情况下，宝宝的腿应该能弯起来。

当宝宝第一次出现翻身的迹象时，就不要再包襁褓了，一般是在宝宝4个月左右。这是因为，理想情况下，宝宝在滚动时需要能够控制自己的手臂，但是如果被裹在了襁褓里，他（她）就没法这么做了。

使用安抚奶嘴　睡觉时吸吮安抚奶嘴，可以降低婴儿猝死综合征的风险。这里有条忠告——如果你在进行母乳喂养，那么要等到喂养流程已经顺利后，再开始使用安抚奶嘴。对一些宝宝来说，可能要等到他（她）3～4周大的时候。如果宝宝对安抚奶嘴不感兴趣，那么就迟点再试。如果宝宝睡着了，安抚奶嘴从嘴里掉了出来，也不要再塞回去。

良好的睡眠习惯

朋友和家人常问新手父母的一个问题就是："宝宝能睡整觉了吗？"但老实说，没有人能"彻夜酣睡"，每个人夜间都会有觉醒，但大多数情况下，人们会在短暂的觉醒后马上再次入睡。

宝宝会有同样的夜间唤醒。在出生后最初的几个月里，一些生物因素影响着这些觉醒。例如，新生婴儿需要每隔几个小时进食一次，包括在夜间，因为虽然他们的胃很小，但是他们生长很快，因此需要频繁的喂养来维持生长发育所需。

随着宝宝年龄的增长，能够在白天消耗和保留更多热量，在晚上就需要较少的喂养次数了。同时，它们的生物节律也在适应昼夜循环。到了4～6个月大时，宝宝的睡眠模式越来越像成年人。

在这个习惯"真实世界"的过程中，婴儿正在根据重复的模式学习很多东西，例如将你的声音和爱的关注建立联系，或者将母乳或奶瓶的气味与被喂养的满足感联系起来。同样地，宝宝也逐渐将某件事与入睡联系起来，建立自己的睡前程序。也许每次你给宝宝喂奶时，他（她）都会睡着。或者和你依偎在椅子里、被你轻摇，都会成为他（她）的睡前程序。

不可否认的是，让宝宝在你的胸前睡着，会让你感到十分满足。但是，如果每次宝宝都以这种方式入睡，它可能会最终成为宝宝的必要睡前程序。所以，在宝宝6个月大时，当他（她）像任何人一样在夜里醒来时，他（她）需要趴在你的胸前“正确”地回到睡眠中。

随着时间的推移，你可以帮助宝宝建立积极的睡眠联系，让他（她）在没有你帮助的情况下入睡。这就是所谓的自主入睡——一种在半夜醒来时特别有用的技巧！以下是你可以采取的措施，这些措施已经被证明可以帮助婴幼儿在夜晚提高睡眠质量。

建立睡前程序 睡前程序可以从宝宝最初的几个月开始建立，到宝宝1岁时就变得非常重要。让宝宝知道，活动逐渐减少时，表明该睡觉了。日常程序中，可以包括舒缓的活动，如洗澡、阅读或讲故事、晚安拥抱或亲吻。避免在睡前和宝宝一起看电视或使用电子设备，因为这些活动可能会造成过度刺激，影响入睡。在宝宝睡觉前完成就寝程序，整个过程可能需要持续20～45分钟。

保持相对一致的入睡时间。当你每晚都在相同的时间开始进入睡前程序，并保证其间的所有步骤都一致时，入睡对你和宝宝来说就越容易。宝宝喜欢有规律，所以每天晚上做同样的事情是没问题的。

为你和宝宝建立一个规则——宝宝不应该在晚上离开婴儿床，除非他（她）需要吃奶或换尿布。2岁以后，健康的宝宝夜间不需要再离开他（她）的卧室，除了去洗手间。

鼓励自主入睡 眼皮下垂、揉眼睛和烦躁不安是宝宝困倦的表现。当你注意到这些迹象时，把宝宝放在婴儿床上，这时候他（她）虽然已经昏昏欲睡了，但仍然是清醒的。如果宝宝第一次躺下时，便可以在床上不借助任何帮助入睡，那么他（她）在半夜醒来后，更有可能独自入睡。

练习趴卧

我们推荐宝宝以仰卧的姿势睡觉，并不意味着宝宝永远不需要趴卧。俯卧姿势对婴儿有很多好处，可以鼓励他（她）抬起头、锻炼颈背和肩部肌肉力量，为宝宝学会匍匐前进和手膝爬行做好准备。随着宝宝慢慢长大，变得越来越强壮，他（她）需要更多的时间来练习趴卧，增强全身肌肉力量。

当宝宝醒着并有成人监护时，可以让他（她）趴在地板上，然后在宝宝面前放上个玩具，让他（她）观察或玩，也可以让宝宝俯卧在你的身上或腿上。

婴儿在睡眠过程中哭是很常见的现象，但大多数宝宝可以在几分钟内自己平静下来，因此如果宝宝哭了，你可以先让他（她）独自哭上几分钟，但是如果宝宝不能自己处理这种情绪，你可以试着安慰他（她），让他（她）能平复下来。

在睡眠过程中，宝宝经常看起来很活跃，会出现手脚抽搐、微笑、吮吸等情况，通常显得不安。宝宝在不同的睡眠周期里，可能会出现哭闹和扭动。新手父母有时会把这种神经兴奋的表现误认为是宝宝醒来的标志，于是开始不必要的喂养。事实上，此时最好稍等片刻，看看宝宝是否能再次安然入睡。

使用安全的物品　宝宝1岁以后，可能已经发展出足够强的运动技能，夜间的床面上，附近有小毯子或玩偶，就不太可能发生窒息的危险了。此时，就可以选一个宝宝喜欢的泰迪熊或其他安全的东西，作为宝宝入睡前的安抚物。款式简单、透气的毯子是不错的选择，也可以选择没有装饰的玩具，避免纽扣或丝带等装饰，这些物品可能会脱落并造成窒息的风险。

重视小睡　对于宝宝来说，小睡和夜间睡眠一样重要。小睡有助于宝宝保证一日所需的睡眠总量，并且有助于防止睡前过度劳累。在午睡时间，你可以使用同样的睡眠程序。例如，读个故事，然后给宝宝盖好被子，再离开房间，给宝宝几分钟时间，让他（她）安静下来入睡。

有些宝宝睡眠时间很长，但白天小睡的次数却较少，而另一些宝宝白天会睡得较多。如果宝宝夜间睡眠质量很好，那么可以让他（她）小睡的时间尽可能长。而如果宝宝晚上睡眠的时间并不是很长，那么可能需要考虑缩短午睡时间。如果宝宝一天小睡3次，那么要把习惯改成一天小睡2次。大多数12～18个月大的宝宝每天都要午睡一次。很多孩子会在3岁时，就不会再午睡了，当然，大部分宝宝要到5岁才会不再午睡。

过渡到单独的卧室　随着宝宝逐渐长大，到了蹒跚学步时，父母和宝宝可能都会发现，如果各自睡在单独的房间里，双方都会睡得更好。如果你和宝宝在同一房间里睡了6个月到1年左右，那么在宝宝大约1岁生日时，可以考虑让宝宝睡自己的卧室，这里有些建议，可以让分房变得更容易。

可以先从小睡开始，每次午睡时，都让宝宝睡在自己单独的卧室里。离开房间时，帮宝宝关上卧室门，这样避免家人活动时制造的噪声干扰宝宝，让他

（她）睡得更好。你可以使用监视器来观察宝宝睡觉的情况。

当宝宝在自己的房间里小睡了一两个星期之后，可以让他（她）尝试晚上也睡在自己的卧室里。如果宝宝已经满1岁了，可以制造一些仪式感，告诉他（她）："从今晚开始，你可以自己在房间睡觉啦，你已经长大了，可以做到的!"宝宝通常很乐意"长大"，请宝宝帮你铺床，让他（她）选择个毯子或玩偶陪自己一起睡。

如果需要的话，当宝宝能独立在房间里睡觉时，给他（她）一个小奖励。比如一起读本新书、一起去公园，或者一起玩拼图或做游戏。尽量避免使用糖果或额外的物品作为奖励。一定要告诉宝宝为什么他（她）会得到奖励。

从婴儿床过渡到普通床　如果你已经把婴儿床板调到了最低的位置，宝宝还是能从婴儿床里爬出来，那就说明可以考虑让宝宝睡普通的床了。通常这个时间在宝宝2~3岁时。如果你强行把宝宝关在婴儿床里，当他（她）试图爬出来时摔倒了，可能会受到严重的伤害。

一些家长会选择换张特殊的幼儿床，或者换一张可以随着孩子成长的床。例如，一些幼儿床的设计可以随着孩子的成长而调整长度或宽度。当然，你也可以先把床垫放在地板上，让宝宝睡在上面，直到你能决定究竟日后较长一段时间里给宝宝使用什么样的床。

解决问题

为家庭中的每个人建立健康的睡眠习惯，通常说起来容易做起来难。所有的宝宝最终都会睡整觉，但是能达到这个里程碑的时间点，却存在个体差异，因此作为家长要有耐心。同时，由于出牙、疾病或其他干扰因素，宝宝可能会出现睡眠倒退、再次出现夜醒的情况。没有任何铁律样的方法，能保证让宝宝经过训练后就能睡整觉，但这里有些建议可能会有帮助。

逐步戒掉夜奶　宝宝要吃夜奶是正常的，不过到了6个月大的时候，许多宝宝可以在不吃夜奶的情况下，睡5~8个小时甚至更长时间。到了这个年龄，宝宝应该能够在白天获得足够多的热量，这样他们就不需要在夜里吃奶了。

如果宝宝已经6个月大了，但每夜仍然会要吃1次以上的夜奶，那么可以试试下面这些建议。

- 试着将喂奶与入睡分开。你可以在睡前1小时左右给宝宝喂奶，并且地点要选在卧室以外的房间。喂完宝宝后，在就寝时间完成常规的睡前程序，比如看书或唱歌。即使感觉有点刻意也要这么做。让宝宝昏昏欲睡，但仍然清醒。如果宝宝需要吮吸一些东西来帮助入睡，可以给他（她）一个安抚奶嘴。

- 增加白天的喂养量，拉长吃奶间隔。如果宝宝白天时食量较小，他（她）可能已经习惯那种喂养方式。这可能会导致宝宝在夜里饿醒。

减少夜醒次数 如果宝宝已经超过6个月大，并且在夜间反复醒来哭闹，你可以帮助他（她）学会自我安慰。但这确实需要耐心坚持。如果宝宝生病了，或者正在经历过渡期，比如去新的托儿中心，那么这时可能不是教他（她）进行自我安慰的好时机。当你准备好了，以下是你该做的事。

首先，确保宝宝的基本需求已经得到满足，比如喂奶、合适的衣服、干净的纸尿裤或上厕所，然后再让宝宝上床睡觉，按照平时的睡前程序去做。

如果宝宝在你离开时哭了，等几分钟再决定是否回房间，在宝宝看不见你的地方等一等。

如果宝宝几分钟后还在哭，那么进房间时不要开灯。轻拍宝宝几下，说几句充满爱意的话来安抚他（她），但不要把他（她）抱起来。然后告诉宝宝："现在该睡觉了"再离开房间。待在房间里的时间，不要超过一两分钟。如果宝宝在你离开时哭得更大声，不要感到惊讶，这是意料之中的。再次在房间外等一等，将等待的时间延长几分钟，然后再返回房间里。重复这个过程，每次增加等待时间。当宝宝睡着时，记下你最后一次进入房间前等待的时间，例如10分钟。

第二天晚上，如果宝宝哭了，重复整个过程。等待的间隔，从前一个晚上最后一次等待的时长开始。如果在前一个例子中是10分钟，那就等待10分钟再进入房间。

在接下来的几天里，重复这个过程。这可能需要几个晚上，但宝宝将逐渐学会自我安慰——一个重要的积极的成长，这将让宝宝和整个家庭在未来几年里都受益！

待在床上 当宝宝开始蹒跚学步时，他（她）可能很难在床上待着，即使在完成了惯常的睡眠程序之后——有那么多有趣和令人兴奋的事要做、要看！当宝宝刚刚学会了一项新技能，或正处于发展的转折点时，这一点尤为明显。有些宝宝一到睡觉的时候就表现得很沮丧，他（她）甚至可能会拒绝躺下。一般来说，最好忽略这些抗议，以

及任何其他问题或要求，直接离开房间就好。

坚持宝宝钻进被窝后就该留在床上的规则。一旦宝宝已经完成了如厕训练，那么当然可以破例带他（她）去厕所。如果宝宝离开了卧室，平静地告诉他（她）：“你现在需要回自己的床上去了。”

如果宝宝不按你的指示做，把手轻轻地放在他（她）的肩膀上，和他（她）一起走。如果宝宝拒绝回卧室，把他（她）抱回房间，什么也不说。避免表现出沮丧或愤怒。把宝宝放在床上后就离开，记得关上卧室的门。

如果宝宝对什么时候是早晨没有概念，在你起床之前就先起来了，你可以试着使用“早安灯”，这是一个带计时器的夜灯。当你想让宝宝醒来时，你可以把灯打开或改变灯的颜色。告诉宝宝，当灯的颜色从红色变成绿色，或者灯亮了时，他（她）才可以起床。

如果你每次都按照这些建议做，几天后宝宝很快就会明白，推迟就寝时间不会带来更多的“乐趣”或额外的玩耍时间。

最后需要提醒的是，坚持睡前程序并不意味着缺乏灵活性。如果宝宝生病了、做了噩梦，或者真的因为某种原因害怕，花点时间和他（她）待在一起，确保他（她）能感到安全。

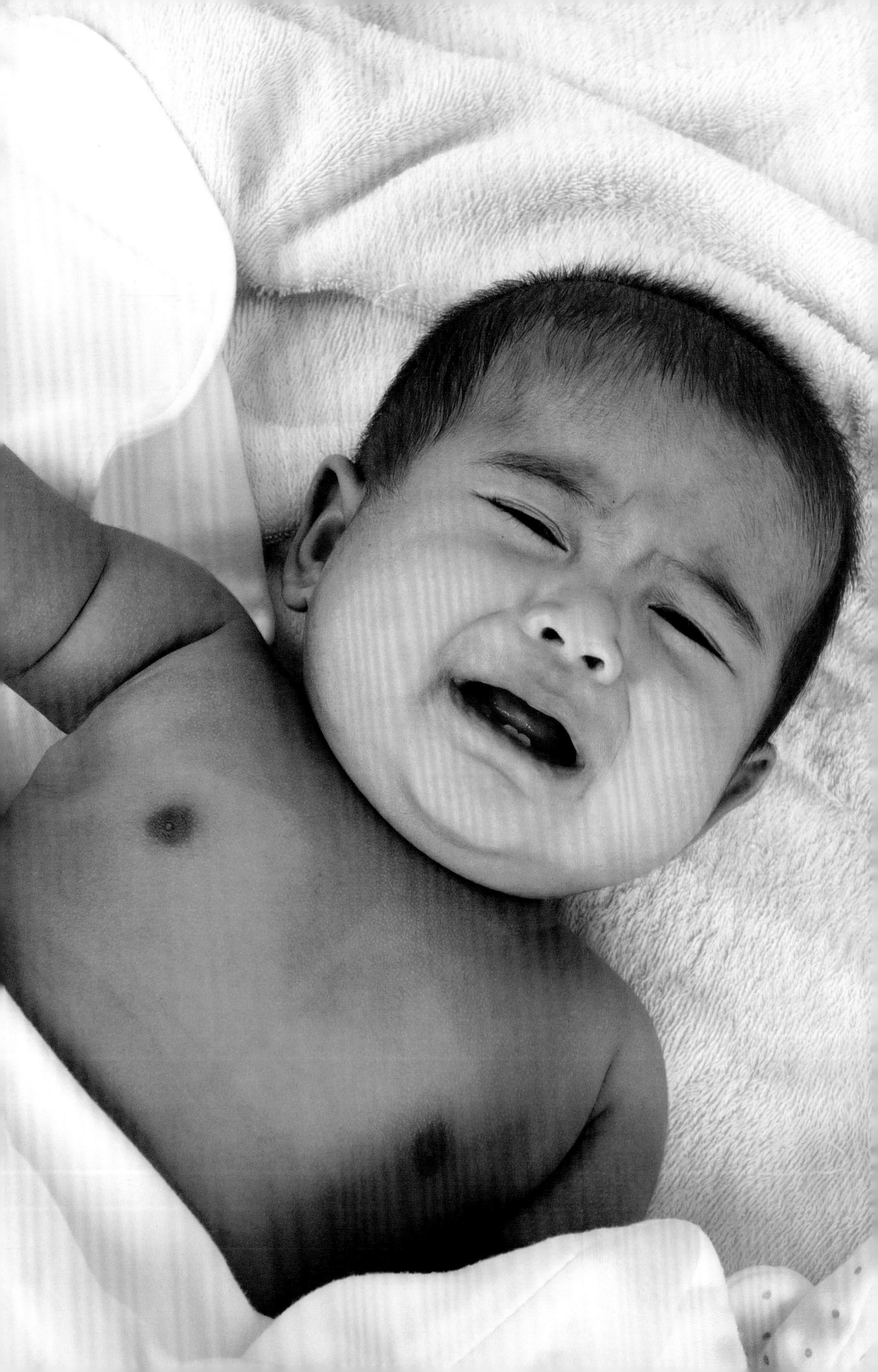

第十章
安抚哭闹的宝宝

你的梦想是：宝宝在出生后几周就能整夜安眠，在你被杂务缠身时他（她）能自己开心地玩耍，只在饥饿的时候表达不满。但现实是：宝宝最爱的玩耍时间，是在凌晨2点喝过夜奶后，并且每当你想外出走走时，他（她）的脾气就达到了峰值。

宝宝都会哭，新生儿因为各种各样的原因，平均每天会哭1～4小时。宝宝哭可能是因为累了、饿了、觉得孤单、太冷、太热，或者仅仅是因为就是想哭。这些哭闹尤其让那些觉得应该知道宝宝哭闹的原因，并且尽快做出应对的新手父母感到困惑。要弄清楚宝宝为什么哭，以及该怎么办并不总是件容易的事。学习弄明白哭声的含义需要时间和经验。

不要觉得自己很失败。如果宝宝的哭声让你倍感压力或焦虑，请深呼吸并试着放松。如果你觉得有需要，可以寻求外部帮助，记住这个阶段不会永远持续下去。哭泣通常在宝宝6周左右大时达到高峰，然后逐渐减少。所以，坚持住！

宝宝为什么哭

当宝宝哭的时候，通常是想告诉你些什么。哭闹是婴儿的一种交流方式，用来表达饿了、累了、不舒服，或者只是在一天内受到了太多的刺激。

一般来说，最好对宝宝的哭声迅速做出反应，尤其当宝宝还是个新生儿时。不要担心因为给宝宝太多关注而惯坏他（她）。恰恰相反：研究表明，对宝宝的需求做出回应，可能有助于他（她）幼儿时期减少哭闹次数和攻击性行为。

下面是一些常见的，引起宝宝哭闹的原因。

饥饿 大多数新生儿每隔几小时就要吃一次奶，通常晚上也会醒来吃奶。安静的宝宝可能会在饿的时候，扭动身体，乱翻或者表现得有一点烦躁。活泼点的宝宝则可能会表现得几乎有点暴躁。他们可能在吃奶前就已经筋疲力尽，在喝奶的同时也吸进很多空气。这会导致反流、胀气，进而哭得更厉害。有些宝宝会被腹部胀气折磨，而另一些宝宝可能没那么敏感。

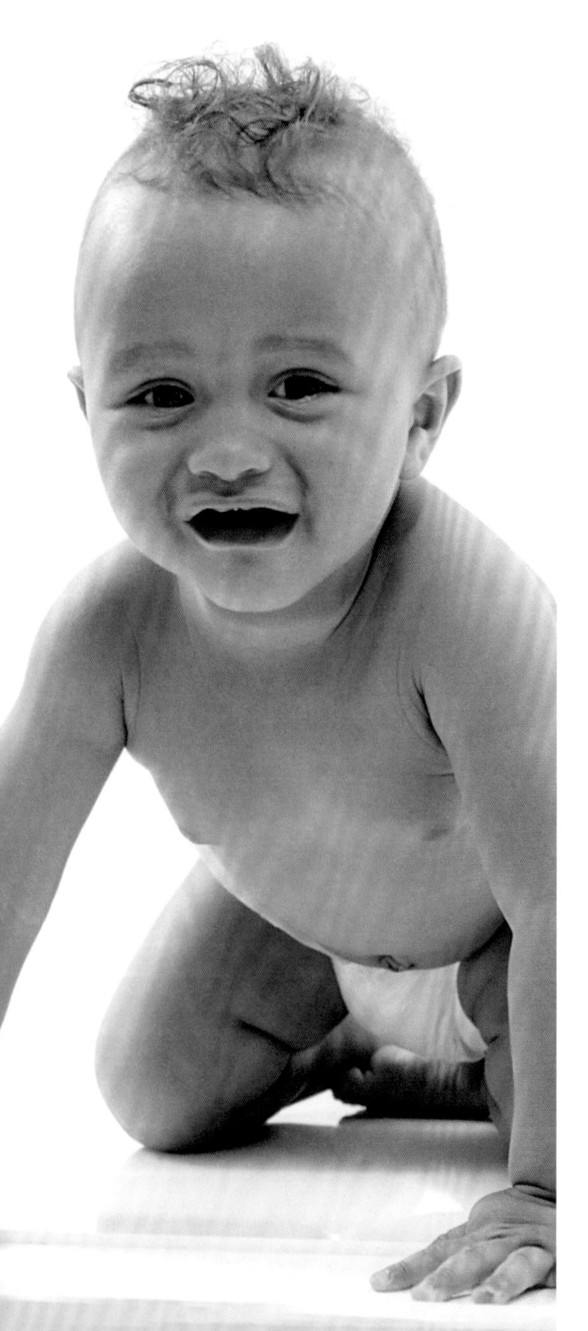

不适 和成年人一样，宝宝也有不舒服的时候。造成宝宝不舒服的一个普遍原因就是在尿布上拉了或尿了。有些宝宝对自己的排泄物不是很敏感，但是也有些宝宝完全不能忍受尿湿了或沾了便便的尿布，并且会在第一时间让你知道，他们不开心了。肚子不舒服是另一个引起不适的原因，胀气或消化不良都会让宝宝哭闹。如果宝宝在吃奶后表现得烦躁不安，他（她）可能是感到某种程度的肚子痛。通常，在打嗝或排气之后，宝宝的哭闹就会停止。温度也是引发宝宝不适的原因之一——太热或太冷都会让宝宝哭闹。过紧、束缚行动或让人觉得刺痒的衣服也会让宝宝哭。确保腰带不会把宝宝的腰部勒得太紧，衣服的领子不会摩擦到宝宝的脸，裤腿和袖筒不会阻碍宝宝的活动。

孤单、无聊或害怕 有时，婴儿哭是因为感觉孤独或无聊，或者由于害怕。宝宝可能会在看到你、听到你的声音，或者被你抚摸或拥抱后平静下来。

你会发现，宝宝喜欢被抱着，喜欢看爸爸妈妈，也喜欢听爸爸妈妈的心跳声。

过度疲劳或过度刺激　当宝宝极度疲劳或过度兴奋时，哭闹是一种放松和减压的方式。疲累的宝宝通常会烦躁。你会发现宝宝需要的睡眠时间比你想象得更多，新生儿通常一天睡16小时。太多噪声、动作或视觉的刺激也可能引发宝宝哭闹。其次，许多宝宝会在固定的时间段里烦躁不安。他们在一天的时间段里毫无理由地哭闹。

理解宝宝的哭闹

许多新手父母发现，随着时间的推移——他们越来越了解自己的宝宝，宝宝也同时逐渐建立起自己的人格——他们开始明白婴儿哭闹的不同含义。很快，你也会拥有这项技能。同时，这里

5S安抚法

儿科医生哈维·卡尔普将安抚宝宝哭闹的五种方法，归纳为5S安抚法。卡尔普博士提出：宝宝出生后的前三个月，更像是怀孕的“第四季”，因此还需要复制类似子宫的环境——温暖、舒适和有些嘈杂——这样有助于宝宝向广阔、开放的世界过渡。你可以在卡普尔博士的书《街区里最快乐的孩子》找到详细的信息。下面有一些摘要，能帮你快速了解5S安抚法。这些方法中一个或两个可能会对宝宝起作用，当然你也可以同时尝试所有方法。

包裹　把宝宝裹在毯子里，双臂紧贴身体伸直，同时保证双腿可以自由活动和弯曲。

侧躺或俯卧　如果宝宝表现得烦躁，试着让他（她）侧躺或趴着，也可以伏在你的肩膀上。不过，不要用这个姿势睡觉，要保证宝宝睡觉时处在仰卧位。

嘘声　子宫其实是一个相当嘈杂的地方，可以听到附近血管中血液流动的声音。因此，在宝宝的耳朵附近发出嘘声或制造白噪声，有助于舒缓他（她）烦躁的情绪。

轻摇　通过幅度较小的轻轻地摇晃宝宝，来复制子宫内的状态。始终支撑好宝宝的头部和颈部，动作要小。为避免给宝宝造成伤害，请确保不要用力摇晃他（她）。

吮吸　对大多数宝宝来说，吮吸是一种放松的活动。给宝宝一个安抚奶嘴，或把他（她）的小手洗干净，让他（她）吮吸。

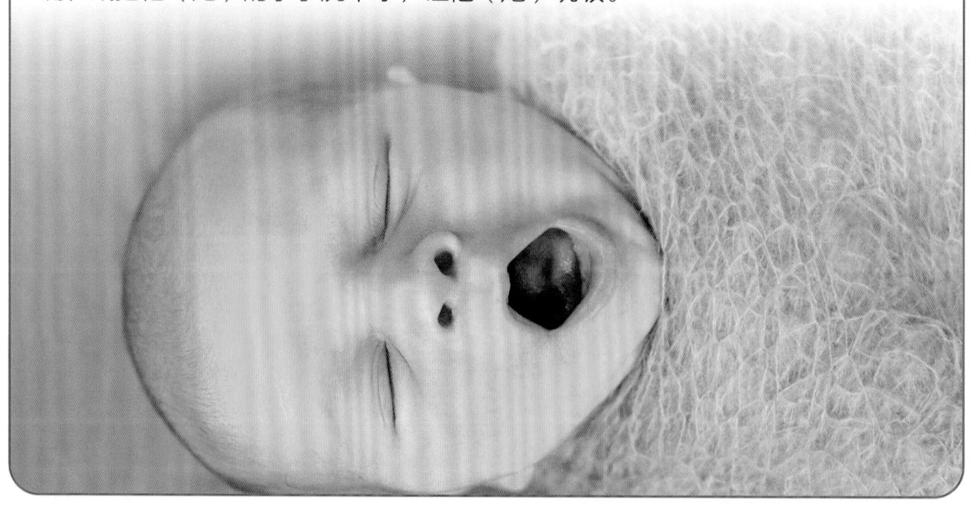

有一些“哭泣暗号”，如果你不知道小家伙想告诉你什么，这些“暗号”可能会帮到你。

- 因饥饿而引发的哭泣短而低沉。
- 疼痛引发的哭泣会很突然，是一种持续很长时间的高声尖叫。
- 如果宝宝的嘴唇在动，或者翻来翻去，很有可能是因为饥饿。
- 如果宝宝揉眼睛，他（她）可能是累了想睡觉。
- 如果宝宝听到吵闹声然后哭了，他（她）可能是被吓到了。

熟悉不同哭声的含义可以帮助你更好地回应宝宝的哭闹。了解宝宝哭闹的原因，也可以帮助你发现宝宝的异常状况——因为平时不会哭闹的原因而哭闹。

安抚哭闹的宝宝

好的，那么宝宝正在哭，你能做什么呢？有时候，哭的原因很清楚，你可以迅速改变现状。而另一些情况下，你可能需要尝试好几种安抚措施，直到发现宝宝到底想要什么——什么能给他（她）带来安慰。这是一门艺术而非科学，因此对一个宝宝有效的方法，不一定适合另一个宝宝。

检查宝宝的尿布　迅速检查宝宝的尿布，确保它是干爽洁净的，一个新的尿布可能就是解决问题的关键。

检查宝宝是否饿了　如果宝宝饿了，那么喂奶就可以让他（她）停止哭。不过，要知道哭泣是饥饿的后期表现，可能会干扰吃奶。你需要先安抚宝宝，让他（她）平静下来，然后再喂奶。为了避免这种情况出现，尽早对宝宝饥饿的早期征兆，例如咂嘴、翻滚、特殊的表情或者烦躁做出回应。如果宝宝在吃奶过程中因为哽咽不能好好吮吸，那么就休息一下再喂。在每次喂奶过程中和喂奶后，花点时间给宝宝拍嗝。

寻找不舒服的迹象　摸摸宝宝的手脚，如果他（她）太冷或太热，要及时加减衣物。也可以脱掉他（她）的衣服，看看是否由于衣服过紧或者是衣料对宝宝皮肤造成了刺激。如果是因为胀气，试着给宝宝拍嗝或轻轻揉肚子。如果宝宝一直很热，测量他（她）的体温，确保宝宝没有发热。

爱抚宝宝　轻轻地抚摸或拍拍背，通常能帮助安抚哭闹的宝宝。你可以让宝宝伏在你的膝盖上做这个动作。

让宝宝保持运动　宝宝通常喜欢运

动。有时，单纯的动态感觉就能安抚哭闹的宝宝。你可以轻摇着宝宝或者抱着他（她）在房间内来回走动。牢记安全须知，试着将宝宝放入婴儿摇篮、婴儿摇椅或用婴儿背带安抚宝宝。如果天气允许，用婴儿车或婴儿背兜带宝宝到户外去。你甚至可以把宝宝放入汽车安全座椅，带着他（她）去兜风。

唱歌或放音乐　白噪声，例如海浪声的录音，甚至电风扇发出的单调的声音，或隔壁房间吸尘器的声音，有时可以让哭闹的宝宝放松下来。宝宝通常喜欢和他们在子宫里听到的，与羊水流动或脉搏类似的舒缓模糊的声音。

让宝宝吮吸　让宝宝吮吸干净的手指或安抚奶嘴。吮吸是一种自然反射。对很多宝宝来说，这是一个舒适的、给人抚慰的行为。

寻求安静　如果宝宝过度疲劳，或者受到了太多外界刺激，把宝宝转移到安静的环境中。有时宝宝只是需要暂时远离喧嚣。

让宝宝大哭　如果你试过了所有方法，宝宝还是不开心，那就抱着他（她），让他（她）就这么哭出来。如果你需要休息，把宝宝放在一个安全的地方——例如婴儿床或摇篮。如果你已经喂过奶、拍过嗝、也换了尿布，并且他（她）看起来一切都好，那么让宝宝在婴儿床上哭10～15分钟也是可以的。

肠绞痛

所有的宝宝都会哭，但是有些宝宝比起其他宝宝更爱哭。对于一小部分宝宝来说，不管你努力做些什么想让他（她）停止哭泣都没有用。如果宝宝有上述表现，那么可能他（她）正经历肠绞痛。肠绞痛是一个医学名词，典型表现是宝宝每天哭闹3小时以上，每周至少3天（有时会是每天），至少持续3周。这种哭闹通常在宝宝出生后几周开始，持续到宝宝3个月大时会有好转。

原因　一谈到肠绞痛，最大的问题是，到底是什么原因导致宝宝哭得如此厉害？而答案是，专家也不知道。对此有一些不同的理论，但医生并没有就某些因素是否是潜在的诱因达成共识。诱因可能是由一系列因素综合而成，而对每个宝宝来说又都不完全一样。

- *性情*　有些宝宝天生易怒或者敏感，这些可能是造成肠绞痛的原因。

- *不成熟的神经系统* 如果宝宝的神经系统尚未发育成熟，他（她）可能会对外界刺激产生异乎寻常的敏感反应。对所有看到的和听到的信息，宝宝会感到超负荷，而且没有办法安抚自己的情绪。结果就是他（她）会哭并且很难入睡。早产儿敏感的表现方式可能更多的是烦躁不安，而非哭闹。
- *食物敏感* 如果你是母乳喂养，肠绞痛可能是宝宝对你所吃的某种食物敏感的信号。如果是配方奶喂养，肠绞痛可能是宝宝对配方奶里的牛奶蛋白过敏的征兆。
- *其他健康问题* 在极少数情况下，肠绞痛可能预示你的宝宝有健康问题，例如疝气或感染。

有许多关于为什么有些宝宝更容易患肠绞痛的理论被提出，但没有任何一个理论得到证明。很多患肠绞痛的宝宝有胀气的情况，所以胀气在很长时间里被认为是一个诱因。可是，肠绞痛的宝宝可能是由于哭闹时，吸入气体才产生的胀气。医生可以确定的是，出生顺序并不是影响因素——头胎出生的宝宝出现肠绞痛的概率并不会比弟弟妹妹们的概率大。男孩和女孩出现肠绞痛症状的人数也差不多。哭闹发作阶段没有后续影响和并发症。受肠绞痛影响的宝宝到婴幼儿期，并不会比没受肠绞痛影响的宝宝更容易哭闹。

常见表现 一些宝宝很容易表现得焦躁，但是并没有肠绞痛的问题。虽然行为各异，但是受肠绞痛影响的宝宝一般会有如下症状。

- *固定的哭闹时间* 有肠绞痛问题的宝宝，通常每天会在同一个时间段哭闹。这个时间段可能出现在一天中的任何时间，但下午和晚上的概率比较大。哭闹通常出现得非常突然且毫无缘由、无预兆。宝宝会在哭闹将近结束时排便或放屁。
- *激烈或难以安抚的哭闹* 肠绞痛引发的哭闹会比较激烈，通常音调很高。宝宝的脸可能涨得通红，无论你怎么安抚都很难平静下来。
- *姿势变化* 因为肠绞痛哭闹期间，宝宝常常会蜷腿或握拳，你可能会发现宝宝的腹肌肌肉比较紧张。

诊断 如果你觉得宝宝有肠绞痛问题，最好向医生咨询。特别是当宝宝很难安抚或有生病迹象时，例如发热、呕吐、饮食和睡眠习惯变化，或者出现其他让你担忧的症状时。医生可以帮你分辨出普通啼哭和因为严重问题而产生的啼哭。告诉医生宝宝哭闹的时间和频率、持续的时长，以及哭闹之前、哭闹期间和哭闹之后，你所观察到的宝宝的行为。医生可能会询问，你为安抚宝宝做了哪些事，以及宝宝的喂养情况等。

医生可能会为宝宝做体检，来确定究竟是什么原因引起宝宝哭闹。但是化验等通常是没有必要的。如果你的宝宝很健康，医生可能会诊断为肠绞痛。

应对肠绞痛

照顾患肠绞痛的宝宝，会很耗费精力，让人很困惑也很有压力——即便对于很有经验的父母来说也是如此。肠绞痛不是由于父母照顾不周引起的，所以

飞机抱

肚子朝下抱着会让一些宝宝觉得舒服，这种抱法通常被称作应对肠绞痛的抱法，或飞机抱。如果宝宝很烦躁，你可以尝试这种抱法看看是否有效果。让宝宝头朝下趴在你的前臂上，将你的胳膊从宝宝两腿间穿过，稳稳地托住。宝宝的脸颊应该靠在你的手掌上。胳膊贴近自己的身体，稳稳地环抱住宝宝。不要让宝宝用这种姿势睡觉。

始终保持温和

当宝宝无法被安抚时，你可能想尝试各种方法让他（她）停止哭闹。但是请记住温柔对待宝宝很重要，绝对不要对宝宝喊叫、打或者摇晃他（她）。

新生儿颈部肌肉通常很脆弱，很费劲才能撑起头部。出于纯粹的无奈而摇晃宝宝可能会造成很严重的后果——包括可能会导致癫痫、学习障碍、精神发育障碍等脑部损伤，严重的摇晃甚至会威胁生命。

如果你对自己应对宝宝哭闹的能力没有自信，那么可以联系你的医生（宝宝的医生）、本地的危机干预服务中心，或心理健康服务热线来寻求帮助。如果有需要，将宝宝放在你认为他能得到妥善照顾的安全的地方。

不用为宝宝患有肠绞痛而自责。父母更该做的是，集中精力努力寻找能让这个困难阶段变好的方法。记住，会熬过去的！

不幸的是，治疗肠绞痛的方法很少。市面上药店里售卖的非处方药，如西甲硅油，并没有被证明有助于肠绞痛，而其他药物会造成很强的副作用。一些研究表明，使用益生菌——有助于保持消化道中“有益”细菌自然平衡的物质，可能会缓解肠绞痛。然而，需要更多的研究来证明益生菌对婴儿的作用。因此，Mayo Clinic的大多数儿科医生不建议在婴儿中使用益生菌。

家长们也报告了使用替代治疗方法的效果，例如草本茶、草药或葡萄糖。这些替代治疗方法并没有被证明对肠绞痛长期持续有效，而且有些可能会比较危险。在给宝宝吃任何药物或用其他物质来治疗肠绞痛之前，要征求医生的意见。

在肠绞痛症状完全消失之前，你可以尝试用下面的方法来减轻宝宝的痛苦，让他（她）哭得不那么厉害。

喂养方式 不要给宝宝吃太多，尽量间隔2～2.5小时喂一次奶。在喂奶时，尽量保持宝宝上身竖直，并不时给宝宝拍嗝，以减少空气吸入。

如果用奶瓶喂宝宝，可以选择曲颈奶瓶或折叠式奶袋。有些奶瓶的设计是为了减少宝宝在喝奶时吸入的空气量。如果一次喂奶的时间少于15～20分钟，可以换一个孔更小的奶嘴。

选择配方奶粉时，可以考虑喂1周低敏配方奶粉，如乳清蛋白水解配方奶粉。如果宝宝的症状没有改善，继续使用原配方奶粉。要避免频繁更换婴儿配方奶粉。

如果是母乳喂养，尽量让宝宝吃空一边乳房后再换另一边。这样会让宝宝喝到更多的后奶，就是在喂奶的后半程宝宝喝到的奶，其脂肪含量更高、营养更完善。

你的饮食　如果你是母乳喂养，并且怀疑是自己摄入的某种食物或饮料导致宝宝比平时更烦躁，那么禁食这种食物或饮料几天，观察是否有变化。减少或避免摄入容易导致宝宝过敏的乳制品或其他食物。研究表明，在一些特殊情况下，母乳妈妈禁食如牛奶、鸡蛋、花生、坚果、小麦、大豆和鱼1周左右，可以缓解宝宝烦躁不适的症状。另外，尽量减少或避免摄入咖啡因。母乳里的咖啡因会让宝宝醒着的时间更久，或让宝宝躁动不安。一些妈妈说避免摄入含气体和辣的食物也能有所帮助——但这一点并未被证明。

你的生活方式　如果你或你的伴侣吸烟，认真地考虑下戒烟。研究表明，受到二手烟侵害的宝宝患肠绞痛的概率更高。

安抚技巧　对于大多数有肠绞痛症状的宝宝来说，一些舒缓的方法通常能让宝宝平静且减少哭闹——哪怕只是一小会儿。窍门就在于找到宝宝喜欢的方式，试一下第129页和第131页的方法，看看是否有帮助。另外也可以参见130页的“5 S安抚法”。

请记住，患有肠绞痛的宝宝通常喜欢处在移动中的感觉，一切能让宝宝保持动态的方法都可能有用。用婴儿背带背着宝宝在家里踱步，或者将宝宝放在婴儿车里，推着他（她）散步。此外某种特定的声音可能会让宝宝平静下来。柔和的白噪声或嘘声都可能有帮助。打开厨房或浴室的排风扇，在隔壁房间使用吸尘器，用白噪声机循环放环境音效，例如海浪的声音或柔和的雨声。有时，时钟的嘀嗒声或节拍器的声音也能奏效。

让自己保持冷静

听宝宝哭确实很有压力，尤其是当哭声持续几小时的时候。即使对于最棒的父母来说，安抚肠绞痛宝宝也很艰难。如果你对宝宝的哭闹感到特别紧张，那么找一些能让自己冷静的方法。想想你和宝宝将会共同经历的幸福时光和里程碑，在照顾好宝宝的同时也照顾好自己。

休息一下　如果宝宝的哭闹影响了你，慢慢来，深呼吸，数10下。重复一个能让人平静的词或短语，如“放轻松”。放上舒缓的音乐，想象自己身处一个平静放松的地方。在一些情况下，能做的最好的事情是把宝宝放在婴儿床里一段时间，你去另外的房间休息一下。

走出家门　把宝宝放在婴儿车或婴儿背带里，带着他（她）出去散个步。这可能会让你忘掉那些眼泪——而且移动和环境的变化可能对宝宝有安抚作用。你甚至可以把宝宝放到安全座椅里，开车带宝宝出去兜个风，前提是你觉得自己可以专注地开车。

寻求帮助　让家人帮你照看一会儿宝宝，也可以好好利用信任的朋友、邻居或其他亲近的人的帮助。用这段时间来小睡一会儿或做些自己喜欢做的事，即便只有一小时，也能让你恢复元气。倾诉也有所帮助，当你感到泄气时，毫无保留地说出来。高声喊出你想说的话，能帮助你缓解紧张情绪。你越放松，越能处理宝宝的哭闹状况。这对宝宝来说也是好事。当你感到紧张和压力过大时，宝宝是能感受到的。

别责备自己　最重要的是，不要用宝宝的哭声作为评判自己是否是合格父母的标准。肠绞痛并非父母照顾不周的结果，哭闹也不是宝宝拒绝你的信号。你和宝宝都会度过这个阶段，肠绞痛通常在宝宝4个月大的时候自行消失。

第十一章 建立关系

有时，你望着宝宝，会惊叹于你们之间比想象更为密切的联系；有时，你望着怀里哭得伤心的宝宝，手足无措。时光飞转，到了幼儿阶段的某一刻，你前一刻还享受着亲子绘本时间，下一刻就会为了“睡觉”时间到了而陷入“亲子战争”。

从宝宝出生起，你就进入了一段迄今为止所经历的最有意义、最具挑战性和最复杂的关系。就像任何关系一样，这种关系是双向的。宝宝的行为、个性和情绪对你的影响，和你带给宝宝的影响一样大。有开心的日子也有低落的日子。毕竟，没有任何宝宝或父母是完美的。

对你和宝宝来说，重要的不是做到完美，而是持续保持互动，并尽最大努力，带着同理心，更积极敏感地回应宝宝的需求。无论是安慰哭闹的宝宝，还是一个沮丧的孩子，你的关注和爱意，都有助于建立一种坚定、安全、能够相互支持的关系，而这是宝宝茁壮成长所需要的。

培养感情

宝宝生来就注定要和你建立关系。从降生那一刻起，他（她）就会本能地用哭泣、亲吻或凝视来寻找与你的联系。随着宝宝不断长大以及互动能力的提高，他（她）会通过微笑、发出咕咕声和模仿父母的面部表情来加强亲子关系。而当小宝宝开始翻滚、爬行或行走时，他（她）也会不断地用一些方式，从和你的特殊纽带中，寻求安全感。

每次，你对宝宝本能的寻求联系的行为做出反应时，就是在和他（她）建立并加深一种稳定的、能够互相支持的关系。专家将这种健康的宝宝—父母间的关系称为安全依恋。

有安全感的宝宝会经常从父母那寻求身体和情感上的安慰，并相信爸爸妈妈会对他（她）的需要做出反应。

紧密纽带的好处　若婴儿在与父母的关系中获得安全感，那么在与世界建立联系时，同样也会感到安全。这种安全感有助于1岁多的宝宝茁壮成长。事实上，婴儿与父母间关系的积极影响可以持续到成年。这就是为什么说，过度的关注或太多的感情并不会宠坏一个婴儿。

在出生后的第一年，和父母建立了安全养育关系的宝宝更有可能：

- 更容易应对与父母的短暂分离，减少分离焦虑。
- 有更充足的信心和经验来探索周围环境。
- 更容易适应新环境和与陌生人相处。
- 面对挑战时，有更多的乐趣和毅力，从而能掌握新技能。
- 在进入童年期后，甚至更大时，能更成功地管理情绪和压力。
- 面对困境时，表现出更强的调节能力。
- 有更强的能力来建立亲密的、终身的关系。

与宝宝沟通　和宝宝建立安全的关系并不需要太多的牺牲，但需要你有意识地努力。如果你努力在宝宝的生活中，扮演一个能积极响应、可信赖、能为宝宝提供帮助的角色，你们就会自然地建立良好关系并深化。宝宝会感到安全、支持和爱，知道他（她）可以向你寻求安慰，填饱饥饿的肚子或换下湿漉漉的尿布。

以下是保持和宝宝之间联系时，一些你可以做的事情。

- *回应宝宝的哭闹*　婴儿哭是为了表达需要，而不是为了操纵家长。有时宝宝确实需要哭一会儿，但如果可能的话，最好能对他（她）的哭声快速做出反应。你的味道、抚摸和声音会让宝宝感到安心，这些都能加强他（她）对你的依恋。
- *宠爱宝宝*　不要担心你会宠坏宝宝。研究表明，宝宝如果在哭闹时能始终得到回应，并且被抱起的话，往往会在1岁时哭得更少，且在蹒跚学步时表现出更少的攻击性行为。更重要的是，这些安慰最终会教会他们如何进行自我安慰。（有关如何安抚哭闹的宝宝的提示，请参见第131页。）
- *听懂宝宝的提示*　与宝宝建立联系，意味着要密切关注宝宝用来

产后抑郁症

大多数新妈妈在分娩后的头几天或几周内，都会经历某种形式的“产后忧郁”。这通常包括情绪波动、哭泣、焦虑和睡眠障碍。但有些新妈妈会经历更严重、持续时间更长的抑郁状态，称为产后抑郁症。

产后抑郁症不是性格缺陷或弱点，有时只是分娩的并发症。即使妈妈患有产后抑郁症，也有可能给予宝宝良好的照顾。但在某些情况下，产后抑郁症会影响母亲与婴儿间建立亲密关系。

如果在宝宝出生后，你一直感到很悲伤，可能不愿意向医生寻求帮助，觉得这很窘迫。但及时的治疗可以帮助你控制病情，让你能继续与宝宝建立牢固的关系。如果你感觉自己症状和体征有以下特征之一，应该尽快给医生打电话，这很重要。

- 症状已经持续了两周。
- 症状持续恶化。
- 你感觉很难有精力照顾宝宝。
- 很难完成任何日常任务。
- 有伤害自己和宝宝的想法。

医生可以帮你找到治疗方法。如果有需要，可能会为你介绍心理咨询师、精神病医生或其他心理健康专家。

传递不同需求的面部表情、声音和动作。学会理解这些暗示，并快速对其做出反应，有助于宝宝感知爱，收获安全感。

- *经常和宝宝说话，为他（她）唱歌、读书* 一边换尿布，一边愉快地对宝宝发出咕咕声或和他（她）聊聊天。当他（她）对你发出咕咕声时，要有耐心地回应。洗澡时唱首有趣的歌、一起看书，这些共同的经历会让你们更亲近，也有助于宝宝的大脑发育。
- *留出玩耍的时间* 亲子游戏是一种有趣、快乐的互动方式。你可以和宝宝一起玩藏猫猫，也可以让宝宝观察、触摸或尝试抓一抓一些悬挂的小玩具。也可以趴下，和宝宝的视线保持在同一水平面上，然后一起玩玩具或滚球。
- *给予足够的身体接触* 无论宝宝是新生儿还是健壮的1岁幼儿，他（她）都会从你的抚摸中受益。无论是宝宝不适时，还是平时，抑或高兴的时候，都可以抱着、拥抱、轻摇和为宝宝按摩，让宝宝知道他（她）对你有多特别。

和宝宝互动

宝宝对你咿咿呀呀时，你可以看着他（她）的眼睛，模仿他（她）的声音；宝宝开心地对你笑，你也咯咯地对他（她）笑。育儿专家有时把这种简单的互动称为“发球与接球”，这是父母与宝宝建立亲密、融洽关系的重要方式。

更重要的是，这种“发球与接球”的互动，为幼儿大脑中快速发展的联系提供了重要支持。这些互动还可以提高控制冲动、调节情绪和在童年后期驾驭社交场合的能力。

以下是你每天可以做的一些“发球与接球”行为。

- 回应宝宝凝视与微笑。
- 模仿宝宝的表情、声音和动作。
- 和宝宝说话。
- 向宝宝描述他（她）正在看、正在感觉或正在做什么。
- 玩躲猫猫之类的游戏。

- *提供温和的指导* 宝宝还没有建立是非、好坏的概念，他（她）需要你的指导，来慢慢理解哪些行为是可以接受的。如果宝宝抓住你的头发拉扯，那么可以轻轻地移开那只小手，或者用吸引人的玩具分散他（她）的注意力。如果宝宝已经足够大，有了语言理解能力，你可以告诉他（她）“这很痛”。
- *做一个可靠的港湾* 有了足够行动力的宝宝，就自然而然去探索未知的世界。这种探索对宝宝来说既刺激又精彩。他（她）可能会定期看看你、叫叫你，或回到你身边要求抱一下。当你对这些重新连接的方式做出反应时，就是在帮助宝宝建立安全感。这可以让宝宝充满信心地继续探索世界。
- *注意电子设备的使用时间* 和宝宝互动时，尽量把手机放在一边，关掉电视，减少干扰。虽然你不需要时时刻刻盯着宝宝，但是，如果你盯着手机的时间比和宝宝交流的时间多，那么你会错过一些重要的有助于宝宝健康成长的亲子互动时刻。

设定合理的预期 记住，你不可能完美地或是立即满足宝宝的每个需求，这也不应该是你的期望。比如在去游乐场的路上，宝宝在安全座椅上哭了，而你又没办法马上抱抱他（她），这件事并不会对他（她）造成伤害。比如你花了一段时间才意识到，他（她）是因为毛茸茸的毛衣而不是饿了或湿尿布而哭闹，也不会削弱你们之间的感情。只要你对宝宝的需求有总体的反应，宝宝就会茁壮成长。

了解宝宝的气质

观察孩子的表现，了解如何更好地满足他（她）的需求，有助于加深对宝宝的认识。很多因素决定了宝宝是个什么样的人，包括遗传、家庭环境和你的育儿方式，而宝宝的性格或气质是另一个因素。

专家们研究宝宝性格特征的方法，是把它分解成九个可视化维度。不同维度的特征是宝宝出生前便获得的，与行为方式有关。气质特征在宝宝出生后的头几个月内开始显现，并将在未来几年继续影响宝宝的行为。

每个特质都是一个连续统一体。某个宝宝可能会因为某个典型特征，而被归为某种气质类型或偏向某种气质类型。当你阅读下面各个气质特征时，想想你的宝宝可能会落在哪个维度里。

- *活跃水平*　活跃水平是指宝宝日常的身体活动水平，评价时的范围是从低到高。
- *规律性*　对宝宝来说，这是指他们身体节奏的可预测性，例如宝宝何时感到饥饿或疲惫。有些宝宝的行为就像时钟一样有规律，而有些宝宝的行为则需要你不断地猜测。
- *趋避性*　当遇到新鲜事物时，有些宝宝会自然地表现出好奇，急切地接近新奇的情境或人。而有些宝宝则更为谨慎，在采取行动之前，会先等待看看接下来会发生什么。
- *适应性*　宝宝有多容易适应变化？有些宝宝很容易适应，而另一些宝宝不太容易适应，需要更多的时间进行调整。
- *敏感性*　一些宝宝对环境的感知能力很强，对外界刺激很容易做出反应，比如光线、声音、味道，甚至衣服所带来的触感。而有些宝宝则没有表现出如此强烈的敏感性，或者比其他宝宝对某些因素更敏感。
- *反应强度*　反应强度是指宝宝针对不同情况所反应的能量水平，既包括积极的也包括消极的。一些宝宝看起来对每件事情都有很强的感觉，会尖叫、大笑、大喊、呼天抢地。反应没那么大的宝宝在表达“够了”时会微笑、啜泣或只是躲开。
- *情绪*　和成年人一样，宝宝每天也会有各种各样的情绪，但整体来看有所偏向性，或偏向阳光开朗或偏向严肃深沉。
- *分心程度*　有些宝宝在一段时间内会专注于某项活动，尽管也存在一些潜在的分散注意力的事情。而有些宝宝很容易分心，当他们观察自己所处的环境时，会从一件事跳跃到另一件事上。
- *持久性*　有些宝宝在遇到阻碍时会坚持，而另一些宝宝在遇到挫折时则容易放弃。比如，你的宝宝是坚持要把小木桩塞进洞里，还是在经过几次失败的尝试后就哭着寻求帮助？

特质群　研究人员观察到，某些气质特征往往会聚集在一起，形成主要的气质风格。例如，有些孩子天生就随和。他们很快就会建立起睡眠和饮食规律，很少烦躁，容易微笑，并且能很好地适应新的情况。照顾这些孩子常常比较容易。

而另外一些宝宝，则更容易害羞或反应相对迟缓。这些小家伙可能不太活跃、也不太紧张，总是慢慢地、谨慎地处理新事物，从一个活动或人过渡到另一个活动或人的难度相对要大一些。这类宝宝往往表现得更严肃。

还有一些宝宝会时刻要求得到你的注意。他们表现出强烈的情感，可能精力旺盛，用热切的好奇心或坚定的谨慎对待事物和人。他们很容易受挫，也很难做出改变。照顾这类活泼的宝宝自然比那些脾气更平和的宝宝具有挑战性。

许多宝宝有着混合特质。比如总的来说，他们的气质可能是温和的，容易相处，但他们可能在反应强度、活跃水平或持久性上得分很高。

混合特质　作为家长，你可能会发现宝宝有某种特殊的气质特征，比如讨人喜欢、富有挑战性，或者介于两者之间。一个高度活跃的宝宝外出时可能很难看护，使得本就忙碌的父母要承担更多责任。尽管如此，通过保持开放的心态和灵活的态度，你可以用能满足双方需求的方式积极地与宝宝互动。

你的宝宝十分容易集中注意力，并且很执着吗？如果是，那么可以一起进行有趣的挑战，比如搭个彩色积木塔或完成一个适合宝宝年龄的拼图。如果你有个好奇且好动的宝宝，可以带他（她）参观你喜欢的地方，比如风景如画的公园，玩捉迷藏或我是小侦探游戏。每个人都有不同的天赋和能力。如果你的伴侣或其他照料者与宝宝某些方面的气质相契合，那么邀请他们加入，你们能作为一个团队共同帮助宝宝成长。

更好地了解宝宝的气质，也有助于缓解你作为父母的一些担忧。你的宝宝在反应强度和敏感性上高吗？长时间的哭闹可能是他（她）气质类型的反应，而跟你做过的或没做过的任何事没关系。所以你是否比其他父母更难转移宝宝的注意力？这可能只是宝宝持久性比较强的表现。了解宝宝的气质类型将有助于指导你在他（她）生命的最初几年，以及随后的日子里扮演好自己的角色。

你的幼儿宝宝

当宝宝进入蹒跚学步的阶段，你为他（她）建立的关爱、安全感和信任感的基础就变得更加重要。养育这个年龄的孩子其实是一个寻求各种平衡的过程。幼儿既渴望与父母有密切的联系，又渴望更大的自主性。他们意识到自己是独立的个体，有自己的需求和愿望——他们已经准备好掌控自己的世界。但同时，宝宝能力的局限性以及他们意识到生活并不总是按自己希望的方式发展，也削弱了宝宝对于自主性的渴望。

幼儿不可能总是像他们想的那样快速和熟练地移动，也不可能清楚地用语言表达自己的感受或需求。他们也在学习如何处理限制、妥协和失望。这自然会引发强烈的情绪变化，发脾气和错误行为。

如果父母对于宝宝对自主性的渴望给予理解和尊重，将会让宝宝受益无穷。同时，这会有助于父母引导宝宝学会应对负面情绪、倾听指示和接受限制。通过维系基于关爱、稳定和一致性的安全关系，你可以帮助宝宝应对这一阶段生活中的起伏。

小人物，大情感　宝宝正在拼拼图，但似乎总拼不好最后一块。每次试图把它塞进去时都失败了，挫败感随之增加。愤怒和沮丧等尖锐的情绪有可能像海啸一样席来。

幼儿想做很多事情——现在就想自力更生，他们每天都看到你这样做。但宝宝还不知道具体该怎么做，也不知道如何处理强烈的情绪和控制自己的冲动。

此时需要你的介入。你可以通过言传身教来教宝宝如何完成任务，如何保持冷静。有爱心、有同情心的父母可以成为风浪中的锚。当宝宝被强烈的情感所控制时，你的冷静有助于降低宝宝的紧张感，并教会他们如何理解和处理自己的情绪。

如果想在宝宝沮丧、悲伤或失望时支持和安慰他(她)，请尝试以下技巧。

- *靠近点*　冷静地慢慢靠近宝宝，让他（她）知道你在那里。近距离可以让宝宝放心，让他（她）知道你是在场的，是可以依靠的。你也可以说一些鼓舞人心的话，比如“我是来帮忙的”。
- *验证情绪*　让宝宝知道你在倾听和理解他（她）的感受，引导宝宝描述当前的情绪：“你似乎对拼图不合适感到沮丧”。这个过程中，你不仅在验证孩子的感受，也是在教他们如何识别强烈的情感。

可以杜绝发脾气吗?

也许并没有确定的方法来杜绝发脾气，但是你可以做很多事情来鼓励宝宝表现得更好。

- 保持一致。建立规则，让宝宝知道你的期望是什么。尽可能坚持规则，包括午睡和晚上就寝的时间。设定合理的限制并始终如一地遵循下去。
- 提前计划。把活动安排在宝宝不太可能饿或累的时候。如果需要排队等候，那么带上一个小玩具或零食作为安抚。
- 选择性拒绝。如果你对每件事都说不，宝宝可能会感到沮丧。在情况允许的时候，记得说“好的”。
- 尽可能提供选择。通过让宝宝挑选睡衣或睡前故事来培养他（她）的独立性。可以让宝宝在两个选项间做出选择，例如“你要草莓还是蓝莓?”
- 表扬良好的行为。当宝宝表现好的时候要多加注意，给他（她）一个拥抱，或者告诉宝宝：当他（她）听从指示或者做一些积极的事情时，你是多么骄傲。“做得很棒。”“我喜欢你和哥哥分享的方式。”
- 避免可能导致宝宝发脾气的情况。不要给宝宝过于不适龄的玩具。如果宝宝在购物时想要玩具或食物，那就避开这些诱人的地方；如果宝宝总会在餐馆里捣乱，你可以选择野餐或在家吃饭，把去餐厅就餐的机会留给约会之夜吧。

- *安慰一下* 试着抚摸宝宝的后背，轻拍他（她）的头，或者拥抱他（她）。父母的抚摸会让宝宝非常舒服。
- *提供指导* 如果宝宝对某项特定的任务感到沮丧，可以通过提供一些帮助来温和地进行干预。要注意不要马上为宝宝解决问题。恰当的指导可能是他（她）完成任务所需要的重要线索。或者你们也可以共同解决问题。

当情绪暴躁时 有时候，宝宝的情绪会强烈到你们两人都无法控制。尽管已经尽了最大的努力去理解和抚慰宝宝，但宝宝的脾气就像小火箭一样不可阻挡。此时，身为父母该怎么办？

首先，你要明白，脾气暴躁是幼儿表达对当下挑战的挫败感的一种正常方式，这很重要。宝宝可能会因为在操场上轮流玩或者不得不分享玩具而感到不安；他（她）可能正在努力从玩耍时间过渡到睡觉时间；或许罪魁祸首是饥饿、疲倦或嫉妒等。对于一个蹒跚学步的幼儿来说，这些日常的障碍很难应对，有时甚至会引发全面的崩溃。

专家建议，家长应该尽量避免惩罚幼儿的暴躁情绪。相反，可以在宝宝情绪崩溃时，尝试以下策略。

- *保持冷静* 如果你的反应是愤怒或沮丧，可能会加剧你和宝宝目前所承受的压力。深呼吸，让自己平静下来。如果这不起作用，可尝试暂时离开一分钟，让自己振作起来。保持冷静，你可以在强大的情绪面前进行自我控制。随着时间的推移，宝宝会从你的经验中学到东西，也能更好地控制自己的情绪。
- *试着分散注意力* 你可以通过积极分散注意力的方式，来帮助宝宝调整消极情绪，这个方式对幼儿尤其有效。试着把宝宝带到另一个房间或者操场的另一个地方。给他（她）一本书或一个玩具，或者让宝宝和你一起玩个游戏或参加另一个活动。
- *给宝宝空间* 有时宝宝需要时间冷静下来。如果他（她）不能停止哭闹、尖叫或跺脚这类激烈的行为，那么你暂时不要继续做出反应，否则只会让宝宝的情绪变得更差。相反，忽略这些行为，如果可能，把宝宝带到一个安全、安静的地方。安静的独处会帮助宝宝冷静下来，也能让他（她）学会安慰自己。几分钟后或等宝宝平静下来后，再和他（她）交流。

- *知道何时介入* 如果你的孩子开始打人、踢人或向人扔东西，那么要及时制止这些可能伤害别人的行为。把宝宝从当前环境中带离，冷静地描述他（她）的感受，但要解释这种行为是不可接受的：“生气是正常的，但不能打人。”
- *立场坚定* 不要在宝宝发脾气时屈服，坚持你设定的底线或规则。如果宝宝因你拒绝给他（她）买冰激凌而大发脾气，那么也不要通过买冰激凌来安抚他（她）。屈服会传递出一种信息，让宝宝以为消极行为是有效的，这会使下一次坚持规则或底线变得更加困难。
- *重新连接* 一旦宝宝的崩溃情绪消失了，记得看看他（她）是否愿意接受安慰。一句友善的话和一些表达爱的动作，都可以帮助宝宝继续前进。

设定限制

会走、会跑和会爬的幼儿，会十分积极探索世界，但也会陷入很多麻烦。虽然他们能打开柜子、跳上床、跑下人行道，但这并不意味着他们知道如何保证安全。宝宝需要明确的限制来避免危险，以及学习什么行为是可以接受的，什么行为是不可以接受的。

现在正是建立家庭规则的好时机，从两个或三个与安全相关的核心规则开始，例如“禁止打人”或“禁止在家具上跳”。提前与你的伴侣就这些限制达成一致，并与其他看护人员沟通。这样，你们就可以根据统一标准，一致地执行规则。如果你们是共同抚养，而且宝宝有不止一个家，那么在两个家里，应该保持一致的核心规则。

你需要清楚地向宝宝表达这些期望，保证他（她）能理解其含义。定期重复这些规则，以帮助宝宝记住并执行。当宝宝顺利掌握一个规则时，你可以在列表中再加上一个新规则。

规则应与宝宝年龄相适应，且能始终如一地执行，并且能与保持温情和亲情之间做到平衡，将有助于宝宝在家庭内外都以积极的态度生活。

鼓励良好行为 对幼儿来说，有时会故意违反规则和不听指令来测试家长的底线，但不要以为宝宝不听话是故意挑衅。幼儿的听力技巧并不太好，他们仍在学习如何理解语言，注意周围人所说的话，并思考这些话对他人的影响。

积极的行为不会在一夜之间出现，它是通过数百次与宝宝的小小交流而慢慢发展起来的。这些日常互动教会宝宝当家长不在身边时，也能在情绪上进行自我控制、做出正确的选择、保持举止得体。

无论你是在强化一个不许打人的规则，还是要求宝宝把玩具收起来，都要依靠这些积极的技巧来表达你的期望，鼓励良好的行为。

- *靠近点* 只要有可能，就和孩子保持同一高度，进行眼神交流。把手温柔地放在对方后背上或头上，可以创造一种积极的、关心的氛围。
- *冷静地表达* 用宝宝的名字或一个能表达爱的字眼来引起宝宝的注意。提醒宝宝遵守规则或要求他（她）做某件事的时候，声音要保持自然。
- *保持简单* 使用简单、清晰的语言和简短的句子，例如“请坐”或“该穿上外套了”。尽量避免使用诸如“不要离开椅子”之类的负面陈述。
- *保持耐心* 宝宝可能需要花一点时间来关注并理解你所说的话，给他（她）点时间，然后再过渡到新的行为。
- *塑造行为模式* 如果宝宝没有回应你的要求或提醒，你可以尝试进行示范。首先重复你的要求，例如“该把你的玩具收起来了。”然后你自己把其中一个玩具收起来，接下来告诉宝宝：“轮到你了。”另一个技巧是说：“我来给你示范。”然后身体力行地指导宝宝完成任务或预期的动作。
- *以赞美作为回报* 如果宝宝完成了你的要求，请给予热烈的赞扬，让宝宝知道你是多么感激他（她）的努力。

和宝宝一起玩耍

当你在充满安全感和爱的关系中教宝宝管理情绪和遵守规则时，事情会变得容易很多。一个让你们的关系保持牢固的方法就是和宝宝独处。毕竟，你是宝宝最喜欢的玩伴，和爸爸妈妈一起玩耍对宝宝来说绝对是最棒的体验。

每天安排5 ~ 15分钟，和宝宝单独玩游戏。你可能会发现，把游戏时间安排进日程表会更有效。但这个安排要灵活，毕竟当宝宝吃饱睡足，而你也精力充沛时，你们的亲子时光会过得更愉快。

和父母一起玩耍，对宝宝有很多好处，这会在他（她）的社会、情感和认知发展中起着至关重要的作用。亲子游戏还可以提高宝宝的自控能力，帮助他（她）在生活中与其他宝宝和成年人建立密切的关系。为了能充分利用游戏时间，你可以参考以下建议。

- *收起娱乐设备*　与宝宝共度这段特别的时光，尽量不要分心或被打扰。把手机调到静音模式、关掉电视，把其他任何可能吸引你注意力的设备都收起来。
- *让宝宝带领节奏*　你可以专注于宝宝想做的事情，让他（她）来制订计划，同时温和地阻止那些具有攻击性、竞争性、破坏性和令人沮丧的活动。做些让你们轻松愉快的事情。
- *表现出全情投入*　如果宝宝拿起一个洋娃娃，说"娃娃"，你可以重复这个词，并建立在对话的基础上。"娃娃，你正抱着个娃娃。"你也可以大声描述宝宝在你身边玩耍时的动作。"你在搭红蓝相间的积木。现在你把他们推倒了。"
- *模仿宝宝的行为*　与宝宝沟通的另一种方式是模仿他（她）的行为。如果宝宝在轨道上移动小火车并发出"嘟嘟"的声音，那么你也可以拿起一辆火车，做同样的事情。如果他（她）起身跟着音乐跳舞，你也可以模仿他（她）的动作。
- *描述情绪*　用"你看起来很快乐"这样的短语来描述你观察到的情绪。你也可以描述自己的情绪。"我很高兴能玩这个游戏。"这些表达可以帮助宝宝学会辨识和表达情感。
- *乐在其中*　花点时间去发现和思考宝宝的神奇之处。用积极的语言、热情的声音和生动的面部表情表达你的快乐。多去拥抱和亲吻宝宝，一起享受这些特别的时刻。

第二部分

宝宝的健康和安全

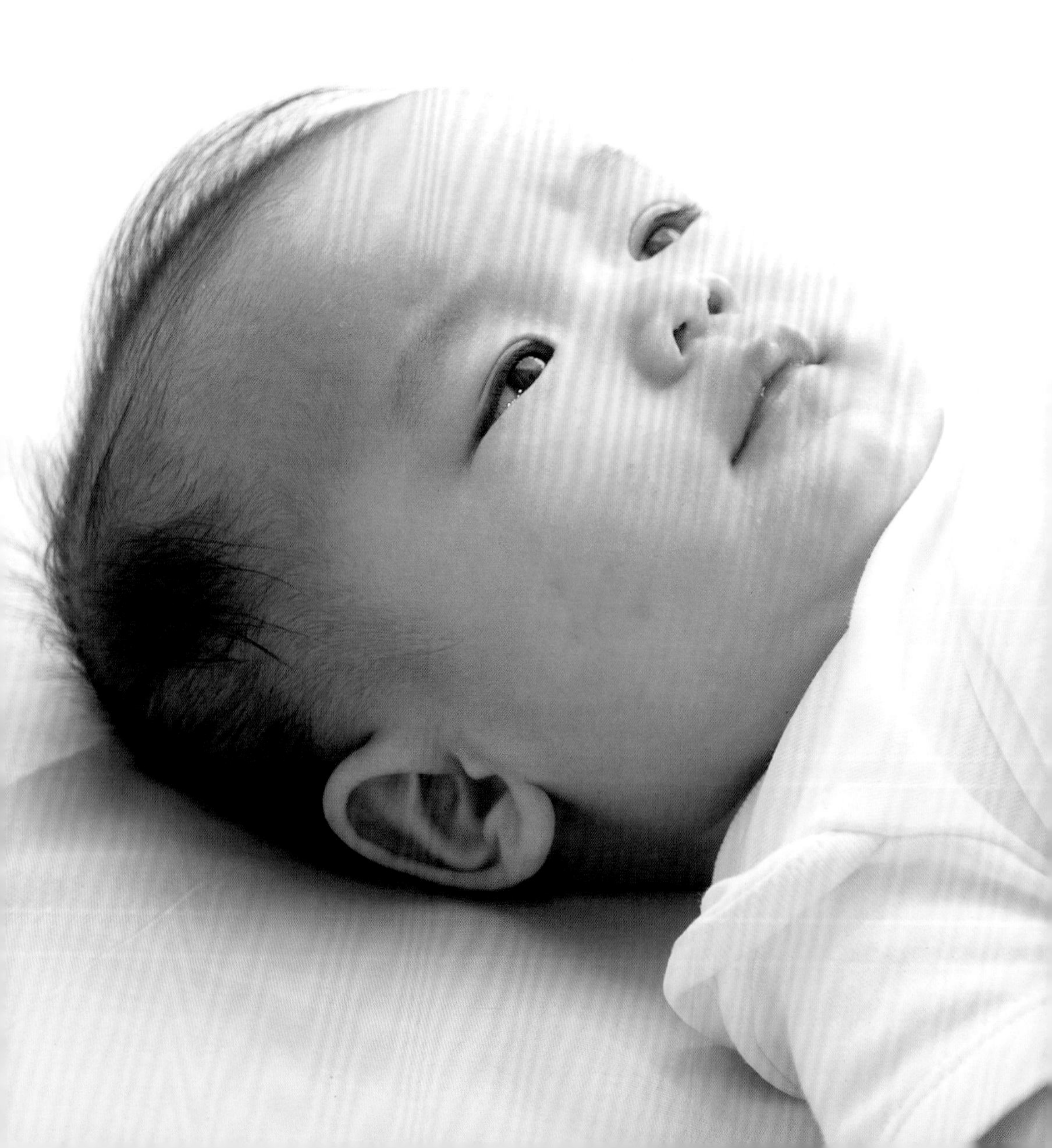

第十二章
找到合适的保健人员

宝宝出生后的第一年里，你可能会花很多时间和他（她）的保健人员交流。除了每几个月一次的例行体检外，宝宝还很可能会生病。而且，你也会有许多与新生宝宝护理和健康发育相关的问题想要咨询。（译者注：在美国，为宝宝进行体检的保健人员，可能是儿科医生、家庭医生、执业护士、医师助理等多种身份的人，为符合中国读者的阅读习惯，下文将保健人员统称为医生。）

到了宝宝两三岁时，你可能不会像第一年那样频繁地联系医生。但在宝宝定期接种疫苗和进行健康体检时，以及出现这个年龄常见的感冒、病毒感染等问题时，你还是需要医生的帮助。

虽然给宝宝找个医生听起来很简单，但要想找到一位最适合的来满足宝宝以及家庭的需要，还是得付出一些努力。明确自身的需求有助于你找到一位能愉快相处，且可以在宝宝成长过程中始终与你保持良好关系的专业儿科医生。

准备开始

如果你还没有找到合适的医生，现在就可以开始了。

如果可能的话，你可以在宝宝出生前就选好他（她）的医生——比如孕晚期的时候。

在宝宝出生前就选定医生，能让你在宝宝出生后头几天忙乱的状态中，更轻松地安排好他（她）的第一次体检。

在宝宝出生前去拜访一下医生，你可以提出疑惑的问题，例如聊一聊你在孕期遇到的问题，讨论一下相关的医疗政策，还可以在没有宝宝让你分心的情况下，填一些必要的保险单。

令人欣慰的是，在交流的过程中，你更能确认自己找到了一个值得信赖的人，他能在你遇到新生儿相关的护理问题时及时提供帮助——要知道，绝大多数新手父母都会有很多问题！

此外，如果你在宝宝出生之前就选好了医生，并且在他工作的医院生产，你或许可以让医生在医院帮宝宝做体检。即使实现不了，也不必担心。医院里其他有资质的医生一样会帮宝宝查体。

如果你还没有想好医生的确切人选，可以请你信赖的已经有孩子的家人、朋友或同事帮忙推荐。你自己的医生也会是个很好的推荐人。你也可以通过拨打附近医院或其他社区卫生机构的咨询电话，来了解更多关于医生的信息。

保险公司可能要求你在他认可的医生中进行选择。你可以查询保险公司是否提供相关的医生信息，以帮助你做决定。

不论你做什么，不要拖延为宝宝找医生这件事。即使你正打算更换保险公司，也要尽可能以最快的速度找到医生。否则，等到宝宝生病，而你还没有找到医生的话，你会承受很大的压力，而且可能会耽误宝宝的治疗。同时，及时建立与医生的联系，能让你更轻松地安排宝宝的定期体检与接种。

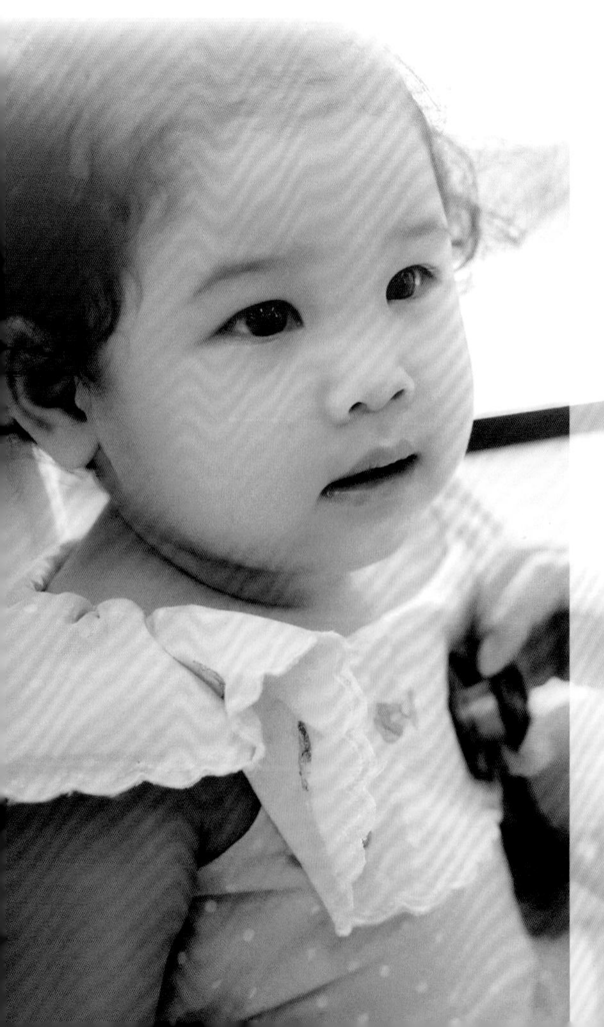

保健人员的人选

说到给宝宝选择保健人员，你有很多备选项。很多不同类型的医疗人员可以为婴儿或儿童提供治疗。

儿科医生 很多家长选择儿科医生作为宝宝的保健医生，因为儿科医生专精于从婴儿期到青少年阶段孩子的护理工作。从医学院毕业后，儿科医生会经历三年的住院实习项目。一些儿科医生会接受进一步细分专业的训练，例如，护理生病和早产新生儿（新生儿科学），解决儿童心脏病（小儿心脏病学）或儿童皮肤问题（小儿皮肤病学）等。如果宝宝需要儿科专科医生的治疗，那么儿科医生也能够为你推荐转诊。

家庭医生 家庭医生为各个年龄阶段的人群提供医疗护理服务，自然也包括宝宝。他们同时接受过成人和婴幼儿相关医学知识的培训。一个家庭医生能够从孩子的婴儿期一直看护他（她）到成年。家庭医生能解决大多数医疗问题。另外，如果其他家庭成员也看同一个医生，医生就能对你们全家人的健康状况有全面的了解。如果你已经有一位信任的家庭医生，可以问问他能不能同时看护宝宝。

中级医生 中级医生包括执业护士和医师助理。

执业护士是经过注册的护理人员，他们在儿科或家庭保健等医学专业领域接受过高等培训。护理学校毕业后，一个执业护士必须在他的专业领域通过正式的教育培训。儿科执业护士一般专注于婴儿、儿童或青少年的护理。而家庭保健执业护士通常会看护所有家庭成员，包括孩子。

医师助理经历过培训，并获得了疾病诊断权，能够制订和管理治疗方案，并开具处方药物。医师助理的执业范围涉及所有医学领域，包括儿科和家庭护理。

执业护士和医师助理通常在医生的指导下工作，但也可能根据各州的指导手册独立执业，他们或许能作为你医生的首选。

需考虑的因素

在你为宝宝选择医生之前，要考虑你对医生的需要有哪些。

个人考虑：需要和偏好 你希望宝宝和其他家庭成员由同一个医生照顾，还是更想专门找一位儿科医生？你想要一位年龄更大、经验更加丰富的，还是更想要一位家中可能也有孩子的年轻人？对有复杂护理需求的孩子的父母来说，一位有相关经验和训练有素的医生最合适不过了。

花费 你是否需要从保险公司提供的名单里选择一位他们认可的医疗医生。

位置、可及性和时间 医生的工作地点是否在你家附近，你希望它能延长营业时间吗？对你而言，在夜间或周末通过电子邮件和对方保持联系重要吗？

你希望医生能在特定医院享有特权吗？你希望就诊的地方，给健康和生病的宝宝分别设置单独的候诊室吗？

评估你的选项

一旦你明确了需求，并整理了一份医生的备选名单，你可以致电他（她）所在的机构来确认他（她）是否接收新客户。如有必要，你要再次确认一下他（她）是否与你的保险公司有合作。你也可以在医生网站上获得这些信息。

接下来，给你选中的医生打电话安排个会面。试着安排在你和伴侣都有空的时间，以便你们两个都能提问。如果你接受了朋友或家人的推荐，在和对方沟通之前，你可以通过推荐人获得一些基本信息。

举例来说，你可以询问这些信息。

- *对患者的态度*　医生是否和成人或孩子都互动得很好？他（她）推荐医生的家庭成员或朋友家的孩子是否喜欢他？
- *机构氛围*　该机构的工作人员帮得上忙吗？工作人员如何接听问诊电话，尤其是在发生紧急情况时？当孩子生病时，预约医生难不难？看医生前需要等待很长时间吗？

需考虑的问题　拜访医生时，你可以带一张问题清单，或者只进行一次非正式的谈话。不要感到尴尬，因为你的提问可以让你了解这个人，并帮助家庭做正确的决定。

训练与风格　医生从事宝宝护理工作多久了？他（她）在哪家医院有优先诊疗权？他（她）是否在一些特定领域有专长或兴趣？他（她）有没有倾听你的问题并做出回答？他（她）是否对你关注的问题感兴趣？

保证医疗信息触手可及

写下医生的关键信息，例如他（她）的联系方式、工作时间和办公地址，以及任何预约规定。并将这些信息放在你或其他宝宝看护人都触手可及的地方。另外，你要创建一个文件夹或准备个笔记本，也可以创建一个电子记录簿，来记录宝宝的医疗信息，例如他（她）的疫苗接种记录、生长测量值，还有所有处方或实验室检测结果等信息。

知识 医生看起来是否了解最新的医学进展？他（她）是否提供了有用的建议？

可得性与转介 医生在面对紧急情况，包括发生在接诊时间之外的紧急情况，会如何处理？保荐机构有没有指南说明哪些情况可以通过打电话或者发邮件来解决，而哪些情况需要本人到访？医生是否隶属于某个医疗机构？如果是的话，你能不能预约特定专科的医生？如果你的医生是医疗机构的一员，确保你与机构中其他可能治疗宝宝的医生也相处融洽。

要询问医生将宝宝转诊到其他专科医生的相关流程。一些医生可能仅限于将宝宝转介到同一家保健网络或医疗机构执业的人。

做决定 与医生面谈后，你要考虑他（她）整体的健康保健观念以及和你互动的情况。最重要的是，你要想清楚是否能信任这个人来为宝宝提供保健服务。相信你的直觉，如果你觉得不合适，那就考虑换人。

一旦选定了医生，你可能有许多问题需要与他（她）讨论，比如有关母乳喂养、包皮环切或护理宝宝等，以求得帮助。

如果你觉得这有所帮助，请安排一个会面来讨论这些问题。

团队协作方式

如果你曾经有过对宝宝接受到的护理不满意的经历，就要与医生聊聊你的担忧。也许你会发现，通过讨论你们达成共识来解决这个问题。而如果你们的看法无法达成一致，你可能要考虑更换一个医生了。

在未来的几个月里，医生会扮演一个很重要的角色，他（她）能指导你为宝宝制订正确的健康养育方案，并且在宝宝生病时做出正确的医疗决策。尽管你可能有自己的观点，但不要忘记医生接受过婴幼儿护理培训，且可能具有一定的经验。而这个过程中最重要的是，你们两个必须作为一个团队共同努力，以确保宝宝的健康。

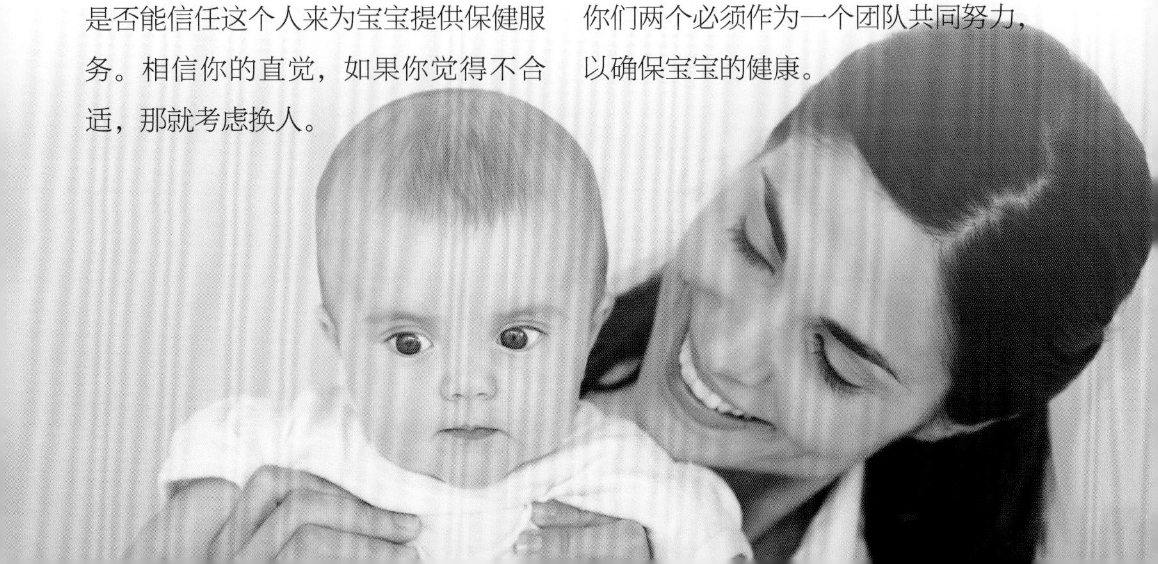

第十三章
体检

定期接受检查，是宝宝出生后第一年的头等大事之一。这些检查——通常称为宝宝健康体检——是密切关注宝宝的身体健康和生长发育，以及发现宝宝任何潜在问题的有效途径。健康体检也为你提供了和医生（以下统称“医生”）沟通你的问题与担忧的机会，让你从值得信赖的信息来源处，获得关于照顾宝宝的最佳建议。

起初，健康体检对你和宝宝来说并不容易。宝宝可能不喜欢被脱光衣服来量身长、体重、头围，然后再接种疫苗。但是请放心，这一系列过程逐渐会成为你们的日常惯例，并且随着时间推移，体检会变得越来越轻松愉快，因为宝宝会逐渐熟悉诊室，探索里面的玩具，而你也会期待“探索”宝宝到底长到多高、多重。你还会发现，在未来的几个月或几年中，医生的指导会变得越来越有价值。

体检日程

大多数新生儿会在出生后的48～72小时内接受首次健康检查。这个时间线对母乳喂养的宝宝尤为重要，因为他们需要被评估喂养情况、增重情况以及肤色情况（以排除黄疸）。在宝宝出生的前两年里，他（她）应该在以下月龄去体检。

- 2月龄
- 4月龄
- 6月龄
- 9月龄
- 12月龄
- 15月龄
- 18月龄
- 24月龄

2岁后，大部分孩子便开始年度体检，而有些孩子则需要更频繁地看医生。另外，当孩子生病或是你担忧他（她）的健康和发育状况时，你也可以预约就医。

如果可能的话，父母双方要尽量一起参加宝宝的第一次体检。对你们来说这是了解医生、咨询基本问题的好机会。如果只有你能参加，那么最好找个家人或朋友来陪你进行最初几次体检。否则，给宝宝脱衣服或安抚他（她）的同时，还要记得问问题，并要听取医生的建议，这么多事情一个人很难同时完成。而且最初几次带宝宝出门，多个帮手也是很有用的。

每次体检会做什么

在宝宝出生后的最初几个月里，医生体检时可能会格外关注他（她）的身长、体重和头围。随着时间的推移，当医生越来越了解宝宝，体检会逐渐变得迅速，测量也趋于常规化。规律地带宝宝去拜访医生的好处，是可以给他（她）的健康档案增加关键信息。久而久之，你和医生会对宝宝健康及发育的整体情况有一个全面清晰的了解。

一般来说，医生会更关注宝宝的生长曲线，而非某次的测量值。通常，你会看到一条随着时间而逐渐弯曲向上的平滑曲线。定期监测生长曲线，也能让你和医生及时发现宝宝生长迟缓的问题，或体重的异常变化，这些迹象都提示着宝宝需要更细致的关注。你可以在第610页和611页看到生长曲线的示例。

每位医生的工作方式略有不同，但在给宝宝进行身体检查时，流程通常是如下所示。

生长指标测量 宝宝的体检通常由测量开始。在第一年的体检中，护士或医生会测量并记录宝宝的身长、头围和体重。但当宝宝能够站立和行走，“身长”就叫作“身高”了。从2岁开始，头围测量就不再是常规测量项目，医生则开始测量宝宝的体块指数（BMI）。

预约小贴士

安排预约时，应考虑避开医生最忙的时间。如果你约在当天第一个或者午饭后第一个，那这次会面很可能非常短暂。另一方面，如果你希望有足够的时间和医生沟通，你可以约在当天最后一个。另外，要避免约在周一或周五，也别约在保健机构照常营业的节假日，这些日子比其他时间更忙。临近暑假结束时，医生也比较忙碌，因为很多孩子需要在新学年前进行身体检查。

早产儿

如果宝宝是早产儿，他（她）的生长发育情况将会以矫正月龄来衡量。宝宝的矫正月龄即宝宝出生的周数减去宝宝早产的周数。举例来说：如果你的宝宝提前8周出生，现在6月龄，或者说24周。那么他（她）的矫正月龄为4月龄，或16周。在宝宝到两岁前，矫正月龄都是必要的。但是，疫苗还是要参考宝宝的实际月龄来接种。

这是一种基于人口平均值的筛查工具，使用身高与体重的相关性来估计体重类型，如体重过轻、超重或肥胖。儿童的BMI指数用百分数来表示，也被称为体块指数年龄百分数。

宝宝的生长测量值会被绘制在生长曲线上。这个曲线能帮助你和医生观察宝宝与同龄孩子相比长势如何。请不要过度关注这些百分比数据，因为每个孩子都会按照不同的速度生长。另外，母乳喂养的宝宝和配方奶喂养的宝宝体重增长速度也有所不同。

要知道，一个身高和体重都处于第95百分位的孩子，不一定比二者都处于第5百分位的孩子更健康。每次体检之间稳定的增长速率其实更重要。如果你对宝宝的生长速度有疑问或担忧，就需要与医生进行沟通。

身体检查　医生会帮宝宝做一个彻底的身体检查，并且还要检查他（她）的反射和肌肉张力。在检查时，你可以提出你的担心，告诉医生你希望他（她）着重检查的区域。总之，你提供的关于宝宝健康状况的信息越多越好。以下是身体检查中进行的常规基础项目。

头部　最开始，医生很可能会检查宝宝头上软软的地方（囟门）。宝宝头部骨骼的间隙，为大脑的发育预留了很大的空间。触摸检查囟门不会给宝宝带来伤害，并且通常在宝宝两岁内，随着头部骨骼发育融合，囟门就会逐渐消失。

医生可能也会检查宝宝头部扁平的地方。宝宝的头骨很软，由几块骨板组

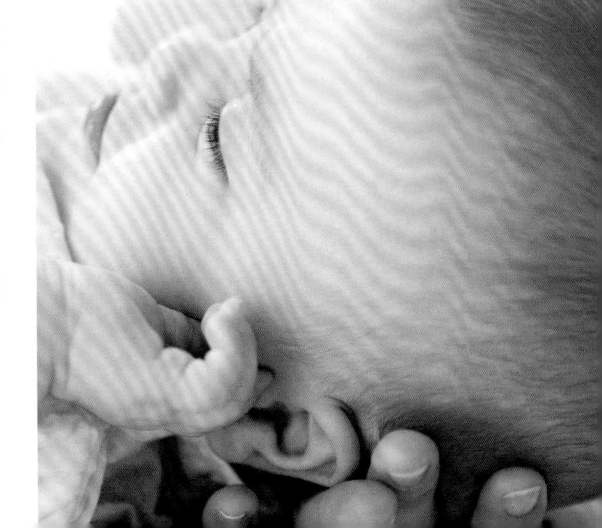

成。如果他（她）的头部总是较长时间地保持相同姿势，头骨可能会向同一方向移动并形成一个扁平的区域。即使你担心宝宝的头型，也需要继续让宝宝保持仰卧睡姿。不过，医生也可能建议让宝宝头部朝向婴儿床的方向（侧睡），当宝宝清醒时让他（她）多一点俯卧时间，除了真的坐车时，平时要限制宝宝坐在安全座椅上的时间。如果做了这些措施，头部扁平的情况通常能在两三个月内得到改善。少数情况下，宝宝需要佩戴矫形头盔来改善头部形状。

耳朵　医生会使用耳镜查看宝宝的耳朵内部，以确定是否有感染的情况，还可能观察宝宝对各种声音（包括你的声音）的反应。如果你对宝宝的听觉能力有任何疑问，或家族中有耳聋的成员，请务必告知医生。通常，除非你有确切的依据，否则在健康检查中通常不需要正式的听力评估。

眼睛　医生可能会用一个手电筒来吸引宝宝的注意力，追踪他（她）的眼球运动，还会检查宝宝的泪腺管是否堵塞、眼睛是否有分泌物，并使用一种叫检眼镜的仪器观察宝宝的眼球内部。如果你发现宝宝的眼球运动有异常，请务必告知医生，这个问题在宝宝出生后头几个月中尤其要警惕。

口腔　检查宝宝口腔内部时，可能会发现鹅口疮的症状，这是一种常见且易于治疗的真菌感染。医生还会筛查宝宝有无舌系带过短的问题，这种情况会影响宝宝舌头的运动范围，并且会干扰口腔发育以及吮吸母乳的能力。

随着宝宝长大，医生可能会询问他（她）是否比平时更爱流口水，变得烦躁易怒，或食欲不振，这些通常是长牙的征兆。医生会帮忙检查他（她）是否有正在萌出的牙齿，还会与你讨论牙齿萌出后定期帮宝宝清洁牙齿以预防龋齿的重要性，也可能会建议你为宝宝预约一位儿科医生或牙医。

皮肤　体检过程中医生会关注各种皮肤状况，包括胎记、皮疹和黄疸，黄疸表现为眼睛和皮肤发黄。出生后不久就出现的轻度黄疸，通常在一两周内自行消失。而较严重的情况则可能需要治疗（见第16页）。

心脏和肺部 医生会使用听诊器来帮宝宝检查心肺功能，排查是否有异常心音或心律，是否有呼吸困难等问题。

腹部、臀部和腿 通过轻压宝宝的腹部，医生能够检查他（她）有没有触压痛、器官增大或脐疝。脐疝通常在肚脐附近的小肠或脂肪组织突破了腹壁肌肉时发生。大多数脐疝的情况在婴儿期即可自行痊愈。医生还会活动一下宝宝的腿来检查他（她）是否有髋关节脱位或其他髋关节问题，例如髋关节发育不良。

生殖器 医生很可能会检查一下宝宝的生殖器，看看有无触痛、肿块或其他感染的征兆。他（她）也会查看宝宝是否有因腹壁薄弱而导致的腹股沟疝。对于女孩，医生会检查一下阴道分泌物。对于男孩，医生还会查看包皮环切术后阴茎伤口的愈合情况。另外，还会查看宝宝两个睾丸是否都下降到了阴囊内，以及睾丸周围有没有充满液体的囊状物，这种情况被称为鞘膜积液。

营养 医生可能会询问宝宝的饮食习惯。如果你是母乳喂养，他（她）可能想了解你白天和夜间喂奶的频率和关于母乳喂养的疑问。如果你需要吸奶，则可能会提供有关吸奶频率和储存母乳的建议。如果你采取配方奶喂养，他（她）可能想了解你多久喂宝宝一次，每次喝多少毫升奶等。另外，在这个环节医生还会和你沟通宝宝的维生素D和铁补充剂的补充情况。

发育不良

发育不良是一个术语——不是一种疾病——用以形容没有按照正常速率生长发育的婴幼儿。我们会用发育不良这个术语，来形容孩子身高或体重低于生长曲线第5百分位，或者生长曲线的趋势比参考线预期要低的情况。发育不良可能由多种原因造成，例如潜在健康问题或环境问题。如果医生担心宝宝的生长发育情况，他（她）可能会问你一些关于怀孕和分娩的问题、宝宝的医疗和饮食记录，以及你的家族病史。早期进行治疗，很多孩子的预后效果良好，在生长发育方面能追赶上来。

尽管母乳和配方奶是宝宝1岁前的主食，但终有一刻，你需要考虑给宝宝引入辅食这件事。关于从何种食物开始引入，做出健康选择的重要性，如何喂养宝宝等问题，医生都会给出建议。一旦宝宝开始吃固体食物，医生会确认你是否对喂养存有疑问，或宝宝是否有过敏反应。

随着宝宝逐渐长大，要讨论的话题会发展到从吸管杯中喝水、何时可以让宝宝使用餐具自己吃饭。你们还可能会讨论到1岁时给宝宝戒奶瓶、何时或怎样开始给宝宝喝全脂牛奶，以及关于宝宝挑食的担忧（见第三章和第四章）。

肠和膀胱功能　在最初的几次体检里，医生很可能会询问宝宝每天会尿湿多少纸尿裤，排几次便，这些信息能够提示你宝宝到底有没有吃饱。

随着宝宝长大，进行如厕训练的日子愈发临近，通常在宝宝2～3岁，医生会告知你什么时候是如厕训练开始的最佳时间。他（她）也可能会提供一些小技巧，帮助宝宝顺利从穿尿布过渡到去卫生间上厕所。

身体健康检查也为你提供了一个机会，来咨询令你担忧的宝宝肠道功能问题和任何胃肠不适症状，例如频繁腹泻或便秘。

睡眠状态　医生可能会询问有关宝宝睡眠习惯的问题，例如你日常的入睡时间，以及白天和夜间宝宝分别睡了几个小时。请不要犹豫，你可以提出你对宝宝睡眠情况的所有担忧，例如，如何让宝宝睡整夜、什么时候可以小睡一下、何时可以让宝宝从婴儿床转到大床上睡，或如何让宝宝乖乖入睡（见第九

发育迟缓

如果宝宝到了预期的年龄仍未出现某个特定的指征，他（她）可能是发育迟缓。这种延迟可能会表现在发育的一个或几个方面。医生会建议你带宝宝进行某些检查来排查潜在的问题。你也可以约见专科医生，如康复治疗师。如果宝宝出现了发育迟缓问题，医生会推荐一些康复训练的方法帮助宝宝完善发育水平，大多数宝宝能够在家中接受各种康复训练，且通常是免费的。对发育迟缓进行早期鉴别是非常重要的，因为这能让宝宝尽快得到所需的帮助。如需了解更多发育迟缓相关信息，请参见第四十四章。

做记录

请考虑为宝宝建立一个记录医疗信息的文件，可以使用笔记本或电子病历，来记录他的疫苗接种情况、生长测量值，以及所有处方或检查结果。花时间整理宝宝的健康档案，能帮你复盘医生提供给你的信息。这也是应当尽早建立的好习惯，因为当宝宝进入学前班或幼儿园时，你可能会被要求提供某些医疗记录。另外，对你来说，宝宝成长的记录本身就弥足珍贵。

章），等等。医生也可能帮你解决你自己该何时休息的问题，特别是在宝宝出生后的头几个月。

发育　宝宝的发育同样重要。医生会从以下5方面监测发育情况。（宝宝不同年龄阶段的发育指标，参见本书第三部分的内容。）

大运动能力　坐、走和爬这些技能，涉及大肌肉的运动。医生可能会询问宝宝是如何控制自己的头部运动。宝宝是否正在尝试翻身？是否尝试独立坐着？是否开始走路或扔球？是否可以自己上下台阶？

精细运动能力　这些技能涉及使用手部精细肌肉的能力。宝宝能拿到物体并把它放到自己嘴巴里吗？他（她）能用自己的手指捏起小物体吗？他（她）会用杯子吗？他（她）会画直线吗？

个人和社交能力　包括宝宝与环境互动，并应对周围环境的能力。医生可能会询问宝宝会不会笑。宝宝会对你产生愉悦和热情的反应吗？他（她）会玩藏猫猫吗？他（她）开始独自探索环境或者表现出独立的迹象了吗？

语言能力　包括倾听、理解和使用语言的能力。医生可能会询问宝宝是否能够将头转向人声或其他声源？宝宝会笑吗？他（她）听到自己的名字会有所反应吗？他（她）开始说“不”或者指向书中的命名对象了吗？

认知能力　包括宝宝思考、推理、解决问题和理解环境的能力。医生可能会询问宝宝是否能够将拿起的两个立方体积木撞着玩，或者在看到玩具被藏起来后会不会去寻找，以及他（她）能不能指出身体部位或遵照简单的一步指令行事。

行为 医生可能会询问与宝宝行为相关的问题，或他（她）是否开始发脾气或出现异常行为。建议你向医生说明目前你观察到的情况，以及所有看起来不正常的或引起你担忧的行为。医生会帮忙确认宝宝这些行为是否正常，并告诉你如何处理他（她）正在萌芽的自主意识。随着宝宝逐渐长大，开始探索视线中的所有事物，你可能会发现自己的忍耐限度更高了。而当宝宝日益增强的独立欲望与有限的词汇和运动能力相冲突时，他（她）也会感到非常沮丧。

医生可能会与你沟通，说明帮宝宝打造安全家庭环境和建立生活规律的重要性，还有如何在自己不崩溃的前提下处理宝宝的崩溃情绪（见第十一章）。

疫苗接种 宝宝出生后第一年里需要接种一些疫苗。每次宝宝打针时，医生或护士都会告知你如何抱住他（她），为可能会出现的哭闹做准备。尽管如此，你要清楚，打针的疼痛感是短暂的，但好处是长期的。在宝宝的一生中，坚持疫苗接种（包括每年的流感疫苗接种）是很重要的。第十四章中提供了宝宝36月龄内需要接种的疫苗的详细信息。

安全 医生可能会与你谈论关于宝宝安全性的问题，例如让宝宝仰卧睡觉的重要性，或尽可能长时间使用反向安装的汽车安全座椅。当宝宝越来越好动，医生会给你一些“防宝宝”的安全家居建议，会谈及如何预防跌落、安全用水注意事项，以及如何通过洗手来预防感染。

问题和顾虑

在宝宝进行体检时，你很可能也会有疑问。问吧！在照顾婴幼儿方面，问任何琐碎问题都不为过。在看诊前，只要问题出现就把它写下来，以免带宝宝体检时却忘记问题。你可以随时向医生寻求建议。

你也可以问与医疗保健无关的问题。例如，向医生咨询关于寻找儿童保育员的问题。

另外，也不要忘记自己的健康。如果你感到沮丧、压力过大、筋疲力尽或不知所措，可以讲一讲你的处境。医生也可以为你提供帮助。

在你离开医生的诊室之前，记得根据你的时间表，确定好宝宝下次体检的时间。如果可能的话，离开前就要与医生约定下次看诊的时间。如果你没有准备好，要询问如何在两次看诊之间进行预约。你也可以询问医生是否提供24小时护士信息服务。确认自己可以随时得到帮助，这能让你安心不少。

第十四章
疫苗接种

在宝宝出生之前，你是否考虑过他（她）的健康问题？或许，你确实想过。回想一下你的孕期——为了保持健康并防止出现问题而做的那些努力，它们使得宝宝在你体内健康地生长和发育。

预防对保持健康至关重要，预防疾病总胜于治疗疾病。而能保护家人免受许多疾病影响的最佳方法之一，就是接种疫苗。免疫接种是预防诸如破伤风、肝炎、流行性感冒和许多其他感染性疾病的最佳防线。

多亏了疫苗，许多曾在美国非常普遍的传染病现在已经罕见或消失了。作为父母，你不必再担心孩子会因感染天花或破伤风而死亡或致残。你也不必为了避免小儿麻痹症而让孩子远离喷泉或游泳池。

实际上，对于宝宝或父母来说，接种疫苗不是一件有趣的事。看着宝宝在打针后哭闹对你来说确实很煎熬。即使你再期望孩子免于不适和哭泣，也要记得，与严重疾病带来的潜在危害和不适相比，打针带来的不适是非常短暂的。

疫苗每年拯救全球数百万人的生命。然而，尽管有疫苗可用，许多人仍然没有进行免疫接种。其中一个原因是，一些人担心疫苗的安全性和潜在风险。另外，有些人觉得一次接种多种疫苗很危险，另一些人觉得某些疫苗没必要接种。这些担忧通常是由错误信息引发的。

疫苗如何起作用

每一天，人体都会暴露在细菌、病毒和其他病菌的威胁之下。当一种致病的微生物进入你（或宝宝）的身体，免疫系统就会开启防御，产生一些被称为抗体的蛋白质来抵抗有害病菌。免疫系统的目标是中和或消灭病菌，使其变得无害以防止你生病。

人体免疫系统打败有害病菌的方法之一，就是所谓的暴露后免疫。当你感染了某种微生物后，你的免疫系统会发挥一系列复杂的防御作用，以避免你再次感染这种病毒或细菌。

另一种帮助免疫系统对抗有害病菌的方法是接种疫苗。通过这种方法，一个人不用生病就能获得免疫力。疫苗中通常含有足够量的灭活的或者活性减弱的传染性病菌或病菌的衍生物，它们能够触发免疫系统抵抗感染的机制，但不会像全面感染病菌那样造成有害影响。在被某种病菌感染之前，疫苗会让你的身体以为自己被这种特定病菌入侵。这时你的免疫系统就会建立对这种病菌的防御机制，阻止这种病菌再次伤害你。

如果你暴露在某种已经接种疫苗的传染病之下，入侵身体的病菌会遇到已经准备好抵抗它们的抗体。而且，接种疫苗可以避免受到疾病严重影响的风险。

有时候，需要注射几剂疫苗才能完全获得免疫，很多儿童期接种的疫苗都是这种情况。有些人注射第一剂疫苗后无法产生免疫效果，但他们通常对后面接种的几剂疫苗产生良好的免疫反应。另外，一些疫苗，如破伤风和百日咳疫苗，并不能使人终身免疫。由于免疫反应水平可能随着时间的推移而降低，你可能需要另一剂疫苗（加强剂）来重建或增强免疫功能。

为什么要接种疫苗

在美国，因为很多疫苗预防的疾病现在并不常见，很多人觉得不必急着为

自己或宝宝接种疫苗。如果你想知道是否有必要给全家人接种疫苗，以便家人都按最新计划免疫，答案是肯定的。许多在美国几乎已经消失的传染病可能很快重新出现。这些疾病的致病菌仍然存在，而且会被没有获得免疫保护的人们感染和传播。

旅行者们会在不知不觉的情况下，将疾病从一个国家带到另一个国家，一场流行传染病很可能就在一趟航程之后暴发。仅仅从一个入口开始，一种传染病就能在没有疫苗保护的人群中广泛、快速地传播。过去几年中，腮腺炎和麻疹就是以这种方式反复暴发。

疫苗安全

作为新手父母，你可能会对给宝宝接种疫苗感到不安。你不想做任何伤害宝宝的事情。尽管你知道疫苗很重要，但你同样听说过疫苗也可能是有害的，可能引起副作用。你有时看到或听到宝宝接种疫苗后立刻就出现严重“反应”的报告，而这些反应被说成是疫苗的副作用或并发症，你会倍感担忧。诸如此类的毫无根据的故事经常在互联网上流传。

事实上，疫苗非常安全。在疫苗被使用前，它们必须符合美国食品药品监督管理局（FDA）设定的严格安全标准。要达到这些标准，需要经过10 ~ 14年的漫长研发过程，从实验室的研发工作到多年的人体测试实验，都必须获得认证许可。与药物研究不同，这些研究涉及成千上万的人群。

一旦疫苗获得面向公众的上市许可，美国食品药品监督管理局（FDA）和美国疾病控制与预防中心（CDC）将继续监控其安全性。此外，医生、科学家和公共卫生官员也会对疫苗进行不间断地研究、审查和完善。提供疫苗的人员，例如医生或护士，必须向FDA和CDC报告他们观察到的任何副作用。

最重要的是，宝宝被传染病伤害的概率，要远大于他（她）因接种疫苗而出现不良反应的概率。

疫苗添加剂 疫苗中除了含有灭活或减活形式的微生物，还添加了少量其他物质，以增强免疫效力、防止污染，以及在温度和其他条件变化时保持疫苗稳定性。疫苗中还可能含有少量用于制造工艺的原料，例如明胶。

作为汞的衍生物，硫柳汞这种添加物得到广泛关注。硫柳汞自1930年以来一直作为添加剂用于医疗产品中，某些疫苗中会加入硫柳汞来预防细菌污染。目前没有证据表明有儿童由于疫苗中添加硫柳汞而受到伤害。而且，现在儿童疫苗已经不含或仅含微量硫柳汞。

儿童健康疫苗接种时间表

下表中列出了儿童疫苗接种的程序建议。随着新疫苗的研发，疫苗的接种时间和剂量的修订，以及越来越多联合疫苗的问世，儿童的疫苗接种指南会经常修订。请咨询宝宝的医生，以确保宝宝在执行最新的疫苗接种计划。你还可以在美国疾病控制与预防中心（CDC）的网站上查看最新疫苗接种时间表。

大部分疫苗接种费用会由健康保险来承担。一项名为“儿童疫苗”的联邦保障计划为没有医疗保险的儿童和其他特定儿童群体提供免费疫苗。你可以向医生咨询相关信息。

0～3岁儿童建议疫苗接种时间表 *

	月龄				
疫苗	出生	1月龄	2月龄	4月龄	
乙型肝炎疫苗	乙型肝炎疫苗第1剂	乙型肝炎疫苗第2剂			
轮状病毒疫苗（2到3剂）			轮状病毒疫苗（第1剂）	轮状病毒疫苗（第2剂）	
白喉、破伤风和百日咳疫苗			百白破疫苗（第1剂）	百白破疫苗（第2剂）	
b型流感嗜血杆菌疫苗（3到4剂）			Hib型流感嗜血杆菌疫苗（第1剂）	Hib型流感嗜血杆菌疫苗（第2剂）	
肺炎双球菌疫苗			肺炎双球菌疫苗（第1剂）	肺炎双球菌疫苗（第2剂）	
脊髓灰质炎灭活疫苗			脊髓灰质炎灭活疫苗（第1剂）	脊髓灰质炎灭活疫苗（第2剂）	
流感疫苗（甲型流感）					
麻疹、腮腺炎和风疹疫苗					
水痘疫苗					
甲型肝炎疫苗					

* 根据2019年建议程序

来源：美国疾病控制与预防中心（CDC）

	月龄					
	6月龄	12月龄	15月龄	18月龄	19~23月龄	2~3岁
	乙型肝炎疫苗第3剂					
	轮状病毒疫苗（第3剂）					
	百白破疫苗（第3剂）		百白破疫苗（第4剂）			
	Hib型流感嗜血杆菌疫苗（第3剂）（如果接种4剂的话）	Hib型流感嗜血杆菌疫苗（第4剂）				
	肺炎双球菌疫苗（第3剂）	肺炎双球菌疫苗（第4剂）				
	脊髓灰质炎灭活疫苗（第3剂）					
	流感疫苗（每年，1~2剂）					
		麻腮风疫苗（第1剂）				
		水痘疫苗（第1剂）				
		甲型肝炎疫苗（2针，至少间隔6个月）				

替代接种疫苗时间表

一些人吹捧他们所谓的替代疫苗接种计划，来延迟接种或延长接种间隔。对于那些不愿意给宝宝注射那么多疫苗的家长来说，替代接种计划鼓励了他们放慢接种疫苗的节奏。

但是，包括Mayo Clinic在内的健康专家们，则认为这些方法既使得大批孩子得不到长期保护，同时又没有得到科学支持。替代接种计划的效果尚未被研究证实，而且很危险，因为它增加了风险。要知道，跳过或遗漏疫苗接种会大大增加孩子们生病的风险。

如果你感到担忧，最好去咨询医生，确保你获得了正确的信息。

疫苗与孤独症　许多父母听过疫苗接种引发孤独症的说法。最常见和最具体的说法是孤独症源于麻疹、腮腺炎和风疹三联疫苗（MMR），或含有防腐剂硫柳汞的疫苗。但世界各地进行的研究表明：麻风疫苗不会引发孤独症。同时，研究人员对孤独症本身了解很多。例如，已知的孤独症征兆出现的时间，要早于麻风疫苗的接种时间。而造成孤独症的几种原因也被证实——有遗传，也有孕早期影响。不幸的是，有关孤独症和麻风疫苗的说法一直存在，并且它们导致一些父母拒绝给宝宝接种疫苗。

有些人还担心，幼儿时期接种太多疫苗会摧毁宝宝的免疫系统，并以某种方式伤害宝宝。这种推理与我们所知的免疫系统的强大能力不相符。在孩子出生那一刻，他（她）的免疫系统就开始每天都与细菌、病毒、真菌等微生物作斗争。这个每天暴露在无数细菌前都能有效应对的系统，自然也能轻松抵抗疫苗的抗原。

儿童疫苗接种

幸运的是，我们熟悉的很多疾病——水痘、麻疹和腮腺炎——都可以通过接种疫苗来预防。（参见第172 ~ 173页的疫苗接种时间表）

水痘　水痘是一种常见的儿童疾病。它也能感染对水痘没有免疫的成年人。此外，水痘可能在未来复发引起带

在疫苗接种时和接种后安抚宝宝

看着宝宝因为接种疫苗而哭泣和不舒服是很难受的。要明白，为保护宝宝免于严重疾病的侵扰，让他（她）经历短暂的不适是值得的。

每次注射过程中，请抱紧宝宝。给宝宝一个奶嘴、毯子或其他安抚物。你的冷静能够使宝宝更有安全感。

宝宝在接种疫苗后可能会出现轻微的不适，例如注射部位发红、疼痛或肿胀。询问医生应该怎么办。如果宝宝因注射部位发热或酸痛而感到不适，你可以给宝宝服用对乙酰氨基酚（泰诺林或其他）。对6个月以上的宝宝，你可以使用布洛芬（艾德维尔、美林或其他）。请遵循标签指导中的用药剂量服药（参见第612~615页的剂量表）。

状疱疹。

水痘病毒通过飞沫传播，或通过对皮疹渗出液的直接接触传播，皮疹渗出液是水痘的典型症状。皮疹最先表现为面部、胸部、背部和身体的其他部位皮肤表面的痘点，随后迅速充满透明液体，破溃并结痂。

建议　宝宝应该在12~15月龄期间接种第一剂水痘疫苗，并在4~6岁间接种第二剂水痘疫苗。

白喉　白喉是一种通过空气中的飞沫传播的病毒性感染。它会引起咽喉后部长出一层厚厚的膜，并能引发严重的呼吸困难、麻痹、心力衰竭和死亡。现在这种疾病在美国已经非常少见了。

建议　白喉疫苗通常与破伤风及百日咳疫苗组成联合疫苗（即百白破疫苗）使用。当宝宝2个月大时就需要接种第1剂，且在出生的前6年中共接种5剂疫苗。当孩子11岁或12岁时，需要加强注射破伤风、白喉和百日咳疫苗，随后每10年加强注射一次破伤风和白喉疫苗。

风疹　德国风疹是一种传染性疾病，由感染者通过空气传播开来。一般来说，风疹是一种轻度传染病，会引起皮疹和轻微发热。但是，女性在孕期感染风疹的话可能会流产，或者导致胎儿出现先天缺陷。

建议　一般宝宝会接种两剂麻疹、

腮腺炎和风疹的三联疫苗，第1剂在宝宝12～15月龄时接种，第2剂接种时间为4～6岁。

流感嗜血杆菌　流感嗜血杆菌主要感染儿童，但它也可能感染成年人。通过空气在人与人之间传播。这种感染可能会造成致命性问题，包括脑膜炎、败血症、喉咙严重水肿以及血液、关节、骨骼和心包膜的感染（心包炎）。

建议　宝宝需要在2月龄、4月龄、6月龄、12月至15月龄时分别接种b型流感嗜血杆菌疫苗。

甲肝　甲肝是一种由甲型肝炎病毒引起的肝脏疾病。通过使用或饮用受污染的食物或水传播，也通过近距离接触传播。

建议　一般全美所有孩子会接种两剂甲肝疫苗。第1剂通常在12月龄时注射，第2剂在24月龄时注射。

乙肝　乙肝病毒能引发短期（急性）疾病，表现为食欲不振、乏力、腹泻、呕吐、黄疸，以及肌肉、关节和腹部的疼痛。较为罕见的情况下，乙肝可能导致长期的（慢性）肝损伤（肝硬化）或肝癌。

乙肝病毒通过血液或感染者的其他体液传播，也可能经由无保护性行为感染，或者在注射违禁药物时因共用针头感染。还有，在分娩时，受感染的母亲可能会将乙肝传染给孩子。

建议　乙肝疫苗分3次给孩子注射，分别为出生时、至少1个月后（1～4个月时），还有6～18个月时。

流感　流感病毒每年可引起数百万人感染，它可能引发感染者出现严重的并发症，儿童和老年人尤甚。流感疫苗是用来抵御秋冬季节多发的流感病毒株。流感季节在美国各地有所不同。因此最好在10月底前接种流感疫苗，以便你和孩子在流感季节开始前得到保护。

建议　建议从6月龄开始，婴儿和儿童每年都要接种流感疫苗。儿童首次接种流感疫苗时要接种两剂疫苗。因为他们在第一次接种疫苗时不能产生足够的抗体。而抗体则在病毒入侵宝宝的免疫系统后，帮助免疫系统与病毒作斗争。

麻疹　麻疹主要感染儿童，尽管成年人也比较易感。它是已知的最具传染性的人类病毒。麻疹病毒会通过飞沫在

错过一次接种

如果宝宝延误了疫苗接种，按照疫苗接种时间表补种就可以了。你需要咨询医生，并与他（她）确定宝宝需要接种的时间。

接种时间表的中断，并不需要宝宝重新再接种一遍。但是，除非宝宝接受了全套疫苗接种，否则他（她）不可能最大限度地抵御疾病。

为什么这么多这么快?

新生儿需要接种很多疫苗，因为与稍大一些的宝宝相比，传染病会给婴儿造成更严重的问题。

尽管母亲的抗体能帮助新生儿抵抗许多疾病的侵害，但这种免疫力在宝宝出生一个月后就迅速消失。另外，宝宝无法从母亲那里获得对某些疾病（如百日咳）的免疫力。如果宝宝暴露在疾病前没有接种疫苗，他（她）就可能会生病并传播疾病。

根据美国疾病控制与预防中心的建议，婴儿同时接种几种疫苗是安全的。另外，一次接种多种疫苗也能减少去医院的次数，这可以为父母节约时间和金钱，对宝宝的伤害也较小。

请记住，新生儿和幼儿可能会被家人、照料者和其他亲密接触者携带的病菌感染，日常外出时（例如去杂货店的路上）也可能感染病菌。即使宝宝患了小毛病，例如感冒、耳朵痛或轻微发热，也是可以接种疫苗的。重要的是，要保证宝宝按时接种疫苗。

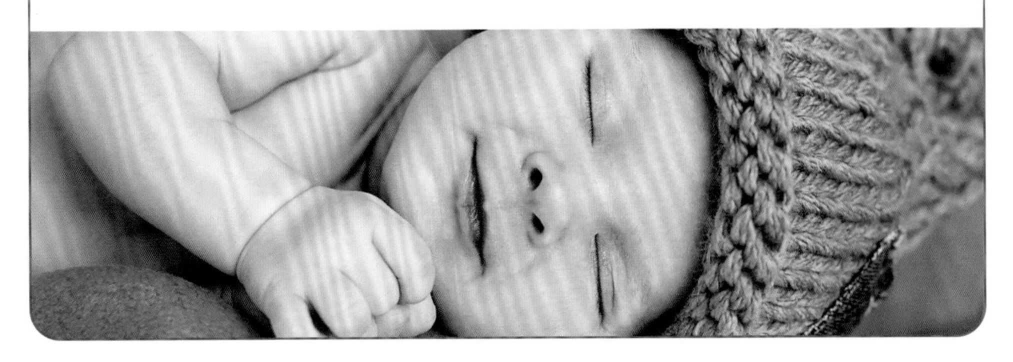

空气中传播，例如打喷嚏时的飞沫。

患病症状包括皮疹、发热、咳嗽、打喷嚏、流鼻涕、眼睛刺痛和喉咙痛。麻疹还能导致耳部感染、肺炎、惊厥、脑损伤，甚至死亡。

建议 一般来说，宝宝需要接种两剂麻风腮联合疫苗。第1剂在12～15月龄时接种，第2剂在4～6岁时接种。

腮腺炎 腮腺炎是一种儿童疾病，成年人也可能发病。腮腺炎是由吸入携带病毒的飞沫引起的，会引起发热、头痛、疲劳和唾液腺肿胀、疼痛。它还能导致耳聋、脑膜炎，睾丸或卵巢发炎，有引发不育的可能性。

建议 一般来说，宝宝需要接种两剂麻风腮联合疫苗。第1剂在12～15月龄时接种，第2剂在4～6岁时接种。这种疫苗的使用极大地降低了腮腺炎在美国的发病。

肺炎球菌感染 肺炎球菌感染是在5岁以下儿童中造成细菌性脑膜炎和耳部感染的主要原因。它也可能造成血液感染和肺炎。2岁以下的孩子感染后极易出现严重并发症。

肺炎球菌感染是由肺炎链球菌引起的。该细菌通过人与人身体接触，或通过吸入空气中感染患者咳嗽或喷嚏的飞沫传播。由于该病毒中多株细菌已经产生耐药性，这种疾病很难治疗。

建议 肺炎球菌结合疫苗能帮助抵御严重的肺炎球菌疾病，它也能预防耳部感染。宝宝需要在2～15月龄中接种4剂这种疫苗。

脊髓灰质炎 脊髓灰质炎是由一种叫作脊髓灰质炎的病毒，经口腔进入人体引起的。脊髓灰质炎会影响大脑和脊髓，并可能导致小儿麻痹或死亡。脊髓灰质炎疫苗于1955年在美国开始接种。多年来，美国没有报告过脊髓灰质炎的病例，但这种病会在世界其他地区出现。由于这种病毒可以通过旅行者带到美国，因此接种脊髓灰质炎疫苗仍然十分重要。这种疫苗被称为灭活脊髓灰质炎疫苗（IPV），其中含有用化学方式杀死的病毒。同时IPV也需要多次肌肉注射接种。

建议 脊髓灰质炎疫苗需要分4针注射，分别在宝宝2月龄、4月龄、6～18月龄和差不多5岁大时。最后一剂疫苗是加强针。与有些家长所恐惧的不同，脊髓灰质炎针剂不会引发脊髓灰质炎。

轮状病毒 轮状病毒是引发婴儿和

早产儿接种疫苗

如果宝宝早产或出生体重较低，你可能会担心是否该给宝宝按照标准接种程序接种疫苗。不过，一般建议即使是早产儿也应在正常时间接种疫苗。

请记得，早产儿出现疾病相关问题的可能性更高，如果让他们有感染本可预防的疾病的机会，就相当于把他们置入风险之中。当前可用的所有疫苗，对于早产儿和低体重新生儿来说都是安全的。并且他们与健康新生儿具有相同的副作用风险。

唯一需注意的是：出生后不久就需要接种的乙型肝炎疫苗。对于出生时体重不足2.2磅（约0.9千克）的新生儿，医生可能需要在宝宝出生后6个月内给他接种第4剂乙型肝炎疫苗，或者根据你的产前检查结果，适当推迟接种后第1剂乙肝疫苗。

儿童严重腹泻的最常见原因。几乎所有孩子在5岁生日前都感染过轮状病毒。感染通常伴随着呕吐和发热。它还会引起严重的脱水，而这种情况以婴幼儿更为常见。

建议　轮状病毒疫苗是一种口服疫苗，不是针剂。该疫苗可以很好地预防轮状病毒引起的腹泻和呕吐。自从引入疫苗以来，感染轮状病毒的幼儿数量大大减少。但是，轮状病毒疫苗不能预防其他细菌引起的腹泻或呕吐。

目前有两种品牌的轮状病毒疫苗。婴儿应该服用两到三剂，具体剂量要取决于所使用的品牌。一般在2月龄时口服第1剂，4月龄时第2剂，而如果需要的话，第3剂应在6月龄口服。

破伤风　破伤风会造成全身性的肌肉疼痛、紧绷，张口（牙关紧闭）或吞咽困难。破伤风不是传染性疾病。破伤风杆菌通过很深或很脏的伤口进入人体。

建议　破伤风疫苗通常和白喉及百日咳疫苗组合成百白破联合疫苗使用。通常从宝宝2月龄开始注射，直至4～6岁，要连续进行5剂疫苗接种来获得免疫。而从11岁开始，人们应每10年进行一次成人疫苗。

百日咳　百日咳是一种能引起严重

咳嗽的疾病，它能引发进食、饮水困难，严重的还会有呼吸困难。百日咳这个词源于拉丁语的“咳嗽”，这种咳嗽会持续数周之久，且可能导致肺炎、癫痫、脑损伤或死亡。严重的百日咳主要发生在2岁以下的幼儿中，并通过吸入携带病毒的飞沫感染，这种飞沫通常是由患有轻度病症的成年人咳嗽到空气中的。

建议 百白破疫苗结合了白喉、破伤风和百日咳三种疫苗。一般从婴儿2月龄开始，直至4～6岁，需要连续接种5剂。百白破疫苗比旧的白喉、破伤风、百日咳疫苗要好，这个疫苗名称（DTaP）中的“a”代表无细胞组成的（acellular），指只有特定部分的百日咳细菌被用来制作疫苗。

一般在孩子11岁时，推荐使用成人版本的疫苗——百日咳疫苗（Tdap）。

疫苗的副作用

尽管疫苗十分安全，但就像其他所有药物一样，它们并非完全没有副作用。多数副作用是轻微和暂时的。宝宝可能在注射部位出现酸痛、肿胀或发热。诸如癫痫发作或高热之类的严重反应非常罕见。

根据美国疾病控制与预防中心（CDC）的数据，出现严重副作用的比例为1/1 000到1/1 000 000，但由于接种疫苗造成的死亡风险极低而无法被准确证明。当任何严重反应被报告时，都将接受美国食品药品监督管理局（FDA）和美国疾病控制与预防中心（CDC）的详细审查。

有些疫苗被指责会引发慢性病，例如孤独症或糖尿病（更多疫苗与孤独症问题见第174页）。然而，美国使用疫苗已有几十年，没有可靠证据表明疫苗会引发这些疾病。研究人员偶有报告疫

严重的不良反应

接种疫苗后，请注意宝宝是否有异常情况，例如严重的过敏反应、高热（40.4℃）或异常行为。严重过敏反应包括呼吸困难、声音嘶哑或喘息、荨麻疹、面色苍白、乏力、心跳加快、头晕和喉咙肿胀。严重的不良反应很少见，但是如果你觉得宝宝可能正经历这种情况，请致电医生或立即带宝宝去急诊中心。

苗与慢性病之间存在联系的情况，但是，当其他研究人员试图重复这些结果（出色的科学研究通常能重复检验）时，他们无法得出相同的结果。

何时应避免接种疫苗 在某些情况下，应推迟或避免接种疫苗。如果你对是否应给宝宝接种疫苗感到疑惑，请联系医生。

如果宝宝有以下情况，可能不适合接种疫苗。

- 对先前接种的疫苗有严重或危及生命的反应。
- 对疫苗成分（例如明胶）有明显的过敏反应。
- 患有疾病，例如艾滋病或癌症，造成免疫系统受损的儿童，不适合接种活病毒疫苗。

如果儿童患有以下疾病，则可能需要推迟免疫接种。

- 中度至重度疾病。
- 过去3个月内服用过类固醇药物。
- 在过去1年中，接受过输血或血浆及血液制品。

如果宝宝只患有轻微疾病，例如普通感冒、耳部感染或轻度腹泻，不应延迟接种，疫苗对宝宝来说是有效的，且不会使病情加重。

权衡风险和益处

接种疫苗可以预防疾病，接种疫苗发生不良后果的概率远比疫苗本可以预防的疾病引发严重后果的概率小得多。例如，如果宝宝患了腮腺炎，他（她）患脑炎（一种可能导致永久性严重脑损伤的脑部炎症）的风险为1/300。就麻疹来说，患脑炎的风险为1/2 000。相反，接种腮腺炎或麻疹疫苗后几乎不存在感染脑炎的风险。

如果宝宝感染了流感嗜血杆菌，死亡的概率为1/20。而流感嗜血杆菌疫苗并未被证实会引起严重不良反应，并且在预防感染方面十分有效。

绝大多数的儿童疫苗对85%～99%或以上的孩子有效。例如，100名全程接种麻疹疫苗的儿童中，有99名可以免受麻疹的侵害。而全程接种脊髓灰质炎疫苗的100名儿童中，也有99名免受脊髓灰质炎的影响。

第十五章
儿童保育

当你把新生宝宝从医院带回家时，可能很难信任任何其他人来照顾他（她）。你可能很难适应带着宝宝出去办事，更不用说把他（她）独自留在托儿所了。但对许多家庭而言，不管是临时保姆、专职保姆、保育中心或其他保育服务，都是必要的。那么，如何找到一个合适的保育中心，既可以帮助宝宝健康、安全成长，但又不至于花费过高呢？

首先，要确定你能承担的儿童保育花费预算，并明确你的需求和期望，即对家庭而言，儿童保育的最终目的是什么？然后就可以开始寻找你所在地区的适合选项，通常开始得越早越好。但在选择之前，确保你了解如何辨识高质量的儿童保育场所。

准备开始

不论你在宝宝出生后需要全职的托儿服务，还是每周需要几天的托儿帮助，现在开始考虑安排保育事项不会为时过早。就算你没有具体的计划，也可以趁早开始寻找合适的选择。

首先，你可以请朋友、同事或医生给些建议。你所在地的保育机构或转介服务也是很好的信息来源，它们会提供符合许可要求的资源，还能评估你是否有资格获得经济援助。你可能需要探访多个托儿所才能找出适合宝宝的那个，尤其很多托儿所的名额有限，你需要排队等候。如果你正在寻找家庭保育员，则可能需要花时间来找到儿童保育机构，面试看护者，并为宝宝的看护人购

买健康保险或工人赔偿金。

在你回归职场之前，你可能需要花时间来确认宝宝是否能适应儿童保育中心或请来的看护人，以及这个安排是否能符合家庭现在的状况。

儿童保育的选择

儿童保育有很多不同方式，总的来说，有下面这些选择。

上门保育 在这种安排下，看护人会来到家中为你提供育儿服务。根据你的需要，看护人会和你共同居住或每天来到家中工作。举例来说，上门服务的看护人包括临时保姆、居家保姆和互惠生。互惠生通常是通过学生签证来到美国，以护理儿童换取食宿或者小额薪水的人。

优点 这个选择的一大优点是宝宝可以待在家中。你不需要一大早打理好宝宝并在上班途中把他（她）送到保育中心。另外，你可以设置自己的标准，工作时间可能更灵活。

上门保育的另一个优点是宝宝能得到单独的照护，不会被其他宝宝传染疾病，也不会受到同龄人的消极行为的影响。而且，你不需提前准备在宝宝生病期间如何照料他（她）的备选方案。除非你想让看护人带着宝宝外出，否则你也不用担心宝宝的交通安全。看护人还可以在宝宝小睡时帮忙做些简单的家务或做饭。

如果是通过中介机构寻找看护人，你会比较安心，因为已经有人帮你核实了潜在候选者的背景和相关情况。如果你不只有一个孩子，那么与其他保育方式相比，上门保育的花费并不会太昂贵。

缺点 这类保育方式没有明确的行业规范，且通常比其他选择贵。如果你通过中介机构寻找看护人，可能需要支付昂贵的中介费。你雇佣的看护人可能在儿童发育、急救或心肺复苏方面仅受过最基本的培训。作为雇主，你还需要负担一定的法律和经济责任，例如满足最低工资标准和报税要求，或提供健康保险。也有人会因为有陌生人待在或住在自己家中而感到不舒服。

宝宝与其他孩子交往的机会比较少，不利于他（她）的社会性发展，随着宝宝长大，这一点会变得越来越重要。你可能需要为看护人准备孩子外出时所需的汽油和活动津贴。当看护人生病或休假时，你还需要一个备选方案。

家庭保育 很多人在家中为一群孩子提供托儿服务，有时也顺带照顾自己的孩子。通常，家庭保育会同时照顾不同年龄段的孩子。小规模的家庭保育中心可以同时照顾6个孩子，而大规模的则可以同时照顾7～12个孩子。

优点　家庭保育的主要吸引力之一是，宝宝可以在居家环境中与别的孩子一起相处。另外，家庭保育的费用通常比上门保育和儿童保育中心的费用要便宜。提供托儿服务的家庭通常需要达到州或地方的安全和卫生标准。有些家庭保育中心能够满足宝宝和家庭的特殊需要，如满足宝宝的特定需求或延长看护时间。

缺点　家庭保育中心的服务质量相差很大。尽管许多家庭保育场所接受了背景调查并定期参加培训，但并非所有地方都被要求这样做。家庭场所可能不具备与大型托儿所相当的设施和资源，以及你可能需要在规定时间内接送孩子。

儿童保育中心　儿童保育中心也称为日托中心、儿童发展中心，有时也叫学前班或育幼院，有完备的设施和受过训练的员工，以及照顾大量孩子的能力。在这样的环境里，保育工作通常是在一座建筑里，而不是在家，不同年龄的孩子被分到单独的教室，根据各个中

心的最大承载力，班级大小不一。儿童保育中心可能是连锁经营，也可能是独立经营、非盈利性的、由州政府资助的，或是联邦计划（如开端计划）的一部分。一些儿童保育计划还有宗教信仰和收入标准的要求。

优点 儿童保育中心有很多优点。它们通常都符合州政府或当地的标准要求。许多中心制定了结构化的程序来满足不同年龄段儿童的需求，这些中心通常对员工的受教育水平有很高的要求。而且由于大多数中心都有许多看护人，如果一个看护人生病，你也不必担心需要准备后备方案。此外，保育中心还为宝宝提供了与其他孩子社交的机会。根据你的需要，一些保育中心还会延长看护宝宝的时间，或者如果你是兼职工作，保育中心也允许宝宝提前回家，而不必待满一整周。有些保育中心也允许你在工作日通过在线安全监控系统了解宝宝的情况。

缺点 大型保育中心的缺点是，它们可能需要提前申请，并排队等候。而且，长时间与其他孩子待在一起，可能会增加宝宝生病的风险。

正因如此，如果宝宝生病了，一些保育中心也不允许你把他（她）送去。而且根据所提供服务的不同，有些保育

为有特殊需求的孩子提供保育服务

如果你的宝宝有发育障碍或慢性疾病，那么寻找优质保育服务时需要多考虑一些。好的保育项目既鼓励孩子定期活动，又满足每个孩子的特殊需求。为了给宝宝找到合适的保育计划，你可以咨询医生或所在州的卫生部门或教育部门，请他们帮你确定哪种保育服务最能满足宝宝的需求。找到一个符合你基本要求的儿童保育计划。此外，你还要寻找：

专业的人员和设备　员工受到的训练可以满足宝宝的特殊需求吗？他（她）能认识到宝宝何时需要就医吗？保育服务团队中是否有专业的医疗顾问？这个保育项目提供什么样的专业设备，这些设备是否处于工作状态？员工受过专业的操作培训吗？这个保育项目是否有根据孩子需求而制定的应急预案？

树立信心的活动　宝宝可以参加哪些活动？这个保育计划包括没有特殊需求的孩子吗？一个能照顾到不同能力水平的儿童的保育计划，可以帮助激发孩子对社会的信心和敏感度。

中心的花费比较高。不同保育中心的规模不同，如果规模较大的中心，孩子和看护人的比例较低，那么宝宝很难得到足够多的个人关注。你可能必须在指定时间接走宝宝，如果你没有按时接宝宝，有些保育中心会收取额外的费用。

亲戚或朋友　许多人会请亲戚或朋友，全职或兼职帮自己照顾宝宝。尽管有一个熟悉或信任的人照顾宝宝比较令人放心，但这种方式也有其优点和缺点。

优点　宝宝会得到很多的个人关注。你甚至可以让朋友或亲戚在你家里照顾宝宝，这样也省去了交通的麻烦。宝宝不会受到其孩子生病或负面行为的影响，你也不需要为宝宝生病而准备备选的照料计划。这种安排能让你更灵活地安排工作时间。根据你们达成的协议，你很可能不用向朋友或亲戚支付看护费，或者打折支付。

缺点　朋友或亲戚很可能没有接受过心肺复苏或其他急救护理培训。如果你付钱给你的亲戚或朋友，请他们在你家中帮忙照料宝宝，你也需要查看当地的雇佣法律，确保符合税务扣除、健康保险和失业保险金等方面的要求。

朋友或亲戚照看孩子的主要缺点是，当你对他们的看护方法有异议时，可能会影响你们之间的关系。另外，亲戚和朋友可能会提供一些你不需要的育儿建议。

需考虑的因素

在开始寻找保育机构或面试看护人之前，请花点时间对比哪种保育服务最适合你的家庭情况。充分了解自己的偏好，有助于处理好这件事。

期望 想清楚你的家庭需求，以及对你来说儿童保育方面什么最重要。以下是一些要问自己的问题：你希望孩子一周有几天或几小时被其他人照顾？你希望看护人如何对待孩子的不良行为？如果你正考虑雇一位保姆，你希望他（她）会开车并做些简单家务吗？如果你需要家庭以外的保育服务，你希望孩子待在离家多远或离你的工作地点多远？孩子往返保育中心的路途上，你会选择什么交通工具，或者看护人和孩子白天需要外出时，交通方式又该如何安排？当孩子或看护人突然生病，你的备选计划是什么？孩子有多少游戏时间和户外活动时间？

预算 考虑一下你可以在儿童保育方面花费多少钱，以及不同类型的儿童保育将如何影响你的预算。你有获取州政府补贴的资格吗？或者是否有来自于雇主的帮助，例如特定公司的员工折扣或家属护理支出账户？如果你正考虑家庭保育，你是否准备在看护人假期和病

疾病护理

当宝宝生病时，你需要有便于照顾宝宝的备选方案。除了在家里照顾他（她），你还可以有其他选择。一些儿童保育中心或家庭保育场所为患病的孩子提供隔离看护，你所在的社区也可能有专门为生病儿童提供看护的保育中心或家庭保育计划，一些雇主也会为员工的子女提供生病护理服务。尽量在孩子生病之前就调查好这些备选方案。当你考察这些看护方案时，要问清楚宝宝能获得多少单独护理，设施和设备如何清洁，以及这些场所是否有随叫随到的医生。

处理好“分离”

7月龄以下的宝宝通常能很好地适应新看护人的看护。但是，稍大一些的孩子可能很难适应这个过渡期。7～12月龄，婴儿开始出现对陌生人的焦虑感。他们可能需要更多的时间和帮助，来适应新的看护人和环境。如果可能的话，当你在家时安排一位上门看护人来照看宝宝。或者在宝宝去家庭保育场所或儿童保育中心之前，先带他（她）去参观一下，当孩子玩耍时你要陪在他（她）身边，然后逐渐拉长你去保育中心的间隔。当你开始把宝宝托付给保育机构时，可以有一个告别仪式，让他（她）带一些家里的物品去保育机构，比如一个毛绒动物或你的照片。在你离开之前，一定要跟宝宝说再见。如果宝宝对于被单独留给看护人表现出持续的恐惧，那么一定要和看护人好好谈一谈。

有时候，分离这件事，父母比宝宝更难受。定期跟宝宝的看护人交流，确认宝宝的情况，你可能会更加安心。护理人员也可能全天向你发送宝宝的照片，更新宝宝的近况。另外，和有这种经历的朋友或家人聊一聊，可能也会有所帮助。

假期间支付必要的州税和帮扶护理费用？如果你担心保育费用昂贵，你或伴侣可以调整工作安排来降低对保育的需求吗？

评估你的选项

在考虑好哪种保育服务最适合你家情况后，请列一份你所在地区的潜在看护人或机构的清单。接下来，你可以致电、拜访看护人或保育机构。在你访问期间，请特别注意工作人员对待孩子的方式。参观结束后，准备一张问题清单。如果你还要评估其他的机构或看护人，请考虑做好笔记。

上门保育　当寻找一个要来到家中照顾宝宝的人选时，核对他（她）的推荐信至关重要，特别是在尚未经过机构审查的情况下。你可以与看护人的前任雇主们交谈，并询问看护人的优点和缺点，以及他们是否有过问题或疑虑。进行背景调查，通过搜索引擎或社交网站在线搜索该看护人的信息。你可以询问看护人抚养孩子的方法。当宝宝不停哭闹时，看护人会怎么做？当宝宝发脾气

时，看护人会怎么做？看护人可以在什么时间工作？他（她）的期望薪资是多少？他（她）需要健康保险吗？他（她）是否接受过心肺复苏和急救培训？

家庭保育　要寻找一个经过认证的、有执照许可的，并能为孩子提供安全环境的家庭保育场所。你可以询问家庭保育中心有多少看护人，以及他们是否接受过背景调查，并索取相关信息。你可以询问看护人接受培训的状况，目前这里照看了多少孩子，以及保育中心的开放时间。你可以与工作人员讨论养育孩子的方法。询问目前有多少看护人获得了心肺复苏证书并接受了急救培训？谁在这个家庭保育场所中居住，以及可能有谁会来拜访？看护人的背景是什么？他们将如何与宝宝互动？他们如何应对紧急情况？有哪些安全措施？孩子们有日常活动吗？你还要问清楚如果看护人生病或休假，孩子们的看护问题如何解决？还有，将孩子托管在这里的费用是多少？

儿童保育中心　当你评估儿童保育中心时，要了解清楚每个中心的具体做法。许多保育中心会提供宣传册或者在官网上，可以回答你关心的问题。你也可以直接与保育中心的负责人对话，可以考虑询问以下问题。

资格证书和人员资质 确保保育机构获得了许可证明，并且有最新的检查证书。被认可的机构符合儿童保育的自愿性标准，这比大多数国家级许可的要求要高。美国幼儿教育协会和美国家庭儿童保育协会是美国两个最大的、为儿童保育机构授予许可的组织。保育机构员工应接受早期儿童发育、心肺复苏和急救方面的培训。你可以要求机构提供相关信息，并询问有无频繁更换员工的情况，因为人员流动率高可能是机构有问题的信号，而且更换看护人对宝宝来说也很难适应。如果可能的话，请至少找一位去年进入该机构孩子的家长，和他们聊一聊。

看护人与孩子的比例 了解一下保育机构看护人与孩子的比例。每个看护人照看的孩子越少，你的宝宝就越能得到更好的照料。建议找一个看护人与婴儿比例为1：3或1：4的机构，机构中看护人与孩子的比例，最多不能超过1个看护人照看6～8个婴儿，或者1个看护人照看6～12个幼儿。要记住，婴幼儿在人数越小的群体中成长得越好。

健康与环境卫生 你可以询问该机构是否对孩子和工作人员有标准的疫苗接种以及定期的健康检查的要求。该机构是否在室内与室外都禁烟？如果宝宝白天生病会怎么办？当孩子或工作人员感染了传染性疾病，父母是否会收到通知？在什么情况下你需要将生病的宝宝留在家中？保育中心如何处理服药和急救的情况？宝宝的尿布多久换一次？换尿布的区域与玩具是否定期清洁和消毒？工作人员是否定期洗手？宝宝们什么时间睡觉？床上用品是否会定期清洁？

安全和安保 要询问保育机构采用哪种安全系统，以确保陌生人不会进入建筑物内。如果孩子受伤或者走失该怎么办？机构是否有室外游乐设施？这些设置是否有坚固的结构和安全的表面？户外活动时采取怎样的安全措施？孩子们往返机构使用什么样的交通方式？机构的紧急疏散计划是怎样的？当发生其他紧急情况时，有什么解决方法？

日常活动 要询问宝宝日常活动是什么样的，是团体活动，还是独自游戏？孩子们身体活动与脑力活动是否平衡？日常是否有自由活动时间？机构是否有适合不同年龄段宝宝的活动？看护人会给孩子们读书吗？会不会提供三餐和零食？如果提供餐食，都包括些什么？保育机构的总体目标是什么？是否期望和鼓励家长参与其中？

其他信息 保育机构的招生政策是什么？你需要提供什么信息？如果机构有等候名单，这份名单需要等候多久，等候的机制是怎样的？该机构的开放时间是怎样的，费用如何？你是否可以分期付款？如果宝宝因为休假而缺席，是否需要付费？从机构中退学的政策是什么？当天气变化时，如何通知家长取消日程？家长需要提供哪些物品？白天可以顺道探访宝宝吗？

学前班 一些儿童从2岁开始进入学前班，而另一些学前班则要求孩子至少3岁。你需要根据孩子的个性和需求，以及社区的资源，确认学前班是否适合你的孩子。在这个年龄段，学前班的课程基本上都是游戏类的。但理想的情况下，老师可以通过与孩子的频繁交谈、阅读和使用生词来扩大孩子的词汇量，从而提升他们的思维水平和语言技能。

联系信息

将孩子留给看护人或者保姆时，无论何时你都要确保给他们提供一份紧急联系人清单，包括你的电话号码和能随时联络到你的方法。另外，也要提供其他可联络的家人或朋友的电话号码，在有意外发生时使用。并告知看护人，在紧急情况下你需要他（她）做些什么。

如果你将宝宝和看护人留在家里，请告知看护人所有的安全出口、烟雾检测器、灭火器的位置和毒物控制中心的号码。确保无论谁来照顾宝宝，都能明白让宝宝仰卧睡觉的重要性。如果看护人要开车将宝宝带到其他地方，应确保他（她）知道如何正确使用汽车安全座椅。

为应对意外情况，写下你的地址、孩子的全名以及出生日期也是一个好办法。紧急情况下的压力可能会使看护人或保姆难以想起这些细节信息。

齐心协力

在接下来的几周里，仔细观察你雇佣的看护人或保育中心看护人的表现。请密切注意宝宝的适应情况以及他（她）与看护人的互动方式。与看护人建立良好的关系，对大家都好。你可能会担心宝宝像爱你一样爱他（她）的看护人。但是要记得，在孩子心中没人能代替你。

当你回到家后，你会想知道宝宝这一天都做了什么。他（她）在什么时间吃了多少饭，喝了多少水？他（她）今天换了多少个尿布？他（她）做了些什么活动？他（她）小睡了几次，睡了多久？宝宝是否达到了新的里程碑（标志行为）或表现出令人关注的行为？是否有必需的婴儿用品需要采买了呢？定期地查看这些主题，将有助于衡量看护人的护理品质，并消除你的一些困惑。

例如，如果你并不知道宝宝下午没吃零食，那么在他（她）到晚餐之前就已经饥肠辘辘且崩溃时，你可能完全搞不清楚状况。一些保育中心会在每日日志中提供这些信息，你也可以要求看护人帮你创建一个每日日志。

除了处理孩子的日常活动外，还要不时地花时间讨论孩子不断变化的需求，以及如何满足这些需求。同时，你和看护人也有机会讨论其他任何的问题或疑虑。请务必听取看护人对每个问题的想法，并尽可能共同努力，提出解决方案。如果你很满意孩子得到的照料，要表达出来。对看护人表示感谢，有助于增进你们之间的关系。

寻找良好的保育服务可能是个很有压力的过程。提前考虑家人的需求，并彻底弄清楚自己的选择，这能够帮你节省时间和精力。仔细检查每位候选看护人的背景，并评估不同的保育机构，有助于你做出选择，这也能减轻你和孩子分开时的担忧。

第十六章
带宝宝外出

无论你是将宝宝从医院带回家，还是带着他（她）外出散步，或是一起经历首次家庭飞行——你们很可能在接下来的几个月或几年内外出旅行。

你可能已经预料到了，带宝宝去任何地方旅行都需要做好计划。当你在家时，宝宝也许永远不会出现尿布漏尿、吐得到处都是或不好好吃饭的情况，但这似乎总是在你们外出时发生。如果再遇上如厕训练的日子，你就更需要准备一些旅途用品了。

带着宝宝去旅行，需要提前准备好所需物品。除了要携带那些能满足宝宝需要的东西，你也要确定选择哪种交通工具，同时弄明白如何安全地使用它们。当你着手准备时，你会发现你的选择比你想象的要多。

出行前，先了解下带婴儿或幼儿旅行所需的知识，然后再尽情玩乐吧！

出门

你和宝宝都将从离家的行程中受益。在你学习照顾宝宝的过程中，起初可能会因为离开舒适的家庭环境而感到紧张，但新鲜的空气和变化的景色可能使你的精神振奋起来。和宝宝去不那么拥挤的地方进行一次短途旅行，既会带给你信心，也能帮你为以后更远的行程做准备。

但与此同时，如果你整夜照顾宝宝，或是宝宝一整天情绪都不好；你还没搞清楚婴儿推车怎么用；又或者你只是单纯地感到疲倦，那你可以等一等再出门。带宝宝出门并不是越早越好，更没有人会因此给你发金牌。你可以慢慢来，等准备好了再出发。当然，为了确保出行顺利，你可以参考下列建议。

有限接触 第一次带新生儿出门时，要避免去那些会让他（她）与许多人密切接触的地方，以免接触到病菌。或者，避开高峰时段。

根据天气穿衣 暴露在极端寒冷或炎热的环境中时，年幼的宝宝很难调节自己的体温。通常，给宝宝穿的衣服要比你自己穿的多一层。在寒冷的时候给小宝宝戴上帽子，因为热量可能会从他们裸露的头部流失。

如果你不是很确定宝宝的体温，那么可以在外出时检查他（她）的手、脚和胸部皮肤。宝宝的胸口摸上去应该是温热的，而手和脚的温度则要比身体略低一些。如果宝宝身体摸上去很凉，把他（她）的外层衣物脱掉，并且抱着他（她）贴近你的身体。给宝宝吃点热乎的东西可能有所帮助。给宝宝一件一件地穿衣服，同时带上几件额外的衣物，将有助于宝宝适应天气变化。更多给宝宝穿衣的信息参见第八章。

提供防晒措施 婴儿的皮肤很敏感。如果宝宝不满6个月，要避免他（她）长时间暴露在直射的阳光下，要给他（她）穿上浅色防护服和戴上带帽檐的帽子，避免日晒，并在宝宝裸露的皮肤区域涂抹防晒霜，切记要根据需要重新涂抹（更多关于防晒霜的信息参见465页）。

让宝宝使用的物品保持清凉 在使用汽车安全座椅或婴儿车之前，要避免它们长时间暴露在阳光下。它们的塑料和金属材质部分变得非常热，可能会灼伤宝宝或你自己。

做好准备 以防万一，你需要随身携带足够的尿布、宝宝（甚至你自己）的替换衣物以及食品。给自己带一个水壶，如果宝宝能用水壶了，也要给他（她）准备一个，特别是温暖的天气里。如果你紧张，不妨在前几次出门时邀请一位家庭成员或朋友与你同行。随着宝宝长大，在包里放些他（她）喜欢的玩具或书，通常会派上用场。

婴儿背带

婴儿背带是一种既便利又亲密的带宝宝外出的方式。你可以带宝宝在附近散步、远足或去城里时使用婴儿背带。如果你考虑购买一个婴儿背带，你有以下选择。

- *后背式或前胸式背兜* 它可以让你把宝宝竖直背在背上或胸前。
- *单肩婴儿背带* 这是一种软布制成的背带，通常需要缠裹在你的肩膀或躯干上使用。

选择婴儿背带 婴儿背带有不同型号，有些背带不适合一些宝宝，有些背带因为宝宝长得太快，很快就小了。

当你选购背带时注意以下几点。

- *为宝宝找到合适的尺码* 婴儿背带上让宝宝放腿的洞要足够小，以保证宝宝不会从里面滑落下来。有些背带是可以随着宝宝长大而调整大小的。
- *检查承重量的上下限* 不同类型的背带有不同的重量限制，且有些背带的型号并不适合新生儿。在购买时要考虑你会使用多长时间。
- *检查结构* 婴儿背带能否为宝宝的头和脖子提供足够的支撑？背带的材质够坚固吗？如果你正寻找一种有铝制框架的后背式徒步旅行背兜，它是否有衬垫，能否在宝宝撞到它时提供保护？
- *试用背带* 你和宝宝都觉得背带舒服吗？如果你打算使用一段时间背带，就要考虑当宝宝长大、变重且越来越活泼时，背带背在身上的感觉。

婴儿背带的风险 如果使用不当的话，婴儿背带会给4个月以下的宝宝带来窒息的风险。由于小婴儿颈部肌肉力量较弱，出生后的头几个月里，无法控制自己的头部运动。如果婴儿背带的面料紧贴着宝宝的鼻子和嘴巴，他（她）可能会无法呼吸，这种情况很快就会导致窒息。此外，婴儿背带可能会让宝宝处在一种蜷缩的状态中，他（她）的下

购物车安全事项

可以说，带着婴儿或幼儿一起购物是一种冒险。当宝宝还小时，上网购物可能会减轻压力。但是，在下班回家或从幼儿园接回宝宝的路上，你可能会需要买一次东西。这个过程中，如果宝宝坐在购物车座椅或购物篮中，很容易翻倒，因此你要确保对购物车采取适当的安全措施。如果安全扣没有扣紧，宝宝也会从购物车座椅上掉下来。如果可以，请寻找一种替代方法，别把宝宝放入购物车中。避免将婴儿提篮放到购物车顶部，可以考虑用前胸式背带替代。如果你必须把宝宝放入购物车里，要确保他（她）在座位上系好安全带。找那种装有婴儿座椅且高度较低的购物车，例如小汽车模型的购物车。不要让宝宝跨坐在购物篮上或骑在购物车外面。

巴会压向胸部。这个姿势会使宝宝的呼吸道受限，限制氧气供应。同时，这也会使得宝宝无法通过哭泣来"呼救"。如果宝宝是早产儿或者有呼吸系统疾病，在询问医生之前，请不要使用竖直型的婴儿背带。

安全小窍门　在使用任何婴儿背带前，都需要考虑下列注意事项。

- *弯腰时请注意*　捡东西时，最好弯曲膝部，而不要弯曲腰部。这能确保宝宝安全地待在背带中，并且能保护你的背部。
- *注意保养*　注意避免磨损，留心修复背带接缝和扣件处任何破损或撕裂的地方。另外，请访问美国消费者产品安全委员会网站，以确定这款背带没有被召回。
- *保持宝宝呼吸道畅通*　如果你使用单肩式背带，请确保宝宝的面部没有被背带盖住。同时，要始终确保宝宝的脸在你的视线范围内。要经常检查宝宝的姿势，确保他（她）处于安全状态。如果你给婴儿背带中的宝宝喂母乳，请确保喂奶后调整宝宝的姿势，使宝宝的头部朝上，并且远离婴儿背带和你的身体。

婴儿推车

大多数家长至少会给宝宝买一辆婴儿车。但最适合你的宝宝、你家和你的生活方式的婴儿车是哪一款呢？在为宝宝选择婴儿车时，请考虑以下注意事项。

你在哪里以及如何使用它　如果你住在城市或城市附近，你需要能够沿着拥挤的人行道和狭窄的商店过道前行的婴儿车。你也可能需要能在紧急情况下一键收车，方便你赶公交或下楼梯去坐地铁。而住在郊区的父母，则可能想寻找适合放入后备箱的婴儿车。如果你有双胞胎宝宝或较大的孩子，则可以考虑购买双座推车，或带有供较大孩子站或坐的有支架的手推车。而频繁出行的家长可能需要轻便可折叠的伞车，不管是作为主要推车或附加推车。计划过带宝宝一起跑步吗？你可以选择适合慢跑的婴儿车。

婴儿车是否适合新生儿　如果你打算在宝宝刚出生时使用婴儿车，就需要确保婴儿车有足够的倾斜度，因为新生儿不能坐着或抬头。你可以选择能完全倾斜或带有摇篮附件的婴儿车，可以与婴儿安全座椅结合使用的婴儿车，也是一个不错的选择。不过，大多数伞式婴儿车，通常不能为婴儿提供足够的头部和背部支撑。另外，大多数慢跑婴儿推车只适合5~6月龄以上的宝宝。

你需要旅行系统吗　如果是这样，你可以选择支持婴儿汽车安全座椅的婴儿车。有些汽车安全座椅和婴儿推车是配套售卖的，而另一些则需要购买单独的配件，以便安全座椅和婴儿推车衔接上。当你让宝宝坐进汽车安全座椅时，这种婴儿车可以让你很方便地把宝宝在手推车和汽车之间移动。如果你打算把宝宝的汽车安全座椅带上飞机，这种类型的手推车也会很有用。

哪些配件能被安在车上　你可能会考虑是否要给婴儿车配上一些特色物品或配饰，如篮子、防雨布、婴儿车专用毯子、遮阳板或遮阳伞，或者杯架。然而，有些婴儿车上可能无法安装某些配件。

其他特点　通常底部较宽的手推车不容易倾斜。你可以选择带有刹车装置的婴儿车，当婴儿车静止时，你可以轻松地将它锁住。要避免使用带铰链或闩锁的婴儿车，以免夹伤宝宝的手指。请务必阅读婴儿推车制造商的承重指导，尤其是在选择可供较大儿童坐或站立的手推车时。

安全小窍门　一旦你找到合适的婴儿推车，就要遵循这些注意事项，并记得不要把宝宝独自留在推车上。

- *折叠时需谨慎*　将宝宝放进婴儿车时，请确认婴儿车已经处于锁定状态。
- *系好安全带*　当用婴儿车带宝宝外出时，请给宝宝系好安全带，并确保他（她）不能解开安全带或者从安全带下方滑脱出来。大多数与婴儿车相关的意外都是由于宝宝从婴儿车上跌落下来。
- *注意玩具*　如果你在婴儿车的保险杆上装了玩具来引逗宝宝，请确保玩具牢牢地系在车上。
- *合理放置物品*　不要在婴儿车的推杆处悬挂包，这可能导致翻车。请将物品置于婴儿车的篮子里。

汽车安全座椅

当你和宝宝乘车旅行时，安全座椅是必需的。不仅因为各州的法律是如此规定的，也是因为配备安全座椅对宝宝的安全至关重要。乘车时将宝宝放在你的腿上，一旦发生交通事故可能会给他（她）造成严重伤害。

给宝宝准备安全座椅的最佳时间是在你怀孕的阶段，这样你就能及早在车中安装好安全座椅（这可能比你想象得要难得多），为宝宝出院乘车回家做好准备。

挑选合适的安全座椅　挑选汽车安

安全座椅是否用太久了？

是的，安全座椅确实有使用年限，通常为6年。安全座椅的过期时间一般印在座椅底部的塑料上。随着时间推移，安全座椅的零件可能会磨损，这会让你的宝宝在碰撞时面临危险。随着技术的进步，安全建议也会不断变化，但就目前来说，需要遵守6年的使用年限。

全座椅时，你面临的选择很多。不要以为价格较高的座椅就是最好的。相反，要选择既能够保证宝宝安全，又最能满足家庭需求的安全座椅。请牢记以下选购要点。

- *保证大小适配*　要确保汽车座椅适合孩子现在的体形和年龄。另外，也要确保汽车座椅适合你的汽车。每次都正确安装和使用安全座椅也是很重要的。
- *遵守身高和体重限制*　要严格遵守汽车座椅制造商关于高度和重量限制的指导。并按照车辆使用手册，用安全带或调低锚索和系绳（如果有的话）来安装安全座椅。
- *最大限度地提高安全性*　美国儿科学会和美国高速公路交通安全管理局（NHTSA）建议，所有孩子都应尽可能长时间使用朝后（车座）的汽车安全座椅，直到他们达到安全座椅制造商允许的身高或体重上限。在发生车祸时，面朝后的座椅有助于托住并保护孩子脆弱的颈部和脊椎。一旦宝宝身高超过了向后坐的限制条件，就可以为他（她）更换有安全带的朝前的汽车安全座椅，并且尽可能长时间使用安全座椅，直到达到制造商允许的不必使用安全座椅的身高和体重限制。

安全座椅类型　有几种安全座椅能够满足婴儿或学步期幼儿的需求。

在安全座椅内睡觉

安全座椅专为保护宝宝的旅途安全而设计，并不能当作家中的婴儿床使用。研究表明，在安全座椅里坐直可能会压迫新生儿的胸腔，使他（她）血液中的含氧量减少。要知道，即使是轻微的呼吸道阻塞也可能损害宝宝的发育。

长时间在安全座椅中坐着或睡觉，也可能导致宝宝扁头，加重胃食管反流症状，引起宝宝呕吐。另外，宝宝可能会从错误使用的安全座椅上掉下来，或者你把安全座椅放在桌子或柜子这类较高的位置上，安全座椅也容易掉落导致宝宝受伤。

虽然在驾车旅行期间，宝宝必须要坐在安全座椅上，但是在车以外的地方，不要让宝宝长时间在安全座椅上睡觉或休息。

婴儿专用安全座椅（提篮式安全座椅） 婴儿专用安全座椅是专为新生儿或小婴儿设计的。它配置了五点式安全带，并且只能朝后使用。这种座椅通常有一个提手，并且可以在你的车底座上扣紧或移开。这便于你随身携带安全座椅，开车时只需将安全座椅固定在适当位置即可。有些型号的安全座椅还可以衔接在婴儿推车底座上使用。当宝宝达到婴儿安全座椅所允许的体重或身高上限时，就需要给他（她）更换可调节或多合一安全座椅。

可调节婴儿座椅 可调节座椅可以朝后或朝前使用，与婴儿专用安全座椅相比，它有一个朝前使用的体重和身高限制。这种安全座椅也配置了五点式安全带。

当宝宝达到制造商建议的体重或身高限制后，你就可以将座椅朝前放置了。

多合一汽车座椅 这种安全座椅可以朝后、朝前或加高使用。因此，你在宝宝学龄前或上学后都可以使用它。但要确保不能过早转换朝向，一定要在宝宝达到身高或体重限制后再转换朝向。

其他注意事项 如果你有两辆车，可以考虑购买两个汽车安全座椅或为婴儿专用安全座椅购买两个底座。

否则，你需要始终确保把安全座椅

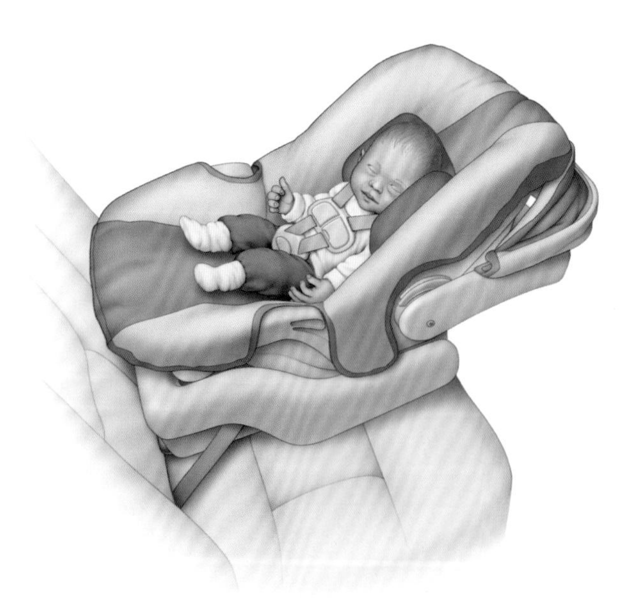

婴儿专用安全座椅。

租车、出租车、火车等其他交通工具

无论是开私家车出行，还是选择租车、出租车、火车或乘坐其他交通工具，都应遵守安全规则。如果旅途中你要开私家车或租车，那么就要带上宝宝的安全座椅。如果你使用带有底座的婴儿专用安全座椅，要确定是否需要携带底座。如果不带底座，你就要知道在没有底座的情况下如何将安全座椅顺利安装在车辆上。

更换到宝宝要乘坐的汽车上。另外，要选择表面容易清洗的座椅款式，以防宝宝乱吐东西、呕吐或将食物撒到座椅上。不管你选择哪种安全座椅，请确保产品符合国家安全标准。同时，要在线填写一下制造商提供的产品注册卡，一旦产品召回时你就能收到通知。

二手婴儿座椅　如果你正考虑借用或购买二手安全座椅，请确保座椅对宝宝来说是安全的。你可以按照以下几点来选择座椅。

- 有说明书和标签，标明了生产日期和型号编号。
- 座椅没有被召回过。

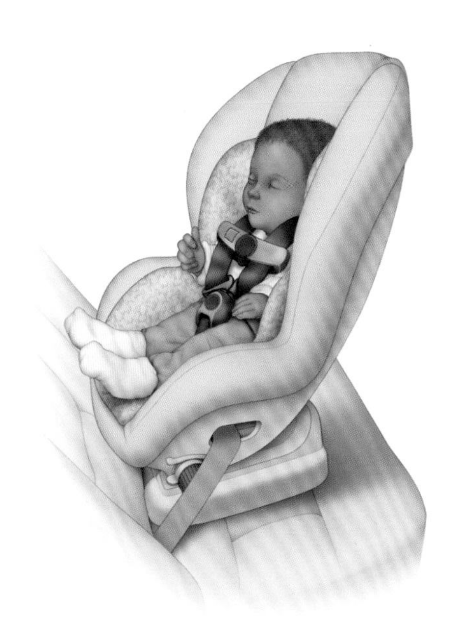

可调节婴儿座椅。

- 座椅没有超过使用期限或使用超过6年（使用期限一般印在座椅的塑料底座上）。
- 没有明显的损坏或缺失的部件。
- 从未发生过中度或严重的碰撞。

如果你不了解二手座椅的历史，千万不要使用它。如果座椅是被召回的款式，请找到并遵循说明书，查看如何修理或购买必需的新零件。

安全座椅的使用

选择正确的汽车安全座椅很重要，正确安装和使用汽车安全座椅同样重要。以下是使用注意事项。

后座最好　最安全的放置安全座椅的位置是后座，因为它远离安全气囊。如果将安全座椅放在前排座椅上，一旦气囊弹出并膨胀，就可能撞击朝后放置的安全座椅的后部，这正是宝宝头部所在的位置，会对宝宝造成严重或致命的伤害。当然，坐在朝前向的安全座椅的孩子，也可能受到安全气囊的伤害。

如果必须让孩子乘坐只有一排座椅的汽车，你需要停用座椅前面的安全气囊或关闭安全电源开关。以防碰撞时安全气囊弹出。除非在宝宝有某些健康问题，或者医生推荐时才应打开安全气囊的电源开关。

如果你仅将一个安全座椅放在后排座椅上，要尽可能将它安装在座椅中央（而不是靠近门的位置），以最大程度地减少宝宝在发生碰撞时受伤的风险。

安装和固定　每次开车出行之前，确保你已经正确地安装汽车安全座椅，并将宝宝正确地固定在座椅上。在安装汽车安全座椅之前，请阅读车辆使用手册中关于汽车安全座椅的说明。确保牢固地固定座椅，即当你抓住并移动固定点附近的底部时，前后左右移动范围不得超过1英寸（约2.5厘米）。

不要忘记，安全座椅放置的朝向也要正确。

朝后放置　如果朝后使用婴儿专用安全座椅或可调节座椅，请牢记以下几点。

- 请用汽车座椅说明手册中描述的安全带绑法，通常是将安全带绕过宝宝的肩膀，插在宝宝肩部或以下的插槽中。
- 扣紧安全带和胸部锁扣，宝宝的腋窝处也要用胸锁系紧。要确保安全带和锁扣在宝宝的胸部和臀部上方系紧。大多数汽车安全座椅都包括头部定位配件，以防止宝宝头部晃动。
- 朝后放置时，要根据制造商的建议将安全座椅适当倾斜，以避免宝宝头部过于前倾。因为婴儿必须半躺着才能保持呼吸道通畅。许多座椅都配备角度指示器或调节器来引导安装和调节角度。请记住，随着宝宝长大，你需要不断调整角度。

朝前放置　你一定要克制为了在后视镜中看到宝宝的脸，而将安全座椅朝前放的冲动。尽管在旅行中想与宝宝互动是很自然的事，但要记得，宝宝的安全是最重要的。在宝宝达到安全座椅制造商建议的体重或身高限制之前，建议一直让宝宝朝后坐。

当宝宝达到可转换座椅的体重或身高限制时，你就可以将安全座椅转为朝前放了。当你转换方向时，要注意以下几点。

- 请按照制造商的指导，使用安全带或LATCH（儿童专用的较低的固定挂钩和系绳）接口系统，将安全座椅安装在汽车后排座椅上。
- 可以使用系绳带，这是一种可以钩在座椅顶部并固定在车辆扣件上的系带，它可以提高座椅的稳定性。
- 将安全带调整到孩子的左肩或右肩上方，并拉紧安全带，贴紧宝宝身体。

安装好安全座椅后，你可以考虑请一位有资质的儿童乘客安全技术员，在当地的座椅检查机构或检验活动中检查你的安装成果。每一次出门之前，你都要检查安全座椅牢固程度。

美国高速公路交通安全管理局（NHTSA）网站是帮助选择合适的安全座椅的好去处。它能帮助查找安全座椅检查机构以及其他汽车安全信息，其中有视频指导。

脱掉厚重的外套　大衣和毛毯可能导致安全带无法绑牢宝宝。你可以先扣紧安全带，然后在安全带上盖上外套或毯子为宝宝保暖。

飞机对宝宝来说安全吗?

通常，年龄不是影响宝宝是否能乘坐飞机的因素。尽管新生儿最好避免待在密闭和拥挤的空间里，但大多数足月出生的健康的宝宝，还是可以在1～2周大时乘坐飞机的。但如果宝宝是早产儿或有肺部疾病史，请在飞机起飞前和医生沟通一下。由于宝宝的肺部可能对高度的变化较为敏感，医生会建议暂缓飞行计划。如果宝宝有潜在的呼吸系统疾病，医生可能会建议带上氧气供给设备。

在飞行期间，耳部感染和耳道问题并不会对宝宝有太大影响。但是，如果宝宝生病了，你可能要推迟乘坐飞机出行计划。

待在一起　请记住，不要把宝宝一个人留在车里。密闭车厢内，宝宝可能会变得体温过高、体温过低或受到惊吓。即使很难想象家长会忘记宝宝，并把他（她）落在汽车后座上，但这是有可能发生的。为了避免落下你的“珍宝”，每次带宝宝出门时，请把手机或手袋放在后座上，这样你就会在离开车之前多一个再检查一遍后座的理由。

自然的力量　随着孩子逐渐长大，他（她）可能会不喜欢坐在安全座椅上。因为这涉及孩子的安全问题，所以不要害怕划定界限。你需要帮助孩子明白他（她）必须坐在安全座椅上，而大人坐车也必须佩戴安全带来保证安全。为了使孩子在旅行途中乐在其中，你可以随身携带孩子喜欢的玩具或书籍。你也可以和宝宝聊天、听音乐或唱歌。

早产儿和小婴儿

如果你的宝宝是早产儿或出生时体重过轻，则可能需要在出院前让他（她）坐在安全座椅上观察一下。这是因为半躺在安全座椅上，会导致宝宝呼吸困难或心率过慢。为了确保宝宝使用安全座椅的安全性，你可以在出院前把准备好的安全座椅带到医院，然后让宝宝坐在安全座椅中，观察并记录一段时间他（她）的状况。

如果宝宝有健康问题，需要平躺，医生可能建议你使用汽车床。你可以选择经过碰撞测试的汽车床。使用时要纵向将床放在后座上，使宝宝的头部位于汽车床的中央。请务必使用带扣和安全带，确保将宝宝固定在床上。

如果你被允许使用安全座椅，你可能需要给宝宝准备婴儿专用安全座椅。建议你只在旅途中使用安全座椅，在车外时，不要让宝宝在车外睡在安全座椅中。

如果宝宝需要携带氧气瓶等设备出行，你需要将设备固定在车内，以免它们在突然停车或发生碰撞时飞出去。

乘坐飞机

第一次带宝宝乘坐飞机，可能会和你之前的旅行经历有很大不同。现在，你不必担心旅途是否有足够的读物，而可能会担心如何才能让宝宝开心起来。虽然不能事先预测宝宝第一次坐飞机是什么反应，但是详细的计划可能会大大缓解你和宝宝的紧张感。

身份证明　对于国内旅行，需要携带宝宝的出生证副本。而出国旅行，就需要给宝宝准备护照了。如果你将来会和宝宝一起出国旅行，可以考虑尽快申请。通常你可以通过付费来加急申请。

座位安全　尽管航空公司通常允许宝宝在飞行期间坐在看护人腿上，但美国联邦航空管理局还是建议宝宝需要坐在安全座椅中。大多数婴儿专用安全座椅都经过了航空旅行认证。为了在飞机

上使用安全座椅，宝宝通常需要有自己的座位。尽管航空公司通常会允许你使用空座位（如果有的话），但保证宝宝有座位的唯一方法是购买机票。

在预定航班时，你可以查看是否有婴儿（或儿童）折扣。请记住，安全座椅必须固定在靠窗的座位上，这样其他乘客方能自由进出。

如果你不想给宝宝准备安全座椅，可以请乘务员指导你如何在起飞或着陆期间抱住宝宝，以确保宝宝安全。如果你和宝宝坐在过道座位上，你需要保护宝宝的头部、双手和双脚都不被服务车或其他乘客撞到。

许多家庭试图购买安全出口处的座位，这里空间更大。另一些家庭，则喜欢飞机尾部的座位，这里通常噪声较大，足以掩盖宝宝的哭闹声，甚至会催眠宝宝。总之，请做出对你来说最合适的选择。

在机场中穿行 如果你打算将安全座椅带上飞机，那么买一辆可以放置安全座椅的婴儿推车是明智的选择。你可以推着坐在婴儿车上的宝宝直到登机口，然后在登机口将婴儿推车折叠起来进行托运。不过，你需要在过安检时，将宝宝从安全座椅里抱出来。虽然美国交通安全管理局限制了可带上飞机的液体量，但与婴儿相关的物品（例如药物、配方奶粉、婴儿食品和母乳）则有所例外。你可以告诉安检员你带了哪些东西，并接受相应的检查。另外，也需要告知安检员，宝宝是否正在使用或带着特殊的医疗设备。

登机 许多航空公司会允许带宝宝的家庭优先登机。但是，有些家庭更喜欢最后登机，以最大程度地减少乘机时间。

让宝宝开心 给宝宝穿上舒适且便于穿脱的衣服。这会让宝宝保持合适的温度，同时，也会让更换尿不湿和衣物更方便。哺乳或吮吸奶嘴（或奶瓶）可能会减轻飞机起飞或降落时宝宝的不适感，由于宝宝无法通过吞咽或打哈欠来缓解因为气压变化所引起的耳部疼痛。当然，如果孩子稍大些，喝杯水也能解决问题。

如果宝宝情绪烦躁，只要机组人员允许你在机舱中走动，可以考虑带宝宝在过道上走一走，休息一下。尽管家长经常开玩笑说要给宝宝服用非处方镇静药物，好让宝宝在飞行中睡觉。但我们不建议这样做，某些情况下，镇静药物可能会产生完全相反的效果，使宝宝更加烦躁。

如果宝宝在飞行中哭闹，请尽量像在家中一样，保持冷静，找出问题所在。其实，飞机上的许多乘客很可能也经历过你这种情况，会体谅你的。

为成功出行做打算

带着宝宝旅行，特别是需要乘坐飞机、熬夜并适应不同时区的情况下，确实需要提前计划一下。在安排行程时，你要考虑宝宝的日常作息，以及在旅途期间能做些什么，来满足他（她）的日常需求。

注意孩子的生物钟 如果宝宝习惯早起，你可以考虑预订清晨航班，并及早安排早上的活动。想想宝宝通常在什么时候小睡和吃饭，以及如何在出门时将作息维持原样。请记住，如果在旅途中要跨越时区，宝宝可能需要几天的时间才能适应新的作息规律。

必备物品 如果宝宝仍在使用尿布，请先打包尿布专用包，因为你随时都需要它。这个包中需要放纸尿裤、婴儿湿巾、护臀膏和尿垫。如果宝宝是奶瓶喂养，则需要准备奶瓶、奶嘴和配方奶粉或正确储存的母乳。你需要带上充足的、能够满足旅行时长的物资，以防飞机延误。如果宝宝是母乳喂养，需要将一张哺乳毯或护理巾放在手边。如果宝宝使用安抚奶嘴，请至少带上一个。还有，要随身携带所有药物。

对于较大的幼儿，请带些零食和一个吸管杯，你可以在里面装满水。另外，带一些小玩具、书籍、蜡笔和纸，或装有一些精选游戏或视频的平板电脑，可以帮你在机场和飞机上让孩子高兴起来。

为了以防万一，给宝宝和自己多带一两件衣服是明智的做法。你也可以带一些洗手液和存放脏衣服的一次性袋子。

住宿 在给宝宝打包衣物时，你需要考虑可能遇到的天气，一天中宝宝通常需要更换多少套衣服，以及你是否有洗衣机或烘干机可用。你也许需要携带一些熟悉的物品，例如小玩具、书籍或白噪声机来帮助宝宝在新环境中感到舒适。如果你需要住酒店，请提前致电酒店，看看房间是否可以放婴儿床。否则的话，你需要随身携带可折叠的婴儿床，或者在住宿期间租或借一张婴儿床。除了需要携带上飞机的瓶装物品外，你还要考虑接下来的旅行中需要携带哪种消毒和清洁设备。

带宝宝去旅行需要做计划，而且通常得带一大堆行李。你要考虑宝宝可能需要什么，并尽力为最坏的情况做最充分的准备。当然，也别忘了要享受旅程！

第十七章 居家和户外安全

随着宝宝活动能力的增强，探索将成为他（她）的新游戏。爬行、攀爬和扶着家具到处走，将取代晃悠、翻身和坐着，随后，宝宝开始走和跑。然而，宝宝萌发的好奇心和经验缺乏结合在一起，会给他们带来危险。在未来几个月里，电源线、梳妆台的抽屉、橱柜、洗洁精和卫生间，将是宝宝可能去触摸、抓握或尝试攀爬的家居生活中的一小部分。小玩具、热饮、光滑的地板和尖锐的家具都可能对你的小小探险家造成伤害。你可以采取相应措施，保障宝宝在家里和户外的安全。

当你开始采取防护措施之前，请考虑家庭生活方式和房屋的布局。想想宝宝将在哪个房间逗留玩耍，以及每个房间会有哪些危险隐患。你还需要坐在地板上，看看哪些东西会吸引宝宝注意，或者是宝宝能够得着的。如果你不能在每个房间都做好安全防护的话，就需要格外警惕，让宝宝远离这些（未做防护的）区域。但是要注意，随着宝宝长大，需要重新评估每个房间的防护措施，确保防护措施仍然适用。

育婴室安全

宝宝将在育婴室里待上很长一段时间。为了保护他（她）在房间里的安全，这里有些提示。

使用安全带 记得要在宝宝的尿布台上使用安全带，千万不要把宝宝独自留在尿布台上。因为即使是很小的宝宝，也可能会突然挪动并从高台边缘翻滚下来。建议你选择一个带护栏的尿布台，并确保换尿布所需物品都在手边，但要在宝宝触碰不到的地方。

安全玩具

宝宝喜欢玩玩具，但是你要确保宝宝身边的玩具不会对他（她）造成任何危害。

谨慎挑选玩具　不要让宝宝玩气球、弹珠、硬币，包含小零件或其他小物品的玩具。特别是气球，在没充气和破裂时，有造成宝宝窒息的风险。也要避免玩弹射类玩具，声音特别大的玩具，以及带有线、长绳或小磁铁的玩具。要撕掉新玩具上的塑料包装和贴纸，并确保玩具上任何装饰品或小零件（例如眼睛、轮子或纽扣）牢牢固定在玩具上。另外，还要定期检查宝宝玩具中是否有松动的小零件，可能夹住宝宝手指、头发或衣服的尖锐边缘和机械零件。

安全储存有小零件的玩具　如果你还有年龄较大的孩子，那么家中很可能会有带有小零件的玩具，这些小零件很容易被宝宝误吞，甚至发生呛噎风险。你需要将有小零件的玩具收好，尽量放在宝宝够不着的地方。当年龄大的孩子想玩这些玩具时，要确保他（她）在指定区域玩，玩完后要把所有玩具收起来。

注意电子玩具　不要让小孩子玩那些需要插入电源插座的玩具。如果是需要电池的玩具，要确保电池盖牢牢固定。如果玩具包含纽扣电池，请确保宝宝接触不到它。

别用婴儿学步车　年幼的宝宝可能会从学步车中掉出来，或者在使用学步车的过程中摔下楼梯。美国儿科学会呼吁禁止制造和售卖带轮子的婴儿学步车。

安全储存纸尿裤　如果使用的是一次性纸尿裤，请将纸尿裤放在宝宝够不到的地方，并在他（她）的纸尿裤外套上衣服。否则如果宝宝撕下塑料衬里并误食，会造成窒息。

别用爽身粉　婴儿爽身粉，例如滑石粉或玉米淀粉，含有细小颗粒，如果吸入的话，可能造成宝宝的肺部损伤。

注意婴儿床的安全　宝宝出生后的第一年里，或至少到宝宝能够在婴儿床中自如移动之前，确保婴儿床中没有松散物品是很重要的。这有助于避免宝宝出现窒息的风险。注意要让宝宝在稍硬的床垫上睡觉，避免让他（她）躺在柔软的棉被或枕头上。也不要在宝宝睡觉时给他（她）盖上宽大的毛毯。更多关于婴儿床安全的信息见第117～118页。

注意玩具箱的盖子　如果你正想使用玩具箱，建议选一个没有盖子的或盖子较为轻巧的，或者是带推拉门的玩具箱。如果你有一个带合页盖板的玩具箱，要确保从任何角度打开它，盖子都能支撑住，不会夹到宝宝。另外，推荐选择有通风孔的玩具箱，以防宝宝被困在里面时发生危险。不要把玩具箱靠墙放，这样可能会堵住箱子的通风孔。还有，如果有边缘是圆角的箱子就更好了。

厨房安全

当你要去厨房一段时间，请考虑把宝宝放在婴儿餐椅上，并在托盘上放一些玩具。对于正在蹒跚学步的宝宝来说，要确保低矮的柜子里放的是安全的物品，例如塑料材质的碗和杯子。另外，你也可以把宝宝放在视线所及的隔壁房间的围栏里。

调低水温　将热水器的温度设置在120°F（48℃）以下。如果你在厨房水槽给宝宝洗澡的话，不要同时运行洗碗机，以防洗碗机中的热水倒流入水槽中。当宝宝在水槽中时，不要打开水龙头。

安全存放危险物品　将锋利的工具放在带有闩锁或锁住的柜子中。拔下家电设备的电源，并把它们放在宝宝够不到的地方，另外也不要把电线悬挂在宝宝可以拖拽得到的地方。要将危险物品放在宝宝看不见、够不着的地方，可能的情况下，最好把它们放在能够自动上锁的高柜子里。厨房里的危险物品包括洗洁精、清洁产品、维生素和酒精等。

避免烫水溢出　抱着宝宝时，不要做饭、喝水或端着热饮。在你端着滚烫的液体走路时，要清楚地知道宝宝在哪儿，以免绊倒他（她）。将热的食物和液体放在离桌子和柜台边缘远一点的地方。也不要使用桌布、餐垫或滚轮，宝宝可能会把它们拽下来。使用火炉时，要用靠内的炉灶，并将锅和碗盘的手柄转向内侧，更不要在炉子还开着火煮着饭时离开。

“保卫”烤箱 你要尽量阻止宝宝靠近烤箱，可以在烤箱周围的地板上贴一圈胶带，并告诉宝宝这是“禁止进入”区域。另外，永远不要忘记关上烤箱门。如果你家有燃气灶，那么需要关上每个旋钮开关，可能的话，最好在不做饭时取下旋钮开关。你也可以用盖子盖上旋钮，避免宝宝乱动发生危险。

观察四周 小心其他可能造成伤害的情况。

- 收起冰箱贴，冰箱贴可能导致小月龄宝宝因误食窒息。
- 尽量迅速收拾湿滑或不平坦的地面，并快速清理撒落物。
- 将灭火器放在随手可及的地方。

喂养安全

喂养宝宝通常是一个很混乱的经历，但你肯定不希望它变得危险。如果你给宝宝喂饭时让他（她）坐在高脚餐椅上，就要一直给他（她）扣紧餐椅上的安全带。在给宝宝喂饭之前，请务必检查食物的温度。千万不要在微波炉中加热宝宝的配方奶和牛奶。因为微波炉加热的食物或液体可能会加热不均匀。更多喂养宝宝的相关信息见第三章和第四章。

预防窒息 窒息是导致幼儿受伤或死亡的常见原因，主要因为他们细小的气管很容易被阻塞。要知道，宝宝们需要花上一些时间掌握咀嚼和吞咽食物的本领，而且他们也无法用力地将阻塞物咳出气管。

有时健康问题也会增加窒息的风险。例如，患有吞咽障碍、神经肌肉障碍、发育迟缓、创伤性脑损伤的宝宝，与其他宝宝相比更有窒息风险。

为了预防婴儿窒息，你要注意以下方面。

- *不要过早引入固体食物* 在宝宝具有吞咽固体食物的能力之前就添加固体食物，可能会导致宝宝窒息。你可以等到宝宝至少满4月龄，最好是满6月龄时，再加入泥糊状固体食物。
- *远离高风险食物* 不要给宝宝或幼儿提供小块且滑溜的食物，例如整颗葡萄或热狗；难以咀嚼的比较干的食物，例如爆米花和生胡萝卜；有黏性或韧性的食物，例如花生酱、棉花糖、大块的肉等。
- *监督进餐* 不要让宝宝在吃饭时玩耍、走动、奔跑或躺着。

要记得，随着宝宝开始有能力探索周围的环境，他们通常会将物体放到嘴巴里，这很容易导致窒息。更多应对窒息的信息见第226页。

浴室安全

避免宝宝在浴室受伤的最简单的方法，就是确保在没有大人陪伴的情况下，宝宝无法进入浴室。你可以考虑采取以下预防措施。

保证浴室门紧闭 浴室中有很多危险因素。避免宝宝发生意外的最佳方法，就是让宝宝远离这个空间。在浴室门外安装一个安全锁或门把手盖，使用马桶后将马桶盖扣好。将儿童安全锁装在马桶盖上也是个不错的主意。

降低预设水温 要确保热水器设置在120°F（48℃）以下。当宝宝在浴缸中时，千万不要使用水龙头。相反，要在宝宝入水之前，先在浴缸中放好水，可以用手腕或肘部测量水温是否合适。另外，建议你在浴缸水龙头和淋浴喷头上安装防垢设备。

监督洗澡 千万别将宝宝一个人留在浴缸中，也不能让另一个孩子代为照看宝宝，因为就算水只有几厘米深，宝宝也可能会发生溺水。另外，洗澡后要立即将浴缸中的水放掉。千万要记得，婴儿浴床或支撑网兜不能代替成人监督，这些设施无法保证宝宝绝对安全。

安全储存危险物品 即便电吹风没有插电使用，也要放在宝宝伸手够不到的地方。不要让电线悬挂在宝宝可能会伸手拽下来的地方。建议将危险物品放在会自动落锁的柜子里。而浴室中的危险物品可能包括洗甲水、漱口水、药物和浴室清洁剂。另外，要及时处置未使用的、不需要的或过期的药物。

处理湿滑的表面　在浴缸里铺上橡胶垫或防滑贴来防止宝宝滑倒。在浴室的地上放一个防滑的浴室垫，快速清理洒落在地板上的积水。

车库与地下室安全

意外和伤害也可能发生在孩子们不会长时间待着的地方。千万不要忘记家中需要防护的区域：车库和地下室。

安全存储有害物品　建议将有害物品等放入一个关门时能自动落锁的柜子。车库和地下室的有害物品可能包括清洁类产品、挡风玻璃清洗液、油漆和油漆稀释剂。使用工具后，要记得拔出插头并放起来。如果车库或地下室放了不使用的冰箱，请把门拆掉以免宝宝被困在冰箱里。

别让宝宝在车库附近玩耍　司机驾驶车辆时很难发现车外的小孩子。

同时，车库的自动门也可能会对孩子造成伤害。建议你把车库门的遥控器放在孩子够不着的地方。

小心存放梯子　使用完梯子或者其他宝宝可能会攀爬的物品后，一定要把它们收好。收梯子时要把它放倒。

前院和后院安全

为了宝宝在室外免受伤害，你要注意这些事项。

- *设定边界*　如果你家的后院没有围栏，要确保把宝宝放在安全的区域内，不要让宝宝独自在后院玩耍。
- *检查危险的植物*　如果你不能分辨院子里的植物是否安全，可以联系本地的毒物控制中心来寻求帮助。如果你确定院子中某些植物有毒，就一定要把它们清理掉。
- *谨慎使用杀虫剂和除草剂*　建议你在使用杀虫剂和除草剂48小时后，再让宝宝进入喷过药物的区域玩耍。
- *让孩子远离电动割草机*　割草机马力强大，可能会将院子里的杂物抛起伤害到宝宝。因此，割草时不要让宝宝靠近，也不要让宝宝骑在割草机上。

- *注意烧烤架和火堆* 不要让宝宝在烧烤架和火堆这些潜在危险物附近玩耍。如果你有烧烤架，把它盖起来，以免宝宝触摸到它。等木炭冷却后再丢弃。

一般安全小窍门

为了减少宝宝在室内外其他区域受伤的风险，你需要考虑以下建议。但仍要记得，在宝宝成长过程中，设置保护措施并不能代替父母适当的监督。

使用家具防撞贴 为防止宝宝跌落造成二次伤害，请将尖锐的家具和壁炉角贴上防撞贴。在宝宝练习走路时，要考虑将尖锐的物品从宝宝经常走过的路线上移开。

固定家具 家具可能会翻倒并压伤宝宝。在宝宝试图爬上家具、被家具绊倒或扶着家具站立时，尤其容易受伤。要确保将电视柜、架子、书柜、梳妆台、书桌、衣柜和组合家具都固定在地板上或墙面上。在独立炉灶或组合炉灶上安装防倾倒装置，落地灯可以移到其他家具的后面。

使用门把手盖、门锁和门挡 门把手盖和门锁能防止宝宝进入可能会有危险的房间。你可以选择一个坚固的门把手盖，防止宝宝打开门，但大人能在紧急情况下轻松使用。确保门上的锁都可以从门外打开，也要考虑暂时拆除旋转门或折叠门，或者不让宝宝靠近这些门。

确保接触不到危险物品 常见的家庭用品，包括别针、硬币、钢笔或记号笔帽、纽扣、小电池、婴儿爽身粉和奶瓶盖，都可能造成宝宝窒息。要记得把潜在的危险物品放在高处上锁的柜子中，以确保安全。同时，要记得把物品储存在原包装中，因为包装内可能有重要的安全信息。也不要让宝宝玩塑料袋或在垃圾箱附近玩耍。要考虑把垃圾桶放在上锁的橱柜中，或装上儿童锁，以防你把危险物品扔在里面，危害到宝宝的安全。

处理插座和电线 在通电的插座上插上电源安全塞——同时要确保它们不会引发窒息的风险——或者将电源插座盖上盖板。另外，请不要将电线（包括手机充电器和其他电子产品的电线）放在妨碍行走的地方，以免宝宝抓住或啃咬电线。

确保宝宝接触不到线绳 确保宝宝

接触不到电子设备、照明灯和百叶窗的线绳，特别是在婴儿床附近的线绳要收好。百叶窗和布艺窗帘中的安全绳和内置安全扣都可以防止孩子被勒住。另外，购买新窗帘的时候，要记得问清楚窗帘的安全措施。

小心有液体的容器　让宝宝远离鱼缸和冷却器。使用完水桶后请立即清空水桶和其他容器。不要将它们留在室外，它们可能会积水并给宝宝带来溺水的威胁。

避免特定的室内植物　一些植物，例如一品红、英国常春藤和和平百合，可能对儿童有害。请与当地的毒物控制中心联系，以获取相关信息和建议。

防止烫伤

孩子被烫伤是因为他们不知道某些物品可能会烫。要预防宝宝被烫伤，请遵循下列灼伤安全提示。

- *设立"禁"区*　堵上通往壁炉、火堆或烧烤架的路，这样宝宝就不会靠近它们了。
- *谨慎使用小型取暖器*　要确保宝宝不能靠近小型取暖器，同时也要将取暖器与被褥、窗帘、家具和其他易燃材料保持至少3英尺（约1米）的距离。不要在睡觉时开着取暖器，或者把取暖器放在正在睡觉的人旁边。
- *注意停车位置*　如果你把车停在阳光直射的地方，要记得用毛巾或毯子盖住安全座椅。并且，在宝宝坐上安全座椅之前，要检查一下座位和安全带扣是不是温度过高。
- *锁好火柴和打火机*　将火柴、打火机和易燃液体储存在上锁的柜子或抽屉里。
- *选择冷雾加湿器*　如果是热的蒸汽可能会烫伤宝宝。
- *拔掉熨斗插头*　储存熨斗、吹风机和烫发器时，要先拔掉插头，然后放到宝宝够不到的地方。
- *落实消防安全*　在家里每个楼层装上安全烟雾报警器，并定期保养。另外，弄清楚家中可能着火的地方，将灭火器就近放置。

防止坠落

有许多可以预防宝宝坠落的方法。你可以注意下面这些方面。

当心高处　千万不要将宝宝独自放在家具上。当宝宝坐在婴儿车或其他座椅上时，要始终给他（她）绑好安全

避免铅中毒

铅是存在于许多地方（包括老房子、饮用水和儿童用品）的一种金属，并且很难被检测出来。儿童接触铅的风险尤其高，因为他们经常把手和物品放到嘴巴里，而且处于生长过程中的身体很容易吸收铅。即使是看起来健康的宝宝，体内的铅含量也可能很高。如果你怀疑自己的房屋存在铅污染的风险，可以采取一些简单的措施来最大程度地减少宝宝接触铅的风险。

如果你认为宝宝接触了铅，可以咨询医生，通过血液检测来确认血液中的铅含量。

检查你的家　1978年之前建成的房屋含铅风险最高。（译者注：1978年，美国禁止在家用产品中使用铅基油漆。）不过，专业的清洁、良好的油漆稳定技术和经认证承包商进行的维修，都会减少房屋内有铅污染的可能。在购买房子之前，请先进行铅检测。

远离潜在的污染区域　不要让宝宝靠近旧窗户、旧门廊或油漆剥脱的地方。如果房子里有碎屑或油漆剥落，你需要立即将其清理干净，并用胶带或接触印相纸盖住剥落处，直到可以将这些油漆清除掉。

过滤水　离子交换过滤器、反渗透过滤器和蒸馏器都可以有效去除水中的铅。如果你不使用过滤器，但住在较旧的房屋中，请在做饭、饮用或冲泡配方奶粉前，先打开水龙头放1分钟凉水。

避免使用特定产品或玩具　儿童首饰、乙烯基或塑料制成的用品（例如围嘴、背包、汽车座椅和饭盒）中都可能存在铅。宝宝会通过舔舐和咀嚼将这些产品中的铅（吃进去并）吸收到体内，或者这些产品在燃烧、损坏或变质时，宝宝也可能（通过呼吸道）吸入铅。要避免从折扣店或私人经销商处购买旧玩具或没有品牌的玩具，除非你可以确定玩具中不含铅或其他有害物质。另外，不要给小孩子戴首饰。

带。别让小宝宝独自坐在高的门廊、露台或阳台上玩。随着宝宝逐渐长大，要为他（她）攀爬玩耍提供安全的场地。

小宝宝对楼梯特别感兴趣，要密切关注他（她）爬楼梯时的情况，并且教他（她）如何安全地上下台阶。

安装安全门 你可以用安全门来阻止宝宝进入你不想让他们待的楼梯或过道。要选择一个成人可以轻松开合而宝宝无法轻易移动的安全门。如果你要把安全门放在楼梯最上方，那就要把它固定在墙上。要避免使用开口大的折叠门，这种门可能会夹住宝宝的脖子、腿或其他身体部位。

锁住窗户，固定纱窗 年幼的宝宝可能会挤过一扇小到5英寸（约13厘米）的窗户。你需要将窗户的开口缩小到4英寸（约10厘米）或更小。尽管所有打开的窗户都应配备防护栏和纱窗，但以纱窗的坚固度无法将宝宝拦在室内。不要鼓励小宝宝在窗户和露台门附近玩耍。不要在窗户附近放宝宝可以攀爬的任何物体。如果想开窗通风透气，要先打开上方的窗户。

使用夜灯 考虑在宝宝的卧室、浴室和走廊中使用夜灯，以防止宝宝在夜间摔倒。夜灯对正在进行如厕训练和害怕黑暗的宝宝有很大帮助。

宠物安全

为防止宝宝被咬或受伤，请遵循一些有关动物的基本注意事项。

- *千万不要让宝宝独自一人与宠物在一起* 宝宝可能会因为打闹、戏弄、不当对待宠物或只是单纯的好奇，而在不经意间激怒动物，进而被咬。
- *教导适当行为* 不要让宝宝去戏弄宠物。不要让宝宝去拉扯宠物的尾巴或拿走它的玩具或食物。也不要让宝宝将脸靠近宠物。
- *给宠物接种疫苗* 确保你的宠物已经接种疫苗，包括接种狂犬疫苗。
- *小心不熟悉的动物* 没有经过宠物主人的允许和指导，请不要让宝宝接触不熟悉的动物。
- *教孩子如何跟动物打招呼* 例如，向宝宝展示如何让一只狗嗅探他（她），然后慢慢伸出他（她）的手去抚摸狗狗。
- *在宠物动物园要谨慎* 幼儿与牛、绵羊、山羊及其他家养和野生动物接触时，感染病菌的风险很高。如果你选择将宝宝带到能和小动物互动的宠物动物园或其他场所，他们在喂动物时弄脏了手的话，要注意离开和小动物互动的区域后马上就要洗手。

防止溺水

游泳池、浴缸、池塘和其他有积水的地方对年幼的宝宝来说非常危险。如果宝宝头向里先爬进去，但无法退出来的话，一桶水、座便器和鱼缸也可能造成极大的危害。最紧要的是，要对宝宝身边有水的地方进行密切监控。多层次的保护可以确保安全、防止溺水。

如果你有游泳池或浴缸，请考虑以下基本的安全提示。

立起围栏　在游泳池和浴缸周围装上至少4英尺（约1.2米）高的围栏。要确保板条状的围栏和围栏下方的开口间隙不超过4英寸（约10厘米），避免孩子从围栏下面挤过去。同时，要在孩子够不到的地方安装自动关闭和落锁的门，也要确保门开在远离游泳池或浴缸的地方。另外，要经常检查门的情况，确保它能正常开关。

安装报警器　如果你的房子里有泳池和浴缸的话，请在通往泳池或浴缸区域的所有门上都安装报警器。你还可以考虑加装一个水下报警器，当有东西落到水里时，就会发出报警声。同时，你需要确定能够在屋内听到报警声。

阻断接近游泳池和热水浴缸的途径　如果游泳池在房子里面的话，在不使用游泳池时，你需要用电源安全罩来避免宝宝接近。另外，不使用浴缸时，你也要一直用盖子盖住浴缸。那种每次使用后都必须要上锁的滑动玻璃门，作为游泳池或浴缸的防护屏障来说并不是很有效。在不使用游泳池时，你需要移开泳池的台阶或梯子，或者将它们锁在围栏后面。另外，每次使用充气游泳池后，都要把气放掉。

使用救生圈　在乘船时，宝宝应该始终佩戴救生圈。不要使用充气玩具帮助宝宝漂浮，因为它们可能会突然就放气了，而且宝宝很容易从充气玩具中滑落出来。即使宝宝佩戴救生圈，你也要始终留意他（她）的动向。

当心排水口　不要让宝宝在距离游泳池或浴缸排水口很近的地方玩耍，甚至坐在那里。因为排水口强烈的吸力可能会夹住宝宝的身体或头发。要使用排水管盖，或考虑安装多个排水管以降低排水口的吸力。

始终警惕　千万不要让宝宝在无人监护的情况下，在游泳池、池塘或其他水域附近玩。应当有一个成年人，最好是懂得心肺复苏术的成年人始终监护着宝宝。当宝宝在水中或靠近水域玩耍时，监护人不要分心去做别的事情。

让应急设备随手可及 要将游泳池安全设备放在游泳池旁边。同时，以防紧急事件发生，要确保能够在游泳池旁边始终有电话可以用。

谨慎，但别恐慌

看起来你的房子和院子里的一切都对宝宝造成潜在的威胁。但也不必惊慌。只要一个下午或一个晚上的时间，你就可以在房子中为宝宝设置许多安全防护措施了。随着宝宝长大，你需要持续留意可能出现的新危险。建议你每隔几个月，就要从头到尾检查一遍你的房子，竭尽全力地确保宝宝安全。在去新地方、朋友家或亲戚家时都要保持警惕。如果宝宝要花很多时间待在祖父母家中，你需要考虑要求他们也做一些儿童防护措施。但要记住，最重要的保障措施是大人的监护。

第十八章
急救护理

父母都希望自己的宝宝健康，但还是会发生意外或伤害。即使是经验丰富的父母，有时也会难以分辨普通疾病和严重的问题。

你可以在定期体检时咨询医生，了解如果宝宝需要急救护理，应该做什么和去哪里就诊，以此做好应对紧急情况的准备。学习包括心肺复苏在内的基本急救方法，并把急救电话存在手机里，也是很重要的。

何时寻求急救护理

以下情况需要紧急处理。

- 流血不止。
- 中毒。
- 抽搐。
- 呼吸困难。
- 头部受伤。
- 无反应。
- 突然没力气或无法自主行动。
- 大的伤口和大面积烧伤。
- 脖子强直。
- 尿血、便血、持续性腹泻。
- 皮肤或嘴唇呈蓝色、紫色或灰色。

在紧急情况下，请立即拨打911（注：这是美国紧急求助电话，中国可拨打120）或当地急救中心电话号码。如果无法通过电话寻求到紧急救助，那就把宝宝带到离家最近的急救机构。

流血

你可以通过失血的速度，来判断流血的严重程度，严重的出血大多是因为伤到了动脉。而较为缓慢的出血——缓慢且稳定地流出深红色血液——一般是因为伤到了静脉或毛细血管。割伤、刺伤或擦伤均可能引起流血。

出血有多严重呢 失血的速度是判断严重程度的指标。一定要记住，宝宝的血容量相对较少，因此，无法承受失去和大一些的孩子或成人同样的血液量。如果不及时加以处理，动脉大量严重出血，可能会导致宝宝在几分钟内死亡。

你能做什么 如果出血较为严重且不能自行止住，或者割伤、刺伤的伤口面积过大、过深且不平整，请用干净的纱布或无菌纱布垫直接紧压在伤口上。紧紧压住伤口直到流血停止。在大多数情况下，可以通过这种给伤口直接施加压力的方式为宝宝止血。操作时应遵循以下步骤。

1. 保持冷静。虽然很难，但是非常重要。
2. 用无菌纱布垫、干净的纱布或手直接紧压伤口，直到流血停止。请不要尝试先清理伤口或清理嵌入的异物。
3. 止血以后，紧紧包裹伤口，并用胶布牢牢固定。如果继续流血并渗出来了，请在第一层包扎物上添加更多的吸水性材料。
4. 可能的话，将出血处抬高。
5. 如果继续出血，请拨打当地的急救电话。如果这也无法办到，立即将孩子送到离家最近的急诊。同时，保持对伤口的压力，并在伤口附近加压。

窒息

大多数时候，当有东西卡住宝宝的喉咙时，他（她）会本能地咳嗽、快速喘气或作呕，直到将阻塞物清理出气管。一般来说，宝宝会自己呼吸而不需要你干预。但如果宝宝不能发声、停止呼吸且面色开始发青，你需要立即采取行动。

宝宝通常会被“走错地方”的玩具小部件或食物噎住，请将可能导致宝宝窒息的东西，例如坚果、整颗葡萄粒、热狗和任何可能影响宝宝呼吸的玩具小部件都放在他（她）够不着的地方。

有多严重 当宝宝的呼吸道被阻塞，而他（她）无法自己将异物清除时，是非常危险的。你必须立刻采取措施。宝宝缺氧的时间越长，永久性脑损伤和死亡的风险也越大。如果你无法清除呼吸道的异物，请其他人拨打急救电话求助。

你可以做什么 如果宝宝在咳嗽，就让他（她）咳，直到气管畅通。如果宝宝咳不出声、停止呼吸、面色发青，那么则要立刻行动。如果你能看见卡在喉咙里的东西，小心地将手指伸进宝宝的嘴巴，取出异物。如果什么也看不见，不要把手指伸到宝宝的嘴里去，以免把异物推进喉咙更深的位置。

婴儿的急救方式 为了使噎住的婴儿气道通畅，你可以采取以下步骤。

1. 采取坐姿。将你的前臂置于腿上，让宝宝脸朝下趴在你的前臂上。用手托住宝宝的头部和颈部，使其头部低于身体其他部位。

2. 轻轻地但坚定地拍打宝宝，用手掌根部在宝宝后背正中拍打5次。引力和拍打的联合作用应该能够使异物排出。保持你的手指朝上，以免打到宝宝的后脑勺。

3. 如果之前的步骤不起作用，把宝宝脸朝上放在你的前臂上，同时将宝宝头部向下倾斜。将两根手指置于宝宝的胸骨处，并快速地做5次胸部按压。按压深度为1.5英寸（约3.8厘米），确保两次按压中间胸部充分回弹。

4. 如果宝宝无法恢复呼吸，重复拍打背部和按压胸部，并拨打急救电话。

5. 如果借助上述方式，打开了气道，但是宝宝仍然无法恢复呼吸，则要开始进行心肺复苏（参见第228页），

以一定力道拍打宝宝背部，可以帮助被噎住的婴儿清除气道里的异物。

并拨打当地急救电话。

1岁以上的幼儿发生呛噎时，应采取以下步骤。

1. 站或跪在宝宝身后，将一只手臂放在他（她）的胸前作为支撑，让宝宝腰部弯曲，使上半身与地面平行。用你的手掌根部在宝宝背部肩胛骨之间的位置击打5次。

2. 进行5次腹部冲击（海姆立克手法）。用一只手握拳，置于宝宝肚脐上方。另一只手握紧拳头，用快速向上的推力用力冲击宝宝的腹部，力道要大，好像要把宝宝抬起来。

3. 进行上述操作，直到堵塞物被清除。

如果宝宝失去了知觉，可以让他（她）平躺并进行心肺复苏，同时拨打急救电话。如果只有你一个人在场，尝试心肺复苏两分钟，然后拨打急救电话。如果有人和你在一起，那么在你继续进行心肺复苏的同时，让那个人打电话寻求帮助。持续进行心肺复苏，直到宝宝开始咳嗽、哭泣或说话。如果宝宝能够在一两分钟内恢复呼吸，那么他（她）遭受长期损伤的概率就比较小。

如果宝宝恢复呼吸后，仍在咳嗽或处于窒息状态，可能意味着仍然有东西阻碍了他（她）的呼吸，应立即拨打当地急救电话。

心肺复苏（CPR）

如果施救者受过心肺复苏训练，他（她）所实施的心肺复苏（CPR）是最有效的。因此，对于家长和任何照顾宝宝的人来说，都应该去有认证资质的机构，参加心肺复苏培训课程。你（在美国）可以联系当地的美国红十字会或美国心脏协会分支机构登记，参加学习。

如果宝宝出现以下情况，你需要对他（她）实施心肺复苏术。

- 没有脉搏或心跳。
- 嘴唇、皮肤泛青。
- 呼吸困难或完全停止呼吸。
- 无反应。

越早开始实施心肺复苏，挽救宝宝生命或避免永久性损伤的机会就越大。

你能做什么　给宝宝实施心肺复苏的流程，和针对大人的方法是类似的。大声呼喊宝宝名字的同时，轻抚或轻拍宝宝肩膀，不要摇晃。

在宝宝晕倒并且没有脉搏时，如果你是唯一的施救者，必须立刻实施心肺复苏术，先进行2分钟的心肺复苏（5个循环），然后拨打当地急救电话。如果宝宝晕倒但有脉搏，先立即拨打急救电话，然后尽快开始心肺复苏。如果

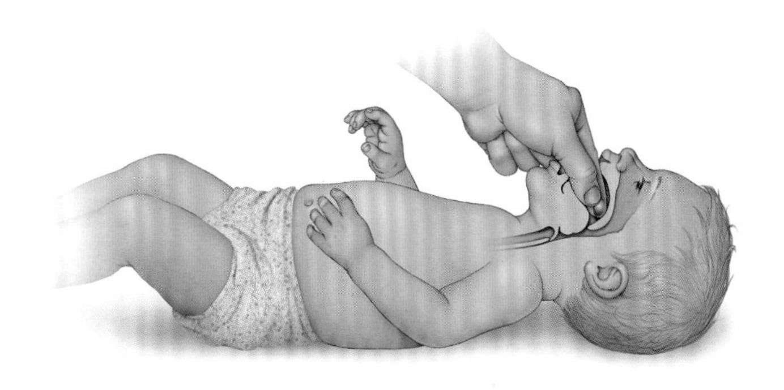

在给宝宝实施心肺复苏术之前，先将他（她）的头向后倾斜，以打开气道。如果你看到宝宝嘴里有东西，试着把它取出，注意不要再将其推到气道更深处。

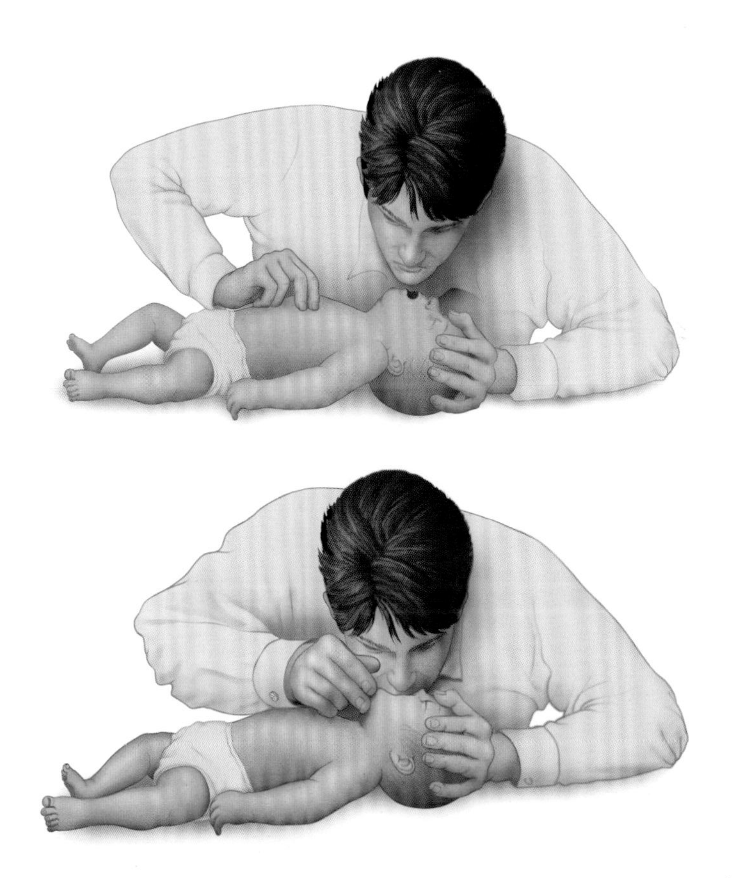

在为宝宝实施心肺复苏的过程中，交替按压宝宝胸部，并进行人工呼吸。为宝宝进行人工呼吸时，注意用嘴巴覆盖住宝宝的口鼻。

周围有其他人，在你实施心肺复苏术的时候，让另一个人立即打电话寻求帮助。

循环：恢复血液循环

1. 将宝宝后背朝下，放在稳固、平整的表面上，例如放在桌子上。当然，地板或地面上也可以。

2. 想象有一条水平线位于宝宝乳头之间，用一只手的两指置于线下。如果宝宝超过1岁，你的掌根就在这条线的下方，也就是胸部正中的位置。

3. 轻压胸部，往下大约1.5英寸（约4厘米），或者胸腔的1/3深度。

4. 以30个为一组，并大声数出读数，请以每分钟100～120次的频率进行按压。

气道：清理气道

在按压胸部30下后，用一只手抬起宝宝的下巴（举颌法），另一只手压低宝宝的前额，轻轻将宝宝的头向后倾斜（仰头法）。

呼吸：为宝宝进行人工呼吸

1. 用嘴覆盖住宝宝的口鼻。

2. 准备给宝宝渡两次气。用脸颊的力量把气（不是从你的肺部呼出的气）慢慢吐到宝宝嘴里一次，然后花1秒钟来吸气。深呼吸后将气渡给宝宝，使其胸部轻轻升高。如果胸部有升高，那么进行第二次人工呼吸。如果宝宝的胸部并未升高，重复仰头举颌法，然后再进行第二次人工呼吸。

3. 如果宝宝的胸部仍然没有上升，那么重新进行胸部按压30次，之后检查口腔，确保里面没有异物。如果异物可见，用手指取出，再进行两次人工呼吸。如果发现气道被阻塞，那么按照对窒息的婴幼儿进行急救的方式操作（见第227页）。

4. 每进行30次胸部按压后，给宝宝做两次人工呼吸。

5. 如果没有其他人能在你照料宝宝的同时打电话求助，先给宝宝做2分钟心肺复苏，然后再寻求帮助。

6. 在宝宝恢复生命体征或医护人员到达之前，持续给宝宝做心肺复苏。

7. 如果你不能或不愿意进行心肺复苏术中的人工呼吸部分，那么就继续胸外按压，直到宝宝恢复生命体征或有医务人员接管为止。

8. 如果有人能帮你进行心肺复苏术，可以由一个人做胸外按压，另一个人进行人工呼吸。做15次按压，然后做两次呼吸。在互换角色之前重复这个循环10次。

烧灼伤

烧伤的严重程度是不同的，从小问题到危及生命的紧急情况都有可能发生。烧伤大多发生在宝宝的手、脸部位。火、阳光（晒伤详见465页）、过热的物品、热液体、电或化学品都会造成烧灼伤。

婴儿烧伤的常见来源是热液体（如咖啡或茶）、在微波炉中加热过的瓶子、炉灶、壁炉和香烟。有些烧伤是由于热水器温度过高（超过120°F，约49℃）造成的。你也需要小心宝宝的衣服被火星、灰烬点燃。

有多严重　烧伤从轻到重不等，根据其严重程度划分为不同的等级。

一度烧伤　造成皮肤泛红或轻微肿胀，这是最轻的情形，只影响表皮层。

二度烧伤　通常会造成水泡、皮肤严重发红，以及中度到重度皮肤肿胀和疼痛。表皮层会被完全伤害，且第二层肌肤也会受损。

三度烧伤　这是最为严重的一种。三度烧伤看起来发白或烧焦了，伤及皮肤各层。由于实质性的神经损害，这种烧伤造成的痛感反而可能不明显。

你能做什么　轻微烧伤通常可以在家里处理，严重烧伤则需要急救处理。

轻微烧伤　对于轻微烧伤，你可采取以下步骤进行处理。

- 移除所有束缚患处的物品。由于烧伤部位会膨胀，请摘下所有首饰、皮带和类似物品。在操作过程中，要保证迅速且小心。
- 将烧伤部位置于流动的冷（不是冰水）自来水中10～15分钟，或直到疼痛感减轻。如果没有条件，可将烧伤处浸在冷水中或使用冷敷。这个操作可以减轻烧伤部位的皮肤肿胀。请勿将冰块直接放在烧伤处。
- 在给烧伤部位降温，使其痛感减轻并保持创面清洁之后，用抗生素软膏涂抹伤处，这样做可以防止绷带或衣物粘在伤口上。
- 用无菌纱布包扎烧伤处。保持烧伤部位清洁并被盖住，通过阻止空气接触伤口，让伤口舒适一些，也能减少感染的风险。不要使用蓬松的棉花或其他可能进入伤口的材料，用无菌纱布松松地包裹伤口，避免在烧伤的皮肤上施加压力。
- 为了减轻疼痛，你可以给宝宝服用适当剂量的对乙酰氨基酚或布洛芬。参考瓶子上的剂量说明（见第612～615页）。如果有任何顾虑，请咨询医生。

轻微烧伤通常不需要进一步治疗就能痊愈，但要注意感染的迹象，比如疼痛加剧、发红、发热、肿胀或渗液。如果感染恶化，要立即寻求医生的帮助。

重度烧伤 如果是涉及大面积皮肤的二度或三度烧伤，请拨打当地急救电话。在急救人员到达之前，请采取以下步骤。

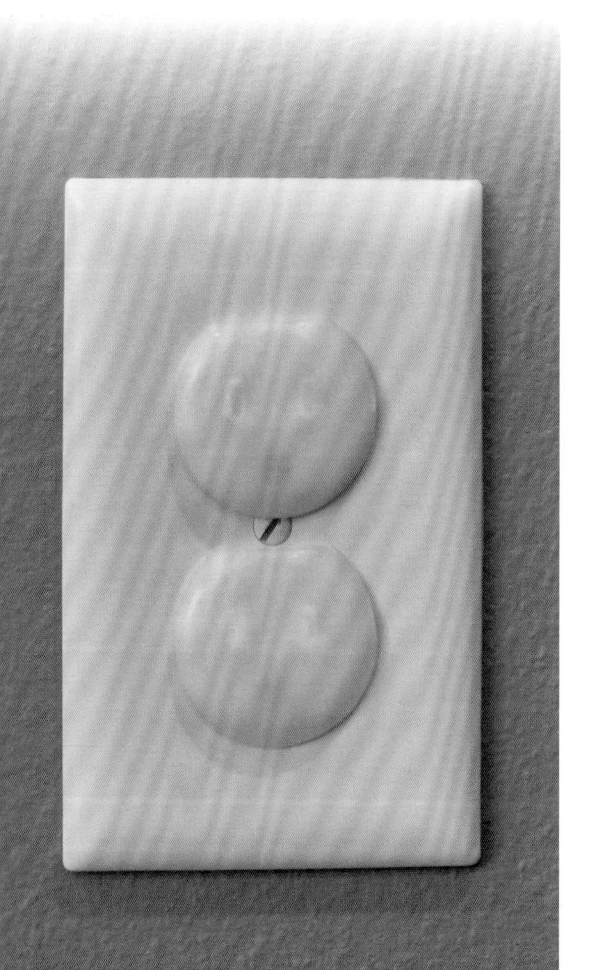

- 不要将大面积严重烧伤的伤口置于冷水中。这样可能会导致体温下降（体温过低）、血压下降、血液循环迟缓（休克）。
- 观察循环迹象（呼吸、咳嗽、动作）。如果没有呼吸或血液循环迹象，开始心肺复苏。
- 盖住烧伤部位。可选择使用凉爽、湿润、无菌绷带，用干净的湿布或湿毛巾包裹住伤口。
- 如果有可能，将烧伤部位抬高到心脏所在平面以上位置。
- 取下首饰、皮带或其他会束缚烧伤部位的物品。烧伤区域会迅速膨胀，这些物品会束缚患处。

电休克

婴幼儿受到电击的最常见方式，是咬电线、将金属物体或手指插入无保护的电源插座。节日装饰品可能是这类伤害的源头之一，它们使得宝宝能接触到电线和灯泡。

电击伤通常只会对身体接触点造成轻微或局部伤害，类似于烧伤。例如，较轻的电击可能会灼伤宝宝的嘴或皮肤。然而，更强烈的电击可能会导致宝宝停止呼吸，心跳停止。身体内部器官的损伤可能不明显，但也可能存在。

有多严重　根据电压和与电流接触的长度，电击可能会造成轻微不舒服、严重伤害，甚至死亡。

你能做什么　如果发现宝宝触电，首先要断开电源。如果无法切断电源，那么要试着将宝宝从有电的地方移走。不要试图徒手移开通电的电线，要使用不会导电的物品，如塑料或木头来进行这一操作。

当宝宝离开电源后，立刻检查他（她）的心跳和呼吸。如果出现停止或不规律的现象，或如果宝宝无意识了，立即开始心肺复苏并寻求（或让人寻求）急救。如果宝宝意识清醒，请检查是否有烧伤的迹象，并联系医生。

你可以给家中所有电源插座安装上安全插头，来预防宝宝意外触电。此外，避免将长的电线放在宝宝可触碰到的地方。

动物或人咬伤

如果宝宝被咬了，要尽快确认是被什么咬伤。家养宠物是动物咬伤的主要原因。尽管宠物狗比猫更容易咬人，但是被猫咬伤更容易感染。被野外的动物咬伤是比较危险的，因为宝宝有可能感染狂犬病毒。宝宝被人咬伤时，大多数情况下只会导致瘀青，并不危险。然而如果被咬破皮肤，也可能会导致感染。

有多严重　动物咬伤可能会导致严重的伤口，特别是脸部和严重的情感创伤。不管是动物咬伤还是人咬伤，只要皮肤被咬破了，都应被视为严重伤害。幸运的是，狂犬病如今已经不常见了。当然，任何由狗、猫、臭鼬、浣熊、狐狸或蝙蝠造成的咬伤，都需要对其进行狂犬病风险的评估。而兔子、沙鼠和仓鼠的咬伤通常是无害的，只需进行局部伤口处理即可。

你能做什么　如果宝宝被咬，可以遵循以下步骤进行处理。

小伤口　如果咬伤几乎没有弄破皮肤，那么不存在染上狂犬病的风险，用处理小伤口的方法应对即可。用肥皂和清水彻底清洗伤口，涂上抗生素乳膏或软膏来预防感染，并用干净的绷带包好伤口。如果被咬破了皮肤，则需要联系医生，确认宝宝是否需要接受医疗评估，并用抗生素治疗。

较深的伤口　如果被咬伤的皮肤伤口较深，或皮肤严重撕裂、流血，则要用干净且干燥的布按压伤口止血。然后立即将宝宝送医。如果你怀疑咬伤宝宝的动物可能携带狂犬病毒，也要立即带宝宝就医。

如果发现伤口出现任何感染的迹象，例如被咬伤数日后出现伤口流脓、红肿加重或伤口有红色絮状物出来，也请寻求医生的帮助。

溺水

即使很浅的水也会造成宝宝溺水。不要让宝宝独自待在浴盆里，即便只是一小会儿。在给宝宝洗澡的时候，有电话铃、门铃响起，或者有其他事情需要处理，要么忽略这些干扰，要么将宝宝裹在毛巾里带在身边。日常记得扣好马桶盖，关好浴室门，用自动弹簧门围住游泳池，并且在宝宝靠近湖边、泳池或河边时一直看护着。曾有婴幼儿掉到打扫卫生用的水桶里，这样也会导致宝宝溺水。

你能做什么 如果宝宝落水时间较长，且没有了呼吸或呼吸困难、皮肤泛青、失去意识或意识减弱，要立刻寻求紧急救助，或让其他人帮你寻求救助。如果宝宝没有了脉搏或呼吸，请立即开始心肺复苏（详见第228页），并持续到急救人员到达。

坠落受伤

坠落受伤往往比人们想象得更容易发生，尤其当他们可以翻滚、攀爬、行走或有能力弄倒婴儿坐椅时，往往坠落就发生了。

有多严重 如果宝宝在头部受到撞击后，能立即哭出声并保持清醒，那么这次坠地很可能没有造成严重伤害。坠落可能会导致严重的后果，但是宝宝柔软的骨头并不会像大孩子那样容易骨折。坠落的力量、高度和可能接触到的表面，都是影响坠地伤害程度的重要因素。

你能做什么 用冰敷来消肿，但注意不要冻伤宝宝的皮肤。遇到头部受伤的情况，要在24小时内进行密切观察，留意宝宝任何行为变化。如果受伤部位出现了异常，或宝宝不能移动该部位，要立即送医。出现以下情况，也要立刻向医生寻求帮助。

- 宝宝在坠地前会爬或走，但受伤之后不能了。
- 持续的暴躁，可能意味着宝宝头疼得厉害。
- 耳朵或鼻子流血，或流出水状液体。
- 持续呕吐。

如果宝宝有以下表现，请拨打当地

急救电话。

- 呼吸不规律。
- 昏睡或过于嗜睡。
- 抽搐。
- 失去意识。

如果宝宝停止了呼吸或没有心跳，则要立即进行心肺复苏（详见228页）并拨打当地急救电话。

食入有毒物

几乎所有的非食品物质，如果食入过多都会有可能中毒。但宝宝又习惯通过把东西放入嘴里来探索世界。不同物质的毒性差异很大，如果能给予及时的治疗，那么对大多数宝宝来说，被吞食的物品不会造成永久性的伤害。

最好将中毒救助热线号码放在伸手可得的地方，一定要告诉宝宝的照顾者，电话号码放在哪里，记得也要把号码保存在你的手机里。

房间中的常见物品对宝宝来说可能也是危险物，例如植物、药物（包括对乙酰氨基酚、阿司匹林等）、酒精、含有酒精的漱口水、自动洗碗机的清洁剂、杀虫剂、解冻剂和含碱的清洁物等。

如果你在宝宝身边发现了打开的或空的有毒物品的容器，要考虑宝宝是否存在中毒的可能。要注意观察宝宝是否有行为变化，烧灼伤或嘴唇，口周或双手潮红，无法解释的呕吐现象，呼出有化学物品气味的气体，呼吸困难，惊厥等。

有多严重 有毒物质造成的后果，与毒物的种类、摄入多少有关。不过，请记住，一些产品或药物对婴幼儿的伤害要比对成人的伤害大得多。如果你对某种物质是否有毒有任何疑问，请拨打

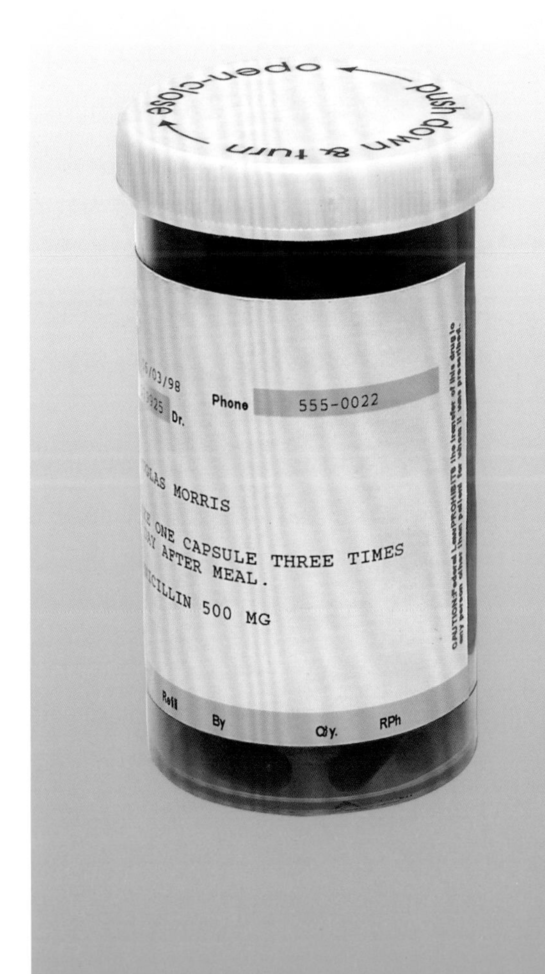

中毒救助热线寻求建议。

你能做什么 如果你认为宝宝可能吞下了有毒物质，请迅速移开有毒的物品，并立即拨打中毒救助热线。打电话时，要尽可能多地叙述细节。接线员可能会要求你阅读容器上的标签，描述宝宝吃下了什么物质和吃下去的量，以及宝宝何时和如何接触到的有毒物质，还可能要求你描述发生在孩子身上的任何身体变化。

如果宝宝明显表现得很痛苦（意识不清、出现幻觉、抽搐、呼吸困难），请立即拨打当地急救电话。如果有可能，打电话时要把容器放在手边，这样你就可以告诉急救人员是什么物质引起了问题。如果需要去急诊，请随身携带引发问题的物品或容器，也可以为其拍照，包括标签的特写镜头。

不要给宝宝服用任何东西，除非中毒热线建议你这么做，因为在某些情况下这会造成更大的损害。

如果宝宝呕吐，请将他（她）的头转向一侧，如果宝宝能够直立，也可以将他（她）的头向前转，以防窒息。

预防 对孩子来说，房间里的任何药物和很多东西都是有害的。如果你并不需要这些东西或药品，就把它们清理掉，以免宝宝误食。当去祖父母家或看到“没有宝宝防护”的家庭拜访时，要格外注意。确保所有物品都放在合适的、宝宝打不开的容器里，并贴上明确的标签。每次给宝宝服药时，尤其是半夜时分，要确保核对过药瓶上的标签，以确认给的药品和药量都是合适的。

吸入有毒物

吸入有毒物质会导致多种反应，包括恶心呕吐、意识丧失或减弱、头疼、呼吸困难、咳嗽或嗜睡。根据吸入物质的种类和吸入量的多少，宝宝的反应会有所不同。

很多物质在被人体吸入时会产生毒性，包括一氧化碳、火灾产生的烟雾、压缩气体、汽油、煤油、松节油、家具抛光、木炭、打火机油、胶水、脱漆剂和灯油。

宝宝吸入有毒物质会有危险。当你怀疑宝宝吸入危险物质时，要快速采取措施。

你能做什么 在宝宝旁边使用喷雾产品是不明智的，因为即使吸入少量有毒物，宝宝也有可能出现（比成人）更加严重的反应。不要在封闭的车库启动车辆。不管是烧煤、木头或煤油，都要定期保养炉子。如果你闻到浓烈的煤气味儿，关闭煤气灶或煤气烤箱，赶紧离开屋子并联系煤气公司。避免自己吸入有毒气体，同时将宝宝带到通风地带。检查宝宝的呼吸和脉搏，如果有需要，立刻进行心肺复苏。

如果宝宝明显处于低迷状态——呼吸困难、意识减弱、嗜睡、没有心跳或在抽搐，要立即拨打当地急救电话。

皮肤接触有毒物

如果你怀疑宝宝的皮肤接触到了有毒物，请在他（她）身上寻找有毒物的证据。洒出的家庭清洁剂会导致宝宝皮肤发红发痒。许多家庭清洁剂里的化学成分，特别是烤箱和下水道清洁剂，具有腐蚀性，很容易伤害宝宝的皮肤。

你能做什么　将所有的清洁剂放在宝宝接触不到的、做过儿童防护的橱柜里。如果宝宝接触了有毒物，请拨打中毒救助热线来确定如何救治。

如果宝宝出现比较明显的低迷反应——无意识、嗜睡、出现幻觉、抽搐或呼吸困难，立即拨打当地急救电话。

有毒物入眼

当液体溅出的时候，有毒物质会进入宝宝的眼睛。这些物质会损害宝宝的眼睛，但是他（她）却无法亲口告诉你出了问题。因此，务必要提高警惕，避免发生这种情况。家长能否快速做出反应，决定了这个意外只是一个暂时的问题，还是会导致长期的残疾。

你能做什么　用大玻璃杯或水罐装满自来水，冲洗宝宝的眼睛10~20分钟。冲洗时，试着让宝宝频繁眨眼。别让宝宝用手揉眼睛。你可能需要用床单把他（她）裹住，以保证能控制住宝宝的手，防止抓眼睛。如果可能的话，找个人帮你。

如果你不确定溅入宝宝眼睛的液体是否有毒，或者你不确定是否该寻求紧急救治，就拨打中毒求助热线。

第三部分
生长和发育

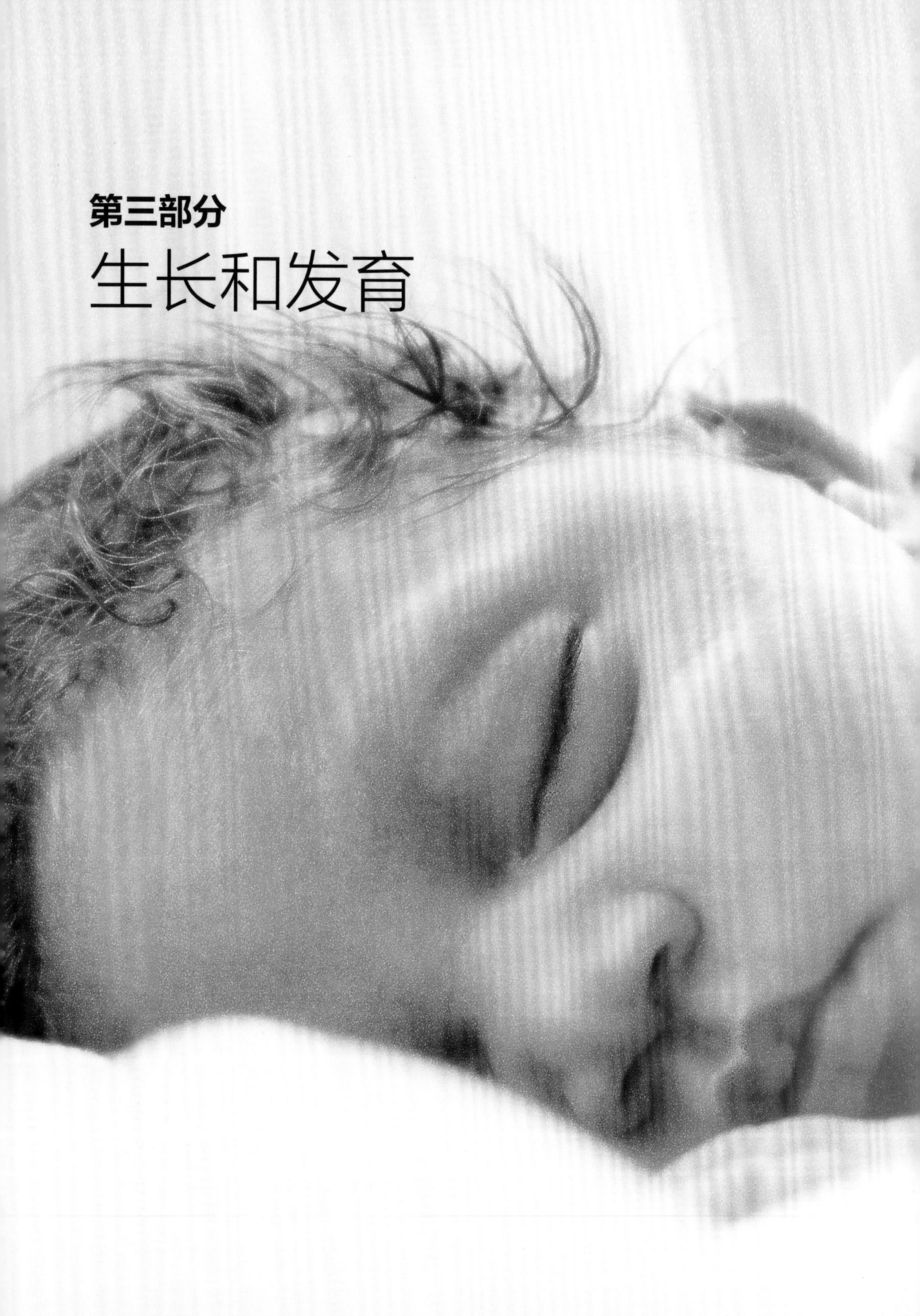

第十九章
第一个月

宝宝出生后的第一个月里，你会觉得生活里像是刮过了一阵旋风——从医院回到家、安顿好宝宝、习惯育儿的节奏、完成产后休养等，有那么多事情要做！

同时，你会觉得和新生儿在一起的时间过得很慢。毕竟，新生儿的大部分时间都是在睡觉或吃奶，偶尔会哭闹和需要换尿布。而每天最让人期待的时刻，可能就是宝宝睁开眼睛的那几分钟，因为你可以借机和宝宝进行短暂的互动。你可能会好奇：宝宝是不是应该多动一动？他（她）究竟吃饱了没有？

但这就是第一个月的意义所在——放慢节奏，让自己休息、恢复，花些时间去了解宝宝。到第一个月结束时，你会惊讶于小家伙发生的那些变化，你作为父母的自信心也会增强。

宝宝的生长发育和外貌

宝宝出生后的几天里，会损失掉出生时所携带的多余体液。也就是说，当你带宝宝回家时，他（她）的体重会比出生时略轻，但不用担心。大多数宝宝很快就会恢复体重。在宝宝出生后10天到两周左右，就会恢复到出生时的体重。而宝宝的成长当然不会就此停止，大多数宝宝在出生后的最初几周内迅速成长。到了第一个月末，他（她）的体重可能会涨到10磅（约4.5千克）左右，身长也会增加1.5～2英寸（3.8～5.1厘米）。

很多人觉得新生儿的样子看上去一定是可爱、圆润的，拥有光滑的肌肤，但事实并非总是如此。如果宝宝看上去没有宣传照里的宝宝那么可爱不要觉得气馁，因为那些小家伙可能已经两三个

你知道吗?

宝宝通常在最初的一两个月内有几个生长高峰，一般在7～10天和3～6周大的时候。在高峰期阶段，宝宝可能会想吃更多的东西，所以如果他（她）频繁要奶吃，不要惊讶。喂奶的频率很快就会恢复到正常。

月大了。宝宝通过产道并非一件容易的事情，头部难免会因为受到挤压而变形，他（她）的皮肤也需要一段时间来适应外界的环境，不过大多数这类外观问题很快就会得到改善。

为了帮助你判断哪些属于正常情况，下面简单介绍一些新生儿可能出现的典型外观问题。

头部 宝宝头向下通过产道时，需要承受很大的压力，而这个过程确实会使宝宝头部的骨头移动和重叠，这可能会让新生儿的头部在出生时看起来像是被拉长了，甚至呈锥形。别担心，宝宝的头在几天后就会变圆。而如果是臀位分娩或足式臀位分娩或剖宫产的宝宝，在出生时头可能会比较圆。如果宝宝在出生过程中，面部承受了压力，还可能会导致眼皮出现浮肿或肿胀的问题。

宝宝的头围大小非常重要，因为头部的生长速度反映了大脑的生长速度。大脑和头骨在宝宝出生后的前几个月内都会以惊人的速度增长。出生时，新生儿的头围平均是13.75英寸（约34.9厘米），到第一个月末会长到15英寸（约38.1厘米）。出生时，宝宝的大脑约占体重的20%，成年后这个百分比会下降到约2%。

你会发现，在宝宝的头顶位置有两处地方摸上去比较软，这里的头骨还没有完全闭合（详见正文第9页）。这两处柔软的点被称为“囟门”，它使得宝宝相对大的头部可以通过狭窄的产道。囟门还能容纳宝宝快速生长的大脑。当宝宝哭闹或用力时，你可能会发现囟门处有轻微的隆起。

皮肤 新生儿的皮肤会给新手父母带来很大困扰，与预想的不同，宝宝的皮肤可能会有很多斑点、脱皮和皱纹。但大多数情况下，这些都是正常的。比如，离开子宫内温暖潮湿的环境，暴露到子宫外相对干燥的空气中，可能会导致宝宝在出生后最初的几周里，出现干燥脱皮的现象。

新生儿皮肤的颜色看起来也可能会

有点斑驳，有些地方的皮肤看起来会比其他地方更白或更黑，尤其是手脚位置，而且宝宝的手和脚也可能会比身体其他部位摸起来更凉，甚至会有点发青色或紫色。但如果你调整一下宝宝的体位，或者稍微活动一下他（她）的手脚，手脚通常就会恢复正常的肤色。

在某些情况下，宝宝的皮肤状况可能会让你联想到青少年，因为他（她）的身上可能会出现一些小的白色丘疹，这些疹子名叫粟丘疹，并不会对宝宝造成伤害。之后，宝宝甚至还可能会出现新生儿痤疮，特点是脸上长出小红疙瘩。新生儿出生后的头几天也可能会出现新生儿荨麻疹，这也是一种正常的、无害的皮疹。有关婴儿常见的皮肤病的更多信息，请参阅第100页。

许多新生儿都会有胎记（见第10页）。你可能会注意到，新生儿的颈后发际线上方、眼睑处或两眼之间的发际线上有红色或粉红色的斑块。这些斑块——昵称为鲑鱼斑或鹳吻痕——是由皮肤附近的血管聚集造成的。有时，婴儿出生时在臀部或腰部位置会出现一片面积较大的、蓝灰色的胎记，摸上去是扁平的，皮肤没有凸起。这种类型的胎记被称为真皮黑变病（蒙古斑）。

脐带　新生儿的脐带在出生时通常是黄绿色的。当宝宝出生后2～3周，脐带变干并最终脱落时，它的颜色会由黄绿色变成褐色再到黑色。在脐带残端脱落之前，要注意保持脐部的清洁和干燥，每次换纸尿裤时，确保它露在尿布外面。洗澡时尽量不要让脐带残端碰到水，可以用海绵将水淋到宝宝身上，避开脐带位置。当脐带脱落时，脐窝里可能会有轻微渗血的情况，类似于正在愈合的痂，但出血很快就会停止。不要为了帮助脐带更快地脱落而拉扯它。

新生儿黄疸

健康的新生儿在出生后的最初几天内，皮肤和眼睛会泛黄，这种情况并不罕见，被称为黄疸。当宝宝的血液中含有过多的黄色物质（胆红素）时，就会出现黄疸，这些黄色物质是在红细胞正常分解过程中形成的。黄疸的发生通常是因为婴儿的肝脏还不够成熟，无法正常地排出血液中的胆红素。轻度的婴儿黄疸不会损害宝宝的健康，通常在几周内就会自行消退。如果宝宝的黄疸在几周后仍未消退或情况恶化，则要及时联系医生。更多详情参见第16页。

乳房和生殖器 无论男孩，还是女孩，出生时，身体里存有从母体吸收的一些激素，这可能会导致宝宝出生时乳房有肿胀的情况。新生女宝宝可能会出现阴部肿胀，还会有稀薄的黏液状或血性阴道分泌物，肿胀的情况通常会在2～4周内消失，而阴道分泌物可能会持续存在数天。对于一些新生男宝宝来说，睾丸周围可能会有积液，积液会在数月内消失。另外要说明的是，男宝宝频繁勃起也是比较常见的。有关包皮环切术护理的信息，可参阅第98页。

腿和脚 由于子宫内的空间狭小，新生儿的腿和脚自然状态下是弯曲的。只要宝宝的腿和脚能活动自如，就不需要担心。随着宝宝的活动量增加，腿脚通常会自行变直。宝宝出生后，新生儿检查的项目就包括对宝宝的臀部、腿部和脚部情况进行评估。

头发 如果宝宝在出生后的几周内掉头发，不用感到惊慌。几乎所有的新生儿都会掉些头发。几个月后，头发就会重新长出来。很多宝宝的后脑勺位置，也会因为经常接触婴儿床的床垫而出现枕秃。如果宝宝习惯侧卧，那么出现枕秃的位置就会在侧方。一旦宝宝开始翻身活动，枕秃的问题就会渐渐消失。有些新生儿在出生时，身上可能会被绒毛所覆盖，尤其常出现在背部、肩膀、前额和太阳穴等位置，这些被称为"胎毛"。新生儿的耳朵上或其他部位也可能会出现细小的毛发。胎毛在早产儿身上最常见，通常会在宝宝出生后几周内，会通过正常的摩擦而逐渐掉落。

抽测：这个月的情况

以下是宝宝第一个月时的基本护理情况。

进食 尽管刚开始时喂养频率有所差异，但是一般来说，宝宝每隔2～3小时就要吃一次母乳或配方奶。我们的目标是每天至少喂养8～12次，以确保新生儿能吃到足够的奶。（参见第三章，该章节详细讨论了宝宝的营养问题。）

睡眠 新生儿每天会睡16小时左右，每次1～3小时，白天和夜晚均匀分布。这个阶段宝宝应该以仰卧的姿势睡觉，以减少患婴儿猝死综合征（SIDS）的风险。

吸吮安抚

大多数宝宝都有强烈的吸吮反射。除了获取营养之外，吸吮往往有舒缓、镇静的作用。这时，安抚奶嘴就派上用场了。

不同的宝宝对于安抚奶嘴感兴趣程度并不一样，如果宝宝一开始并不怎么喜欢安抚奶嘴，你可以尝试着用奶嘴轻触他（她）的唇边，吸引他（她）的注意，直到宝宝开始吸吮为止。

如果安抚奶嘴对宝宝有所帮助，你大可以放心使用。美国儿科学会认为，安抚奶嘴可以在两次喂奶中间安抚宝宝，帮助他（她）入睡。睡眠过程中使用安抚奶嘴，甚至可以帮助降低发生婴儿猝死综合征（SIDS）的风险。而安抚奶嘴的缺点是，夜里你需要更频繁地起床去找回掉出来的奶嘴。

起初，要确保使用安抚奶嘴不会影响到日常的哺乳，尤其是在你和宝宝还在哺乳的磨合阶段时。注意选择一体成型的奶嘴，以避免发生窒息，而且要选择可以用洗碗机清洗的奶嘴，以方便清洁。最好准备几个相同的奶嘴，这样你就不会在急需安抚奶嘴的时候找不到了。此外，如果奶嘴出现了破损的情况，请务必及时更换，因为奶嘴可能会裂开并造成宝宝窒息。通常在宝宝满18个月左右要开始有意戒掉安抚奶嘴，不过大多数孩子在2～4岁时自己就不再使用安抚奶嘴了。

宝宝的运动

在第一个月里，宝宝对自己的动作没有太多的控制能力，很可能会出现抽搐和颤抖。周围人突然的动作或比较响亮的声音，也可能让宝宝惊慌失措甚至哭闹。用襁褓裹紧宝宝，或者拥抱，都能给宝宝带来安全感。由于新生儿的大脑和神经系统发育还不成熟，他（她）的动作大多是无意识或被动的。为了有目的地移动，宝宝的大脑必须通过神经细胞向肌肉发送信息，并发出特定的运动指令。

在宝宝出生后的最初几周里，大脑和神经细胞正在迅速发育，但它们还不能让宝宝做到自由交流。随着时间的推移，宝宝的神经系统逐渐成熟，他（她）开始渐渐有能力自如地控制身体不同的部位。这个顺序基本遵循从头到脚的规律，因此宝宝的第一个重要里程碑是控制头部，随后是坐、爬和走。到了第一个月末时，宝宝的颈部肌肉会有很大程度的发育。当宝宝俯卧时，可能会抬起头，并且把头从一侧转到另一侧。

在最初的几周里，宝宝的小手大部分时间都会紧紧地攥成小拳头。到了第一个月末时，你可能会发现宝宝开始尝试把小拳头伸到自己的脸前，以便更仔细地观察。随着时间的推移，小手会放松并张开，这样宝宝就能更有意识地去使用它们。

新生儿反射 出生后，宝宝就会有一些自动反应（反射）。其中一些反射可以帮助宝宝适应新世界，这些反射有以下几个。

觅食反射 如果用手抚摸宝宝的脸颊或嘴角，他（她）就会转向你的手，并伸出舌头想要舔你的手。这有助于宝宝找到乳房或奶嘴并开始吮吸。这种反射通常会在宝宝4个月大时消失。

吸吮反射 宝宝还在妈妈子宫里时这种反射就出现了，你甚至可能在超声波检查时就看到过宝宝吸吮拇指。分娩后，妈妈如果将乳头放进宝宝嘴里，他（她）会自动开始吸吮。首先，宝宝会用舌头和上腭挤压乳头周围的区域，使乳汁流出。接下来，宝宝将舌头向乳头的末端移动，将乳汁吸入嘴里。美国儿科学会提醒父母，虽然这种有节奏的吸吮动作是一种反射，但一般来说，要想让宝宝把吸吮变成一种有效的自发技能，还需要一段时间的练习。所以，如果你和宝宝在最开始喂奶时不顺利，也不要气馁。给自己一点时间来练习和适应。

抓握反射 把手指放在新生儿的手掌里，他（她）就会紧紧地抓住你的手指，如果你想把手指拿开，宝宝就会抓得更紧。如果你抚摸宝宝的脚底，也会出现类似的反应。这些反射一般会在宝宝2～3个月大时消失。

惊跳反射 如果新生儿听到响亮的声音，可能会出现双腿和双臂猛地张开，再蜷缩在一起的反应。这种反射也被称为“莫罗反射”。另一种情况是当宝宝的头突然向后仰时，也会出现这种反射。医生会针对这种反射进行检查，以确认宝宝的发育是否正常。通常在宝宝2～4个月大时，这种反射就会消失。

颈部紧张反射 当宝宝把头转向一侧时，就会出现这种反射。转头的同时，宝宝同一侧的手臂和腿会伸展，而另一侧的手臂和腿则会收缩，看起来像击剑运动员一样。这是一种相当微妙的反射，所以，如果你不是每次都能注意到，也不用担心。在宝宝4～7个月这种反射会消失。

踏步反射 如果把新生儿抱起来，再让他（她）的脚接触到地面，宝宝就会先抬起一只脚，然后再抬起另一只脚，就像走路一样。当然，这时的宝宝还没有做好走路的准备，这种反应会在出生后两个月左右消失。到了宝宝1岁左右学走路时，这种反射就会成为一种可控的技能。

宝宝的感官发育

从出生起，宝宝的五大感觉器官就开始工作了。宝宝不仅会用感官来了解周围的环境，还会用这些感官与你和其他人形成情感依恋。通过识别你的脸、气味和声音，宝宝会与你建立起联系。

此外，宝宝会迅速开始使用多种感知技能来探索外部世界并实现与你互动。例如，他（她）很快就会把看到的乳房或奶瓶与特定的气味联系起来，所有这些都等同于食物！

在第一个月里，宝宝就会用这种方式来感知世界。

视力 刚出生时，宝宝高度近视，只有定焦在距离8～12英寸（20～30厘米）外物体的能力。巧合的是，当你在给宝宝喂奶或抱着他（她）时，这个距离正好是宝宝的眼睛到你的脸之间的距离。因此，宝宝很早就开始能盯着你的脸看并很快学会辨认它。事实上，在这个阶段，宝宝更喜欢人脸，而非其他任何图案。这是一个与宝宝建立亲密联系的机会。在给宝宝喂奶或换尿布时，记得要和他（她）进行眼神交流。

新生儿对强光非常敏感，强光照到时，他（她）很可能会紧紧闭上眼睛。但在接下来的几周内，随着宝宝视觉能力的发育，他开始能够感受更大的明暗范围。对比度越高的图案，越能吸引宝宝的注意力。

声音 宝宝的听觉能力在出生时已经完全发育成熟，但他（她）需要一段时间来学习如何识别不同的声音并做出反应。就像宝宝对人脸有视觉偏好一样，宝宝对人的声音也会有偏好，尤其会对较尖锐的声音有更强烈的反应。宝宝甚至有可能会因为在子宫里听到过妈妈的声音而认出你，并从一开始就会把头转向你声音的方向。因此，记得多和宝宝说说话、给他（她）唱唱歌。有些宝宝对噪声比其他宝宝更敏感。如果周围声音太大，宝宝可能就会开始哭闹。一般来说，低沉、有节奏的声调最能安抚宝宝。

嗅觉　宝宝已经有了敏锐的嗅觉，能迅速分辨自己妈妈的乳汁和其他人的乳汁。新生儿喜欢的其他味道包括甜味或水果味，比如香草和香蕉等。

味觉　和成年人相比，新生儿拥有更多味蕾。因此，宝宝对不同的味道会相当挑剔，甚至包括母乳或配方奶温度。相比酸味来说，大多数宝宝会更偏爱甜味。

触觉　新生儿的触觉也已经发育完全。例如，他们更喜欢柔软、光滑的表面，而不喜欢粗糙或让他们产生刺痒感觉的表面。最重要的是，他们对自己被触摸的方式有所回应。事实上，这也是你和宝宝之间的第一种沟通方式。轻柔的触摸、依偎和拥抱不仅是对宝宝的安抚，也能传达你的爱。

宝宝的智力发育

从怀孕初期开始，宝宝的大脑发育就已经进入了快车道——每分钟会生成25万个新的脑细胞（神经元）。当宝宝出生时，他（她）实际上已经拥有了这一生中所需要的所有脑细胞。

但是，拥有这些脑细胞还只是个开始。当宝宝来到这个全新的世界时，脑细胞会迅速开始建立一种叫作突触的连接。这些连接在脑细胞之间建立起通路，通过日常的经验和活动的强化，形成知识和思维以及记忆、分析和解决问题等技能的基础。这些连接还为孩子的沟通和人际交往技能奠定了基础。

记住，为语言等基本技能打好基础，永远都不会太早。新生儿可能还需要好几个月才会说话，但宝宝已经开始形成语言发展所必须的联系了。你可以通过跟宝宝交谈和亲子阅读来促进他（她）的语言发育。在宝宝清醒时，多花些时间跟宝宝面对面交流。

宝宝所处的环境对大脑发育有着巨大的影响。虽然宝宝的基因和身体发育提供了必要的“天性”，但你可以提供“养育”。在后面的章节中，你会读到更多关于如何为孩子的心理成长和发展

玩具和游戏

在第一个月里，宝宝不需要很多玩具来娱乐——有很多其他的东西需要学习。不过，你还是可以提供不同的东西给宝宝看和听，这将帮助宝宝的脑细胞发育出更多更好的关联。

闲聊　既然你的脸是宝宝最喜欢看的东西之一，那为什么不好好利用这一点呢？和宝宝面对面地交谈，聊一聊你的一天，聊一聊你的晚餐计划。给他（她）做个鬼脸、微笑、唱歌给他（她）听。眼神交流也很重要，所以和宝宝说话时，尽量不要走神去看电视或手机，以免分散注意力。

听音乐　当宝宝独自待在婴儿床或摇篮里，而你在叠衣服或做其他家务时，为他（她）放一些轻音乐。

提供图片　在最初的几周到几个月内，宝宝的颈部肌肉还在发育之中，但他（她）已经可以转头往两边看了。你可以在尿布台附近，和宝宝视线持平的位置，挂上一张线条醒目的图片。

读书　虽然宝宝还没有准备好与书本互动，但一起阅读这件事永远不会太早。宝宝会喜欢听你读书时有节奏的声音，不管是苏斯博士的《在爸爸身上蹦来跳去》（*Dr. Seuss's Hop on Pop*），还是你平时看的新闻。

趴一会儿　在宝宝清醒的时候，可以让他（她）尝试趴一会儿，这么做可以促使宝宝抬起头来，增强颈部肌肉的力量。有些宝宝一开始会哭闹，但是要坚持下去！你可以尝试躺在宝宝的身边，或者在宝宝的头边放上一面镜子或玩具来吸引他（她）的注意力。

创造最佳环境的内容。但有一点是家长必须要知道的，那就是无论孩子的年龄有多大，哪怕是刚刚1个月大的宝宝，他们也应该生活在一个温暖且受到关注的环境中。

沟通　当你盯着宝宝的时候，你会意识到需要跟宝宝进行沟通，当然你知道，宝宝在相当长的一段时间内，是不会说话的，你必须寻找语言之外的其他沟通方式。然而，这实行起来并不是那么容易。不过，你也会很快发现，在第一个月里，宝宝可以通过一些别的方式主动来和你交流。

哭 这是宝宝表达自己需求和感受的唯一方式。所有的宝宝都能够也应该哭，因为这有助于他们得到所需的照顾。反过来，成人对宝宝的哭泣有着做出回应的强烈动力，你和宝宝之间的这种交流方式是与生俱来的。对宝宝的哭声做出热切的回应，有助于他（她）在新环境中感受到安全感，并对你产生安全型依恋。

当然，很多情况下宝宝的哭闹会让人费解。如果你确认宝宝已经换过干净的尿布、吃饱了、环境舒适又温暖，那么也许他（她）只是需要你安慰一下。或者宝宝可能只是需要一些无刺激的放空休息时间，即使他（她）已经哭了几分钟。有时，你可能不知道宝宝为什么哭，但这没有关系。请记住，宝宝的哭声不是为了操纵父母或强迫他们做什么事。一般来说，他们哭是为了表达自己的需求，无论是饥饿、不舒服，还是受到了过度刺激，他们都会哭。

如果宝宝经常哭闹让你觉得很累，你可以休息一下，让伴侣接手一段时间，或者让宝宝躺在一个安全的地方，让他（她）单独休息几分钟。通常宝宝出生后的几周内，宝宝哭闹时长会逐渐增加，并在6周大时达到高峰，这时每天宝宝会哭闹约3小时，到3个月大时，宝宝的哭闹会逐渐减少到每天约1小时（参见第十章）。

肢体语言 在最初的几周，宝宝还会通过身体语言和周围人进行交流。例如，当宝宝清醒时，可能会与你进行眼神交流，并仔细地打量你的脸。或者，如果宝宝认为这一刻周围发生了太多的事情，他（她）可能会转过脸避开刺激源，闭上眼睛或变得烦躁。

虽然新生儿还没有能力用发声的方式做出反应，但他们已经能够接受信息和解读非语言信号。宝宝可以“读懂”

意识的状态

科学家们观察到，新生儿一天中会在不同的意识状态中转换，你也会留意到这一点。其中一些是在睡眠期间，一些则是在宝宝清醒期间。你不需要记住这些状态，但了解不同的意识状态会帮助你更好地理解宝宝的情绪。

- *深度睡眠。*在深度睡眠状态下，宝宝会静静地睡着，一动不动。
- *睡眠活跃期或浅睡眠。*在这种状态下，宝宝睡觉时会乱动，可能会被嘈杂的声音惊吓或惊醒。
- *瞌睡。*瞌睡可能发生在睡前或刚睡醒之后。你会注意到宝宝的眼皮有点低垂，他（她）可能会打哈欠或伸懒腰。如果你想让宝宝自主入睡，那么要记住这个信号。
- *安静清醒。*在这种状态下，宝宝看起来精神饱满，但身体却没什么动作。
- *活跃清醒。*在活跃清醒状态下，宝宝会睁大眼睛并积极活动。他（她）可能会忙着自娱自乐。
- *哭。*这种状态并不难识别，因为你会听到宝宝的哭声。当宝宝哭的时候，还会手脚乱动。

和宝宝说话、玩耍的最佳时机，通常是在他（她）安静清醒的状态下。这时，宝宝最容易和人一起玩、接受外界的刺激。但要注意的是，新生儿在不同的意识状态之间循环转化的速度往往会相当快。因此，如果一个玩具刚刚还引起了宝宝的注意，转眼又变成了让宝宝开始哭闹的原因时，不要感到惊讶。只要赶紧给宝宝接下来想要的，就能安抚他（她）。

第一个月的里程碑

在第一个月里，新生儿通常会发展以下技能。

- 左右转动头部。
- 趴卧时短暂抬头。
- 将小拳头靠近自己的脸。
- 寻找人脸和对比度高的图像。
- 追视近处的移动物体（此阶段宝宝的眼睛可能会出现内斜视的现象，这是因为眼部肌肉仍在发育中）。
- 可能会将头转向熟悉的声音和声响。

你发出的信号，比如你脸上的表情和你抱他（她）的方式。

宝宝的社交能力发展

宝宝第一个月的主要社交活动是了解你。当你花时间了解宝宝时，他（她）也忙着用所有感官来熟悉你——你的气味、声音、外貌和感觉。

开始依恋　宝宝出生时，就是一个拥有神奇自我运转机能的个体，但他（她）的生存还是需要依靠外在的环境。每当你给宝宝喂奶、换尿布、回应他（她）的哭声或仅是紧紧地抱着他（她）时，你都在建立一个持续的模式来满足宝宝的需求，这也为你们建立了信任的纽带。这种纽带是宝宝早期社交和情感发展的主要基石，也是宝宝未来关系的模板。作为一个主要的照顾者，你成为了宝宝的“避风港”，他（她）会在以后的日子里反复回到这里，寻求安慰、帮助和支持。

对许多女性来说，母乳喂养是与新生儿建立联系的自然方式，因为它能同时满足宝宝的许多需求——将食物、温暖、舒适和安全感都融为一体。但是，母乳喂养只是建立联系的一种方式。当你用奶瓶给宝宝喂奶或用其他许多种方式照顾他（她）时，你也可以与宝宝建立起联系，你的爱以及温柔的关怀会将安全感传达给宝宝。

对有些人来说，与宝宝建立亲情的纽带比其他人更容易。不过如果你在宝宝出生的第一天没什么特别的感觉，也无须太过担心。毕竟，他（她）是进入你人生中的一个新生命。等你们相处的时间久了，彼此更了解了对方的性格和特点之后，你们便会发展出一种独特的关系，并随着时间的推移愈加强化。

很多新妈妈在产后都会有轻微的忧郁情况，更不用说疲劳和酸痛了。如果几周后，你还没有感觉到好转，也没有适应父母的角色，请和医生谈谈，以便理清思路，并寻求合适的治疗（参见第141页）。

露笑容　宝宝需要一段时间才会发展出主动微笑的能力，但你可能会在宝宝出生后第一个月里，发现他（她）有时会在睡觉时或吃完奶后微笑。出生后4周左右，宝宝微笑的能力可能会进一步发展，眼神也更加灵动，并在听到你的声音或感觉到你的抚摸几秒钟后露出笑容。下个月，你对宝宝微笑，小家伙也会对你绽放出笑颜。

第二十章 第二个月

当宝宝进入到第二个月时，你可能已经开始习惯家里有个新生宝宝了。你能较为熟练地掌握基本护理技巧，比如换尿布或收拾奶瓶，用襁褓包裹宝宝的技术你也掌握得不错了。如果是母乳喂养，你可能已经解决了一些喂养上的小麻烦。你和你的宝宝都对你的养育能力有了更大的信心。

当你不断完善自己照顾宝宝的能力时，你会看到宝宝的个性开始显现出来。小家伙会注意到你的努力付出，然后很可能会给予回报——微笑。在宝宝两个月大时，最令人高兴的是：家庭生活的各个环节都在慢慢步入正轨，同时还会有些令人兴奋的事情发生。

宝宝的生长发育和外貌

在出生后的第二个月里，宝宝的生长速度和前几周的速度差不多——体重每周增加5～7盎司（150～200克），身长则在一个月内增加约0.5英寸（约1.3厘米）。宝宝的样貌也变得饱满起来——脸颊变得肉嘟嘟，胳膊和腿也更加丰满！

宝宝的头部和大脑仍在快速生长，所以这个月头围也会增加约0.5英寸（约1.3厘米）。宝宝的头部明显占的比例更大，这是正常的，因为头部的生长速度确实比身体其他部位要快。宝宝头部的柔软区域（前囟门）仍然是开放的，但到了这个月末，也就是进入出生后的第三个月时，它会逐渐变得紧实并闭合。

请记住，只要身高体重在正常范围内的宝宝都是健康的。虽然列举出一系列归纳后的统计数据很容易，但要预测宝宝的确切生长情况却很难。医生会在每次的儿童健康检查中，监测宝宝的生长情况。只要宝宝的各项数据在生长曲线表上的位置处于正常范围内，就没有什么可担心的，宝宝的生长情况和其他宝宝相比差多少并不重要，重要的是他（她）的生长曲线是否符合参考线趋势。

宝宝的皮肤问题开始有所好转。在第二个月时，宝宝的黄疸将会消退。如果还没有，你需要咨询医生。尽管新生儿痤疮可能仍会持续一两个月，但其他一些新生儿皮肤状况，例如粟丘疹等，大多也应该消失了。如果宝宝长了新生儿痤疮，坚持每周用宝宝专用香皂轻柔地清洗宝宝面部，同时不要给宝宝涂抹乳液和润肤油。

快速生长期　当宝宝晚上已经能连续睡几个小时的整觉后，他（她）似乎又退回到每两个小时醒来一次的状态了。你可能好奇发生了什么？但事实上这很可能并不是什么异常现象，因为婴儿的生长和发育是阶段性的。通常情况下，在新的飞跃出现之前会有一个学习瓶颈期。例如，宝宝可能正在默默地练习翻身的动作，但在他（她）掌握正确的技巧之前，可能不会像以前那样容易睡着或睡得那么香。

宝宝的运动

大多数宝宝的运动在这个时候还是比较笨拙和不自主的（反射性的）。但随着月龄的增长，新生儿的这些反射性的动作，会被更有目的性的动作所取代。在他（她）具备肌肉协调能力之前，短时间内会显得不那么活跃。别担心，宝宝正在通过伸展、移动和观察来练习新的姿势。

宝宝的颈部肌肉力量也在变强。当把宝宝轻轻地拉成坐姿时，你会发现他（她）的头部还是会稍微后倾。当宝宝坐直时，虽然时间不会太长，但头大概能稳住几秒钟。在这个阶段里，抱着宝宝时还是需要继续为宝宝的头部提供支撑。当宝宝趴卧时，他（她）可能会抬起头来直视前方几秒钟，而不仅是看向两边了。仰卧时，宝宝也已经能让头部保持摆在正中位置，眼睛看向正上方——这是便于看活动物体和抬头看爸爸妈妈的重要技能！

在这个月龄，大多数宝宝还没有准备好翻身，宝宝一般在3～4个月大时才能学会这个技巧。但你也不能保证宝宝会待在一个地方，小家伙会用小脚蹬着床面移动。

尽管他们刚开始学习控制性的动作，但仍会突然意外地让自己翻倒。不要把宝宝独自留在汽车安全座椅里、尿布台上或其他高处。使用尿布台时，为了稳妥起见也最好用安全带把宝宝固定住。

抽测：这个月的情况

以下是宝宝第二个月时的基本护理情况。

进食　用纯母乳或配方奶喂养宝宝。母乳喂养的宝宝仍可能每隔2～3小时就吃一次奶。但随着第二个月的到来，宝宝的胃容量逐渐增大，每次喂养时可能会摄入更多的奶。这样，夜间喂奶次数就能减少，你和宝宝都能拥有更多的睡眠！而配方奶需要更长的时间消化，所以吃配方奶的宝宝很可能每隔3～4小时才吃一次。不过，在一两个月内，母乳喂养的宝宝和配方奶喂养的宝宝，夜奶次数上的差异往往会渐渐消失。

睡眠　宝宝每天可能会睡15～16小时。随着宝宝的神经系统的成熟和胃容量的增加，大部分睡眠时间会集中在夜晚。在两个月大的时候，宝宝可能会在夜间一口气睡5～6小时。一定要让宝宝在没有毯子、枕头或玩具的婴儿床上睡觉，并且采取仰卧的睡姿，以减少患婴儿猝死综合征（SIDS）的风险。

到了第二个月末，宝宝会开始注意到自己的手和手指，并尝试着两只手握在一起玩。

宝宝的感官发育

在第二个月时，宝宝的眼球能够更好地同时移动，并聚焦在某个目标上了，也能更容易地追视移动的物体。宝宝的大脑还没有成熟到可以快速处理视觉信息的程度，但如果面前有一个移动速度很慢的玩具，他（她）就可以追视到。虽然宝宝很可能还是喜欢人脸的样子，喜欢黑白格子图案，但他（她）也开始喜欢那些更复杂、更丰富多彩的图案。当你和宝宝说话时，会发现他（她）开始认真听你讲，并饶有兴趣地看着你嘴唇的动作。作为回应，宝宝可能会兴奋地动动胳膊、动动腿，或者尝试着发出声音。

宝宝的智力发育

到目前为止，宝宝已经接受了很多信息，同时他（她）也可能已经准备好表达了。儿童心理学家将输入语言称为“接收性”语言，传出的语言称为“表达性”语言。接收性语言，即宝宝听到的周围的对话和声音。接收性语言几乎总是先于表达性语言。这就是为什么即

玩具与游戏

在第二个月里，宝宝醒着的时间会逐渐变长，也会有更多安静清醒的时间。你可以充分利用这些时间，通过提供一些活动来促进宝宝的发育。

但是请让宝宝来掌握玩耍的时间。你需要留心关注宝宝疲倦或是被刺激过度的迹象，例如转过脸去、闭上眼睛或是变得不耐烦。同时，要记住宝宝的身体状况的限制。在需要身体接触时，请注意动作要轻柔、小心，不要摇晃宝宝或将宝宝向上抛掷。这些活动会给宝宝的眼睛、颈部和大脑带来严重的伤害。

下面有一些和1～2个月大的宝宝玩耍时的建议。

让宝宝多趴卧 在宝宝清醒时，经常让他（她）趴上一小会儿，有助于锻炼颈部肌肉并增强控制头部的能力。你也可以和宝宝一起分享这段时间，比如躺在地上，面对宝宝和他（她）说说话，这样宝宝就会努力运用颈部和胳膊的肌肉力量，把自己支撑起来和你面对面。你也可以将玩具放在宝宝够得到的范围内，鼓励他（她）努力撑起上身，练习俯卧抬头。

放置移动的玩具 宝宝仰卧时能更好地稳定住头部，并保持直视。会移动的东西尤其能吸引宝宝的注意力。不过在为宝宝挑选会移动的玩具时，要从他（她）的视角来考虑。记住，宝宝偏好样式简单、对比度高和色彩明亮的物品。一些玩具会随着音乐转动，让宝宝的眼睛和耳朵同时参与其中。请确保所有物品都完全安全地被固定住了，并且宝宝够不到它们。

引入颜色 随着宝宝视力的提高，除高对比度的图案之外，他（她）还会越来越喜欢醒目、鲜艳的色彩。去当地图书馆借一些有鲜明色彩的插画或照片的书，或者准备一些色彩鲜艳的橘子、西红柿、芦笋等，摆好了给宝宝看。

培养熟悉感 试着连续几晚给宝宝读同样的故事，看看他（她）是否会表现出对此的识别能力；或者在一周内多次播放同一首歌，看看宝宝在反复听后会有怎样的反应。

眼不见，即消失

在这个年龄段，宝宝的大脑还没有掌握这样一个概念，就是事物即使看不见，也会继续存在。举个例子，如果一只狗走进2个月大宝宝的视野范围内，然后又走了出去，那么宝宝可能会盯着狗原来所在的地方看几秒钟，并且无法理解虽然看不见狗了，但它仍然存在的事实。换言之，一旦某样东西看不见了，它也就从宝宝的脑海中消失了。直到8个月左右，宝宝才会明白，即使你把脸藏在毯子后面，你也并没有消失。而在那之前，躲猫猫游戏会让宝宝觉得很神奇！

使宝宝还不会回话，你也要和宝宝说话的原因。一般来说，宝宝对语言的理解要比他们自己能够清楚地使用语言要早得多。比如，在宝宝还不会说话之前，几个月的时候就能理解“到妈妈这里来”这几个字的含义。

咕咕咯咯 这个月里最令父母们高兴的事情之一，就是在宝宝6~8周大时，会开始尝试表达性语言。起初通常是轻柔的、单音节的声音，听起来像“呜呜”“啊啊”或“咕咕”。

与发自胸部的哭声和呼噜声不同，咕咕声和咯咯声是从宝宝的喉部发出的。发出咕咕声需要使用不同的口腔肌肉群，最终宝宝会开始用舌头，然后用嘴唇来发出更准确的声音。这种从口腔中部开始，然后向外扩展的语言发展模式也反映了宝宝的运动发育的特点——从手臂到手，然后再到手指的精细动作发育顺序。

发出咯咯的笑声，是宝宝表达快乐和满足的一种方式。他（她）可能是为了自我娱乐，也可能是为了吸引你的注意力。如果宝宝对着你咕咕叫，而你回应了，那么他（她）很快就会发现这是一个双向的游戏。通过回应，你既让宝宝明白这是一种互动方式，同时也会让他（她）感到非常高兴。

哭闹的高峰期 宝宝仍然依赖哭闹来传达需求和情绪。事实上，宝宝在6~8周大的时候，哭闹往往会达到每天3小时左右的高峰期。这很正常。很多宝宝在一天结束时都会有一段时间的烦躁不安和持续时间较长的哭闹，这也许是一种释放压力的方式（如果你仔细想想，这和成人的做法没什么不同）。

如果你已经考虑到了宝宝的所有需

求，但他（她）仍持续不断的哭，这可能会让你觉得很难受。父母在这个时候往往会对自己的育儿能力感到沮丧。但是你要知道，每次都能让哭闹的宝宝平静下来是不可能的，特别是当宝宝哭纯粹为了发泄的时候。要避免把宝宝的哭声看作是对你所做努力的否定，或者觉得自己在育儿方面是个失败者。宝宝会哭，他们就是干这个的。宝宝总会睡着的，或者情绪会发生变化。当宝宝三四个月大的时候，哭闹的时间就会大大减少。

如果宝宝哭闹的同时伴有其他症状，或者你觉得宝宝哭闹的时长或强度不正常时，请相信自己的直觉，并马上打电话给医生。有关哭闹的更多信息，请参阅第十章。

宝宝的社交能力发展

在第二个月里，宝宝的大多数时间仍然用来睡觉，你们之间的互动仍然相当有限。但与此同时，宝宝的社交能力也在不断进步。在满1个月时，宝宝已经开始学着辨识你的样子，也许一看到你就会手舞足蹈，或者是摇头晃脑。到了6周大时，许多宝宝开始对父母的微笑做出反应。经过几周的喂奶、换尿布和努力补觉后，看到宝宝对着你微笑时，成就感会油然而生。

第二个月的里程碑

在第二个月里，宝宝会忙于以下事情。

- 趴着时练习抬起肩膀。
- 坐姿状态下保持头部的稳定。
- 开始留意到自己的手指。
- 抓握反射逐渐消失。
- 把腿伸直以及踢腿踢得更有力。
- 专注于在视野内的移动物体。
- 咯咯笑和发出声音。
- 认出父母的脸，因父母的抚摸而感到安心。
- 学会用微笑回应父母的微笑。
- 学会用自发的笑容表达高兴或满意。

姐姐和哥哥

对于已经有了孩子的家庭来说，新生儿的到来会带来特别的兴奋之情。虽然同时照顾大点的孩子和新生儿会有一定的挑战性，但兄弟姐妹一起成长时，你也能收获更丰富的情感体验。

一般来说，家里新添一个充满活力的宝宝，会让大点的孩子们非常兴奋。但是他们可能没有意识到的是，他们需要和另一个人一起来分享父母的时间和精力。有时，这可能会使年长的孩子为了获得父母的关注做出一些出格的行为，他们甚至会伤害小宝宝。不过，随着时间的推移，多数孩子会慢慢适应新的家庭关系并找准自己的位置。你可以采取下列做法来帮助他们应对这个问题。

推迟重大改变 在宝宝出生后的几周内，尽量避免大孩子的生活习惯发生任何剧烈的改变。这可能意味着要等待一段时间再来训练他们自己上厕所、从婴儿床换到普通小床，或者搬家，等等。

让孩子自己决定节奏 尽管在同一个家庭中长大，但每个孩子对新生儿的反应都会有所不同。他们的反应可能从兴奋的咯咯笑到过分活跃再到缺乏兴趣。有时，过上几个星期孩子才能反应过来。让孩子按照自己的节奏来适应宝宝的到来吧。

设定明确的期望 让大孩子们知道在宝宝周围的哪些行为是合适的。例如，在未经允许的情况下抱起宝宝是绝对不行的，但他们可以坐在宝宝旁边并友好地和他（她）交谈。

真诚地表扬 当你发现大孩子表现良好时，一定要表扬他（她）。当哥哥姐姐温柔地对宝宝说话或跟宝宝玩得很愉快时，你要送上表扬。这种积极的反馈可以让大孩子知道，你仍然很重视他（她）的存在，并且很欣赏他（她）对家庭所做的贡献。

为大孩子留出时间 宝宝的姐姐哥哥也需要关注。安排好时间，把宝宝留给伴侣或可靠的保姆，和大孩子一起度过些亲密的时光。

保持耐心和积极的态度 有些大点的孩子在新生儿到来后，行为开始倒退，比如又穿上纸尿裤了、总吮吸拇指或是以宝宝的方式说话。这种情况并不罕见，在这个适应期家长要有耐心。就事论事地应对大孩子的倒退行为，例如告诉他（她）“我发现今天早上你尿床了，我们去换床单。”这些简单的句子既说明了问题，又提供了一个现成的解决方案。

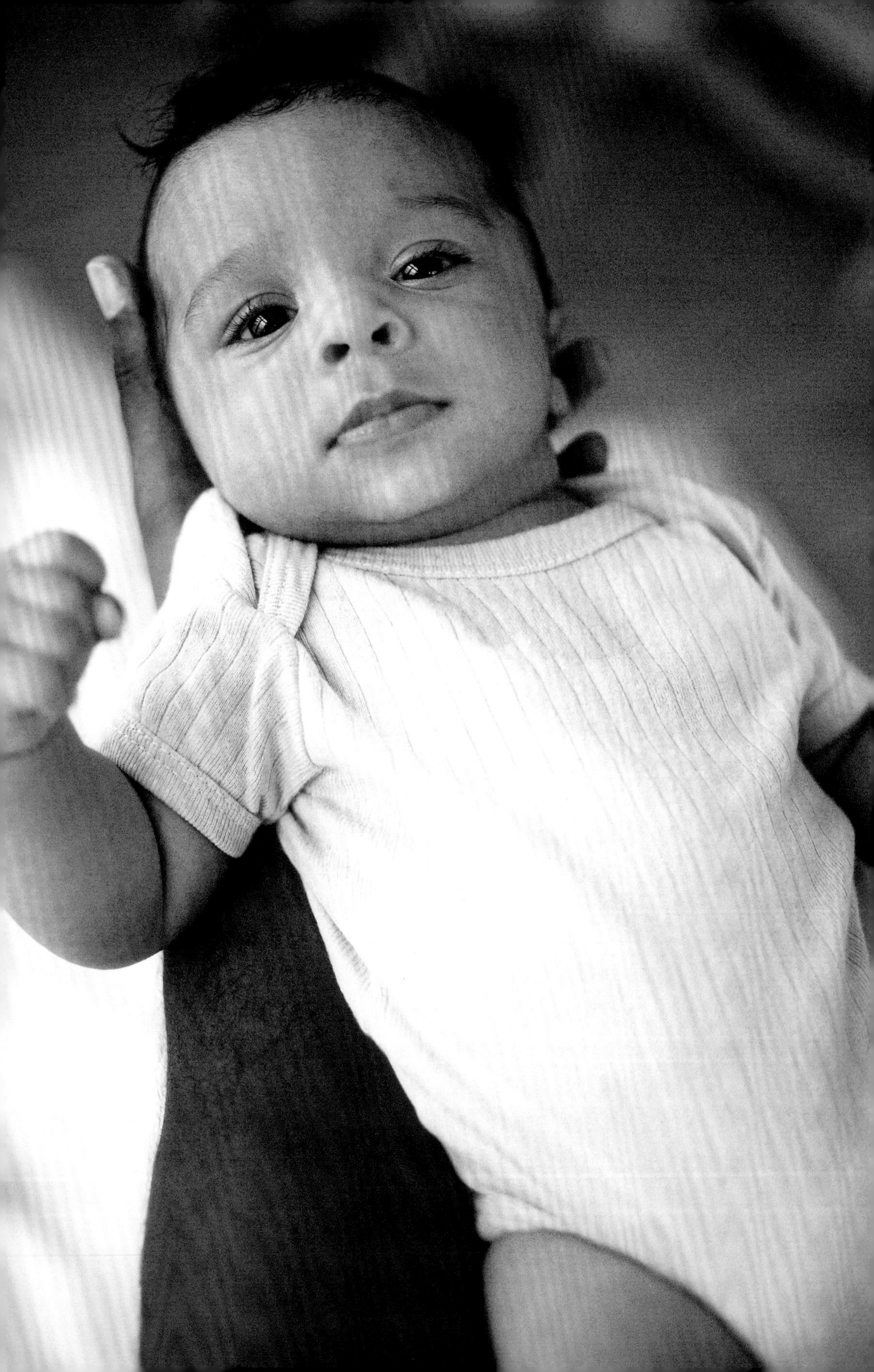

对宝宝的微笑做出反应，让他（她）知道自己的行为是有影响力的，他（她）也会知道自己对周遭发生的事情有一定的控制力。意识到这一点，是宝宝开始区别自己和他人的第一步。

即使在这个阶段，宝宝的微笑也可能代表自发的快乐或满足。例如，他（她）已经能通过视觉识别某些物体了，如奶瓶或浴缸等，宝宝可能会因为期待即将到来的事情（喂奶或洗澡），而兴奋地微笑或发出咕咕咯咯的声音。

宠爱宝宝　在宝宝出生后的最初几个月里，不要担心会把他（她）宠坏。满足宝宝的生理需求和对于关注的渴望，有助于他（她）在脑海中建立起一致的、可预测的关爱模式。这可以让宝宝建立起自己的情感舒适度。换句话说，宝宝正在学习如何让自己感到安稳，学习信任你和他（她）自己。此外，当安抚哭闹的宝宝时，你是在教他（她）如何在情绪激烈或压力大的时候调节自己的情绪。

所以，只要你愿意，就把宝宝抱起来，想怎么抱就怎么抱。这样对你们两个人都有好处！

第二十一章
第三个月

虽然到了第三个月时，宝宝还是很少能睡整觉，但他（她）的运动控制能力、心理参与和社会互动的范围都在急剧拓展。影响宝宝成长和发展的一系列因素的综合作用——神经系统的成熟、感知的发展、大脑中记忆通路的加强、情感范围的扩大——都会使宝宝对家庭和周围的世界产生浓厚的兴趣。

宝宝的生长发育和外貌

到了第三个月，宝宝的体重和身长继续保持高速增长，并与上个月的增幅基本一致。大多数宝宝在出生后的前6个月内，每个月体重增加1～1.75磅（0.5～0.8千克）；身长增加约0.5英寸（约1.3厘米）；头围增加约0.5英寸（约1.3厘米）。

如果你担心宝宝太瘦或太胖，注意不要仅凭外表来判断。由于婴儿在不同发育阶段的体重增长情况存在差异，因此仅凭感觉来判断并不可靠。相反，应该和医生谈谈你的担忧。医生会把宝宝的生长情况绘制在图表上，以展示宝宝的身长、体重和头围的情况（见第610和611页）。你可以自己用这些图表将宝宝的生长情况和其他同性别、同年龄的宝宝做对比。然而，真正重要的是成长曲线上显示的趋势，而不是任何特定的百分比。医生主要关注的是宝宝的体重随着时间的推移会有哪些可预测的变化。

如果你每次都是在宝宝饿了的时候才给他（她）吃奶，而且宝宝的生长发育情况也都按部就班，那么一般来说不用担心体型问题。

婴儿肥　处在婴儿期的宝宝，需要高脂肪饮食来支持成长。此外，高脂肪的饮食有助于在大脑和脊髓的神经细胞周围形成一层厚厚的外壳（髓鞘）。这个髓鞘为神经束起到了“绝缘”的作用，确保神经脉冲的有效发送。

诚然，许多医疗机构和医学研究人员对儿童肥胖症的增加感到担忧。一些证据表明，肥胖问题可能比以前人们所认为的更早出现。例如，一些研究认为婴儿出生后第一年体重的快速增加与以后的肥胖相关。婴儿太胖也可能会带来更直接的后果，比如比较晚才学会爬行和走路。

然而，宝宝出生后的第一年内，还没有到让他（她）节食或限制热量摄入的时候，除非医生给了你具体的喂养指示，因为宝宝需要足够的营养才能保证正常生长发育。可以帮助降低宝宝日后肥胖风险的方法有以下几点。

- *尽可能长时间地进行母乳喂养* 一些研究表明，母乳喂养和减少儿童肥胖之间存在着联系。这种联系的机制尚不清楚，但可能与母乳喂养宝宝自我调节奶量的能力有关。换句话说，宝宝自己能够决定何时停止进食。如果你是用奶瓶喂养，关注并听从宝宝吃饱了的提示。不要因为奶瓶里还有奶，就强迫宝宝吃光。
- *避免给宝宝喝果汁* 在宝宝6个月大之前，不要给他（她）喝果汁（即便到了6个月大，你也不必喂他（她）喝）。在这个月龄之前给宝宝喝果汁，可能会取代正常的母乳或配方奶喂养，这会使宝宝缺乏必要的营养。而宝宝6个月大后，如果你想给他（她）喝果汁，请用杯子而不是奶瓶，每天摄入量不能超过4盎司（约120毫升）。
- *不要用喂奶来安抚宝宝* 如果你刚给宝宝喂完奶，但他（她）仍然显得很烦躁，这个时候先不要靠哺乳来安抚，试试用其他方法来转移他（她）的注意力。

宝宝的运动

到了第三个月，由于肌肉力量的增加，宝宝有了新的观察世界的角度。随着宝宝的运动越来越有目的性，你会发现一些新生儿的反射会逐渐消失。

头颈部　在趴卧时，这个年龄的宝宝通常可以抬起头和肩膀，有的甚至可以伸出双臂，用手肘支撑着自己。这样一来，宝宝就能更方便地观察周围的情况。相应地，宝宝趴卧时向上和侧面看，又可以进一步增强颈部力量和头部控制力。

头部控制力增加意味着当你把宝宝

抽测：这个月的情况

以下是宝宝第三个月时的基本护理情况。

进食　这个月的宝宝仍然只吃母乳或配方奶即可。夜间睡眠时间更久意味着白天更频繁的喂养。但这个月和下个月里，宝宝会在每次进食的时候逐渐摄入更多的奶，这可能会让白天喂食的次数减少。2～4个月大的宝宝，平均每24小时要吃的奶量可以这样计算：每磅（约450克）体重对应大约2盎司（约60毫升）的奶（约合30毫升奶每1千克体重），你可以根据宝宝的实际体重来计算每天所需要的总奶量。

睡眠　此时宝宝每天睡15小时左右。到了3个月大的时候，很多宝宝在晚上会有6～8小时的稳定睡眠时间。但是，这并不总是与你自己的6～8小时的睡眠时间相吻合。做好每晚起夜1～2次的准备，尤其是当宝宝正处于猛长期并需要频繁喂养的时候。

拉到坐姿时，他（她）的头部后倾的情况减少（译者注：不建议将此作为常规训练项目）。另外，当你扶着宝宝坐在你的腿上时，宝宝可以长时间地抬头，而不再只能坚持几秒钟。

到了第三个月，你会发现宝宝的背部仍然是前倾的。但随着运动技能的发展，宝宝上背部和下背部的肌肉也会随之加强。强壮的背部肌肉对身体起着平衡和支撑的作用，这样宝宝最终可以在没有支撑的情况下坐直、爬行、站立，然后行走。

手与胳膊　在这个月，宝宝最喜欢的消遣，很可能是观察自己的手。例如将手凑到眼睛的位置，并试图将手送到嘴边。你可能会发现，宝宝的手不再像以前那样总是紧握着拳头，手指开始舒展开来。在这个阶段，宝宝会开始尝试伸展和握紧小手，伸开并检查自己的手指。宝宝可能也会开始有意识地抓住物体而不是依靠反射，不过抓住以后再放开会有些困难。下一步是要让他（她）的手有足够的灵活性来抓住玩具，然后将玩具从其中的一只手转移到另一只手。最终，宝宝能够拿起玩具，然后再放下来，掌握基本的精细动作技能。

与此同时，宝宝会开始加大手臂运动的幅度，尝试用握紧的小拳头去锤和拍打身边的物品，也可能尝试去够东西。随着手指张得更开，宝宝更有可能击中预定目标。

腿　宝宝的双腿变得越来越强壮，他（她）很可能会尝试着随意踢腿和弯曲膝盖。有些宝宝在兴奋时，可能会用力踢腿，甚至会把自己弄得翻个身。为了准备有目的地翻身，宝宝可能会开始前后摇晃。事实上，到了3个月大的时候，很多宝宝就能从仰卧翻成侧卧，再回到仰卧的姿势。由于宝宝的活动能力更强了，所以要注意防止他（她）从尿布台上或从汽车安全座椅上翻下来。记得绑好宝宝的安全带，同时你也要待在旁边，以免发生意外。

宝宝的感官发育

虽然宝宝的感官发育情况不像运动能力和协调性发展那样容易观察，但它们的发育情况都非常重要。即使宝宝不能告诉你他（她）的感受，但通过一起玩耍和观察宝宝，你也能了解他（她）的视觉和听觉的发展情况。

视力　宝宝的视觉能力正在迅速发育成熟。在接下来的几个月里，他（她）将开始以和你一样的方式看世界。到了两三个月大时，宝宝的双眼同时向内转，聚焦在一个近处的物体上的能力（即辐辏反射）正在稳步发展。辐

推迟吃糊状和固体食物

在最初的6个月内，母乳或配方奶通常是宝宝唯一需要的食物。液态食物完全符合这个阶段中宝宝的饮食习惯和消化能力。

在4～6个月大之前，宝宝还没有发育到可以喝纯牛奶和吃固体食物的程度。在这个阶段，宝宝仍然可以通过吸吮的方式将母乳或配方奶从口腔的前部转移到后部，然后再吞咽。这种吸吮反射是通过舌头前伸来帮助宝宝吸吮的。在这个月和下个月里，这种反射仍然很强，这意味着宝宝很难处理固体食物。这个月龄的宝宝往往会把糊状或固体食物推出来，而不是吞咽，这可能会使你在用勺子喂养宝宝时感到沮丧。

宝宝可能已经准备好吃固体食物的迹象包括：头部和颈部的控制能力已经很好，能够支撑着坐好，在勺子靠近嘴巴时张开嘴——这些技能通常会在稍大些时出现（详见第四章）。

辏使宝宝能专注于自己的小手并用手玩耍。同时，宝宝也在学习通过将两只眼睛向外转，聚焦在远处的物体上（发散）。

[译者注：辐辏反射：被检查者注视1米以外的目标，通常是检查者的示指尖，然后检查者将目标逐渐移近被检查者鼻根部（距鼻根部5~10厘米），此时被检者会出现双眼内聚。这能帮助我们看清近处的物体。]

随着宝宝的视力逐渐成熟和对焦的进步，他（她）将能注意到图案的细节，并能分辨出画面中是否有多个物体。随着远距视力的提高，你可能会发现宝宝的视线正穿过房间研究你，或者专心致志地盯着吊扇。宝宝区分颜色的能力也会越来越强，他（她）可能特别喜欢原色（红、黄、蓝）。

大约在这个时候，宝宝也在学习一种涵盖了感官发展和社交发展的技能。宝宝会看着你的眼睛，然后转过去想弄清你到底在看什么，这就是所谓的共同注意机制。

在第三个月内，如果你发现宝宝的视线仍然会交错，或者某一只眼睛转动似乎有延迟，请告诉医生。如果这种情况持续发生，医生可能会将宝宝转诊给眼科专家，以便在必要时采取措施来矫正视力问题。

听力　宝宝的听力会让他（她）对周围的世界越来越熟悉，并感到越来越舒适。在第三个月左右，当宝宝听到你的声音时，可能会安静下来；听到兄弟姐妹的声音或最喜欢的歌曲时，会兴奋起来。

味觉和嗅觉　到了这个月末，宝宝开始区分不同的味道，比如母乳和配方奶，或一个新品牌的配方奶。宝宝也可能会喜欢某些气味，同时对其他气味感到厌恶。这些因素有时会影响到宝宝的饮食偏好，这取决于他（她）的性情。例如，如果宝宝对味道非常敏感，并且觉得某种味道难闻，那么在有这种味道存在时，他（她）可能会不想吃东西。

宝宝的智力发育

随着大脑内神经细胞的成熟、与其他脑细胞连接以及髓鞘化，宝宝的大脑能够更好地控制身体的其他部分。当你观察到宝宝做出有目的的动作时，比如举起手来检查或伸手去拿玩具时，你就更能深刻地感受到这一点。为了执行这些有目的的运动技能，宝宝需要微妙而复杂的思维、推理和规划能力。

- *兴趣*。那是什么东西在我面前晃来晃去？
- *猜想*。如果我试着去碰它会怎

么样？

- *试错*。这样移动我的手臂似乎比那样移动它的效果要好。如果宝宝成功地让拨浪鼓发出声音，就需要进一步的信息处理和分析。那个声音是什么声音？它是怎么出现的？能否让它再次出现？

留下印记　婴儿大脑中的记忆是靠重复的体验形成的。随着时间的推移，你对宝宝的需求做出一致的回应——喂奶、拥抱、洗澡、安抚、抱着宝宝——会在宝宝的脑细胞中建立起路径，每当你以类似的方式做出回应时，这些路径就会得到强化和简化。到了第三个月，

玩具和游戏

随着宝宝的互动性越来越强，一起玩耍会变得更加有趣，尤其是当宝宝在这个月或下个月的某一天，发现自己有能力大笑的时候。

在这个月前后，宝宝会对他（她）能触摸或抓握的物品越来越感兴趣。选择那些轻便好抓、防口水、不易被吞下且没有尖锐边缘的玩具，包括硬板书、软积木、木质和塑料的勺子、叠叠乐、空的容器、摇铃、球或挤压发声玩具等。只要玩具是安全的，你可以随意发挥想象力，但要注意避免光滑的塑料包装或塑料袋，因为它们会很容易覆盖住宝宝的口鼻并造成窒息。

关于娱乐和游戏，这里还有一些建议。

翻滚　要帮助宝宝练习翻滚技能，可以和宝宝并排躺在一起，鼓励他（她）向你滚过来。宝宝会尝试着用全身来完成这个动作，这基本上意味着翻过身。刚开始时，宝宝通常比较容易从仰躺翻到侧躺，然后再翻回来。当宝宝成功时，要祝贺他（她）。不需要推或拉宝宝，让他（她）按照自己的节奏来尝试，总有一天宝宝会掌握这个技能。

触摸并感受　随着宝宝的双手逐渐伸开，试着把不同质地的物品放在他（她）的掌心——柔软的、光滑的、毛茸茸的、粗糙的，看看哪种质地是宝宝最喜欢的。

练习抓握　往宝宝的手里放一个玩具或其他物品，让宝宝握住，感受并移动它。也可以用会发出嘎嘎吱吱声响的物品来这样操作，当宝宝成功制造出声响时，和他（她）一起分享惊喜。

拍打练习　把宝宝放在地垫或游戏垫上——通常有颜色鲜艳、形状各异的物体悬挂在上面的那种。宝宝可以练习伸手抓和拍打玩具，认识不同的形状和质地。另一个鼓励宝宝伸手抓东西的方法，是将宝宝放在婴儿专用座椅上，然后把玩具放在他（她）眼前，位置可以比视线稍高或稍低，或恰好在宝宝能够平视的一侧。这些游戏会帮助宝宝发展深度感知觉和手眼协调能力。

逗宝宝笑　大多数宝宝都喜欢被轻柔地挠痒痒，特别是当你带着夸张的表情笑出声来，并且挠他（她）的时候。你也可以试着在宝宝的肚皮上吹出怪声。刚开始宝宝会流露出惊讶的表情，慢慢地这些举动不仅会引起宝宝的轻笑，还可能会让他发自内心地哈哈大笑。

不要盲目对照发育进度表

如果看过这些章节中所列出的里程碑后，发现宝宝并没有按照时间表成长，你也不要担心。在某些情况下，宝宝的发育可能要到下一章里发生；在其他情况下，最后一章可能更符合。所有的宝宝都会经历同样的发育里程碑推进的过程，但每个宝宝都会以自己的速度来达到这些里程碑（即使是有发育障碍的宝宝也是如此）。社交发育的时间可能比其他方面的发育差异更大。

这些记忆通路会更加清晰，宝宝开始能够更好地理解他（她）的行为和你的反应之间的联系。例如，宝宝已经发现，通过哭闹可以很快地引起你的注意，或者通过微笑很可能会得到一个微笑的回应。

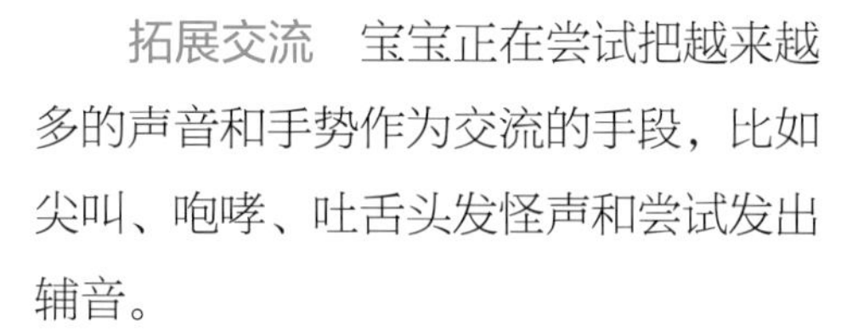

拓展交流 宝宝正在尝试把越来越多的声音和手势作为交流的手段，比如尖叫、咆哮、吐舌头发怪声和尝试发出辅音。

当宝宝三四个月大时，他（她）可能会通过微笑、咕咕声或尖叫来主动与你“对话”。接受宝宝的友好表示肯定会让他（她）很高兴。重复宝宝发出的声音，让他（她）知道你在听。另外，用“父母的语言”和宝宝回应——使用真实的词汇，准确而清晰地发音，但可以用高亢的音调和夸张的语气。这有助于宝宝学习你语言的发音。大多数父母在和宝宝说话时，都会自然而然地使用“父母的语言”。所以，不要不好意思，继续说吧！宝宝会喜欢的。

当你说完一段话，停顿一下好让宝宝以一个表情、动作或声音来回应。这将帮助宝宝学习有效沟通的节奏和时机。

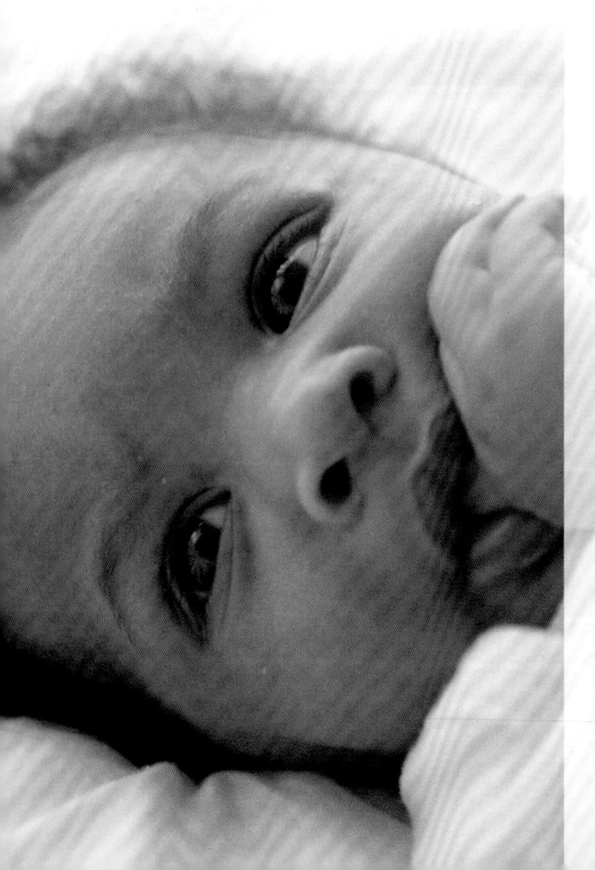

重返职场

大约在这个月，许多职场妈妈——以及越来越多的职场爸爸——都在准备结束产假（陪产假）后重返工作岗位。在一起度过了这么长时间，把小宝宝交给别人照顾当然有些割舍不下，哪怕只是暂时离开也会不放心。与此同时，没有什么能改变你现在已为人父母的事实了，而且家里还有一个把你视为全世界的宝宝。如果你想让重返职场的过渡更顺利一些，可以试试以下的建议。

- *抛开负罪感。*生完孩子后重返工作岗位，往往会让很多新妈妈感到特别纠结。但是，外出工作并不会让你成为一个不称职的妈妈，期待工作中的挑战和互动又有何妨?
- *和老板谈谈。*如果有需要，你可以咨询一下弹性工作时间、远程办公或兼职事宜。
- *为喂养方式改变做出计划。*如果你正在哺乳，并计划在返回工作岗位后继续坚持母乳喂养，可以问问公司是否有干净、私密的房间供你吸奶。在返回工作岗位前两周左右，改变哺乳的时间安排，在白天至少吸奶1～2次，按照每天上班前和下班后的时间段亲自喂宝宝。提前一段时间让其他人在工作时间段喂宝宝喝储存的母乳，帮助宝宝适应。
- *从后半周开始。*如果可以的话，在一周的后半周回去工作。这将使你恢复工作的第一周过得更快些。
- *有条不紊。*列出每天的待办事项清单，明确哪些事情需要做，哪些可以暂缓，哪些可以完全跳过。
- *保持联系。*与宝宝的照顾者保持联系，了解宝宝的情况。让照顾者给你发来宝宝日常的照片或视频。
- *制订备选计划。*要想清楚，如果宝宝生病或宝宝的照顾者在工作日不能来帮忙，你该怎么做——不管是你或你的伴侣请假，还是打电话给亲友，请他们来照顾宝宝。
- *保持积极的心态。*在结束一天的工作回到家时，告诉宝宝你很高兴见到他（她）。他（她）可能听不懂你的话，但会感受到你的情绪。

第三个月的里程碑

在第三个月里，宝宝会忙于：

- 趴着的时候，抬起头和胸四处张望。
- 趴着的时候，尝试用手臂支撑上半身。
- 坐着的时候，更长时间地保持头部稳定。
- 将手放在视平线处把玩。
- 试着将手放到嘴里。
- 猛打悬挂的物品。
- 开合双手，将手指张开。
- 短暂地拿住玩具。
- 伸展和踢腿。
- 发展远距视觉能力。
- 认出远处熟悉的人和物品。
- 协调使用手眼。
- 分辨不同的颜色、味道和气味。
- 学会发出更多的声音，包括尖叫声、咆哮声、辅音，甚至是咯咯笑。
- 转头看向声音传来的方向。
- 进行眼神交流。
- 欣赏家人和熟人的面孔，甚至一些陌生人的面孔。
- 用更多的沟通技巧去表达新出现的情感。
- 模仿一些声音、动作和面部表情。
- 学会自娱自乐。

宝宝的社交能力发展

用不了多久，父母和其他家人就会成为宝宝生命中最重要的人，他（她）的世界完全以你和家人为中心。因为你们是他（她）最先接触到的人。宝宝会参与到你们的日常生活中来，观察、倾听和了解你们的互动方式。

讨人喜欢的小宝贝 大约在这个时

候，宝宝不仅对你的关注感到高兴，而且开始发现自己的吸引力。宝宝知道，通过一个微笑或兴奋的尖叫，他（她）可以吸引你的注意力，并且收获亲切的回应。宝宝能够与周围的人进行眼神交流，更积极地与人互动。尽量抽出时间陪伴宝宝，远离电话、电视和其他会分散注意力的设备。

有的宝宝甚至会因为脸部和声音的反应，或者是对抚摸的反应而开始咯咯地笑，或大笑。一般来说，出声的大笑通常是在宝宝学会社交性微笑后一个月左右才会出现，这对你们的亲子关系有很大的促进作用！

在这个阶段，宝宝还没有形成对陌生人的焦虑，甚至可能相当的外向，很乐意见到其他人。这可能是一个让宝宝和值得信赖的成年人建立联系的很好的时机，可以让宝宝和祖父母或保姆一起待几个小时。因为再过几个月，宝宝可能就不那么想和你分开了。如果宝宝已经习惯了你离开一段时间后又总是会回来的情况，那么当你需要暂时离开时，把孩子交给别人照顾一小会儿会变得轻松一些。

渴望被关注　在这个月里，你可能也会注意到宝宝的哭声不仅是为了表达一种需要或感觉，而是为了引起你的注意。值得庆幸的是，在未来几周内，宝宝的哭闹一般都会减少，但很可能会变得更有目的性，比如是为了让你回到他（她）的身边。继续快速（或者，尽可能快地）、热情地回应，哪怕只是通过呼唤宝宝来回应。这将有助于让宝宝放心，让他（她）知道你还在那里。这种持续的回应，有助于巩固宝宝对你的信任和安全感。

第二十二章
第四个月

在进入宝宝出生后的第四个月之前，先自我表扬一下吧。你已经成功度过了为人父母的最初几个月，这可能是你成年后生活中最大的转变之一。在这个月龄，大多数婴儿已经开始适应这个美好新世界的生活。他们在与父母的关系上，也变得更有安全感，更能适应并对环境做出反应了。

新手父母往往会发现接下来的几个月是非常快乐的时光，可能已经习惯了现在的生活节奏，饮食和睡眠时间也变得更有规律。因为大脑和神经系统已经足够成熟，宝宝烦躁不安的时间可能也在逐渐减少，在继续探索新景象和声音的同时，也已经准备好了与家人和朋友互动。各种新生儿反射正在慢慢消失，宝宝现在已经可以开始有意识地活动和做一些事了。此外，他（她）在传达情绪和需求方面也变得更加出色，这些进步都能让你更加了解宝宝。换句话说，你与宝宝之间的亲密关系真的是在不断取得新的进展！

这段时间，享受彼此的陪伴，陶醉在美好的日常小事中吧——咯咯的笑声、浴缸里的水花或窗上的小虫子，是不是没想过生活可以如此精彩？

宝宝的生长发育和外貌

在3～4个月大时，宝宝的生长速度可能会稍稍放缓，但你仍然可以期待他（她）会在一个月内长0.75～1.5磅（0.5～0.7千克），身长增加约0.5英寸（约1.3厘米）。有些宝宝到了第四个月时，体重可能会比出生时增加一倍，头围会增加约0.5英寸（约1.3厘米）。在宝宝进行第四个月的健康检查时，你可以将这些记录和医生提供的图表进行对照，然后你就能了解宝宝的生长速度情况。

皮疹　在你正准备给宝宝换纸尿裤时，却发现纸尿裤覆盖的部位出现了一片鲜红的皮疹。警铃在你的脑中作响，你急忙给医生打电话咨询。以上这种情况，几乎每个父母都会遇到。一方面，如果你注意到有什么不寻常的地方或担心宝宝的健康时，确实应当及时寻求医生帮助。但另一方面你也应该知道，婴儿的大多数皮疹都是很常见的，通常并不严重。但如果宝宝在发热的同时出现皮疹，确实应该立即联系医生。

宝宝身上的皮疹通常是由刺激物引起的，例如肥皂残留或粗糙的衣物，或者是潜在的病毒感染，如细小病毒感染或蔷薇疹病毒。由于皮疹非常明显，所以会成为许多新生儿父母的关注焦点。但大多数时候，皮疹并不是严重的问题，根据医生的指导做适当的护理，涂一些温和的可的松软膏即可，有时候甚至不需要治疗。

婴儿皮肤护理的一般法则包括：避免洗澡时间过长、水温过高，并且让宝宝避免接触可能导致过敏的物品和纺织品。另外，温和的保湿乳可以帮助舒缓皮肤。你可以在第七章读到更多关于常见皮疹的情况。

睡眠规律　我们来打一个准能赢的赌：几乎所有的新手父母希望在书中、朋友的建议里或网站上找到能让宝宝快速入睡的秘诀。可惜，世上并没有一个简单可行的解决方案。宝宝的睡眠习惯取决于许多因素，包括年龄、胃容量，以及性格等多种因素。有的宝宝会一声不吭躺下就睡，偶尔中间醒来吃点奶。有的宝宝一放进婴儿床里就哭，很难被哄入睡。

在宝宝出生后的最初几个月里，如果想帮宝宝建立良好的睡眠，那么对他（她）的哭声做出回应并提供足够的安抚是很重要的。不过宝宝第三四个月时，你可以开始采取措施帮助他（她）入睡，这是每个宝宝终究要学会的重要技能。

这个阶段的家长，往往会担心放任宝宝哭泣的做法。这里有很多关于让宝宝入睡的“最佳”方法的建议，看看哪种方法最适合你。与此同时，你要记住几件事：第一，普通的哭闹不会伤害到宝宝，也不会影响宝宝对你的依恋程度。你充满爱意的照料才是将你们联系在一起的纽带。第二，如果宝宝起初不喜欢自我安抚，要坚持住。一开始可能会很艰难，但有一点是肯定的，那就是这个阶段不会永远持续下去，如果你坚持帮宝宝培养睡眠习惯，宝宝最终会“像个宝宝那样入睡”（哦，这真是个反话。)。

有关如何帮助小家伙睡个好觉的窍门，请参阅第九章。

宝宝的运动

大约到了第四五个月时，让宝宝看起来像一个婴儿击剑手——当头转向一个方向时，同一侧的手臂伸直，另一侧的手臂弯曲在头顶上（强直性颈部反射）——当这种新生儿反射消失后，宝宝发展大运动技能的道路便被扫清了。在这个阶段，宝宝通常看起来“坐立不安”，但他们其实是在有目的地协调大肌肉群的运动能力，以便可以四处移动。

大多数宝宝4个月大时，可以在俯卧时用手肘或双手撑起身体，这个过程很好地锻炼了手臂肌肉。这种“迷你俯卧撑”是宝宝获得的新的技能，这将有助于增强翻身时所需的肌肉力量。有些宝宝甚至可以利用手臂的力量，原地转圈或挪动几厘米。

同时，当宝宝努力练习抓握时，他（她）的精细动作能力——通常涉及手和手指的技能——也在不断地提高。

抽测：这个月的情况

以下是宝宝第四个月时的基本护理情况。

进食 这个月的宝宝仍然只需全母乳或配方奶喂养。在这个月里，白天喂奶的次数一般会减少到4～5次，但其间的成长高峰可能会导致宝宝在几天内吃奶的次数增加。在这个月里，虽然可以让宝宝开始吃麦片或其他固体食物，但还是要稍微等一等，等到有明显的迹象表明宝宝已经准备好吃固体食物（见第四章）再开始。

睡眠 这个月的宝宝每天要睡15小时左右，包括比较可预测的夜间睡眠时间，通常是6～8小时，不过每个宝宝的情况都不一样。大约在这个月龄，宝宝睡觉时会变得更活跃，比如会发出声音，变得很不老实，经常吵醒父母。给宝宝几分钟时间让他（她）自己安静下来，这可以让宝宝在晚上醒来后学会自我安抚。虽然宝宝已经有能力开始挪动自己的身体了，甚至可能学会了翻身，但还是要让宝宝以仰卧的姿势入睡。这时，宝宝可能已经习惯了白天小睡2～3次，每次大约一两个小时。有关睡眠的更多信息，请参见第九章。

头部和背部的控制 宝宝快满4个月时，对头部和颈部的控制能力已经很好了。能够完全控制好头部是一个重要的里程碑，这项能力对于掌握其他运动技能，包括坐、爬行和行走，都是至关重要的。

俯卧状态下，宝宝很容易抬起头和肩膀，用手和胳膊支撑着看向前方（这是摄影师最喜欢的人像姿势，谁能怪他们呢？这简直太可爱了）。

在拉着4个月大的宝宝坐起来时，大约一半的宝宝可以保持头部和身体同步。事实上，宝宝甚至还会自己抬起头，试图坐起来。到3个半月大时，大多数宝宝被抱着坐时，可以保持头部的稳定。

坐着时，宝宝的背部肌肉在帮助脊椎保持竖直状态，减少弓背的现象。

翻身 按照平均水平来说，这个月大部分宝宝可以开始真正翻身了。当然，有些宝宝可能在更早的时候就已经掌握了这个技能。但是，如果宝宝在4个月大的时候还没有开始翻身，也不用担心。在不久的将来，你可能就会注意到他（她）开始尝试做这个动作了。有些宝宝甚至会直接跳过这个里程碑。

从趴着翻成躺着只需要重力上的转移，这通常比从背面往正面翻身来说要容易些。这也是为什么大多数宝宝都先学会从趴着翻成躺着的原因。当宝宝醒着时，给他（她）留出一块空间，并多让他（她）趴着，这将为宝宝练习翻身提供机会。

从躺着翻成趴着位这个技巧，宝宝通常要晚一些才能掌握，因为这需要更复杂的技巧，例如来回摇摆、拱起背部和扭腿翻转。不过每个宝宝都不一样，一些宝宝从这边翻向那边，另一些会从另一边翻向这边。不管宝宝翻不翻身，或从哪边翻，宝宝对从一处移动到另一处表现出兴趣才是最重要的。

不要等到宝宝从沙发或床上滚到地板上时，才发现他（她）会翻身了。记得及时采取防护措施，避免让宝宝在没有保护的情况下独自待在高处。

站立 到第四个月月末的时候，大多数宝宝只需稍加帮助，就能用腿部承受自己身体的重量。如果你扶着宝宝做站立的姿势，他（她）很可能会用脚往下使劲。事实上，你可能会觉得腿就像蹦床一样，他（她）在这个姿势下学会了使劲地弹跳。在支撑良好的情况下，站立和弹跳不会伤害宝宝的腿部或臀部，同时还会让宝宝（和你）得到很好的锻炼。只要你别同时拿着一杯热咖啡或茶就可以了。

如果宝宝在第四个月时，还不能用双脚支撑自己身体的重量，也不必担

确保游戏时的安全

好好享受跟宝宝的玩耍时光吧，当然前提是要确保你们玩耍的空间没有任何潜在的危险。虽然宝宝可能还没开始爬行，但在这段时间里，他（她）会把任何能放进嘴里的东西塞进嘴里。养成每次把宝宝放在地板上玩耍时，都要以“婴儿视角”进行安全检查的习惯。趴在地上，保持与宝宝同样的高度，寻找这些东西。

- 宝宝可能会不小心吞下的小东西，如硬币、纽扣电池、磁铁、回形针、小块食物或糖果等。
- 带小零件的玩具。
- 气球。
- 无遮挡的电源插座。
- 窗帘绳，宝宝可能会被缠住。
- 电熨斗、电灯或其他电器的电线，因为如果宝宝拉扯到，可能会把它们拽下来。
- 塑料袋或包装物，它们可能使宝宝窒息。
- 报纸和杂志。
- 宠物的玩具或食物。
- 屋内植物。

排查安全隐患这件事，可以邀请宝宝的哥哥姐姐参与活动，对他们来说，这是有趣而有益的活动。告诉家里的大孩子，哪些东西可能给宝宝带来伤害，这样也能帮助他们进一步认识到，把玩具和物品留在游戏区周围有什么危害。

心。如果宝宝到了6个月大的时候还不能做出这样的动作，你就需要联系医生了，以便决定是否需要对宝宝进行进一步的检查。

伸手抓握 本月宝宝可能会忙着挥舞着手臂、拍打附近的物体并试图够到它们。如果你给宝宝一个拨浪鼓或类似的玩具，他（她）很可能会抓握住玩具、晃动它，甚至塞进嘴里。

你会发现，有时宝宝会有意识地看向一件物品并伸手去抓它，也有些时候，宝宝的手会碰到一些东西并本能地抓住它。对突然出现在手里的东西，宝宝们可能会感到有些惊讶或好奇。

从本能的抓握反射到自主地去抓握某件物品，这是一个逐渐变化的过程。

宝宝的感官发育

在满6个月前，宝宝会通过触摸、感受和把能弄到的任何东西放进嘴里来进行大量的探索。听觉和视觉的配合有助于促进宝宝的运动、心理和社交技能的发展。鼓励宝宝伸手去抓看见的东西吧，抓握和触摸物体有助于小家伙熟悉它，而摇晃物体和听它发出声音，有助于宝宝学习因果关系。而你对他（她）这些小小成就给出及时的反馈，有助于帮宝宝发展语言和社交能力。你看，在宝宝长大的过程中，发育的不同方面形成了复杂的互动，这样才能让他（她）不断成长。

用嘴探索 在这个阶段，宝宝在感受物体特征时，嘴会比手指更敏感。因为此时他（她）的小手还不够灵巧，无法用来探究物体，但舌头和嘴唇却足以胜任这项工作了。如果宝宝不能把感兴趣的东西放进嘴里，他（她）可能会凑过去啃它。

与其花大量时间去阻止宝宝把东西放进嘴里，还不如多买些不同质地的、安全的玩具，以勾起宝宝更大的好奇心，鼓励他们用嘴巴探索世界。

如果宝宝拿到了危险的东西，最好的办法是迅速将其拿出宝宝的视线范围，然后用更合适的玩具来转移宝宝的注意力。在这个年龄段，宝宝只会对物品的外观感兴趣，还不懂什么东西可能是有害的。这就是为什么务必要保证宝宝游戏区安全、消除任何潜在危险的原因。

听力 倾听是探索环境的另一种方式。到了第四个月，宝宝不仅会因为你的声音而安静下来，还会把头转向你。宝宝也可能会把目光转向特定的声音，比如“咔哒咔哒”的声音或突然出现的音乐声，并且去寻找声源。

视力 到了4个月大时，很多宝宝的视觉追踪能力已经有了很大的提高。当一个颜色鲜艳的物体在头顶上缓慢移动时，宝宝可能会盯着它看。你也可能注意到宝宝会把注意力集中在非常小的物体上，比如一根纱线或一块面包屑，并对一定距离外的东西非常感兴趣，比如窗外的一棵树。逐步提高的手眼协调能力——既能看到物体又能伸手去拿它，进一步激发了宝宝的探索本能。

宝宝的智力发育

在这几个月里，宝宝的大脑活跃程度处于一生中的最高峰。随着宝宝的活动量越来越大，你可以真切地观察到他（她）的好奇心开始萌发。所有的东西都是宝宝感兴趣的对象，他（她）会动用一切能力——看、摸、闻、嗅、嚼——去发现和探索附近的东西，包括自己的手、脸颊、腿和其他身体部位。

语言能力　从出生起，宝宝就通过倾听他人的声音，以及从他们的声音和语气中捕捉交流的线索，来建立语言技能。虽然到了4个月大的时候，宝宝的“语言”还很含糊不清，但他（她）已经熟悉了许多你发出的声音，并可能开始尝试自己发出这些声音。积极鼓励宝宝进行这些“对话”吧，模仿宝宝的声音，跟他（她）谈谈周围的环境和你正在做的事情。你和宝宝之间的这些交流，是开发他（她）大脑结构基础——神经细胞网络的关键。

大笑　在这个月里，宝宝可能会频繁地笑出声来。宝宝的大笑是从叽叽咕

作为人生技能的大笑

尽量让家里充满笑声和幽默感，这会让你和全家人都受益。

黏合剂　当人们在一起笑的时候，会因为共同的经历和情感而联结在一起。和宝宝一起笑，有助于你们之间的关系变得更加亲密。

减压装置　当家里一团糟，比如衣服上有吐出的奶味、晚餐也乏善可陈时，用欢声笑语来平衡这一切，可以缓解你的压力，防止将压力在不知不觉中传递给孩子。因为即使是婴儿，也能感觉到照顾他们的人有压力，并倾向于将这些情绪反应出来。所以，与其急着去把碗塞进洗碗机或查看工作邮件，不如在漫长的一天之后，花几分钟时间和宝宝一起笑一笑。这会让你和宝宝感觉更好。

免疫系统增强剂　有证据表明，捧腹大笑可以增加能抵抗病毒性疾病和各种癌症的免疫系统细胞数目。

韧性制造者　如果你能在日常生活中让孩子看到，尽管生活偶尔会有低潮和暂时的不完美，但你仍可以笑着面对，你就是正在教会孩子关于坚韧和对抗压力的能力，这是将使他（她）受益终身的能力。

玩具和游戏

借助以下这些活动和玩具，可以促进宝宝的运动发展，激发他（她）的好奇心，并鼓励他（她）探索周围的世界。

练习坐姿 一旦宝宝能很好地抬起头来，可以尝试让宝宝坐在婴儿座椅上或靠在靠垫上，这样可以提升宝宝的平衡感，并有助于锻炼背部肌肉。你还可以和宝宝面对面坐着，一起玩唱歌和拍手游戏。你躺在地上时，也可以让宝宝靠着你的身体坐一会儿。不过，这时不要指望宝宝能坐很久。等到宝宝翻了几次身或厌倦坐姿之后，再换个活动，比如一起趴着玩或看本书。

选择能刺激感官的玩具 考虑到宝宝正处在喜欢用嘴探索事物的阶段，所以要选择不会因受潮或咀嚼而受损的玩具。摸上去有不同质感的书页、会发出吱吱声音的布书，都是既有趣又实用的。凹凸不平的磨牙环、大塑料钥匙圈、叠叠乐或软质积木等也是不错的选择。另外，寻找一些可以让宝宝练习握住、摇晃和摆弄的玩具或日常用品。确保你选择的玩具没有可能脱落的小零件，以免给宝宝带来窒息的危险。

玩模仿游戏 大约从这个月龄开始，宝宝会开始对你发出的声音产生兴趣，并尝试着发出自己的声音。花点时间听宝宝的发声，然后尝试模仿。缓慢地、清楚地发音，让宝宝有时间试着发出同样的声音。如果你会说第二种语言，试试用它与宝宝交流，也可以模仿宝宝的面部表情和笑声。这样有助于提升宝宝的语言技能和社会交往能力。

享受洗澡时间 当宝宝能比较熟练地靠坐时，父母往往会把洗澡时间变成游戏时间。泡在温水中的失重感，以及没有尿布和衣服的束缚，都会给宝宝带来很好的感官体验。但要记住，泡泡浴和香皂对宝宝的眼睛、皮肤和生殖器都会有刺激性。要密切关注和抓好宝宝，水会让好动的宝宝变得格外滑溜，千万不要把宝宝单独留在浴盆里。

咕和咯咯笑中演变出来的，通常在距他（她）第一次露出真正的笑容后的一个月左右才会出现。起初，宝宝的笑声往往是对某件事情的回应，这些事情可能是你的笑声、哥哥姐姐的鬼脸。宝宝也可能为了引起你的注意，或者只是为了体验发出声音而笑。但在未来的几个月里，你会发现宝宝开始有了幽默感，比如一些不寻常的事情可能会击中宝宝的笑点。

宝宝的社交能力发展

在第四个月里，宝宝已经开始有了明显的迹象，能认出你和其他家人。如果你还有一个孩子，那么哥哥或姐姐将会是宝宝最喜欢的玩伴，他（她）总能更轻易地让宝宝笑出声。

对于兄弟姐妹们来说，这是一段“蜜月期”。宝宝已经能够用微笑、咯咯笑来让哥哥姐姐感到兴奋，另外，他们年纪都还很小，不会因为抢玩具或打扰

第四个月的里程碑

在第四个月里，宝宝会忙于以下事情。

- 趴着时用手肘和双手撑起自己来环顾四周。
- 靠坐时能保持头部稳定。
- 练习可以让自己翻身的运动。
- 用双腿支撑身体的重量，在胳膊有辅助的情况下蹦跳。
- 抓握、晃动玩具，练习丢掉玩具。
- 将手放到嘴里，用嘴探索物品。
- 研究小东西。
- 盯着远距离的东西看。
- 寻找声音的源头。
- 变得更加善于用肢体语言和声音交流。
- 大笑。
- 模仿语音。
- 来来回回和你“交谈”。
- 喜欢和别人一起玩耍，吸引别人的注意力。

他们玩要带来“麻烦”。

在这个月龄，宝宝还没有出现陌生人焦虑，而且很可能会喜欢见到新面孔，并对任何会做出回应的人报以微笑、扭动或大笑。对于大多数家长来说，这是很舒服的一段时间。宝宝已经足够大了，你不需要过度担心会弄伤他（她），而且你知道宝宝和其他人在一起也会感到舒服。在这个月龄，你可以轻松地和别人一起分享宝宝带来的乐趣。

分散注意力 宝宝快满4个月时，喂奶的频率越来越低，而且吃奶时，宝宝的注意力会被其他的人和活动所吸引。宝宝可能会动来动去或停止吃奶，以便和你玩要或“说话”。这种分心并不代表宝宝拒绝母乳喂养或对配方奶感到厌烦。宝宝容易分心是正常的，因为他（她）正在发现和探索这个世界。宝宝可能会发现，喂奶时间不仅是吃饭的时间，也是社交、积累经验和学习独立的机会。

即便你很想让宝宝通过探索和互动来学习，但给一个心不在焉的小不点儿喂奶可能的确会让人感到沮丧。你可以试着找一个安静、不受干扰的地方喂奶。在清晨宝宝还处于昏昏欲睡的状态，而且房间里还黑着的时候，是一天中最理想的喂奶时间。

第二十三章
第五个月

很多父母都非常期待这个月，因为这意味着你可以开始给宝宝添加母乳或奶粉以外的食物了。食物是人类文化的重要组成部分，它不仅在生存中扮演着重要的角色，而且在社会传统和休闲娱乐中也有着重要的地位。父母都希望与宝宝分享美味食物的喜悦。宝宝能在餐桌上和大家一起吃饭，也是向融入家庭迈出的重要一步。

尽管你可能很想和宝宝一起开启美食之旅，但要记住宝宝的成长和发育阶段。在这一章中，你将了解到哪些是宝宝已经准备好吃固体食物的迹象，以及成功引入固体食物的技巧。你可以在第四章中阅读关于婴儿营养的更详细的内容。

在第五个月里，宝宝对身体的控制力越来越强，满怀热情地探索每一种新发现的技能。他（她）也在不断发现从快乐到暴躁的新情绪，并牢固地确立自己在家庭中的地位。

宝宝的生长发育和外貌

在宝宝4～5个月大时，他（她）的生长速度可能会和上个月一样，比起最初三个月要慢一些，但不会太多。大多数宝宝的体重会增加1～1.5磅（0.5～0.7千克）或更多。在这个月里，宝宝的身长和头围都会增加约0.5英寸（约1.3厘米）。

添加辅食 从这个月到下个月，宝宝开始发展出将固体食物从嘴前移到嘴后并吞咽的协调能力。同时，宝宝对头部的控制能力也会加强，并学会在支撑下坐直——这些都是开始吃辅食的基本技能。

母乳或配方奶已经足够满足宝宝在最初4～6个月的需要。但最终还是需要额外的营养，这样宝宝才能继续茁壮成长。例如，宝宝满6个月后，通常仅靠母乳已经无法满足宝宝对能量、蛋白质、铁、锌和其他营养素的需求了。

宝宝准备好了吗　在4～6个月大时，大多数宝宝已经准备好开始吃固体食物，作为母乳或配方奶的补充。但年龄不应该是唯一的决定性因素。你要确保宝宝在身体和社交方面都准备好了，当然你自己也不要对于开始给宝宝吃固体食物有压力。其实如果可能的话，美国儿科学会更倾向于父母等到孩子6个月大时再开始喂养固体食物。如果你不确定宝宝是否已经准备好吃固体食物，请问问自己下面这些问题。

- 宝宝抬头时能保持头部稳定吗？
- 宝宝能在有支撑的情况下坐好吗？
- 宝宝对你的食物感兴趣吗？比如可能会盯着你的早餐，或者在勺子伸过去时张嘴。

如果你对这些问题的回答是肯定的，并且得到了医生或营养师的同意，你就可以开始给宝宝补充流质辅食了。请在第四章中了解更多关于辅食添加的时间和食材相关的内容。

成功进餐的小窍门　一旦宝宝开始吃母乳或配方奶以外的食物，喂养过程中的互动就会增加很多，而且很可能会变得更加混乱！但这并没有关系。这都是探索新事物过程中的一部分。当宝宝到了准备好尝试固体食物的时候，可以参考以下建议。

选择尝试的好时机　第一次尝试时，选择一个宝宝最容易接受尝试的时间，比如当宝宝很清醒、感觉干爽舒适，并且不太饿的时候。如果宝宝非常饿，你可以先让他（她）吃一点母乳或配方奶，然后再吃固体食物。

设定你的期望值　提醒你自己，第一次吃固体食物的目的是让宝宝体验食物，而不是满足营养需求。事实上，很可能要过上几周以后，宝宝吃下去的食物量才能满足他（她）的整体营养需求。

坐直　喂辅食时，你可以试着把宝宝放在自己腿上或婴儿安全座椅上。当宝宝可以不需要支撑就能坐着的时候，你可以让他（她）坐进高脚餐椅里。

用勺子　美国儿科学会建议用勺子给宝宝喂食。一个小咖啡匙或橡胶涂层的婴儿汤匙通常比较好用。用勺子吃东

抽测：这个月的情况

这是宝宝第五个月时的基本护理情况。

进食　虽然有些家长在这个月开始给宝宝吃固体食物，但母乳或配方奶在宝宝的营养摄入过程中仍然扮演着核心角色。在开始吃固体食物之前，一定要确保宝宝在身体发育上已经准备好了，如能吞咽、稳住头部、能在有支撑的情况下坐稳等。

睡眠　宝宝晚上可能会睡6～8小时的整觉。有的宝宝在夜间仍会醒来吃一两次奶。宝宝24小时内的总睡眠时间加起来可能达到14～15小时，其中包括白天的几次小睡，通常是上午和下午各一次。有的宝宝可能需要在下午晚点再睡第三次。

西，可以帮助宝宝学会不用吸吮就能吞咽，并且让他（她）学会用和家里其他人一样的方式进食。避免用奶瓶给宝宝吃营养米粉，因为这样会导致他摄入过多的热量。

从少量开始　宝宝的第一餐可以只吃几勺食物，如煮熟的麦片、肉或蔬菜等。可以在辅食中加入母乳或配方奶进行稀释，直到它变成浓稠的奶油状，以帮助宝宝完成从奶瓶到勺子的过渡。在接下来的几餐中，当宝宝习惯于吞咽固体食物后，你可以逐渐增加食物的浓稠度。

要有耐心　虽然有些宝宝在吃了第一碗“大孩子”的食物后感到很兴奋，但也有些宝宝可能在第一次吃到固体食物时不太买账。如果宝宝拒绝了第一口辅食，不要放弃希望。把食物清理掉，几天后再试一次。专注于享受食物本身，不要执着于让宝宝在某个日期前吃固体食物。宝宝会有足够的时间来适应勺子，并将它作为另一种美食的载体。

大便的小贴士　一旦你开始给宝宝吃固体食物，你可能会发现宝宝大便的质地、颜色和气味都有了变化。固体食物会让宝宝的大便更成形，豌豆、蓝莓和甜菜等食物也会使大便的颜色有明显的差异。最后，同样重要的是要准备好迎接臭臭的大便，因为固体食物中添加的糖分和脂肪会导致大便有强烈的气味。

让宝宝喜欢吃水果和蔬菜

当孩子开始吃固体食物时，父母面临的一个共同难题就是让他们吃水果和蔬菜！科学家发现，解决这一难题的部分方法很可能要考虑妈妈自己的饮食习惯，甚至可能要追溯到宝宝出生前。

由于一些食物的味道是通过羊水或母乳传递给宝宝的，所以妈妈吃什么会影响到宝宝早期对味道的体验。有证据表明，在怀孕或哺乳期间，妈妈越经常吃某种特殊的食物，比如胡萝卜等，当宝宝开始吃固体食物时，就越容易接受胡萝卜的味道。而且，由于母乳喂养能给宝宝提供更多的口味体验，母乳喂养的宝宝似乎不那么挑剔，更愿意尝试新的食物。

另一项研究表明，反复接触一种食物有助于宝宝习惯它的味道。例如，一项研究发现，给一组婴儿首次品尝青豆时，许多婴儿会眯着眼睛，眉毛或上唇上扬，又或者皱起鼻子。但在反复品尝青豆后，宝宝们惊讶或厌恶的表情减少了，而且吃蔬菜的意愿也更强，尤其是在青豆之后再加上甜味水果，如桃子等。

这类研究还在进行中，但在这期间，家长自己吃得好，并把好吃的食物摆出来也无妨。很有可能宝宝会自己喜欢上某种食物，而不单单是因为你说好吃。

宝宝的运动

在4 ~ 5个月大时，大多数宝宝会达到第一个重要的里程碑——良好的头部控制能力。到了这个月末，宝宝很可能在坐着的时候能够稳定地抬起头，同时也能学会转头了，这样就更容易追踪移动的物体和识别不同的声音和噪声。

一旦宝宝能完全控制头部，他（她）就掌握了独坐的必要技能。与此同时，随着宝宝月龄的增长，他（她）可能会越来越不满足于只是躺着或趴着，而是想要直起身来。在这个月和下个月，宝宝正努力在没有帮助的情况下坐起来。

趴在地板上玩，抬起头和胸部看玩具，对宝宝来说都是很好的练习，可以帮助他（她）增强颈部肌肉力量，发展坐起来所需的头部控制能力。

翻身　这个时候，大多数宝宝在尝试翻身方面也有了进步。到了这个月末，有些宝宝甚至可以在不需要帮助的情况下翻身了。一旦宝宝学会了从趴着翻身成仰躺，再从仰躺翻身成趴着，他们可能一开始会像以前那样趴着睡，但半夜就会翻身。如果宝宝出现这种情况，不要强迫他（她）再翻回来。一旦宝宝的头颈部得到控制并能翻身，发生婴儿猝死综合征的风险就开始降低了。

伸手和抓握　在第五个月里，你可能会发现宝宝开始尝试着去够取玩具或其他物品。刚开始的时候，宝宝可能无法第一次就抓到想拿取的玩具。在4个月大的时候，宝宝对待物体的方式仍然是用手拍打。但最终，他（她）可能会尝试用手掌按住一个较大的物体，并弯曲手指，从而拿起这个较大的物体。当宝宝真的抓到玩具时，他（她）可能会用双手抓着玩具摇晃，很开心地玩。这个阶段的宝宝仍然可以通过悬挂的晃来晃去的玩具来娱乐，这能帮助宝宝进一步发展手眼协调能力。

蹦跳　4个月大的宝宝很可能会从“站立”在你的大腿上获得极大的快乐，也许还能蹦蹦跳跳。所有的弹跳都是正常发育的一部分，对宝宝的臀部、腿部或脚部没有任何伤害。到了5个月左右，你会发现宝宝的双腿可能已经可以承受全身的重量了。虽然独自站立和行走还很遥远，但你可以看到，这些发育的每一个小进步都正在为宝宝活动能力的提高做准备。

鼓励宝宝参加体育活动　逛婴儿用品店时，你会看到琳琅满目的婴儿用品——秋千、游戏机、婴儿座椅、多功能游戏桌、学步车、婴儿健身架、充气椅——天啊！而宝宝在学习新技能时，你可能会很想让他（她）试试这些新鲜的小玩意儿。很多婴儿用品宣传时，都号称可以帮助宝宝尽早达到新的里程碑，比如说独立坐或走路等。

事实上呢？婴幼儿最需要的是，在保证有人密切看护的情况下，能够自由地探索四周，并练习还处于萌芽状态的技能。当然，在游戏过程中，与看护者的热情互动也很重要。

这意味着你要时常和宝宝一起待在地板上吗？不一定。某些专为宝宝设计的玩具确实会派上用场，比如多功能游戏桌，宝宝可以坐在上面，也可以在上面跳、玩玩具，或者能让宝宝坐在上面的塑料椅子。秋千和婴儿护栏有时也是必要的。但要记住，这些东西主要是为了方便你，让你有时间不受限制地活动，比如说做家务或吃早餐。试着减少宝宝使用这些设施的时间，因为长时间的活动限制可能会影响宝宝的生长发育。宝宝使用这些设施时，小心留意哥哥姐姐的行动，因为他们可能出于好心，非常乐意“帮助”宝宝，结果无意中造成伤害（例如“妈妈，你看萨米荡秋千能有多快！”）。

美国儿科学会特别建议不要使用学步车。学步车一般都有个布制的座椅，安装在带轮子的框架内，即使宝宝还不能爬行或行走，也可以借助学步车在房间里走动。一些研究表明，学步车会使宝宝更容易受伤，比如从台阶上摔下来或伸手去够危险的东西。美国儿科学会认为，学步车的速度太快，即便有家长监护，在事故发生之前，家长也根本无法追上学步车。其他专家也警告说不要使用跳跳椅——挂在门框上的座椅。如果你需要一个地方让宝宝安全地自娱自乐几分钟，可以考虑使用固定的多功能游戏桌或婴儿护栏。高脚椅也可以起到这个作用，一旦宝宝能够安全地坐着，就可以使用儿童高脚椅。

请记住，如果宝宝有发育障碍，医生可能会建议使用某些设备来帮助宝宝在支撑下坐着或在帮助下移动。

宝宝的感官发育

在这个月里，嘴巴变成了幼儿探索的一个更重要的途径。你可以多给宝宝提供些安全的玩具和日用品，让他（她）练习拿起东西放进嘴里的技能。这有助于宝宝发展感觉和运动能力。同时，要时刻留意可能使宝宝窒息或中毒的危险物品。

视力　早些时候，宝宝就已经在学习如何区分类似的醒目颜色。在这个月和下个月，视觉意识的提高有助于宝宝辨别更微妙的色调，如柔和的粉笔的色彩，尽管醒目的颜色可能仍然是宝宝的最爱。视觉追踪和协调能力的提高，也有助于宝宝更好地伸手抓取较大的物体和玩具。这时，小东西肯定会引起宝宝的注意，但他（她）的手还不具备拿起这些东西的灵活性。这个阶段的宝宝也开始分辨他人的不同情绪，如喜悦、恐惧或悲伤等，并做出类似的回应。

听力　在4～5个月时，大约有一半宝宝会把头转向声音方向。这个阶段的宝宝大多会把头转向连续且短促的高音，以寻找声音的来源。在这个阶段，宝宝也学会了通过语调来区分情绪。如果这个月龄的宝宝对声音没有反应，请及时咨询医生。虽然新生儿出生后一般都会立即进行听力筛查，但你在家中的观察结果是确定是否需要做进一步检查的关键。

宝宝的智力发育

随着大脑的发育，脑部神经细胞之间的连接越来越多，宝宝对人脸、声音、地点和事件模式的记忆也越来越多。虽然宝宝从出生后就开始吸收周围的信息，但他（她）对这些新知识的反应能力有限。现在随着宝宝运动能力的提高，你会发现宝宝开始应用记忆中储存的知识了。

这体现在宝宝看见你时，或对喂奶、洗澡等日常事务的反应上。如果你坐在最喜欢的椅子上准备哺乳或用奶瓶喂奶，你可能会发现宝宝能很快安静下来并发出一些声音或在踢腿，期待着他（她）所知道的接下来将要发生的事情——喂奶。如果由于某种原因，宝宝没有得到预期的东西，你可能会听到咯咯叫或不满的声音。

学习事物的工作原理　同时，宝宝的好奇心和注意力也在增强。这让他

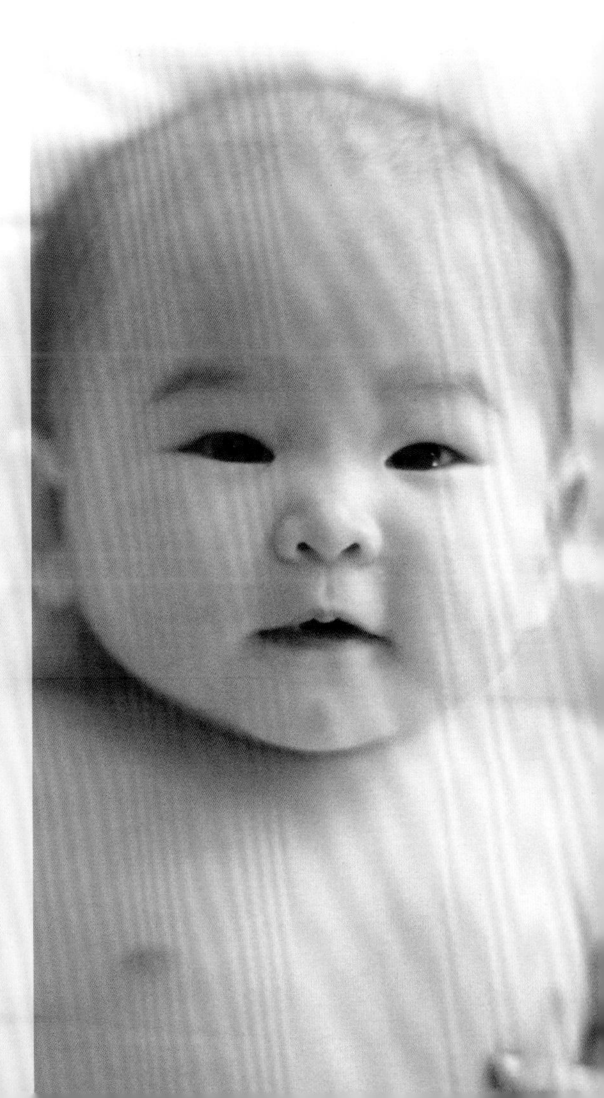

（她）可以花更多的时间去研究事物，观察事物的运作方式。这种与生俱来的好奇心也会促使宝宝开始为那些还够不到的物体而努力。即使他（她）还不能很好地够到一个玩具，你也可以从宝宝的眼睛里看到他（她）的专注力。

在这个月里，宝宝也在学习更多的因果关系。当他（她）哭时，你就来了。敲玩具时，就会发出声音。咯咯地笑时，哥哥姐姐们也会咯咯地笑。就像科学家一样，宝宝可能会一遍又一遍地测试不同的动作，看看是否总能得到同样的效果。而且，每当结果和他（她）所期望的一致时，宝宝就会像成功的科学家一样自豪。因此，你能欣赏到宝宝的笑容，还有因为成就感而发出的尖叫，这些都能让你感受到他（她）的自信心。

语言技巧 5个月大的宝宝可能已经开始模仿你发出的一些声音了，尽管他（她）还需要几个月的时间才能理解如何用它们交流。在这个月和下个月，宝宝很有可能会重复一个单一的音节，比如“啊”或“哦”，然后在接下来的几天发现一个新的音节并反复练习。宝宝似乎很喜欢与新的声音玩，就像喜欢玩最爱的玩具一样。很快，宝宝就会对着你咿咿呀呀个不停，并且对听到从自己嘴里而非别人口中发出的声音感到兴奋。

为了促进宝宝的语言能力发展，你可以只要有机会就不停地对宝宝说话。定期面对面的交流是宝宝心理、情感和社会性发展的重要基石。当你对宝宝的互动要求做出积极回应时，你就是在教他（她）如何建立人际关系，巩固宝宝对你的安全依恋。

玩具和游戏

在这个阶段，宝宝对非常简单的物品和玩具很感兴趣。他们也不需要一大堆的玩具来陪伴。事实上，太多的玩具或太多的活动会让宝宝不知所措，从而导致哭闹。最好的做法是限制玩具的数量，每次只给宝宝几个。这样宝宝就能慢慢研究每一个玩具，看看它该怎么玩。在这个月里，宝宝可能会喜欢的玩具和游戏包括。

有声响的玩具　到了现在，宝宝已经开始有目的性地玩拨浪鼓和发出声音的玩具。给宝宝提供会发出声音的玩具，让他（她）在敲打和摇晃的过程中发现因果关系。婴儿似乎也可以从按下按钮就启动的玩具中获得快乐，比如一个弹出式玩具或婴儿电话。

有节奏的音乐　在还不大会用言语表达时，音乐可以帮助宝宝表达情绪和想法。大多数宝宝喜爱音乐，并且会跟随容易记住的旋律一起动起来。根据你的喜好，为宝宝制作一个适合的歌单（不一定是儿歌），并且循环播放。如果能抱起宝宝并和他（她）一起在屋里随着音乐伴奏唱唱跳跳，就更好了。

镜子的陪伴　把一面结实的镜子放在宝宝面前，看着他（她）和“另一个宝宝”熟络起来。在这个月龄，宝宝可能不会知道镜子里的人是自己，但是无论宝宝的看法如何，观看他（她）的滑稽动作都会很有趣。

让宝宝伸手够东西　当宝宝趴在地上或坐直的时候，在他（她）差一点点就能够着的地方放一些颜色鲜艳的玩具或物品。这会鼓励宝宝发展伸手够东西的技能，并提高他（她）的手眼协调能力。

宝宝的社交能力发展

在这个阶段，宝宝很快就能学会如何通过面部表情、声音和肢体语言来表达各种情绪。例如，他（她）现在会用笑声来表达快乐和兴奋；同时，也可能会开始表现出不喜欢的样子，对不关心的事情做个鬼脸或转身离开。当你向宝宝介绍新食物或者为了安全起见限制宝宝的行为时，回应你的更多是后一种类型的反应。

依恋感增强　到了第6个月，宝宝在家庭结构中建立了稳固的地位，并清楚地知道谁是亲人。宝宝对家庭日常生活感到很舒服，也很真切地期待着。和你在一起仍然是他（她）最喜欢的活动。事实上，这种对你和其他家庭成员更紧密的依恋感，可能会让宝宝在你停止游戏或离开房间时感到心烦意乱，表现出不快。宝宝甚至可能需要一点额外的保证，让他（她）知道你仍然是可靠的，比如和他（她）说话或唱一首歌，并在离开一会儿后尽快回来。

依恋的范围之所以缩小，其实与宝宝开始意识到有些人是陌生人有关。虽然宝宝很可能对陌生的人仍有接受、欢迎的反应，但在未来的几个月里，你会发现宝宝对谁陪在自己身边越来越挑剔。

个性显露 随着宝宝的渐渐长大，他（她）的性格特征会变得更加明显。宝宝是活泼好动、精力充沛，还是比较安静、谨慎？当无法达到目标时，宝宝容易沮丧吗？或者宝宝是否执着到可以说是固执的程度？宝宝是很容易适应新环境，还是需要一段时间才能熟悉起来？

每个人天生就有特定的行为特征，这些特征构成了宝宝的基本气质。同样的气质特征，在不同的情况下，会让你作为父母的心情截然不同。例如，同样是精力旺盛，既能让宝宝和你玩得很开心，也会让宝宝在换尿布或喂奶时调皮捣蛋，后者就让人很头疼了。

一般来说，宝宝的性格特征是无法改变的——这就像试图改变宝宝的人格一样。但是，通过了解宝宝的日常行为和性情，你可以更好地与他（她）相处，并调整你的育儿方式，让宝宝呈现出最好的一面。你现在与宝宝互动的方式，会为日后你们之间的关系奠定基础，影响的范围涉及童年、青少年时期甚至成年后。你可以在第十一章中阅读更多关于气质类型的内容。

第五个月的里程碑

在第五个月里，宝宝会忙于以下事情。

- 趴卧的时候，迷你俯卧撑做得更完美了。
- 靠着双手撑在前面，在地板上坐起来（三角式）。
- 用腿支撑体重。
- 从趴着翻身到躺着，甚至可能从躺着翻身到趴着。
- 尝试够到玩具。
- 用双手抓握。
- 用嘴巴探索。
- 研究小的物品。
- 转头去定位声响和声音的来源。
- 模仿话语。
- 重复单音节。
- 笑和尖叫。
- 表达厌恶，做鬼脸。
- 享受与其他人玩耍，在玩耍停止时哭泣。

第二十四章
第六个月

宝宝马上就要半岁了，想想你们已经走过了多远。现在，婴儿房里的小家伙已经不再是小婴儿，而是世界一流的探险家。你已经成为一个越来越自信的家长，熟悉了照顾宝宝的节奏，也更有能力迎接即将到来的挑战。

在这个月里，宝宝能越来越熟练地使用他（她）的双手了，甚至在月底前就可能不依靠支撑地坐着。宝宝的运动发展和感官发育给了他（她）探索世界的新工具，也促进了心理发育，提升了社交能力。这是一个有趣的时间段，宝宝咿呀学语和纵情欢笑，为成为家庭中的一员而兴奋。

宝宝的生长发育和外貌

到了第六个月时，很多宝宝的体重比出生时增加了一倍。宝宝这个月的生长速度很可能和上个月差不多——体重增加1～1.5磅（0.5～0.7千克）或更多，身长和头围增加约0.5英寸（约1.3厘米）。但如果几周后生长速度开始放缓，也不要惊讶。大多数宝宝在第7～12月的生长速度会比前6个月要慢一点。

牙齿！ 流口水、古怪和流泪——这是宝宝出牙了吗？虽然出牙的时间有很大的差异，但很多宝宝在6个月大时就开始出牙了。通常情况下，两颗下门牙（下中切牙）是最早出现的，然后是两颗上门牙（上中切牙）。出牙的典型症状和体征通常包括以下几方面。

- 流口水，宝宝可能在第一颗牙齿出现的前两个月开始流口水。
- 烦躁或易怒 。

- 牙龈肿胀。
- 咀嚼较硬的东西。

许多家长怀疑出牙会导致发热和腹泻，但研究人员表示事实并非如此。出牙可能会引起口腔和牙龈的症状，但不会导致身体其他部位出现问题。如果宝宝出现发热，似乎特别不舒服，或者有其他疾病的迹象或症状，请联系医生。而宝宝如果只是出牙的症状，则可以在家护理。

如果宝宝出牙时不太舒服，试试这些小窍门。

按摩宝宝的牙龈 用干净的手指、湿润的纱布或湿毛巾给宝宝按摩牙龈，牙龈受压能够缓解宝宝不适。

提供牙咬胶 你可以买个质地紧实的牙咬胶试试，液体填充的牙胶可能会被宝宝咬破。如果奶瓶管用，可以用它装水给宝宝喝。因为如果不用水，宝宝长时间接触配方奶、牛奶或果汁里的糖分可能会引起龋齿。

保持清凉 冷毛巾或冷藏的牙胶会有舒缓作用。但不要把冷冻的牙胶给宝宝，接触过分寒冷的东西可能会伤害到牙龈，给宝宝带来的伤害大于好处。如果宝宝在吃辅食，可以喂些苹果酱或酸奶之类较凉的食物。

擦干口水 宝宝出牙过程中通常会流很多口水。为防止刺激皮肤，可准备一块干净的布随时擦干宝宝的下巴。唾液有利于消化食物，在婴儿开始吃固体食物的时候，口腔里确实会分泌更多的唾液。

试试非处方药 如果宝宝出牙时特别烦躁，且宝宝已经满6个月，那么使用对乙酰氨基酚（泰诺林等）或布洛芬（艾德维尔、摩特灵等）可能会有帮助。但是，不要给宝宝使用含有阿司匹林的产品，而且要谨慎使用可以直接涂抹在宝宝牙龈上的药，因为药物可能会在其作用之前就被宝宝的唾液冲掉，而且过多的药物可能会使宝宝的喉咙麻木，影响宝宝正常的咽反射。

护理新牙 理想情况下，在宝宝长牙前，你每天就已经在用干净的湿毛巾擦拭宝宝的牙龈了。如果还没有，那么最好现在就开始，湿布可以防止细菌在宝宝的口腔中积聚。当宝宝长出第一颗牙时，你可以换成软毛牙刷来为宝宝刷牙，同时你也可以使用牙膏，每次的用量约为一粒米大小即可。如果你家里喝的是井水或瓶装水，宝宝可能没有什么机会接触到能够保持牙齿健康的氟化物，这种情况下请向医生咨询。

现在也是时候考虑定期的口腔检查

抽测：这个月的情况

以下是宝宝第六个月时的基本护理情况。

进食 母乳或配方奶仍然是为宝宝提供营养的核心，不过大多数家长会在本月底前开始为宝宝引入固体食物。一定要注意喂辅食时让宝宝坐着，避免吃硬的、难咀嚼的或小颗粒的圆形食物，因为这些食物有可能会引发呛噎。

睡眠 很多宝宝已经能不间断地睡6～8小时。有些宝宝在夜间仍会醒来吃1～2次奶。24小时内的总睡眠时间加起来可能会达到14～15小时，包括白天的几次小睡，通常是上午和下午各一次。有的宝宝可能需要在下午晚些时候再睡第三次。

了。尽管宝宝的牙齿看起来并没什么问题，很多牙医也建议宝宝在3岁前看牙医，但美国牙科协会和美国小儿牙科学会都建议在宝宝长出第一颗牙后就去看牙医。宝宝在做健康体检时，也会顺便检查牙齿和牙龈。定期的儿童口腔护理有助于为宝宝成年后仍然能拥有健康的牙齿和牙龈奠定基础。

宝宝的运动

到了五六个月大的时候，大多数宝宝已经能很好地控制头部，并能自如地翻身了。这时，他们可能已经准备好开始学习独坐了。到了7个月左右，大多数宝宝已经学会了独立坐，但有些宝宝可能要等到9个月大时才会学会，这也属于正常范围。同时，宝宝的手部控制能力也会迅速发展，让他（她）能更灵活地探索周围的环境，甚至身体的其他部位。

扶坐 宝宝第一次尝试坐的时候可能会很有趣。起初他（她）会驼着背坐着，双臂伸向前方平衡。专家们有时会把这称为“扶坐”（tripod sitting）阶段。在这个阶段，几乎任何事情都会使宝宝翻倒，比如稍微向一侧倾斜，让宝宝看向另一个方向，或者试图转移重心。

这种驼背式的坐姿会耗费宝宝的全部精力。他（她）可能除了把头抬起来而不摔倒之外，就再也做不了什么了。不过，几周后宝宝的力量和平衡能力就会得到改善，也能坐得更直了。

脚趾头，脚趾头，脚趾头！ 如果宝宝之前还没有发现自己的脚趾头，这个月很可能就会发现了。当手指看起来已经不再那么有新鲜感时，宝宝可能会看到自己脚上那些动来动去的东西，并把它们抬起来仔细观察。起初，宝宝可能只是抓着感受一下那些小脚趾。但是，毕竟他（她）们的身体柔软得不可思议，宝宝把脚趾头放到嘴里吮上好一会儿也是迟早的事。

拿起和丢开　在五六个月大时，宝宝对手的控制力已经好到能够伸向他（她）想要的东西，用耙子一般的动作把这个东西抓住。在学会抓玩具以后，宝宝就会开始练习把手上的东西转移到嘴里，通过触摸和品尝两种方式来探索这个玩具。你可能还会看到他（她）重复着手——嘴——手的动作，两手交替把东西从嘴里拿出来。到6个月大的时候，宝宝可能已经学会了把一只手上的东西直接换到另一只手上。

宝宝很快就会发现把东西放下就和把它拿起来一样有趣。一开始，丢掉东西几乎都是意外的。当宝宝学会拿一样东西时，一定也会很快弄掉它。但在接下来的几个月，他（她）会开始有意地把东西丢掉。在宝宝快满1岁时，他（她）会学会其他摆脱不想要的东西的方法，比如把它们扔掉或者摁进其他东西的表面。

在这个月龄，宝宝还是会用整只手拿起东西。这时候他们已经不再总是握着拳头了，放松状态下宝宝的手是张开的，你会发现那个紧攥着拳头的小婴儿逐渐长成了一个运动和协调能力更好的宝宝。这时候，宝宝刚开始用手来完成一些小的动作，但是对他们来说可不简单！ 在观察宝宝时，你很可能会看到他（她）在这种“玩耍”中要付出多少努力。当他（她）将手伸向一样东西时，他（她）的另一只手可能会做出同样的动作。当一只手去够一个玩具并抓到它时，两只手可能都会合上。

宝宝的感官发育

虽然宝宝的感官在整个幼儿期会持续发育，但现在的感官几乎和成人一样发达。宝宝视觉和听觉能力几乎和你处在同一水平，这种能力让你们能收获许多相同的经验，并互相分享。

视力　到了6个月大的时候，宝宝看东西已经比较清晰，能很顺利地追踪到掉落的玩具或其他物体。宝宝视觉系统的不断发展，让他（她）的深度感知能力更强。而且现在宝宝更多时候是直立着坐的，可以凝视着你或其他东西，而不仅是抬头看。当宝宝吃辅食时，你把满满一勺麦片对准他（她）的小嘴的那一刻，他（她）的深度感知能力和凝视能力都会派上用场。

在这个月里，宝宝也能够接受更多复杂的视觉图像，并认真地观察它们。当宝宝拿起玩具检查时，你可能会发现他（她）的好奇心增强了，但最终很可能会把玩具放进嘴里，以便进行真正彻底的检查。在这个阶段，一起看图画书是非常有趣的，结实的纸板书也很有趣，既能在视觉上吸引宝宝，又能让他（她）练习用手操作。

听力　到了这个月末，大多数宝宝对声音的反应会很灵敏，能迅速将头转向说话声或其他声音的方向。随着记忆力的提高和与家人接触时间的增加，他们甚至可以分辨出男性和女性的声音。

触摸　除了探索自己所在的环境，宝宝还能在自己身上有很多新发现。通过触摸自己的脸颊、鼻子、脚趾和生殖器，他（她）开始熟悉自己身体的轮廓和形状。宝宝也会继续探索材质和形状。你可以提供新的表面和物体让宝宝触摸，如树枝或光滑的石头等。要注意的是，大多数东西都会很快被宝宝塞进嘴里，所以在鼓励宝宝用触摸进行探索时，一定要注意时刻做好监护。

宝宝的智力发育

五六个月大的时候，宝宝对自己的身份有了一点概念，知道自己是一个独立的人，有独立的行动力和反应力。与此同时，宝宝正在发现与他人互动的可能性。

左撇子还是右撇子？

在这个年龄段，判断宝宝是左撇子还是右撇子为时尚早。目前来看，宝宝可能暂时会倾向于用一只手，然后再切换到另一只手。1岁的宝宝可能会平均使用两只手。到了18个月到2岁时，学步期的宝宝开始形成他们对惯用手的偏好。但是，真正的用手习惯通常要到孩子3岁左右才会确定。

虽然科学家们还不确定基因在其中扮演着什么样的角色，但这是自然形成的。父母是左撇子的孩子，其左撇子的概率会增加，但遗传模式并不明确。

如果你在孩子婴儿期就发现他（她）有了惯用手，请告诉医生。有时，需要进一步的调查，以确保两只手的功能都正常。

随着宝宝记忆力的扩展，他（她）可以开始粗略地归类自己的经验——厨房的地板是硬的，爸爸的胡子是扎人的，这个玩具嚼起来很好玩，音乐是从那里来的，等等。

自我意识　将感觉、运动和心理技能结合在一起，宝宝开始意识到，移动某些肌肉总是会产生与特定的视觉结果相对应的身体感觉。例如，宝宝在踢腿的时候，总是会看到腿在动。

这与自我相关的感觉比与他人相关的感觉更容易有规律地重现。宝宝每次踢腿的时候，都能看到自己的腿在动。但每当他（她）哭闹的时候，却不一定会马上看见你。

玩耍变成正经事　同时，游戏也上升到了一个新的层次。刺激感官的玩具和简单的游戏，如躲猫猫、模仿游戏等，都会成为你的“小冒险家”的工具和实验品。甚至是吸引你的注意力的过程也需要一定的策略，这也会成为宝宝的游戏。

此外，你不需要昂贵的玩具来刺激孩子的思维和感官。不同形状和质地的常见家居用品，如纸箱、鸡蛋盒、盖子、纸巾卷、汤匙、茶巾和碗等，都可以为宝宝提供大量的感官探索和发现机会。而自制的发声器（装了些米粒并盖得严严实实的容器）也很有趣，可以摇动和拨弄。在高脚椅的托盘上放一个装上水的塑料瓶子，一定也会让宝宝感到很有趣。

玩具和游戏

现在孩子能够更舒服地坐直了，他（她）有了一个更有利的位置来观察、玩耍并与这个世界互动。在他（她）的感官和运动能力继续发育的过程中，他（她）将会对能给他（她）更多冒险和发现的东西更加感兴趣。

色彩丰富的书和杂志　宝宝的视力已经可以专注于整幅图案，并能分辨出一系列的颜色了。在这个阶段，一起读彩色的硬卡纸绘本会变得特别有趣。简单的文字可以让你重复一些宝宝能尝试着模仿的声音。不过，如果宝宝想要获得主动权的话，你也不要生气，比如他（她）可能老想自己翻页，或者每次你想读下一页时，他（她）就把书合起来。在这个阶段，主要目的不是理解故事内容，而是让宝宝发出声音、看图片和咬书的封面。你不介意被撕烂的旧杂志对宝宝来说也很有意思，但要注意不要让宝宝把书吃了就行。

短途旅行　当宝宝能够坐上婴儿车后，在社区或公园里散步就有了全新的体验。现在宝宝可以看到大部分你所看到的东西，并且会开心地看着一只经过的狗或看着一只松鼠跳到最近的树上。通过转头，宝宝也可以定位不同声音的来源，比如鹅的叫声或孩子们玩耍的声音。如果天气好的话，把宝宝放在一片草地上，让他（她）感受不同的质感。去动物园或当地的图书馆也是这个阶段的娱乐活动，但不要期望能持续太久，最好不要超过一两个小时，这也和宝宝的耐力和短期注意力持续的时间吻合。

膝头弹跳游戏　良好的头部控制能力也能让宝宝们玩稍微耗点体力的游戏。几乎所有的宝宝都喜欢在大人的腿上蹦蹦跳跳。让宝宝面对你坐在你的大腿上，拉着他（她）的手，边唱歌边用你的膝盖颠一颠他（她）。如果你不会这些歌，可以问你的父母或祖父母，他们可能会记得一些，听他们唱给你听也会很有趣。或者试着去找一些儿歌。这里有一首经典的儿歌可以让你入门。

做个蛋糕，面包师做个蛋糕！快快为我们做个蛋糕。轻轻拍一拍，再把它竖起来，上面还有个“B”。把它放到炉子里，给我和宝贝吃！

够到它！　当宝宝趴在地上能把手完全撑直来抬起身体的时候，你就可以开始鼓励宝宝伸出一只手去拿前面的玩具了。最终，宝宝会一只手撑着身体，用另一只手去拿玩具。这种向前伸手的动作通常是宝宝爬行的第一步。滚动的球或其他玩具也会让宝宝产生追逐的欲望。

躲猫猫对五六个月大的宝宝来说还是相当神奇的，因为这个月龄的宝宝看不到你时，并不知道你还在毯子后面。对不能立即看到的东西存有记忆被称为恒常性。小宝宝可能会寻找掉落的玩具，但如果玩具不在眼前，他（她）可能很快就会放弃。

模仿游戏在这个阶段也越来越重要，因为宝宝会努力学习你的面部表情，模仿你的声音和腔调。

咿呀学语　婴儿在试着发出元音的时候就会开始咿咿呀呀，这个你可能已经注意到了。几周后，宝宝可能会开始增加辅音。到了6个月时，大约有一半的宝宝会反复重复一个音节，如“妈”（mah）或“爸”（bah）。有些宝宝甚至可能已经开始在咿呀学语中加入一个以上的音节。你可能会听到宝宝欢快地练习一种声音，然后转到另一种声音，好几天都不再重复之前的那个声音。

宝宝说的许多“话”可能看起来更像是声音效果而不是咿呀学语。尖叫声、滑音和吐泡泡声都是这个月龄的宝宝常发出的声音。而笑声是宝宝和父母都喜欢听的声音。

宝宝的社交能力发展

现在和宝宝交流会很有趣。成年人具有通过面部表情表现出几乎任何情绪的非凡能力，而宝宝喜欢观察并尝试模仿这些表情。与他人分享情绪状态对社会性发展至关重要，也是提高沟通能力

和哥哥姐姐一起玩耍

哥哥或姐姐会给五六个月大的宝宝带来很多乐趣。到了6个月时，宝宝已经不满足于面对面的互动了，他（她）甚至可以玩大一点的孩子给的玩具。宝宝可能会喜欢去捡哥哥姐姐掉了的玩具或跟他们玩传球游戏。在这个阶段，宝宝的个人玩具要与哥哥姐姐的玩具分开，这一点很重要。因为病菌很容易通过共享的玩具，从一个孩子传给另一个孩子。因此，要注意保持玩具的清洁，塑料玩具要勤清洗，不容易清洗的毛绒玩具应该只留给宝宝玩。

宝宝喜欢大一点的孩子，主要是因为观察他们很好玩。虽然宝宝会玩一些轮流进行的游戏，但他们也喜欢当观众，并对大一点的孩子做的事情做出回应。为了安全起见，在宝宝和大一点的孩子玩耍的时候，一定要注意看护。

第六个月的里程碑

在第六个月里，宝宝会忙于以下事情。

- 保持良好的头部控制。
- 左右翻滚。
- 努力练习独坐。
- 用手把小东西“扒”向自己。
- 用两只手捡起玩具。
- 将玩具放到嘴里。
- 用嘴探索世界。
- 学着自己吃饭。
- 可能会将一个东西从一只手换到另一只手。
- 重复发出单音节甚至组合音节
- 咯咯地笑。
- 探索自己的身体。
- 分辨自己和他人。
- 玩简单的游戏。
- 寻找掉了的玩具。
- 模仿并分享你的情绪。

的基础技能之一。

如果你一开始和宝宝玩的时候不顺利，不要气馁。毕竟，你已经有多年没有整晚坐在地板上玩摇铃和积木了。看看你面前的“小专家”，观察宝宝对哪些玩具有兴趣，以及他（她）对这些玩具做了什么，然后加入进来。很快你就会知道什么游戏和玩具能让宝宝玩得开心。宝宝会立即给你以回应，如咯咯地笑、交换、微笑等，这让游戏时间变得对你和宝宝都很有价值。

如果宝宝玩得太累或者太久，他（她）会发出信号。要特别留意宝宝受到过度刺激的迹象，比如转过头去、变得烦躁不安或紧张。

如果你觉得宝宝现在比刚出生时需要更多的关注，不要觉得惊讶。宝宝想要也需要外界刺激，尤其是来自你的。如果把宝宝单独留在游戏桌、婴儿床或婴儿座椅上，他（她）很容易感到无聊。但是，生活不一定非得全部都是游戏和玩耍时间。你可以带着他（她）做你平时做的事，或者只是在工作的时候把他（她）放在能看见你的地方，来满足他（她）的社交需求。

第二十五章
第七个月

接下来的几个月，是宝宝逐渐独立的时期。独立对婴儿来说，会让他（她）既兴奋又害怕。你可能会发现宝宝对新事物跃跃欲试，但又害怕远离已经熟悉的安全感——你。在分享宝宝好奇心的同时，你还可以给他（她）提供很多的爱和安慰，这样可以帮助宝宝变得更加自信和有能力去提高各项技能。

从第七个月开始，宝宝的活动能力就增强了。日复一日，他（她）会在现有的运动技能如伸手、翻身和坐着等的基础上，开始学习新的运动技能，如爬行和站立（有些技能学得比其他的快）。

由于你无法预测宝宝什么时候会在房间内活动，所以现在是检查家居安全的好时机（请参阅第十七章，了解更多关于儿童安全的信息）。留意悬挂的绳索和不稳固的家具。随着宝宝行动能力的发展，他（她）会抓住附近的物品来帮助自己移动，甚至站起来。移走重要或易碎的物品，创造一个安全的环境，使宝宝能够自由自在地探索和学习。在这个月龄段，改变环境比教孩子不要乱摸更容易。

宝宝的生长发育和外貌

在过去的这几个月里，宝宝的生长速度突飞猛进。但是到了6个月大，你就会发现宝宝的生长速度稍有放缓。以前，宝宝每个月可能会增加一磅（约0.5千克）以上。现在，他（她）的体重增长更可能是每月都不到1磅（0.5千克），而他（她）的身长增加大约在0.375英寸（约1厘米）或更少，宝宝的头围增长开始放缓也在意料之中。

从现在开始，宝宝将继续稳定地成长，外加时不时的猛长期，不过不会再像前6个月那样快速地生长了。

宝宝的运动

当宝宝还小的时候，运动技能的发展迹象是很微妙的，有些基本的运动技能几乎没有被注意到。比如说，坐不稳是宝宝发育的正常阶段，但这远不如现在获得的运动技能让人激动。从现在到宝宝的第一个生日之间，他（她）会发生明显的变化，从一个依赖性强的婴儿变成一个独立的幼儿。

坐 6个月大时，很多宝宝能在别人的帮助下坐起来，或自己身体前倾，双手撑着地板。在接下来的几周内，宝宝的坐姿会越来越规范——头部稳定，背部挺直以保持平衡。满7个月时，宝宝可能会在没有支撑的情况下独自坐着，甚至会努力将手臂放在身侧，避免翻倒。到了第九个月时，宝宝的平衡性和力量都有了进一步的发展，可以长时间坐在地板上玩耍，甚至可以转身和伸手去拿不同的玩具。

手和手指的协调 6个月大的时候，宝宝的手部动作还非常笨拙，拿起物品时，他们会把所有的手指都按在大拇指上（“手套抓握”）。但在这个月到第九个月之间，大多数宝宝会学会使用更多的“钳子抓握”法，用大拇指和食指拿起小东西。从“手套抓握”到“钳子抓握”是一个渐进的过程。首先，你可能会注意到宝宝在这两者之间交替使用，用拇指、食指和中指拿起物品。你也可能会看到宝宝把胳膊和手掌放在某个平面上来保持稳定，以便拿起一件小东西。

同时，宝宝也会把一个物体从一只手转移到另一只手，把物体翻来覆去不断把玩。这个年龄段的宝宝，大约有一半会具备两只手各握一个物体的能力。最终，他们会开心地将物品相互敲击，但现在宝宝可能还只是喜欢拿东西敲敲腿或桌子。

宝宝的感官发育

到第七个月时，宝宝的视力已接近成熟，远距离视物能力不断提高，远处的人和物象会更清晰、更明显。同时，宝宝的眼睛也能追踪移动更快的物体，并能紧紧跟随移动的物体。事实上，如果你向宝宝滚一个球，他（她）就能观察到球的运动轨迹，很可能在球靠近的时候伸出一只手去摸。

到了六七个月大的时候，宝宝的听力几乎已经发育完全。他（她）对声音的反应也变得更加有选择性。例如，当你说话时，宝宝可以迅速而准确地找到

抽测：这个月的情况

以下是宝宝第七个月时的基本护理情况。

进食　母乳或配方奶仍然是宝宝饮食的主要部分，但这时你应该开始引入辅食了。在7个月左右，大多数宝宝可以开始过渡到柔软的食物或较小块的食物，而不会出现窒息。但是，宝宝的呼吸道还很窄，所以要避免吃那些可能造成窒息的食物，比如小、圆、硬、有弹性、滑或脆的食物。有关新食物的更多信息，请参见第四章。

睡眠　晚上宝宝往往已经可以连着睡6～8小时了。尽管到了这个月龄，大部分宝宝已经不再吃夜奶，但仍有些宝宝会在夜间醒来吃1～2次奶。宝宝24小时内的总睡眠时间加起来可能会达到14～15小时，包括白天的几次小睡，通常是上午和下午各一次。有些宝宝可能需要在下午晚些时候再睡第三次。随着宝宝的好奇心越来越强，活动量越来越大，晚上可能更难安下心来睡觉。建立和维持一个连贯的、放松的睡前程序，如洗澡、一起看书或唱一首安静的歌，对宝宝形成晚上入睡习惯有很大的帮助。

你的位置。他（她）也可能会停下来听较轻的声音。

你可以观察宝宝是否会转向声源，即使声音来自于宝宝的视线之外。如果你注意到宝宝对周围的声音没有反应，请联系医生。如果宝宝的听力有问题，最好尽早治疗，因为如果不及时治疗，听力损失会影响宝宝其他方面的发展，如语言和社会性发展。

宝宝的智力发育

第七个月的时候，宝宝会不断地从你和别人的言语中学习语言技能。在这之前，宝宝可能会专注于模仿一些特定的声音，如么么么或波波波。在接下来的几周里，你可能会注意到宝宝开始把不同的声音组合在一起，比如辅音和元音。到六七个月时，宝宝应该会发出更复杂的声音，如爸爸妈妈。尽管这很可能让你觉得宝宝已经会叫爸爸妈妈了，但其实他（她）很可能还要过几周后，才会把这些称呼和具体的人联系在一起。

对话的艺术　除了模仿声音，甚至将声音结合起来，宝宝也会开始模仿你的说话模式——在句子之间停顿，或者在一串声音的结尾处用上扬的音调来结束，就像在提出问题一样。你可以通过和宝宝说话，用热情回应来肯定他（她）的努力，以此帮助宝宝练习说话。

婴儿对词汇的理解能力远远超过了他（她）的运用能力。在这个阶段，宝宝会通过听你的语气来理解你所说的话的意思。即使是“不”这个字（当宝宝开始在你底线的边缘试探时，你可能会更频繁地使用这个字），也是通过你的语气和语调来理解的，而不一定是通过字意本身。

你跟宝宝说的话越多——不管是在开车时、做家务时，还是换衣服或喂饭时——宝宝就越能学习到关于交流的各种要素，包括声音、语气、语调、面部表情和肢体语言。

实验的科学　随着宝宝对自己动手能力的了解不断加深，你可以看到他（她）开始尝试着去测试自己的极限。这辆小火车超过我的托盘边缘多远才会掉下去？妈妈每次都能完好无损地把它拿起来吗？换尿布时，我踢多少次腿大人才会皱起眉头？

在这一切的尝试中，你会发现宝宝很可能会在自信与兴奋、求助与谨慎之间摇摆不定。你要做的就是让宝宝感到安全，创造一个安全的探索和练习的环境，提供暖心的赞美和支持，还要给宝宝设置一些实际的限制，你可以以此鼓励他（她）进行实验，并提高能力。在这种类型的环境中，宝宝会充满热情地

玩具和游戏

当宝宝对与外部世界的互动越来越感兴趣时，你要做的，是给他（她）提供新的互动机会。

引入高脚餐椅　到了这个月，宝宝通常能在有支撑的情况下坐得很好。让宝宝坐在高脚椅上，可以让他（她）在大家一起吃饭时参与进来。对宝宝来说，参与是一个有趣的新活动，宝宝能在餐椅上观看家人的日常活动，并在高脚椅托盘上玩小玩具（宝宝可以开始练习拇指与其他手指的协调能力）。选择一把舒适的有安全带的高脚椅，以保证宝宝的安全。如果高脚椅配有可拆卸的并可拿去水槽清洗的托盘，会很方便。有经验的家长可能会建议选择可拆卸清洗的餐椅，因为它总会沾满碎碎的麦片、飞溅的苹果酱和捣碎的山药。在后院或淋浴间冲洗整个餐椅也不足为奇。

提供热身时间　如果宝宝比较害羞或谨慎，要给他（她）足够的时间去热身，让他（她）对一个新的环境或活动有足够的热情。让宝宝在一旁坐着观察一段时间。这将给他（她）时间来评估这个状况，并尝试以自己的方式应对。一旦宝宝感到安全，他（她）会更多地参与到正在发生的事情中。

交新朋友　如果你还没有开始的话，现在可能是介绍宝宝认识其他伙伴的好时机。尽管一段时间内他们还不会一起玩，在这个月龄，宝宝会并排玩。他们会被其他身形和行为相似的宝宝所吸引。让宝宝接触其他同伴，有助于扩大社交视野。但对于宝宝获得了足够多的“社交”的状态，要保持敏感。

参加当地图书馆的活动　很多图书馆都有专门为婴儿准备的活动，比如故事时间。通常情况下，工作人员会大声朗读一本书，还包括一些活动，如唱一些有趣的歌曲、与木偶互动等。图书馆也可能有专门为幼儿设计的游戏区。这可能是一个认识其他家长和孩子的好地方。另外，有这么多的书可以看，也不会有什么坏处，对吧?

应对挑战，增进技能。

尽管投入精力来一遍遍重复相同的游戏或故事，有时对你来说会很有挑战性。但要记住，重复的过程是宝宝学习的关键。

宝宝的社交能力发展

在六七个月的时候，宝宝正在成为非语言交流的专家，会用各种方式表达他（她）的情绪——大笑、哭泣、尖叫和咕咕叫。

陌生人焦虑 即使宝宝在你身边变得越来越有表现力，他（她）也可能会在陌生人面前表现出拘谨。宝宝已经开始把你和他（她）的幸福联系在一起，越来越不愿意让你离开。他（她）也开始敏锐地意识到谁是熟悉的，谁不是熟悉的。到了八九个月时，宝宝可能会公

宝宝的屏幕时间

如果你是一位美国的家长，很有可能在某个时候，你发现自己已经下载了一个App、视频，又或者拿着一张DVD，而这么做的目的都是为了提高宝宝的智力。你想知道这些工具是否能帮助促进宝宝的脑细胞连接。

事实证明，人与人之间互动的重要性，很可能超过屏幕上的任何东西。虽然游戏或视频可能会吸引宝宝的注意力，但花在屏幕上的时间可能并不能促进宝宝智力的发育。事实上，研究表明，婴儿在与你或其他照顾者互动时，学习到的最多。

关于DVD和其他节目对宝宝具体会造成什么影响的研究很有限，而关于较新技术（如触摸屏设备）对婴儿的影响的研究更少。但目前已有的研究结果并不乐观。在一项研究中，8～16个月大的宝宝在语言发展测试中，接触过视频的宝宝比没有用过电子设备的宝宝得分低。另一项针对2个月到4岁宝宝的研究显示，看电视会减少父母和孩子之间的言语互动——这可能会延迟语言发展。此外，研究表明，当父母花时间玩手机时，会减少亲子互动的数量和质量。相反，研究表明，经常给幼儿阅读并与幼儿互动，可以提高宝宝的语言能力。

许多儿科医生不鼓励2岁以下的宝宝使用手机等电子设备。与其依赖视频或智能应用，不如把注意力集中在促进婴儿发展的已被广泛认可的方法上——比如和宝宝说话、玩耍、唱歌和阅读。即使宝宝听不懂你在说什么，也不明白你在说什么，或者不明白故事的情节，他（她）也会沉浸在你的话语中，陶醉在你的关注中。这些简单的活动构成了宝宝说话和思考的基础。

开拒绝陌生人，依附在你身边，如果不认识的人走得太近，他（她）甚至会哭闹。

这是宝宝发育的正常过程，也是与你建立起牢固联系的标志。看到陌生人就害羞的表现会持续几个月甚至几年，这取决于宝宝的性格，有些孩子天生就比其他人更害羞。

婴儿期规范训练　到了一定时间，每个父母心中都会出现关于“规范”的问题，也许在宝宝出生前就已经出现了。你可能对引导宝宝的行为有明确的想法，也可能没有。这可能是一个模糊的话题，尤其是当你以前没有什么经验的时候。在最初的6个月里，不希望孩子做某种行为，通常只要转移宝宝的注意力就可以了。但当宝宝到了第七个月时，你可能需要开始设置一些额外的限制。

请记住，真正的管教——在整个婴幼儿时期——都应该是积极的，最终目的是教育而不是简单的惩罚。作为父母，你的目标是帮助宝宝成为一个有安全感、独立和适应能力强的成年人，能够成功地驾驭几乎任何社会环境。你可以尽早开始这个过程，在你和宝宝之间建立一种信任的关系，并设定简单、一贯性的规则。

建立信任的基础　在宝宝的第一年里，你可以建立一个父母—孩子互动的基础，在之后可能更多的艰难时刻，会很好地服务于你。健康的互动模式可以通过你对宝宝的养育和回应宝宝的方式来建立，从一些简单的事情开始，比如遵守一个持续的时间表，及时满足宝宝的需求，以及花时间和宝宝建立家人间的紧密联结等。

当宝宝稍大一点，越来越独立，他（她）很可能会开始试探你精心设立的界限。这不是“行为不端”，而是宝宝探索世界的方式。如果你稳妥地安排好这一探索，你可以为宝宝变成一个快乐、有能力、有自信的家庭成员，并最终变成社会大家庭的一员做好准备。

温和而坚定 到这个时候，宝宝的需求和欲望已经开始分离了。举例来说，宝宝夜里可能会想要吃奶，但是其实他（她）并不饿。如果你还没有这样做，现在就可以开始逐步断掉夜奶。建立一个连贯的睡前习惯，帮助宝宝学会自我安抚，而不是依赖你入睡（见第119页）。这是宝宝走向独立的第一步，也会让宝宝今后入睡更加轻松。此外，宝宝很可能会通过这种方式得到更好的休息，你也是如此。

同样，在这个月龄段，宝宝的好奇心和触觉也会越来越强。当宝宝发现自己小手的用途，他（她）就会抓住钥匙、头发、耳环、鼻子——任何触手可及的东西。他（她）会通过你的反应来判断什么是好的。你可以用语气和面部表情来表达不赞同。如果宝宝把你的鼻子捏得很痛，就做个滑稽的表情，或者把宝宝放下来说“不”或“哎哟”。宝宝无法控制抚摸和抓取的冲动，所以要温柔地引导他（她）什么是可以接受的。始终如一地遵循你的限制，会让宝宝更容易记住什么是可以的，什么是不可以的。现在就建立起你的权威——表明你有发言权——会让你更轻松，也会让宝宝的成长生活更轻松。

积极主动　一旦宝宝开始爬行——然后是走路——他（她）就会认为家里的所有东西都是让他（她）摸、拉、尝、开的。总之，宝宝会在房间里到处乱窜。这是正常的和可以预见的行为。要采取积极主动的方式，通过在家中设置儿童安全防护设施来设置界限，防患于未然。门、柜子的锁和插座盖子可以帮助你为宝宝建立一个积极的学习环境，你也不用经常说“不”了。

应避免什么　日复一日地照看一个活泼、好奇的宝宝，有时会让人感到沮丧。如果你对宝宝失去了耐心，可以把宝宝交给另一半，或者把宝宝放在婴儿床里休息一下，让他（她）冷静下来。千万不要摇晃宝宝。如果你正在为宝宝的行为或如何处理你的挫折而纠结，可以和医生谈谈。如果宝宝有身体或发育障碍，对他（她）进行行为管理可能会更有挑战性。你需要更有效的手段，所以不要害怕去寻求帮助。

第七个月的里程碑

在第七个月里，宝宝会忙于以下事情。

- 学习在没有支撑的情况下坐着。
- 坐着并环视四周。
- 可能会把自己撑住，做出爬行的姿势，同时伸出一只手。
- 用手拿起小件物品。
- 更好地使用拇指和其他手指。
- 将物品从一只手转移到另一只手。
- 眼睛能够跟踪快速的运动。
- 对声音做出快速的回应。
- 寻找视觉范围之外的声音。
- 开始寻找掉落的玩具。
- 将不同的声音组合起来。
- 模仿说话方式。
- 分辨陌生人和亲人。
- 开始测试限制和界限。

第二十六章
第八个月

到了第八个月，宝宝的大部分新生儿反射已经消失，取而代之的是有意识、有目的的动作。这是宝宝神经系统发育成熟的结果。随着越来越多的神经末梢被保护层（髓鞘）所包裹，神经在将信息从大脑传递给肌肉方面变得更加有效，使宝宝的运动越来越“智能”，动作也越来越灵敏。

同时，七八个月大宝宝的大脑，正在发展出将不同的声音和手势与具体意义联系起来的能力。例如，宝宝可能会在听到自己的名字时安静下来。或者，如果家里养了一只狗，而狗的名字经常和狗一起出现，宝宝可能会开始将狗的名字和狗联系在一起。宝宝的思维过程越来越复杂，你可以从他（她）开始表示喜欢和不喜欢的方式中看出这一点。而这可能在婴儿的社交喜好中表现得尤为明显，因为他（她）将越来越了解熟人和陌生人之间的区别。

宝宝对物体恒常性的概念化也在逐渐形成。宝宝开始意识到，虽然人和物可能会暂时从视野中消失，但这并不意味着他们会永远消失。这种认识往往与他（她）不愿意与你分离同步出现，这使得将宝宝交给保姆或送到托儿所更具有挑战性。

宝宝的生长发育和外貌

在这一时期，宝宝的生长速度是稳定的，但可能比前几个月要慢一些。这个年龄的宝宝一个月里平均体重会增加不到1磅（约0.5千克），身长增加约0.375英寸（约1厘米）。宝宝的头围仍在增加，但与前几个月相比，增加的速度较为缓慢。

只要宝宝的生长遵循着稳定的生长

曲线，就无须过分关注具体的数字。在这个阶段，宝宝的营养摄入开始变得更加多样化。但要记住，他（她）仍然需要适当的脂肪、碳水化合物和蛋白质的均衡摄入。一定要和医生讨论宝宝的饮食，他们可以帮助你决定如何满足宝宝的营养需求。

建立良好的饮食习惯　当你给宝宝吃新的食物时，要抓住机会尽快建立良好的饮食习惯。以下是一些帮助宝宝养成健康饮食习惯的建议（见第四章）。

提供多种多样的食物　你还是应当一次只给宝宝添加一种新的食物，但这并不意味着你必须连续几周坚持给他（她）吃一种食物。到了这个月龄，你可以给宝宝尝试多种食物。如果宝宝喜欢吃山药泥，那么几天后可以尝试吃一些鸡肉；或者在宝宝成功尝试豌豆泥后，可以给他（她）提供些香蕉泥甜点。

保持食物营养均衡　优先考虑水果、蔬菜、肉类和健康的碳水化合物，而不是加工食品和烘焙食品。例如，用火鸡肉代替切好的热狗，或者用桃子泥代替软饼干。尽量减少盐分并控制糖的摄入。平时容易被忽略的富含盐分的食物包括加工奶酪、冷切肉、比萨饼，罐头装的蔬菜、豆类和汤。

避免过度喂养　观察宝宝的表现，以便知道他（她）什么时候吃饱了。你可以决定宝宝吃什么和什么时候吃，但应该让宝宝来决定吃哪种和吃多少。

为了营养而喂养　要避免把食物作为奖励或安慰的物品。相反，用拥抱、亲吻和关注来奖励和安慰宝宝。

学习使用杯子　在宝宝开始吃固体食物时，你就可以给他（她）用杯子了。对宝宝来说，可以用两手握住的奶嘴杯容易使用。这将帮助宝宝熟悉使用杯子这件事。但是在这个月龄段，宝宝很可能会敲杯子、把杯子弄掉或者扔掉，而不是用杯子喝东西。可能还要过几个月后，他（她）才能正确使用杯子。

即使宝宝在吃饭时可以用杯子，你可能还是要用母乳或奶瓶来进行补充喂养，因为宝宝还不能从杯子里喝到什么。在吃饭时用杯子喂宝宝吃母乳或配方奶，可能有助于你在合适的时候为宝宝断奶。

宝宝的运动

宝宝在这几个月的生长速度是非常惊人的。在短短几周内，宝宝可能会从不需要你的帮助勉强能坐起来，到在房间里蹒跚学步、爬行和扶走。

抽测：这个月的情况

以下是宝宝第八个月时的基本护理情况。

进食　当你开始改变宝宝的饮食习惯，增加麦片和其他食物时，你可能会想知道母乳或配方奶在宝宝的饮食中是否仍然扮演着重要的角色。事实上，即使固体食物开始在宝宝食物中占据一席之地，但它们仍不能完全取代母乳或配方奶所提供的均衡营养。母乳还是宝宝第一年及以后一段时间的最佳营养来源。

很多家长都会问，宝宝这个月龄段能不能喝全脂奶？其实，宝宝第一年最好是以母乳或配方奶为主。在宝宝一岁前不要喝牛奶。因为宝宝娇嫩的消化系统无法充分处理牛奶中的营养成分，而且牛奶中的铁、维生素C和维生素E的含量要比母乳或配方奶低。

睡眠　大多数宝宝在8个月左右就能睡整觉了——10～12小时，这让疲惫不堪的父母很是欣慰。在24小时内，宝宝的总睡眠时间加起来可能约为14小时，包括白天的几次小睡，通常是上午和下午各一次。

但要注意的是，如果宝宝还没学会新的技能，比如扶站、扶走等，那么他（她）可能会在夜间醒来后想要练习。如果宝宝无法自己回到睡觉的姿势，可能需要你的帮助。

此外，如果宝宝白天和你分开时会焦虑，那这种焦虑很可能会在他（她）睡前和半夜的时候加重。你会陷入两难的境地，既想让宝宝安心，又想让宝宝建立良好的睡眠习惯。有关帮助宝宝养成良好睡眠习惯的更多信息，请参阅第九章。

独坐　到了第八个月时，宝宝的坐姿已经可以说是很不错了，坐得也比以前更稳了。宝宝的平衡能力正在提高，他（她）将能够在没有支撑的情况下坐得更久而不会摔倒。宝宝甚至会在坐着的时候伸手去抓附近的玩具。这些练习将有助于进一步加强宝宝的核心肌肉，这对于站立、行走和任何向前进的运动都很重要。

四处游玩　在宝宝能自如地坐起来后，你会注意到爬行前的其他动作——翻身了、扭动、下蹲、跪着来回摇晃。事实上，宝宝很难长时间静止不动。如果趴着，宝宝就会用手和胳膊撑起上身，四处张望。仰面躺着时，宝宝会想踢腿和抓脚趾。这时，宝宝也可以随意翻身。有些宝宝甚至会打几个滚，好让自己从一个地方挪到另一个地方。

因为宝宝的活动能力越来越强，所以采取适当的安全防范措施很重要，比如在地上或床上换尿布而不是在尿布台上，还可以在楼梯的顶部和底部安装安全门，以避免宝宝意外摔倒，这可能会造成严重的后果。（请参阅第十七章中的居家安全部分。）

手和手指的协调　一旦宝宝能够很好地坐着，他（她）也能保持上身的平衡，同时协调手臂和手的协同动作。这个月龄段的宝宝，大多数都能两手各握一个玩具。最终，他们会发展出足够的协调能力，能够将双手向内，并将玩具互相撞击。

在这个月里，宝宝可能还在用耙子似的手型来将小东西拉近身旁。但他（她）也在努力协调拇指和食指、中指以拿起小东西（指尖抓握）。宝宝会不断练习这种技巧，直到他（她）掌握抓取动作，这一技能通常要到宝宝一岁左右才能获得。宝宝也开始学会根据自己的意愿放开东西。这可以从他（她）一次又一次掉东西、扔东西的热情中看出来。

宝宝的感官发育

在这个月里，宝宝的感官会继续为大脑提供大量的信息。这刺激了其他技能的发展，如伸手和爬行，以及对空间关系的认知。

视力　宝宝的视力在清晰度和深度知觉方面已经接近成年人。长到8个月的时候，大多数宝宝的视力已经达到20/40（译者注：相当于小数记录法的0.5或缪氏法的4.7）。虽然宝宝看近处的东西仍然会比远处的清楚些，但也足以让宝宝识别房间里的人和物体了。深度感知能力的提高，则能够帮助宝宝准确地够到东西，并在向前移动时正确地判断距离。

触觉　七八个月大时，你的小物理学家会迅速了解到物体占空间的方式、不同表面的感觉以及它们之间的关系。例如，他（她）可能会开始认识到球是圆的能滚动，盒子是平的，有些玩具有上、下两部分。在这个阶段，带有标签、手柄和可操作部件的东西就特别吸引他（她）。

宝宝的智力发育

大约在这个时候，宝宝开始明白，某些东西的意义已经超越了直接的感官体验。例如，语言和手势除了能看到和听到以外，还能传达信息。而宝宝曾经以为在视线之外的东西就是消失了，现在他（她）能够明白即使是物体看不见了，实际上也仍然存在。宝宝的大脑开始在看到的和看不见的东西之间建立联系，并从反复的经验中得出结论。虽然宝宝还需要一段时间才能主动地形成和表达象征性思维——比如过家家，这通常是在第二年的时候，但抽象思维的雏形正在形成。

赋予意义 到了8个月左右，你可能会注意到宝宝在听到自己的名字时，会安静下来，或者一听到自己的名字就会兴奋起来，甚至在你说这个词的时候，宝宝会转过头来。这时，他（她）还不能完全理解这个词是指自己，但当你主动寻求与他（她）面对面交流时，宝宝已经开始熟悉这个词。

其他的词对宝宝也开始变得有意义了。你可能会发现，宝宝对“不”这个词有了更多的理解。当他（她）听到这个词时可能会犹豫不决，特别是当这个词的语气急促时。在这个阶段，宝宝开始将单词与特定的物体和动作联系起来，包括手势（见下页的“婴儿手语”）。大约有一半的宝宝在这个阶段已经会挥手再见了。

物体恒常性 之前，如果宝宝掉了东西，他（她）很可能会以为东西完全不在了，不会努力去找。现在，他（她）开始意识到，东西可能还在那里，并会寻找被隐藏的玩具。躲猫猫游戏就有了新的意义，宝宝意识到，如果他（她）把毯子拉开——啊哈！爸爸还在那里！ 宝宝现在知道了，即使你离开房间也还在附近，所以他（她）会更小题大做地让你回来。

语言技能 这个阶段，宝宝可能已经能够熟练地发出咿咿呀呀的声音了。不仅会重复单音节，还会把音节组合起来，比如“吧—嗒”。有些宝宝的表达能力很强，会像一只松鼠似的唧唧喳喳说个不停。而有些宝宝则稍微安静一些，可能会听得更多而不是说。但这并不意味着别人在周围说的话他们没有听进去。一定要尽可能多地和这个小家伙说话，就算说的话没什么意义也没事，鼓励他（她）以语言或非语言的方式与你交流。

宝宝的社交能力发展

随着宝宝学会新的技能，并变得更加好动，他（她）会在两个愿望之间纠结：和你在一起，还是体验一些独立的感觉。在许多情况下，你可能会注意到他（她）的这种挣扎，因为他（她）既要寻找可预测性，又要寻找冒险。宝宝新产生的这种不安可能需要所有人都适

婴儿手语

到了8个月或更大点的时候，许多宝宝开始知道自己想要什么、需要什么、感觉什么，但他（她）不一定具备表达自己需求的语言能力。婴儿手语可以让宝宝用手来填补沟通的障碍，稍大一点、发育迟缓的宝宝也可能借由这种沟通方式受益。有限的研究表明，使用婴儿手语可以提高宝宝的沟通能力，缓解（无法表达的）挫折感，尤其是在8个月到2岁之间。教会并练习婴儿手语会很有趣，这也给你和宝宝一个建立联结的好机会。

同时，不要忽视宝宝的语言能力培养。继续和宝宝交谈，鼓励他（她）用语言表达自己的想法和需求。每次你使用一个手势交流时，都要说出它的意思。

相关的图书、网站和其他资源可以帮助你学习婴儿手语。你也可以使用美国手语来代替。从描述宝宝日常生活的要求、活动和目标开始，比如想要更多、喝、吃、妈妈和爸爸。请记住以下提示。

- *设定符合现实的期望。*在任何月龄段都可以开始和宝宝尝试婴儿手语，但请记住，大多数宝宝要到8～9个月大时，才能用婴儿手语交流。
- *保持耐心。*如果宝宝使用了错误的手语或无法用手语交流，你要保持冷静，不要生气。记住使用婴儿手语的目的是提高沟通的效率，减少宝宝无法表达自己想法和需求的挫折感，而不是为了完美的交流。
- *保持一致。*重复是确保宝宝成功使用婴儿手语的最好方法。鼓励宝宝的其他照顾者也使用相同的手语。

应一下，但是只要明白这也是成长中的正常阶段，多数家长就能够应对接下来的挑战了。

分离焦虑 在8个月大的时候，大部分宝宝明显地依赖照顾自己更多的那位家长。当你试图与宝宝分开时，不管是几小时，还是几分钟，宝宝可能会显得很不安。他（她）可能会变得更加黏人——不想让你离开视线——如果你非要走，他（她）可能会抓着你的手或大哭。宝宝甚至可能会开始喜欢和他（她）相处时间最多的家长。父母都应该明白，这种情况是正常的，而且会随着时间的推移逐渐消失。

每个宝宝都会经历一个分离焦虑的

玩具和游戏

在这个阶段，大多数宝宝都喜欢玩可以敲、戳、扭、捏、摔、摇、开、关、放、清空和装满的玩具。玩具要轻巧，不要有锋利的边缘。记住，所有的玩具最终都会进入宝宝的嘴里，所以不要给宝宝有小零件的玩具。在大多数情况下，宝宝的游戏时间都会花在地板上——练习爬行、坐着和站立。你可以把玩具放在宝宝差一点就能够到的地方，鼓励宝宝向着玩具移动，以促使宝宝练习这些技能。其他游戏包括以下几种。

躲猫猫　当宝宝对物体恒常性有了新的认识后，躲猫猫游戏就有了新的意义。宝宝很喜欢这种人或东西“消失”后被他（她）找到的游戏。用一条小毯子盖住玩具，让宝宝揭开并发现玩具。宝宝甚至可能会再次把玩具盖起来，然后再重新发现它们。

镜子游戏　宝宝开始通过对着镜子做游戏，将二维图像与三维图像进行对比，学习三维空间的概念了。如果宝宝正在照镜子，而你突然也出现在镜子里，他（她）很可能会转过身去找你，而不是认为你在镜子里。

桶里的东西　宝宝也在学习物体之间的关系，这个月龄的宝宝开始明白小的东西会放在大的东西里面。此阶段的宝宝会喜欢堆叠玩具。把玩具放进一个容器里，再倒出来的游戏也很受欢迎。如果想玩一个简单快捷的游戏，可以从厨房里拿出一个塑料搅拌碗，里面放些零碎的东西，如量勺、塑料盖子、小容器、空奶瓶等，让宝宝把它们分类，倒出来再放回去。

动物书　当宝宝开始了解事物都有名字和标签时，就可以让他（她）读有简单的动物照片和名称的绘本了。你们可以一起读，当你指着图片说出动物的名称时，宝宝会开始将动物和名称联系起来。在适当的时候，你也可以告诉他（她）动物的叫声。如果你想要这方面的歌曲的话，请阅读小比尔·马丁和艾瑞·卡尔的《棕熊，棕熊，你看到什么了?》，充满韵律感的文字和丰富多彩的插图，是宝宝和家长们的最爱。

阶段，这个阶段通常在这个月龄段开始，在10～18个月时达到高峰，在快2岁时逐渐消退。有些宝宝会比较快地度过这个阶段，但另一些宝宝则会持续得更久一些。

宝宝的挫折感部分来自于运动能力不足以跟上你，再加上他（她）开始意识到即使看不到你，你也仍然在那里。积极的方面则是，宝宝显然已经和你建立了牢固的关系，并希望确保在你的身边。最终，当宝宝意识到你永远都是他（她）生活中的一部分时，即

出去享受一个放松的夜晚

由于宝宝对与父母分离的反应非常强烈，爸爸妈妈往往不愿意把宝宝交给保姆照顾。你可能会怀疑，出去玩一晚上是否值得让你的宝宝在被留给保姆的时候“肝肠寸断”。你可以通过以下步骤帮助自己和宝宝度过这个阶段。

练习　在家时，利用各种机会让宝宝在玩耍时单独待几分钟（当然是在安全区域）。如果宝宝因为你不在而感到不高兴，你可以喊他（她）的名字，但要等几秒钟后再回到他（她）身边。最终，宝宝会知道暂时离开你也没关系，因为你总是会回来的。

熟悉保姆　如果保姆是新来的，要花点时间让宝宝熟悉一下。在你和保姆说话的时候，把宝宝抱在腿上，然后慢慢地让宝宝参与谈话。一旦宝宝似乎对保姆的存在习惯以后，就把宝宝放在地板上，让宝宝和保姆一起玩他（她）最喜欢的玩具，让他俩熟悉起来。一旦你和保姆相处得很好，而且你觉得宝宝得到的是充满爱的、有品质的陪伴，你离开时宝宝哭闹的话你也不会太难受了。

说再见　当你准备离开的时候，跟宝宝说再见，并保证你一定会回来。虽然在宝宝忙于其他事情的时候，偷偷溜走是很有诱惑力的，但这种方法并不能帮助宝宝克服这种焦虑（相反，他（她）可能会变得更加黏人，因为他（她）永远不知道你什么时候会离开）。同时，没有必要延长告别时间。提前准备好能分散注意力的事或物品——洗澡或新玩具——在你离开后的几分钟，宝宝短暂的注意力就会被引导到其他地方。

便你们会经历一些短暂的分离，这种焦虑也会慢慢减轻。

安抚的方式 宝宝对主要照顾者的强烈依恋，可能会导致宝宝不喜欢其他人。这对祖父母、其他亲戚和朋友们来说，可能是一种打击。你告诉他们分离焦虑是正常的成长阶段，请他们为宝宝提供适应和过渡的时间，来缓解其他人被拒绝时产生的挫败感。

如果有人快速地接近宝宝，并且急切地想吸引他（她）的注意，宝宝可能会更加紧紧地依偎在你身上。你可以先跟别人聊天，让宝宝看着、听着。宝宝最终可能会放松下来，开始和别人说话、玩耍。

在这个月龄段，躲猫猫可以说是破冰妙法，因为这个游戏对大多数宝宝来说都是很有诱惑力的。但是，如果宝宝只有在你身边的时候才会玩这个游戏，也不要觉得惊讶，告诉别人宝宝会慢慢度过这种认生的阶段。

第八个月的里程碑

第八个月的时候，宝宝正忙于以下事情。

- 坐直身子，四处张望。
- 爬行时伸出一只手。
- 四肢着地来回摇摆，左右翻滚，坐着挪动，或表现出某种形式的活动欲望。
- 用手扒拉小物件。
- 更好地使用拇指和其他手指头。
- 将物体从一只手转移到另一只手。
- 利用触摸来了解不同物体的物理性质。
- 找你或者找掉落的玩具（建立物体恒常性）。
- 给词语和手势赋予意义，如“不”或挥手告别。
- 组合不同的声音。
- 分辨陌生人与亲人。
- 巩固亲子关系。
- 开始测试极限和界限。

第二十七章 第九个月

在这个月里，宝宝身上会发生很多事，准备好迎接巨大的转变吧！大多数宝宝会在第九个月开始学习爬行，一旦宝宝行动起来，生活就会开始发生改变。宝宝再也不满足于待在同一个地方。有那么多地方可以去，有那么多东西可以看，还有那么多事情令人着迷！带着刚学步的宝宝的日常生活可能是一个挑战。但是，这也是一段快乐的时光，我们可以尽情地玩耍，发现新的技能。只要稍做准备，你和宝宝就可以尽情享受忙碌的生活了。

宝宝的生长发育和外貌

在这个月里，宝宝的生长速度与上个月差不多，平均每个月会增加不到1磅（0.5千克），身长增加约0.375英寸（约1厘米）。宝宝的头围仍在每个月略有增长。

到了这个时候，宝宝可能已经长出了漂亮的头发。现在，宝宝可以随意翻身，枕秃已经是过去式了。在9个月大的时候，大多数宝宝看起来还是个矮矮的小胖子，但在接下来短短的几个月内，宝宝在行走和奔跑的过程中，会成长为一个棒棒的小朋友。

宝宝的运动

很多宝宝的活动能力和独立性都有了新的提升。所有的扭动、坐立不安、摇摆和滚动都有了回报。宝宝已经长大了，开始运动了！

爬行　爬行需要四肢相互协调，这也是之后走路所必须的技能。宝宝需要花一些时间来理解如何让小胳膊和小腿一起工作。宝宝开始爬行的平均月龄是9个月大。

一开始，宝宝的胳膊比腿力量大，这使得他（她）在爬行时看上去有些滑稽。许多宝宝刚开始爬行时，只会使用胳膊，像一个正在训练的士兵那样爬过地板。而另一些宝宝，则可以用膝盖跪着，给胳膊一个足够的推力，并向后移动。

最终，大多数宝宝都会变成专家，能在爬行时胳膊和腿并用。可能就在一转脸的工夫，你会惊讶地发现宝宝不在原地了，“我的宝宝去哪儿了？”如果宝宝对爬行不感兴趣，或只爬一小会儿就开始干别的，也不要太在意，记住能让宝宝移动位置就是目的。他（她）怎么爬都行，重要的是保持他（她）对于到处活动的兴趣。

站立　在八九个月大时，如果你扶着宝宝站在沙发旁，他（她）很有可能以沙发为支撑站住。当宝宝意识到站立是多么有趣时，他（她）会开始琢磨如何在没有你的帮助下，自己拉着什么站起来。

到了8个月大的时候，大多数宝宝可以在支撑下站起来。到了9个月大时，超过一半的宝宝都能自己站起来了，有些宝宝甚至会扶着家具，开始在房间里蹒跚学步。

起初，宝宝可能不知道站着的时候怎么坐下来，一不小心就会摔个屁墩。但很快，他（她）就会学会如何蹲下而不摔倒。你可以告诉宝宝如何做，轻轻地帮助他（她）弯曲膝盖、蹲下，然后教他（她）如何坐下。

坐　现在，宝宝已经可以熟练地坐下了。这个时候的宝宝的确喜欢坐着玩耍，并可能会长时间坐着玩。从坐着的姿势来看，宝宝有了更宽广的视野来观察世界和与世界互动，并乐于完全掌控自己的视野。在八九个月大的时候，宝宝开始学习指着想要的东西，并在坐着的时候身体前倾，向你或有趣的玩具伸出手。由于宝宝的稳定性和平衡性都有所提高，他（她）现在可以无支撑地坐着，转头看东西。他（她）甚至可能会扭动身体来四下张望——尽管他（她）的身体还不太能做到朝侧面倾斜。

手的技能　宝宝正在稳定地练习指尖抓握。通过指尖抓握，宝宝很可能会拿起小到一块棉絮那么大的东西。在这个月里，往自己嘴里放东西也很可能会成为一种常见的活动。而现在，宝宝可能已经学会了拿着杯子或奶瓶独立喝水。因为宝宝会把接触到的几乎所有东西都直接送进嘴里做进一步的探索，所以一定要把可能造成宝宝窒息的东西都拿走。

宝宝也在学习单独活动手指，很快

就能用拇指和其他手指抓住绳子，拉着玩具一起走了。主动地放手丢下一个东西变得更容易了，这能让宝宝放下一个东西以便拿起另一个东西。在这个月里，宝宝可能会发展出其他令人印象深刻的手部技能，包括指着他（她）想要的东西、拍手和挥手告别。这些也是沟通的形式。鼓励宝宝在这方面的发展，你可以亲自使用这些技能，如指着不同的物体并叫出名字，或玩拍手游戏。

抽测：这个月的情况

以下是宝宝第九个月时的基本护理情况。

进食　在这个月里，你可能会开始给宝宝添加一些稍微粗一点的食物，这需要宝宝多咀嚼。你也可能会发现，宝宝对你盘子里的食物比对自己的食物更感兴趣。在接下来的几个月里，你可以用自己的方式来喂宝宝吃些和其他家人一样的食物。刚开始时，你可以尝试把食物煮烂或切碎。有些家长会用食品加工机（辅食机）将食物处理成合适的质地。

母乳和配方奶可能开始扮演一个补充角色，但仍是不可替代的营养来源。如果你决定在宝宝1岁前就断奶，记得选用含铁的配方奶粉，因为宝宝还没有准备好喝全脂奶。

睡眠　到了9个月大的时候，宝宝可能已经有了固定的小睡和睡眠时间。他（她）可能白天小睡两次，晚上能连着睡12小时，并且不吃夜奶。但即使宝宝到现在为止睡得很好，在这个月和接下来的几个月里，你可能会面临一些新的睡眠挑战。

当宝宝开始学习爬行和扶站时，他（她）可能会一整天都在花很多力气练习这些技能。在夜间短暂的惊醒中，宝宝可能会自动开始练习爬行和站立。但在这些行动的初期，宝宝的技能掌握得还不全面，可能会陷入可以站起来却不能再趴下的窘境。即使是宝宝学会了自己再趴下，一系列活动也可能会让宝宝很难再入睡。

宝宝可能会制造出声响让你知道，这种情况确实让人沮丧。宝宝已经有能力摇晃婴儿床，或者用哭闹或尖叫引起你的注意。仔细检查宝宝的婴儿床的安全性，确保里面没有任何东西可以让宝宝垫在脚下。一旦宝宝对于新技能的新奇感消失，他（她）的睡眠质量可能变得很好。

在这个月里，宝宝发育的一个里程碑是能够一手拿一个玩具互相敲击。这并不容易做到，因为要想同时使用两只胳膊，需要宝宝能在没有支撑的情况下稳稳地坐着，并具备一定的平衡能力。

宝宝的感官发育

到八九个月大时，宝宝的感觉能力已经相当发达，这对练习新的运动、思维和社交能力有很大帮助。再加上宝宝不断扩大的记忆能力和对物体恒常性的理解，他（她）的感官能力会让他（她）轻松地识别反复出现的景物、声音和图案。它们正在帮助宝宝建立对事物一般秩序的认知。

视力 宝宝的视力水平在不断提高，他（她）可以清楚地看到对面的东西。在这个阶段，宝宝很快就能认出熟悉的面孔和物体。他（她）可能会调整自己的位置，以便更好地看清东西，也更愿意寻找隐藏的玩具。爬行和走动有助于发展宝宝的深度感知能力，比如他（她）在不同的地形上两手交替向前爬的时候。较好的深度感知能力会使宝宝对高度判断能力增强，并能更适时、更谨慎地接近障碍物。

听力 现在宝宝能轻松地辨认声音，并可能对自己的名字做出反应。他（她）也可能会对其他熟悉的单词做出反应，如奶瓶、妈妈、爸爸和不。

勺子争夺战

一些宝宝决意要自己吃饭，或至少可以在没有你干扰的情况下玩餐具。每次当你试着把食物放在勺子上送到他（她）嘴里时，他（她）的小手就会上来乱抓，把食物弄掉。究竟该怎么做才能让宝宝好好吃饭呢?

如果是这样的情况，可以给宝宝提供几种可以边吃边玩的方法。在宝宝的托盘里放些手指食物。给他（她）单独准备一个勺子，你自己再用一个勺子。你可能需要不断寻找将食物放入宝宝嘴里的机会。

你可以尝试教宝宝用勺子吃饭，如果不成功的话，可以先让宝宝用手抓着吃。目前来说，这些方便的餐具对宝宝来说的确更快捷。

如果宝宝确实不好好吃饭，只顾着玩儿，可能说明他（她）并不饿。你可以停下来，稍后再做尝试。

触觉　宝宝正在学习如何用手握住杯子或奶瓶，如何拿起勺子，以及如何正确地处理不同的玩具。

宝宝的智力发育

到了9个月大时，宝宝已经足够老练到可以感觉到无聊了（猝不及防啊！）。这是因为宝宝的记忆力正在发展，曾经对他（她）来说新奇和有趣的东西已经不那么多了。宝宝正在寻找新的刺激，并热衷于尝试新的游戏和技能。这当然是一个有趣的年龄段，但如果宝宝快速地从一件事转移到另一件事上，让妈妈或爸爸几乎没有时间去做其他事情，也会让大家都感到沮丧。

不过也不要太过担心。当宝宝的各项能力进一步发展，变得更加好动和独立后，他（她）会更有能力自得其乐。同时，你可以把宝宝的一些比较简单的玩具换成比较复杂的（但仍然注意要适合宝宝的年龄段），或者给宝宝准备一个篮子，里面放上他（她）能拿得到的纸板书，让宝宝可以轻松地自己玩耍。在这段时间里，你也可以每天多花一点时间和宝宝一起玩，以填补这段空白，直到他（她）能更好地自娱自乐。

语言和理解能力　8个月大的婴儿，大约每4个里就有3个会咿咿呀呀学说话了。大多数宝宝开始把音节组合在一起，发出一连串的声音。到了9个月大时，你甚至会发现宝宝开始用妈妈或爸爸这个词来指代你。

宝宝对语言的理解能力也在不断提高，甚至比他（她）的表达能力还要快。现在，宝宝很可能已经理解了一些单词的意思，包括自己的名字。他（她）也开始理解简单的游戏和儿歌，并会在适当的地方大笑或咯咯笑。例如，大约有一半的宝宝在9个月大的时候就可以玩拍手游戏了。你也可以给宝宝示范做一些事，然后给他（她）一个机会去做——“轮到我了”“轮到你了”。

随着对物体恒常性的理解在宝宝的脑海中逐渐建立起来，宝宝会坚持花更长时间去寻找他（她）知道在哪里的东西，比如你握在手中的钥匙等。物体的恒常性可以帮助宝宝理解世界的物理性质，比如球的滚动能力。还会帮助宝宝理解世界的社会性，当宝宝在你走出家门挥手告别时，他（她）能接受你要走了，但也开始期待你会回来。

宝宝的社交能力发展

当宝宝开始学会爬行，能做更多动作时，设定限制这件事会在生活中发挥更大的作用。在这之前，没有你的帮助，宝宝是做不了什么的。现在，当

宝宝的手指食物

随着宝宝能更熟练的拿捏和咀嚼，你可以开始为他（她）准备手指食物了。自己吃东西对宝宝来说是一种很好的娱乐方式，还有什么能比探索那些本该放进嘴里的东西（即使它们最终会掉在地板上）更有趣的呢?这一过程有助于培养宝宝的独立意识和自主完成任务的能力。

家长们曾经被告知不要给宝宝吃鸡蛋、鱼和花生酱等易引发过敏的食物。然而现在，研究人员发现有很好的证据表明，早期引入这些食物，特别是花生酱，将有助于减少食物过敏的发生（详见第60页）。不过，请记住，宝宝吃不同性状食物的能力还在发展过程中，对他（她）来讲软糊糊的辅食仍是最好的选择。小的、硬的、圆的、黏的或有嚼劲的食物都有引发窒息的危险。

以下是一些关于如何开始提供手指食物的建议。

- 煮熟的蔬菜丁（山药、土豆、胡萝卜、青豆）。
- 切成小块的较软的水果（浆果、芒果、桃子、香蕉）。
- 全麦早餐麦片（不含坚果或大块）。
- 磨牙饼干或普通饼干。
- 切碎、煮熟的意大利面。

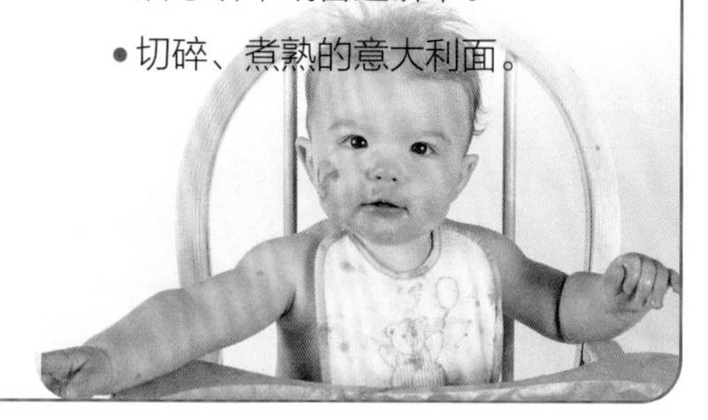

他（她）可以在没有你的帮助下也能爬行、攀爬去自由探索时，就需要做出必要的约束了——“不，你不能爬书架”或“不，不要拉猫的尾巴”。

哦，挫折感 设置限制对宝宝和父母来说都是一种调整。9个月大的宝宝之前并没有怎么被阻止过，当他（她）伸手去拿一根看上去很有趣的电线时，父母大声大喊“不!”，或者当一卷无辜的卫生纸被他（她）撕碎时，父母一脸不高兴，会让宝宝觉得困惑和沮丧。宝宝还没办法区分什么是安全的、什么是不安全的，他（她）们在四五岁之前都无法真正理解规则背后的原因。事实上，在这个月龄段，引导宝宝转身投入到其他可以接受的活动中去，一般来说是最有效的办法。

随着宝宝表达能力的提高，他（她）很可能会让你知道他（她）对这些新限制的感受。这时，宝宝有了明确的好恶，并会通过肢体语言——指点、拍手、做鬼脸、绷紧身体或拱背，以及尖叫、嚎叫和咿咿呀呀来表达。

对于父母来说，这段时间也会让人感到沮丧。你本来好不容易变得井然有序的日常，现在却被完全颠覆了。转个身的工夫，你放在地上叠好的那一篮子衣服，在你毫不知情的情况下，现在全散落在用餐区。扔在茶几上和客厅地板上的信件，会让你震惊地发现，宝宝现在可以扶着东西站起来了。

此外，从只需要负责养育的父母转变成一个限制者也是很困难的，而且你还不得不拒绝宝宝的一些需求。

让生活更轻松 密切关注宝宝并且提醒他（她）要远离危险的环境和物品，这种生活状态会让你觉得很累，宝宝也不会觉得快乐。家里的很多东西对宝宝来说都太有吸引力了，在这个月龄段寄希望于宝宝的自制力显然也是不合适的。不过，你不妨试试以下这些策略。

有计划的儿童防护措施 为宝宝打造一个安全的空间，让他（她）自己去探索，这样你们双方都会觉得更轻松。

做好准备

你可能习惯性地认为随着宝宝年龄的增长，他（她）对于成人的时间和关注的需求会减少。然而一旦宝宝开始学走，他（她）实际上需要更多的监护。以前，宝宝会等着你来。而现在，他（她）能移动了，可以来找你。你仍然是宝宝的主心骨，也是宝宝最喜欢的伙伴，在他（她）到处溜达和探索的过程中，有很多东西想和你分享。

非常好动或好奇心很强的宝宝，可能需要特别小心翼翼地监护。一旦他们发现自己有了活动能力，就会开始接触一切，触摸、拉扯、品尝。宝宝需要你的陪伴，以确保别撞到头、别夹住手指、别把小东西吞进肚子里，也别弄坏贵重物品。

这个密切监护的阶段一般会持续到3岁左右，这时的宝宝更习惯于规矩，会有更多的时间单独或与朋友一起玩耍。如果你对自己能做到没有什么自信，别担心！你可以的。这是一段很耗时间的育儿时光，但也会非常快乐，因为你会看着宝宝成长，看着他（她）慢慢发展成一个会走路、会说话、有自己明确想法的宝宝。

玩具和游戏

对于现在的宝宝来说，体力游戏很有趣，可以帮助他（她）练习新的运动技能。同时，宝宝的语言和沟通能力也在迅速发展，所以也要加入一些能锻炼宝宝思维的游戏。可以尝试下面这些互动方法。

室内健身房　一旦宝宝学会了爬行，能在物品间穿行、绕圈，这就会成为一个很棒的快乐源泉。用你手头已有的东西来创建自家的健身房。

- 在桌子下铺上一条毯子或一张床单，做成一个隧道。在里面放一面不会被打碎的镜子，给宝宝一个视觉上的惊喜。
- 用枕头、洗衣篮和卷起的毛巾制作一个障碍赛道。
- 亲自上阵。躺下，在你身前放一个有趣的玩具，把宝宝放在你的一侧，鼓励他（她）爬过你的腿去拿。

一起走路　宝宝可能还不会独立行走。但你可以牵着宝宝的手，帮助他（她）向前走一小步，让他（她）熟悉必要的腿部动作。

拍手游戏　要帮助宝宝练习手臂的协调性和建立平衡能力，可以教他（她）做拍手游戏，比如“杯子蛋糕”或“玛丽麦克小姐”（Miss Mary Mack，拍手游戏名）。

儿歌　永远不要低估几首儿歌的力量，它能让宝宝开怀大笑。这里面有很多经典的童谣，比如“老麦克唐纳”（Old McDonald）和“马菲特小姐”（Little Miss Muffet）。如果你发现自己对其中的一些曲子有点生疏，你可以在网上查一下，或者从图书馆借本书。事实上，一些手机App可以帮助你学习一些小曲，无论是在拥挤的餐厅里，还是在漫长的驾车回家的路上。

在宝宝学会爬行后不久，他（她）就可以爬楼梯了。在楼梯的顶部和底部都装上门，并正确使用它们。确保沉重的书柜和电视柜牢固地固定在墙上，让好奇的“小攀登家”无法将其拉倒。给茶几的边角安装防撞角，把危险的物品从小家伙能够到的地方搬走。

提供安全的探索机会　想一想有什么方法可以让宝宝在不惹麻烦的情况下进行探索。有些家长会给宝宝预留一个低矮的橱柜，装上宝宝能安全玩耍的物品。或者设立一个“活动中心”，摆放一些可以攀爬的枕头和空盒子，让宝宝进行探索。如果天气好，可以在院子里搭个小帐篷，这能给宝宝提供很多乐趣。

提供安慰，但保持坚定 当宝宝受到挫折时，提供一些帮助和安慰，但要知道克服挫折也是需要培养的一种技能。从不能玩的东西或活动中转移宝宝的注意力，通常会有很好的效果。宝宝需要一致性，所以要一以贯之地遵守你所设定的安全限制。

让宝宝忙起来 大多数9个月大的宝宝都很活跃，需要很多刺激，但他们不喜欢和爸爸或妈妈分开。家长如果在宝宝身上投入太多精力，自己完成其他事情就会变得很困难了。一种方法是为家里的每个房间准备一个小篮子，里面装上玩具；然后带着宝宝从一个房间走到另一个房间，让宝宝在你工作的时候自己玩耍。

家庭生活 宝宝在陌生人身边可能会感到不自在，他（她）喜欢待在你和其他家人身边。宝宝可能会通过拍拍你的背，甚至开始模仿拥抱和亲吻等喜欢的动作来表达爱意。他（她）非常享受作为家庭中一员的感觉。

大一点的哥哥姐姐依旧很喜欢宝宝，也很想和他（她）玩，但最初的新鲜劲可能基本上已经过去了，尤其是当宝宝可以到处爬并且会拿哥哥姐姐的玩具的时候，就更要注意了。试着鼓励大孩子要有合作精神。

第9个月的里程碑

第九个月的时候，宝宝将忙于以下事情。

- 学习爬行。
- 在支撑下站立。
- 扶着东西站起来。
- 用拇指和其他手指抓握（指尖抓握）。
- 互敲玩具。
- 学会自己放开东西。
- 学会指东西、拍手、挥手告别。
- 自己吃东西。
- 识别并回应熟悉的词语。
- 咿呀学语把音节串在一起。
- 努力说出熟悉的词。
- 正确拿住玩具和物品。
- 敲击、摇晃和扔掉玩具。
- 寻找扔出视线范围的玩具。
- 在界限的边缘试探并观察父母的反应。
- 躲避陌生人，更多地和家人互动。

第二十八章
第十个月

宝宝从出生起就开始在练习的许多运动技能，从这个月开始就有成果了。这些基本技能可以让宝宝从婴儿期过渡到幼儿期。从这个时候开始，宝宝正稳步地向站起来看世界前进。即使他（她）可能暂时还只能看到大人的膝盖和腿，以及世界的下半部分，但他（她）可以开始四处活动的能力是令人兴奋的进步。

在10个月的时候，很多宝宝都会借助家具或父母的腿，试着自己站起来。到了月末，有些宝宝甚至可以自己独自站立几秒钟。

差不多在这个阶段，宝宝也会开始变得非常爱模仿，这会带来一些有趣、诙谐的时光。模仿大人和大孩子的面部表情、手势及语言是宝宝学习融入家庭和社会的主要方法之一。

宝宝的生长发育和外貌

宝宝的生长速度与上个月基本相同——体重只增加了不到1磅（0.5千克），身长增加约0.375英寸（约1厘米）。宝宝的头围也是每个月稍有增加。

当宝宝刚开始站立和行走时，你可能会注意到他（她）的双腿似乎有点弯曲，这是正常的。大多数宝宝的腿会在1岁以后变得更直。

宝宝的运动

到了第10个月，你就可以开始看到宝宝早期在运动方面的成就如何互相结合起来。良好的头部控制能力，加上几个月来通过俯卧、四下张望、扭动和翻滚等动作，逐渐强壮起来的肌肉，可以让宝宝熟练掌握更高级的运动技能，如爬行、站立和行走。

现在，大多数宝宝都可以不靠支撑坐起来，背还挺得笔直，但能坐多长时间则不太确定。对宝宝来说，这是一个可以让他（她）玩耍和与世界互动的舒服姿势。短短几周内，宝宝就能爬行了，可以从一个地方爬到另一个地方，而且他（她）还可以用腿来承受体重，可以抓着东西站立，这些基本技能在这个月里变得更加娴熟。

换个姿势 到了10个月后，大多数宝宝已经学会如何坐起来——从躺着的时候把躯干抬起，从爬行的时候翻身，或者从站立的时候蹲下来。能够随意切换体位，让宝宝体验到了移动的自由和独立。

扶着东西站起来 虽然宝宝在站立时可能仍然需要支撑，但他（她）正在努力扶着东西站起来。他（她）可能会通过抓着任何顺手的支撑物站起来，比如婴儿床的栏杆、你的裤腿，甚至是好脾气猫咪的尾巴。

因为宝宝不知道什么是危险，所以要把安全放在首位。清空婴儿床里的东西，把宝宝可能用来垫脚以至于翻出婴儿床的东西拿走。另外，要把沉重的书架和柜子固定在墙上，以免宝宝不小心把不稳定的结构拉下来。

捡起、指物和捅 到了10个月时，大部分宝宝已经不再用那么大的力气来抓小东西，他们的动作变得更加精细，可以用拇指握住小东西。宝宝除了能更准确地摆弄物品外，还能更熟练地随心所欲地放开东西。然而，在这个阶段（以及今后一段时间内），放开一件东西往往意味着把它扔到一边，而不是轻轻地放下。

宝宝也发现了食指的力量，用它来指、刺、捅感兴趣的东西（包括你）。图画书是练习指点和学习事物名称的好帮手。陪宝宝讲绘本的时候，每次都要用同样的话来描述同一页书，宝宝很快就会开始帮助你完成这句话了。有些图画书有不同的质地，比如毛茸茸的、粗糙的贴片，或者是折页的，这样的书对宝宝来说就更有趣了。

宝宝的感官发育

在宝宝接近周岁时，他（她）会开始更灵活地运用感官来学习和探索这个世界。

抽测：这个月的情况

以下是宝宝第十个月时的基本护理情况。

进食　在这个月里，宝宝可能会开始更频繁地吃和家人一样的食物。你要确保辅食的大小和质地都是他（她）能接受的。煮得较烂或切碎的食物仍然是最好的选择，或者你可以用辅食机使食物更加精细。

母乳和配方奶粉开始更多地承担起补充作用，但仍是宝宝营养不可替代的来源。如果你已经决定给宝宝断奶，可以用含铁的配方奶代替母乳。宝宝要到1岁后才能开始喝全脂牛奶。

睡眠　到了第10个月，你和宝宝已经形成了有规律的睡眠时间。大多数9~10个月的宝宝每天小睡两次，晚上能连续睡12小时，中间可以不吃夜奶。但话说回来，这个阶段的宝宝练习新技能是很常见的事，这些技能包括爬行、站立和在半夜醒来的时候把自己拉成没有别人帮忙就扳不回去的姿势。即使宝宝学会了如何摆脱这些情况，这些体力活动可能也会让宝宝很难再入睡。

如果宝宝很安全，也没有尿床，那就可以让他（她）尝试自己再次入睡（中间可能会出现一些哭闹）。一旦宝宝的新技能成为日常动作，他（她）很可能开始睡得更好。

听力　到了10个月时，宝宝已经能不费力地辨认声音了，比如自己的名字、熟悉的歌曲和单词、狗的叫声，甚至是门铃。宝宝对听什么声音也会变得更有选择性。例如，他（她）可以专注听别人的谈话，而不会被其他声音分散注意力。

触觉　随着宝宝的智力和运动能力的提高，如记忆力和单个手指的技巧的提高，他（她）现在对自己的探索活动有了更多的控制权。有些事情甚至已经开始成为常规。例如，到了现在，宝宝已经知道可以摇动沙锤，把杯子放到嘴里，按钮是用来按的，轻轻拍打最喜欢的玩偶（就像妈妈做的那样）。

宝宝也会喜欢自己吃饭，即使这样肯定会弄得一团糟。不过让他（她）自己练习仍然非常重要，因为只有这样他（她）才能够更好地自己吃饭。如果想清理时更容易一点，可以考虑在宝宝的餐椅下铺上一块垫子或报纸。

摔跤吧，宝宝！

当宝宝开始用两只脚站立和活动时，绊倒和摔跤的频率自然会增加。其实这并不是什么大不了的事，因为宝宝个子矮，就算摔个屁股墩也不致于受伤。

通常情况下，当宝宝摔倒时，他（她）会先看你一眼，以判断你的反应，然后再行动。对儿童专家来说，这就是所谓的社会性参照。宝宝在进行新奇的体验之前，会向信任的成人寻求情感上的指引。

你可以帮助宝宝明白，一次跌倒并不妨碍他（她）重新站起来，你可以用实事求是的态度对待，并给予积极的安抚。有些宝宝无论如何都会哭。但是，如果你能给宝宝一个充满爱的鼓励，再加上积极友善的面部表情，宝宝很快就能学会如何面对这些小挫折。

同时，保证你的宝宝在撞来撞去的时候不会受伤。例如，将茶几尖锐的桌角包上，保证宝宝没有接触绳子的机会，以免发生意外。

宝宝的智力发育

在宝宝满1岁前的最后3个月里，他（她）的语言能力才真正开始开花结果。宝宝的理解能力不仅在不断提高，还可能开始说自己的第一句话。宝宝的第一句话一般都是在兴奋的状况下说出来的，而人生的第一句话也的确值得兴奋。他们有那么多话要说！

宝宝作为一个独立个体的思考能力正在变得更加成熟，你可能会从宝宝的非语言交流中发现线索。

第一句话 在这个月里，很多爸爸妈妈会开始听到宝宝那温暖人心的声音。大约有一半的宝宝在这个时候会用“爸爸”和“妈妈”来称呼父母。少数宝宝甚至开始使用其他的词汇，比如用“瓶瓶”来指代瓶子，用“奶奶”来指代牛奶。这些词一开始往往很难理解，可能要过一段时间才会发现宝宝在说一些有意义的词。一般来说，这个阶段的“词语”是指任何用于指代同一人、同一物或同一事件的声音。

当有机会的时候，你可以强化宝宝正在学习的单词的正确说法。例如，当宝宝要求吃“瓶瓶”时，你可以欣然应允，然后在给宝宝吃奶瓶时，说正确的单词——奶瓶。在你给宝宝喂奶或陪他（她）玩耍时，经常向他（她）描述你

玩具和游戏

要选择有助于宝宝了解物体运作规律的玩具和游戏，从刺激宝宝探索不同功能到让宝宝模仿大人行为的玩具都可以。由简单的动作组成的游戏玩起来会很有趣，傻乎乎的歌曲配上手势，一定会让宝宝眼前一亮。

忙碌的玩具　随着宝宝灵活性的增加，他（她）可能会喜欢上具有多种功能的玩具，如按按钮、打开抽屉、发出声音、打开盖子。宝宝会很喜欢把堆叠玩具和嵌套玩具拆拆装装。

模仿　给宝宝提供一些和大人用的东西相仿的玩具，如玩具电话、塑料钥匙、梳子、食物模型或茶杯等。看看宝宝会用它们做什么。也可以做个鬼脸或有趣的手势，鼓励宝宝模仿你。等着看他（她）是否能够有样学样，之后再模仿回去。

给你和给我　许多九、十个月大的宝宝喜欢玩简单的游戏，包括来回传递物品或玩具。给宝宝一个球，一旦他（她）抓到球，就要求他（她）把球拿回来给你。这对大人来说可能听起来有点乏味，但宝宝会喜欢这样做，而且这有助于宝宝学习游戏的概念和听从简单的指令。

傻傻的歌　此阶段的宝宝最喜欢听一些伴着手势的简单的歌。这些歌曲不仅能激发出宝宝的幽默感，还能促进宝宝的手眼协调和运动技能。《小蜘蛛》《我是一个小茶壶》《这只小猪》对这个月龄段的宝宝来说永远不会过时。

双向沟通

多项研究表明，宝宝的心理发展和语言的掌握，特别是语言的掌握，与宝宝在人生的前三年接触到的语言量密切相关。婴儿或幼儿早期听到的成人词汇种类越多，其语言能力在学龄前阶段往往越强。

由于这种相关性，我们鼓励家长通过阅读、讲故事，甚至只是讲述一天的活动，让宝宝尽可能多地接触语言。

特别是一项发表在《儿科》期刊上的研究，试图仔细描述宝宝接触什么样的成人语言，对语言发育最有利。如果仅仅听到成人的词汇是宝宝语言学习的唯一要求，那么你可以合理地认为，打开电视会帮助宝宝发展语言技能。但有证据表明，大量的电视接触往往会对宝宝的语言、阅读和数学能力产生负面影响。

为了弄清到底是怎么回事，研究者让给每个参与研究的2个月到48个月不等的宝宝，全天佩戴一个数字录音机。研究者使用特殊的软件，区分宝宝可能听到的三种语言类型：大人讲的话、电视和大人与儿童的对话。在研究期间，研究人员由一名语言病理学家对宝宝们的语言发展进行了多次评估。

正如你所想，当单独评估时，大人的言语对宝宝语言发展有正面影响，而电视则有负面的影响。但当同时评估这三种类型的语言输入时，只有大人与儿童的对话对儿童的语言能力有明显的积极影响。

这表明，比起仅仅听到大人的词汇，更重要的是听到能引起宝宝反应的言语。例如，与你的对话次数多了，意味着宝宝有更多的机会练习说话和对话。这也意味着你在纠正宝宝的错误时，让他（她）得到了更多的学习机会。从你的角度来看，经常与宝宝互动，有助于你跟上宝宝不断发展的能力。这种了解可以帮助你调整你的言语，使之既不至于太简单，也不至于太难。

当然，当宝宝的词汇量只有一个词时，与宝宝进行全面的对话可能会显得有些困难。但你可能已经注意到，与宝宝交流不一定要用语言来沟通。教宝宝说话是双向的，可以通过面部表情、声音和手势来教导宝宝对话。随着宝宝词汇量的增加，这样做可以为进一步的语言技能打下基础。

底线是：继续给宝宝读书并跟他（她）说话。但一定要保证有一些“对话”的时间，比如讨论绘本！

在做什么。最终，宝宝的语言能力会发展到足以让他（她）使用正确的词汇。

谈话　由于听你说话，宝宝的咿呀学语会开始听起来更像真正的对话。即使大部分他（她）的话都没有意义，你也要加入进来，重复给他（她）听。试着辨别出任何可能在这些咿咿呀呀中出现的词语。积极地回应宝宝的话，并时不时地暂停一下，以营造一种真实交谈的节奏，宝宝会对你的兴趣和专注感到高兴。

非语言交流　虽然宝宝能用来表达的词语还很少，但这并不妨碍他（她）与你交流。现在，宝宝已经开始发现自己喜欢或不喜欢的东西，他（她）会通过指点、摇头拒绝、伸手够取、弄出响动等方式来表达自己的意愿。他们还会拉拉你的胳膊，表示希望你能把他（她）抱起来。

这种非语言交流不仅表明宝宝正在努力向你传递想法，而且还表明宝宝的自我认知能力有所提高。他（她）现在能够提出与自己的期望明显相关，但与其他人无关的想法。宝宝也在发展成熟的思维能力，足以告诉大人他（她）想要什么并想办法拿到它们。

在简单地表达自己想法的同时，宝宝也开始理解你提出的简短的指令。如果你用手势表示你的要求，他（她）可能会按照你的要求去做，而且这涉及与你的某种互动。如果你向宝宝要一块饼干，并伸出你的手，表示你要什么，他（她）可能会按照你说的做。

宝宝的社交能力发展

随着宝宝的技能和独立性的提高，他（她）依然会向你寻求安全感。即使你们在这个时候已经建立了“亲密关

第十个月的里程碑

在第十个月里，宝宝会忙于以下事情。

- 掌握爬行能力。
- 靠支撑站立。
- 扶着东西自己站起来。
- 可能可以自己站几秒钟。
- 同时使用拇指和食指（指尖抓握）。
- 恰当地摆弄玩具。
- 学着按意愿放下东西。
- 通过手势沟通，比如摇头表示拒绝。
- 自己吃饭。
- 分辨出熟悉的词并做出回应。
- 咿咿呀呀，将音节串起来。
- 说“妈妈”和“爸爸”。
- 说出其他熟悉的词。
- 寻找看不见的玩具。
- 模仿大人或大孩子的活动。
- 挑战限制并观察父母的反应。
- 躲避陌生人却更多地和家人互动。

系”，但拥抱、亲吻和温暖的情感对于扩展宝宝对你的信任仍然是至关重要的。咯咯笑、大笑或安静的时光会加深你们之间的关系，进一步巩固你们之间的亲密联结。

从出生开始，宝宝就开始通过听你说、看你做来学习了。在前几个月，你可能会觉得宝宝对你的日常活动并不太注意。但很快你就会发现，你的脚边有了一个“迷你版的我”，他（她）模仿着许多你以为他（她）没注意过的活动。

模仿　在这个阶段，宝宝都喜欢模仿大人和大孩子的手势、面部表情和一些声音。比如说，如果宝宝拿着遥控器，你可能会发现他（她）用遥控器指着电视机。或者，如果宝宝的哥哥在“略略略”发怪声，宝宝也会试着学（这种情况经常在餐桌上发生，当你在认真地吃一顿饭的时候，宝宝也会尝试着去这么做）。吃完饭后，宝宝可能会尝试着给你擦手、擦脸。

宝宝还喜欢玩模仿游戏，比如发出声音或做出手势，然后看你是否会做同样的动作。

模仿是学习基本技能的一种重要方式。即使是成年人在面对新的文化环境时，也会利用这种形式的社会化学习。作为父母，你的行为和动作可以成为宝宝有力的教学工具。例如，如果你始终

分享

在10～12个月的时候，宝宝们喜欢和其他宝宝在一起，并看他们玩耍。但他们还没有能力和其他宝宝一起玩耍。通常要到2～3岁，宝宝之间才会有互动的游戏。

现在宝宝对其他孩子的玩具很感兴趣，这可能会带来一些抢夺玩具的争斗。如果宝宝天生就懂得分享和礼貌该多好，但是在这个阶段，他们只会想着自己和自己想要的东西。一般来说，孩子在3岁之前都不会明白分享或者轮流的概念，而且即便他们明白了这些概念也不一定会实践。

如果孩子之间由于玩具或别的东西发生了矛盾，你最好的解决方法就是用其他东西转移宝宝的注意力。得益于他（她）短暂的注意力持续时间，你可以轻易让宝宝沉迷于另一项活动，让分享的问题就这么悬而不决。你最终会有机会告诉宝宝如何与别人分享的，但目前这种教育很可能会被他（她）抛诸脑后（尤其是冗长的教育）。

如一地使用“请”和“谢谢你”，而且你总是以善意和尊重的态度对待你的伴侣，那么，孩子最终也会像你一样。

盯着爸爸妈妈看　到了九、十个月的时候，宝宝就能明显意识到陌生人的存在了。虽然他（她）会在你身边亲昵地玩耍，但对于陌生人，甚至是亲戚或保姆，他（她）一般都不会这样做。此外，分离焦虑往往在10～18个月的时候达到高峰。宝宝在玩耍时，可能会来回在房间里找你，以确定你还在那里。这使得你很难毫无负疚感地将宝宝留在其他照顾者身边。

你可能已经意识到了，宝宝对你有强烈的依赖性。意识到这个小家伙是多么地爱你、依赖你，可能会让人感到惊讶。但有时，当你需要离开时，宝宝的需要会让你感到窒息和内疚。这是很正常的。多陪你的小家伙一会儿，尽量让他（她）感觉到被爱。当你需要休息的时候就休息一下。当宝宝对自己的独立越来越有安全感时，情绪也会越来越稳定。

第二十九章 第十一个月

哇！你把宝宝从医院带回家的那一幕就宛如昨日。但看看他（她），长得飞快，人生的第一年，就要接近尾声了。自从出生以来，发生了太多事，现在看来早前的几个月已经开始模糊了。在对宝宝一岁生日庆祝的热切期待之中，第十一个月可能会稍微被忽视了。

但是，这个月还是会发生很多事情。宝宝正通过站立的视角看世界，这让他（她）能看到更多的东西。这个有利位置也让宝宝可以轻松地拿到更多的玩具和物品。宝宝会开始一点点儿挪动，或扶着家具走，以便拿到某些东西和走到某些地方。这是宝宝独立行走的第一步。

宝宝也能看得很清楚，并且学习同时倾听和注视，这是他（她）在专注能力和集中注意力上的一大进步。随着理解能力的提高，他（她）的语言能力正在建立，能开始用有意义的“词汇”来表示人、地方和事物。

宝宝的生长发育和外貌

当宝宝进入学步期时，你可以预期他（她）的成长速度会比第一年放缓，毕竟第一年是人一生中成长最迅速的时期。

例如，在宝宝第二年的时候，他（她）每个月的体重增长大概是他（她）在第六到十二个月里每月增重的一半。身高的增长速度也会明显放缓，从第一年的10英寸（约25.4厘米）左右增长到第二年的5英寸（约12.7厘米）左右。在第二年，头围的生长速度也要慢得多，全年共增加约1英寸（约2.54厘米）。

然而，到了第十一个月，宝宝的生长速度很可能会和上个月一样。不过，请记住，宝宝的生长速度往往是有起有落的，所以如果这个阶段生长速度较慢，而下一个阶段又突然出现了加快，也不要感到惊讶。

宝宝的运动

平均来说，在11个月时许多宝宝就开始“巡游”，在家具旁边晃来晃去，在房间里走来走去。用不了多久，宝宝就会熟练掌握这种行走方式。尽管独立走路已经指日可待，但对大多数宝宝来说，爬行仍然是从A点到B点最有效的方式。

爬行 随着经验的增加，宝宝的爬行速度越来越快，爬得也越来越有信心（不管宝宝爬得怎么样）。爬行有助于培养宝宝理解两只眼睛同时看到略微不同的图像，使宝宝的大脑具备立体的视觉能力，这提供了新的深度感知能力。随着宝宝深度感知能力的提高，他（她）的动作也会变得更有控制力，在面对小下坡或上坡时也会变得更加谨慎。

如果宝宝开始扶着墙走了，他（她）将会在没有东西可扶的地方，趴下来开始爬。许多宝宝甚至在学会走路之后还继续爬行。但宝宝还是相当有效率的，一旦行走变成去往各处最快捷的方式，他们基本上会坚持走路。

站立 宝宝已经能站得很好了。大多数这个月龄的宝宝都可以在有支撑的情况下站立，比如牵着你的手，站至少几秒钟。有些宝宝甚至能开始独自站立一两秒了，一般情况下宝宝在11个月左右也能从站立变换为坐姿，而不至于摔个屁墩。他（她）可能需要扶着家具或你的腿等来支撑自己站起来。

扶走 有些宝宝比其他宝宝更早学会走路，少数宝宝在这个月里会开始独立行走。但是，大多数宝宝还是会继续依靠附近的家具来支撑他们的移动。你会看到宝宝沿着家具挪动小手，侧着身子小步移动。每隔一段时间，他（她）可能会停下来研究一个玩具或木头上的划痕，或者在茶几上使劲地、快乐地敲打。

起初，宝宝可能会一只手放在一件家具上，伸出另一只手去够另一件，以确保自己走过去。例如，从沙发到咖啡桌再到椅子。渐渐地，他（她）会变得足够自信到能在越来越远的家具之间移动，比如从沙发直接到椅子，如果距离足够近的话。你甚至可能发现他（她）能自己快走几步了。

手指技能 来回传递物品对宝宝来说是一个有趣的游戏，能让他（她）更多地练习指尖抓握和主动松手。宝宝也

抽测：这个月的情况

以下是宝宝第十一个月时的基本护理情况。

进食　在这个月里，宝宝很可能会吃很多和家人一样的食物。确保辅食的大小和形态是宝宝可以接受的。煮得软烂和切得细碎的食物仍然合适，因为小块的食物容易咀嚼和吞咽。母乳和配方奶粉更多地是发挥补充作用，但仍然是必要的营养来源。

睡眠　大多数10～11个月的宝宝，晚上会睡10～12小时，白天会睡几小觉。有些宝宝可能会从这个月开始，上午不再小睡。如果宝宝是这种情况，可以试着把下午的午睡时间提前一点，再把晚上睡觉时间提前一点。这将有助于避免宝宝过度疲劳。也要注意根据宝宝的反应来调整睡眠时间，以适应他（她）的睡眠需求。

喜欢用手指向他（她）觉得有趣的东西。

宝宝提高了的深度知觉能帮助他（她）意识到，一个空杯子内部有空间，更为有趣的是，可以把东西放到里面去。快满11个月时，大概一半的宝宝可以熟练地将东西放进容器里。把篮子或桶里的所有东西都倒出来，再将它们放回去，这会成为宝宝新的爱好。

拥有更好的深度知觉也使得宝宝能够参与简单的球类游戏，比如把球滚来滚去。

宝宝的感官发育

到了第十一个月的时候，宝宝的感官能力在全速发展。

视力　虽然宝宝还有些近视，但他（她）已经可以和你一样看清楚了，能在20英尺（约6米）以外的地方认出熟悉的面孔。宝宝已经成为一个敏锐的观察者，他（她）能很有兴趣地观察别人的动作。他（她）可以毫不困难地追视移动的物体。而现在，宝宝知道即使离开了视线，东西也会继续存在，他（她）能够在正确的地方寻找掉落或滚出视线的玩具或物品。

听力和听觉　宝宝的听力和倾听力——与他（她）越发增长的集中注意力一起，在他（她）能够开始同时听和看的时候就提升了。这些技能可以帮助孩子吸收周围世界里有价值的信息。

触觉 在这个月里，宝宝正在学习一些概念，如后面和里面，这也是为什么在这个时候翻找钱包或包包会变得如此有趣的原因之一。宝宝可能也会喜欢用手指头伸进小洞、撕纸，或者把手指头伸进湿的或黏糊糊的东西里。

宝宝的智力发育

宝宝接受语言的能力，也就是他（她）能听得懂的东西，仍然领先于他（她）的表达能力，也就是他（她）能说的词汇。大约在这个月龄段，宝宝开始熟练地使用身体语言进行交流，如点头、挥手道别、用手指物、摇头拒绝。但如果你仔细观察，你可能会发现，在咿咿呀呀声中，宝宝会不断地用特定的声音（单词）来表达某些事情。

善用肢体语言 如果你说："该吃早餐了！"宝宝可能会微笑着点头回应。当你们交流时，多使用手势或手部动作。这样做，可以帮助宝宝表达自己的迫切需求，也能减少他们的挫折感。

增加词汇量 大约有一半的婴儿在快1岁时学会第一个单词，但有些婴儿要等到快两岁时才真正开始说话，这并

鞋子：宝宝需要穿鞋吗？

当宝宝开始站立和扶走的时候，很多家长都在想，宝宝是否需要穿鞋？其实在这个月龄段，宝宝站立或走路都不需要鞋。你可能会给宝宝穿上鞋子，因为它看起来很可爱，能给宝宝的脚部保暖，还能保护脚底。但除了这些原因，宝宝不需要鞋子，而且宝宝成长得太快，买鞋似乎不切实际。

你可能会觉得宝宝的脚看起来很平，被不稳定的脚踝支撑着，这是正常的。所有宝宝的脚掌都是又胖又厚的，肥肥的小脚丫甚至都看不到足弓，而且脚步一般都不稳，他们毕竟只是在学习走路。但是，给宝宝穿上有特殊足弓设计、鞋垫、高脚背或加固鞋跟的鞋，并不会改变宝宝的脚型，也不会帮助宝宝更容易走路。相反，在学走路的时候，宝宝可能从光脚中得到感受道路的益处。

如果你要给宝宝买鞋，要确保它们穿着舒适，鞋底要防滑。在宝宝的大脚趾和鞋尖之间，应当有能塞下食指那么宽的空间。鞋子的前部也应该足够宽，让宝宝的脚趾能够扭动。

让宝宝倾听

在过去的这一年里，你有幸成为了宝宝的中心。很可能每次你的小家伙听到你的声音时，他（她）的耳朵就会立刻竖起来，全神贯注地看着你。

但随着宝宝越来越大，对越来越多的事情感兴趣，你可能会发现，要抓住并保持宝宝的注意力会变得有些困难（请看你家大点的孩子，或咨询其他有大孩子的家长以获得专家意见）。在面对外界的力量——如电视、兄弟姐妹的争吵和其他各种不同的“攻击”时，要很好地引导宝宝的注意力，你还需要一些练习。如果你现在就开始练习，就会在帮助宝宝成为一个更好的倾听者方面领先一步，也会让你自己的声音被听到。

- *减少背景音。*如果周围有很多其他声音的话，宝宝很难集中注意力。
- *走到孩子面前。*不要在房间的那一头大喊。停下你正在做的事，直接走向宝宝。当你在他（她）面前的时候，宝宝更容易倾听、理解和回应。
- *降到他（她）的高度。*面对面可以让宝宝将他（她）的注意力集中到你身上。
- *叫他（她）的名字。*要清晰且大声，然后停一下，让宝宝有足够的时间将注意力从正在做的事转到你身上。
- *保持眼神交流。*这将帮助宝宝保持专注，并增加他（她）对你话语的关切程度。

不罕见。男孩通常比女孩更晚开始说第一个单词。

其他因素也会影响语言发展，比如宝宝是否性格谨慎，或者是大家庭中最小的孩子。如果宝宝没有说话的需求，他（她）可能还不认为说话是一项必要的技能。

另外，宝宝更倾向于分别学习不同的技能。如果你的学步宝宝正在努力地练习走路，他（她）可能没有精力去练习说话。活泼的宝宝一旦走稳了，就更容易把注意力放在学习单词上。

一旦宝宝学会第一批单词，他（她）的词汇量在接下来的几个月里会增长得相当快。帮助宝宝增加词汇量的最好方法是跟他（她）说话。确保孩子不仅能听单词，还要让他（她）意识到自己是与他人互动的一部分。一旦你听到宝宝在练习一个新单词，就把它融入到你的对话中。以宝宝容易理解的方式使用它。

以“妈妈”和“爸爸”这两个词为例，这两个词通常是宝宝最先学会的词。和有宝宝的父母在一起待久了，你会听到他们经常用第三人称来称呼自己。“你想让妈妈帮你吗？”“爸爸把你放在秋千上好吗？”这样做有几个目的，它强化了妈妈和爸爸是谁，将单词放在宝宝容易理解的语境中，并帮助宝宝学习发音。所以，去做吧。它很有帮助！

宝宝的社交能力发展

当宝宝出生时，他（她）还一点儿都没有意识到自己是一个独立于你或世界其他部分的个体。但是，从8个月左右

双语宝宝

如果你会说第二种语言（或第三种语言），请随意跟宝宝说吧。经验法则是，当一个人开始接触不同语言的年龄越小，他（她）学习语言的难度就越小。第二语言是宝宝可以终身受益的礼物。

有些家长担心，如果同时给宝宝讲两种语言，会让宝宝感到困惑，但几乎没有证据支持这种担心。事实上，研究表明人的大脑有足够的适应能力，可以像学习一门语言一样同时学习两种语言。毕竟全世界数百万家庭，会使用一种以上的语言交流。

虽然双语宝宝可能会把不同语言的单词混在一起，或把一种语言的单词尾音与另一种语言中的哪个单词联系起来，但研究表明，他们最终会将两种语言区分开来。如果宝宝一直使用一种语言而不是另一种，那么这种语言可能会成为主导——例如，如果家人都说英语和法语，但其他地方都用英语，那么英语很可能成为优势语言。尽管如此，如果宝宝也经常使用法语，他（她）仍然可以熟练掌握法语。

即使你的伴侣不说你的第二语言，你仍然可以通过使用第二语言来描述你的一天，读该语言的书，或者和孩子练习一些在你家的主要语言中也会发生的对话等方式，让宝宝接触你的第二语言。一开始你可能会觉得有些可笑，但是当你听到孩子说出第一个英语、越南语、西班牙语或俄语的单词时，你会觉得一切都值得。

开始，宝宝就开始意识到："嘿，我是山姆。我有自己的脸、双手、手指和脚趾。我可以在我想扭动身体的时候做到扭动，我爸爸做了个鬼脸，我也能做到！"

当你和宝宝在镜子前时，你可能会注意到这一点。以前，宝宝可能会以为镜子里的形象是另一个宝宝。现在宝宝开始意识到这是他（她）自己的形象，可能会摸摸鼻子或弄平一缕头发，来确认镜子里的动作给身体带来的感觉。当你对着镜子做鬼脸的时候，宝宝可能会看着镜子中的自己，试图模仿你。

在宝宝自我意识的形成的过程中，这会影响到他（她）与世界的互动方式。你可能会注意到，宝宝越来越自信，也会小心翼翼地对待以前可能对他（她）没有什么影响的事情。

增强自信心 孩子在新技能方面的练习越多，他（她）就越有可能变得更加自信。这种独立性的增强是好的，也是健康发展的标志，但它也会使你和宝宝之间发生争执的可能性增加。自主意识的萌发，可能会使他（她）更容易拒绝某些食物，要求更多的特权或更大声地抗议你的限制。

当宝宝能够表现出自己的好恶时，他（她）的个性就会开始更明显地表现出来。例如，当宝宝坚持要找到那件被藏起来的东西时，你就可以看到他（她）惊人的毅力。或者，当宝宝在跟其他人玩一会儿后，爬开来去一个人玩一阵儿，你就会意识到他（她）可能需要休息会儿，然后再与人交流。

新增的恐惧 随着大脑的不断发展，宝宝对危险和恐惧的感知也在不断增强。这是宝宝建立对危险状况判断和

玩具和游戏

这个月，很适合给宝宝一些能帮助技能成长的玩具，比如扶走、走路或整理物品。

推着跑的玩具　这些是当宝宝能站直后可以推着走来走去的玩具，例如玩具购物车或者儿童推车。这样的玩具可以帮助宝宝练习走路，同时提供一些支撑。然而，为了在宝宝对此厌倦的时候能够助他（她）一臂之力，离宝宝近点。

装满篮子　将各种小的、无害的物品放在篮子或塑料碗里。让宝宝把这些东西分类，把它们倒出来，然后再装回去。你会惊讶于这对宝宝来说是多么有趣。

接球游戏　虽然宝宝还不能接住半空中的球，但他（她）会玩得很开心，因为他（她）能圈住滚向他（她）那边的球。

哥斯拉（注：音译动画片名称）给宝宝一个释放能量和大笑的机会，搭建一个由软积木组成的塔，让他（她）推倒。几个月后，他（她）就能自己动手搭一个塔，当然仅仅是为了再推倒它。

创造一个探索区　要培养宝宝扶站和扶走的能力，可以在低矮的桌子上放置一些有趣的物品，吸引他（她）的注意力。这样会让宝宝在扶着桌子站立或走动的同时，有额外的动力。

第十一个月的里程碑

在第十一个月里，宝宝会忙于以下事情。

- 掌握爬行。
- 靠支撑站立。
- 扶着东西站起来。
- 可能可以自己站几秒钟甚至走几步。
- 扶住家具行走。
- 同时使用拇指和食指（指尖抓握）。
- 恰当地摆弄玩具。
- 学会按意愿放下东西。
- 通过手势沟通。
- 自己吃饭。
- 分辨出熟悉的词并回应。
- 发出咿呀声和一些成串的音节。
- 说“妈妈”和“爸爸”。
- 说出其他熟悉的词。
- 寻找看不见的玩具。
- 模仿大人和大孩子的活动。
- 挑战限制并观察父母的反应。
- 变得更加坚定而自信。
- 躲避陌生人却更多地和家人互动。

认知的第一步。以前可能不会让宝宝感到困扰的事情，如黑暗、雷声或响亮的噪声，现在可能会变得可怕，并激起宝宝强烈的恐惧感。

这时，消除或尽量减少恐惧的来源，比试图将其合理化更容易。例如，你可以在宝宝的房间里安装一盏小夜灯或者壁橱灯。如果令宝宝害怕的东西难以避免，那就陪着宝宝并保持冷静。最终，在你的陪伴和安慰下，宝宝会明白这种情况没有什么好怕的。

第三十章
第十二个月

这个月标志着宝宝的第一年即将结束。在过去的12个月里，宝宝发生了巨大的变化。在最初的那些日子里，你可能会怀疑你们永远无法理解对方。可现在，你已经能读懂宝宝的情绪和暗示，并准确地回应他（她）的需求。宝宝也能理解你，知道如何让你兴奋，让你微笑，甚至让你大发雷霆。

你也变了。当宝宝变得更加独立和善于沟通的时候，你们也变成了一个更自信和善于交流的父母。恭喜你！当父母并不容易，但绝对是可以做到的。虽然这是第一年的最后一个月，但这其实只是许多冒险的开始。

你到现在积累起的自信心、理解宝宝意思的能力、还有与宝宝沟通的能力，都是你的最好工具。没有人比你更了解宝宝。当宝宝从婴儿期向学步期过渡时，你对宝宝的深入了解将帮助你提供他（她）所需要的挑战、支持和保护。

宝宝的生长发育和外貌

12个月能带来好多的变化呀！对于大多数宝宝来说，在第一年结束时体重是出生时的3倍。所以，如果宝宝出生时的体重是7.5磅（3.4千克），那么他（她）现在的体重可能在21～23磅（9.5～10.4千克）。

大多数宝宝在出生后的第一年里，身长大约长了10英寸（约25.4厘米）。现在的宝宝平均身长在28～32英寸（71～81厘米）。12个月时，宝宝的头围约为18英寸（约45.7厘米），比新生儿时的约14英寸（约35.6厘米）长了4英寸（约10.2厘米）。有的宝宝在这个阶段可能只有1颗牙齿，有的宝宝则可能长了12颗或更多。

儿童专家和医疗机构，会将宝宝的第一个生日作为许多里程碑的自然基准，但请记住，所有的宝宝都会以自己独特的速度继续成长和发展。重要的不是宝宝的身高和体重数字是否与全国平均水平相符，而是宝宝是否遵循自己的稳定的成长曲线。

同样地，很多发育里程碑的正常范围是相当大的，所以如果宝宝还不会走路、不会说话，或者对陌生人还很畏惧，也不用担心。孩子的周岁生日有魔力只是因为爱他（她）的家人给了它魔力，他们通过庆祝孩子到达了周岁的里程碑做到了这一点。然而，在衡量宝宝的发育情况时，它的意义就不那么重要了。宝宝会开始做所有他（她）应该做的事情，不管是在周岁生日派对的几个月前或几个月后。

宝宝的运动

在过去的一年里，宝宝学到了很多东西。在短短的几个月内，他（她）已经从起初要挣扎着抬起头来，渐渐学会如何只靠自己坐着、爬行、扶走，甚至是独立行走了。从前，宝宝只能用握紧的小拳头去敲大件物品，现在，他（她）已经可以拿起小如面包屑一样的东西了。这都是宝宝的神经系统快速发展的结果，他（她）的神经系统现在已经能在大脑和肌肉之间更有效地传递信息了。

坐　宝宝现在不仅能够坐很长时间不翻倒，还能在坐着的时候转身去拿玩具或转向你。他（她）还能够很容易地在坐姿和其他姿势间转换。

站立与弯腰　在这个月，大约一半的宝宝已经有了足够的平衡能力，可以自己站立几秒钟甚至更长时间。这为他（她）打开了新的视野，也扩大了可触碰的范围，因为他（她）现在可以玩放在地上的玩具了。与此同时，大约1/4的婴儿正在学习如何在站立的时候蹲下来捡掉在地上的东西。

走路　11～12个月时，大约每4个宝宝中就有1个能够学会走路。走路是一项复杂的活动，需要协调性、平衡性和良好的灵活性。学习独立行走的一个关键阶段是学会先抬起一只脚，然后再抬起另一只脚，这需要宝宝单腿站立一小会儿。宝宝可能会在这样做的时候抓住家具作为支撑。

当宝宝第一次表现出想迈开步子的兴趣时，你就可以和宝宝一起走，拉着他（她）的手，鼓励他（她）努力向前走。一旦宝宝发出信号，表示他（她）准备好独自行走了，你就在不远处蹲下，伸出双臂，鼓励他（她）向你走来。很快地，宝宝就会走了。第一步总是令人兴奋的。退后几步让宝宝自己练习，但要继续紧紧地跟在宝宝身边，因

抽测：这个月的情况

以下是宝宝第十二个月时的基本护理情况。

进食　现在，宝宝的饮食可能已经包括了各种质地和味道的食物。但是，他（她）每顿饭吃的量可能看起来很少。很多家长都会担心宝宝吃得不够多。要知道，11～12个月大的宝宝的进食量与成人相比是相当少的，可能每种食物只有1/4杯左右。而当宝宝进入人生第二年的过渡期时，他们的食欲往往会下降，也会变得更加不稳定。有时宝宝一顿可能只吃几汤匙熟胡萝卜、两口米饭、一口肉和几口梨。要关注宝宝饥饿和口渴的迹象，而不是盘子里还剩多少。让宝宝吃饱了就停止进食，而不是连哄带骗地让宝宝多吃点东西。如果你为宝宝准备了健康丰富的食物，宝宝就不会饿着肚子，也不会有明显的体重下降。

继续给宝宝吃母乳或配方奶，两者都是重要的营养来源。如果你已经决定给宝宝断奶，可以用添加铁的配方奶粉代替母乳。在宝宝过完生日后，你可以逐渐让他（她）过渡到喝全脂牛奶。

睡眠　大多数11～12个月大的宝宝，晚上能睡10～12小时，白天有几次小睡。大多数宝宝白天仍然需要小睡两次，但有些宝宝在这个时候开始放弃早上的小睡。如果宝宝是这种情况，可以尝试把下午的午睡时间提前一点，并把晚上的睡觉时间也提前一点。这将有助于避免宝宝过度疲劳。也要注意宝宝发出的信号，调整睡眠时间，以适应他（她）对睡眠的需求。

到11～12个月时，夜奶一般已经成为过去式。喂奶或吃奶瓶可能是为了心理安慰，而不是为了热量。如果宝宝仍然会醒来吃夜奶，而你想努力让宝宝睡到天亮，你可以尝试逐渐缩短哺乳时间或用更小的奶瓶。最终，你可以减少到完全不喂奶。同时，也要看宝宝的睡前作息时间。在宝宝疲倦但仍然清醒的时候，把他（她）放在床上，让他（她）学会自己入睡。

为他（她）需要一段时间才能学会在没有人帮助的情况下走路。

如果宝宝对走路似乎还没有兴趣，不要担心。有些宝宝在9个月时就开始走路了，但有些宝宝要等到17个月时才开始学走路。这两种情况都是完全正常的。

上下楼梯　即使在宝宝还没有开始正常行走之前，他（她）很可能已经学会了用包括爬行和走路的混合动作上楼梯。几周后，通常在12～15个月的时候，宝宝也将学会下楼梯，最常见的方法是趴着，脚朝下往下滑。

上下楼梯是一项重要的技能，但无论何时，宝宝练习的时候你都要在旁边，以避免滑倒摔伤的情况发生。

手和手指技能 你12个月大的宝宝日渐精进的指尖抓握能力已经使他（她）能够轻松地把东西捡起来了。你们一起读书的时候，给宝宝一点帮助，他（她）就能翻书页了。再往后，他（她）就会用同样的技能学习画画、写字、扣纽扣和拉拉链。

多数宝宝到这个月龄，都可以两只手各抓一个东西并将它们互相敲击，而且乐在其中。宝宝可能甚至已经学会了在一只手上拿两件东西并把它们放进一个容器中，他（她）可能还会在对一件玩具失去兴趣或者被更有趣的东西吸引时，把这个玩具扔到一边，不过这个三心二意的“小杂耍家”，还没办法很好地控制把玩具扔到哪里。

在11～12个月大的时候，很多宝宝已经能很好地使用自己的餐具了，无论是从字面意义上还是从比喻来说，都是如此。宝宝可能知道如何拿起杯子喝水，但可能还不能放下杯子，如果你不接住杯子，他（她）可能会把杯子掉在地上。他（她）也越来越会用勺子了，而且可能已经发现勺子是很好的玩具（特别是当勺子上有食物时）。

派对时间！

在第一年结束时，全家人都应该开一个派对——其实派对更像是开给家人，而非开给宝宝的，因为宝宝可能要到3岁左右，才会明白这个活动的意义所在。不管怎么说，这是一个传统的庆祝时刻，何乐而不为呢？对许多家庭来说，宝宝的第一个生日标志着一段“劳动密集型育儿期”的结束。当然，以后还有更多的事情要做，但是折磨人的夜晚、母乳喂养的挣扎和长期睡眠不足的阶段都已经过去了。是时候该吃蛋糕了！

虽然邀请你认识的所有人都来参加这个盛典可能对你很有诱惑力，但是为了宝宝，你可以考虑只邀请直系亲属来参加，开个小型的派对。在1岁左右，宝宝可能不会喜欢朋友、邻居都参加的热闹盛大的聚会。即使小家伙喜欢热闹，也最好把派对时间限制在1小时左右，避免宝宝出现什么状况。

安全检查

宝宝正在变得更加独立，行动更加灵活，这令人兴奋，但也意味着受伤的风险增加了。随着宝宝学会站立、扶走和自由行走，受伤的风险都会增加。意识到宝宝能走得更远、更快，是降低这种风险的第一步。宝宝可能会够到一周前还无法碰到的东西，这似乎很令人惊讶。

每隔几天就抽出时间，蹲下身保持和宝宝同样的高度，检查每个房间。你看到了什么新的诱惑？

家里人都在忙的时候，宝宝更容易受伤，比如吃饭时间。宝宝活泼好动、又很冲动。当你忙碌劳累的时候，很容易有一瞬间把注意力从宝宝身上移开。不幸的是，这个年龄的宝宝还不知道如何调整他们对注意力和探索的需求。与家庭成员分担吃饭时间看孩子的任务，可以让一个人和宝宝玩耍或喂饭，而另一个人负责满足其他家人的需求。

要获取更多家庭儿童防护的信息，请参见第十七章。

宝宝的感官发育

到了第一年末，宝宝的感官可以协调工作，帮他（她）了解外界。当宝宝习惯了家里的日常情景和声音，就将学会排除干扰，更好地专注于自己感兴趣的事，比如吃饭或听自己喜欢的故事。

边看边听　宝宝现在的听力更敏锐了，听得更专注了。事实上，他（她）可以同时看和听，这会让和宝宝在一起看书更有乐趣。如果你觉得宝宝的听力不好，请向医生咨询听力评估问题。

触觉　即使宝宝正在从综合感官信息输入中获益，他（她）可能还是喜欢单纯的感觉，比如用手感受物体不同的质地，或者把水从一个容器倒进另一个容器中。在宝宝学走路的时候，可以让他（她）尝试小的探险，比如光着脚在不同的表面上走——柔软的草地，或者踩过一摊水。宝宝也很喜欢人与人之间的接触，很愿意回应拥抱和亲吻，即便有时候对方并没有要求他（她）这样做。即使长到了一岁，宝宝也还在探索如何同时使用手指和嘴巴，他（她）捡起来的任何东西都会通过味觉来检测。

玩具和游戏

在第一年的末尾和未来一段时间，宝宝仍会喜欢能培养运动技能的玩具和游戏。拾起和丢弃物品的游戏对宝宝来说也会很有趣。12个月时，宝宝的游戏可能会从以锻炼大块肌肉为目的，转变到以锻炼和掌握精细运动技能为目的。他（她）可能会觉得推、扔、摔东西很有趣。

当你穿梭在玩具店里的货架之间时，可能很容易冲动，因为可供选择的太多了。在为宝宝购买玩具时，要挑有趣的，还要记住许多玩具仍会被宝宝吃进嘴里这个事实。玩具当然可以有教育意义，但尽量选择适合宝宝发展水平的。如果一个玩具或游戏对宝宝来说太难理解，他（她）很快就会失去兴趣。虽然玩具制造商可能认为他们的产品是完美的发育辅助工具，但在帮助宝宝成长和学习方面，没有什么比与你的互动更重要的了。以下是一些可以帮助你入门的建议。

找一个开阔的空间　通常，当宝宝正在学习爬行和行走时，你能为他（她）做的最好的事情就是给他（她）提供足够的活动空间。如果天气好的话，可以在公园里，也可以在社区娱乐中心或早教中心。如果你有大一点的孩子在早教班或其他开放的地方上课，比如芭蕾舞或空手道，如果老师同意，并且有足够的空间，

宝宝的智力发育

0～2岁宝宝睡着后的脑部成像研究显示，在婴儿出生后的第一年，大脑的总体积会增加100%以上。相当惊人，不是吗？难怪婴儿的头围尺寸会增长这么多——它必须容纳所有的灰质和白质的生长。

宝宝长得越大，他（她）的神经髓鞘化程度就越高——髓鞘化是指神经被一层叫作髓鞘的脂肪包裹的过程，髓鞘化能使神经变得更强壮、传递信息更有效。这种神经髓鞘化有助于使大脑中越来越多的区域被使用。

大脑中的一些区域要到很晚才会成熟，比如被称为网状结构的部分，它可以帮你保持注意力。这个区域直到青春期或以后才会完全髓鞘化。而负责执行思考和判断的额叶，直到成年后才会完全髓鞘化（而你还以为冲动的青少年只是会让父母长更多白头发）。

越来越复杂的思维　1岁时，宝宝开始控制边缘系统——大脑中负责情

可以带着宝宝一起去。这样宝宝也可以受益。

一起走　手拉手和宝宝一起练习走路。渐渐地，他（她）只需牵着一只手就行了，然后只牵着一根手指。很快，你就可以退后一步，让宝宝朝你走过来了。也可以让宝宝尝试在不同的地面上走，如温暖的沙子、柔软的草地或湿水坑。

蜡笔　有些宝宝在12个月左右就开始乱涂乱画了。给宝宝一支蜡笔和一张纸，看看会发生什么。给他（她）展示一下怎么画，看看宝宝的表现。他（她）可能会对自己的成果感到高兴，你也会很开心。

牵引玩具　随着孩子变得更加敏捷，如果玩具上有绳子或丝带，他（她）就可以拉着玩具走。拉玩具和推玩具一样有趣。

水上玩具　洗澡书？小家伙喜欢坐在浴缸里翻阅防水的绘本。宝宝可能也会喜欢浴缸里的颜料和蜡笔，这些色彩可以随洗澡水被冲洗干净。水对宝宝来说是很有吸引力的，很多宝宝会满足于把水从一个杯子里倒到另一个杯子里。一定要时刻监督玩水的宝宝，避免出现溺水的情况。记住，如果宝宝正玩水时，电话响了或门铃响了，不要把他（她）单独留在浴缸。

绪、食欲和基本冲动的区域，同时也负责信息处理，并将外界的信息引导到大脑的适当区域。因此，1岁宝宝的思维会变得越来越复杂，开始包含较长的思维链。比如说，如果你给1岁的宝宝提供两个玩具，他（她）很可能会在这两个玩具之间做出选择，而不是试图一次拿两个。或者，如果宝宝看到一个玩具被毯子盖住了，他（她）可能会运用因果关系的知识，掀开毯子去拿玩具。

理解力　大脑中与理解有关的部分也在逐渐成熟。到了第一年末，宝宝开始对一步到位的命令做出反应。例如，当你帮宝宝穿裤子时，他（她）可能会应你的要求扶着你。或者，当你要求亲亲时，宝宝会给你一个吻。

宝宝也可能会表现出对简单问题的理解，比如当你指着一本熟悉的书中小狗的图片时，宝宝也会表现出对简单问题的理解，比如“那是一只小狗吗?”

语言　张口说话比理解别人的语言要慢，直到第二年或第三年，宝宝的词汇量才开始急剧增加。而对于家庭以外的人来说，可能需要更长时间才能听懂宝宝说的话。

尽管如此，孩子已经开始学说话了。超过半数以上的宝宝在1岁时，除了妈妈和爸爸之外，至少能知道一个词，比如“啊哦”或“狗狗”。有的宝宝甚至可能知道两三个单词。继续鼓励宝宝对语言的探索，仔细聆听并回应宝宝的咿咿呀呀。重复宝宝正在学习的新单词，并说出他（她）已经使用的交流手势的意思。

如果你担心宝宝的言语发展，试着去发现他（她）会在什么事情上耗费精力。也许宝宝在站立、扶走和走路方面花费了更多的时间。最终，一旦他（她）掌握了这些技能，说话就会成为一个优先事项。让宝宝以自己的时间安排学习这些技能。

你也应该明白，要衡量宝宝的语言发展情况，他（她）理解别人语言的程度要比他（她）能说的词汇数量更有参考价值。

宝宝的社交能力发展

宝宝可能正在通向独立的道路上前进，但仍有很多东西需要学习。随着宝宝对自己在家庭中的地位越来越确定，一些伴随着独立早期出现的恐惧感也开始消退。然而，你和其他家庭成员仍将是宝宝寻求安全时的依赖对象。

我来，我看见，我征服　孩子已经开始践行尤里乌斯·凯撒的著名格言“我来，我看见，我征服”了，一切都要靠自己去掌握。宝宝开始独立的早期迹象包括会自己吃奶、用杯子喝水、能自己走动。对于大多数宝宝来说，学习走路的兴奋点在于获得了对世界的更多控制权。这个世界不再局限于他们面前的这点东西，现在他们可以走出去征服这个世界了。这种独立性可能既让人激动又让人担心。

发脾气　宝宝两岁时发脾气会变得更常见，你现在可能已经注意到了宝宝发脾气的最初迹象。当宝宝的东西被拿走或没有得到想要的东西时，他（她）可能会发脾气。当宝宝对独立和控制的追求，与他（她）仍然有限的能力或父母的限制相冲突时，他（她）可能会感到沮丧和生气。有些宝宝会更激烈地表达这些情绪，这取决于他们的性格（关于宝宝的性情，请参阅第十一章）。

当宝宝变得烦躁不安时，很可能是他（她）累了或饿了的征兆。即使是大一点的宝宝甚至是成年人，也是如此。如果宝宝看上去心情不好，或者越来越抗拒你的安抚，最好的办法可能是让他（她）小睡一会儿，而不是反复地说教。请记住，在宝宝真正入睡之前，他（她）可能需要发泄一下。

说“不” 到现在，宝宝已经明白你说“不”的意思了。只是你家里的所有东西都非常有意思——包括锅柄、壁炉、节日装饰品、马桶里水的旋转方式，还有你宠物的腮须、尾巴和食物。孩子的探索欲望比听你警告的欲望要强。这并不是反抗的表现，只是宝宝天生的、不可抗拒的好奇心。

尽量将吸引宝宝的贵重或危险的物品搬走。对于剩下的物品，要密切观察，并准备好让执着的宝宝远离危险物品，或者用别的方法来分散他（她）的注意力。如果物品还留在房间里，宝宝很可能会回到你刚才不让他（她）碰的东西那里。尽量对那些可能伤害到宝宝的东西说“不”（说起来容易做起来难！）。你也可以教宝宝在需要注意的时候要“温柔”“轻轻的”，比如和朋友或家里的宠物玩耍时。

与别人相处 这个时候，大多数宝宝对家人很亲近，他们喜欢依偎在家人的腿上。但如果宝宝对陌生人的恐惧感一直持续到这几个月，也不要惊讶。很多宝宝在1岁以后还会对陌生人产生恐惧感。有些宝宝的这个阶段则较短，还有很多宝宝会阶段性地对陌生人产生焦虑。

第十二个月的里程碑

在第十二个月里，宝宝会忙于以下事情。

- 独自站立。
- 扶走。
- 可能开始走路。
- 精准地使用指尖抓握。
- 恰当地摆弄玩具。
- 自己吃饭。
- 学着按意愿放下东西。
- 同时看和听。
- 延长注意力持续时间。
- 通过手势沟通。
- 分辨出熟悉的词并回应。
- 增加词汇量。
- 对单一指令和简单的问题做出回应。
- 模仿大人和大孩子的活动。
- 挑战限制和表达自己的挫败感。
- 依然对陌生人保持警惕，但对家人很有感情。

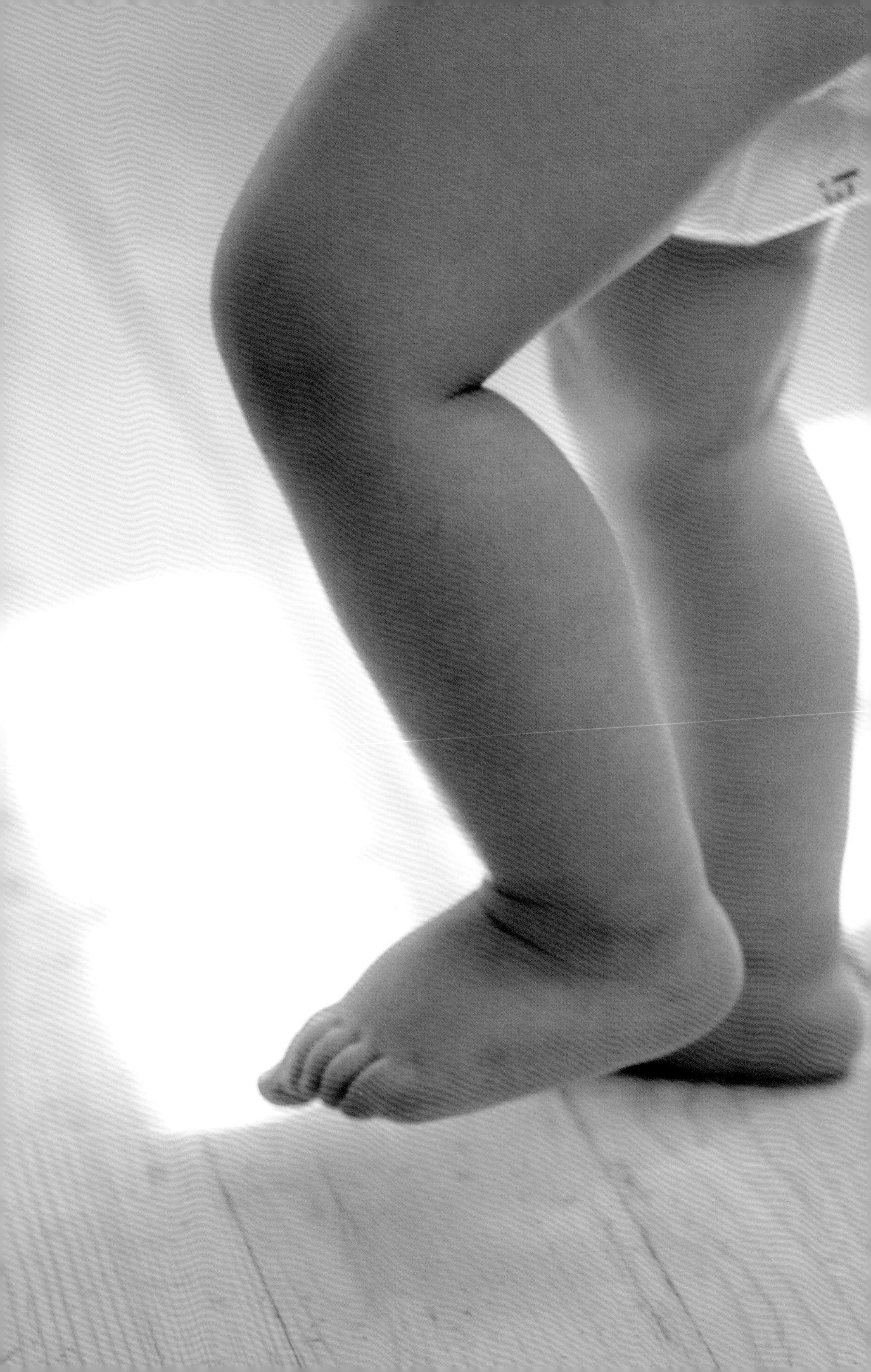

第三十一章
第十三至十五个月

欢迎进入学步期！毫无疑问，你会觉得有些苦乐参半。当宝宝达到重要的里程碑时，你会感到自豪——迈出第一步，用最喜欢的积木搭建高塔，学习新单词。但你也意识到你在看着他（她）长大、宝宝完成这些的时候，已经变得不那么依赖你。在接下来的几个月里，他（她）也会开始退去“婴儿的样子”，有了更多的“大孩子”的样子。

对宝宝来说，他（她）正左右为难：一方面他（她）非常想测试新的技能，比如走路，他（她）会变得更加独立；而另一方面，他（她）又会黏着你，还没准备好全靠自己。

当宝宝在独立和依赖之间来回摇摆时，家长们会感到很沮丧。前一刻宝宝的抱怨和需要还在考验你的忍耐力，而下一刻，你却发现这小家伙不希望你帮他（她）吃饭穿衣或做其他事情。尽管如此，不管宝宝多么独立，当他（她）觉得世界有点可怕的时候，一定还是会希望在你的怀抱中获得安全感。

所以，当你感觉在这段为人父母的旅程中，自己又回到了原点时，要知道这一切都只是养育孩子的正常过程。你在宝宝生命的第一年学到的知识和技能，将会在接下来的几年里帮助你成长为一个好家长。

幼儿的生长发育和外貌

学步期是宝宝外表的重要变化时期。在13～15个月，大多数宝宝看起来是这样：圆润的五官、柔软而非肌肉发达的短腿和手臂、长长的躯干和站立时突出的腹部。在未来的几个月里，随着宝宝变得更加活跃，他（她）会变得更苗条，看起来会更瘦、更有肌肉感，四肢也会逐渐变长。脑部的发育仍很可观，在未来的一年里，宝宝的头围会增加1英寸（约2.5厘米）左右。

你可能已经注意到，宝宝现在的成长速度比刚出生的第一年要慢得多。随着他（她）慢慢长大，成长的速度会更稳定。平均来说，学步期宝宝在第二年体重会增加3～5磅（1.4～2.3千克）。到这一时期结束时，女孩的体重约为23磅（约10.4千克），身长约为30.5英寸（约77.5厘米），而男孩的体重约为24.5磅（约11.1千克），身长约为31英寸（约78.7厘米）。

医生会跟踪宝宝的生长情况，确认生长曲线是否正常。与过去相比，现在宝宝的生长情况“正常”的范围要宽泛很多。

像之前一样，请记住成长图上的身高和体重数字只是平均数。宝宝可能会低于或高于这些数字，重要的是他（她）正在遵循自己的成长曲线茁壮成长。

幼儿的运动

宝宝运动能力发展的核心是走动和探索环境。他（她）可能会靠爬行、攀登、扶着家具蹒跚而行或走路，来完成探索。

看着学步的孩子尝试新的技能，可能会让你很紧张，但这对他（她）的发展至关重要。对想探索或测试新技能的孩子进行限制，可能会让孩子对自己的能力产生怀疑，或感到不安全及沮丧。相反，要认识到当孩子尝试新事物时，难免会有波折。在学会走路的过程中，肯定会磕磕碰碰。

在未来的几个月里，宝宝会掌握自己走动所必要的技能。在这期间，你要留在他（她）身边，并提供支持和鼓励，如果有一些磕磕碰碰或擦伤，记得安慰宝宝。

走路和攀登 如果宝宝还没有开始独立行走，你无疑会期待迈出第一步的那一刻。平均来说，学步儿童在12～15个月开始走路，但很多孩子开始走路的时间或早或晚于这个时间段。

走得早并不是衡量孩子有多聪明的标准，也不是衡量孩子未来身体能力的标准，除非孩子到了18个月大时还没有学会走路，否则以后学走路一般不成问题。

刚开始，孩子走路往往是膝盖弯曲，双脚分开，脚尖朝外，可能会“弓着腿走路”。有些学步的孩子，因为新发现的能力而兴奋不已，似乎永远都会有一头栽倒的危险。这种情况很常见，随着孩子平衡能力的提高，步伐会慢慢变得稳健。

在他（她）准备好走路之前，你很可能会发现孩子在爬行，扶着家具走或

抽测：这个阶段的情况

下面就给大家介绍一下这个年龄段的宝宝基础护理情况。

吃　正在学步的宝宝，不仅行动更独立了，他（她）还会变得更擅长自己吃东西，使用鸭嘴杯，挑选自己喜欢吃的食物。不要感到惊讶，随着宝宝越来越独立，他（她）可能会挑食或拒绝吃某些食物。

如果你还在母乳喂养，并且感到舒适，那可以继续。宝宝仍然能获得营养。做个计划，在宝宝18个月前戒掉奶瓶，因为长期使用奶瓶与肥胖和蛀牙有关。在告别奶瓶的时候，如果之前还没教过的话，可以教宝宝用勺子。这会是孩子进入学步期后令人兴奋的一步。

睡眠　学步期的儿童需要多少睡眠，取决于他（她）的性情、健康状况、活动水平和成长等因素。不过，大多数学步儿童每晚需要10～14小时的睡眠时间，而许多人在白天仍会小睡1～2小时。如果孩子决定不睡午觉，可以给他（她）提供安静的时间来放松一下。

有些宝宝在专心学习独立行走的过程中会变得有些暴躁。学习一项新技能对学步的孩子来说，可能会有压力！但一般来说，一旦开始学步，宝宝的情绪会有很大的改善。学步儿童通常会对他们新发现的交通方式和独立感到非常高兴，他们会为自己的成就感到自豪。

伸手去抓你的手。帮帮他（她），给他（她）足够的支持，让他（她）站稳。

你还需要格外小心楼梯，因为许多学步儿童对楼梯很感兴趣。到了这个年龄，他们会爬上楼梯，并尝试着学习如何下楼梯，要准备好帮助他们。如果你还没有安装安全门和其他儿童防护措施，请安装好以保证孩子的安全，也让自己放心。有关家庭和户外安全的更多信息，请参见第十七章。

熟练的手　宝宝迈出的第一步往往会引起所有人的注意。然而，你要注意孩子也在学习掌握手部技能，这将使他（她）能够更好地抓住和检查物体。用拇指和食指抓东西的能力，可以让孩子搭建积木城堡，更好地使用叉子或勺子，以及更容易地翻书页——这只是一些技能。事实上，如果你还没有教孩子用勺子吃饭的话，这也是一个很好的时机。

暴躁期

你听说过“可怕的两岁”吧？但你可能没有意识到的是，这个阶段可能在孩子2岁生日之前就开始了。前一分钟，你还站在超市的冷冻食品区，旁边是你平静的孩子。下一秒，孩子就会因为你拒绝了买他（她）喜欢吃的甜品，而在地上撒泼打滚了。而你则站在旁边，心烦意乱，还得躲避其他顾客的异样目光。

虽然说起来容易做起来难，但还是要尽量保持冷静。即使是表现最好的孩子也会有失控的时候，当然，这并不是对你的育儿技巧的否定。大多数情况下，孩子发脾气是由于他（她）无法有效地告诉你他（她）的需求或感受，或者是沮丧或愤怒的结果。饿了、渴了或累了也可能是发脾气的催化剂。

在大多数情况下，应对发脾气的最好方法是无视它。这也包括在公共场所，不过当别人在旁边看着时，这可能是一个挑战。通常在这个年龄段，转移孩子的注意力或引导他（她）到其他地方，就能有效地结束发脾气。如果孩子特别捣乱，你可能需要把他（她）转移到一个私密的、安全的地方，让他（她）有机会冷静下来。然后，当孩子平静下来后，再回到活动中去。这样做可以让孩子知道，发脾气并不是得到他（她）想要的东西的有效方法。发脾气并不总是可以预防的。但是，有一些方法可以让你在孩子发脾气之前就将其遏制住。

幼儿的感官发育

孩子对探索世界和玩耍的兴趣，不仅有助于培养他（她）的运动能力，还有助于培养他（她）的视觉和听觉能力。

视力 到了这个阶段，孩子的距离感已有所提高，能较为准确地投掷物体。像滚球、用蜡笔乱涂乱画和拼简单的拼图等活动，都为以后手眼协调能力的提高奠定了基础。

听力 在这个阶段，孩子已经能听懂并大致按照简单的指令去做，如“把球带到我这里来”。他（她）还可以参与对话，回答简单的“是或不是”的问题。当你读绘本故事的时候，宝宝会很喜欢听，并跟着读，这个活动可以帮助宝宝扩大词汇量。

如果孩子对听从指示有困难，似乎对你的话充耳不闻，或者没有用有意义的方式使用词语，请与医生联系。孩子可能需要进行听力筛查或听力检查，以

- 尽可能地坚持每天的作息时间，包括午睡时间和就寝时间。规律作息对学步期的儿童尤其重要。
- 提前做好计划，在孩子吃完饭或午睡后再去忙点琐事。如果预计要让孩子花时间等待，请准备好玩具或其他分散注意力的东西。
- 如果孩子还无法清楚地与你交流，可以教他（她）如何提出需求，比如再来点水或吃的，或者通过手语表达自己的感受，比如累了。
- 提供选择。让孩子选择零食或穿什么颜色的衬衫，让他（她）感到有一定的控制感。
- 表扬你想要的行为。如果孩子不吵不闹坐上汽车安全座椅，你可以微笑着用快乐的声音告诉他（她），你为他（她）的合作而自豪。
- 避免某些环境。如果你知道可能会有让宝宝发脾气的风险，那就避开杂货店的饼干区，或者当你想在外面吃饭时，优先选择上菜快的。
- 通常在3岁时，孩子的发脾气情况就会好转。 但是，如果孩子有暴力行为，或者你认为他（她）可能会对自己或他人造成危险，请与医生联系。

检查孩子对声音的反应。

幼儿的智力发育

对宝宝来说，玩耍就是学习，所以希望孩子集中精力玩耍，就像在专心工作一样。几乎所有与孩子互动的东西，无论是拼图还是带盖的塑料容器，都有可能提高孩子解决问题的能力，或帮助孩子学习更多关于世界上的事物如何运作的信息。

模仿　孩子不再满足于随意使用物品。相反，你会看到孩子用它们来模仿你，比如说，用搅拌锅子假装做饭，用空杯子模仿你喝咖啡，或者用玩具电话假装和祖父母打电话。孩子可能会邀请你一起玩。有时，他（她）会想帮你做家务。可以让孩子帮你做一些简单的工作，比如扫地或擦柜子等。

当然，模仿也意味着孩子在观察你的言行举止。利用这个机会，给孩子树立你希望看到的行为榜样。相当多的时候，孩子们通过榜样学习比通过言传更好。

分离焦虑 宝宝开始明白，你离开并不意味着你就永远离开了。学步的孩子仍然会有一些分离焦虑，但父母会发现，他们伤心的时间在减少。而且很有可能你比孩子更难受。然而，尽量不要让这种情绪困扰你。宝宝还小，但他（她）很快就会明白，也许好好闹腾一下可能会让你留下来。当你离开的时候，给他（她）一个亲切的告别，告诉他（她）你会回来的。最好避免偷偷溜走，因为这可能会让孩子不确定或焦虑，担心你会在没有通知他（她）的情况下再次消失。

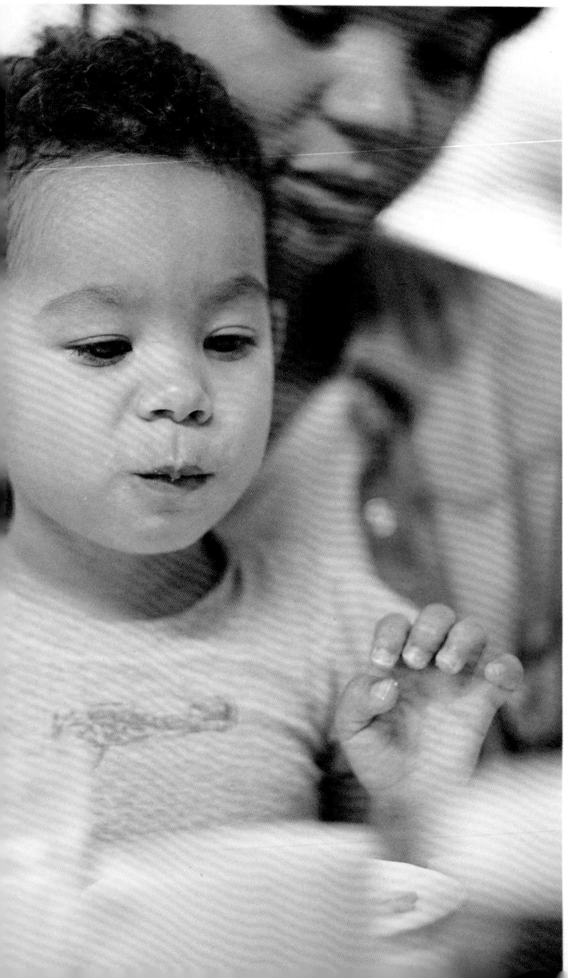

当你回到家后，给孩子提供温暖的、全身心的关注。这有助于巩固这样的观念：虽然有时你不得不离开，但你也一定会回来。

辨别力 孩子现在还不太能够理解事物之间的因果关系。因此，你需要一直引导他（她）避免伤害。宝宝可能会开始认识到，烤箱是你把食物放进去加热的地方，但却并不一定会意识到摸热的烤箱会导致烫伤。

语言 宝宝看起来能听懂你说的大部分话？那是因为他（她）真的听懂了！他（她）的语言理解能力每天都在提高，你会发现他（她）对简单的故事、歌曲和儿歌很感兴趣。这是一个激动人心的时刻，因为与孩子交流的全新世界正在打开。孩子也在认真地听着你的对话，所以你可能会发现自己也在使用你不想让孩子听到的单词。

语言的发育上，孩子个体差异很大。有些孩子开始说话，似乎永远不会停止，而另一些孩子似乎说得不多。一般来说，男孩的语言能力发展速度往往比女孩慢。然而，在这个年龄段，理解所讲的内容通常超过了能说的话。这种差距会在未来一年中得到改善。

到了15个月时，宝宝可能已经能听懂70个左右的单词，但只能说出6个左右有意义的单词。除了像妈妈或爸爸这样的词，孩子还可能会尝试着叫出家里的宠物、亲戚和家里的物品的名字。即使孩子还不能准确地说出单词和名字，但他（她）的大脑正在发展出将物品和名字联系在一起的能力。例如，许多孩子在被问到时，可以指着自己身体的一部分或书中的一件东西。

同时，孩子并不总是能通过语言让你知道他（她）想要什么。这并不能阻止孩子用其他不那么微妙的方式来表达的要求，比如敲打桌子来表示自己饿了想吃东西。

你可以通过帮助孩子用认识的单词组成句子，来培养他（她）的词汇量。例如，当一辆车开到街上时，如果宝宝指着它说“车”，你可以补充一些细节，比如“我们看到一辆红色的车”。你也可以解释一些日常发生的事情，比如“邮递员来了。他（她）把信放在我们的信箱里”。这段时间也是一个很好的时机，可以让孩子从儿歌式的婴儿话过渡到说话。通过使用包含简单单词的短句子，为宝宝学说话打下良好的基础。有的孩子也会开始问一些很基本的问题，比如想在外面玩，就会问“出门？”

现在，很可能只有你和其他亲密的家人和朋友，才能理解孩子——甚至你可能有些时候还不能确定呢。在这个年龄段，孩子的话中大约有25%的内容可以被理解。当孩子在探索使用语言来表达自己的需求并进行观察的时候，难免会出现发音错误。当孩子读错了一个字时，纠正他（她）的发音是可以的，但要温和地纠正。例如，如果孩子说“脑腐”，你可以说“是的，那是一只大老虎”。

幼儿的社交能力发展

在这一时期，孩子会以自我为中心。一岁多孩子的世界，本能地以自己的需要和愿望为中心。例如，这个阶段的孩子与其他孩子分享玩具，通常不是自愿的，如果是被迫的，就会产生摩擦。

要克服这种与生俱来的自我主义，需要能够觉察和包容别人的想法和感受，而这恰恰是孩子们需要多年时间才能发展起来的一项关键社交技能。了解这个阶段的发展，可以帮助父母温和地引导孩子建立健康的同理心和与他人互动的能力。

这个年龄的孩子并不总是喜欢在一起玩。他们可能会互相观察，或者只是喜欢待在其他孩子附近。然而，游戏时往往是各玩各的，比如在其他孩子身边玩，但并不真正与他们互动。

玩具和游戏

在孩子进入学步期后，玩具是孩子发展的重要组成部分。玩娃娃或毛绒动物的游戏看似简单，实际上是在为孩子的沟通技巧打下基础。鼓励孩子在假装对话的情景中使用语言，帮助孩子练习社交活动。玩具在社会化发展中扮演着重要的角色，可以磨练孩子的运动技能，帮助孩子保持身体的灵活度。

但是，孩子并不是唯一能得到乐趣的人。玩具为你提供了一个完美的工具，让你通过游戏和一对一的互动，与孩子建立联系，促进孩子的全面发展。

阅读　你可以通过每天坚持给孩子阅读来培养他（她）的语言能力。选择一些鼓励孩子触摸和指认物体的书籍，并选择一些风格轻松愉快的书籍，比如押韵的。

低科技　高科技的玩具不一定是最好的，即使所谓的益智玩具也不一定是最好的。目前还没有研究表明，平板电脑或应用程序等玩具与传统玩具一样有利于孩子的认知发展。事实上，玩具的功能太多，可能会分散孩子的注意力，让孩子没有足够的想象空间。高科技玩具还可能会干扰亲子关系，这对于数字玩具来说尤其是一个缺点。这类玩具往往被认为是娱乐性多于教育性。

作为一种低成本的选择，鼓励孩子玩一些日常用品，如木勺、纸板箱、空食盒、纸板书、玩偶和简单的拼图。有多种用途的开放式玩具，如积木，可以测试孩子解决问题的能力，引入数学概念，帮助孩子理解事物之间的联系，并激发他（她）的想象力，让他（她）构思和建造桥梁、宫殿和堡垒。总的来说，给孩子选择一些能帮助他（她）磨练新技能的玩具。

全年龄　能跨越幼儿时期不同阶段的物品都是不错的投资，如玩具动物、活动人偶、布娃娃、卡车和汽车。在孩子很小的时候，他（她）可能会将塑料动物放在盒子里，并把它们作为他（她）的珍贵收藏品的一部分带在身边。等到孩子大一点时，可以把这些动物作为他（她）精心制作的故事中的人物，让他（她）编一个关于动物园管理员的故事。蜡笔、颜料和纸张一定会给孩子带来无穷的乐趣。

字母表　现在向孩子们介绍字母和文字不算太早。书籍、磁性字母和字母形状的工艺品，可以帮助孩子发展早期语言技能。

第十三至十五个月的里程碑

到了这个时期，宝宝正忙于以下事情。

- 自己走，或牵着你的手走。
- 爬上楼梯。
- 扔球。
- 翻开书页。
- 堆叠两块或三块积木。
- 用蜡笔画出一条线，涂鸦。
- 执行简单的命令。
- 被叫到名字时回应。
- 指着自己想要的东西。
- 模仿你的动作，比如用勺子搅拌空碗。
- 拥抱。
- 努力提高语言能力，如给熟悉的物体命名（虽然有时听起来好像毫无意义）。想独立的时候说“不”；可能认识4～6个单词。

维持和平　孩子之间的互动，经常会发生争吵。他们以自我为中心，不能分享或轮换着玩，这往往会导致打人或其他攻击行为。不过，这并不意味着一起玩是浪费时间。孩子需要多种机会来发展和练习社交技能。你可能需要准备好各种玩具，以减少潜在的冲突，并随时准备好当裁判。

提醒那些对玩具有占有欲的孩子，是的，这些玩具是属于他（她）的，玩伴们只是看一看或玩一玩而已。在没有其他孩子在旁边的时候，给孩子留一些他（她）特别喜欢的玩具，也许会有帮助。孩子可能会觉得这是一个可以接受的折中方案，对别的孩子玩他（她）其他的玩具就会稍微宽容一些。

身体上的反应　尽管孩子还小，但他们仍然会经历大的情绪波动，他们并不总是知道如何处理激烈的情绪。他们可能会因为沮丧或为了引起别人的注意而尖叫、打人或踢人。当孩子失去控制时，要抱住孩子，以免他（她）伤害到别人或自己。教孩子如何给自己的情绪命名。这可以帮助孩子更好地理解自己内心的感受，为以后掌握沟通和解决问题的技巧打下基础。比如，你可以说“我看出来你很生气，因为该轮到别人了。”模仿孩子的面部表情，然后，用“但是我们不打人”来追问。通过这种方式帮助孩子识别自己的情绪，同时也告诉孩子如何处理情绪。

第三十二章
第十六至十八个月

幼儿期是一个充满成就感和挑战性的时期。孩子的语言能力正在不断发展，为更多的互动和可爱的对话奠定了基础。每一天，孩子都会变得更加独立，并渴望向你展示新技能，比如自己奔跑、爬楼梯和涂鸦绘画。

这个阶段，孩子很可能变得更有主见，并且敢于说出自己的感受——要是每次你听到小家伙说“不”的时候，你都能得到一美元就好了。而第三十一章中提到的那些脾气暴躁可能正变得频繁。不过，这些都是这个年龄段的正常现象。

在大多数情况下，这只是孩子年龄带来的问题。自控能力要到孩子3岁以后才会发展起来。即使到了那个时候，你也需要帮助孩子应付大的情绪波动和反射性的冲动。当事情变得有点混乱时，保持对孩子行为的期望与他（她）的年龄相符可以给你一些安慰。

幼儿的生长发育和外貌

幼儿的成长缓慢而稳定，并伴随着成长的高峰期，在这一时期，宝宝会慢慢地褪去婴儿的外貌。

在这一时期，学步儿童平均会增加约1.5磅（约0.7千克），身高也会增加约1英寸（约2.5厘米）。你可能会注意到，当医生在图表上绘制宝宝的生长曲线时，那些以前比较直或弯曲的线条，现在看起来更像台阶，这就是生长高峰的一种形态。

到16个月时，大多数孩子的上下门牙（中切牙），以及左右两边的牙齿（侧切牙）都已长出。

抽测：这个阶段的情况

以下是宝宝第十六至十八个月时的基本护理情况

吃　到了18个月，孩子已经具备了使用餐具和杯子的灵活性和协调性。当然，这并不意味着他（她）会一直想这么做。毫无疑问，你仍然会发现有的食物被故意扔在地上，或者像颜料一样被糊在桌子上。这种探索食物的行为是很常见的，也是孩子好奇心的体现。

在这个年龄段，挑食是很常见的。事实上，如果用一个词来形容幼儿的饮食习惯，那就是反复无常。即使是几个月前还热衷于尝试几乎所有食物的孩子，到了吃饭的时候也会变得非常挑剔。

幼儿期是所有感官发育的时期。对食物来说，这意味着味道、外观、气味和质地都会在孩子决定吃什么的问题上，发挥更大的作用。在这个过程中，耐心是至关重要的。继续为孩子提供各种健康的食物选择，让孩子自己决定吃什么和吃多少。要想让孩子吃新鲜的东西，至少要尝试8～10次。提供一些有趣的调料，比如蘸酱，可能会吸引孩子咬一口。有关幼儿营养的更多信息，请参见第四章。

睡眠　整天有那么多探索要做！对于学步的孩子来说，在睡觉前要想让他们安静下来是很困难的。哄幼儿入睡往往是父母一天中最具有挑战性的事情之一。保持一致的睡前习惯——例如洗澡、读书和每晚同一时间入睡——可以帮孩子建立起他（她）所需的睡前习惯，让他（她）更容易入睡。

有些家长会惊讶地发现，已经能睡整觉的孩子，在夜里又开始惊醒了。这可能是由多种原因引起的，包括生长发育、疾病或生活习惯的改变。然而，有规律的睡前作息时间可以帮助减少这种情况的发生，让孩子恢复到正常的睡眠时间。有关建立睡前习惯和排除睡眠问题的详情，请参考第九章。

幼儿的运动

在第一年到第二年之间，宝宝正在获得身体和运动技能的双重技能——并学习如何同时使用多种技能！

多重任务　当孩子刚开始走路时，他（她）需要将手臂保持在肩部水平以保持平衡，因此，几乎没有空同时完成其他任务，比如拿着玩具。但是，当孩子走了一两个月后，他们就可以蹲下身子拿起并搬走物品，也可以推拉玩具，向后退、侧着走，还可以用手扔球，而不会失去平衡。随着孩子行走能力和信心的增强，他们会开始运用身体技能来达到目的，如伸手去够拿不到的东西。

对速度的需求　在行动能力有所提高后，孩子很可能已经准备好了尝试跑步。就像走路一样，这需要一些时间来掌握，要做好摔倒的准备。刚开始，孩子的跑步方式可能会显得很僵硬，而且往往只能跑直线。行动力的提高，加上孩子天生的好奇心，也意味着他（她）会更容易遇到一些不安全的情况。虽然有时孩子看起来似乎是在故意试探你的神经，但他（她）其实只是在探索环境，他（她）需要你的指导，让他（她）在探索过程中保持安全。

手指是工具　这时，宝宝已能轻松地用拇指和食指拈起非常小的东西。学步的孩子会用这种技能来仔细检查物体和进行日常活动，如转动门把手和书页等。

穿上衣服　让孩子想炫耀穿衣服这个新技能时，穿上衣服就成了一个团队

牛奶与缺铁症

建议1～2岁的幼儿喝全脂牛奶，因为全脂牛奶对孩子的大脑发育最有利。但是，喝太多牛奶可能会导致孩子对吃其他有营养的食物不感兴趣，进而导致缺铁和贫血等疾病。贫血是一种以红细胞计数低为特征的疾病。它干扰了血液携带氧气的能力。如果孩子每天喝2～3杯（16～24盎司，即480～720毫升）的全脂牛奶，就不必担心。但是，如果孩子摄入的量超过了这个量，或者似乎放弃了平衡膳食而只喝牛奶，请考虑和医生讨论一下孩子是否需要补充铁剂。这个年龄段的孩子每天至少应该摄入7毫克的铁。

的努力。孩子可能会协助你把衣服套在头上或脱掉手套、鞋和袜子。随着大拇指和食指握力提高，有些学步的宝宝可能已经能够拉开外套的拉链。

幼儿的感官发育

孩子非常依赖声音、视觉、气味、味道和触摸来探索周围的环境。他（她）可能会通过翻动物体、闻一闻、尝一尝，来了解更多的东西。此外，宝宝视力的提高有助于他（她）走动，也有助于他（她）抓住和搬运玩具、杯子和其他物品。再过几个月，有些孩子可能就可以开始考虑使用便椅或马桶了。

味觉测试　了解味觉是幼儿探索世界的一部分，安全地尝东西对宝宝探索世界很重要。被小东西噎住非常危险，在家里和新环境中都要注意。常见的窒息危险包括气球、小玩具或地上的小块食物，这些对幼儿来说都难以抗拒。请确保地上和宝宝容易够到的地方没有导致窒息危险的小东西。这将使你不那么焦虑，宝宝也能在安全的环境下探索。

视力　虽然孩子的视力在某些方面已经发展的很好了，比如双眼聚焦在物体上的能力，但其他的视觉技能，比如深度感知，仍在不断提高。从高处坠落是可能的，所以要把安全放在首位。

膀胱和排便功能　帮助宝宝控制排便的肌肉正在逐渐成熟。到18个月大时，宝宝可以憋尿两小时或更长时间。在真正开始如厕训练之前可能还需要一段时间（见第六章），但你可以经常给孩子介绍便盆椅，让他（她）习惯这个概念。

幼儿的智力发育

到18个月时，孩子已经掌握了许多关键的智力（认知）概念，包括物体的恒常性，即就算东西不在视线范围内，也不会消失。因此，玩捉迷藏的游戏——把东西藏在毯子或枕头下，鼓励孩子去找——会让孩子特别兴奋。

通过重复来学习　实验是此阶段的重要学习工具，可以帮助幼儿更好地理解日常生活中的因果关系。当孩子一遍又一遍地做同样的任务时，不要惊讶，比如把杯子扔到地上，看看结果如何。这种热衷于实验的兴趣也会带来麻烦，任何你不想让孩子探索的物品，如垃圾桶，都应该放在孩子接触不到的地方。有关儿童安全的更多内容，请参见第十七章。

再见奶瓶！

专家建议，在孩子1岁后不晚于18个月时——就不应继续使用奶瓶喂养，因为这会增加蛀牙的风险，而且有可能导致孩子喂养过度和缺铁。在这个年龄段，用奶瓶喝水往往是一种安慰孩子的措施。尤其是在睡前，当奶瓶成为孩子入睡需要的东西时，更是如此。对于一些孩子来说，抛弃奶瓶说起来容易做起来难。如果你仍然难以让孩子放弃奶瓶，可以尝试逐渐不用奶瓶，先从下午取消奶瓶喂养开始，然后再取消晚上和早上的奶瓶喂养，最后再戒除睡前用奶瓶喂奶的习惯。你也可以尝试只在奶瓶里放水。

它是如何工作的　幼儿喜欢用他们的手指来摆弄物体，你可能会看到孩子参与一些活动，如给容器盖上盖子或打开盖子，以及将物体放入盒子中。这不仅对孩子来说是一种娱乐，也是学习过程中的重要组成部分。这类活动有助于幼儿学习下、中、上的概念。

这就是我！　这个阶段的孩子越来越认识自己了，到了18个月时，他们开始认识到自己在镜子中的形象。孩子可能会对着镜子做一些有趣的表情，或活动身体某个部位，看看镜子里的形象是否跟得上，从而充分地自我娱乐。

语言　这是一个令人兴奋的快速语言成长时期，你可能已经注意到孩子能够更好地告诉你他（她）的愿望和需求。到18个月时，孩子很可能会说出自己的名字。你的小宝宝也将能够把动词和手势结合起来向你提出要求，比如伸出双手，并说“抱抱”，好让你把他（她）抱起来。

你可能已经发现，在这个阶段，“不”这个词也很常见。说“不”是孩子将自己与你区别开来的一种方式（见第385页）。

要记住，特别是在语言方面，孩子语言能力的发展是有差异的。如果孩子在18个月大的时候连十几个词都不能说，请寻求医生帮助。

所有权　对孩子来说，没有什么东西比玩具和你更重要了。在这个时期，你可能会注意到孩子对自己的所有物和家人的保护欲越来越强。看到你关注另一个孩子，可能会发脾气，也可能会把玩具丢给玩伴。

玩具和游戏

在为孩子购物时，你自然会倾向于某些玩具。放眼望去，你可能会看到玩具货架上的卡车和汽车是针对男孩的，而对于女孩来说，则是布娃娃和粉红色的玩具。然而，没有研究表明，孩子们喜欢这种区分。事实上，如果允许孩子尝试各种类型的玩具，他们通常都会被吸引并喜欢上各种类型的玩具。给予孩子自由，让他（她）玩任何感兴趣的玩具，是探索兴趣和建立自尊心的好方法。

嵌套玩具和拼图　处在这个阶段的孩子能理解不同的形状，他们往往对形状之间的关系感到好奇。例如嵌套玩具，可以让孩子把更小的盒子装在里面的盒子，以及拼图可以让孩子把形状放进匹配的洞里，都有助于磨练孩子的认知能力。

假装游戏　假装成奇幻茶话会的主人，这只是幼儿创造想象世界的一个例子。假装游戏是发展某些技能的好方法，比如说安排事件形成故事或参与对话。虽然像服装道具这样的物品，可以为孩子的游戏增色不少，但你不一定要在这些玩具上投入太多钱。例如，一个大箱子，只要有适当的想象力，很快就可以变成一栋房子或一辆赛车。

捉迷藏　孩子现在已经有了物体的恒常性概念。巩固这个概念的一个很好的方法是玩捉迷藏游戏，比如把玩具藏在毯子或枕头下，鼓励孩子去找。

光滑的纹理　诸如水、颜料、黏土、肥皂泡和沙子等，对幼儿来说都是很有吸引力的。探索它们可以让孩子们无拘无束地玩耍并受益。

幼儿的社交能力发展

游戏是重要的学习和社会化的过程，这个时期的孩子，更多的仍是彼此间离得不远但各玩各的，而不一定会在一起玩耍。分享仍然是一个陌生的概念。但还是有一些明显的变化。

每个人都是有感情的　到了18个月的时候，幼儿对他人的感受和反应越来越敏感，开始有了良心的基础。事实上，如果孩子在你不高兴的时候走过来安慰地拍拍你的胳膊，或者故意发出“略略略”的怪声来逗你笑，也不要惊讶。读一些关于感情的书，可以帮助孩子探索自己的情绪。你也可以通过给孩

第十六至十八个月的里程碑

到了18个月的时候，宝宝正忙于以下事情。

- 走路。
- 开始跑（摔倒很常见）。
- 双脚原地起跳。
- 自己一个人坐在椅子上。
- 探索事物的内部，如抽屉或容器。
- 拉和推玩具。
- 堆积木，最多可堆叠4个积木。
- 用蜡笔乱涂乱画。
- 使用10~20个词。
- 叫出身体部位或图片的名称。
- 自己吃东西。
- 当遇到困难时寻求帮助。
- 如果尿布被弄脏或弄湿了，就会发出声音。
- 理解简单的一步到位的命令或问题。
- 离开你更长时间。

子命名来帮助孩子理解感情，比如说难过或高兴的感觉。有关幼儿情绪发展的更多内容，请参见第十一章。

再次出现分离焦虑　孩子在这一时期开始的时候很想做自己的事情。现在，你可能会发现孩子又开始黏人了。这是因为孩子越来越意识到他（她）是一个独立于你的人。当你离开时，或者当生活中遇到困难时——例如，去新的托儿所或进行体检——过渡性的物品，如毛毯和毛绒玩具，可以提供孩子急需的安慰。这类物品有很重要的作用，所以不要担心孩子太依赖它们。

不！　对于很多幼儿来说，“不！”是大多数问题的常见答案。这种情况并不意味着孩子特别固执或不尊重你。这更多的是孩子表现出控制欲和独立的方式。无论是哪种方式，都会让人感到沮丧。与其让孩子知道这种感觉有多令人生气，不如保持冷静，避免问一些可以用简单的“不”来回答的问题。在可能的情况下提供选择。例如，如果你需要出去一趟，不要问孩子是否愿意一起去。相反，问孩子是否愿意在路上听音乐或看书。

第三十三章
第十九至二十四个月

快到两岁的孩子对周围的世界充满了强烈的好奇心，这意味着孩子时时刻刻都在考验你，以确定他（她）能逃避多少限制。你可能会经常听到孩子对你说“不”，特别是当你说该睡觉了，你可能会因为孩子违背你定的规矩，对孩子说很多次“不”。

但这也是一个语言能力高速发展的时期。孩子能够更好地利用语言来告诉你他（她）的需求或渴望，并能与你进行更连贯的对话。虽然在这个年龄段，孩子还是会经常发脾气，但沟通技巧的提高，最终会帮助孩子少发脾气。

而且，在不久的将来你也会看到孩子的许多成就，比如成为能搭建越来越高的积木塔的大师，有能力不牵着你的手上下楼梯，也许还能完成如厕训练，把尿布丢在地上。

所以，当你遇到这样的艰难日子时，请牢记：你和孩子是同时进入陌生领域的，这对你们两个人来说，都将是一个令人兴奋的成长过程。

幼儿的生长发育和外貌

说到成长，男孩和女孩在这个阶段是相当平均的。到24个月时，女孩平均身高约34英寸（约86.4厘米），体重约27磅（约12.2千克），而男孩平均身高约34.5英寸（约87.6厘米），体重接近28磅（约12.7千克）。在24个月时，医生也将开始跟踪孩子的身体质量指数（BMI），这是一种测量体重与身高的方法。

当孩子两岁时，孩子的大脑发育已经完成了75%，他（她）的头围大约是成年人的85%～90%。孩子的身长大约是成年后的一半。

性别和性行为　24个月时，幼儿开始认识到男孩和女孩的区别，但要让孩子真正形成性别认同感还需要一段时间。学步儿童也会发现，触摸自己的生殖器会产生愉悦的感觉。这是正常的行为，作为家长你不需要过分注意。对生殖器使用正确的术语，避免使用负面的描述，比如说手淫，这样会给孩子造成错误的印象，造成不必要的羞耻感。如果孩子在公共场合自慰，请转移孩子的注意力。当孩子大一点的时候，你可以向孩子解释一下进行这种活动时隐私的重要性。

如厕训练　如厕训练没有固定的年龄，但平均来说，许多家长在孩子18～24个月大的时候就开始进行如厕训练了。学会如厕排便对孩子来说通常比较容易，因为排便往往更有规律。但是，这并不总是一帆风顺。大约有20%

到如厕训练的时机了吗？

从父母的角度来看，除了迈出第一步和说出第一句话之外，可能没有什么比孩子不再需要尿布的日子更让人期待的了。但很多家长很早就意识到，这往往是一个马拉松式的过程。虽然控制排便和排尿所需的肌肉在18～24个月时逐渐成熟，但也有一些发育和行为上的因素，对如厕训练顺利进行也很重要。孩子可能已经准备好上厕所的一些迹象包括以下几个。

- 纸尿裤能保持两小时的干爽，纸尿裤湿的次数越来越少，或者午睡后醒来时纸尿裤保持干爽。
- 希望在尿布被弄脏后立即更换。
- 有规律地排大便。
- 认识到自己要上厕所，并能告诉你。
- 能够在马桶上坐几分钟。
- 可以完成某些任务，如脱裤子。

不仅是孩子们需要做好准备，父母也必须做好准备，花费时间和心思投入到如厕训练中去。如果孩子目前生活中的事情会带来压力，比如要搬到新家或有一个弟弟（或妹妹）要出生了，那么现在可能不是训练的最佳时机。有关如厕训练的更多信息，请参见第六章。

抽测：这个阶段的情况

以下是宝宝这个年龄段的基本护理情况。

吃　到了24个月时，宝宝已经可以轻松地使用杯子了，还会闭着嘴咀嚼，并能恰当地决定哪些食物需要用勺子才能吃，哪些食物可以拿起来吃。但是，他们的咀嚼能力还未成熟，所以要随时注意噎住的危险。

这个年龄段的孩子一般都喜欢简单的一餐，通常喜欢吃几种精选的食物，而拒绝尝试其他的食物。注意不要让孩子吃得太多。由于这个时期也是孩子的成长高峰期，所以你要做好准备，孩子可能会有一段时间胃口大开，而其他时候则对食物的兴趣不高。有关喂养幼儿的更多信息，请参阅第四章。

睡眠　在这个年纪，很多孩子不再午睡。拒绝上床睡觉和半夜醒来也是学步期的标志——即使是以前睡得好的孩子也是如此。诸如生活习惯的改变、疾病或学习新技能都可能导致孩子在夜间醒来，噩梦也可能会导致孩子醒来。有关睡眠的更多信息，请参阅第九章。

的孩子一开始会抗拒在厕所里排便。最终，他们还是会习惯的。

通常需要更长时间才能养成夜间不尿床的习惯。这是因为提醒孩子们起床和上厕所的睡眠周期信号需要一段时间才能成熟。在4岁以下的女孩和5岁以下的男孩中，尿床的情况并不罕见，在7岁之前都属于正常范围。更多关于如厕训练的内容见第六章。

幼儿的运动

孩子的行动力正在迅速提高，几个月前可能还步履蹒跚，现在走起路来已经变得信心满满。到了24个月时，大多数孩子已经能够在没有帮助的情况下跑起来和上下楼梯。学步儿童上楼梯的方式，通常是双脚先踏上同一个台阶，然后再尝试下一个台阶。

此阶段的孩子通常也能停下来捡起一样东西或踢球，而不至于摔倒。当孩子能够转动门把手并掌握正确的操作步骤时，一个全新的待探索的世界就会出现，而且往往还伴随着危险。请确保家里的安全措施到位，并确保你的“小探险家”始终在监管之下。有关儿童安全和家庭安全的更多信息，请参见第十七章。

熟练的技能 此阶段的孩子，已能处理越来越复杂的任务，如折纸、将拼图积木放进相应的开口处、将积木堆成越来越高的塔，以及将简单的玩具拆开后再拼接起来。你可能会注意到，孩子在涂鸦时，会偏向于用一只手而不是另一只手。其他孩子的双手也可以同样自如地使用，或者直到很久以后才会表现出左右手的倾向。在你的指导下，孩子可能会自己刷牙和洗手。

我知道了！ 随着孩子运动能力的发展，他（她）可能已经可以独立地脱掉大部分衣物。此阶段的孩子也可能会自己穿上袜子和鞋子。但是，如果孩子在穿着打扮上表现出左右不分，正反不分，也不要感到惊讶。这个阶段的孩子很可能会把鞋子穿错，把裤子穿反。别担心，孩子很快就会发现的。

幼儿的智力发育

这个阶段的孩子最棘手的事情之一是，虽然他们明白“不”的概念，但他们还不理解“不”背后的原因。比如说，他们通常不明白反复从沙发上跳下来，不仅会损坏家具，还可能会对身体造成伤害。即使受伤了，下一次在沙发上乱蹦时，他们可能也不会记得因果之间的联系。这种思维方式所需要的先见之明和判断力还没有形成。这并不能说

是时候换床了吗?

孩子何时应该从婴儿床换成床，并没有一个固定的年龄。安全起见，最好是让孩子待在婴儿床里，直到他（她）的身体发育比较成熟，可以在睡觉时躺在床上，这样可以防止他（她）在家里四处游荡，避免发生危险。但是，很多孩子都有爬高的习惯，你可能会发现孩子是一个经常逃跑的“艺术家”，即使把床垫设置在最低的位置，孩子也能从婴儿床里爬出来。这给孩子带来了严重的安全隐患，也标志着换床的好时机。

有的孩子在学步期很早就开始过渡，而有的孩子可能要到3岁或更大的时候才会换床。有些父母会出于需要而把幼儿放在床上——例如，为即将到来的弟弟或妹妹腾出婴儿床。

当你决定换床时，孩子很可能会对新发现的自由感到相当兴奋。没有了婴儿床的栏杆，意味着他（她）可以随意翻身下床。对你来说，这可能意味着你要经常去看望孩子，只为多道一句“晚安”。当你把孩子放在床上时，要注意遵守卧床休息的规则。此外，要准备好反复地重复指示。现在保持一致，就意味着今后的睡觉时间将减少很多麻烦。有关换床的更多信息，请参见第122页。

关于打屁股

今天是漫长的一天，孩子非常顽固，表现得非常出格。你很想打他（她）的屁股，以阻止他（她）的负面行为。然而，专家认为，打孩子的屁股真的没有什么好处。美国儿科学会反对打屁股，指出打屁股可能会对幼儿造成伤害，即使是无意的，也会给孩子树立一个不好的榜样。相反，请花点时间深呼吸，让自己控制住情绪。记住，在这个年龄段，把孩子的注意力转移到其他活动上，或者把孩子从引起麻烦的情境中带走，通常是阻止破坏性行为的最有效方法。

孩子与屏幕

对许多家庭来说，数字设备和电子娱乐是日常生活的一部分。但这并不意味着屏幕时间对幼儿的发展是必要甚至是有帮助的。最好的娱乐方式仍然是让孩子发挥想象力和促进父母与孩子之间的互动。

专家们一致认为，积极的游戏和限制屏幕时间对孩子很重要。美国儿科学会建议18个月以下的孩子只使用数字设备进行视频聊天——例如与祖父母进行视频聊天。美国儿科学会和世界卫生组织都建议所有2岁以下的孩子最好不要使用电子产品。过早引入数字设备并没有什么好处，一些研究还表明这么做有风险，特别是如果数字设备取代了运动的时间，那么风险就更大。

在2岁左右，孩子们在发展的过程中更容易接触数字媒体。如果你喜欢的话，可以在家庭共处的时间里引入高质量的电视节目。你可以看看PBS Kids、Sesame Workshop或Common Sense Media的建议。将屏幕时间限制在1小时或更短。为了获得最大的收益，可以和孩子一起看节目，并以此作为进一步讨论的跳板。总的来说，要保持卧室、用餐时间和游戏时间都不使用屏幕。至少在睡前1小时关闭屏幕，避免在不使用时开着电视。作为父母，你可以在使用数码设备时树立健康节制的榜样，让孩子知道你是多么重视面对面的互动。

明孩子故意不听话，而是他（她）在测试什么是可以接受的，什么是不可以接受的。

设置界限 虽然孩子有意测试界限，但安全起见，以及作为建立家庭规则的一种方式，你为孩子设置的界限必须保持一致。随着孩子的成长，考虑与你的伴侣或父母持续讨论什么是孩子可以接受的行为，一起努力执行这些规则。很多时候，当孩子违反规则的时候，如果让他（她）分心并转到其他活动中，就能解决这个问题。比如说，与其让他（她）从桌子上拉下一个易碎的杯子，不如给他（她）提供一个塑料的杯子，或者换一个不同的玩具。

重要的是，对孩子的行为给予表扬和关注，作为你希望看到的行为的强化。例如，如果你看到孩子愉快地准备睡觉，就对孩子的积极行为进行表扬。用你的注意力来鼓励孩子的行为，通常比集中精力纠正孩子的负面行为更有效（见第十一章）。以下是一些其他要记住的提示。

- 不要制定太多规则。相反，坚持并执行必不可少的东西。另一种方式来看待它就是：有选择地战斗。
- 让孩子变乖。提供一个让孩子自由玩耍的环境，而不是一个不允许他（她）接触的地方。
- 忽略那些没有潜在伤害性或危险性的负面行为，如发牢骚等。这通常是消除这种行为的最有效的方法。

扩大词汇量 到了2岁时，大部分孩子的词汇量有50～100个，一般能听懂两步的指令，如“放下拼图，来穿上外套”。“我、你、我的”，对这个年龄段的孩子来说都是常用词，简单的短语也是如此，比如“爸爸走了”“那是什么?”在这个阶段，孩子大约有2/3的语言可以被理解。学步的孩子仍会用手势来配合说话，以表达自己的观点。当然，这些只是粗略的指导，孩子使用的单词数可能高于或低于这些数字。最重要的是，保持与孩子对话，一起阅读。这是扩大孩子词汇量的最好方法。

时间概念 这个年龄段的孩子还没有学会如何看钟表。但你的小宝宝在短时间的等待时，表现得更好了。不过，孩子集中注意力的时间还很短，所以不要指望孩子在任何一项活动上集中注意力的时间太长。

双语幼儿 如果你的家庭说一种以上的语言，你可能会犹豫不决，因为担心这样会导致孩子在学习主要语言方面出现延迟。请放心，这个说法不正确。双语家庭中的孩子所获得的语言技能与学习一种语言的孩子一样。如果孩子真的有语言障碍，这些障碍会同时在两种语言中出现。

孩子有时可能会在同一句话中使用两种语言的单词，这是正常的。事实上，现在实际上是向孩子介绍其他语言的最佳时机，因为他们在这个年龄段往往能很快地掌握其他语言。然而，任何年龄段的孩子也都可以学习。书籍、音乐和学校的课程可以帮助孩子成为一个更好的双语者。

幼儿的社交能力发展

幼儿喜欢模仿周围的人，从他们的哥哥姐姐扮演海盗的方式到父母喝咖啡的方式，他们都喜欢模仿。看着小家伙用同样的举止和语气向你展示如何做某事，是一件很有趣的事情。但这也是一个很好的提醒：模仿是宝宝学习与周围世界互动的方式。因此，塑造你想在孩

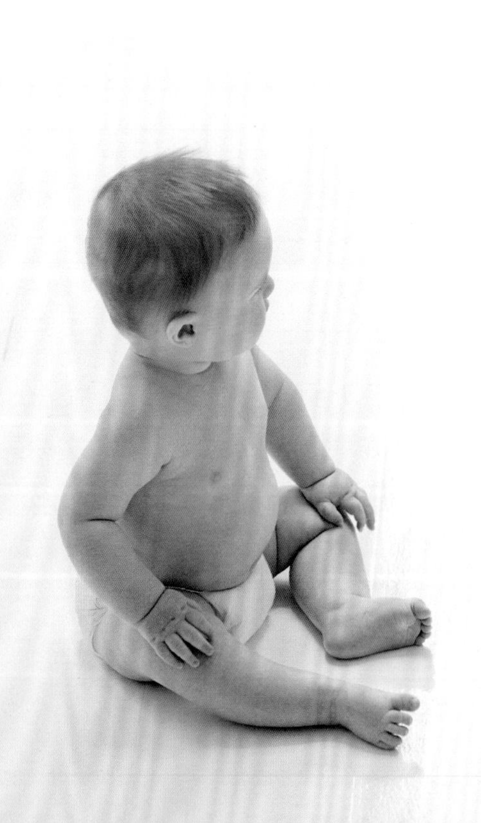

子身上看到的行为和态度，永远不会太早。例如，你对打翻牛奶的反应，将为孩子学习如何处理突如其来的压力奠定基础。孩子也会学习你如何对待你的伴侣或宠物。被这种敏锐的观察力针对可能会让你觉得压力很大。但你要记住，你也在向孩子证明，人不是没有缺点的，当你犯了错误时，往往有办法解决，尽管有缺陷，但爱和温暖依然存在。

小帮手 到了两岁时，吃饭时间不仅是为了获得营养，也是与家人社交的好时机。宝宝会熟练地使用勺子，并能很好地自己吃东西，他（她）可能会对帮你摆桌子或放碗碟表现出更多的兴趣。虽然让孩子帮你做这些家务可能不会节省你的时间，但这可以让孩子在帮助他人和成为团队的一员方面学到宝贵的经验。

游戏时间 游戏对孩子来说是一件严肃的事情，是孩子充分发挥好奇心的实验室，在这里，他们可以尽情地发挥自己的好奇心，尝试事物的运作方式，并开始发展解决问题的能力。能够在没有很多规则或安排的情况下玩耍，是孩子大脑发育的关键，也为他们的心理和社会性发展创造了丰富的条件。18个月左右，幼儿一般能够进行象征性的游戏，玩偶可能象征着婴儿或毛绒动物。在接下来的几个月里，孩子可能也会发现如何解决某些问题，因为曾见过你或其他看护者这样做。例如，孩子可能会假装给洋娃娃喂奶瓶来安抚它，或把玩具狗放在家里的狗食盆前。

在这个阶段，孩子一般还是喜欢独立地玩耍，而不是大家一起玩。分享的时候更可能是不情愿的。

当鼓励孩子们尝试一项新的、有不认识的人参与的活动时，害羞的孩子可能会哭。在大多数孩子正在尝试独立的时候，孩子可能只想依附于你。让孩子按照自己的节奏去做。当他（她）在困难的情况下向你寻求安全感时，不要把他（她）拉开。你的支持可以帮助孩子获得必要的信心，让他（她）勇敢地走出去。

处理攻击性行为 虽然没有父母希望自己的孩子踢打别的孩子，但这种行为在这个年龄段并不罕见，这并不意味着有问题。有些孩子天生就比较冲动，当事情不顺心时可能会大发雷霆。

设定限制是至关重要的。让孩子知道，你希望他（她）尊重同伴，当他（她）做了你要求的事情时，要表扬孩子。给孩子提供很多消耗精力的机会，但在与其他孩子玩耍时，要密切关注他（她）。如果孩子开始表现得很出

玩具和游戏

购买一个新的玩具或游戏，对孩子和家长来说，往往是一个有趣的预期体验。在选择玩具时，要注意孩子的年龄和发育阶段。仔细看一下包装，看看是否适合孩子。有些玩具上有警示标签，说明该玩具可能对幼儿有危害，例如，它含有小零件，对3岁以下的孩子有窒息危险。有些玩具可能会贴着标签，建议在一定年龄内使用。如果有报告称玩具有危险，美国消费者产品安全委员会（CPSC）可能会发出召回令。有关当前召回的更多信息，请访问CPSC和Safe Kids Worldwide网站。

请记住，你并不总是需要最新的玩具来为孩子提供安全和有趣的体验。通常情况下，你可以找到一些家庭用品来满足孩子的需求。以下是一些适合孩子年龄的玩具和活动的想法。

分类　学步的孩子喜欢把物品分类。让孩子帮你洗干净的衣服，把袜子放进一堆，裤子放进另一堆，或让他（她）把塑料容器按大小分类。

拼图　在这个阶段，孩子通常能把形状匹配起来了。可以尝试玩形状分类游戏，让孩子把不同的形状放入匹配的孔中。

绘画和手工　随着孩子的手工能力增强，可以尝试给孩子准备画笔和画架等绘画工具，以支持孩子的绘画天赋。

藏东西——找东西　这个经典的游戏在这个年龄段被提升了一个档次。现在，如果你把东西藏起来，孩子就会在几个可能的藏匿地点中寻找它。

阅读　到24个月时，孩子的逻辑和推理能力正在发展。通过问孩子一些问题，如“男孩为什么要这样做?”或“你认为女孩会怎么做?”来帮助孩子发展这些技能。你可能需要回答自己的问题，但现在的练习有助于孩子在今后的学习中提出这些问题。

嬉水　虽然玩水仍然可能是孩子最喜欢的活动，但你也可以用它来引入科学概念，如排水（将玩具丢进装满水的容器中，可能会导致水溢出来）或密度（石头会下沉或浮起来吗?）。水还可以进行许多想象活动，如假装洗碗或开船。

红灯、绿灯　这个和其他需要孩子听从指挥及“走走停停”的游戏是教孩子自我控制的好方法。

格，请告诉他（她）打人是不可以的，并引导他（她）去做其他的事，或离开这个区域。如果这样做没有效果或情况升级，可考虑引入暂停时间（见第403页）。适时休息，让孩子冷静下来，重新开始。

第十九至二十四个月的里程碑

到了这个时期，孩子正忙于以下事情。

- 搭建由6～7个积木组成的高塔。
- 画图时模仿垂直线和圆形的线条。
- 拧开一个盖子。
- 学会50～100个单词。
- 使用简单的短语。
- 理解多步指令。
- 知道自己的名字并使用它。
- 口头上告诉你他（她）需要什么。
- 发脾气变少。
- 变得更加独立。
- 开始理解别人有自己的感受。
- 告诉你刚刚发生的事情。

第三十四章
第二十五至三十个月

"不，我自己做！"作为幼儿的父母，你可能每天都会从孩子口中听到这句话或类似的话。也许你会犯这样的"错误"，试图为女儿穿衣服，以帮助她快速做完早晨的琐事，或者帮儿子把食物放在餐盘上，以免餐桌被弄得一团糟。

有时候，学步的孩子会坚持做一些他们还不太能够胜任的任务，他们拒绝你的帮忙可能会让你很沮丧。但是，让孩子练习这些发展中的技能是很重要的，哪怕会存在一些错误和大量的重复。提高独立性是在这个阶段孩子的主题，任何阻碍孩子独立的事情都可能会遭到孩子的抵制，使他（她）发脾气。

发脾气是养育幼儿的最大挑战之一。这个年龄段的孩子在处理限制、妥协和失望方面有困难，这往往会导致孩子的愤怒和眼泪。但随着时间、耐心和始终如一的限制，你会看到孩子发脾气的情况会越来越少。然而，在此期间，孩子仍然非常需要看到、听到和感受到你在身边。你可以用大量的拥抱、亲吻、赞美和关注来帮助孩子克服挫折。感受到被爱和被照顾可以激励孩子表现得更好。

幼儿的生长发育和外貌

到了30个月，你的小宝宝看起来越来越不像婴儿，他（她）越来越像一个大孩子了。腿长了，头围增长变慢了。随着孩子的成长和身体活动量的增加，肌肉的张力也在改善，这意味着孩子的姿势也在改善。更好的姿势有助于让孩子拥有更修长、更瘦的体形。孩子笑的时候也可能会露出更多的牙齿。大多数孩子在这个年龄段会有20颗左右的牙齿。

当一个新的宝宝到来时

当孩子以为他（她）已经对家里的事情足够了解时，一个新的弟弟或妹妹来了。这对学步的孩子来说，可能会颠覆他（她）的整个生活习惯。家长的注意力被分割了，孩子可能会因为婴儿床给了新宝宝而感到沮丧。因此，当孩子们因为要迎接一个弟弟或妹妹的到来而行为夸张时，这是可以理解的。请记住，孩子没有恶意，只是因为偏离了正常的生活规律而生气。

如果妈妈怀孕了，与孩子谈论即将到来的变化的最佳时机，是在孩子开始意识到妈妈怀孕的时候——比如说，孩子开始问起关于肚子越来越大的问题。解释一下未来几个月内会有什么变化，比如为新生儿布置房间，也许到了宝宝出生的时候，要和另一个家庭成员一起住在家里。同时也要让孩子放心，比如“我需要经常给小宝宝喂奶，给小宝宝换尿布，但我还是会给你读睡前故事。”

新生儿来了之后，尽可能让大一点的孩子来帮忙。例如，帮你递纸尿裤，或者在小宝宝洗澡后帮你挑选衣服。如果孩子对与新弟弟或妹妹的互动不感兴趣，也不必强求。你表达请求的方式可能也会有帮助——试着让大一点的孩子帮你而不是让小宝宝帮你。随着时间的推移，新的兄弟姐妹之间的关系会越来越好。学步的幼儿和小宝宝待在一起的时候，家长应当在旁边看护着。

身高和体重 到了2岁左右，很多幼儿在褪去婴儿肥的同时，体重已经是出生时的4倍。事实上，当孩子5岁时，他（她）的体脂比例只有1岁时的一半左右。其中表现最明显的部位是脸部、手臂和大腿。随着脚弓部位的脂肪垫的消失，孩子们将不再会出现平足。

一般来说，随着学龄前阶段的临近，你可以预期孩子每年会长高2.5英寸（约6.4厘米）左右，体重增加4磅左右（约1.8千克）。但是，如果孩子的成长似乎已经停滞不前，请寻求医生帮助，以排除任何潜在的健康问题。

如厕训练 继续鼓励和支持孩子练习如厕技巧。即使学步的孩子已经能自己如厕，也可能仍然需要你的帮助，如擦屁股和穿裤子。

如果孩子还没有接受过如厕训练，不要担心。不要在孩子还没有准备好的

抽测：这个阶段的情况

以下是宝宝在这个阶段的基本护理情况。

吃 这时，孩子可能会像成年人那样按时吃饭，或者吃一日三餐，再加上两三次零食。虽然孩子的注意力时间有限，但有理由希望孩子在吃饭时和家人坐在一起是合理的。即使孩子对吃饭不感兴趣，也要让他（她）参与进来。吃饭时的社交活动，会让孩子学到很多并且受益。在全家一起吃饭时，孩子会学习到良好的饮食习惯，如尝试有益于营养的食物和控制食量。

睡眠 两岁的孩子每天需要11～14小时的睡眠时间，其中包括夜晚睡眠和午睡。有些孩子在这段时间内可能会不再午睡，而有些孩子可能每天仍会有几小时午睡。

每天晚上的就寝时间要保持一致，让孩子们在固定的时间起床——不管是平时还是周末，这一点很重要。一致的睡眠时间表可以帮助他们获得足够的优质睡眠。

有规律的睡前作息习惯可以让孩子更容易入睡。如果就寝时间比你希望的要晚，那你需要慢慢来。试着把孩子目前的就寝时间提前15分钟，然后每隔几天再把它提前15分钟，直到达到理想的就寝时间。有关睡眠和睡眠问题的更多内容，请参见第九章。

情况下逼迫孩子。因为强迫孩子使用厕所，会使如厕训练的过程更复杂和花费更长时间。研究发现，从2岁左右开始如厕训练的话，通常孩子在3岁前就能完成训练。相反，更早开始如厕训练则可能会延长这个过程。有关如厕训练的更多信息，请参阅第六章。

幼儿的运动

这个年龄的孩子就像一个能量球，从日出到日落都在不停地运动。要跟上他（她）可能很难。但不妨这样想，所有这些活动都在帮助孩子锻炼肌肉和协调能力。

当孩子两岁半的时候，他（她）可能已经能够用双脚跳，用一只脚站着平衡一两秒，踮起脚尖试探性地走几步，并倒着走。他（她）先前那种不自信的走路方式，现在已被更成熟的脚跟到脚尖的走法所取代。爬楼梯变得更简单了，因为这个年龄的孩子已经开始用左右脚交替着爬楼梯，不用大人扶着他们。在未来的几个月里，他们还将获得蹬三轮车的必要技能。

有时，学步儿童的父母会担心孩子太过活跃（多动）。通常情况下，不用担心。大多数学步的孩子都在不停地忙活，能在短短几分钟内从一个活动切换到另一个活动。这个年龄段的孩子没法集中注意力很长时间，所以一般来说，你最好相应地调低一点你的期望值。例如，你可能要避免在餐厅里长时间的用餐，或从事其他需要长时间不动和安静的活动。

如果你认为孩子有明显的问题，特别是与同龄人相比，孩子有明显的注意力不集中或多动的问题，请向医生提出你的担忧。他（她）可以让你了解这个年龄段的典型情况，并帮助你确定是否需要进一步评估。

熟练的手指　蹒跚学步的孩子喜欢操控物体，他们推着婴儿车或手推车往他们想要的方向走的能力也在不断提高。孩子也能正确地握住铅笔或画笔，并能画出圆、横、竖。幼儿时期那些简陋的积木作品，则被更高、更宏大的工程取代。

幼儿的智力发育

为了巩固幼儿的积极行为模式，他（她）需要大量的表扬。无论孩子在玩耍的时候表现得很好，如厕的时候表现得很好，还是上床睡觉的时候表现得很好，他（她）都需要听到你的夸赞。对积极行为的表扬有助于培养孩子的能力和自信，进而培养孩子的独立性，为解决问题和做决定打下良好的基础。

暂停！

偶尔，当孩子的行为不被接受时，你可能需要让孩子停止某项活动，比如打人或咬人。学步儿童几乎没有自制力，还没有学会如何有效地控制自己的情绪。暂停是一个适时的工具，可以帮助孩子学会冷静和接受限制，尤其是当父母或看护者冷静地、充满爱意地使用时，暂停可以帮助孩子学会冷静和接受限制。

暂停时间不应该使用得太频繁，否则可能会失去效果。暂停时，让孩子坐在一个无刺激（无聊）的地方，比如走廊的椅子上。幼儿的暂停时间以每一岁的孩子保持一分钟左右为宜，或直到孩子安静下来为止。如果孩子提前起身，要把孩子放回指定的座位上。暂停时，不要对孩子说的话做出回应。暂停结束后，和孩子谈谈发生了什么事情而导致暂停。

为什么孩子只对我使性子？

孩子最近经常发脾气，当你外出时把孩子交给保姆照顾，你会很紧张。但是，当你回来后，保姆报告说孩子表现得很好。虽然你可能会想把这个保姆的电话保持在快速拨号上，但与看护人的这种反差是正常的，解释起来也很简单。发脾气是孩子考验你极限的一种方式，而孩子觉得和你一起测试极限是最舒服的。敢于冒险的孩子也是如此。你的“小冒险家”可能会和你一起尝试一些潜在的危险事情，而这些事情在其他看护者那里是不会尝试的，因为他（她）觉得和你在一起有足够的安全感，可以尝试新的东西。

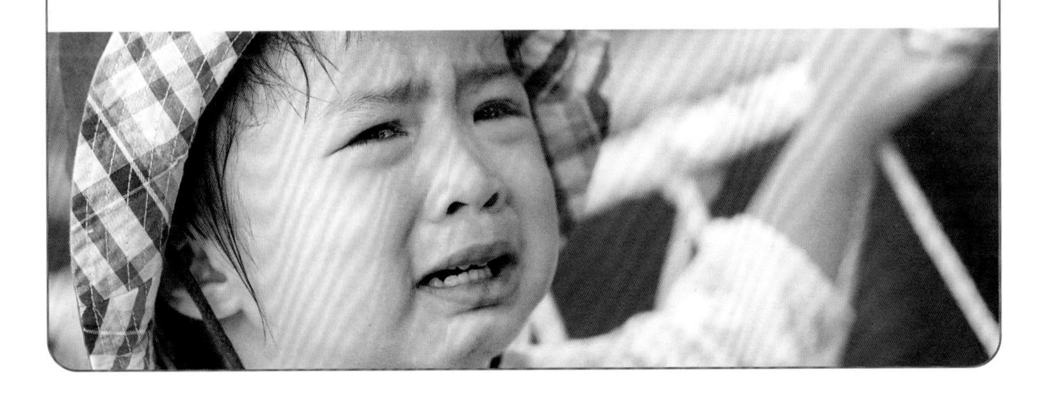

说到独立性，你可能会注意到——也许有一丝忧伤——孩子更愿意与你分开。这也是孩子越来越独立的一个标志。

语言和联想　渐渐地，孩子开始有能力把物体与物体的用途联系起来。你的儿子或女儿可能会认识到锅是用来做饭的，泳衣是用来游泳的。你可以在富有想象力的游戏中，或当孩子穿泳衣涂防晒霜在游泳池里玩一天的兴奋期待中，发现这一点。

此阶段的孩子们大多会自豪地说出自己的姓名，并能用正确的代词来称呼自己。孩子们也开始学习使用复数名词，通常能说出至少一种颜色的名称。句子也变得更加复杂。如要求去户外玩，可以用“我和爸爸去公园”来表达。

语言发育可能是孩子之间差异最大的一个领域。如果孩子不像其他小朋友

第二十五到第三十个月的里程碑

到了这个时期，你的2岁宝宝正在忙于以下事情。

- 左右脚交替着走上楼梯。
- 倒退着走。
- 良好的平衡能力，如单脚站立。
- 攀登。
- 转动把手开门。
- 用更多的方式来玩假装游戏。
- 学会交朋友。
- 拧开罐子盖子。
- 执行有2～3步的命令。
- 识别常见物品。
- 说出姓名、年龄和性别。
- 使用代词和学习复数词。
- 用陌生人也能听懂的方式说话。
- 学会轮流玩耍。
- 表现出对熟人的好感。

那样爱说话，不要因为这个问题而失眠。有些孩子只是比其他孩子更爱说话，但这并不代表孩子有多聪明，也不代表孩子的思维能力有多强。但是，如果孩子还不能把单词串成句子，或者不能指认出熟悉的物体或图片，或者你觉得孩子的语言发展可能有问题，请务必联系医生。

每天和孩子一起阅读和唱歌。和孩子说话，用简单的句子描述你正在做的事情。在孩子熟悉的环境中向他（她）介绍新的单词或名字，并经常复述。当孩子听到熟悉的声音和单词重复出现时，他（她）的词汇量就会增加。这可以让孩子为更复杂的语言和阅读做准备。

玩具和游戏

玩耍，不仅仅是帮助孩子掌握重要的身体技能的方式，也是孩子发展社交技能、扩大词汇量和运用批判性思维解决问题的方式。

假装游戏　孩子可以去想象中的杂货店买东西，或者用空盘子喂他（她）的玩具娃娃吃东西。在这种假装游戏中，看到孩子的日常生活被重新创造出来，不要惊讶。

笑话书　这个阶段的孩子喜欢看含有笑话或用重复某些傻话的书。

拼图游戏　孩子已经开始熟练地叫出熟悉的东西的名字了。可选择含有不同颜色、形状或动物的拼图，让孩子在摆放拼图时，帮助他们辨认这些特征。

踢球　到后院或公园里去，让孩子和你一起踢球练习瞄准。当他（她）掌握后，让他（她）边跑边踢球，锻炼协调性和平衡能力。

舞蹈派对　幼儿最喜欢的就是动起来。放一些快节奏的音乐，孩子的舞蹈和跳跃技巧会让你大开眼界。加入进来吧——他（她）会被你的热情所吸引。

积木　用积木搭建物体是鼓励刚开始玩耍的孩子合作的好方法。在下次玩耍的时候摆出大量的积木，邀请孩子和他（她）的朋友们一起搭高塔。

行走　散步对孩子来说是有刺激性的。有很多东西可以看、可以闻、可以摸、可以听。去公园散步可以帮助孩子了解他（她）的邻居。在观光小路上徒步旅行，可以让孩子在轻松的环境中进行探索，如果幸运的话还能发现一两只小动物。

床底下是什么 几个月前那个非常勇敢的幼儿怎么了？你可能已经意识到，有些幼儿随着年龄的增长会产生新的焦虑和恐惧。孩子可能会突然害怕床底下或衣柜里的“怪物”。他（她）可能会坚持开着灯睡觉。虽然这种情况似乎是突然出现的，但这是正常的，因为幼儿的想象力和记忆力都在不断发展。你可以向孩子解释什么是真实的，什么是假的，帮助孩子减轻不良记忆的压力。要警惕媒体暴力事件。即使孩子不看电视，电视中传来的噪声也会对孩子产生影响。

王牌问题解决者 当孩子还小的时候，他（她）不得不用试验和犯错来找出事物的运作方式。现在，孩子们正在培养他们在脑海中尝试着解决问题的能力，而不是通过行动来解决。比如说，孩子可能会伸手去拿一双袜子，而不是拉出一整屉的袜子好去拿后面的一双。这对父母来说是一个好消息，因为这很可能意味着在孩子探索过程中的混乱会少一些。

幼儿的社交能力发展

两岁的孩子经常会因为看到其他孩子而兴奋，甚至可能会有几个自己喜欢的朋友。这个时候，可以和其他家长和孩子们见面，给孩子提供社交的机会。

曾经约好的一起玩耍，只是几个孩子保持着较近的距离各玩各的，而现在他们开始进行短暂的互动了。在某些情况下，这可能不过是孩子们在房间里互相追逐嬉戏。在其他情况下，可能是合作游戏，一个孩子帮助另一个孩子完成积木塔。也可以是以发展想象力为重点的假装游戏，如照顾毛绒动物或假装驾驶汽车。

此阶段的孩子在玩耍时，大多数时候仍会比较“独”，而分享对他们来说仍有困难。

新的情绪 孩子的情绪越来越复杂，可能会表现出骄傲、内疚、尴尬或羞愧。一些事情会带来内疚感，虽然这些事件的发生是孩子无法控制的，但他（她）可能仍然会觉得自己有责任，例如离婚或亲人过世。在生活方面，孩子的幽默感也开始出现了。跟孩子讲一些蠢事，会引起孩子的大笑。

应对压力 虽然大人有时很难理解幼儿的生活中会有什么压力，但这个年龄的孩子也会有压力。新的托儿所、新的兄弟姐妹或搬到不同的家庭，这些都是生活可能会给年幼的孩子带来的压力。一点点压力可以帮助孩子在以后的生活中学习如何应对，要确保孩子不会不堪重负。找出孩子压力大的迹象，如吸吮拇指或攻击性行为的增加。给孩子安静的时间来缓解压力，尤其自由玩耍的时间，这可以帮助孩子释放一些被压抑的情绪。

第三十五章
第三十一至三十六个月

当孩子快到3岁时，他（她）对周围的世界有了更多的了解。孩子每天都在学习新的词汇，并能有效地使用这些词汇与你进行更深入的对话。这种改善的沟通，是孩子发脾气越来越少的一个重要原因。孩子也在学习如何更好地管理自己的行为，并针对不同的情况做出适当的反应。你需要不断重复规则并保持一致，而孩子的大脑也在迅速吸取因果关系的教训。

学龄前儿童也会变得更加独立。他（她）可能会踩着三轮车，画出越来越复杂的图形，并创造和访问想象中的世界。他（她）是那个世界的英雄，可以从一条凶猛的喷火龙手中拯救全家人。

此时虽然已经远离了婴儿时期，但未来还有很多里程碑和美好的时光——一起外出钓鱼，在公园里打球，和孩子建造自己的小玩具赛车。当然，还有很多事情没有改变。孩子虽然不需要像婴儿时那样需要太多照顾，但他（她）仍然需要你在身边，以提供大量的关爱，并确保孩子不受伤害。

幼儿的生长发育和外貌

随着身体的成长和肌肉的增加，孩子的手臂、腿和上半身变长变瘦。慢慢地，孩子的脸部也会逐渐成熟。到了学龄前阶段，孩子的下巴会变宽，为恒牙的到来腾出空间。

到这个时期结束，幼儿的平均体重为32磅（约14.5千克），平均身高为37.5英寸（约95.2厘米）。体重增加的速度则会逐渐减缓，大多数孩子一年大约增加5磅（约2.3千克）。尽管你可能很想跟“别人家的孩子”作比较，但请记住，孩子的身高和体重可能会有很大的个体差异。

上面列出的只是平均数，将孩子的身高和体重随时间的变化绘制成生长曲线，才是了解孩子是否跟上自己的成长模式的最好方法。如果你发现孩子的体重增长速度超过了身高，或者孩子的身高似乎停滞不前，请寻求医生帮助。

幼儿的运动

跑步、攀爬和跳跃现在已经成为宝宝的第二天性。到3岁时，学步儿童已经能轻松地踮着脚走路了，大多数孩子也能很好地蹬三轮车。

这个阶段的孩子也在努力地掌握其他技能，如踮起脚尖站立或单脚平衡。2～3岁的孩子也在努力更流畅地改变姿势，如从蹲姿站起来或接球。

好家伙，圆圈和方块！ 精细运动技能的一个令人兴奋的新发展，是获得绘制形状的能力。到了3岁时，孩子通常可以画出正方形和圆形，以及一个人的大致轮廓——少了一些身体部位。当孩子接近学龄前阶段时，他（她）的绘画技巧会更进一步，他（她）有能力画出十字架和纵横线。这个年龄段的孩子可能会尝试临摹大写字母。而在吃饭时使用叉子或使用剪刀是孩子可能取得的额外成就。

幼儿的智力发育

幼儿的好奇心很强，“为什么”一定是他们最喜欢的问题。一般来说，简明扼要的回答最有效，尤其是“为什么我不能拿刀子？”或“为什么我要睡觉了？”有时，一个问题可以成为一个很好的学习机会或进一步探索的契机。比如说，如果孩子问“虫子吃什么？”你就可以到后院去找一只虫子来观察，或者下次去图书馆的时候，找一本关于虫子的书来看。

自制力 在这个阶段结束时，理论上来说“可怕的2岁”已经过去了。但对一些孩子来说，可怕的2岁小孩可能会变成可怕的3岁小孩。这时，你可能会觉得自己3岁的孩子13了，他（她）有着青春期的剧烈情绪波动。他（她）可能会欣喜若狂地帮你烤巧克力曲奇饼干，可当饼干看起来比他（她）预期的要糊一点的时候，他（她）就会泪流满面。这种行为会在未来的几个月或几年内逐渐收敛，但你可能会想知道在那之前你应如何处理这种行为。

了解这种行为从何而来是很好的第一步。对孩子们来说，这是一个复杂的时期。他们的情感范围第一次扩大到包括尴尬、内疚和羞耻，他们才刚刚开始学习如何应对。这个阶段的“应对”可能包括大喊大叫、哭闹、跺脚或扔东西。

你可以通过识别和命名这些新的情绪和冲动，以及提供更好的处理方法，来帮助孩子逐渐培养必要的自我控制能力，以管理这些情绪和冲动。例如，如果孩子因为饼干没有达到预期的效果而感到失望，你可以同情地说："饼干没有像我们想象的那样，真让人失望。"再制订一个计划，能改变什么就改变什么。"下次不要把它们放在烤箱里太久了。"

同时，对孩子可以或无法处理的情况要实事求是。当孩子出现不良行为时，要规定相应的后果——例如，如果孩子把玩具扔了，就把它拿走几分钟的时间。同样重要的是，要确保你为孩子树立适当的行为模式。当孩子反复试探你的底线时，你失去冷静是可以理解的，但冷静地应对这种情况会给孩子树立一个好的榜样，让孩子可以观察和效仿。

3岁的孩子，语言能力会随之提

抽测：这个阶段的情况

以下是孩子在这个阶段的基本护理情况。

吃　现在除了营养需求，孩子可能会喜欢吃饭时的社交活动，比如和家人围坐在餐桌旁聊天。宝宝对食物的整体态度也在不断变化，这可能转化为对食物某种程度的挑剔。所以，他（她）对食物的喜好也会每天变化。

有时，孩子几乎不怎么吃东西。通常情况下，学步期的孩子在某一餐吃得很好，而其他时候只吃几口。判断孩子是否吃饱，最重要的标志是孩子的生长情况。如果你发现孩子的体重下降，请立即带孩子去看医生。如果孩子的体重增长缓慢，请安排在医生那里进行体重检查。

睡眠　这个年龄段的孩子每天仍需要10～12小时的睡眠时间。如果孩子还在睡午觉，可能会持续1～2小时。此阶段的孩子大多在晚上7～9点就可以入睡。

要有一致的睡前作息安排。这有助于建立健康的睡眠习惯，保证孩子有足够的休息时间。给孩子一些时间让他（她）自己入睡。如果孩子在没有你的帮助下难以入睡或不入睡，请阅读第九章，了解一些解决问题的建议。这个年龄段的孩子做噩梦并不罕见，因为他们的想象力正在发展，所以做噩梦是很正常的。如果孩子从噩梦中醒来后感到心烦意乱，请安慰孩子，让他们相信梦境不是真的。

高。同时，由于与同伴相处、遵守规则和应对失望时有了更多经验，他（她）的应对能力也会加强。给孩子提供一些更合适的方式来发泄沮丧或愤怒会有帮助，比如出去玩，让孩子在可以自由奔跑的地方玩耍，或者跟着音乐跳舞。有时候，也可以将他（她）的注意力转移到其他常规活动上，例如洗澡或准备晚餐，以分散孩子的注意力，让他们不再有破坏性的行为。

语言技能 当描述孩子有多爱说话时，用喋喋不休这个词就太肤浅了。到了3岁时，大多数孩子都能告诉你他们的全名，通常有900个或更多的词汇量。有时他们可能会感觉自己好像一下子就想把它们都用上！虽然孩子的词汇量在不断扩大，但这并不意味着他（她）总是能理解每一个单词。这可能会让孩子的对话变得十分有趣。

孩子可能会很想给你讲故事，而且一般来说，即使是陌生人也能听得懂。孩子说出的句子可以扩展到包括名词和动词在内的五六个字。有些孩子在这个年龄段使用代词时仍然有点困难。而某些字母的发音错误是很常见的，例如，用“f”代替“th”，说“free”而不是“three”。

为了帮助孩子扩大词汇量，可以鼓励孩子说出更多他（她）体验到的细节。例如，当孩子告诉你他（她）看到邻居家的狗在外面的时候，问他（她）狗的颜色和大小，以及它是在叫还是安静着。

口吃

孩子在词汇量扩大的过程中，说话“卡壳”的现象是很常见的，因为他们的词汇量扩大的速度比说出单词的速度快。这种情况在5岁之前很常见，而且男孩比女孩更容易受影响。如果孩子有口吃的情况，最好的办法是自己说话时放慢速度，避免打断孩子说话或试图补充他（她）的句子。认真倾听，指出孩子的口吃，可能只会让孩子不自在，使问题恶化。

如果你担心孩子可能有语言问题，请向医生咨询并评估。虽然大多数孩子在5岁之前就能克服口吃，但如果口吃持续超过3～6个月，或有口吃的家族病史，或者孩子因口吃而感到不安，则建议尽早进行评估。口吃可能是由多种因素造成的，包括听力问题、发育迟缓。

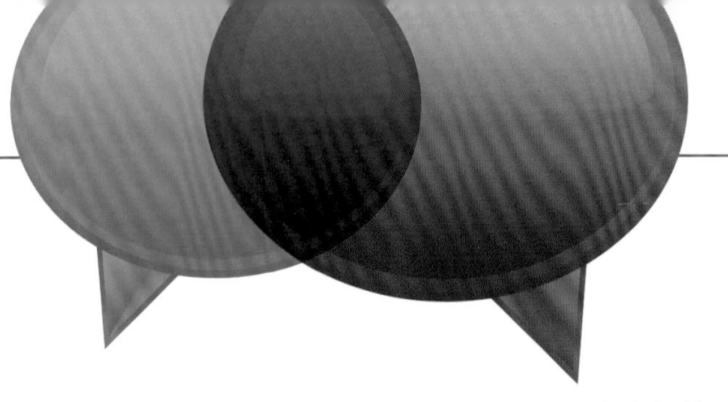

性教育

以为大一点的孩子才会有关于性的问题？请三思啊！这个年龄段的孩子好奇心很强，总是向父母和照顾者寻求问题的答案。因此，当孩子想知道自己从哪里来，或者为什么女孩和男孩不一样时，不要惊讶。要用简单直接的方式回答这些问题。使用正确的身体部位的术语——如乳房、生殖器、阴道和阴茎——并认真对待孩子的问题。太多的细节或过于复杂的答案可能会超出孩子的要求。但是，如果他（她）想要知道更多的细节，请提供适龄的信息。

如果你要了解与性有关的问题的适龄回答，可以考虑以下例子。

- *宝宝如何进入妈妈的肚子里？*你可能会说：“妈妈和爸爸决定把宝宝放进妈妈的肚子里。”如果问起怎么做，你可以说“以一种特殊的方式抱住对方”。
- *宝宝是怎么出生的？*对于有些孩子来说，可能只需要说：“医生和护士帮助准备出生的宝宝”就够了。如果孩子想要更多的细节，你可以说：“一般情况下，妈妈会把孩子从阴道里推出来。”
- *为什么不是每个人都有阴茎？*试试简单的解释，比如说“男生的身体和女生的身体是不一样的”。
- *为什么你下面有毛毛？*你可能会说：“我们的身体会随着年龄的增长而改变”。如果孩子想要更多的细节，可以补充说：“男生在阴茎附近长毛，女生在阴道附近长毛。”

当孩子更加成熟，问出更多的问题时，你可以提供更详细的答案。即使你感到不舒服，也要继续前进。记住，你是在为以后的岁月里公开、诚实的讨论打下基础。

有时候，好奇心强的孩子会自己去探索。自慰在这个年龄段是很常见的，以及想查看其他孩子的生殖器也是如此。一般来说，这并不包含什么性意味，通常是无害的。但是，你可能要对这种探索设定限制，并提供简单的隐私规则。现在教给孩子安全知识也不是太早。解释一下，阴道和阴茎是隐私，只有妈妈、爸爸或医生才能要求看这些隐私部位。

假装游戏 随着孩子的想象力的发展，幼儿的幻想世界和现实世界之间的界限经常会变得模糊不清。树木、石头和汽车等物体，在孩子的虚幻世界里可能会有自己的生命，而这个世界往往是由想象中的朋友组成的。

事实上，孩子可能会经常在现实世界和假想世界之间游走。有时，孩子可能很难区分这两者之间的区别。这可能使孩子很容易被可怕的故事所困扰，比如说怪物或吸血鬼的故事。在这种情况下，不要嘲笑孩子的恐惧。相反，要安慰孩子，让他（她）明白这些虚构的角色不是真的。

虚构是培养孩子情感的一个重要部分。如果孩子邀请你一起玩，那就去做吧！你可以帮助孩子获得新的视角以及处理情绪的方法。如果你没有得到邀请，也不要担心。孩子想做主，这很正常。

时间的概念 虽然一分钟对孩子来说仍然像是永恒的，但他（她）正在变得更加了解时间的意义，特别是当它与日常生活有关的时候。例如，孩子可能会在下午的某个特定时间兴奋起来，因为他（她）知道该去图书馆看书了。

想象中的朋友 你在做晚饭时，你的女儿要求你为莎拉做一点额外的食物。你大吃一惊，因为你不知道莎拉是谁，直到孩子解释说莎拉是你看不到的朋友。

假想的朋友往往在2岁半到3岁之间出现。一个孩子可能只有一个，也可能有很多，这些朋友可能会一直存在，直到孩子开始上学。假想中的玩伴具有很多重要的作用。他们可以帮助孩子处理情绪，练习谈话技巧，或学习如何区分幻想和现实。他们还可以帮助孩子设想达到某个目标。例如，想象中的朋友可能会实现你孩子梦想中的目标，比如骑马。孩子没有想象中的朋友也没有问题，这并不意味着孩子缺乏想象力或不会发展某些技能。

那么，你该如何对待莎拉呢？来吧，承认她。用她的名字称呼她，并为她摆上一个盘子，给她准备一点食物。但是，不要让孩子把错误的行为归咎于莎拉。比如说，如果孩子把兄弟姐妹的玩具扔下楼梯，并责备莎拉，要坚决地告诉孩子，他（她）要为莎拉的行为负责。

幼儿的社交能力发展

到了3岁，孩子对自身的注意力逐渐减少，对玩耍和与其他孩子互动的兴趣则越来越浓。同理心和社交欲望的增加，使得孩子更多地进行平和的互动游戏和建立友谊。友谊帮助孩子接受小伙伴的差异，同时也帮助孩子看到自己的独特品质，以及了解到其他孩子如何欣赏这些品质（“布雷登说我很有趣！”）。

培养同理心　与同伴合作是我们前进的一个重要主题。孩子可能会开始控制自己的行为，以达到预期的效果，如玩玩具时也会为了让朋友开心而分享。当然，学会节制行为是需要时间的，不友善或攻击性的行为可能会时不时地出现。在必要的时候，你仍然需要介入，重新引导孩子。在接下来的几年里，孩子将学会考虑别人的情绪，尽管他们可能还不会把别人的感受放在第一位。最重要的是，一定要关注和赞美有同理心的行为，以帮助孩子建立自信，并鼓励他（她）以后也这么做。此外，要记住，你是孩子如何做人和与人相处的主要榜样。

探索性别角色　这个年龄段的孩子开始探索性别的概念，以及他们的角色定位是很常见的。如果孩子的探索违背了常规，也不要担心。尝试不同的角

第三十一至三十六个月的里程碑

到了这个时期，孩子开始忙于以下事情。

- 踩三轮车。
- 前进和后退时更加从容，单脚跳，左右脚交替着上楼。
- 在协助下穿好衣服。
- 画线、十字、图形，开始画人物。
- 搭一座9～10块积木组成的塔，搭一座桥。
- 最多可使用900个单词。
- 理解比较复杂的句子（如你吃完早餐后咱们去公园）。
- 交谈和提问。
- 开始理解数字和比较的概念。
- 回顾前一天发生的事件。
- 想出了自己的故事。
- 与其他孩子一起玩耍，开始交朋友。
- 意识到人与人之间的差异。

玩具和游戏

“不适合3岁以下儿童使用”是玩具上常见的警告标签。这些标签提醒家长，玩具中含有小部件——直径小于1.25英寸（约3.2厘米）、长度小于2.25英寸（约5.7厘米）的部件——有窒息的危险。那么，当孩子3岁时，他（她）准备好接受这些玩具了吗？你最了解孩子，如果他（她）似乎还没有发育成熟，那就暂且搁置。在此期间，有一些经济的方法可以鼓励孩子的好奇心和学习意识，其中包括以下几种。

假装游戏　和兄弟姐妹或其他孩子一起玩假装游戏时往往更具有合作性，也就是说，这对于保持安静是很有好处的。孩子们可以学习如何轮流玩、交流和适当地回应同伴。

手工盒　在鞋盒里装满手工材料，比如冰棍棒、吸管刷、泡沫、胶水棒和绘图纸（如果你够勇敢的话，可以加点闪粉）。这些简单但很棒的工具，可以帮助孩子发展动手能力，同时也为孩子提供了发挥想象力的载体。

匹配游戏　给孩子一件东西，比如一个长方形的盒子，让孩子在屋子里寻找匹配的形状。

无组织的游戏　没有组织的自由游戏时间，可以促进幼儿的认知和社交发展以及情绪健康。

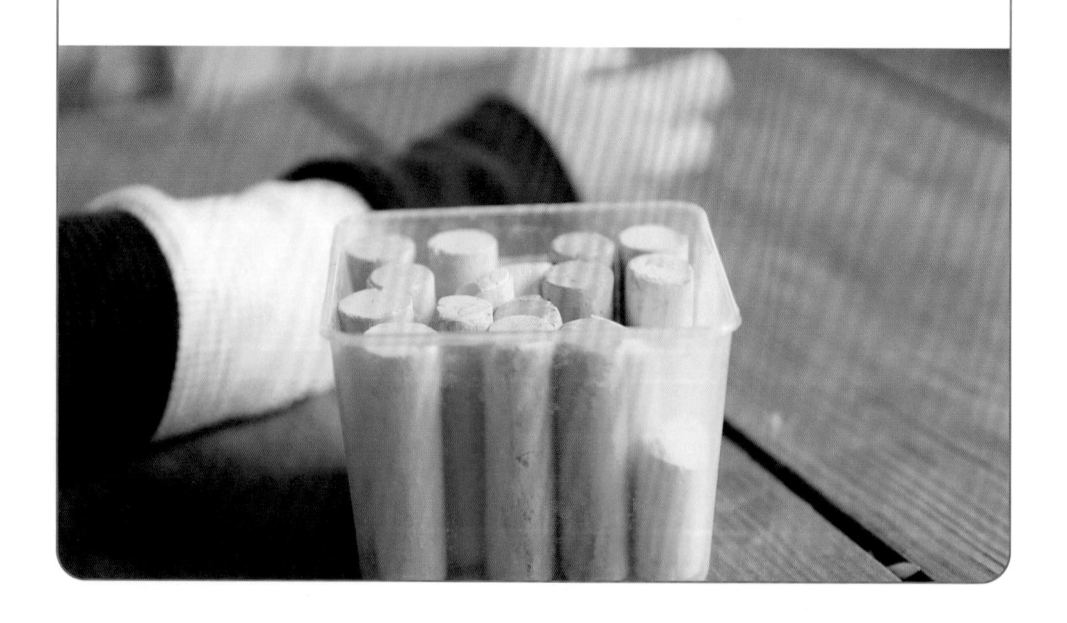

色，有助于孩子定义自己的角色。避免用陈规陋习来约束孩子的游戏。相反，你应该把重点放在强调所有女孩和男孩都有的积极性格特征，如慷慨和坚定。此外，你仍然有决定权，决定孩子在特殊场合穿什么衣服合适，比如参加婚礼（尽管可能会有抗议）。

为学前班做准备　眨眼之间，宝宝就已经从纸尿裤、堆一两块积木到飞快地说话了，甚至已经开始为学前班做准备了。（译者注：这里的学前班是preschool，指的是孩子五岁以前上的，类似幼儿园的那种，而非国内的幼小衔接）

很多孩子在进入幼儿园前，都会先上一两年的学前班。有各种各样的课程可以选择，从公立到私立都有。公立学区通常有学前班课程，其中有些是免费的，向当地居民开放。也可以通过教区学校系统或私立机构提供婴儿班。有些育儿项目也会自带学前班的教育课程。

学前班不仅可以帮助孩子为更正式的学习做准备，还可以帮助他们习惯学校生活。这些可能包括与你分开较长时间，与同学交往，以及在学校环境中遵守既定的规则。一个好的学前班课程可以帮助孩子更顺利地过渡到幼儿园。

在选择学前班时，要注意这些地方。

- *目标和规则与你的一致*　这个年龄段的重点应该是帮助孩子们建立自信心和独立性。而不应该是在学业上抢跑，例如学习如何阅读或学习数学。同样重要的是，确保以你同意的方式处理纪律问题。
- *小班制*　3岁以下的孩子往往在8～10个同学的班级中表现较好。
- *低流失率*　如果教师和其他工作人员的更替率较高，说明机构在留住优秀教师方面有问题。教师和其他工作人员应该接受过幼儿发展或教育方面的培训。

如果你和孩子以前没有分开过，你可能会有一些伤心或内疚的感觉，这也是可以理解的。从积极的一面来看，学前班可以帮助孩子变得更加独立，并教给他（她）宝贵的社交技能。它还可以让你和孩子分开一段时间，这样你就可以专注于自己。这些都是可以加深亲子关系的事情。

第四部分
常见疾病及问题

为人父母，在育儿过程中会遇到很多挑战，特别是照顾生病的宝宝或遇上宝宝出现紧急医疗状况时。这些情况多少会让人感到心惊胆战，但是还好，真正遭遇紧急医疗状况的婴幼儿为数甚少。宝宝无法用语言告诉你他（她）疼痛的部位，因此，学会区分严重的疾病和可以在家护理的常见疾病，仍然是颇为棘手的问题。

宝宝年龄还小，各方面都还在发育。因此，年龄较小的宝宝更容易频繁地生病。因为宝宝正置身于一个全新的环境，在这个环境中人来人往，且充斥着各种宠物和细菌。随着宝宝长大，他们的免疫系统将变得更加强大，能更好地适应环境，生病也变得不那么频繁了。

当你更加了解宝宝后，你会更容易地知道自己的孩子什么时候生的是小病，什么时候需要立即就医。你是最了解宝宝的人，能清晰地知道宝宝现在和以前生病的各种细节。例如，你肯定会注意到宝宝与平常相比，突然变得烦躁不安，或者饮食或睡眠模式发生了改变。你也能发现孩子没有平时活泼或者更加黏人了。

孩子生病时，你的决定至关重要。在大多数情况下，你需要决定是在家继续观察、还是给医生打电话或马上去看急诊。如果孩子看起来不舒服时，你能帮助医生确定是否存在问题。

在护理孩子的过程中，你的作用也非常重要：你知道孩子需要吃药的时间、了解应该注意哪些变化、避免吃哪些食物以及确定宝宝重返托管中心的时间。请注意，孩子生病时，父母的直觉非常准确——相信你的直觉。

婴儿用药

新手父母通常会遇到的一个问题就是：是否可以给生病的孩子喂药。例如，如果你自己头痛，最简单有效的治疗方法就是吃片止疼药。但是，如果宝宝头痛，那该怎么办？

谈到药，人们总是要权衡吃药的利弊。有的药当然有助于恢复健康，但也有许多药多吃无益，况且所有的药物都有副作用。所以明智地选择给宝宝用药的时间以及药物的类型，非常重要。

健康的宝宝很少需要非处方药物治疗。如果一定要使用非处方药，也请务必按照医嘱，给宝宝使用婴幼儿专用的非处方药物。

发热和疼痛 通过肛门给不足2个月的宝宝测量体温时，如果体温达到或超过100.4°F（38℃），必须马上联系医生。因为这个年龄的宝宝免疫系统仍在发育，因此，如果他们发热，则需要去医院检查。

宝宝长大一点后，如果发热但精神状态好，不需要急于吃药治疗。如果宝宝感觉不舒服，可以按剂量要求给他们服用对乙酰氨基酚（泰诺或其他品牌），这种药可以安全用于2月龄以上宝宝，并能有效降温、缓解发热引起的不适。还有一种退热药是布洛芬（艾德维尔、摩特灵或其他品牌），这种药物适用于6月龄以上的宝宝，但它会引起消化道不良反应。在给患有肾脏疾病或哮喘等慢性病的孩子服用布洛芬之前，需要先咨询儿科医生。

咳嗽和鼻塞 遇到宝宝咳嗽或鼻塞，父母总是会想到去当地药店，从琳琅满目的感冒咳嗽药中随便选一种。但研究表明，这些药物并不能安全有效地缓解感冒症状。美国食品药品监督管理局也警告说，这些药物可能会造成严重且罕见的副作用。孩子鼻塞时，给他们使用盐水滴鼻剂，稀释鼻涕或用吸鼻器给宝宝吸出黏液（请参阅第432页“感冒”和第435页“止咳药和感冒药”），都是更为安全有效的方法。

注意事项 以下是给婴幼儿服药时的注意事项。

- *保证合适的剂量* 婴儿药物常为液体状，但药物不同，药性也不同。使用药品上配备的分药器，并且严格遵守标签上的使用说明。通常，药品标签上会提示2岁以下的宝宝服用该药品时应咨询医生来确定剂量。如果你知道孩子现在的体重，可以根据孩子的体重来计算使用的剂量。
- *避免用药过量* 不要给宝宝同时

服用含有相同活性成分的不同药物，如止痛药和缓解充血的药物，这可能会导致用药过量。有些父母会交替使用几种止痛药，例如，对乙酰氨基酚和布洛芬，但这样做时要小心。每种药物都有规定的服药时间间隔（请参阅第612～615页），交替使用两种药物容易弄混，导致无意中给宝宝服用了过量的药物。

- *避免阿司匹林的使用*　2岁以下的儿童慎用阿司匹林。一般情况下，也不建议18岁以下的儿童使用，因为阿司匹林会造成瑞氏综合征（一种可损害大脑和肝脏的严重疾病）。在使用阿司匹林治疗像流感或水痘这类病毒性疾病时，容易触发这类风险。正确区分病毒性和非病毒性疾病并非易事，因此，专家建议，除非医生处方明确规定，所有18岁以下的儿童都应避免服用阿司匹林。

如果你对给孩子用药有任何问题，请打电话给儿科医生，这可以帮你规避风险。如果宝宝用药后出现呕吐或皮疹现象，请立即打电话给医生或诊疗机构。

如何喂药　当孩子确实需要吃药时，请参考以下技巧，这能使喂药变得轻松。

- 趁给宝宝喂食前将药物喂进去。
- 将少许药物送入宝宝颊部内侧，这样不容易被吐出来。
- 只使用原装药物，不要将药倒入其他容器或使用测量滴管。
- 小于2岁的宝宝慎用口服咀嚼类的药片。
- 即便药的口感不好或者宝宝症状有所好转，还是要继续遵医嘱给药。例如，服用抗生素需要吃满一个疗程后才能保证疗效，防止细菌对抗生素产生抗药性。

测量宝宝体温

如果孩子身上摸起来有点热或看起来不大舒服，可以给他（她）测个体温看看是否发热。不足2月龄的宝宝一旦发热需要马上就医，这是因为小宝宝的免疫系统还在发育。较大婴幼儿和儿童发热时，则通常可以先观察孩子的精神状态，再考虑是否需要服用药物。如果发热并伴随其他症状则需马上就医（请参阅第443页“发热”）。

虽然测体温听起来很简单，但如果你从未测过体温，可能还是会遇到一些问题。给宝宝测量体温前，你需要先了解以下注意事项。

体温计的选择　体温计通常包括以下几种类型。

- *电子温度计*　电子温度计使用电子热传感器记录体温，可用于直肠、口腔或腋窝。直肠温度最能准确反映婴幼儿体温，而腋下温度是三种测量方式中精确度最低的。不建议使用电子奶嘴温度计和发热带。
- *电子（鼓膜）耳温计*　电子耳温计使用红外扫描仪测量耳道内的温度。请记住，耳垢或弯曲的小耳道会干扰耳温计测量的准确性。
- *颞动脉温度计*　颞动脉温度计使用红外扫描仪测量前额颞动脉的温度。即使宝宝睡着了，也可以使用颞动脉温度计测量宝宝的体温。

无论使用哪种方法测量，请确保你已经仔细阅读了体温计随附的说明书。在每次使用后，可以使用酒精、肥皂或温水来擦拭清洁温度计顶端。

确保安全——测量体温时请确保让

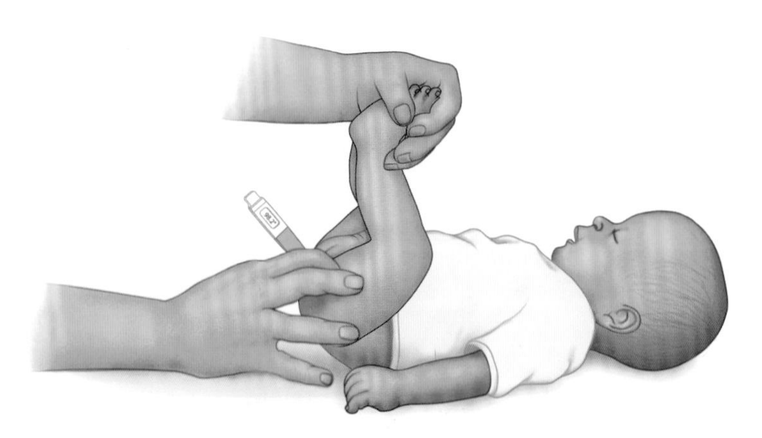

测量宝宝的直肠温度。

温度计保持在原位不动，请不要让宝宝在无人照看的情况下，独自使用体温计。

年龄问题　哪种温度计类型最好用？温度计放哪最合适？某些情况下，这些问题的答案取决于孩子的年龄。

- *新生儿到2月龄*　这个阶段中可以使用标准电子体温计测量宝宝的直肠温度。
- *2月龄到4岁*　这期间你可以使用电子温度计测量宝宝的直肠温度或腋窝温度，或者你也可以使用电子耳温计。但是，要等到宝宝6月龄以后才可以使用电子耳温计。如果你使用其他类型的温度计测量小宝宝的体温，并且对测量结果心存怀疑，那么请测量直肠温度并以此为准。
- *4岁和4岁以上*　4岁后，大部分孩子可以将电子温度计压在舌下一小段时间，以测量口腔温度。你可以使用电子温度计测量腋窝温度，或使用颞动脉温度计或电子耳温计。

如何测量　下文将告诉你如何使用不同的方法来测量体温。开始测量之前，请首先确保你打开了电子温度计。

- *直肠温度*　打开电子体温计，用凡士林油润滑温度计的顶端。让宝宝仰卧后举起他（她）的大腿，将润滑后的温度计轻轻插入肛门0.5～1英寸（1.3～2.5厘米）深。可以慢慢地放入，感觉到有阻力时即可停止。让温度计保持不动，直到温度计发出测温完成的信号。之后取出温度计查看体温。
- *腋温*　将温度计放在宝宝的腋下，确保温度计接触到宝宝的皮肤而非衣服。放好温度计后，抱起宝宝，让他（她）夹着温度计的一侧身体靠着你的胸口，保证温度计不会移动，直到它发出测温完成的信号。之后取出温度计，查看体温。
- *耳温*　轻轻地将温度计放入宝宝的耳中。根据温度计提示，确定将温度计放入耳道恰当位置，让其保持不动，直到温度计发出测量完成的信号。取出温度计，查看体温。
- *颞动脉温度*　轻轻将温度计扫过宝宝的前额。拿起温度计，查看体温。
- *口腔温度*　将温度计顶端放在宝宝舌下压好，让他（她）闭上嘴巴。温度计发出测温完成的信号后取出，查看体温。如果宝宝刚吃（喝）过东西，请等待15分钟，然后再测量宝宝的口腔温度。

将宝宝的体温告知医生时，要说明你使用的体温计类型以及你如何测量的。

照顾生病的宝宝

许多儿童常见疾病都可以在家观察护理。如果你有什么问题，可向宝宝的医生寻求帮助和建议。宝宝生病在家，总是需要更多的关爱。以下是一些简单的建议，可以帮助宝宝尽快恢复健康。

鼓励休息 确保宝宝有充足的休息时间，充足的睡眠有助于消除不良的情绪和身体的不适。借此机会抱着宝宝一起休息吧。如果宝宝略有不适，那么这正是一个不错的借口让你能暂停整天繁忙的家务，和他（她）共度一段高质量的亲子时光。

补充大量的液体 与感染和其他儿童常见疾病相关联的最大风险之一是脱水。呕吐、腹泻、进食困难或仅仅是因为新陈代谢需求增加的原因，会使得宝宝失去的水分大于他（她）所摄取的水分，这时宝宝就会发生脱水。如果宝宝进食困难或难以咽下食物，可以让他（她）少量多次地喝母乳、配方奶、水或口服补液溶液（请参阅第472 页“呕吐”，其中有如何给宝宝摄入足够液体的详细信息）。大些的宝宝可能会喜欢吸吮冰棍儿或碎冰块。

让孩子感觉舒服 如果孩子鼻塞，打开加湿器或喷雾器增加空气湿度，有助于舒缓宝宝的鼻塞症状。或者把宝宝带到充满蒸汽的浴室，让他（她）呼吸温暖湿润的空气。用海盐水滴鼻子也可以缓解鼻塞。如果宝宝的房间比较闷热，可以打开风扇使空气流通，同时确保宝宝没有穿得太多。

合理用药 2月龄以上的宝宝发热时，如果吃饭、睡觉、玩耍都很正常，可以先观察他（她）的精神状态。但如果宝宝表现出烦躁难受，可以给他（她）服用对乙酰氨基酚（泰诺或其他品牌）来减轻不适。6月龄以上婴儿可考虑服用布洛芬（艾德维尔、摩特灵或其他品牌）。请按照标签上的说明、服药注意事项，以及本书第612～615页的剂量图表或医生的建议来给宝宝喂药。确保宝宝按照规定的时间间隔服药。如果医生开了抗生素或其他药物，请严格按照药品说明书服用，以尽量保证药效并尽可能降低风险。

联系医生或医疗机构 宝宝生病

时，请相信你作为父母的直觉。如果你觉得应该给医生打电话咨询，请不要犹豫，向医生描述你所担心的问题和你已经尝试过的措施。向医生咨询通常可以解决很多问题，也能让你确信自己已采取了正确的措施。如果你觉得宝宝的情况需要马上就医，请不要犹豫。

防止细菌的传播　新生儿特别容易感染病毒和细菌，采取一些常见措施就可以防止病菌蔓延。你在打喷嚏或是咳嗽时，记得用纸巾捂着嘴，没有纸巾的话就用手肘；将用过的纸巾及时扔进垃圾桶内；不要和宝宝共用餐具饮具；保持用品表面的清洁，包括安抚奶嘴和宝宝喜欢啃咬的玩具。如果你和家人得了唇疱疹，请不要亲吻宝宝。唇疱疹是由一种疱疹病毒引起的，这种病毒会给婴儿带来严重的疾病。

总之，要避免宝宝接触生病的人，秋冬季要避开人群密集的地方，因为那时候人们大多会待在室内，感染细菌的概率增加。最重要的是，要经常洗手，并且全家都应养成这个习惯。你可以在家里多个地方都放上洗手液。

常见疾病指南

以下是新生儿和婴幼儿一些最常见的疾病及其治疗建议。

过敏

当身体的自然防御系统误将无害物质当成有害物质时，就会发生过敏。身体为了进行自我保护而做出过度反应，从而造成了过敏，过敏通常与遗传因素有关。

儿童，特别是婴幼儿，常发生食物过敏。但随着孩子消化系统逐渐发育完全，身体吸收触发过敏的食物或食物成分的可能性也会逐渐减小。

最常见的过敏性食物包括鸡蛋、牛奶、小麦、大豆、坚果、花生、鱼，以及贝类。幸运的是，小时候对牛奶、大豆、小麦和鸡蛋过敏的孩子长大后不会再对这类食物过敏。但严重过敏和对坚果、贝类的过敏症有可能会伴随终生。

婴幼儿对花粉和其他环境诱因过敏的现象并不常见。例如，通常在4岁左右孩子才会出现对花粉过敏的情况。

如何确认　通常在吃下食物后不久就产生过敏反应。食物过敏表现和症状如下。

- 皮肤瘙痒。
- 皮疹。
- 荨麻疹。
- 肿胀。
- 咳嗽、喘息或气短。
- 腹泻。
- 呕吐。

食物过敏有时会与某种食物不耐症或敏感相互混淆。食物不耐症会导致胃痛、胃胀、腹泻等消化问题，但这些问题与免疫系统无关。例如，一些孩子体内酶消化乳糖不足，造成他们对乳糖不耐受。还有像西红柿或橙子这类食物中的酸性物质会让宝宝嘴角出现红疹，而父母常将这类红疹误认为是过敏。

有多严重　食物过敏反应（过敏性反应）可能会危及生命，并且需要急诊治疗，因此，必须认真对待。花粉、肥皂或粗糙表面的轻微过敏反应（请参阅第276页）以及其他环境因素的过敏通常很烦人，但不会过于严重。

过敏性反应　严重的过敏性反应让人防不胜防。需要注意的迹象和症状包括以下几点。

- 呼吸困难。
- 面部肿胀。
- 荨麻疹。
- 皮肤发青。
- 陷入昏迷。

何时打电话　宝宝出现过敏性反应的迹象或症状时，应立即拨打当地急救电话。急救治疗后，请医生帮你确定引起过敏反应的原因，想办法避免过敏的再次发生。医生通常会建议你随身携带急救类肾上腺素注射类药物（肾上腺素笔或注射器）。这种药物能帮助孩子在到达急诊部前缓解过敏症状。

如果孩子出现了过敏迹象或症状，例如，持续流鼻涕、慢性咳嗽或皮肤干燥、发痒，可以预约儿科医生，了解一下出现这些状况的原因以及治疗方法。

预防过敏的最好方法是避开引发过敏反应的物质。如果你给宝宝吃了好几种他（她）之前从未尝试过的食物，而他（她）出现了疑似食物过敏的迹象，医生可能会建议你给孩子吃已知的安全食物，并在1～2周内暂停吃新食物。然后，每次只尝试一种可疑的新食物，这样经过排查你就可以找到过敏原。医生可能会为你推荐一名过敏专家，由专家为你进行测试以确定可能的过敏原。

通常情况下，要等到孩子2岁以后才能让他们摄入花生、鸡蛋这类可能引起过敏的食物。但是现在根据最新研究结果，专家建议在宝宝4～6月龄这段时间给宝宝尝试这类食物，可以帮助预防食物过敏。如果宝宝发生过敏的可能性较大——例如有湿疹、鸡蛋过敏或有食物过敏的家族史——请咨询医生。提早摄入含花生的食物可能有助于缓解过敏（请参阅第60页）。

贫血

贫血是一种因血液中健康的红细胞不足而引发的疾病。红细胞为大脑和其他器官及组织输送氧气、提供能量，让气色红润。它们对孩子的生长发育至关重要。

造成婴儿贫血最常见的原因是缺铁（铁元素缺乏）。铁是生成血红蛋白的必要条件，而血红蛋白是红细胞将氧气输送到身体的必需物质。早产或失血过多也会导致铁元素缺乏。

足月出生的婴儿如果贫血，通常是因为宝宝饮食中缺少铁元素。例如，牛奶或羊奶所含的铁元素不足，因此，过早开始喝牛奶或羊奶的婴儿就容易缺铁。牛奶、羊奶、豆奶还会妨碍宝宝对铁的吸收。奶摄入过量（一天超过24盎司，约710毫升）也是造成幼儿缺铁的常见原因。

大多数足月出生的婴儿，出生后储备的铁元素足够维持4个月。4个月后，铁元素的储备逐渐减少，需要从食物、婴儿配方奶或铁补充剂这类其他来源中补充铁元素。

如何确认 有时，想要确认轻度贫血的迹象和症状并不太容易。通常，婴儿因为其他原因在做验血时，会被意外发现贫血。不过，一般来说患有较为严重的缺铁性贫血的宝宝可能会有以下症状。

- 面色苍白或黯淡。
- 容易疲劳。
- 烦躁易怒。
- 食欲不振。
- 睡眠质量差。

有多严重 如果不予以治疗，会延误缺铁儿童的正常生长发育。一些研究显示，婴儿缺铁性贫血与后期智力水平缺陷之间存在着长期的关联。

不要尝试自己去给孩子服用药物。在给宝宝任何维生素或其他补充剂之前，需要咨询儿科医生。

何时打电话 如果宝宝看起来异常苍白、疲惫、易怒或食欲不振，或如果你担心宝宝饮食中铁含量不足，都可以及时咨询医生。大多数情况下，可以用验血的方式诊断出是否贫血。在许多地方，宝宝2岁之前需要定期检查是否贫血。

缺铁性贫血使用铁补充剂治疗。通常情况下，婴儿需要服用液体铁补充剂。一般来说，缺铁问题的治疗周期为7～9周，直到孩子体内的铁元素含量恢复到正常水平。补铁类药物会使孩子大便颜色变黑，所以如果出现这种情况，无需担心。孩子的铁水平恢复正常后，请确保他（她）能通过食物或补充剂继续获得足够的膳食铁。

有时也可能发生铁补充剂食用过量。摄入过多铁元素，会给身体造成毒性，所以一定要严格按照医嘱给孩子服用补充剂。还有，将铁补充剂和任何其他药品放在孩子接触不到的地方。

你能做什么 预防缺铁性贫血的方法，就是确保宝宝能够从饮食中获得充足的铁元素。这里有一些你可以采取的简单措施。

- *不急于喝纯牛奶* 至少等到孩子1周岁再给他（她）喝纯牛奶。在此之前，给孩子喂母乳或配方奶。1岁之后，一天最多可以给孩子喝2～3杯牛奶（16～24盎司即473～710毫升）。
- *在合适的时间补铁* 如果你是纯母乳喂养，那么在开始添加辅食时，先给宝宝吃铁强化米粉。如果宝宝4月龄以后还在纯母乳喂养，你可以和医生谈谈是否要给宝宝服用补铁剂。
- *喝铁强化配方奶* 如果宝宝喝配方奶，确保配方奶中添加了铁元素（每升含铁4～12毫克）。美国市场销售的大多数标准配方奶都含铁元素。
- *保证膳食营养均衡* 孩子渐渐长大后，你可以在他（她）的餐单中加入富含铁的食物，如肉泥、蛋黄、青豆、豌豆、南瓜、菠菜、甘薯、金枪鱼、成熟的杏或煮西梅。
- *增加铁的吸收* 为宝宝提供富含维生素C的食物。维生素C可以帮助人体吸收铁，富含维生素C的食物包括草莓、香瓜、猕猴桃、覆盆子、西蓝花、西红柿和花椰菜。

哮喘

绝大多数人在遇到某些情况（诱发因素）后，肺部和呼吸道容易发炎或缩紧。炎症让呼吸道变窄，造成呼吸困难。因触发因素（例如感冒）而造成呼吸道变紧或收缩（支气管痉挛），就是哮喘，以前也被称为反应性呼吸道疾病。孩子如果患上哮喘，首先可能表现为因感冒引起的气喘，感冒好了之后气喘会消失，但在下一次感冒时又再次复发。

哮喘很难诊断，特别是对于年幼的孩子来说，因为在肺功能测试中很难得到准确的结果。同时，许多儿童疾病，例如毛细支气管炎和肺炎，也会出现与哮喘类似的症状。如果孩子气喘反复发作，医生会认为他（她）可能患有哮喘。哮喘在有哮喘、过敏或湿疹家族史的孩子中更为常见。

如何确认 哮喘的常见症状是呼吸急促，特别是感冒的时候。哮鸣——孩子吐气（呼气）时发出的尖锐吹哨声音，也是哮喘常见症状之一，但并非总能听到哮鸣。其他迹象和症状包括咳嗽，且咳嗽症状会在夜间加重，胸闷和气短。患有哮喘的孩子，往往气喘或咳嗽会反复发生。有些孩子只表现出一种迹象或症状，例如迁延不愈的咳嗽或胸闷。

有多严重 每个孩子的哮喘症状和体征有所不同，随着时间的推移，有些症状会加重，而另一些则有所缓解。一些孩子长到5~6岁时，气喘就不会反复发作了。而另一些孩子的气喘发作可能会暂时停止，但在以后的生活中会再次发作。还有一些人患有慢性持续性气喘，需要每天接受护理。

何时打电话 如果宝宝有严重的呼吸困难，或是他（她）的嘴、指尖变成灰色或青色，立即寻求医生的帮助。

如果你注意到孩子发热并伴有持续咳嗽或喘鸣，或由于气喘、咳嗽或呼吸困难的原因寝食不安，立即就医。

哮喘要用处方药物进行治疗。快速缓解药物通过扩张气管、立即缓解呼吸困难而起效。被诊断出患有哮喘并有规律症状的孩子需要每天用控制器给药。

如果你的宝宝有哮喘的症状，医生在开药之前可能会先观察一段时间。如果宝宝有严重的喘鸣发作，医生会开一些快速缓解药物来缓解症状。这种药物会以吸入给药的方式进入宝宝体内。

医务人员会向你展示如何使用吸入器的喷雾器、塑料管（通常还配备了一个面罩），让你更轻松地帮孩子使用药物。年龄更小的孩子还可以使用雾化器，这种机器可以将液体药物汽化成孩子可吸入的雾状水滴。有时医生还会开口服药。哮喘药物非常安全。如果使用不当，所有药物都会有风险。正确使用哮喘药物总是利大于弊。

如果孩子哮鸣不断发作，医生可能会建议孩子做个全面的哮喘评估。如果确诊为哮喘，医生可以根据孩子的身体症状开具预防哮喘严重发作的药物。

在孩子的哮喘症状得到了很好的控制后，或者几乎没有表现出任何症状时，家长很容易忘记每天给孩子服用哮喘药物。父母总是认为孩子只要没有生病的迹象，似乎就没有必要给他（她）服药。但是，请不要停止使用哮喘药物，这点至关重要。如果不加以治疗或没有得到充分治疗，儿童哮喘会永久性改变肺部构造，导致成年期肺功能下降。

你能做什么 记录孩子哮喘发作的情况，如果可以的话，最好记在日记本里，症状严重的话就要给医生打电话。如果你不确定什么情况下应该打电话，请咨询医生。

如果你能够确定某些会引发宝宝喘鸣的过敏原，如灰尘或花粉，尽量让孩子远离它们。

定期打扫以清除灰尘。花粉季节，使用空调阻挡通过空气传播的过敏原。如果寒冷的空气让宝宝气喘加重，确保他（她）呼吸到温暖、潮湿的空气，并给他（她）裹上毯子。研究表明避免过敏原并不能完全有效地控制哮喘，所以不必时刻都把宝宝放在保护罩里。

毛细支气管炎

毛细支气管炎是一种常见的婴幼儿肺部感染疾病。它是病毒引起的疾病，引发毛细支气管炎的常见病毒是呼吸道合胞病毒（RSV）。通常，成人感染 RSV后，仅仅会出现轻微的上呼吸道炎症。但婴儿感染这种病毒，则可能会扩散到肺部最小的气管（毛细支气管），导致气管发炎变窄（毛细支气管炎）。呼吸道合胞病毒感染具有很强的传染性，在冬季最常见。其他不太常见的毛细支气管炎致病病毒包括流感病毒、副流感病毒、麻疹病毒和腺病毒。

如何确认 毛细支气管炎初期会有类似普通感冒一样的流鼻涕，轻微的发热和咳嗽症状。几天后，咳嗽变得更加严重，还可能伴有喘鸣声。婴儿是用鼻子呼吸的，当过多的鼻涕塞在鼻腔里或流入喉咙时，吸吮和吞咽就变得更加困难。所以，宝宝可能会出现厌食的情况。

有多严重　即便宝宝其他方面都是健康的，毛细支气管炎的症状仍可能从轻微到严重各不相同。气喘的症状通常持续一周、一个月甚至更长时间，然后自行消失。

在某些情况下，特别是对有潜在的健康问题或是重度早产的新生儿来说，毛细支气管炎会变得非常严重，需要住院治疗。在生病期间，重要的是要鼓励孩子多喝水。没有补充足够水分的孩子可能存在脱水危险，这本身会很危险。

何时打电话　如果宝宝症状严重，例如出现明显呼吸困难或是皮肤因缺氧而呈现青紫色（特别是在嘴部四周和指尖），请立即拨打当地的急救电话。如果宝宝出现以下症状，请马上打电话给医生或带孩子去看急诊。

- 每次呼气时发出尖锐的哨音（哮鸣）。
- 吸吮或吞咽困难。
- 有脱水迹象：排尿次数减少（24小时尿不湿更换少于3次，伴有口干、干哭无泪、喝水次数减少）。
- 不足2个月大的婴儿，出现发热症状，且精神不振或嗜睡，又或者持续发热超过3天。

同时，假如宝宝是早产儿或存在潜在的健康问题，在怀疑他（她）患有毛细支气管炎时，应及时就医。如果宝宝的症状严重，需要住院，可能需要吸氧来维持血液的血氧饱和度，也可能需要静脉补液来预防脱水。

你能做什么　大多数情况下，轻微的毛细支气管炎可以在家中治疗。治疗感冒症状时使用加湿器。如果宝宝鼻塞严重，可以用盐水滴鼻液缓解不适（更多缓解感冒症状的建议参见下述“感冒”）。鼓励孩子大量饮水。呼吸困难经常导致宝宝进食减少、变慢。

要经常洗手，防止病毒的传播。当宝宝还是新生儿时，要尽可能避免密切接触有类似症状，以及任何患有其他类型呼吸道感染疾病的孩子或成年人，即便他们的症状看起来很轻微。

感冒

感冒是一种鼻部和喉咙的病毒感染。婴幼儿特别容易感冒，其中部分原因是他们周遭有许多患感冒的小孩。事实上，小孩平均每年要感冒6～8次。感冒通常持续1～2周，偶尔也会持续更长时间。有时，宝宝似乎一整个冬天都在流鼻涕！如果孩子有哥哥姐姐在上托管中心，就更是如此了。

感冒的人咳嗽、打喷嚏或说话时，携带病毒的飞沫可能会进入到空气中，被健康人吸入，这是感冒病毒最常见的传播方式。感冒也可以通过手与手的接触来传播。有些病毒能在表面存活几小时，所以受到污染的玩具可能是另一个感染原。

宝宝被病毒感染后，通常会对那种病毒产生免疫力。但是有太多的病毒会引起感冒，人可能在一年中感冒数次，终生都在与感冒作斗争。

如何确认　宝宝感冒时，可能会鼻塞或流鼻涕。流出的鼻涕一开始是透明的，逐渐变成黄色的浓鼻涕，颜色后期甚至是绿色。几天之后，又变回稀稀的清鼻涕。

感冒可能会出现发热的症状。在感冒初期的几天他（她）也会打喷嚏和咳嗽、声音嘶哑、眼睛红肿。

有些感冒症状似乎主要集中在宝宝的鼻子部位，而另一些则集中在胸腔里。如果宝宝经常打喷嚏或者吸溜鼻子，并经常鼻塞，他（她）可能不是得了感冒。因为宝宝的鼻腔很小，太多的黏液就会导致鼻塞。鼻塞也可能是由于干燥的空气或刺激物导致的，例如香烟。

有多严重　感冒大多时候只是个小麻烦，通常不需要去看医生。如果宝宝感冒后没有并发症，他（她）会在10～14天慢慢好起来。

但要留意宝宝的症状，因为有时候感冒也会发展为更严重的疾病，特别是对于低体重或月龄较小的婴儿来说。如果宝宝的症状恶化，立即给医生打电话。

何时打电话　如果宝宝未满2～3月龄，在患病初期可以给医生打电话。对于新生儿来说，一个普通的感冒可能很快就发展成喉炎、肺炎或其他更严重的疾病。即使没有这样的并发症，鼻塞也会让宝宝难以吃母乳或用奶瓶喝奶，而这会导致脱水。当宝宝渐渐长大后，医生会建议你何时需要就医，何时只需要在家治疗。

如果宝宝不足3月龄，体温在100.4°F（38℃）或更高，请立刻联系医生。如果你的宝宝已经满3月龄或更大，并且他（她）有以下症状，请打电话给儿科医生。

- 发热持续超过3天。
- 看起来耳朵疼痛。
- 眼睛发红或有黄色分泌物（请参阅第456页“红眼病”）。
- 咳嗽加重，呼吸变得困难，或咳嗽超过一个月。
- 出现让你担心的迹象或症状。

如果宝宝有以下症状，立即寻求医疗帮助。

- 拒绝喝奶或喝水。24小时内尿湿的尿布不超过3块或尿量减少。
- 严重咳嗽，引起持续呕吐或肤色变化。
- 咳出带血丝的痰。
- 呼吸困难或唇周青紫。

你能做什么　目前为止，没有治愈普通感冒的良药。抗生素可以杀死细菌，但对病毒无效。婴儿不可以使用非处方药。但如果孩子因为发热而感到非常难受，你可以在认真遵循剂量规定下，使用退热药（请参阅第612～615页）。你也可以使用布洛芬（艾德维尔、摩特灵或其他品牌），但前提是宝宝已经满6月龄。给婴幼儿使用止咳药和感冒药并非安全的做法。除此之外，以下建议能让宝宝感觉舒服一些。

避免脱水　给予正常量的液体对避免脱水非常重要，鼓励宝宝饮用对他（她）而言适量的水分。不需要额外补充水分，如果宝宝是母乳喂养，请坚持哺乳。

稀释鼻涕　如果宝宝的鼻涕较为黏稠，盐水滴鼻液或盐水鼻腔喷雾剂都有助于稀释黏稠的鼻涕。盐水滴鼻液与喷雾剂由盐和水以最佳比例合成，价格亲民，且无需处方即可购买。为了帮助宝宝更好地进食，在喂奶前15～20分钟，在两侧鼻孔滴入数滴盐水。如果需要的话，可以用吸鼻器抽出鼻腔中的黏液。

保持空气湿润　在宝宝的房间里放置一台加湿器可以缓解流鼻涕和鼻塞的症状。不要让雾气直接对着婴儿床的方向喷，别让它把寝具弄湿。为了防止霉菌生长，每天给加湿器换水，按照产品说明书来清洁装置。在宝宝睡觉前，让他（她）坐在充满蒸汽的浴室里也有助于鼻腔通畅。不建议使用热喷雾汽化器，因为此前有关于婴幼儿在使用该产品时被烫伤的报告。

避免接触病患　让宝宝远离生病的人，特别是处在患病初期的人。提醒家人和朋友，他们生病时所能做的最有爱心的行为莫过于远离宝宝。如果可能的话，避免带着新生儿乘坐公共交通工具和接触拥挤的人群。

保持手卫生　哺乳或照料宝宝前要洗手，使用洗手液、湿纸巾或肥皂水清洗双手。请看护宝宝的人或是来访者也同样做好手部卫生。

止咳药和感冒药

美国食品药品监督管理局（FDA）强烈建议不要给4岁以下的幼儿使用非处方（OTC）止咳药和感冒药。非处方止咳药和感冒药并不能有效地解决引发宝宝感冒的根本原因。它们无法治愈感冒，也不会加速病情好转。这些药物还可能带来包括心率加快和惊厥在内的副作用。下面提供了一些更为有效，风险也更小的缓解措施。

- *温热的汤水*。少量汤或肉汤可以起到舒缓作用，有助于缓解鼻塞。
- *蜂蜜*。12个月以上的宝宝可以食用1茶匙左右的蜂蜜（直接食用或稀释后食用，如加在牛奶里），能较为安全地缓解咳嗽。肉毒杆菌中毒是一种在婴儿中可能会发生的罕见且严重的食物中毒现象，因此，请勿给未满1岁的宝宝服用蜂蜜。
- *空气加湿*。用凉爽的雾化加湿器给空气加湿，可以缓解宝宝呼吸困难的情况。你可以带着宝宝坐在充满蒸汽的浴室里（请参阅第434页）。咳嗽并不完全是坏事，它有助于清除气道中的黏液。如果宝宝没有其他不适症状，通常没必要刻意压制咳嗽。

不要共用器具 不要共用奶瓶、餐具或吸管杯。如果宝宝上托管班，确保他（她）的用品都贴了标签。经常清洁宝宝的玩具和奶嘴。

使用纸巾 让家庭中的每个成员咳嗽或打喷嚏时使用纸巾遮挡口鼻，然后把它扔掉。如果一时找不到纸，在臂弯中咳嗽或打喷嚏。

咳嗽

咳嗽在婴幼儿中十分常见，它也是令父母焦虑的常见原因之一。宝宝咳嗽通常是因为有东西刺激气管，但大多数时候由感冒或其他上呼吸道疾病引起。但也有可能是因为吸入一块食物、一个玩具或其他小物件，进入到错误的管道，滞留在气管里引起。而由活动、冷空气、睡眠或过敏原引起的慢性咳嗽，可能是哮喘的症状。

如何确认 受影响的呼吸道部位的差异决定了不同的咳嗽类型。声带附近的刺激可能导致犬吠样或喘息性咳嗽；刺激气管会产生刺耳的咳嗽；过敏或哮喘可能导致通常发生在夜间的喉咙干燥，出现干咳。肺炎可能引起深入胸部的咳嗽，昼夜不断。患肺炎的宝宝通常会发热，精神萎靡不振。

有多严重 宝宝咳嗽让人头疼，但并非严重问题。咳嗽的严重性取决于咳嗽的起因。通常，治疗引起咳嗽的潜在问题就能缓解咳嗽。

何时打电话 如果宝宝咳嗽且符合以下情况，尽快联系医生。

- 不满2个月，直肠温度超过100.4°F（38℃）或更高。
- 咳嗽持续超过4周，开始好转后病情加重。
- 怀疑身体某个部位疼痛。

如果宝宝有以下症状，请拨打当地的急救电话。

- 皮肤颜色青紫。
- 吞咽困难或发声困难。
- 停止呼吸。

你能做什么 你可以给宝宝补充水分或用加湿器增加空气湿度来缓解宝宝的咳嗽症状，也可以带着宝宝坐在充满蒸汽的浴室中。一岁以上的宝宝，可以给他（她）喂一勺用水或牛奶稀释过的蜂蜜，能帮助缓解咳嗽。

如果宝宝咳嗽严重影响吃饭和睡觉，则需要咨询医生，看可以采取什么措施。不建议给婴幼儿使用止咳药，因为这类药物有着潜在的副作用，而且通常对这个年龄段的宝宝不是很有效（请参阅第435页“止咳药和感冒药”）。

便秘

有时宝宝几天不排便，父母就会担心孩子有便秘。但纯母乳喂养的婴儿几天、甚至一周没有排便，也属于正常情况。便秘是指大便干硬、排便困难。只要大便是软的，容易排出，基本上就可确定宝宝不存在便秘的问题。

相对于婴儿来讲，接受如厕训练或饮食发生变化的幼儿更容易出现便秘。

如何确认　如果宝宝出现如下状况，可能有便秘的问题。

- 新生儿出生1～2天后还没有排第一次胎便。
- 排便困难，大便干硬。
- 排便时很痛（婴儿愁眉苦脸或者表现出不适、烦躁）。
- 大便带血丝。
- 排便前腹痛，大量排便后腹痛减轻。

有多严重　大多数婴儿因为饮食发生改变，会出现轻微的便秘现象，这种现象短时间内就能得到解决。大一点的孩子便秘，通常额外补充水分和多吃富含膳食纤维的食物就能解决。

便秘会妨碍如厕训练，尤其是当肠胃蠕动困难或不舒服时，而治疗便秘可以让上厕所变得更为轻松。

何时打电话　如果宝宝长时间便秘或在家治疗起不到任何作用，请给医生打电话。未咨询过医生前不要给宝宝服用泻药、灌肠剂或其他药物。

你能做什么　母乳喂养的婴儿很少因为母亲的饮食改变而便秘。如果宝宝因为饮食变化而发生便秘，随着时间的推移，便秘情况通常会自然缓解。下面这些措施可以帮助到已经开始添加辅食的宝宝。

- 大量补充液体。
- 限制奶量的摄入。
- 多吃水果和蔬菜。
- 逐渐在孩子的饮食中增加富含膳食纤维的食物，包括西梅［或最

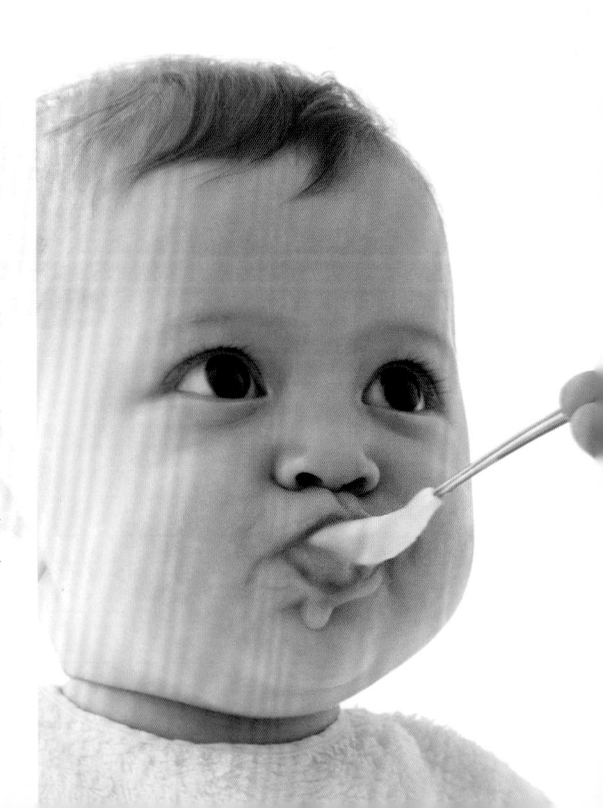

多一天4盎司（约120毫升）西梅汁]、杏、李子、豌豆和豆类。

斜视

对眼（斜视）是婴儿最常见的一种眼部问题，主要原因是宝宝控制眼部的肌肉力量不平衡。

新生儿出现眼神游离、对眼都是正常现象，因为这时他（她）的脑细胞还没有学会如何控制眼球。但到4个月大，随着神经系统发育成熟，宝宝的两只眼睛就能在同一点聚焦了。如果那时宝宝的眼神还是游离、有对眼的情况，就应该去看医生。

如何确认 你可能会注意到宝宝有一只眼睛向里、向上或向下转动。这只眼睛要么总是无法聚焦，要么状态时好时坏。

有些宝宝有假斜视（假性斜视）。他们的眼睛可以对焦，但是受脸形的影响，看起来有点对眼。这种情况可能是因为眼睛内侧眼皮过多或鼻梁过宽。随着宝宝逐渐长大，假性斜视会自然消失。

有多严重 真性斜视不会随着年龄的长大而消失，如不予治疗，通常情况会变得更糟。起初，有斜视的眼睛会导致复视现象，最终大脑会忽略这只眼睛所看到的图像，这只眼睛会变得“懒惰”（弱视）。弱视会造成永久性的视力下降。

何时打电话 宝宝在4个月大之前，出现斜视，即使只是有时出现，也要预约去见宝宝的医生。医生可能会为你转诊小儿眼科医生进行评估。尽快得到一个准确的诊断结果，这很重要。越早开始治疗，效果越好。

宝宝在双眼已经能直视之后突然出现斜视，这种现象非常罕见。如果发生这种情况，立刻联系医生，因为这可能预示着更严重的问题。

宝宝的眼科医生会推荐凭处方购买的眼镜、眼药水或眼部肌肉手术来治疗斜视。如果所有治疗手段均不起作用，那么就需要动手术。手术是安全有效的，但为了让双眼达到准确矫正的效果，有时需要二次手术。

你能做什么 斜视无法在家自行治疗，但你可以进行监测。如果你认为宝宝的眼睛有问题，请尽快找医生评估。如果宝宝需要接受治疗，确保他（她）完全按照医生的建议配戴矫正眼镜、使用眼药水。如有必要，通常在宝宝6～18个月时实施手术。眼外科医生会告诉你需要了解的所有手术步骤。

哮吼

哮吼是一种上呼吸道病毒感染导致的疾病，它最常见的特征是尖锐的反复咳嗽，类似海豹的吼叫。咳嗽声非常尖利，会吓到宝宝和父母。尽管如此，哮吼通常并不严重，大多数情况下在家治疗即可。

哮吼的咳嗽声是声带和气管周围出现炎症的结果。当咳嗽反射推动气流通过变窄的气管时，声带会振动伴随着尖锐的噪声。因为小孩子的气管更为狭窄，因此，各种症状会更为明显。

和感冒一样，哮吼也会传染，直到退热或感染几天后才不具有传染性。病毒通过呼吸道分泌物或空气中的飞沫传播。

如何确认　响亮、尖利、吠叫样咳嗽是哮吼的典型症状，常常在夜间发作。孩子会感到呼吸困难，呼吸声音重。还有其他类似感冒的症状也很常见，如流鼻涕、发热和声音沙哑。

有多严重　哮吼大多较为轻微。除非病情严重，否则没有必要带宝宝看医生。通常持续3～7天（你需要做好心理准备，至少应对两个“难熬”的夜晚），然后自行消失。

极少数情况下，哮吼会导致气道肿胀、妨碍呼吸，这时就需要马上看急诊。此外，肺炎是哮吼潜在的严重并发症，但这种情况罕有发生。

何时打电话　如果宝宝的鼻子、嘴和指甲周围的皮肤发青或发灰，呼吸困难，请拨打当地的急救电话。

如果宝宝出现下列症状，立即打电话寻求治疗。

- 呼吸时发出嘈杂的刺耳的呼吸声（气喘）。
- 开始流口水或吞咽困难。
- 看起来烦躁或非常易怒。
- 变得反常地困倦或昏睡。
- 体温在103.5°F（39.7℃）或更高。

如果担心宝宝的以下症状，请尽快拨打电话。

- 无法入睡，你无法安抚他（她）。
- 在家中治疗，但每晚病情持续恶化。
- 24小时内没有正常饮水。

你能做什么　宝宝生病时，尽量保持让他（她）舒服些。

保持冷静　安慰孩子或分散孩子的注意力：抱抱他（她），读一本书，或者玩一个安静的游戏。啼哭会让呼吸变得更加困难。

给空气加湿或制冷 尽管从实践来看并没有证据显示湿润空气和冷空气的作用，但许多父母认为湿润的空气或冷空气有助于宝宝保持顺畅的呼吸。你可以在宝宝的卧室里放置一个空气加湿器，或者把他（她）带到充满蒸汽的浴室里，让他（她）呼吸温暖潮湿的空气。

如果天气凉爽，你可以打开窗户，让新鲜空气流进室内，或者把宝宝裹在毯子里，在户外走几分钟（当然如果孩子哮鸣，凉爽的空气可能会让哮鸣加重）。

让宝宝坐直 坐直可以缓解呼吸困难。让宝宝坐在你的腿上，或把他（她）放在他（她）最喜欢的椅子或婴儿座椅上。

摄入足够的水分 对宝宝而言，母乳和配方奶都是很好的选择。较大的宝宝可以选择汤或冰棒来缓解。

鼓励宝宝多休息 睡眠可以帮助孩子对抗感染。

腹泻

腹泻是新手父母共同关心的问题。新生儿的排便规律各有不同，有的一周排一次，有的一天排十次，母乳喂养的宝宝尤其如此，因此很难分辨宝宝是否腹泻。偶尔“拉稀”通常并不是让人担心的问题，但如果你注意到宝宝的大便次数比平时更频繁，且大便呈水样，宝宝可能是腹泻了。

腹泻通常是由宝宝胃肠道感染引起（肠胃炎），通常是病毒感染。有时细菌或寄生虫也可能导致腹泻。虽然腹泻很少是因为某种具体的食物过敏造成，但某些饮食因素还是可能会引起腹泻，如果汁摄入量增加、乳糖不耐受、添加新的辅食。抗生素也可能导致腹泻。

如何确认 如果宝宝更换的尿不湿比平常多、大便变稀、呈水样，有可能是腹泻。病毒感染造成的腹泻可能伴有呕吐和发热的症状，细菌感染可能导致便血和腹痛。偶尔，宝宝的大便中会带有血丝，这可能是频繁大便引起的皮肤过敏或肠黏膜激惹所致。

有多严重 宝宝腹泻，特别是伴随呕吐时，很容易脱水。宝宝体重轻，体内储存的液体量比成年人少。牛奶或乳糖不耐受造成的急性腹泻可以持续两周以上。过度摄入果汁或水果也会引发幼儿腹泻。

何时打电话 如果宝宝出现以下情况，请立即联系医生。

- 在8小时内腹泻超过8次或便血。
- 腹痛、体温超过102°F（38.9℃）或其他明显的疾病迹象［2月龄以下的宝宝体温超过100.4°F（38℃）］。
- 体内存不住水。
- 有脱水的迹象，包括排尿次数减少、干哭、口干、眼睛或囟门（头顶处，靠近额头的方向，有一个类似倒三角形的区域）凹陷。
- 看起来有嗜睡的表现或明显没有平常活跃。

如果宝宝的腹泻症状较轻，但是持续的时间超过1周，并且你很担心他（她）的状态，最好去医院就诊。

你能做什么　为了避免脱水，可以少量多次让宝宝摄入容易吸收的液体。

如果宝宝有轻度腹泻，并且有食欲，不必严格限制他（她）的饮食。请继续正常母乳或配方奶喂养。如果宝宝已经开始吃固体食物，可以保持清淡饮食。酸奶可能会有所帮助，但对于酸奶这类食物中是否含有可以缓解腹泻的益生菌一事，人们目前并没有达成共识。坚持少食多餐，但不要给宝宝一次吃很多，尽量让他（她）在几天内逐渐回归到正常的饮食中，确保足够的营养。

如果宝宝中度腹泻，使用市面有售的口服补液盐（电解质或其他补充液）给他（她）补充腹泻流失的钠离子和电解质。这些补充液药店有售，可以给宝宝坚持服用，直到病情好转。在你有疑问时，可以咨询医生或药剂师。

如果宝宝腹泻严重或病情加剧，请打电话给医生。如果你注意到宝宝出现脱水的症状，请立即打电话给医生（请参阅第440页“何时打电话”）。

中耳炎

中耳炎（急性中耳炎）是孩子看医生的常见原因之一。中耳炎是由细菌或病毒影响到中耳引起的，中耳是鼓膜后面充满空气的空间，其中包含了微小的振动的耳骨。宝宝比成人更容易发生耳部感染。

感冒或其他呼吸道感染通常会引发耳部感染。这些疾病引发炎症，造成中耳积液。

耳部感染一般会自行痊愈，但婴儿耳部感染或是病情严重的情况下，医生可能会推荐抗生素药物。

如何确认　婴儿通常在上呼吸道感染后发展为耳部感染。耳部感染的表现和症状可能包括以下几点。

- 耳朵疼痛，尤其在躺下时。
- 入睡困难。
- 异常哭闹或烦躁。

- 听力下降或对声音回应困难。
- 耳朵有分泌物流出。
- 食欲不振。
- 拉扯耳朵。

有多严重　轻微的耳部感染通常在数天内会好转，严重或持续耳部感染需要使用抗生素治疗。

慢性耳部感染会造成各种长期问题，包括中耳长期积液、持续频繁感染，导致听力问题和其他严重问题。家长需要将宝宝耳部感染的情况，尤其是耳朵反复感染的情况告诉医生，这点非常重要。

何时打电话　如果宝宝有以下症状，请及时联系医生。

- 症状持续超过一天。
- 耳朵疼得厉害。
- 感冒或其他上呼吸道感染后失眠或易怒。
- 耳朵里有液体、脓或血性分泌物流出。

大多数耳部感染的宝宝要使用抗生素治疗。对于较大的孩子，医生会根据病情是否会自行好转，然后再决定是否使用抗生素。

中耳置管是一种外科手术。它通过手术将一根细小管道穿过鼓膜小洞以帮助中耳通风、防止积液。这种手术常用于耳部感染反复发作、鼓膜后有持续积液并且伴有听力问题的孩子。

你能做什么　在宝宝患有耳部感染的耳朵上放上一块温暖（不烫）、湿润的毛巾，可以缓解疼痛。如果孩子的医生推荐使用止痛药，请严格按照医嘱用药。

为了减少宝宝耳部感染的风险，良好的预防措施很重要，要经常洗手，不共用餐具和杯具，避免接触生病的人。二手烟也会导致耳部感染的频繁发作。此外，用奶瓶喂养时，让宝宝身体直立，这样可以避免中耳和喉咙（咽鼓管）之间的通道发生阻塞。

耳垢堵塞

耳垢（耵聍）在耳朵堆积或发硬，难以清洗，这时就会发生耳垢堵塞。

耳垢是身体天然防御系统的一部分，对人体有益。它通过粘住灰尘、抑制细菌生长来保护耳道。正常情况下，耳垢会变干，自行从耳朵内脱落。但是有时耳垢会堆积，这可能是因为幼儿的耳道更为狭窄，或者是因为尝试清理耳洞时，将更多的耳垢推进耳朵而造成堵塞。

如何确认　尽管不大容易确认孩子是否有耳垢堵塞耳洞，但它的症状和迹象可能会与耳朵感染很相似。宝宝可能会拉扯自己耳朵、咳嗽，或变得格外烦躁或易怒。你可能还注意到，宝宝听力减弱或对声音没有反应。

有多严重　耳垢的积累不大可能导致严重的问题，除非你一定要把耳垢挖出来。用棉签或其他工具去除耳垢时，可能反而会将它推入到宝宝的耳朵中，对耳道内壁或鼓膜造成严重损害。

何时打电话　如果宝宝拉扯自己的耳朵，或是出现听力问题，请预约儿科医生进行检查。

医生会使用耳镜观察宝宝的耳朵里是否有耳垢堵塞。耳镜是一种可以照亮并通过放大镜观察耳膜的特殊仪器。医生通常使用一种叫作刮匙的小仪器，或通过吸耳器去除耳垢，医生也会用喷水器或注温水的橡胶球冲洗器冲出耳垢。

你能做什么　不要用棉签、手指或其他东西清理宝宝的耳朵。如果宝宝的耳膜里没有耳管或耳洞，医生可能建议用滴耳剂来软化耳垢。医生会教你如何用温水轻轻清洗外耳，如何用橡胶球冲洗器清洗软化后的耳垢。

发热

对不同的人来说，正常体温的数值也会有所不同。在一天之内，新生儿的体温会上下波动1℃左右，通常早晨体温最低，傍晚时最高。一般来说，婴幼儿的正常体温值比儿童和成年人更高。

遇到感染或其他疾病时，宝宝的中枢神经系统会启动身体内部的“恒温器”来对抗感染，于是就会出现发热。新生儿和不足2个月的婴儿发热时，应立即打电话给宝宝的医生。对月龄较大的婴儿和儿童来说，要结合孩子发热后的表现，以及是否伴有其他疾病迹象或症状来决定是否需要就医。

如何确认　如果你觉得宝宝体温过

热，可以用温度计量他（她）的体温（请参阅第422页）。虽然用手或或脸颊触碰宝宝的额头，能让你感觉宝宝正在发热，但这种方式无法让你辨别出99°F（37.2℃）和101°F（38.3℃）的区别。肛温100.4°F（38℃）通常被认为是正常范围的上限，高于这个温度就可以判定为发热。

有多严重　发热本身并不有害。引起发热的感染则可能对宝宝造成一些潜在的伤害。通常情况下，宝宝发热是身体正在对抗感染，是免疫系统发挥作用的标志。

然而，引发婴儿（特别是不足2个月大的婴儿）发热的感染，可能会很快变得很严重。婴儿的免疫系统尚未达到抵抗细菌和其他微生物的能力，这使他（她）一旦感染，就很容易扩散到全身。

因为环境炎热而导致宝宝体温升高，与感染引起的发热不同。身体应对感染时的体温升高，温度很少会上升到危及生命的程度。但像是炎热的车厢内所造成的高温，却可能致命。

何时打电话　如果宝宝不足2个月大，直肠温度达到100.4°F（38℃）或更高，要马上打电话给医生。因为宝宝的免疫系统仍然处在发育过程中，不能像较大年龄的孩子一样抵抗感染，这点非常重要。因此即使你不愿意打扰医生，也必须打电话进行咨询。

年龄较大的儿童，如果发热超过3天或你感到担心时，就可以打电话给医生。如果宝宝出现以下症状，则需要马上去医院看急诊。

- 反复呕吐或腹泻。
- 异常哭闹、易怒。
- 脱水——24小时内尿湿的尿片不到3片，口干，哭时没有眼泪，眼睛和囟门（头顶软软的区域）凹陷。
- 嗜睡、没有反应。

如果宝宝因为长时间待在高温区域（如炎热的海滩、过热的车中），而出现发热的症状，请立即寻求医疗帮助。过热（中暑）属于急症，需要尽快治疗。

你能做什么　如果宝宝发热，你需要密切观察他（她）是否出现其他疾病迹象或症状，例如食欲不振、呕吐、易怒或异常困倦。只要有任何担心，就可以给医生打电话。多数时候轻微发热可以居家观察，它会随着造成发热的感冒或感染一起痊愈。与此同时，你可以做以下事情。

提供充足的液体　和往常一样，继续坚持母乳喂养或配方奶喂养。如果宝宝满6个月，可以给他（她）喂少许水或口服补液盐（电解质水，其他补充剂）。较大的儿童可以多喂水、口服补液盐或棒棒冰，切记优先摄入液体而非固体食物。宝宝发热时一般胃口不佳，你可以让他（她）自己决定是否进食以及进食量。

鼓励充足的休息 保持安静的环境，让宝宝多休息，直到发热情况好转或完全退热。

保持凉爽 如果宝宝看起来很热，可以适当调低房间温度到舒适的状态，并给他（她）穿得轻薄些。

用药缓解不适 年龄超过2个月且体重超过6磅（约2.7千克）的宝宝生病时，可以使用对乙酰氨基酚（泰诺或其他品牌）。6个月或6个月以上宝宝，可以使用布洛芬（艾德维尔、摩特灵等）。请仔细阅读药品标签，了解应使用的剂量（请参阅第612～615页）。请勿给18岁以下的孩子使用阿司匹林治疗发热，因为它会引发一种罕见的严重疾病，称为雷氏综合征。请记住，最好不要在没有医嘱的情况下，连续3天以上给宝宝服用退热药。

传染性红斑

传染性红斑是一种由细小病毒引起的高度传染病，也可以称为细小病毒感染。这是一种常见的儿童疾病，发病时脸颊会出现红色皮疹，因此也被称为扇耳光病。大多数孩子是轻微感染，几乎不需要特殊治疗。

如何确认 如果宝宝双颊呈块状发红发热，这可能是传染性红斑。在接下来的几天里，宝宝的手臂、躯干、大腿和臀部都会出现轻微隆起的花边样粉色疹子。

一般来说，在疾病接近尾声、宝宝不再具有传染性时，会出现皮疹。一些孩子在起皮疹前会出现轻微类似感冒症状，例如，喉咙痛、轻微发热、头痛和疲劳。瘙痒也是早期症状中的一种。

你可能会把这种皮疹和其他病毒性皮疹或药物过敏有关的皮疹混淆。这种皮疹可能会反复发作，最多可持续3周，孩子接触到极端温度或待在太阳下时，皮疹会变得更加明显。

有多严重 一般来说，患有传染性红斑的婴儿不会感觉不适。对大多数宝宝而言，这是一种轻微的疾病，除非宝宝有镰状细胞性贫血或免疫力低下。在这种情况下，传染性红斑就可能会引起更严重的问题。

细小病毒对孕妇影响较大，所以请避免让患有传染性红斑的孩子接触孕妇，尤其是在妊娠前3个月的孕妇。如果怀孕期间感染了细小病毒，那么可能影响到胎儿。

何时打电话 如果宝宝不足2个月大，直肠温度达到或超过100.4℉（38℃），请打电话给医生。医生会为

热性惊厥

有些宝宝受到感染后，体温会迅速上升或下降，出现惊厥。宝宝热性惊厥发作的时候，会让人害怕，但惊厥不会伤害宝宝的身体，且通常不会引发长期持续的健康问题。研究表明，预防热性惊厥的方法很少。

如果宝宝的双臂双脚不断抽搐、对你没有回应、感受不到所处的环境，就可以确定宝宝正在经历热性惊厥（偶尔的抽搐抖动，或不平稳的动作很常见，特别是宝宝沉睡过程中，这些不是惊厥）。

大多数时候，热性惊厥会出现在生病第一天，有时甚至会发生在父母意识到孩子生病之前。

宝宝出现热性惊厥时，父母请保持冷静，并遵循以下建议。

- 让孩子侧卧，把他（她）放在安全的地方。
- 靠近观察和安慰宝宝。
- 拿开宝宝附近的所有尖锐、坚硬物体。
- 解开紧身衣物或束缚性衣物。
- 不要限制或干扰宝宝的动作。
- 不要试图将任何东西放入宝宝的嘴里。

宝宝一旦发生热性惊厥，请尽快送宝宝就医，即使惊厥只持续了几秒钟。如果惊厥发作很快结束，请在发作结束后尽快打电话给医生，询问何时可以带宝宝去何处接受检查。尽量记下惊厥发作的持续时间和表现。如果惊厥发作超过5分钟或伴有呕吐、脖子强直、呼吸困难或极度嗜睡的症状，请叫救护车去医院。

保持冷静，观察你的孩子，知道什么时候该打电话寻求医疗帮助，这些就是你应对这种状况、照料孩子的正确做法。

宝宝进行检查，排除其他引发高热的原因（请参阅第443页）。

通常，皮疹出现时，疾病也就自行消失，无需治疗。但如果孩子出现传染性红斑状的皮疹，并伴随镰状细胞性贫血或免疫力低下这类其他疾病，请打电话咨询医生。

你能做什么　确保孩子充足休息，并补充大量水分。你可以使用对乙酰氨基酚（泰诺或其他品牌）缓解发热或轻微疼痛（请参阅第612～615页）。

隔离患上传染性红斑的孩子，这种做法并不现实，也不是必须的。在皮疹出现前，你不知道孩子有细小病毒感染，而等皮疹出现了，他（她）也不再具有传染性了。

流行性感冒

流行性感冒（简称流感）常见于秋冬季，是一种影响上呼吸道系统的病毒性疾病。人们经常将它与普通感冒混淆，但流感通常比感冒更为痛苦。

多种病毒可引起流感（A型和B型是最常见类型），每个类型都有其特殊的毒株。新的毒株定期出现，流感病毒也不断变化。

美国疾病控制与预防中心（CDC）都会针对当年最流行的三、四种毒株开发新疫苗，这也是我们每年需要注射一次流感疫苗的原因。CDC建议，为年龄在6个月以上的所有美国人每年注射一次流感疫苗（请参阅第176页）。我们通常采用注射的方式接种疫苗，但有些时候可以使用喷鼻剂。请咨询当地医生，以了解最适用于孩子的接种方式。

如何确认　患流感通常导致以下症状。

- 突然出现发热、通常超过101°F（38.3℃），但不是每个人都会有发热的症状。
- 发冷。
- 肌肉酸痛。
- 极度疲劳。
- 干咳。

有多严重　对于健康婴儿来说，流感可能会引发比较严重的症状，但对大多数婴儿而言，不会引发太大的继发性问题。流感的主要并发症是耳部感染和肺炎，这两种疾病都需要医生治疗。有潜在健康问题的儿童，更容易因流感引发并发症。

流感在孩子生病前、生病第一天以及生病过程中都具有传染性。

何时打电话　2岁以下儿童因流感引发并发症的风险更高。如果你注意到孩子出现疑似流感的迹象和症状，请打电话咨询医生。如果你觉得孩子病情加重或持续咳嗽、发热，也要立即给医生打电话。孩子出现类似流感的症状或呼吸困难时，应立即就医。另外，如果你确认孩子接触了流感病毒，也请联系医生。

你能做什么 接种流感疫苗是预防流感最好的方法，6月龄以上的人群都可接种。如果你全家都接种了疫苗，就不太可能有家庭成员患上流感并相互感染。如果宝宝不满6个月，做好常规流感预防措施就尤为重要。

- 经常洗手。
- 保持常用物品表面清洁。
- 咳嗽或打喷嚏时用纸巾或肘弯掩住口鼻（及时丢弃用过的纸巾）。
- 不要共用饮食器具或牙刷。
- 不要相互吻手或接吻，避免生病的家庭成员之间交叉感染。
- 不要接触患有流感的人。
- 在流感高发期接触到流感病毒的概率会更大，这时应避免接触人群。

如果宝宝得了流感，让他（她）多睡觉、多喝水，也多抱抱他（她）。如果宝宝看起来烦躁和不舒服，根据年龄给他（她）使用对乙酰氨基酚或布洛芬可以降低体温（参请阅第612～615页），有效缓解不适感。不要使用阿司匹林，它对宝宝有严重的副作用。宝宝退热后的24小时之内，不要送去托管机构。

手足口病

手足口病是小儿常见病，属于病毒感染，具传染性，但病情相对温和。其特征是口腔溃疡和手脚皮疹。手足口病通常是由柯萨奇病毒引起的。

手足口病与口蹄疫无关，口蹄疫是农场动物中传染性的病毒性疾病。人类不可能从宠物或其他动物那里传染手足口病，也不可能将手足口病传染给动物。只要宝宝接触到了导致手足口病的病毒，就能产生对该病毒的免疫力。

如何确认 发热常常是手足口病的初始症状，然后是喉咙痛、易怒，有时还会食欲不振。发热后1～2天，口腔、喉咙里会出现溃疡。在随后的1～2天内，臀部和手脚可能会长出皮疹。

有多严重 宝宝患手足口病后，通常只会发几天热，出现一些相对轻微的迹象和症状。喉咙和口腔溃疡会让宝宝吞咽困难、疼痛，增加他（她）脱水的风险。密切观察，确保孩子生病时多喝水。 感染手足口病的人在生病第一周里传染性最强。

何时打电话 如果孩子因口腔溃疡或喉咙痛而无法喝水，请联系医生。如果宝宝生病几天后病情恶化，也应联系医生。

你能做什么 与大多数病毒性疾病一样，你能为宝宝做的事情有限，但要鼓励他（她）多喝水、多睡觉。根据宝宝的年龄，对乙酰氨基酚或布洛芬可以缓解发热或疼痛带来的不适（请参阅第420页了解更多相关用药信息）。

有些宝宝吃的辅食会刺激到舌头、口腔和喉咙里的水疱。你可以通过以下方法减轻水疱、溃疡给宝宝造成的困扰，让进食变得更为容易。

- 多给宝宝喝母乳或配方奶。优先给宝宝吃流食，而不是固体食物。
- 给宝宝吃冰棒或喝少量冰冻果汁以舒缓咽喉。
- 避免酸性食品和饮料，如柑橘类水果和果汁饮料。
- 可以给宝宝一些软烂、不太需要咀嚼的食物。

荨麻疹

荨麻疹是一种皮肤过敏性疾病，它会造成皮肤瘙痒、红肿凸起。引发荨麻疹的原因尚不明确，但病毒感染是造成荨麻疹的常见原因之一。食物、药物过敏或昆虫叮咬也会引起荨麻疹。

如何确认 荨麻疹呈斑点状分布，皮肤红肿且通常中心处发白形状不规

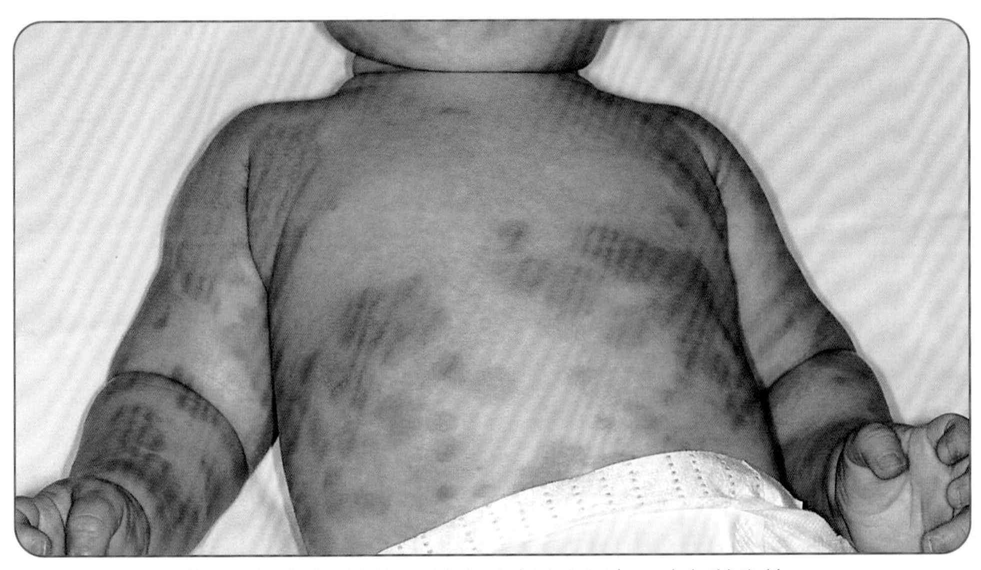

图为患荨麻疹的婴儿，特点是皮肤上红色、突起的斑块。

则，有痒感。荨麻疹可能会遍及宝宝全身或集中在一个区域，但有可能改变位置，比如某些红肿区域可能会变大，进而合并在一起。荨麻疹发病时间几天到几周不等。

有多严重 荨麻疹通常并不严重，但也可能表现出呼吸或吞咽困难，这是咽喉和气管部位肿胀的表现。

何时打电话 宝宝得了荨麻疹，请医生提供恰当的治疗。如果宝宝出现下列情况，请马上给医生打电话。

- 呼吸或吞咽有困难、舌头肿胀。
- 服药期间出现荨麻疹。
- 关节酸痛。
- 荨麻疹持续了好几天。

你能做什么 婴儿荨麻疹往往看上去比实际要严重。尽量让宝宝保持舒适，遵照医嘱使用抗组胺药。让宝宝穿着轻薄的衣服，不要用热水洗澡，但温水对瘙痒没有太大影响。注意剪掉宝宝的指甲，避免他（她）抓挠患处。

如果你发现宝宝身上出现类似荨麻疹的斑块，试着确定导致荨麻疹的病因。避开这类触发因素，有助于防止荨麻疹复发。

脓疱病

脓疱病是一种常见的高传染性皮肤感染，主要影响婴幼儿。它通常表现为红色的圆形突起，上面覆盖着一层淡黄色薄薄的外壳（请参阅第103页的照片）。脓疱通常长在脸上，特别是口鼻周围。细菌通过伤口或昆虫叮咬进入皮肤时，往往会造成脓疱病，但完好无损的皮肤上也可能感染脓疱病。

注意卫生、保持皮肤干净是预防脓疱病的最好方法。如果皮肤由于割伤、擦伤、虫咬而造成伤口应立即清洗，并涂上抗生素软膏以防感染。

如何确认 如果孩子出现下列症状，则有可能是患上了脓疱病。

- 长红疮，几天内迅速破裂，渗出脓水，然后结成黄棕色硬皮。
- 瘙痒。
- 躯干、胳膊和腿上长出无痛、充满液体的水疱（在2岁以下儿童中更常见）。
- 脓疱中积液、脓液重度溃疡（这是更严重的情况）。

有多严重 轻症脓疱病不要紧，通常可在2～3周内自行消失。但脓疱病有时会导致更严重的感染，因此，医生会选择抗生素软膏或口服抗生素进行治疗。为防止脓疱病传染，请不要送孩子去托管中心或幼儿园，直到他（她）不再具有传染性。通常使用抗生素治疗24小时后，脓疱病就不再具有传染性。

何时打电话　如果你怀疑自己或孩子得了脓疱病，让医生为你提供治疗建议。有时，医生可能只会使用一些清洁措施来治疗轻度的脓疱病保持皮肤清洁，轻度感染可以自愈。在另一些情况下，医生会建议使用抗生素软膏涂抹患处。

如果孩子不舒服、脓疮渗液或扩散，请预约检查脓疮。遇到严重或大面积感染，可以用口服抗生素治疗。确保孩子按疗程服药，即便溃疡愈合。这有助于防止脓疱病复发，降低抗生素耐药性。

你能做什么　如果是轻微感染，没有扩散到身体其他部位，你可尝试以下措施。

- 用温热的肥皂水清洗或浸泡患处，这能帮助结痂脱落，让抗生素进入皮肤。
- 清洗完患处后，用非处方抗生素软膏涂抹患处，每天3次。每次抹药前清洗皮肤并拍干。

以下措施能防止将脓疱病传染给其他人。

- 经常用流动水清洗双手，特别是在处理完伤口之后。
- 给患病的宝宝剪指甲，防止划伤和传染他人。在患处抹上不粘的敷料也能有所帮助。
- 不要触摸患处，直到康复。
- 每天清洗宝宝的衣服、毛巾，不要让其他家人共用毛巾或毛毯、玩具。

通常在开始抗生素治疗后的48 ~ 72小时，孩子不再具有传染性，在医生确定这点后，你可以将宝宝送回到托管机构。

蚊虫叮咬

被蜜蜂、胡蜂、大黄蜂、小黄蜂和火蚁叮咬，通常很麻烦。被蚊子、壁虱、苍蝇和一些蜘蛛咬后也会引起反应，但这类反应通常较为轻微。

如何确认　叮咬可能来自以下蚊虫。

- 蜜蜂、小黄蜂和大黄蜂。在被叮咬的最初几小时内，大多数宝宝会感觉到疼痛，且叮咬处变得又红又肿。对有一些孩子而言，叮咬可能会引起包括呕吐、腹泻、头晕在内的严重症状，有时还会引起呼吸困难（请参阅何时打电话）。

- 蚊子。通常只是痒和肿胀，部分宝宝肿胀处会出现硬结。
- 鹿蝇、马蝇、火蚁、收获蚁、甲虫和蜈蚣。被这些虫子叮咬后，可能会出现红色的水疱并伴有疼痛感。

有多严重　大多数宝宝对叮咬反应不大。但一些宝宝对昆虫毒液（特别是有毒刺的昆虫）更为敏感，会出现严重的过敏反应，这样的宝宝需要急诊治疗。

何时打电话　如果宝宝出现下列症状，请立即联系医生。

- 呼吸困难。
- 呕吐。
- 休克迹象（快速呼吸、头晕、皮肤湿冷）。
- 被多只蜜蜂、大黄蜂、小黄蜂叮咬。
- 面部极度肿胀。
- 全身或在非叮咬区域长出荨麻疹。
- 6～8小时之后，被叮咬部位周围更加肿胀、发红。

你能做什么　如果你能看见扎入宝宝皮肤里的毒刺，尽快把它拔出来。可以用指甲、信用卡或其他有细钝边的物体将刺挑出。

不要挤压毒刺，因为这样会让更多的毒液进入皮肤。拔出毒刺后，用凉毛巾或冰袋缓解疼痛和肿胀。冷敷也能有效缓解蚊子、苍蝇、蚂蚁等昆虫叮咬所造成的瘙痒。

询问医生用什么药膏或乳霜来缓解瘙痒，如炉甘石洗剂、氢化可的松乳膏或小苏打膏。如果瘙痒严重，医生可能建议给宝宝口服抗组胺剂。采取以下方法可以减少被蚊虫叮咬。

- 带宝宝去户外时，用轻薄的衣服遮挡住皮肤。
- 远离昆虫聚集的地方，如垃圾桶、污水（蚊虫滋长的温床）和盛开的花朵。
- 不要给自己或宝宝使用气味强烈的香水、香气四溢的肥皂和洗剂。
- 盖上所有的野餐食物，把野餐垃圾装进密封塑料袋中。
- 将垃圾桶严丝合缝地盖好。
- 不要让后院的泳池蓄留污水。

避蚊胺是应用最广泛的化学驱虫剂，但不建议给不满2月龄的宝宝使用含有避蚊胺的产品。美国儿科学会（AAP）建议，大一点的婴儿可以选择避蚊胺浓度为10%～30%的产品。

建议一天只用一次避蚊胺，且应在睡前将避蚊胺清洗干净，以防中毒。产品中避蚊胺的浓度越高，保护时间就越长。AAP 建议根据宝宝在户外的逗留时间，使用最低有效浓度的避蚊胺产品。浓度为10%的避蚊胺产品保护时间为2小时，浓度为30%的产品保护时间为5小时。

给宝宝涂抹驱蚊剂时，先将它倒在你自己手上，然后再抹到宝宝皮肤上。避开宝宝的眼睛和手部，因为他（她）很可能把手放嘴里。

避蚊胺也有替代产品。浓度为5%～10%的派卡瑞丁对儿童来说是安全的。柠檬桉叶油也是一种植物性的保护剂，但不建议给3岁以下的儿童使用。

黄疸

黄疸指新生儿的皮肤和眼睛变成黄色。新生儿黄疸是一种常见的病症，尤其常见于妊娠不足38周出生的婴儿（早产婴儿）和母乳喂养的婴儿。当婴儿肝脏发育不成熟，无法过滤血液里红细胞的黄色色素（即胆红素）时，就会出现黄疸。

如何确认 新生儿黄疸的主要症状是皮肤和眼睛发黄，一般在生后2～4天开始出现。你通常会发现，宝宝首先是脸部皮肤颜色变黄。如果病情加重，你可能会在他（她）的眼睛、胸部、腹部、胳膊和腿上都看到黄色。

检查新生儿黄疸的最好方式是将手指轻轻按在宝宝的额头或鼻子上。如果你按过的地方皮肤看起来发黄，宝宝很可能得了黄疸。如果皮肤颜色看起来比正常肤色略浅，则说明宝宝没有黄疸。

请在光线充足的地方进行检查，最好是在自然日光下。

有多严重 新生儿轻微的黄疸通常会在2 ~ 3周内自行消退。而中度或重度黄疸，则需要在新生儿护理室多待一段时间或再次住院接受光疗。光疗使用一种特殊的蓝光来帮助身体清除胆红素。虽然黄疸并发症极其罕见，但严重的婴儿黄疸可能导致脑瘫、耳聋和脑损伤。

何时打电话 大多数医院在宝宝住院期间和出院前有定期检查宝宝黄疸的规定。美国儿科学会建议，新生儿在每次体检时都要进行黄疸检查。

宝宝出生后3 ~ 7天，需要给宝宝检查黄疸，因为通常在这一时期内胆红素处于峰值。如果宝宝出生后不到72小时出院，应与医生预约出院后2天内检查黄疸情况。

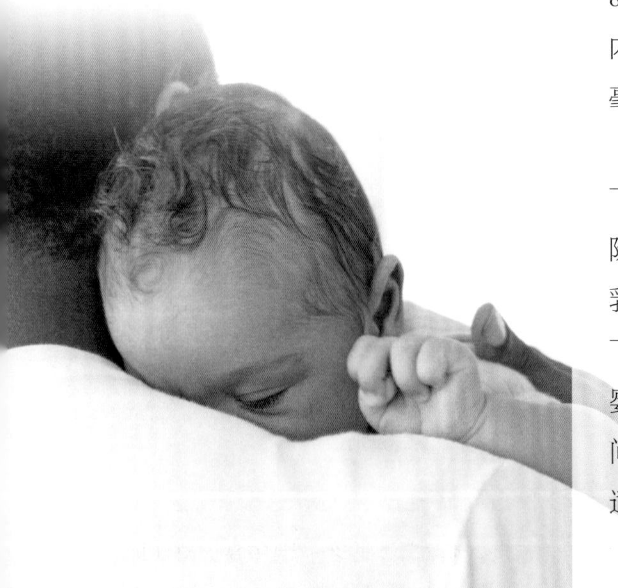

下面的表现或症状可能说明有严重的黄疸或并发症。如果出现以下情况，请打电话给医生。

- 胸腹、手脚皮肤呈黄色。
- 眼白发黄。
- 看起来无精打采、生病或嗜睡。
- 体重不增加或不爱进食。
- 哭声尖锐。
- 出现其他让你担心的迹象或症状。
- 黄疸确诊后3周或3周以上不见好转。

你能做什么 退黄疸最有效的办法，就是更为频繁地给宝宝哺乳，增加他（她）摄入的奶量、促进排便，这样能够帮助更快地排出胆红素。母乳喂养的婴儿在出生的头几天里每天哺乳8 ~ 12次。配方奶喂养的宝宝在第一周内应每隔2 ~ 3小时喝1 ~ 2盎司（30 ~ 60毫升）。

如果宝宝难以摄入母乳，出现体重下降或脱水的情况，医生可能会建议，除母乳喂养外，添加婴儿配方奶或将母乳泵出用奶瓶来喂。在某些特殊情况下，医生可能建议几天之内只给宝宝喝婴儿配方奶，之后再继续母乳喂养。询问宝宝的医生，了解怎样的喂养方式最适合宝宝。

弱视

如果大脑和眼睛之间的神经通路没有得到适当的刺激，就有可能出现弱视。这会造成一只眼睛视力低下，而另一只则视力较好。视力较弱的眼睛往往跟不上视力较强的眼睛，从而造成“游离”状态。最终，大脑会忽略从视力较弱的眼睛那里接收到的信号。

矫正眼镜或眼罩通常可以纠正弱视。有时，弱视需要手术治疗。

如何确认　弱视通常只影响一只眼睛，也可能会影响到双眼。弱视患者的眼部没有明显损伤或异常。应注意的表现和症状包括以下几点。

- 单眼内斜或外斜。
- 双眼不协调。
- 深度近视。

有多严重　如果没有及时治疗，弱视会造成永久性视力损伤。事实上，据美国国家眼科研究所称，弱视是导致年轻人和中年人单边视力障碍的最常见原因。根据影响孩子视力的原因和程度，治疗方案包括以下几种。

矫正眼镜　如果是近视、远视或散光造成的弱视，眼科医生可能会建议用矫正眼镜或隐形眼镜。有时矫正眼镜就足以矫正视力。

眼罩　为了刺激视力较弱那只眼的视觉，医生可能会建议孩子给正常眼睛戴上眼罩（根据弱视程度，一天可戴2个或多个小时）。这有助于管理视力的那部分大脑发育得更为完全。

眼药水　每天一次或一周两次使用一种眼药水，它可以暂时模糊视力较强眼睛的视力，提高较弱眼睛的使用率。这是除眼罩之外的另一个选择。

手术　如果孩子有对眼或斜视的情况，手术可以修复眼部肌肉。眼睑下垂或白内障也需要手术治疗。

大多数弱视儿童经过适当治疗后，可在数周或数月内提高视力。越早治疗，效果越好。虽然研究表明，治疗窗口期可延续到至少17岁，但是从童年早期开始治疗，效果更好。

什么时候打电话　如果你在孩子出生头几周注意到他（她）出现眼睛游离的现象，请咨询孩子的医生。医生会根据孩子眼睛的情况将孩子转诊到擅长眼部治疗的医生（眼科医生或验光师）。

你能做什么　在家做不了什么来治疗弱视。你可以在孩子出生头几个月密切观察他（她）的眼睛，确保宝宝的双眼能正常对焦，以及他（她）的视力水平确实在不断进步。及早开始治疗弱视，结果也会更好。

红眼病（结膜炎）

红眼病是眼球与眼睑相连部分表面的透明膜发炎或感染。通常细菌或病毒感染（通常与引发普通感冒的病毒相同）会引发红眼病，但过敏也是引发红眼病的另一种原因。

如何确认 如果孩子单眼或双眼的眼白和眼睑发红，那么宝宝可能得了红眼病。过敏引发的红眼病，也叫过敏性结膜炎，通常会影响宝宝的双眼。

红眼病会让宝宝眼睛中产生黏液或"眼屎"。黏液可为稀薄或黏稠的水状物，颜色呈黄绿色。患有红眼病的宝宝早晨的眼屎会更多，宝宝醒来后眼睑会粘在一起，需要你帮他（她）清洗干净。

此外，如果宝宝频繁眨眼，或不适应明亮的光线，他（她）也有可能得了红眼病。

有多严重 红眼病持续的时间跟感冒差不多，通常为一周左右，但有时也会持续两三周。传染性红眼病通过接触传染。

大部分红眼病是病毒性感染，传染性会维持一段时间。因细菌感染的红眼病可以通过抗生素来治疗，但也可以不使用抗生素。轻微的病毒性感染几天后会自行痊愈。

如果是因为过敏所致的红眼病，儿

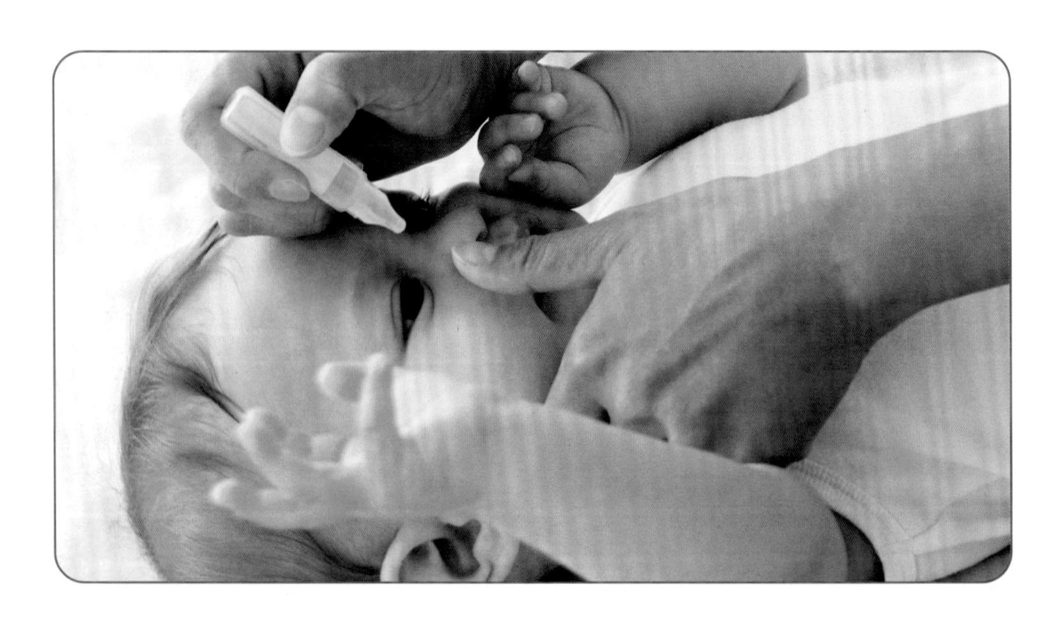

科医生会推荐一些特殊眼药水给过敏的宝宝使用。

何时打电话　宝宝出现下列症状，打电话给医生。

- 眼睑红肿。
- 发热或者开始生病。
- 出现耳部感染的症状。
- 治疗后似乎没有改善。

你能做什么　可以用干净的棉花球（一边眼睛用一个棉花球）和温水清洗宝宝的外眼睑。你也可以使用毛巾和热水。注意要从内到外擦拭，以免未受感染的眼睛被传染。因为红眼病具有传染性，所以你和其他看护人应该采取预防措施。患有红眼病的宝宝在家和在外都应该使用自己单独的浴巾和毛巾。在接触孩子眼睛分泌物后，要仔细洗手。

如果为细菌性的感染，医生可能会建议使用抗生素眼药水或药膏。尽管在涂抹后20分钟左右，宝宝会因为软膏而视线模糊，但一些家长还是觉得药膏比药水更好用。眼药膏或眼药水会在约两天时间内改善眼睛分泌物的情况，但发红可能会持续几天。按照医嘱使用抗生素，直到完成处方规定的疗程，以防止复发。

在给宝宝的眼睛涂药膏或点药水时，两人配合会更容易些。上药前先清洗双手（另一个人也应洗手）。为避免弄脏药品，不要让涂药器的尖端触碰包括婴儿眼睛在内的任何表面。完成上药后，用干净的毛巾擦拭涂药器尖端并拧紧瓶盖。接触宝宝的眼睛后，应洗手。涂药时，请遵守下列建议。

- *眼药水*　让宝宝仰卧躺平。轻轻地拉下眼睑形成一个小窝，将药水点到小窝里。宝宝眨眼时，药水会扩散到整个眼睛。
- *药膏*　下拉宝宝下眼睑形成一个小窝，挤一小条细细的药膏进去，医生另有要求的情况除外。松开宝宝的下眼睑，然后轻移上眼睑盖住宝宝的眼睛，让眼睑闭合一会儿。

肺炎

通常，宝宝是因为感冒或上呼吸道病毒感染这类疾病而出现肺炎。有些病毒感染会影响到肺部，进而导致病毒性肺炎。感冒后的细菌感染也可能导致肺炎。

在2岁以下的儿童中，病毒性肺炎要比细菌性肺炎更为常见。细菌性肺炎可以用抗生素治疗。

如何确认　肺炎通常比重感冒更加严重。患肺炎的宝宝可能会出现咳嗽、呼吸困难，呼吸会变得急促、吃力。宝宝的嘴唇、指甲可能会发蓝。宝宝也会显得脸色苍白、发热、食欲不佳，变得比平时更加无精打采或烦躁不安。

有多严重　以前，肺炎可能会危及生命。但现在，大多数宝宝只要及时就医，就能顺利康复。

何时打电话　如果你怀疑宝宝得了肺炎，或者宝宝不满2个月、肛温达到或超过100.4°F（38℃），请立刻给医生打电话。如果宝宝出现以下情况，一定要再次联系医生确认。

- 在服用抗生素2~3天后，仍然高热不退。
- 呼吸困难。

你能做什么　如果医生怀疑宝宝患有细菌性肺炎，他（她）会给宝宝开一个疗程的抗生素。抗生素对病毒性感染无效，但有时很难区分病毒性脑炎和细菌性肺炎。即使宝宝的病情开始好转，也要按照处方让宝宝服用完一个疗程的药物，这能降低感染复发的可能性，并尽量降低细菌对药物产生的耐药性。

通常，病毒性肺炎只需要在家治疗。引导宝宝进行一些让他（她）安静的活动，让他（她）充分休息。宝宝可能更需要你的拥抱，也需要多喝水。对于患肺炎的宝宝而言，咳嗽通常是件好事，因为它有助于清除感染造成的黏液和分泌物。在许多情况下，保证孩子按时接种所有疫苗，能有效预防肺炎。

胃食管反流

吐奶在新生儿中很常见。通常，孩子几个月大后就不会再发生反流。但也有部分婴儿在一岁前会一直吐奶。这种现象的医学术语就是胃食管反流。

造成婴儿胃食管反流的原因通常很简单。一般情况下，人们吞咽东西时，食管和胃之间的肌肉环（下食管括约肌）才会放松并打开。反之，就保持紧闭，让胃容物安分地待在胃里。在这块肌肉发育成熟之前，胃里的内容物有时会上涌到食管，并从宝宝嘴里流出。有时，食管里的气泡可能会将液体推出宝宝的嘴。还有就是，宝宝可能只是喝得太多太快了。

如何确认　通常，胃食管反流发生在哺乳之后，但宝宝咳嗽、啼哭或过度劳累时也会吐奶。你还可能会发现宝宝在吃奶时或喂奶后变得更加烦躁易怒，或者你让宝宝仰卧时，尤其是在吃完奶之后，他（她）会咳嗽、气喘或啼哭。

有多严重 当宝宝12～18个月大时，婴儿胃食管反流通常会自行消失。普通的婴儿胃食管反流一般不会妨碍宝宝的生长发育，除非遇到严重的情况。胃食管反流病（GERD）就是一种严重的反流，它会引起疼痛、呕吐和体重增长缓慢。

何时打电话 打电话给医生，如果宝宝出现下列情况的话。

- 体重不增长。
- 剧烈吐奶、胃容物呈喷射状吐出。
- 吐出绿色液体、吐血或吐出看起来像咖啡渣样的东西（如果发生这种情况，请立即打电话）。
- 拒绝吃奶。
- 大便带血。
- 出现其他疾病症状，如发热、腹泻或呼吸困难。
- 6个月或以上的婴儿，持续呕吐。

你能做什么 婴儿胃食管反流通常是小问题，不用过于担心，但你可能要多准备些用于擦拭呕吐物的手帕，直到随着宝宝长大，吐奶的状况消失。同时，你可以采取以下措施来缓解胃食管反流。

尝试少食多餐的喂奶模式 每次使用奶瓶喂养时，比平时喂的量略少一点儿；母乳喂养的话，则将每次喂奶的时间缩短一些。

花些时间给宝宝拍嗝 在喂奶时和喂奶后拍嗝，可以防止空气在宝宝胃部累积。让宝宝坐直，用手撑着他（她）的头，抚摩他（她）的后背（请参阅第51页）。不要让宝宝趴在你肩膀上拍嗝，这会压迫到宝宝的腹部。

检查奶嘴 如果使用奶瓶喂养，请先检查奶嘴开口的尺寸。如果开口太大，奶会流得太快。如果太小，会让宝宝因吸吮费力而沮丧并吸进空气。判断奶嘴开口尺寸是否合适，可将奶瓶倒置，以每秒钟可滴出一滴奶为宜。

将配方奶或母乳变稠 如果医生同意，你可以在配方奶或挤出的母乳中添加少量的米粉，例如一茶匙即可。你可能需要扩大奶嘴的开口，以确保宝宝可以喝到浓稠的奶。

改变饮食 某些情况下，部分宝宝可能对牛奶蛋白过敏。如果你是母乳喂养，你可能需要从饮食中剔除牛奶制品。如果宝宝是配方奶喂养，医生可能会建议换一种不含牛奶蛋白的配方奶。

呼吸道合胞病毒

呼吸道合胞病毒（RSV）可以引起感冒等上呼吸道疾病，或毛细支气管炎和肺炎等下呼吸道疾病。这是一种很常见的疾病，大多数孩子在2岁之前都会感染呼吸道合胞病毒。再次感染RSV也很常见。但随着宝宝长大，感染后的症状会逐渐减轻。

多数情况下，RSV感染的症状会自行痊愈。通常在家护理就可以缓解所有不适。

但在少数情况下，RSV感染需要住院。早产宝宝和有潜在健康问题的婴儿更容易患上严重RSV。

如何确认 RSV感染初期会有流鼻涕、食欲减退，以及可能发热。在接下来的几天里，感染可能扩散到更下端的气管和肺部，宝宝开始咳嗽、气喘、呼吸急促。RSV感染偶尔也会造成耳部感染。

对于只有几周大的宝宝来说，RSV感染可能导致更普遍的症状，如咳嗽、气喘、极度疲劳、烦躁易怒和食欲不振。

有多严重 身体健康的宝宝感染了RSV，通常不需要特殊治疗，在家护理即可，1～2周内就可以自愈。

年幼的宝宝严重感染的风险较高。呼吸困难的宝宝可能需要留在医院接受支持性护理，如吸氧和吸出气管里的黏液。即使是需要住院的宝宝，大部分也会在几周内完全康复。

何时打电话 如果你的孩子有下列情形，请立即去看急诊。

- 不满2个月，发热达到或超过100.4°F（38℃），即使没有其他任何症状。
- 呼吸困难（宝宝每次呼吸胸腔都往里收）。
- 身体呈青紫色，特别是嘴唇和甲床。
- 有脱水的迹象（口干，排尿减少，眼睛和囟门凹陷，极度烦躁或嗜睡）。
- 呼吸或不爱进食的状况变得更糟。

你能做什么 轻症在家护理即可，当然你应该做好准备，一旦症状恶化，就立即打电话给医生。让宝宝保持直立，使用加湿器增加空气湿度，也可以缓解鼻塞。

让宝宝多喝水，以防脱水。和往常一样，继续母乳喂养或奶瓶喂养。勤洗手、避免共用餐具水杯，防止病毒传染。

2个月以上的宝宝可以使用对乙酰氨基酚（泰诺或其他品牌）来缓解不

适。满6个月的宝宝可以使用布洛芬（艾德维尔、摩特灵或其他品牌）。请参阅第420页，了解更多退热药信息。

帕利珠单抗药品可以保护2岁以下的RSV并发症高危群体，例如早产儿或有潜在心肺功能问题的婴儿。应该在RSV高发季节之前使用帕利珠单抗药品。如果你认为孩子可以使用这种药品，请先咨询孩子的医生。如果已经感染RSV，帕利珠单抗药品就没有效果了。

玫瑰疹

玫瑰疹是一种轻微感染性疾病，会影响2岁左右的幼儿。两种疱疹病毒毒株会引起玫瑰疹（不是引起性传播疱疹或唇疱疹的同种病毒）。症状通常是先发热几天，然后出疹子。

如何确认　玫瑰疹通常始于突然高热，体温通常超过103°F（39.4℃）。有些宝宝在发热前或同时可能出现喉咙痛、流鼻涕、咳嗽。伴随发热，宝宝也可能出现颈部淋巴结肿大。发热会持续3～5天。

退热后通常会出现皮疹，但并非总是如此。皮疹由许多粉色小点组成，主要长在宝宝的躯干上。虽然皮疹不痒，也不会引起不适，但需要持续几小时甚至几天才能消退。

有多严重　玫瑰疹一般不严重。如果宝宝身体健康，他（她）会迅速地完全康复。治疗方法包括多休息、补充水分，如果宝宝因为发热而看起来不舒服，可以靠吃药来退热。

何时打电话　如果宝宝不满2个月，直肠温度达到了100.4°F（38℃）或更高，或者宝宝出现了发热、看起来很不舒服、异常烦躁不安（请参阅第420页“发热和疼痛”），请给医生打电

话。医生会为宝宝进行检查，排除其他可能引起发热的原因。

若孩子确诊为玫瑰疹，但发热超过7天或发热3天后玫瑰疹没有好转，请联系医生。

你能做什么 与大多数病毒性疾病一样，玫瑰疹也需要走完自己的流程。让宝宝多休息、多喝水。用凉毛巾敷在宝宝额头，可以缓解发热带来的不适。宝宝退热后，病情会很快好转。大多数宝宝在一周内就可以完全康复。疹子在短时间内会自行消退。

如果发热让宝宝感觉不适，你可以给两个月以上的宝宝使用对乙酰氨基酚（泰诺或其他品牌），而6个月以上的宝宝，可以使用布洛芬（艾德维尔、摩特灵或其他品牌）（请参阅第420页，了解更多退热药信息）。但是，不要给孩子服用阿司匹林，因为阿司匹林有可能引发雷氏综合征，而这是一种很严重的疾病。

如果孩子得了玫瑰疹，让他待在家里，不要接触其他的孩子，直到退热。

肠胃感冒（肠胃炎）

虽然肠胃炎通常被称为肠胃感冒，但它与流感其实并不一样。流感影响宝宝的呼吸系统——鼻子、喉咙和肺部，而肠胃炎攻击的是肠道。

轮状病毒和诺如病毒是引发肠胃炎的两种常见原因。宝宝通常因为把手指或其他受病毒污染的物体塞进嘴里而感染上肠胃炎。

包括美国在内的一些国家有轮状病毒疫苗，这种疫苗能够有效降低轮状病毒感染及其并发症发病率。

如何确认 肠胃炎的常见症状和表现如下。

- 拉稀，通常不带血。腹泻带血通常意味着其他更严重的感染。
- 腹部痉挛和疼痛。
- 呕吐。
- 食欲不振。
- 易怒。
- 低热。

由于病因不同，宝宝感染后1～3天内会出现从轻微到严重不等的病毒性肠胃炎症状。通常症状会持续1～2天，但有时也会持续10天左右。

有多严重 轮状病毒性肠胃炎通常会在1～2周内自行痊愈（但有几天会非常难受）。抗生素对病毒感染没有任何效果。

病毒性胃肠炎的主要并发症是脱水。如果宝宝不能通过母乳、配方奶或口服补液剂摄入足够的水分，弥补腹泻、呕吐所流失的水分，就会发生脱水，这时他（她）可能需要去医院通过静脉注射补液。

如果宝宝严重腹泻或持续腹泻，尤其是伴有呕吐现象，请仔细观察宝宝是否出现脱水——极度口渴、口干、哭时无泪、与平时相比排尿减少。宝宝脱水时，通常一开始表现为烦躁，继而安静，最后嗜睡。如果你发现宝宝有脱水的迹象，请立即打电话给医生。

何时打电话　如果宝宝出现下列状况，请立即打电话给医生。

- 不足2个月，发热高于100.4°F（38℃）。
- 嗜睡或非常易怒。
- 不适或疼痛。
- 腹泻带血。
- 呕吐持续几个小时以上。
- 大量水分丢失。
- 6～12小时内没有更换尿不湿或是24小时更换尿不湿的次数少于3次。
- 囟门（头顶的柔软部分）凹陷。
- 口干或干哭无泪。
- 异常困倦、昏昏欲睡或反应迟钝。

你能做什么　宝宝肠道感染后，最重要的事情是补充流失的水分和盐分。呕吐或腹泻后，让宝宝的胃部休息30～60分钟，然后给他（她）补充少量水分，每次喂1～2茶匙。

婴儿　母乳喂养的宝宝，用一侧乳房喂5分钟即可。奶瓶喂养的宝宝，配方奶比常规量少一点。不要稀释冲调好的配方奶。15～30分钟后，如果宝宝没有吐奶，可以再喂一次。如果你担心宝宝脱水，请咨询医生，确认是否需要让宝宝服用少量的口服补液剂。

幼儿　如果宝宝在吃辅食，以下建议能有助于缓解宝宝的不适，避免并发症的发生。

- *帮助宝宝补充水分*　不要只给他（她）喝水，也给孩子口服补液剂（电解质水，其他补液剂）。因为患肠胃炎的宝宝无法充分吸收水分，而水也无法充分补充流失的电解质。大部分药店都有口服补液剂出售。如果你不知道如何使用口服补液剂，请与医生联系。
- *慢慢地恢复正常饮食*　喝水比吃饭重要。当宝宝开始想吃东西时一般不必限制他（她）的饮食，但清淡的食物，如吐司、米饭、香蕉和土豆，通常比脂肪含量高的食物更容易消化。牛奶和含糖食物或饮料会使腹泻加重。

- *确保宝宝得到休息*　生病和脱水会让宝宝感到虚弱疲惫。
- *避免使用某些药物*　不要给宝宝吃阿司匹林。阿司匹林可能会导致雷氏综合征——可能致命、罕见的疾病。也不要给宝宝服用止泻药，除非医生建议你这么做，否则这些药物会让孩子的身体更难清除病毒。

睑腺炎

如果你发现宝宝眼睑边缘迅速出现一个红色肿块，而且看起来很痛，那么他（她）的眼睑可能感染了细菌，这种病称为睑腺炎。当宝宝用脏手或指甲揉搓眼睛时，会将细菌传播到眼睑上，并因此患上睑腺炎。

在大多数情况下，睑腺炎会在几天至一周内自行消失。你也可以用毛巾温敷眼睑来减轻宝宝的疼痛或不适。

如何确认　如果宝宝眼睑上出现一个红色的肿块，看起来像一个疖子或丘疹，这通常是睑腺炎的迹象。睑腺炎的麦粒中常伴随脓液。宝宝的眼皮可能会

肿起来，并且可能会流泪。

有多严重　大多数睑腺炎无大碍，不需要治疗。睑腺炎通常在几天至一周内自行消失。

何时打电话　如果一周内睑腺炎没有痊愈或者红肿部位超出了宝宝眼睑，蔓延到他（她）的脸颊或脸部其他地方，请和医生联系。如果睑腺炎持续很久未愈，医生会建议使用抗生素软膏或药水来治疗感染。

你能做什么　保持宝宝脸部和双手的清洁，且不要试着去挤破麦粒肿脓液。可以将热敷膏敷到宝宝的眼睑上，缓解疼痛或不适。找一条干净的毛巾，用温水冲洗拧干后，放到宝宝感染的眼睛上。当毛巾凉透后，再用温水冲洗，反复这一步骤5 ~ 10分钟。每天几次温敷会快速缓解睑腺炎。

晒伤

婴儿的皮肤很薄，即便是在多云或凉爽的天气里，哪怕在日光下只待10 ~ 15分钟也会导致晒伤。罪魁祸首并不是可见光或来自太阳的热量，而是看不见的紫外线（UV）。宝宝肤色越浅，对紫外线就越敏感，但这并不是说肤色深就能免受阳光的伤害。

大多数晒伤发生在婴幼儿阶段。你肯定不想减少孩子户外活动的乐趣，所以，学会防晒很重要。你可以采取各种防晒措施，例如，待在阴凉的地方（或用伞），适当地使用防晒霜，给宝宝戴上帽子和穿上轻薄的防晒衣物。

如何确认　往往在你意识到之前，宝宝就已经被晒伤了，因为晒伤后，要过几个小时皮肤才会出现疼痛和红肿。晒伤会导致皮肤发红、压痛、肿大或起疱，摸起来会烫手，让孩子感觉非常不适。

有多严重　要警惕宝宝晒伤的可能性。阳光对成年人没有任何影响，却会让宝宝出现皮肤水疱、发热、发冷和恶心的症状。

何时打电话　如果宝宝被晒出水疱或开始呕吐、生病，请联系医生。

你可以做什么　可以每隔几小时冷敷一次来治疗晒伤，小心不要让宝宝冻着。鼓励宝宝多喝水。你可以给宝宝使用对乙酰氨基酚（泰诺或其他品牌）来缓解疼痛。不要给婴儿的皮肤使用镇静乳液或喷雾，这会引起皮肤刺痛。特别需要注意的是，苯佐卡因对2岁以下儿童会产生罕见、严重的副作用。除非遵照医嘱，否则不要使用苯佐卡因。请记得采取措施预防晒伤同样重要。

6个月以下婴儿 应尽可能避免阳光对宝宝的直射，特别是早上10点到下午4点之间，那时的太阳光线最强。同时，阴天也要防晒，因为云彩只能造成紫外线的散射，却无法阻挡紫外线。中午出门时，你也可以给宝宝戴上帽子来进行保护。如果宝宝不可避免地要暴露在阳光下，请给阳光晒到的部位抹上防晒霜，比如脸部、手背等。

6个月以上的婴儿 在出门前30分钟，可以涂上广谱防晒霜，抵御长波紫外线（UVA）和中波紫外线（UVB）的伤害。防晒霜的防晒指数（SPF）至少应达到30，在涂抹时不要忘记后颈、耳朵、鼻子、嘴唇和脚背等部位。每两小时重新抹一遍，宝宝在水里玩过之后也要重新涂抹，即使防晒霜防水。

如果宝宝是敏感肌肤，先在局部试验。将少量防晒霜涂抹到宝宝的前臂，等待48小时，看看有无不良反应。如果宝宝对某种防晒霜敏感，可以尝试不含化学成分的防晒霜（只有氧化锌或只有二氧化钛的防晒霜）。

如果你在任何时候注意到宝宝的皮肤变成粉色，那就不要让他（她）再在太阳底下待着了。这会儿的粉色意味着过一会儿红色的晒伤。

阴囊肿胀（积液）

阴囊积液指的是阴囊袋里液体过多，造成一侧的阴囊过于肿胀。这种情况在新生男婴中并不少见。在出生前，宝宝的睾丸在腹部发育，并通过一条通道进入阴囊。若通向腹部的通道没有完全闭合，液体会从腹部流入阴囊，导致肿胀。阴囊积液通常没有痛感。宝宝满1岁后，液体会被身体吸收，积液自行消失。

如何确认 你可能会注意到宝宝一侧阴囊肿胀。当宝宝活动或哭闹时，一侧阴囊看起来会更大，而躺下后又会变小。

有多严重 一般来说，阴囊积液不会引起宝宝的任何不适。等宝宝满1岁后，这种情况通常会不治而愈。但是，如果阴囊变得非常大且有痛感，则很可能是一部分肠道进入阴囊，导致腹股沟疝。这可能需要动手术，把肠道送回到腹腔，闭合腹部和阴囊之间的通道。

何时打电话 如果宝宝突然出现阴囊肿胀，且伴随痛感，请立即打电话给

医生。这些症状的原因大部分是良性的。但如果是睾丸扭转，会切断睾丸的血液供应，则需要立即手术。

如果医生在宝宝出生时没有注意到阴囊积液的问题，那么在定期儿童健康体检时要提出来。医生则会定期检查它的变化。

同时，如果宝宝的阴囊有明显痛感或其他不明原因的呕吐或感到恶心，请立刻给医生打电话。

你能做什么 如果你怀疑宝宝有阴囊积液，告诉医生你的担忧，并留意宝宝状况的任何变化。

泪眼

新生儿流泪或眼泪汪汪的，通常是由于泪腺阻塞。通常情况下，眼泪在眼球中流动能够起到润滑和保护眼球的作用。随后，眼泪会通过一个管道系统流入鼻腔，并在鼻腔中蒸发或再次被吸收。这个系统通常需要一定时间才会发育完全。8个月以下的婴儿能够产生足量的眼泪来保护眼球，但不一定能哭出“真正的眼泪”。

不少婴儿出生后泪腺阻塞，这大多是因为薄组织膜盖在通向鼻腔的导管上，这种阻塞会导致眼泪堆在宝宝眼睛中，看起来水汪汪的。

如何确认 即使宝宝没有哭，但他（她）单眼或双眼看起来总是水汪汪的，偶尔还会有泪水顺着脸颊流下。一般情况下，除非受到感染，否则宝宝的眼睛不会红肿。

有多严重 泪腺阻塞一般不严重，大部分情况可以在宝宝6～9个月大的时候自行缓解。因为泪腺堵塞时，无法正常排干泪液，因此，容易发生感染（红眼病或结膜炎）。在早晨，干掉的分泌物会糊住宝宝的眼睛。

何时打电话 如果宝宝眼睛红肿或看起来有感染，请给宝宝的医生打电话。

你能做什么 医生会告诉你如何按摩宝宝的内下眼角（泪囊），泪囊的作用是蓄积眼泪。用棉签或干净的手指轻轻地从内眼角向上按压。这能帮助排空泪囊里积存的液体，但对疏通泪腺的作用并不明显。

使用湿敷毛巾擦去宝宝眼睛中流出的泪水。保持宝宝手和脸的清洁，有助于防止感染。

出牙

宝宝可能会在6个月大的时候出第

一颗牙，也可能要等更大一些才会有乳牙萌出。通常先萌出底部中间的两颗牙齿（下门牙），但并非总是如此。有时会长出两颗下门牙后，也会长出一颗上牙。也很可能先长齐上面的4颗牙，才开始长下面对应的4颗牙。宝宝两三岁时，会长齐所有或长出大部分乳牙，包括第二磨牙。

乳牙在怀孕期间就已经形成。乳牙长齐后，几年后再逐渐脱落，然后恒牙萌出取代乳牙，它们会伴随我们终身。

如何确认　出牙期的典型表现是流口水。宝宝有时可能连续2个月一直流口水，紧接着就长出了第一颗牙。对有些孩子而言，出牙会引起疼痛或不适，所以宝宝有可能比平常更为烦躁不安。你可能还会注意到孩子牙龈肿大，想咬硬物。许多家长认为出牙会引起发热和腹泻，但研究人员反驳了这种观点。出牙可能导致口腔和牙龈出现问题，但不会引起身体其他部位的问题。

有多严重　出牙是宝宝发育过程中的一个正常现象。但是，有了牙就可能出现龋齿。因此，记得帮助宝宝养成护理牙齿的好习惯，以预防牙齿问题。

何时打电话　如果宝宝开始发热，感觉很不舒服，或者出现发热、腹泻之类的症状，请联系医生。

美国牙科协会和美国儿科学会建议，宝宝长出第一颗牙齿后，就应安排他首次看口腔科医生，并听取牙医的建议。实际上，除非早期出现牙齿问题，否则很多宝宝会在3岁以后开始定期看牙医。儿童体检时，也可以检查宝宝的牙齿和牙龈。

你能做什么　有时，除非看到新牙，否则你可能并不会注意到宝宝正在长牙！但如果出牙让宝宝不适，请采取以下措施。

- *提供一些咀嚼物*　给宝宝买个牙咬胶。这些牙咬胶有的是硬橡胶材质，有些则是里面注水的塑料。记住，宝宝可能会咬坏含水的牙咬胶。安抚奶嘴可能会有所帮助。如果奶瓶看起来奏效，可以用它装水给宝宝喝。但不要让宝宝长期喝配方奶、牛奶或果汁，因为里面的糖分可能会引起蛀牙。
- *保持清凉*　冷毛巾或冰过的牙咬胶会有舒缓作用。如果宝宝在吃辅食，你可以自制一个牙咬胶，例如冰冻的百吉饼。确保你给宝宝的冷冻食品可以变软，这样他（她）可以把咬下来的任何一块吞咽下去。但使用冷冻物体时要小心，因为接触温度过低的物品可能对牙龈有伤害。苹果酱或酸奶之类冷藏后的柔软食品对宝宝的牙龈有舒缓作用。

- *擦拭宝宝的牙龈*　用干净的手指，打湿的纱布垫或湿毛巾轻轻按摩宝宝的牙龈，按压可以暂时缓解宝宝的不适。
- *擦干口水*　出牙过程中会产生大量的口水。为了防止口水刺激宝宝的皮肤，应随时准备一条干净的毛巾来擦拭宝宝的下巴。确保宝宝睡在吸水性好的床单上。
- *尝试非处方药*　如果宝宝变得特别暴躁，对乙酰氨基酚（泰诺或其他品牌）有助于缓解牙龈刺痛和不适，超过6个月大的宝宝也可以使用布洛芬（艾德维尔、摩特灵或其他品牌）。
- *避免部分药物*　不要给宝宝使用含有阿司匹林的药物，谨慎使用可以直接擦在牙龈上的出牙药。不要使用含有苯佐卡因的出牙药。苯佐卡因会降低血液的携氧量，进而引发一种罕见的、非常严重的疾病，甚至致命，对两岁以下的儿童尤其如此。

刷牙　第一颗牙萌出后，可以使用软毛牙刷、米粒大小的含氟牙膏和少量水给宝宝刷牙（指套牙刷更为方便）。当宝宝长大后，可以让他（她）尝试自己使用牙刷，每天要坚持刷两次牙。教宝宝如何清洁每颗牙齿，确保刷到每一颗牙。当宝宝快满三岁时，可以逐渐将牙膏用量增加到豌豆大小。

鹅口疮

鹅口疮是一种发生于口腔内的真菌感染。引发鹅口疮的真菌与引发宫颈感染的真菌相同，都是白色念珠菌，它通常存在于口腔、皮肤和其他黏膜中。如果口腔中的菌群平衡被破坏（通常是被药物或疾病所破坏），念珠菌的过度生长就会导致鹅口疮。如果母乳喂养的宝宝得了鹅口疮，口腔的感染会影响到母亲的乳房。

如何确认　得了鹅口疮的宝宝，脸颊和舌头会长出洗不掉的白色斑点（请参考第471页照片）。鹅口疮会引起不适，让宝宝难以进食，变得烦躁易怒，但这种情况很少发生。

如果宝宝的舌头呈白色，在嘴唇和脸颊里面一侧却没有白色斑点，这可能不是鹅口疮，因为奶水可能会让宝宝长出白色舌苔。

有多严重　严重的鹅口疮会令宝宝

很痛，但它通常不会引起不适或严重问题。白色念珠菌穿过婴儿的胃肠道时会引起尿布疹。

宝宝会在母乳喂养过程中将真菌传染给母亲，所以白色念珠菌会在母亲的乳房和宝宝的嘴之间来回感染。感染白色念珠菌后的乳房可能会出现以下症状。

- 乳头异常发红、敏感或发痒。
- 乳头周围颜色较深的圆形区域（乳晕）的皮肤发亮、脱皮。
- 喂奶时异常疼痛或哺乳间歇乳头疼痛。
- 乳房深处刺痛。

何时打电话 如果你注意到宝宝的嘴里出现白色的斑点，请打电话给医生。如果宝宝嘴里的白斑越长越多并引起不适，或出现吞咽困难，请再联系医生确认。如果你是母乳喂养，并认为自己的乳房感染了鹅口疮，也请咨询医生。

你能做什么 医生会给宝宝开一些抗真菌的药水，让你涂在宝宝嘴里的白斑上。如果宝宝反复感染，可能要更换安抚奶嘴和奶瓶的奶嘴，因为这些奶嘴中可能隐藏着真菌。

如果母乳喂养的宝宝得了鹅口疮，那么妈妈和宝宝都需要积极治疗，否则会出现交叉感染。

- 医生会给宝宝开一些温和的抗真菌药物，给你开抗真菌的乳霜，治疗乳房感染。你还可以使用非处方的抗真菌霜，例如克霉唑，哺乳后涂抹，每天涂抹4次。
- 如果你用吸奶器吸奶，可以用醋和清水清洗所有可拆卸的部件。
- 如果你的乳房感染了真菌，使用防溢乳垫可以防止真菌蔓延到你的衣服上。不要使用有塑料隔衬的防溢乳垫，它会助长白色念珠菌生长。可以使用一次性乳垫，或用漂白剂在热水中清洗防溢乳垫和文胸。

鹅口疮通常表现为舌头和脸颊内侧的白色斑点。

尿路感染

尿路感染在儿童中相当普遍，尤其是女孩。女孩的尿道——将尿液从膀胱中输送出来的管道——比男孩的短，细菌更容易进入膀胱。当细菌进入膀胱或肾脏后，就可能导致感染。通常，细菌来自粪便和肛门周围。

如何确认 人们很难觉察到2岁以下幼儿的尿路感染。通常唯一症状是没有明显原因的发热，既不是上呼吸道感染，也不是腹泻引起的发热。其他症状和表现还包括易怒、不愿进食和体重增长不理想，但这些症状并不常见。

有多严重 尿路感染需要及时治疗。如治疗不及时，会导致肾脏永久性损伤。

何时打电话 如果宝宝有不明原因发热且持续超过24小时，特别是当体温超过102.2°F（39℃）时，马上给医生打电话。如果宝宝不足2个月大，直肠温度达到100.4°F（38℃）或更高，也要尽快打电话给医生。

你能做什么 宝宝持续发热，又找不到明确原因时，需要提高警惕。必要时不要害怕给孩子的医生打电话，医生可以根据尿液样本诊断是否有尿路感染。对还没有进行如厕训练的婴幼儿，医生会使用一根细导管插入尿道，取出少量的尿液样本。医生会告诉你如何给接受过如厕训练的宝宝取尿样。

如果宝宝是尿路感染，医生会开出一个疗程的抗生素，抗生素可能需要服用两周。即使宝宝退热，也要继续服用，直到完成整个疗程，这将避免再度感染。完成治疗后，医生会再取一次尿样以确定是否消灭了所有细菌。医生可能会借助肾脏超声波检查来排除泌尿系统异常。

呕吐

出生后头几个月，婴儿会经常吐奶或发生胃食管反流现象。但呕吐不一样，呕吐是指将大部分胃里的内容物从口腔喷出，甚至有时从鼻子喷出。宝宝不明白发生了什么，因此，呕吐对他（她）而言可能是种可怕的经历。宝宝毫无前兆的呕吐也会给家长带来很大压力。

大多数婴儿呕吐是由病毒感染肠胃（肠胃炎）引起的（请参阅第462页肠胃炎），同时可能伴有发热和腹泻。

如何确认 正常的婴儿吐奶一般顺着嘴角流下，不会造成什么麻烦。呕吐则不同，呕吐物喷射而出，来势凶猛。一般来说，呕吐的量要比吐奶多。

有多严重 因病毒感染而造成的呕吐大多数时候会在12～24小时内自行停止。呕吐最大的风险是宝宝会因为失去太多的体液而脱水。

少数情况下，呕吐会导致更严重的问题，如肠梗阻、胃部紊乱或感染。

何时打电话 如果2～6周大的宝宝，在连续6～12小时内，每次喂奶后30分钟内都会剧烈呕吐，那么应马上打电话给医生。这可能是一种胃病——幽门狭窄，幽门狭窄会阻碍食物进入肠道（请参阅第599页）。这需要及时采取措施，以保证宝宝获得生长所需要的营养。

如果宝宝的情况越来越糟或你担心他（她）中毒了，又或者他（她）出现以下症状，同样需要打电话给医生。

- 呕吐物里有血液或绿色物质（胆汁）。
- 新生儿持续呕吐12小时以上，婴儿持续24小时以上。
- 剧烈的反复呕吐。
- 脱水——排尿减少，24小时内换下的湿尿布不超过3片；口干、哭时没有眼泪（尽管新生儿通常没有眼泪），囟门凹陷。
- 异常嗜睡或没有回应。
- 体内存不住水。
- 看起来有持续腹痛。

你能做些什么 采取以下措施，防止宝宝脱水。

- *呕吐后等待一会儿* 呕吐后，让宝宝的胃休息一段时间。等30～60分钟后再喂宝宝一些液体。充足的睡眠可以缓解宝宝恶心的感觉。
- *少量多次补充液体* 先从1～2匙开始喂起。母乳喂养的婴儿通常母乳耐受程度相当好，可以迅速消化母乳，所以可以每次只使用一侧乳房喂奶，喂5分钟即可。用奶瓶喂养的宝宝一次只喂少量的配方奶。15～30分钟后，如果宝宝没吐出喝下的东西，就再喂一次。
- *提供口服补液盐* 较大年龄的幼儿如果继续呕吐，可以口服1～2匙口服补液剂（电解质水或其他补液剂）。随着宝宝耐受性增强，逐步提高用量。如果宝宝还是呕吐，可以打电话咨询医生。
- *逐渐恢复正常饮食* 如果孩子连续8小时没有出现呕吐，就可以逐渐恢复到正常的母乳或配方奶喂养。如果宝宝在吃辅食，喂他

（她）吃一些容易消化的食物，如婴儿麦片、香蕉、饼干、吐司或面条。

百日咳

百日咳是一种具有高度传染性的呼吸道细菌感染疾病。它通过咳嗽或打喷嚏产生的飞沫在人与人之间传播。

建议宝宝接种的疫苗中就包括百日咳疫苗。百日咳疫苗通常要注射5剂次，注射年龄为2个月、4个月、6个月、12~18个月以及4~6岁。由于6个月以下宝宝没有注射完所有疫苗，他们感染病毒或引发并发症的风险更高。妊娠期母亲接种百日咳疫苗能为宝宝出生后6个月内提供保护。

疫苗接种几年后保护作用将消失。这也意味着，如果青少年和成年人没有再次接种疫苗的话，还是可能感染百日咳。

如何确认　宝宝起初会表现出轻微的上呼吸道感染症状——流鼻涕、鼻塞和咳嗽，但没有发热。发病第一周，只有咳嗽会加重，最后会咳到筋疲力尽。比如，突然猛烈地连续咳上10~30声，或用力吸气时发出“呼”的声音。但许多孩子不会发出“呼”的声音。而有些宝宝连续咳嗽后会呕吐。

不足3个月大的婴儿，百日咳初期症状可能并不明显。百日咳的首发症状可能是突然发作的咳嗽、呼吸困难或呼吸暂停，特别是在咳嗽的时候。但咳嗽没有发作或没有呼吸困难时，宝宝可能会看起来一切正常。

有多严重　婴儿（特别是不足6个

月大的婴儿）因为百日咳引发的并发症要比年龄大一些的宝宝和成年人更为严重，其中包括耳部感染、肺炎、呼吸衰竭和惊厥。而肺炎等并发症可能会危及新生儿的生命。

宝宝确诊后，一般需要留在医院接受支持性护理，密切监测可能出现的严重并发症。当然，如果宝宝年龄较大，症状较轻，则可能不必住院治疗。使用抗生素能降低病毒传染的概率。

何时打电话　如果宝宝出现下列情况，请立即打电话给医生。

- 不足6个月大或尚未完全免疫，接触了患有慢性咳嗽或百日咳的人。
- 有严重的咳嗽发作。
- 间歇性呼吸困难，肤色发青或作呕。
- 严重咳嗽超过5～7天。
- 连续咳嗽后呕吐、不吃东西或看起来生病了。

你能做什么　如果你在家照顾宝宝，以下这些建议可以缓解宝宝的不适，促使宝宝康复。

不要给宝宝吃止咳药　非处方止咳药通常没有效果，不建议给4岁以下的婴幼儿使用（请参考第436页）。

鼓励多休息　凉爽、安静、光线幽暗的卧室能帮助宝宝放松，让他（她）更好地休息。

补充大量液体　继续进行常规的母乳或配方奶喂养，少量多次效果更好。对幼儿而言，水、100%的纯果汁和汤都是不错的选择。如果宝宝无法摄入足够的液体，给他（她）服用一些口服补液剂（电解质水或其他补液剂）。如果宝宝出现排尿减少、烦躁不安等脱水症状，请立即联系医生。

使用加湿器　使用加湿器可以舒缓宝宝肺部不适，稀释呼吸道分泌物。使用加湿器时，请按照说明书清洁设备。如果你没有加湿器，可以带宝宝坐在温暖的浴室里打开喷头，这样可以暂时缓解肺部不适，舒缓呼吸。

清洁空气　避免室内出现导致咳嗽的因子，如抽烟产生的烟雾和壁炉的烟气。

预防传播　咳嗽时捂住嘴，勤洗手；让孩子远离其他人。向医生咨询是否需要为全家人按时接种疫苗。

第五部分

处理好各种问题并享受育儿

第三十六章
适应新的生活方式

这是宝宝童年的开始，也是你扮演父母这个新角色的开始。从日常生活中的换尿布到神奇的迈出第一步，宝宝的加入会带来一些你们从未体验过的最深刻的变化。无论你钻研过多少育儿网站或书籍，或是如何小心翼翼地打理好每件事，但在宝宝出生后的头几周或几个月里，你总会感到有些措手不及。

这段过渡时期既令人兴奋，又让人精疲力竭。你需要同时处理生理上、社交上和情感上的问题，既要努力满足宝宝的需求和习惯，又要适应自己新的角色和身份。你和伴侣、家人以及朋友之间的关系也会随之改变。全天候的照顾新生宝宝会让你的生活天翻地覆，甚至连冲澡这样的小事都成为一种挑战。

将宝宝带回家的最初几周，可能是你一生中最具挑战性的时期。生活节奏的改变可能会让你感到混乱和陌生，但这也是你获得成长的时期。一些实用性的策略可以帮助你适应这个过渡时期，并帮助你为所有家人营造一个充满爱心的家庭氛围。

睡眠缺乏

如果说所有的父母都会对同一个问题点头称是，“这我也经历过！”，那肯定是照顾宝宝时的疲惫。你需要全天候地喂养宝宝，帮他（她）换尿布，照看他（她），因为新生宝宝需要一段时间才能建立规律的睡眠——唤醒周期。在宝宝出生后的头几周或几个月，新手父母的睡眠常常受到干扰。而睡眠不足不仅会导致疲惫，还会使人烦躁不安，难以集中精力、记住细节和解决问题。

但过来人告诉你，事情总会往好的方向发展。到3个月大时，许多宝宝至少可以连续睡5小时。到6个月时，许多宝宝就能够睡整夜觉，而到9个月时，有70%～80%的宝宝能够睡整夜觉。所以，你现在要做的就是耐心等待，并且尽可能抽空多睡会儿。

尽管没有获得充足睡眠的神奇秘方，但这里有一些小技巧可能会帮上忙（另请参阅第九章）。

宝宝睡时你也睡　尽管这是常见的忠告之一，但想要照做并不容易。有些宝宝一次只睡15～20分钟，你可能需要抓紧时间冲个澡、吃顿饭或只是上个厕所。

但即便只是多睡一两个小时也会有效果，因此请尽量将睡觉作为优先事项。关闭手机铃声，关上电脑，收起你的洗衣篮，忽略水槽中的脏碗碟。这些琐事都可以等等再做。

抛开社交礼仪　当朋友和亲人来访时，不必太过操心去招待他们。你可以让他们照顾宝宝，这样你能抽空休息一会儿。你也可以让他们帮忙做饭和打扫房间。

别和宝宝同床睡觉　你可以把宝宝抱到床上，护理和安抚他（她），但当你们准备入睡时，建议你把宝宝放回婴儿床或摇篮里。

当睡眠变得艰难

照顾新生儿的艰辛可能会让你疲惫不堪，以至于你觉得随时随地都可能睡着。但并非总是如此，一些新手父母反而会失眠。

长时间的睡眠剥夺可能会引发抑郁或其他健康问题。如果即使你有睡眠机会却仍然难以入睡，请尝试以下方法。

- 确保周围环境适合睡觉。你可以关闭电子产品（包括电视），同时确保房间凉爽、光线较暗。
- 避免在白天或夜间接触尼古丁、咖啡因和酒精。
- 如果你在30分钟内没有睡着，就起来做一些其他事情，但请避免使用电子产品。当你感觉到困倦时，再尝试回到床上睡觉。

如果你觉得自己有睡眠问题，请咨询医生。确认并治疗任何潜在的问题，都可以帮助你得到所需要的休息。

一套房变成一个家

童书作家克里斯托弗·哈德（Christopher Harder）这样描写自己和妻子有了孩子后，他的屋子发生的变化。

我们改造了屋子，去除了餐厅、客厅和书房，将整座屋子改造成了儿童游乐屋。我们的新家具已经被划了好几处，踢脚线脏兮兮的，而墙壁被重新“涂”了一遍……我们一半的藏书都放到了阁楼里，实木地板也满是划痕……这看起来才像家。

夜间轮流照顾宝宝 与伴侣共同制定一个排班表，让你们俩既能照顾宝宝，又能得到休息。如果你是母乳喂养，或许你的伴侣可以负责把宝宝抱给你，以及晚上给他（她）换尿布。如果是人工喂养，你们俩可以轮流给宝宝喂奶，也可以每晚两班倒，或者一人值一晚上班。

等上一小会儿 有时候，宝宝在半夜闹脾气或哭泣，可能只是他（她）要入睡的信号。除非你怀疑宝宝是饿了或者不舒服，否则，你可以等上一小会儿再做出回应。

放过自己 睡眠不足会让你感到烦躁易怒、晕头转向，请尽量不要为难自己。在你需要休息的时候，放下手头那些不必要的工作，比如准备丰盛的饭菜、平衡你的预算，或做志愿服务，这些事情都可以等你休息够了以后再去做。

习惯混乱

宝宝回家后的最初几周，你可能会感到迷茫。随着持续不断地照看宝宝，

转换到父亲的角色

几十年前，人们并不认为父亲能在家庭生活中扮演重要角色。父亲主要被视为养家糊口的人，这意味着长时间的工作，这通常也是男人的头等大事。而妈妈作为家庭主妇，则承担着抚养孩子的大部分或全部责任。

现如今，这种家庭结构就是个例了，它被双职工家庭和单亲家庭取代。随着女性在工作上花费更多的时间，她们期望在家中获得更多帮助，而男性和女性越来越倾向于共同分担育儿责任。

外部因素促使男性更多地投入到家庭当中。如今，大多数父亲都希望充分发挥父亲的作用，成为好父亲意味着照顾好宝宝与养家糊口同等重要。父亲们希望能在身体上和情感上陪伴孩子。一位新时代的父亲解释说，“我想和我儿子亲近……而且我想做以前那种传统的父亲不太可能做的事情，喂奶、换尿布、抱他、哄他入睡，夜里抱着他溜达着哄他。”

男性角色的转变，给爸爸们带来了新的选择和机会。对于某些男性来说，共同育儿比“让工作占据生活的每个角落”要好。对其他人来说，照顾宝宝会带来更多的成就感和满足感。越来越多的父亲选择与孩子一起待在家中，而妈妈外出工作。这是重新定义传统角色的激动人心的新时代，在这个时代，父亲有机会更多地参与到育儿生活中。

你自己的生活规律被完全被打乱。除了要喂奶、换尿布以及安抚哭闹的宝宝外，父母们还需要抽时间做家务、完成其他日常活动。

尽管这样的日子有惊也有喜，你还是会怀念以前无忧无虑的生活，既有可预期的日程，也有可掌控的时间。也许你渴望以前规律生活的舒适感，比如，安静宜人的晨间咖啡、有条不紊的工作日、每周的朋友聚会，或是和伴侣的电影之夜。

但是渐渐地，你会适应生活的新常态，创造新的生活习惯。同时，你可以为一团乱麻的生活注入新的秩序，并学会拥抱它。

降低你的期望 很多新手父母最初会怀有不切实际的期望，认为生活不会与从前有太多不同。

期望和现实之间的差距可能导致压力和失望，甚至会让你怀疑自己出了问题。你需要抛开“有了宝宝生活就应该这样或那样”的幻想，并理智地面对宝宝那些不断增多的需求。

顺其自然 虽然建立规则永远不嫌早，但节奏应该由宝宝自己掌握。请每天留出充足的时间来哺乳、小睡和安抚哭闹。尽量减少活动安排，当你需要出门时，要留出更多时间来打包随身物品和在户外更换必须要换的脏尿布。随着宝宝逐渐养成更规律的生活习惯，你会找到新的生活节奏。同时，随着时间推移，你午睡、进餐和娱乐时间的安排也会随着宝宝需求变化而变化。

抓住重点 在宝宝出生前就确定好你想要做的任务和活动，并把它们列为优先项。然后，你要找到简化其他活动的方法，或许你可以学着住在凌乱的房间里，或找些做家务的小窍门。比如，把干净的衣服放在洗衣篮中，而不是把它们乱放在一边；购买可用一个月的厕纸、尿布和其他生活必需品；请家人、朋友帮忙准备些饭菜；将剩菜剩饭冷冻起来，或买一些健康的即食食物，以及网上订餐。

设定来访规则 朋友和家人可能会在你手忙脚乱时探望宝宝。你需要让他们知道哪天来是合适的，以及你能留出多长时间来招待他们。要坚持要求他们在抱宝宝之前洗手，如果有人生病就提醒他（她）好转后再来拜访。

接受帮助 当来访的家人或朋友询问你是否需要帮忙时，分配一些事情给他们做，可以是很简单的小事，比如在你洗澡或睡觉时帮忙照看宝宝。如果家里有其他孩子，你也可以麻烦家人或朋友帮你照顾大孩子几小时或一天，这样你就有时间单独照顾新生宝宝了。如果有人要和你待一会儿，你可以请他（她）等你。这是你应得的，也是需要的。同时，这也会让客人感到自己很特别。

保持洞察 新生儿时期很短暂。不知不觉中，宝宝就学会了走路和说话。即使生活一片混乱，你也要尝试放松并欣赏。

适应新角色

照顾新生儿真是一项艰巨的任务，你可能一边说着“太神奇了!”，一边又会感慨着“我在做些什么?”。婴儿完全依靠父母来满足身体和情感上的需求。即便你从小就盼望着为人父母，但现实中，照顾宝宝衣食住行都需要你花费大量时间去学习。在这个新角色中，你将体验到各种快乐、兴奋和为人父母的成就感，然而经历疑惑、不确定也不要感到意外。

力不从心的感觉很正常，像许多新手父母一样，你也会经历从倍感自信和成功的职场，而转到眼下这份“工作”，你缺乏经验，却又无法从你的“新老板”那里获得指导和反馈。你正在快速掌握一系列新的技能。即便母性会发挥作用，新手妈妈（爸爸）仍无法自动明白宝宝到底要什么。当你试图搞明白宝宝为什么哭闹或不睡觉时，你可能会感到焦虑、无助和气馁。你会想是喂他（她）吃奶，还是逗他（她）开心，或者放任他（她）自己适应新的环境。

如果你想知道如何才能承担起人生中最重要的责任，请先深呼吸放放松。为人父母是一个过程，无法一夜学会。随着经验的增加，你会逐渐读懂宝宝的信号，成为解决育儿问题的行家。相应的，你的自我评价会提升，满足感也会增加。正如一位新妈妈在宝宝出生6周后说的那样：“我知道如何让他入睡，我能分辨他在哭的时候是饿了还是累了。现在我有了一些小窍门，而且我更加了解他。”

相信自己 照顾宝宝会面对很多问题，宝宝要在哪睡觉？用布尿布还是纸尿裤？宝宝体检怎么办？要相信你终究会知道对宝宝和家庭来说最好的决定是什么。每个家长和每个宝宝都是独立的个体，因此没有万能答案。你的育儿之道，时时刻刻都将在实践中进步。每一步，都会为你带来新的认知。

不必追求完美 如今，父母的焦虑已经提高到了一个新的水平，因为育儿成为了动词，它似乎是一场举办在社交

关注关系，不要内疚

托育服务是否对孩子有好处存在争议。有人认为好父母就一定要在家陪宝宝。但没有证据表明，父母工作时孩子会受到伤害，而优质的、刺激丰富的和积极养育的托育服务能给孩子带来好处。花时间在照顾宝宝上，有利于宝宝的社交能力、语言能力以及独立性发展，并为之后入学做好准备，以及与同伴互动的能力。（参见第十五章）

育儿中最具影响力的因素不仅是与宝宝在一起的时间长短，还包括你们之间有一个充满爱心和积极养育的关系。例如，研究发现职场妈妈与全职母亲在母婴互动的质量或对子女的影响方面没有明显区别。有数据显示，现在父亲和母亲每周都会花更多的时间育儿，同时他们花在工作上的总时间也更多了。所以不管你是全职还是在职，当你与孩子一起时，都可以做到高质量陪伴。

无论你选择哪种方式，如果你感到快乐和充实，宝宝同样会享受快乐。如果你讨厌目前的时间安排，或者有受骗的感觉，你都可能将这种感觉传递给宝宝。

媒体上的全民竞赛。你会在线搜索“最好”的育儿方法，或者努力跟上最新的育儿潮流。朋友和家人可能会主动提供善意的建议，也可能会对他们认为不合适的育儿方法提出批评，来试图帮助你。

外部帮助总有耗尽的一天，你需要尽可能地过滤掉周围的“噪声”。请依靠专业的人员或有科学依据的信息，帮助你解答一些育儿问题。通常，你会发现有多种可接受的解决问题的方式。宝宝的最大利益优先，这才是最重要的。

与宝宝同频 宝宝也会帮你建立自信。当你满足宝宝的需求时，你会收到宝宝的回应，如满意的目光、抓住你的手指、稍纵即逝的微笑，还有突然的兴奋。花时间陪伴宝宝，避免分心，是促进亲子关系的理想做法。当然，与宝宝建立联结并了解他（她）的习惯和节奏也需要时间。

建立社会支持网络 社会支持是缓解压力的重要方法。你需要花时间去寻找和欣赏能给你鼓励和实际帮助的人，包括你的伴侣、朋友、父母、兄弟姐妹和邻居。要注意的是，友谊的质量比友谊的数量更重要。

你可以和其他新手父母谈一谈，这能让你知道你不是一个人，也有其他同行人。他们会给你支持和同情。你可以考虑加入新手父母社群，比如医院、礼拜场所，以及社区或学区的中心等组织的父母团体。你也能通过在线支持组织或社区公园接触到其他新手父母。通过分享故事，你会发现你们正处理相似的问题，进而结成牢固和持久的友谊。拥有真正的朋友能让你的育儿之路更加轻松和有趣。

减少压力　快乐的同时，你也面临着生活改变带来的压力。除了睡眠会被打扰，还有新增加的责任和生活方式的改变，还有包括经济紧张、激素波动、身份角色的改变、与伴侣相处或独处的时间减少，以及缺乏性生活（至少暂时是这样的）在内的其他的压力源。

实际上，作为父母，你没办法完全避免压力，但压力不会让你成为不好的父母。学习如何处理生活中的新挑战能够激励个人成长，并且有助于享受养育带来的“财富”。随着宝宝长大，你的日常工作和对时间与资源的需求，同样会不断变化。但请放心，每个新阶段，你都会找到适合你工作和家庭的新节奏。

每天，你都需要良好的饮食，以及适当的锻炼，即使只是几次伸展运动或小走几步。要记得做那些你喜欢的事情，不管是阅读、在后院散步，还是打半场高尔夫球。

要支持你伴侣的新角色，做一个积极的倾听者。无论伴侣是只想表达他的感受或需要，或者只是单纯的发泄，即使这些内容与宝宝无关，你也要全身心地聆听。你们可以一起吐槽你犯的错误，互相鼓励，事情会变得更顺利。共同经历这个人生过渡期，能够帮助你们减轻压力，从长远来看会使你们成为更坚强的“战友”。

与宝宝一同成长　许多父母发现，新生儿时期，他们需要很多帮助，但当宝宝开始蹒跚学步时，他们所需要的帮助会变少。尽管在新的阶段，你有信心养育好学步期的宝宝，但当有人提出帮助时，请考虑接受。

在宝宝的小婴儿时期，你与其他家长建立的联系，或许已经发展成为深厚的友谊，你们会相约带孩子玩。有时也会逐渐失去联系，这也没关系。随着你和宝宝的需求和喜好的变化，你可能会拥有一个多元化的社交圈。

当宝宝变得更加活泼，但还不能独自玩耍时，要记得让宝宝和其他孩子或你的伴侣、朋友，一起相互陪伴着玩耍。

兼顾工作和家庭

对大多数美国父母来说，全职或兼职工作是生活中必须面对的选择。虽然权衡认真工作和为人父母比重时，不存在所谓的对与错，但大多数父母希望在工作和家庭之间找到一个良好的平衡点。

无论是爸爸还是妈妈，都在努力平衡工作和生活。根据调查，父母双方都认为家长这个身份，是自己人生的重要角色，但也有相当一部分人感到分身乏术。尽管存在不小的挑战，但还是有可能做好时间管理，在二者之间求得平衡并完美兼顾，以下是一些建议。

拥抱“足够好”　如果你一直为自己设定高标准，那么，是时候放弃完美主义了。你可以做到“足够好”，而不必做到完美。你的房间不必像有孩子前那样整洁有序。你可能没有足够的时间享受烹饪，也不能像以前那样经常出去玩。或许你也可能无法像以前那样全身心投入工作，或者完成相同的工作量。你需要关注当前处境中积极的一面，而不必对你正在做或不能做的事情感到内疚。

变得灵活　如果可能，与你的老板聊聊，制定一个兼顾工作效率和家庭生

活的工作计划。现今的工作方式正变得多元化，有更多适宜家庭的工作方式，比如弹性工作制或在家办公，这些都是可选的方案。

如果你和伴侣都是企业雇员，可以衡量一下谁的工作更具灵活性，然后做一个对整个家庭都有利的工作安排。

有序起来　列一个待办事项清单。你可以将待办事项分为工作任务和家庭任务，或者在你和伴侣之间分配任务。确定你需要做什么，可以延后的工作以及可以忽略的工作。有序地安排事项，可以提高你的工作效率。

寻求支持　你可以接受你的伴侣、亲人、朋友和同事的帮助。如果你感到内疚、伤心或不知所措，就一定要说出来。如果你能够应付，可以考虑每周或每两周进行一次家庭保洁，以便留出更多时间陪伴家人。请与朋友保持联系，不管是为了晚上想出去玩时有个可以彼此照应的人，还是为了有个能帮助照看宝宝的人。

度日如年，度年如日

尽管在宝宝出生后的前几年磕磕绊绊，但你能从中获得成就感和喜悦，这将弥补你经历的漫长的那些日日夜夜，那些疲惫和担忧。随着孩子的成长和变化，你也在成长和改变。你将会养成新的习惯，发现自己的育儿秘籍，并从失误中学习进步。你甚至会发现生活的全新的意义，获得更高的自我评价，以及家人和社区更加深厚的关联。

第三十七章
团队合作抚养孩子

作为新手父母，你正忙于宝宝的喂养、清洁、安全、关爱以及培养。但你仍需要坐在餐桌上吃饭，洗衣服，做家务活和挣钱养家。你和你的伴侣一边享受育儿的喜悦，一边处理无休止的任务。既要养育孩子又要提高生活质量，你们需要分担职责，进行新的生活安排。同时，随着将注意力转移到宝宝身上，你们在彼此身上花的时间和精力变得越来越少，夫妻关系也正在发生变化。

这些新的压力，尤其是在睡眠不足和生活改变的情况下，可能会引发冲突和矛盾。但是，如果你们对彼此信赖并有信心，那么就能够适应目前的家庭生活。有哪些方法能帮到你们呢？你们可以制定行动策略，来分享决策、责任和回报。你们需要随时注意潜在的陷阱并抓住亲近的机会。你们需要持续投入到伴侣间深厚的联结之中，要以团队合作为目标。

当你和伴侣发展出互补的角色并互相支持，你们可能会为发现对方的长处而感到惊讶。随着这个联结变得更坚实，你们也会成为更好的父母。相互支持、彼此欣赏的关系是建立健康幸福家庭的基石。

新联结

许多夫妇说，有孩子后他们变得比以往任何时候都更亲密，养育孩子使他们产生了新的、强有力的联结。看着另一半怀抱着宝宝，你们并排躺着，而宝宝窝在你们中间，你们牵着孩子的手，一起迈出摇摇晃晃第一步，以新的方式分享诸如此类的时刻，会加深你们之间的联结。

许多人还喜欢与家人在一起的亲密感和归属感。你和伴侣可能会获得成就感和满足感，特别是当你们都非常渴望拥有一个宝宝，但怀孕生子之路颇具坎坷的时候。一个新生命的降临可能是你们之间的爱与承诺的有力象征。接下来你们会从养育中获得好玩有趣的瞬间，从为了逗宝宝而做的蠢事，到你开始做辅食时看到宝宝把豌豆和胡萝卜弄得到处都是。甚至那些共同奋战的故事，比如在流感中幸存一周。

新的挑战

这些奖赏性的时刻穿插在每天照顾孩子与家务的压力中。养育宝宝的第一年，新手父母间的关系会变得特别艰难。无论生宝宝前你们相处得多融洽，你现在都可能会发现自己不赞成对方，并且你们彼此厌烦。正如一位新妈妈所说，“我们吵架了，彼此说了一些以前从不会说的气话。”

第一年的部分工作是照顾宝宝的独特需求，包括缺乏规律的作息、哭闹和夜间喂奶。照顾宝宝估计给每个家庭每周增加了35～40小时的工作时长。许多新手父母说，他们没有预料到照顾宝宝如此困难和费时。此外，可能会出现一直存在却未暴露的分歧，例如，关于人生目标或如何处理财务的问题，也都浮出水面。其他问题同样也可能使你们的关系紧张。

分工　就像性与金钱一样，“谁做什么”的问题是夫妻间最普遍的争论点之一。夫妻如何在家庭内部和外部分配责任，是一个争论不断话题。无论是在某对夫妻之间，还是在育儿书籍、博客和文章中也是如此。

二人世界的时间减少　有了宝宝之后，二人世界似乎在一夜之间消失了。休闲大餐没有了、舒适的观影之夜没有了、夜里的即兴外出也没有了。现在你有的是一个家庭，而你投入到另一半身上的时间、精力和关注比以前少了。

起初，甚至你的伴侣身份也受到了威胁。“什么事都和宝宝有关”一位妈妈指出。你可能会觉得你们不像一对夫妻，而更像是业务合作伙伴，一起在应对无尽的待办事项。

筋疲力尽　睡眠不足会影响夫妻关系。睡眠剥夺会导致你容易发脾气，而你的发泄对象通常是同样睡眠不足的另一半。你会发现很难有效表达自己的需求和目标，也很难去将伴侣的观点考虑进去。要知道，这两种能力都是良好沟通方式的基本要素。

增加的压力

有些夫妻在宝宝出生后，相互间的关系更容易出现问题。以下情况会更容易感受到压力。

- 年轻。
- 未婚。
- 很久没有享受恋爱关系。
- 计划外或意外怀孕。
- 患有抑郁症或其他精神类疾病。
- 正经历其他压力大的生活事件。
- 成长环境中父母关系不和谐。
- 童年时与父母关系很差。
- 有一个脾气暴躁的婴儿。

如果你面临其中一个或多个问题，首先要意识到自己的风险，并主动采取措施来维护你们之间的关系。如果你遇到困难，可以寻求家人、朋友或咨询师的帮助。

可支配收入下降 养育宝宝使生活成本增加，带来了财务压力，同时如果配偶一方减少了工作时间可能导致收入下降，这可能使你几乎没有钱请保姆或夫妻出行消遣。

角色转变 大多数父母为平衡工作、育儿和亲密关系而苦苦挣扎。大多数双亲家庭中，父母都要工作，因此要平衡这三者的竞争关系很有挑战性。尽管父亲在照顾孩子和做家务方面发挥了更加积极的作用，但需要工作的母亲通常会比父亲花更多的时间来照顾孩子和做家务。

共担压力

谁来给宝宝洗澡？谁负责准备餐点，购买食材和做饭？你或伴侣会为了多陪宝宝而花更多的时间在家庭上吗？俗话说“细节决定成败”，日常工作中的琐碎问题会导致许多夫妻间的冲突。生宝宝前，大多数准父母怀有平等地参与家庭生活、家庭管理和抚养子女的憧憬。但生宝宝后，即使在非传统父母中，传统的性别模式也可能重新回归。尽管夫妻两人总体上可能有相似的工作量，但一个可能花更多时间进行有偿工作，而另一个则要花更多时间在家庭方面。期望和现实之间的差异，有时候会使夫妻双方都感到惊讶和失望。

为避免这种情况发生，请你们共同安排分工，既分担压力，又分享回报。这并不是说你们必须将生活中的责任都对半分，而是你们共同提出一个双方都能够接受的计划，允许你们作为一个团队，来照顾宝宝，共同决策，分担工作。

双方应该承担多少责任呢？你们可以谈一谈。列出需要做的事情，并讨论你可以做哪些，你想做哪些，你擅长做哪些。先进行初步的安排，随后根据实际情况调整。并对有效方法和无效方法进行交流沟通。就像一位父亲说的，“付出与收获都很多，早上我把宝宝叫醒，给她穿好衣服，送她出门去幼儿园。我妻子会把她接回家，一边做饭一边照看她。当我回到家时，我们再一起喂她吃饭。然后我妻子在我洗碗时照顾她，随后我们玩一会儿，我再哄她睡觉。”

确认不同的优先级　从孩子、职业生涯、业余时间和家务等方面，讨论对你们各自最重要的事情。你和伴侣不会就所有事情达成共识，而且你可能也找不到完美的平衡。要愿意协商做出妥协。在分配家务时，请考虑自己的喜好和优势，以及如何最有效地利用时间。

灵活做事　你的伴侣不会以你的方式做家务和照顾孩子。认同你们各自不同的做事方式，只要你们对宝宝来说能保持一贯性就行。

不要计较　你和伴侣是一个团队，你不需要争个输赢。你也不用计较伴侣做的事情，或者没有做的事情，而是要相信你们都在致力于为这个家做贡献。你们共同解决问题，并感激对方的付出。计较和争斗会两败俱伤。

别做“守门人”　你的伴侣总是给孩子穿错衣服，或总是把房间弄得一团糟，或者似乎无法安抚哭闹的宝宝。听起来耳熟吗？如果你这样想，你可能陷入了只有你自己知道如何“正确”做事的陷阱。

这种情况叫作“守门人”现象，通常表现为父母一方认为自己比另一方更了解如何抚养孩子，或批评另一方的努力。其实，你可以通过鼓励伴侣的努力，以及确保每个人都有获得育儿经验的机会，来积极地带动伴侣参与到育儿中。

考虑替代方案　如果你愿意，请考虑雇人来帮助做家务活。但要明确由谁来做出安排。如果你所在地区有照看小孩的互助组，就加入其中，如果没有就自己办一个。

培养团队

想要团队协作来育儿，你必须在育儿的同时悉心呵护你们的夫妻关系。你和伴侣在身体和精神上互相依靠。通过维护你们的关系，会让夫妻双方更满意。反过来，这也会提升你们的育儿能力。研究表明，在孩子出生后的第一年，经历持续冲突的夫妻对宝宝的反应性和敏感性较低。夫妻关系中的负面影响会波及到家庭互动。

另一方面，相互支持、彼此欣赏的夫妻关系增加了整个家庭的幸福感。要格外努力，不仅将自己视为母亲（或父亲），而且还要将彼此视为伴侣，这对你们双方和孩子都有好处。你可以通过以下几种方法来培养团队。

坦诚交流　坦诚讨论目前出现的问题和担忧。要表达你的感受，而不是找借口责备或批评你的伴侣。同时，要确保你们有时间进行交流。

设定切合实际的期望　夫妻在对关系和养育方式抱有切合实际的期望时，会表现得更好。讨论对彼此和家庭生活的期望。承认第一年的育儿生活充满挑战，你们的关系也需要维护。

互相鼓励　在应对育儿挑战方面，你们都需要支持和鼓励。一定要谈论什么是积极的，什么是困难的。告诉伴侣你需要获得什么样的支持，并为他（她）做同样的事情。同时，也要讨论你的需求是否得到满足。

要礼貌和体贴　当你感到精疲力竭或不堪重负时，你更容易向伴侣发脾气，不够宽容。尽量不要把礼貌和关怀丢到一边。如果你们中的一方激动烦躁，要尽量慢慢冷静下来，避免过度反应。试着从对方的角度看待这个情况。

保持新鲜感　每月为你的家人策划一些特别的小事，你们可以一起期待这件事的到来。

重燃浪漫

怀孕后也会有性生活。说实话，这可能不会发生得太早，或者太频繁，性对新手父母来说通常不是优先之选。许多因素会导致分娩后第一年的性生活次数减少，比如阴道涩痛、筋疲力尽、产后抑郁、忙乱的日程、激素水平和体型的变化，以及从伴侣到父母的转变。你的卧室可能变成了婴儿房、吸奶室和尿布储藏室，这并不利于性爱。

一些妈妈在分娩后几周内就准备好恢复性生活了，而另一些妈妈则需要几个月甚至更长时间。在对新手父母的调查中，大多数人说在宝宝出生后6周他们就恢复性生活了，但大多数人也说睡眠比性生活更加重要，而且他们的性生活次数并没有像以前那样频繁。

无论是顺产还是剖宫产，新妈妈都需要一段时间才能让自己的身体恢复健康。许多医生建议在生产6周后再进行性生活。这段时间内，子宫颈会逐渐闭合、产后恶露基本停止、被撕裂或缝合的伤口会逐渐愈合。阴道分娩后，阴道内肌肉张力下降，可能会使性交过程中摩擦的愉悦感下降，从而影响性唤醒程度。不过，这些情况通常是暂时的。由于激素的变化，特别是在母乳喂养的情况下，阴道内黏膜可能变得干燥和脆弱。如果这让你很烦躁，可以向医生寻求帮助，他们会提供一些激素药膏来帮助减轻干燥感。

在准备做爱之前，你可以通过其他方式保持亲密。即使早上只有几分钟，或者宝宝晚上入睡后，你们可以共度一些时光。你们也可以在白天，或者偶尔在浴缸泡澡时互通个电话。重新点燃浪漫的火花能让你们就像第一次在一起那样。

怀孕后出现的性生活问题，大多数会在产后第一年内解决。同时，注意身心健康，耐心而放松地享受亲昵和性。

达成一致

从婴儿期开始，针对抚养子女时的一系列问题等着你做决定，比如，规则和期望，纪律，生活结构和惯例，与祖父母在一起的时间，接触电视和其他媒体的时间。当然，在宝宝出生后的第一年，纪律不会是主要的问题，但是到他

（她）蹒跚学步时，你将面对宝宝许多测试底线的“不当”行为。你可能还不知道这些底线到底是什么，你可以与另一半讨论行为的底线是什么，并为宝宝提供一致的行为准则。

新手父母往往会在养育孩子的观念和行为上效仿自己的父母，但也有些人的做法与自己的父母相反。重要的是，你和另一半需要讨论你们的养育观念，并就养育策略达成一致。例如，当宝宝违反规则时，你会制定哪种纠正措施？你如何处理宝宝乱发脾气的情况，或者如何要求宝宝上床睡觉？你如何鼓励宝宝的合作行为？

你和另一半不可能在所有事情上都达成一致。请承认你们之间的差异，并做出妥协，这会让你们保持统一战线。请确保你和另一半，以及照顾宝宝的其他人，遵守相同的养育规则和纪律准则。这样可以减少孩子的困惑和挑战你底线的可能。你们需要共同努力为宝宝提供爱、关注、赞美、鼓励和一定程度的日常惯例。

你和另一半成为父母时都有自己的内在期望。为了创造一个让你们双方都满意，又能让孩子茁壮成长的生活，要认同彼此的核心，选择对你俩都重要的目标。有些伴侣不想讨论他们的希望和焦虑，因为他们担心自己会暴露出不可调和的差异或引发重大冲突。但是，坦诚地聊聊自己希望发生的事情以及你关心的事情，会增加你们彼此间的联结。

坚定基础

你与伴侣的关系是你们家庭的基础。你可以通过相互尊重和互相赞赏，分担家务和承担责任，并定期维护你们之间的关系来强化这个基础。爸爸和妈妈之间的关系越好，孩子会更加自信，面对挑战时会更有韧性。他们不会那么担心，压力也小。

在宝宝出生后第一年，你的养育方式是不稳定的。随着时间的推移，你会建立适合自己的养育模式，夫妻关系的压力会得以减轻。熟能生巧，共同应对最初的挑战，将帮助你和另一半更好地应对未来的压力。

通过团队协作来育儿，你们可以为宝宝的成长创设最佳的环境，并形成安全的亲子依恋关系。这将为家庭生活定下亲密的、交流顺畅的基调。面对育儿带来的各种挑战，你和另一半也会获得乐趣、爱、惊喜和深深的满足感。

第三十八章
单亲家庭

如果你要独自抚养宝宝，那你并不孤单。现在，单亲家庭比以往任何时候都更加普遍，根据美国人口普查的数据，美国超过1/4的孩子与自己的父亲或者母亲一起生活。尽管大多数单亲家庭都由母亲主导，但单身父亲的数量也在增加。如今，单亲父母中有近25%是父亲，而1960年时这个数据为14%。

无论是因为选择还是其他方式，在没有合作伙伴的情况下，养育都会带来特殊的挑战。日常育儿的责任可能完全落在你的肩上，无论是陪玩和照顾宝宝的工作，还是在经济上和社会帮助上，你都是孤立无援的。

但是，单亲育儿也有收获，它会帮助你和孩子建立更加牢固的关系。是的，你可以养育一个健康快乐的孩子，同时也能照顾到自己的需求和幸福。

独自抚养孩子的关键之一，是建立牢固的社会支持网络。其他策略也可以帮助你应对育儿挑战。

艰苦的工作，更多的压力

所有新手父母在照顾婴儿和抚养孩子时都会遇到许多相同的挑战。但是单亲育儿时会遭遇更大的压力。除了要应对日常职责和做出决定外，还要供养家庭。一位选择成为单亲妈妈的女性在遭受严重的流感后感到非常恐慌，“如果我出事了，宝宝该怎么办?”而另一位单亲妈妈会担心，“如果我的宝宝生病了，我却必须去上班，那该怎么办？我会因为独自抚养孩子而失业吗?”

许多单亲父母都可能会有这些恐惧。在适应抚养孩子的新生活时，你可能会面临一些具体的挑战。

经济和工作问题　单亲父母通常是家庭唯一的经济支柱。对于某些人来说，作为唯一的收入来源，可能很难维持家庭生计。单亲父母也可能更加难以建立一个应对紧急情况的安全网络。通常，单亲父母往往比双亲父母拥有更少的经济来源。

为了兼顾工作和育儿，一些单亲父母不得不减少工作时间，拒绝升职或做一些要求较低的工作。农村地区的单亲父母可能缺乏公共交通、就业机会、家庭支持项目和有补贴的儿童保育中心。

尽管如此，单亲父母仍可以找到创造性的方法来改善财务状况。这里有一些可以考虑的建议。

评估财务状况　列出你的收入和支出，以便计划预算。你能收到子女抚养费吗？你需要支付托儿费用吗？现在你有了孩子，如果你减少工作时间或换工作，你的支出可能会增加，收入也可能会改变。如果有必要，请寻求财务建议。一些社区、图书馆或银行会定期提供免费的金融研讨会。

减少支出　如果你面临支出全部收入，请找出能最大程度减少支出的地方。有些费用是必须的，而有些费用则可以削减。你可以进行免费或低成本的活动，同时减少外出就餐的次数。

为突发状况做准备　即使资金紧张，也要尝试建立一个应急基金。理想情况下，你需要存下足够支付几个月生活费的钱。

看看你是否符合受助资格　一些公共项目会提供补充营养援助，以及对儿童保育和住房的补贴，这可以帮助你渡过难关。在美国，除了获得联邦福利以外，州政府、私人基金会和宗教组织都会发放补助金、奖学金和其他援助。

考虑接受更多教育或培训　获得高中文凭、大学学历或特殊培训证书可以增加你找到工作的机会。

自己做一切　单亲父母的好处之一，是你可以在所有家庭和育儿决策中拥有最终决定权。你不必担心为宝宝该去哪儿上托班或给宝宝吃哪种食物而争吵。另一方面，你承担着育儿和家务的重担，包括后勤工作、组织和计划工作。正如一位单亲妈妈所说，“经历过才能明白，独自带孩子的工作，永无止境。从早上醒来那一刻，你就开始狂奔，直到你睡觉时，需求都不会停止。而且，这种情况还是在一切顺利的前提下。”

支持问题　在生完宝宝的头几周和几个月内，你可能会感到身体和情感上特别脆弱。作为单亲父母，寻求社会支持很重要。请参阅第500页的建议。

成为单亲父母本身，并不会增加你患抑郁症或其他心理疾病的风险，但单亲父母有罹患抑郁症的其他风险因素，例如经济困难和失业。请记住，如果你的伴侣不支持你，那有伴侣这件事不会对你有多大帮助。亲密关系中得不到伴侣的支持，这对你的心理健康的影响，可能比单亲育儿更糟糕。

情感上的挑战　许多单亲父母说，单亲育儿的情感挑战和那些实际的问题一样困难。感到筋疲力尽的时候，在需要帮助时也没有人能帮你照看一下宝宝，让你歇一歇，这是非常艰难的。你可能会因为没有另一半帮助抚养孩子而对他（她）感到内疚。如果你与另一半的关系已经结束，你可能会为失去伴侣，以及失去你们共同抚养孩子时对未来生活的憧憬，而感到分外悲伤。

即使你不后悔自己的选择，也要接纳自己的感受，你可以为失去而悲伤。如果你最近失去了伴侣或正在离婚，请记得你需要几个月，甚至几年时间才能解决随之而来的情绪起伏。当你接受新的现实和感受时，你就可以建立新的生活、创造新的梦想。

从勉强度日到生气勃勃

作为单亲父母，有时你可能会竭尽所能去生存。生活会变得更好的。正如一位妈妈所说，“我了解到，无论这是

单亲爸爸

单亲爸爸必须要面对的最初障碍之一是社会容易忽略他们。当人们听到“单亲”一词时，通常会想到单亲妈妈。但是在美国，有将近200万父亲在独自抚养孩子。由于离婚、分居或非婚生育，很多人会成为单亲爸爸。

一般而言，单亲爸爸比单亲妈妈具有较高的经济地位，但年龄更大，且受教育程度更低一些。

为单亲爸爸寻找支持和同伴小组可能是一个挑战。许多育儿班、支持团体、儿童游乐小组和书籍都是针对女性的。作为单亲爸爸，你可能会觉得别人不带你玩儿。你可能不喜欢别人主动给你的建议。当然，最终你可能会遇到相同境遇的人。如果你没有遇到，可以努力寻找或创建社区中的支持小组。

不是我计划中的生活，这都是我的生活，我需要拥抱它。我喜欢当妈妈，给我全世界我都不会换！为了儿子，我所经历的一切艰难都值得！”

以下几种策略被证实能够改善单亲家庭的局面。记住这些，你可以创建一个有利于你和宝宝茁壮成长的环境。

寻求并接受支持 作为单亲父母，你可能要做的最重要的事情，就是建立一个强大的支持网络。他人的帮助和情感支持，不仅可以帮助你履行育儿职责，还可以增进你的幸福感。寻求帮助可能让你感到难为情，因为大部分人都认为成年人应独立承担。但是，依靠别人比不知所措和压力过大导致你不能更好地育儿，要稍微好一些吧。

对许多单亲妈妈来说，自己的母亲是她们获得行动和情感支持的最佳人选。当然，你还可以求助于其他受信任的家庭成员、朋友或同事。想想你需要帮助的事情，比如，有没有人在你忙碌时帮忙照看孩子，在你需要聊天时是否有朋友可以打电话，有没有什么人在宝宝生病或者你安排不开时间的时候，愿意帮你照看宝宝。

除了寻求家人和朋友的帮助外，你还可以寻求单亲妈妈或爸爸互助小组的支持，或寻找一些社会服务。你也可以通过线下或线上的互助小组来分享感受和获得建议。

寻找优质儿童保育 良好的托儿服务对宝宝的身心健康至关重要。如果你需要定期的托儿服务，请寻找可以在安全环境提供服务的合格看护人（更多信息参见第十五章）。许多单亲父母说，他们将儿童保育员视为重要的育儿伙伴。

当然，在邀请新朋友或新伴侣照看宝宝这件事上要谨慎。任何照顾宝宝的人都应该是你认识、信任，并且有育儿经验的人。

要了解你所在地区儿童保育的更多信息，请联系当地的儿童保育资源和转诊（CCR&R）代理机构。这个机构可以帮你确定你是否有资格获得免费或有补贴的托儿服务（www.childcareaware.org）。你可以通过"美国儿童保育"（https://childcare.gov）网来查找儿童保育资源。联邦政府资助的学龄前儿童启蒙计划也为低收入家庭的婴幼儿提供服务。地方政府、联合慈善总会和其他社区或教会组织，有时会提供一些儿童看护奖学金，一些雇主也可能会提供托儿护理或折扣。

追求稳定的家庭生活　家庭结构的变化，例如爸爸或者妈妈离开，抑或一个新成员的加入，对孩子来说可能很难适应。你要试着确保家人和孩子看护人的一致性，并尽可能减少搬迁和重大的家庭变故。

创建生活习惯　家庭生活习惯，例如定时就寝、进餐、小睡和读书，可以促进儿童的健康和认知能力的发展。例如，缺乏睡眠和进餐习惯，可能会增加孩子出现睡眠问题、不健康饮食和超重的概率。

与双亲家庭相比，单亲家庭帮助孩子建立规律作息的可能性通常较小。造成这种现象的原因包括时间限制、财务压力、疲劳和缺乏支持。建议你尽己所能帮孩子建立规律作息。

在孩子出生后的头几个月，你可能一直在帮助他（她）建立规律的睡眠习惯，此外他（她）的吃奶时间也在变化。随着孩子长大，你需要制定就餐、小睡和就寝的时间表。如果你在建立规律作息中遇到麻烦，你可以提出你遇到的问题并在朋友和家人中集思广益。此外，你还可以向医生寻求帮助。

照顾好自己　要照顾好孩子，你必须先照顾好自己。在日常活动中做些体育锻炼，保持健康饮食和充足睡眠。同时，也要确保你定期获得一点"自我时间"，独处能帮你恢复精力和体力，这有助于你成为更好的父母。即使放松15～20分钟也是有帮助的。

当然，说起来容易做起来难。这里有一些提示或许能帮到你。

- 每周可以请一次保姆，照看宝宝几小时，这样你就可以出门做些你喜欢的事情，也可以跟朋友们聚一聚。
- 办理一张带有托儿服务的健身房会员卡。
- 条件允许时，尽可能睡一觉。
- 午餐休息时，读读书或散散步。
- 当孩子上床休息后，锻炼一下或读一读杂志。
- 当孩子可以规律睡眠后，你可以早起一点享受一杯清晨咖啡或做

瑜伽拉伸一下。

- 通过放松技巧来缓解压力。
- 不要为自己抽出时间放松而内疚。
- 接受自己能力有限这件事，不要对自己太苛刻。

优先安排家庭时间　在孩子的一生中，特别是在早期，与父母在一起的时光对他们的健康和成长至关重要。尽管单身父母抚养孩子的时间有限，也请你优先考虑陪伴孩子，即使这意味着房间会变得更加凌乱，或者一整天都做不了其他事情。你可以每天留出时间拥抱、陪伴孩子，哪怕只是抱着他（她）。看看你是否可以修改你的工作计划表，以便有更多时间陪伴孩子。

有序起来　有条不紊可以帮你减轻压力。试试以下这些方法。

- 囤积一些基本生活用品，例如厕纸和尿布，以及易于制作的可冷冻和再加热的食品和饭菜。
- 把屋子收拾干净。
- 在日历上写好一周计划。
- 列一个节省时间的清单。
- 保留一份保姆名单。
- 确定优先顺序。找出对孩子的需求和你的需求来说最重要的部分，并专注于这些方面。

提供异性榜样 孩子会从与男性和女性的社交互动中受益。如果你的孩子缺乏另一个家长的陪伴，那就为你的儿子或女儿创造机会，与可以成为积极榜样的异性成年人互动。她（他）不必是一个浪漫的伴侣。如果你是单亲妈妈，你可以与一位负责任的、积极的男性家庭成员，或可信赖的男性朋友共度某些时刻，让他参与到你和孩子的一些家庭活动中，例如节假日或生日。

保持乐观 要有意识地关注积极的事情，而不要将重点放在做单亲父母的消极方面。在应对日常挑战时，请保持幽默感，别忘了要玩得开心。从日常生活中抽离出来，跟孩子一起计划一次游玩活动，比如，去公园远足，去动物园玩或跟朋友野餐。

一位单亲母亲建议承认你的成就和祝福，“每天轻拍一下自己，跟自己说，今天做成了什么，什么事让你笑了？毫无疑问，新手单亲妈妈是生活给你最艰难的挑战之一，但你能克服困难，生活也会变好的。”

如果你大多数时候情绪低落，或者发现自己陷入了负面情绪中，请和你的医生、心理咨询师或心理专家聊一聊。

回报和长处

尽管困难重重，但做个单亲家长也能得到巨大的回报，其中就包括深厚的亲子关系，父母和子女彼此依赖，你们可能会变得容易沟通和互相支持。随着时间流逝，你们可能会共同创设出独有的日程或仪式，或发现你们都喜欢的地方或喜欢做的事情。

在单亲家庭长大的孩子往往会在家庭中承担更多的责任，并发展出自我信赖的人格。至于父母，很多人表示他们发掘了自己的潜能。有些人还很享受在不需要谈判和妥协的情况下做出育儿决定的自由。你可能发现自己对重要的事情分外肯定，并学会放弃不重要的事情。作为单亲父母，你能够为自己的成就感到骄傲，也能为你给到孩子的一切而感到幸福。

如果刚开始你对作为单亲父母感到不知所措，克服这种感觉会增强你的内在力量。正如一位家长所说，“我做了自己从未想过的事情，我能够掌控自己的幸福。”

第三十九章
哥哥姐姐和祖辈

新生儿的到来会让全家人兴奋。如果你已经有了一个或几个孩子。那对于其他孩子来说，新宝宝就是个新的弟弟或妹妹。大孩子们会将他（她）视为玩伴，并与他（她）嬉笑追逐，建立持续终生的关系。如果他（她）是你的第一个宝宝，你的父母可能会比你更加期待他（她），更加渴望帮助你照顾他（她）。你和伴侣也可能以不同的视角来观察你们和父母间的关系。

同时，新生儿的到来也会使家庭做出一些调整。婴儿需要大量的关注，这会减少你与其他孩子的相处时间，还会引起孩子们的嫉妒。祖父母们看到新生儿往往会很兴奋，以至于他们很可能不知不觉越界提供一些不必要的育儿建议。

不要小看新生儿可能会对家庭带来的影响。你需要考虑一下你个人的家庭动态，也要了解如何才能帮助大孩子（们），以及祖父母们适应他们的新角色。

哥哥姐姐

再次带新生儿回家的经历可能与第一次有所不同。第一个孩子出生时，你可能专注于弄清楚如何照顾宝宝并付诸实践。有了第二个（第三个或第四个）宝宝时，你可能更想知道大孩子们对新的弟弟或妹妹的反应，以及如何才能兼顾并满足所有孩子的需求。你需要为年龄较大的孩子做好准备，也为孩子们将来的良好互动定下基调。

介绍家庭新成员 你可能已经和较大的孩子（们）讨论过新宝宝即将到来，也许孩子对妈妈逐渐隆起的腹部有过疑问，也跟随你去做过产检或帮你布置过婴儿房。又或许孩子已经在医院听过关于如何做好哥哥姐姐的课程。但是还很难预料孩子们对家庭新成员的到来，以及家庭所发生的改变如何反应。

相较于年龄较大的孩子通常很渴望新宝宝的到来，较小的孩子可能会感到困惑和不安，难以适应，尤其是新生儿睡得较少并开始需要你更多关注时。你需要向大孩子解释，新生儿大部分时间可能会哭闹、睡觉和吃奶。小婴儿不会马上成为他们的玩伴。

提前想好，一旦新生儿出生后，如何才能最大程度地减少大孩子们的压力。如果孩子需要更换房间，或者因为新生儿的需要而让出自己的婴儿床，请你在新生儿出生前进行调整。这会让孩子在适应新生儿带来的改变之前，先适应新的房间布置。在分娩住院时要安排好如何照顾大孩子，同时也要向他们解释清楚你的安排。

当新生儿降临，你可以让家人带着大孩子来医院短暂探望新宝宝。对于大孩子来说，这是与新宝宝会面，并与父母度过这段特别时光的好方法。你可以请另一位家庭成员抱一会儿新宝宝，这样你就有更多时间来拥抱大孩子。你也可以考虑给大孩子准备一件来自于新宝宝的礼物，比如说哥哥/姐姐T恤，以庆祝新生儿的到来。

哥哥姐姐的反应

大孩子的年龄和生长发育阶段会影响到他（她）对新生儿的态度。

不足2岁的孩子 较小的孩子可能还不理解新宝宝的到来意味着什么。你可以尝试和他（她）聊一聊家庭的新成

新生儿生病时

如果新宝宝有健康问题，你可以简单回答大孩子提出的相关问题。你也许可以解释说，他们的小妹妹或弟弟病了，你很担心。你需要向大孩子保证，婴儿的病不是他们的错。如果新生儿出生后需要住院，你需要询问医院关于大孩子的探视规定。你也可以给新生儿拍照片给大孩子看。

请记住，即使你不跟大孩子谈论新宝宝的病情，他们也会感觉到出了什么问题，他可能想方设法吸引你的注意。不要让他（她）陷入困惑，而应该让他（她）知道发生了什么，并尽力表明自己在他（她）身边。

员，看一看关于宝宝们和家人的绘本。

2~4岁的孩子　这个年龄段的孩子可能会由于需要和新生儿分享你的关注而感到不快。你需要向孩子解释新宝宝需要更多照顾，并且通过带孩子去购买婴儿用品来鼓励他（她）参与到育儿中来。给孩子讲关于宝宝、弟弟妹妹的故事，送给他（她）一个娃娃来让他（她）练习如何照顾它。你也可以和孩子一起看他（她）婴儿时期的照片，给他讲讲他（她）出生时的故事。

如果有时间，在孕期就教会大孩子自己上厕所，或者等到新生儿出生几个月后再开始如厕训练。有些时候，新宝宝的到来可能会导致大孩子们成长倒退，如他们可能通过尿床、用奶瓶喝水或让你抱他（她）上床睡觉这样的行为来吸引你的关注。你没有必要去惩罚这种行为，相反地，应该给予他（她）更多的爱和信任。不要忘记在他（她）表现好的时候表扬他（她）。

学龄儿童　5岁及以上的孩子可能会因为新宝宝得到更多的关注而表现出嫉妒。你可以试着告诉孩子新宝宝的需求。鼓励孩子参与到育儿中来，通过和你一起做手工来装饰宝宝的房间或者让孩子一起照顾新宝宝。一定要告诉孩子温柔地对待新宝宝的重要性，告诉孩子

教他们温柔（对待宝宝）

一些情况下，由于环境改变带来的压力，大孩子们可能将挫折感发泄在新生宝宝身上。当大孩子试图去抓新宝宝的头发，拿走新宝宝的奶瓶或者用其他方式伤害新宝宝，你就应该与他（她）进行一场严肃的谈话。让他（她）坐下来，冷静地向他（她）解释你仍然爱他（她），但是他（她）不可以去伤害新宝宝。此外，尽量给予大孩子更多关注，并且让他（她）加入到育儿的活动当中，例如唱歌、洗澡或者给新宝宝换尿布，鼓励兄弟姐妹间的积极互动，一定要记得，出于安全原因，绝对不要让新宝宝和不满12岁的孩子单独相处。

长大的好处，比如，可以晚睡和玩大宝宝可以玩的玩具。要感谢大孩子对小宝宝的照顾，并分享你对小宝宝行为的喜悦。

所有儿童　无论孩子的年龄多大，一旦新生儿降生，你都要确保他（她）的哥哥姐姐可以从你和其他家庭成员那里得到足够多的关注。在此期间，你可

来自哥哥姐姐的安全隐患

如果家里有年龄大一些的孩子，你家里可能有带有小零件的玩具，宝宝在探索过程中可能会被小零件呛到或将其吞咽。确保收好那些有小零件的玩具，并且把它们放在宝宝够不着的地方。当大孩子玩这些玩具时，要确保这些玩具在封闭的区域之内，这样就不必担心宝宝的小手来捣乱。鼓励孩子独立地玩他们自己的玩具，也能够避免一些争斗，尤其是当大孩子也不满3岁的时候，他（她）并不乐意分享自己的玩具。家庭安全防护的信息，详见第十七章。

以请孩子们的祖父母帮忙。孩子很难接受看见爸爸妈妈温柔地照顾新宝宝，如果你要拍很多照片或视频，要确保把大孩子也拍进来。你也可以给大孩子拍单独的照片，当然也可以让他（她）和新宝宝一起拍照。万一有朋友带着礼物来看望新宝宝，你也要准备好给大孩子们的礼物。在喂养新宝宝的过程中，试着通过给他们一起读故事书，来让大孩子感到自己也被包括在内。让你的孩子们安心，告诉他们你爱他（她），也爱新宝宝。你需要提醒大孩子，他（她）现在也在扮演着哥哥姐姐的重要角色。

手足之争

目前，手足之争还不是一个问题，但当孩子渐渐长大，开始和其他孩子们竞争从父母那里得到的宠爱和尊重时，这将变成一个问题。这种行为的表现包括：打架、骂人、斗嘴，和其他生长倒退的行为。在新宝宝出生后，这种行为很常见，但是当家里的任何一个孩子受到额外关注时，孩子也有可能表现出这些行为。

虽然手足之争是成长中很自然的一部分，但仍然存在很多因素会影响孩子们的融洽相处，包括他们的性别、年龄和个性，以及家庭规模和每个孩子在家庭中的地位。例如，年纪小的孩子之间更可能会打架，而大孩子们之间可能会吵架。

年龄差异小于2岁的孩子们比年龄差距较大的孩子们更容易发生争斗。尽管同性别的孩子可能更兴趣相投些，但他们也更可能相互竞争。中间年龄的孩子可能会缺乏安全感，因此更可能寻求情感支持，因为他们可能认为自己没有与家庭中最大的或最小的孩子享有一样特权或关注。

哺乳时管好哥哥姐姐们

如果你母乳喂养新生儿，你可能会好奇大一些的孩子对你喂奶会有什么反应，或者怎么才能让大一些的孩子在你喂奶时不打扰你。不必担心，他们可能会表现出好奇，或者在第一次看见你喂奶时在你身边绕来绕去。你可以简单地解释下你在做什么，试着回答孩子间的任何问题。如果大一些的孩子以前也是母乳喂养，你要向孩子解释当他（她）是个婴儿的时候，你也是这么做的。当你喂奶时，要确保大一些的孩子能自娱自乐，可以提前放一些玩具或练习册在周围，也可以播放音乐或图画书的录音给他（她）听。

尽管所有兄弟姐妹在一起都可能会互相打架、嘲笑和争吵，但作为父母，你可以在孩子们长大的过程中，做一些事情来引导他们建立健康的手足之情。你可以考虑以下这些做法。

尊重每个孩子的独特需求　绝对一碗水端平地对待每个孩子很难实现，你越努力地想表现出平等对待，你的孩子可能越会发现不公平的迹象。相反，你应当专注于尝试满足每个孩子的独特需求。

避免比较　比较孩子间的能力会使他们感到受伤和不安。关注到孩子间的差别是很自然的事情，但请避免在孩子面前大声讨论他们。表扬一个孩子时，你可以描述他（她）的行为或成就，而不是与他（她）的兄弟姐妹做的事相比较。

制定基本规则　让你的孩子们知道在互动时，什么行为是可接受的，什么行为是不可接受的，以及不当行为会带来的后果。当孩子违反规则时，你应该始终如一地坚持原则，例如，让他（她）失去某些特权或者超时。

倾听孩子的想法　有兄弟姐妹这件事可能会令孩子沮丧。你要允许孩子宣泄自己的负面情绪，并去倾听。让孩子知道你理解他（她）的感受。如果孩子足够大，你可以让他（她）和你一起想出一个解决方案，以解决困扰他（她）的任何事情。如果你有兄弟姐妹，你可以跟孩子分享你小时候与兄弟姐妹发生冲突的故事。你也可以定期举行家庭会议，这可以让孩子们有机会讨论和解决他们之间的问题。

不要偏袒 尽量避免卷入孩子们的战争中，除非他们使用了暴力且有孩子被伤害。鼓励孩子们自己解决他们间的分歧。虽然你可能要帮助较小的孩子解决争端，但你仍然需要避免偏袒。并且，不要对孩子使用带有贬义性质的称呼，这样可能会导致无休止的手足之争。

给予表扬 当孩子们在一起玩得很好，或者进行团队协作时，表扬他们。一个小的表扬和鼓励会起到很大的作用！

如果你有多胞胎

多胞胎之间通常没有手足之争的问题。尽管孩子们可能会相互竞争，但他们也从很小就互相依靠对方，并建立起亲密的关系。但是，他们可能会在保持个性方面遇到困难。举例来说，双胞胎经常会被当作一个整体来对待，而不是两个人格独立的孩子。因此，双胞胎总穿得很像并且拥有同样的玩具。如果你有多胞胎，你应当注意他们不同的需求，并且培养他们的独特性。

多胞胎可能会让家庭中其他孩子嫉妒或感觉被孤立，因为他们不是这个独特关系的一部分。如果你有多胞胎宝宝和另外一个较大的孩子，请确保花更多时间和这个大孩子单独相处。同时，鼓励多胞胎们分开，单独与其他孩子一起玩。例如，安排双胞胎中的一个去参加聚会，而另一个和哥哥姐姐玩。多胞胎宝宝很可能会抗拒分开，但是，随着年龄的增长，能够毫无焦虑地分开是一种技能，你的孩子将从中受益。更多关于多胞胎的信息，参见第四十二章。

祖辈

在这个新近扩容的家庭中，祖辈将

给予祖父母时间

有时候，新手祖父母还没有为他们的角色做好准备。他们仍然有事业上的抱负和生活上的计划，成为祖父母可能会让他们觉得自己老了。如果你的父母对成为祖父母还不是很适应，请让他们做“旁观者”的荣誉资格。不要用祖父母的话语体系去困扰他们，也不要期望他们履行传统的祖父母的职责或任务。随着时间流逝，情况会发生变化，但是在你的父母准备好之前，可以慢慢来。

抛开过去

如果你和父母的关系有点紧张或并不亲近，那么宝宝的出生可能会让你们之间的关系有所缓和，尤其当你希望孩子与你的父母有紧密联系时。在你怀孕期间和宝宝出生之后，你可以努力尝试修复你和父母之间的关系。此外，记得孩子和祖父母之间的关系，与你和自己父母间的关系是相互独立的、不一样的。如果你和伴侣离婚了，你们两个的父母也会想要和孩子共度时光。

发挥重要的作用。你们的父母（你的父母和伴侣的父母）将会给予你和伴侣情感上的支持和鼓励，同时缓解你们由于新生儿的到来而产生的紧张。而且，不久的将来，新生儿就变成了学步儿。

他们可能会分享经验以及有用的技巧。他们可能是绝佳的看护人，并且在紧要关头能帮得上忙。祖父母们也可能是你想成为的那种家长的范本。同时，最令你欣慰的是，他们会给予孩子特殊的关爱和情感。

关系变化 新生儿的到来通常会使新手父母重新审视自己与父母的关系。在为成为父母做准备时，很自然地，你和伴侣会参考自己的成长方式，你希望延续过去的模式或者改变一下。在此过程中，你可能会有些问题问他们：他们是如何适应父母这个角色，以及他们为什么在育儿时要做某些决定。你的父母很可能会跟你分享经验，讨论他们在新手父母时经历的一些困难，同时让你放心，你也能担当起父母的新角色。

通常，新宝宝的出生会使家庭成员间的关系更加紧密，从而为新手父母和他们的父母提供了重建和巩固亲密关系的机会。但是，你的角色和你父母角色的转变，可能并不总是像你希望的那样顺利。你和父母可能在不知不觉中对新的角色有不同的理解和期望。努力和父母谈谈你对成为父母，以及你的父母成为祖父母这件事的感觉，请务必听取他们对这个问题的感受。确保随着孩子长大，你们仍能继续沟通。

接受帮助 在你成为父母的最初几年，你的父母可能会希望提供帮助和支持。但有时候，你获得的支持并不是你所需要的。例如，一旦新生儿出生，激动的祖父母很可能要来住几天。虽然一些新手父母可能会觉得这很有帮助，但也有人可能会感到压力很大。或者，祖

称呼的偏好

除了“爷爷奶奶（外公外婆）”之外，关于孩子如何称呼他们，你的父母可能会有自己的想法。对于一些祖父母来说，这些传统称呼与他们看待自己的方式不相符。你可以考虑与父母交流一下他们自己想要怎样被称呼。一些祖父母希望孩子用自己的方式称呼他们。还有人喜欢名字、小名或者能够反映他们种族特点的称呼。但要提醒你的父母，当宝宝开始说话时，他（她）可能会自己想出来对祖父母的特别称呼。

父母可能对你何时给宝宝喂辅食，如何给宝宝穿衣服，或如何处理孩子发脾气持有不同看法，有时甚至有相当强烈的意见。

考虑哪种方式最适合你和家人，并与父母讨论你们的需求。你和伴侣是否愿意在亲戚探望之前独自带宝宝几天？你的父母是否愿意与宝宝有个“陪伴约会”，以便你和伴侣出去约会？你是否愿意分别拜访父母和岳父岳母，以便双方父母都有时间与孙子（女）相处？

告诉你的父母，他们做的事情（包括家务）都非常有用。这有助于避免你们和父母间的误解和关系紧张，并且帮你最大限度地善用老人们想要陪在你身边的渴望。

不管你喜不喜欢，你的父母可能会对给宝宝选礼物这件事热心过头。虽然你无法阻止热切的父母购买礼物，但请务必告诉你的父母宝宝需要什么。另

住得远的祖父母

如果你的父母不住在附近，他们可能会错过孩子的第一次的微笑，咯咯地笑，以及努力学翻身。你可以通过定期打电话或视频聊天的方式帮父母和宝宝保持联系，比如在每周的同一时间联系，也可以多发送一些视频或者图片给他们看。虽然距离宝宝能说话还有很长一段时间，但他（她）很可能喜欢听到你父母的声音，紧紧抓住电话或电脑。如果你的父母不熟悉电子产品，定期邮寄冲印出来的照片可能是你最好的选择。为了帮助宝宝熟悉你的父母和其他家庭成员，可以用他们的照片制作一本相册，在玩耍和睡觉之前和宝宝一起看。记得告诉宝宝照片中每个人的名字。

外，你需要提醒你的父母，对于孩子来说，没什么能与和祖父母一起度过美好时光相提并论。一起做一些活动，例如在公园散步或去动物园，对于祖父母和新宝宝来说，这是一种有趣的娱乐方式。

在这段时间里，你的父母希望给你提供尽可能多的帮助，他们可能还想多花一些时间与孩子在一起并建立特殊的亲情联系。如果你的父母不住在附近或不能经常去看望婴儿，这一点尤其重要。按你觉得舒服的方式给你父母与孩子相处的时间。记住，这对他们来说也是一个宝贵而激动人心的时刻。

观念冲突 你和伴侣对于如何照料宝宝可能会有一些想法，这可能会和父母的想法不同。例如，你的父母可能用配方奶喂养你的，但你想要母乳喂养宝宝。你的父母之中可能有一个人待在家照顾你，而你和伴侣两个人都计划继续工作。当孩子慢慢长大时，你和父母也会对一些问题有不同看法，类似于你的孩子应该玩什么玩具，塑料的还是木头的？或者他应该被允许看多长时间电视。这会是个很微妙的领域。

如果你和父母养育观念不同，你的父母可能很难坚持自己的意见。你可以向他们解释在养孩子时你会采纳哪些建议，而不会接受不认同的建议。你和伴侣对养育孩子的方式和家庭规则有最终的决定权。但是，不要针对这些说太多。毕竟你的父母可能只是想提供一些帮助，而且他们正努力从你的父母这一身份，转换成父母加上新手祖父母的双重身份。同时，你要对一件事有所预期，就是如果你的父母临时照看孩子的话，他们的照顾方式可能会和你不太一样。这些小差异可能甚至会帮孩子学会灵活。

另外，就像你和伴侣对成为什么样的父母有自己的观点一样，你的父母对于成为什么样的祖父母，也有自己的期望。有些祖父母并不想照看宝宝，他们更喜欢与孙辈保持正常关系。也有些祖父母很顽皮，他们喜欢孙辈参与到自己的活动中去。还有人希望成为替补父母，参与到孙辈的日常生活中来。你需要和父母交流他们想要在孩子生命中扮演什么样的角色。他们想照顾孩子吗？他们能多大程度上做到随叫随到？万一有紧急情况他们是否愿意提供帮助？当你提出请求父母帮忙照顾孩子的要求时，一定要考虑到父母的年龄、能力和其他的限制条件。避免不必要的误会或埋怨，询问你的父母他们能够做到什么以及你是否对他们期望过多。

节日 你和宝宝度过的第一个节日和生日将十分重要，因此他（她）的祖父母们会想要帮忙一起庆祝。虽然大型的家庭聚会很有意思，但并非总能实现。可能你需要分别与爷爷奶奶和外公外婆庆祝不同的节日。

无论哪种方式，如果假期对你的父母特别重要，请提前与他们谈谈你的计划及你希望每个人都能够参与孩子的大日子。如果你的父母很难理解这种情况，你可以向他们解释分开过节可以让祖父母和外公外婆拥有更多和孩子待在一起的高质量时间。你也可以鼓励你的父母关注新的或者不同习俗，例如带你的孩子出去过半岁生日。

祖辈帮忙带孩子

一些夫妇需要祖父母兼职或全天照顾孩子。有一个你认识且信任的人照顾孩子，你会感到很欣慰。祖父母的时间自由，可以在家里看孩子还不要求工资。但是，祖父母可能没有关于汽车座椅使用、心肺复苏或其他急救方面的培训。以下情况会给他们造成压力，特别是你不知道如何告诉父母你想让孩子得到怎样的照顾，或者你不想听到“不请自来”的育儿建议的时候。

在计划你的父母定期来照顾孩子之前，你要弄清楚这种方式的优缺点。如果你决定要这样做，那么可以建议他们参加心肺复苏的培训。并且，你要和父母讨论安排细节，并且提前和他们达成关于这种安排的共识。关于儿童保育的更多信息，参见第十五章。

如果你的父母要在自己家里照看孩子，那么他们需要购买婴儿床或高脚椅，或者帮助他们准备。这将使你的宝宝以及父母吃饭和睡觉更方便些。你也可以考虑让父母自己买婴儿车、汽车安全座椅和一些基本药物，例如，退热药和护臀膏。

如果距离你的父母上一次照看孩子已经有一段时间，他们可能需要在基础的事情上重新学习，尤其是那些规矩已经随时代发生变化的领域，例如，汽车安全座椅和婴儿睡觉的姿势。在你把孩子留给父母照看之前，和他们讨论与安全相关的问题。请确保你的父母了解所有在第十六章到十八章内讨论过的安全预防事项。如果孩子要去祖父母家里，房间里的设施需要进行儿童安全防护。将药物和其他危险物品放在儿童接触范围之外也是非常重要的，并且也需要对热的液体和其他易燃物品采取防护措施。以下是需要提出来的安全问题中的一部分。

汽车安全座椅　确保你的父母采购了合格的安全座椅，并且了解在接送孩子的时候如何正确使用它。要重点强调让孩子适当地朝里或向外坐，直到他

（她）达到制造商设定的最大限重或限高。有关汽车座椅安全性的更多信息，参见第十六章。

睡眠姿势　要坚持告诉父母，让孩子仰卧睡觉，而不是趴卧睡觉或侧睡，直到宝宝在没有帮助的情况下能翻身的时候。要确保宝宝睡在婴儿床固定的床垫上。要提醒你的父母，成人床对婴儿来说并不安全。有关睡眠安全性的更多信息，参见第九章。

第四十章
什么时候再要个宝宝

当你第一个宝宝即将蹒跚学步时，家人、朋友和陌生人不可避免地会问你是否再要一个孩子（通常问是“何时生”，而不是问“是否要生”）。这个问题可能也是你最想问自己的。

与其他育儿决策一样，尽管你可能会收到很多建议和意见，但究竟想要多少个孩子是自己的事情。确定是否要再生一个孩子，是你需要为家庭做出的最重要的决定之一，甚至比决定生第一个孩子更困难。通常，你可能会担心另一个孩子会影响你的家庭、人际关系、生活方式、财务情况和工作，并很难确保做出正确的选择。

当你和伴侣决定生下另一个宝宝时，什么时间更合适呢？同样，只有你和伴侣能回答这个问题。怀孕间隔会影响孩子的年龄，也可能会影响你的健康和宝宝的健康。所以决定再次怀孕需要权衡很多因素。

当你和伴侣考虑再要一个孩子的可能性时，要以体贴、尊重和自愿的态度去倾听。你们可以从专注于增进家庭关系的角度，来讨论这些问题。

决定再要个宝宝

也许你一直梦想着能有3个孩子，每个差3岁。或者你在为能否应付另一个宝宝而伤脑筋。期待也好，忐忑也罢，当你考虑扩大家庭规模的时候，有许多问题需要考虑。

增加的责任 照料一个规模在扩大的家庭，尽管有许多回报，但同样要承受身体上、心理上和情绪上的负担。大多数家长都说添了第2个孩子后，不只是工作量加倍了。你需要很多时间和精力去照顾一个婴儿，与此同时大一点的孩子也需要你的关注。有了两个孩子，你的生活会更加忙碌，你的房子毫无疑问也会更乱，但你也会发现自己在直面挑战中成长了。

“我感觉自己作为父母的生活终于有了节奏（他终于睡整觉了，我再也不用随身带着所有宝宝用品了，等等），一旦第二个孩子来了，我就不知道该怎么做了。”一位妈妈写道，“照顾两个小宝宝的需求确实压力很大，但你会变得越来越有创造力地去做好每件事。”有了第二个宝宝，你才会发现自己在第一次时学会了多少。你会对自己的能力和知识更加有信心，你将会发现曾经觉得艰难的事情会变得容易处理，比如母乳喂养和照顾生病的宝宝。

你的喜好 有时夫妻中一个人准备好要另一个宝宝，而另一个人却没有。其实，互相理解彼此的担忧很重要。你们可以坐下来，谈谈你们的观点和分歧。生第二个孩子对你们各自意味着什么？你的目标和梦想是什么？来探讨解决问题和冲突的方法。如果你的另一半担心你们的关系会受到影响，你可以为约会之夜制定具体的计划。你们可以共同努力，想出一些减轻财务负担的方法。

你们两个需要共同决定。如果你们的意见仍存在分歧，也许你可以等一两年再重新考虑这个问题。你也可以与你情况相仿的夫妻们聊一聊这个问题，或者咨询婚姻和家庭治疗师来寻求帮助。

家庭财务 再添一个孩子，会增加你的家庭开支，所以准备再要一个孩子之前，你需要将额外资金计划在预算中。你需要考虑小宝宝刚出生时的财务状况，你或伴侣是否需要减少工作时间或留在家里照顾孩子？如果你继续工作，你负担得起新宝宝的托儿服务费吗？你愿意为了宝宝的支出而牺牲掉某些事情吗？你有足够的钱能存下来当作他（她）的大学学费吗？如果你是普通职员，或害怕被裁员，那你可以推迟生下一个孩子。

从长远看，孩子们间隔时间较短的话，能减少托儿费用。另一方面，间隔较长时间再要孩子，能给你更多时间从怀孕和早期儿童保育造成的财务冲击中恢复过来。

对职业规划的影响 当你再要一个宝宝时，可能很难平衡你的工作和育儿职责。有了另一个孩子后，你能跟上工作进度吗？对你来说，在怀孕、生育和照顾婴儿之前，能够在职业生涯上提升一个层次重要吗？另外，当你的孩子们都上学后，将精力集中在事业上可能会更容易一些。

家庭动态 许多人要了不止一个孩子，因为他们不希望孩子是独生子。让宝宝有个伴儿可能是你再次生育的动机之一，但重要的是你自己是否想要养育另一个孩子。你无法预测他们兄弟姐妹间相处的情况，宝宝是否有兄弟姐妹这两种情况各有利弊（详见第522页，“决定要一个就够了”）。

另一个普遍的担忧是，你将打破已经创建好的、运转良好的、幸福的家庭结构。任何形式的改变都会引起恐惧，第二个孩子的到来会改变家庭的生活动态和后勤工作。不过，大多数父母都说，第二个孩子到来之后，他们就无法想象没有他（她）的生活。

分享爱 也许大多数父母都想知道，他们如何才能像爱第一个孩子那样爱第二个孩子。你可能担心自己会失去与第一个孩子的特殊联结，并且因为需要分享注意力和时间而“对不住”第二个孩子。基于这种情况，人们通常会担心第二个孩子会感到自己不被需要、缺乏关爱，而第一个孩子也会有怨言。请放心，你与每个孩子的关系都是独一无二的，就像孩子们本身一样独一无二，而且你会是充满爱心的家长。

正如作家丽莎·贝尔金（Lisa

决定要一个就够了

自从20世纪60年代以来，有一个孩子的家庭数量几乎翻了一番，因为越来越多的人在更晚的年龄组建家庭，并且面临着经济方面的压力。但对独生子女的负面刻板印象仍然存在，比如，他们被宠坏了、自私、孤独和专横。这种观念可能会促使夫妇们不只生一个孩子。

多个国家的多年研究发现，没有证据支持这种刻板的印象。在性格、社交能力、适应能力或自控力方面，独生子女与其他同龄人没什么不同。与有兄弟姐妹的孩子相比，不同的是他们在智力与动机的测量上得分始终较高。有趣的是，一些研究表明，独生子女的父母比多个子女的父母幸福感更强。当你只有一个孩子时，你会花费很多时间与孩子在一起，与之建立亲密的联结。当然，有多个孩子的父母也能与孩子们建立亲密的关系。

如果你纠结于没有兄弟姐妹的童年会不利于孩子的成长，或让孩子的童年不完整，完全没有必要。是的，拥有兄弟姐妹可以是一种积极的经历，能帮助孩子们学习诸如应对冲突之类的技能。但身为独生子的家长，你会努力给孩子创造与其他孩子相处的机会。

最重要的是，了解什么才是适合你和另一半的。“我很诚实地说，做一个孩子的母亲比做好几个孩子的母亲更幸福。”一位母亲说道，“有些人在繁忙而充满活力的环境中会成长，而我却崩溃了。我觉得要一个孩子的决定最糟糕的就是，我要应对自己需要求证（这个决定是否正确）的感觉。”而另一位母亲则说道，“第二个孩子会让我们在精神、情感、经济和身体上都变得太单薄，我知道那只会带来痛苦。”

Belkin）所说：“仿佛胶片般清晰地映在脑海的那一刻，在我出发去医院生埃里克斯，跟伊万斯说再见时，我有一种强烈的感觉，我将要毁了他的生活。我试着记起在我所有艰难的育儿时刻努力记住的那句话——我在给予他们东西，而不是拿走……当我将弟弟带回家时，我向他们证明，他们每个人在这个世界上都不是孤独的，但每个人都不是这个宇宙的中心。”

社会压力　尽管独生子女家庭越来越普遍，但在考虑要二胎时夫妇们仍然面临着文化和家庭的压力。如果你的朋友已经有了第二个或第三个孩子，你可能觉得自己格格不入，可能感受到来自伴侣的压力，或者感到内疚，因为他（她）想再要一个孩子，而你不想。你想想什么对你来说最合适，要对自己坦诚。因为别人可能认为这是个好主意而要二胎，但对你来说可能是一个重担。

反过来想想　如果你困扰于是否要生另一个孩子，你可以试着反过来考虑这个问题。如果你被告知不能生另一个孩子，你会是什么感觉呢？你的悲伤或解脱感可以使你了解内心真正的想法。

在决定何时生育另一个孩子之前，请务必使用可靠的避孕方法，即使你正在哺乳期。如果你仍在考虑是否要怀孕，则可能需要一种容易停止或快速可逆的方法，包括口服避孕药或使用屏障法，例如避孕套。如果你和伴侣都满意目前的家庭结构，则可以使用维持更长时间的避孕法，如宫内节育器（IUD）或避孕针（皮埋）。你也可以选择永久性的避孕法，例如输精管结扎术或输卵管结扎术。

请记住，做出如此重大的决定需要花时间思考。自己做一些研究并与医生讨论任何你担忧的问题。在选择永久性方法之前，确保你充分了解了所需的信息并且有足够的时间来消化。

再次怀孕的时机

一旦你决定再要一个孩子，下一个决定就是何时开始尝试了。没有所谓的再要一个宝宝的“完美时机”，如果想要时机更加成熟，你可能永远不会实现。就算有精心的规划，你也不能控制受孕的时间。你怀孕的时间可能比自己预想或期望得早或晚。最终，怀孕间隔通常都是个人偏好和运气的综合作用造成的。

你可以通过怀孕间隔对健康的影响，以及不同年龄差的优缺点，来决定何时扩大家庭规模。

健康问题　一些研究表明，怀孕时

间间隔太近或太远，都可能对母亲和宝宝带来健康风险。

怀孕间隔过短 两次怀孕间隔过短，母亲再次怀孕前可能没办法从上一次怀孕带来的生理压力中恢复。一般需要一年或一年以上的时间，才能让身体储备好在上一次怀孕和哺乳期间所流失的营养。如果你还没有恢复这些营养的储备就又怀孕了，那可能会影响你和宝宝的健康。

在分娩后18个月内再次怀孕，可能会轻微增加胎儿出生时低体重、小胎龄和早产的风险。如果你是剖宫产并且怀孕间隔少于18个月的话，可能会增加你尝试阴道分娩时子宫破裂的风险。

有限的研究表明，分娩后12个月内怀孕会增加胎盘出现问题的风险。一项研究表明，短于12个月的怀孕间隔，与第二胎孩子患孤独症的风险增加相关。

怀孕间隔较近的女性中，吸烟、滥用药物或缺乏产前保健的行为风险因素，以及压力和贫困的情况更为常见。这些风险因素，并非怀孕间隔短本身，或许能够解释怀孕间隔较短与母亲和婴儿健康问题之间的联系。

怀孕间隔过长 相隔多年再次怀孕也可能给母亲和婴儿带来一些健康问题。分娩5年或5年以上再次怀孕可能会增加以下风险。

- 高血压以及孕20周后尿蛋白含量过高（先兆子痫）。
- 产程过慢或难产。
- 早产。
- 出生体重过低。
- 胎儿与孕周标准值相比偏小。

目前，尚不清楚为何相隔时间较长再次怀孕与这些潜在问题相关。研究人员推测，间隔5年或更长时间才生另一个孩子的妇女，可能会失去第一次怀孕所产生的一些保护作用。产妇年龄或诸如产妇疾病之类的因素也可能起作用。为降低怀孕并发症和其他健康问题的风险，请至少等待12个月再怀孕，如果你想找到更理想的怀孕间隔时间，请考虑等待18～24个月再尝试怀孕，但不要超过5年。

如果你在母乳喂养期间再次怀孕并且决定不给宝宝断奶，则需要特别注意饮食。你可能需要去见营养师，以确保目前的饮食能满足你的营养需求。

优点和缺点

对孩子和你来说，有没有理想的间隔时间呢？可能没有。许多家庭的间隔时间为2～3年，但不同间隔时间各有优缺点。

间隔1～2年 隔1～2年再生一个孩子，可能是对你耐力的终极考验。但这并不意味着不可行。

优点

- 年龄相近的孩子一起长大，他们会有很多共同的兴趣和活动，从而让你更轻松地处理家庭日程安排。父母通常希望兄弟姐妹们能够成为亲密伙伴，一起玩耍。
- 你抱娃、喂奶、换尿布、睡眠被剥夺和帮助孩子进行如厕训练的时间都会缩短。而且，你也不需要像生育间隔过长的妈妈那样反复多次对居家环境做安全防护措施。

- 你能同时完成一些小任务，比如在给年长的孩子读书时，给宝宝喂奶，或者让孩子们同时小睡。
- 你的第一个孩子可能更容易适应弟弟或妹妹，而且几乎不会记得没有他（她）的生活是怎样的。

缺点

- 照顾两个需要换尿布的孩子会占用大部分的时间，以至于好几年内没有私人空间。双份的闹脾气、脏尿布、尿床会让你感觉一直处于混乱中。
- 压力和疲劳可能影响你的婚姻关系。你和伴侣需要团队合作共同面对前面的挑战，而且你们需要为彼此留出一些珍贵的时间。
- 同时抚养两个婴儿的花费会很高。
- 随着孩子长大，手足之争也会成为一个问题。

间隔2～5年　间隔2～5年再要一个孩子是大多数专家的建议。你的第一个孩子会更独立一些，而且你和伴侣也有一些时间来重获精力和能量。

优点

- 在怀孕的间隔期，你有时间和第一个孩子建立起亲子联结，并将全部的关注都给他（她）。
- 你的第一个孩子有机会作为家里唯一的宝宝，没有竞争。
- 当新宝宝降临时，哥哥姐姐有时可以自己玩，给你和新宝宝一对一相处的时间。
- 孩子们年龄仍然相近，可以轻松地建立亲情联结。
- 你只需要再付一份尿布钱。一些婴儿用品，例如婴儿床和婴儿推车可以重复利用。
- 这段时间内，你身体的营养供给得以恢复，能为下一次怀孕做准备。
- 你已经掌握了养育技巧，但是又没有久到让它们生锈。

缺点

- 你的第一个孩子可能会嫉妒新宝宝。对于三四岁的孩子来说，想要争夺父母注意力时，通常会出现行为倒退到婴儿期的情况。不过，随着时间推移这很快就会过去。
- 当宝宝长大了一些、开始自由活动的时候，会出现玩具和活动的争夺问题。
- 你的大孩子可能已经长大，不再需要小睡了，而新宝宝还在建立睡眠规律的小睡时间表的过程中。

- 孩子间年龄差越大，每个孩子的活动模式会更加不同。协调时间安排可能需要大量的组织和计划，这可能会给你带来很大压力。

相隔5年或更长时间　一些家长把相隔5年或更长时间后再要一个孩子比作生了两个独生子女。

优点

- 你在生两个宝宝中间能好好休息一番。这让你有一些时间来做你在生孩子之前喜欢的事情，比如出去吃个晚饭、看个电影或是度个够冒险的假期。你还有机会重新关注自己的事业或婚姻。等待5年或更长时间也会让你在经济方面缓解一下，也能节省下一部分钱为生育下个宝宝做准备。
- 每个孩子在婴儿期以及长大过程中，都能得到足够的个人关注。
- 你会享受和关注到每个孩子成长和发展特定阶段的状况和细节。
- 因为年龄差异，手足之争没有那么激烈。相反，小点的孩子可能会把哥哥或姐姐当作英雄，而大点的孩子也能承担一个保护者或监护人的角色。如果第一个孩子年纪合适，你甚至会有一个现成的“保姆”。

缺点

- 过了几年没有小宝宝的生活之后，重回这一状态可能会让你感到力不从心。你可能会忘记照顾一个婴儿需要做多少工作，以及一天下来到底有多累。
- 在照顾宝宝的同时还要关照大孩子，对你可能是一个挑战。
- 你可能需要新的宝宝装备，因为你的安全座椅和婴儿推车很可能已经过时了。
- 你的家庭时间安排表可能会有很大差异，想要协调好所有事情会有压力。
- 由于年龄的差异，孩子们可能会有不同的兴趣。他们不会像年龄相仿的孩子们那样亲近。

其他问题　其他因素也可能影响要第二个宝宝的时间。

- *你的年龄*　年纪较大组建家庭的夫妻有时必须和生物钟赛跑。如果你是一位“奔四”的女性并且想要两个以上的孩子，你可能无法奢求将孩子们的年龄差设定为3岁。
- *你的生育能力*　如果你第一次怀

孕花了很长时间才怀上，或者你采取了辅助生育措施，你可能不想等太久再备孕。

- *你想要几个孩子*　如果你想有一个大家庭，你需要让孩子们的出生间隔短一些。

最重要的是，遵从你的内心。如果你和伴侣都想再要一个宝宝，那么无论不同的间隔有何利弊，现在可能就是合适的时机。

第六部分

特殊情况

第四十一章 领养

领养是成为父母的途径之一。领养是一个主动的过程，它通常涉及填写大量的文书工作，例如，填写表格、提供个人信息、完成家庭调研、计算中介费用。和十月怀胎不同的是，你在领养子女上所花费的时间可能需要数月到数年不等。等待会很痛苦，而且领养有时也会以失败告终。

希望通过领养成为父母，通常需要内省自己并经历一定程度外部审查，这种审查远比生儿育女复杂。简而言之，只有做好充分准备，才能领养孩子。面对未来的机遇和挑战时，充分的准备将会是一股强大的力量。

本书中包含了你需要知道的大部分婴儿护理知识。每个宝宝都需要关爱、护理、指导和医疗服务。你可能会因为无法掌握所领养子女产前产后的护理情况而感到忧心忡忡。本章提供了关于领养子女的基本建议，解决了你可能会面对的医疗和情感问题。

保障孩子的健康

为人父母的职责之一就是确保孩子健康。由于你无法提前知道领养子女的健康状况或病史，因此，你可能需要采取一些额外措施来确保宝宝的健康。

找一个医疗服务机构　最好在宝宝到来之前就事先选择好医疗服务机构。虽然很多儿童健康护理专家具备护理领养宝宝相关医疗经验，但你可能需要反复比较后才能挑选出最适合你的一家医疗服务机构。你可以与其他领养家庭的父母互相交流，向他们寻求建议。给多家医疗机构致电，告诉他们你计划领养子女，问问看你是否应该从领养宝宝的机构获取相关医疗信息。如果你计划领养国际儿童，请询问医疗服务机构是否具备护理国际领养儿童的相关经验。

可能的话，你可以安排一次领养前访问，亲自到访你中意的医疗服务机构。大多数服务机构都乐意在宝宝到来之前与父母见面，以便于和父母讨论睡眠、养育、儿童在家的保护措施、免疫接种以及任何相关医疗问题。他们还会根据你领养的宝宝的年龄，与你讨论有关对他（她）整体发育情况的期待。

一些国际领养机构会提供某些医疗服务，例如在准父母接受领养儿童之前检查宝宝的医疗信息，为准备出国接宝宝回家的父母提供旅行咨询以及进行领养后的健康检查。

更新家庭成员免疫接种记录 与被领养宝宝密切接触的成人和儿童可能需要接种疫苗，包括麻疹、甲型肝炎、乙型肝炎、破伤风、白喉和百日咳疫苗。如果你要去往其他国家/地区领养宝宝，医疗服务人员会根据宝宝的原籍国/地区为你提供相关旅行安全建议，以及在旅行之前或旅行途中必须接种的疫苗或必备药品的建议。

获取病史记录 请尽量从你养子女的亲生父母或领养机构处获得宝宝的医疗、基因和社会记录。你可能找不到太多信息，但尽早收集信息肯定比以后更容易获取。

领养前从机构获得全面信息，这点至关重要，这样，你能更为准确地了解宝宝可能存在的任何疾病。这时，你为宝宝选定的医疗服务机构就能派上用场，他们可以帮助你理清医疗报告、解释病情或提醒你医疗报告中缺失的信息。

获得领养后护理 如果你的宝宝患有已知的疾病或者来的时候生病了，你需要在把他（她）领养回家后尽快去看医生。如果宝宝到家后身体健康，你可以等两周甚至是一个月后再去。这给宝宝一个调整的时间，也给你一个了解宝宝的时间。相处一段时间后，你能更好地回答医生针对宝宝的日常行为所提出的问题。

如果采用开放式领养，那么和任何新生儿一样，宝宝可以接受儿童体检（如需了解儿童保健等相关问题，请参阅第十三章）。初为父母的家长，特别是领养前没有实地考察过医疗服务机构的家长，可能会希望咨询宝宝的医疗服务机构，获得所需的信息和支持。

美国疾病控制与预防中心建议，领养的国际儿童在抵达美国后两周内接受体检，如果宝宝有发热、进食困难、呕吐或腹泻，则应尽快就医。除进行全面

跨国领养

美国移民法规定，所有希望在美国获得永久居留权的移民必须证明，已根据美国免疫接种咨询委员会（ACIP）建议接种疫苗。但是，只要父母签署免责声明，声明其打算在宝宝抵达美国后30天内遵守免疫要求，则10岁以下的国际领养儿童可免于遵守该法律。超过90%的国际领养儿童在抵达美国后需要接种疫苗。

有些国家的传染性疾病或寄生虫感染率并不低，因此，需要立即进行测试和治疗来保证儿童健康、保护其他家庭成员。除了全面体检（包括视力和听力检查）之外，医生还会建议你进行如下检查。

- 乙型肝炎。
- 结核病。
- 梅毒。
- 贫血和血液疾病。
- 艾滋病。
- 维生素和矿物质缺乏。
- 肠内寄生虫。
- 甲状腺失调症。
- 粪便病原体。
- 血液中铅含量过高。

医疗服务机构可能会根据孩子的原国籍，建议你进行如下检测。

- 甲型肝炎。
- 美洲锥虫病。
- 丙型肝炎。
- 疟疾。

许多疾病都能通过治疗痊愈。越早发现健康问题，越能有效地治疗。

体检之外，医疗服务机构可能还会根据宝宝的原国籍，建议你进行某些筛查监测和免疫接种。

首次体检时，医疗服务机构会检查宝宝的免疫接种情况，按照年龄进行筛查评测以及体检要求的所有其他评估项目。如果宝宝没有书面免疫接种记录（接种过的疫苗没有及时做序贯接种导致无效接种或接种记录有缺失信息），医疗机构会建议宝宝重新开始免疫接种程序。重复接种所带来的副作用要比感染病毒的风险低。如果宝宝超过6月龄，医疗机构会建议宝宝在接种某些疫苗前，检测血液中的此类疫苗的抗体。

一些宝宝的出生日期无法准确地获取。如果他们因为早产、肩难产、营养不良或没有重视生长发育而出现发育不良，那么就很难判断实际年龄。医生会根据可用信息，有理有据地做出推断。

在完成第一次健康体检后，你需要

定期带宝宝做健康查体、按照医疗服务机构建议完成免疫接种，这点至关重要。

磨合时间 跨国领养的儿童在抵达领养家庭后有生长发育迟缓也较为常见。但大部分情况下良好的成长环境以及营养均衡的饮食能让这一问题在一年之内好转。例如，由于之前条件影响而没机会学爬的宝宝，可以将他（她）放在地板的毯子上，用玩具引导他（她）去拿，这样他（她）很快就能学会爬行。

获得支持 如果养子女的年龄较大，特别是过去生活条件困难或者有特殊需求，医疗服务机构可能会为你介绍一名具有领养相关经验的咨询师或心理咨询专业人员。他们能帮助整个家庭轻松应对过渡期，解决因失落感和变化带来的种种问题。组建互助团体，为领养家庭提供帮助，这也是一种有效方式。

情感关系建立

有些父母第一眼见到宝宝，就能立即与他（她）融洽相处。他们好像天生就是一家人。但有些人却需要更长时间磨合才能做到这点。初次见到宝宝时，

留出悲伤的空间

领养是一件很棒的事情，大部分人希望把注意力集中在父母和孩子的结合所带来的喜悦和满足上，这是正确的。虽然通过领养组合的家庭有诸多值得庆祝的事情，但承认这一过程也存在一些失落感，这点至关重要。对宝宝而言，这种失落感包括他们失去了被其亲生父母在其出生环境中养育成人的机会。领养家庭的父母可能会为失去宝宝亲生父母的联系而感到悲伤。给双方一定的时间和空间去体味这种失去的悲伤，这点很重要。为满足对幸福的期望而掩盖损失，会引发一系列问题。

有时，只要承认这种失去感和随之而来的悲伤就可以了。现在做基础工作，可以帮助为与孩子建立健康的关系奠定基础。但如果你有困难或者希望听取建议，你可以随时与心理健康专家联系。你的孩子可能会遭遇到情感或行为上的问题或两者兼而有之，所以与儿童和青少年精神病学专家等相关行为健康专家交流，会让你受益良多。他们能确定你是否需要进一步的帮助。

双方很可能都会感到不知所措，而不是一见如故，不要因此过于焦虑。和任何一种关系一样，要与宝宝建立深厚牢固的情感联系，也需要时间和坚持。

你始终如一充满爱意地照顾宝宝的时间越久，宝宝就越能感受到你会长期专注在这段关系中，他（她）是安全的。付出时间和努力，你们对彼此之间的互动方式都会更加自信和舒服。

一些对亲生父母有用的增强依恋感的做法，对养父母同样奏效：将宝宝抱在怀里，帮助宝宝进食，对宝宝笑，为宝宝唱催眠曲，一起做游戏，日常的照料陪伴。

留出接受调整的时间 有时，领养宝宝的过程非常漫长，这让有的父母迫不及待地要把爱和关注倾注在孩子身上。对孩子来说，刚刚离开自己熟悉的环境，他（她）需要时间融入新环境，且不同年龄的孩子熟悉融入新环境所需的时间也不同。

养父母多给予孩子高质量的陪伴，这点非常重要，这能让宝宝熟悉你的气味、倾听你的心跳、感受到你的体温。但要注意宝宝给出的信号。有的宝宝喜欢被人拥抱，而有的却不是这样。

总而言之，要正确培养宝宝对你的依恋，最好的方法是密切观察他（她）的需求、确定如何能让他（她）随时感受到支持、安全和关爱。宝宝的年龄不同，你需要采取的策略也应该有所不同。与较大的宝宝建立亲密关系，可能会略费周章，如果需要，你可以与领养机构或医疗服务机构取得联系，获取领养后的相关服务。

与宝宝说话、唱歌、读书 这类活动能让宝宝熟悉你的声音。这对于来自其他国家的宝宝尤为重要，因为这能帮助他（她）熟悉新语言的环境。

回应孩子的需求 迅速发现宝宝哭闹的原因。最初几个月及时回应宝宝，并不是过度宠爱，而是让他（她）感到安心舒适。最终，宝宝能适应他（她）的家庭角色，不再那么黏人吵闹。这个建议通常适合任何家庭。

另外，你应该记住，宝宝可能还不会表达他（她）的不适。那些来自领养机构或者长期被忽略的孩子，会将自己的遗弃感和不安全感藏在内心深处，他们不会积极与人交流，也不会表达需求。不动声色地观察宝宝，保证规律的饮食和作息时间，这有助于宝宝的健康，并为他（她）营造安全感和幸福感。

了解你的宝宝 在将宝宝领回家之前，了解他（她）以前的生活环境和日常作息，这能让你更好地帮助他们适应新环境。

- 如果宝宝在此之前与其他宝宝或家庭成员共用婴儿床或婴儿被褥，他们可能会害怕晚上一个人在房间睡觉。你可以在一段时间内将宝宝的婴儿床放在你的卧室，给他（她）调整的时间，直到他（她）熟悉新环境。一段时间后，宝宝会变得更独立，最终能够独自入睡。你还可以考虑给宝宝一张柔软的毯子或一个毛绒动物（请参阅第九章安心睡眠注意事项）。在婴儿床上吊上一个宝宝喜爱的物体，这也有助于提高他（她）在适应期的安全感。
- 一些国家的传统中，无论去哪，父母都会将小孩背在背上，如果你也这么对待你的养子（女），他（她）会觉得和在自己家一样。即使宝宝以前没有使用过婴儿背带，当你使用婴儿背带将他（她）背在身前或身后时，他（她）也会

母乳喂养被领养的宝宝

许多领养孩子的母亲会惊讶地发现，她们可以选择母乳喂养领养的宝宝。通过吸奶和刺激乳头，有时可以诱发母乳分泌。即使没有经历怀孕，也可以母乳喂养。

通常妈妈这样做是为了增进和宝宝的关系。虽然大部分领养家庭的妈妈不能提供宝宝所需的全部母乳，但即使是有限的母乳喂养也能让她们增进与宝宝在身体和情感的依恋。

一些女性在预知宝宝到来之前，会尝试定期使用电动吸奶器来提前产生母乳。

其他女性则会等到宝宝到来之后，因为与市场上所有吸奶器相比，宝宝的吮吸更能刺激母乳分泌。这些妈妈会使用辅助哺乳装置，在哺乳时将一个柔软的吸管塞到宝宝嘴中，通过辅助哺乳装置让宝宝吮吸配方奶。即使后续产生了母乳，许多妈妈还是会继续使用辅助哺乳装置。

不满8周大的宝宝通常更容易实现母乳喂养，一些领养宝宝的妈妈表示，她们在年龄更大一点的宝宝身上也成功实现了母乳喂养。

如果你想要尝试母乳喂养，但无法分泌乳汁，不要焦虑。还有很多其他培养与宝宝亲密感的方式，例如，在喂养时保持与宝宝的肌肤接触。

如果你希望给宝宝哺乳，请与医生或哺乳顾问探讨母乳喂养的优缺点和技巧。医院可能会有哺乳顾问，或者你可以联系国际哺乳顾问协会或国际母乳会。浏览这些协会的网站，了解更多信息。

因为贴近你而感到安全。

- 倘若孩子之前都是开灯睡觉，（到新家庭后）会格外依赖这个简单的习惯。密切留意那些对孩子来说很重要的行为，多给一些时间让他（她）慢慢改变习惯。
- 摆满玩具的地方会让宝宝感到无所适从，他（她）会无法做出决定选择先玩哪个玩具。让宝宝先做好心理准备，并且一次只给他（她）一个玩具。

确定孩子的发育阶段 宝宝加入领养家庭时所处的发育阶段会影响到他

（她）与你的互动方式。例如，大部分4个月大的宝宝会通过啼哭来表达需求，而且他（她）最容易与回应他们啼哭的人建立关系。年龄稍大后，宝宝开始了解到因果关系，这时的啼哭可能只是为了解发生了什么。这种行为会让在这一阶段初次见面的父母感到挫败。到9个月左右大时，他们能强烈感受到分离带来的焦虑。

通读本书第三部分与宝宝发育阶段相对应的章节。你会发现，宝宝的某些行为可以显示他（她）所处的发育阶段。

如果你领养了6月龄或者6月龄以上的宝宝，请记住，他（她）可能已经习得了一些特定的文化行为。例如，来自盛行含蓄性文化国家的孩子，他（她）的反应可能不会那么迅速直接。如果你的养子（女）已满12月龄或超过12月龄，你们熟悉彼此、相互了解、培养双方信任所需的时间实际上会更长。阅读育儿的相关书籍，与领养机构的人员或熟悉领养流程的咨询人员交流，尽量让孩子感受到被爱、被需要和安全感，这些能缓解你的焦虑。最终，大部分孩子，特别是那些最需要帮助的孩子会在社交和行为方面取得显著的进步。这说明人的适应能力是很强的。

一个妈妈的故事

我们和4岁领养女儿的亲生母亲保持着比较开放的关系。我的女儿知道她生母的名字，而且她床头挂着两人的合影。她的生母与我通过电子邮件联系，交换照片，在节假日和生日时我们都会相互打电话祝贺。当我女儿和我讨论我们家庭的故事时，我会这样说：

我很幸运，你的生母（我们使用她的名字）选择了我成为你的妈妈！我记得你出生的那一天……当我第一次抱住你时，我简直不敢相信你有多小！我一直在等你，看到你我非常开心。你的手指非常小，你用它们抓住我的小拇指——我想，这也许就是我们现在还是喜欢手牵手的原因。你的亲生妈妈和我轮流抱着你、喂你。我们总是在说你有多么可爱，以及我们希望你长大后做什么。我们俩都希望你乐观上进，有许多朋友。我们希望你爱冒险，长大后上大学。最重要的是，我们希望你知道我们都爱你。你在生母的肚子里出来，在我的心里成长，这意味着你得到了两个母亲的爱。

兄弟姐妹和养子女

如果除了收养的孩子之外，你还有其他孩子，那么你可能与其他多子女的父母一样，在为兄弟姐妹介绍新家庭成员时会遇到困难（请参阅第三十九章）。

让其他孩子参与新宝宝到来的计划，一起迎接他（她）、参与照顾宝宝的日常活动，帮助其他孩子度过过渡期。孩子们通常都会喜欢小宝宝，而且乐于提供帮助。即使在新鲜感消退后，哥哥姐姐们和宝宝的关系也会保持不变，当然偶尔也会发生冲突。同样，你需要留出与每一个孩子单独相处的时间，即使这意味着你要迅速和孩子一起完成某项任务，或者仅仅睡前几分钟依偎在他（她）身边。

其他孩子和养子（女）的年龄越小，他们就越容易融洽相处。大部分4岁以下的孩子不会注意到孩子之间的差异，也喜欢听与领养相关的故事。年龄大一点的孩子更喜欢问问题和感受差异。

有时，稍大一点的孩子在加入领养家庭之前已经养成了一些行为习惯，而在领养后这些行为习惯会持续数周或数月，这包括生存行为，例如，囤积食物或背贴着墙睡觉。其他孩子会认为这种行为"很诡异"。你应该意识到这些行为事出有因。随着时间的推移，你的养子（女）感受到始终如一的关爱，这些行为会自行消失。同时，让其他孩子注意到他们与领养孩子相处中的积极一面。例如，岔开话题或提议玩游戏可以转移年龄偏小的孩子的注意力，而大一点的孩子能更好地理解养子（女）异常行为产生的原因，并且帮助你照顾他们的弟弟妹妹。

兄弟姐妹的情谊会是一生的馈赠，即使父母离开后，这种关系仍然是力量的来源。找机会加强你所有孩子之间的联系。如果你有疑虑或问题，或者你觉得家人需要帮助，请与领养机构的员工、你的医疗服务机构、社会工作者、家庭顾问或治疗师这类有经验的人士交流咨询。

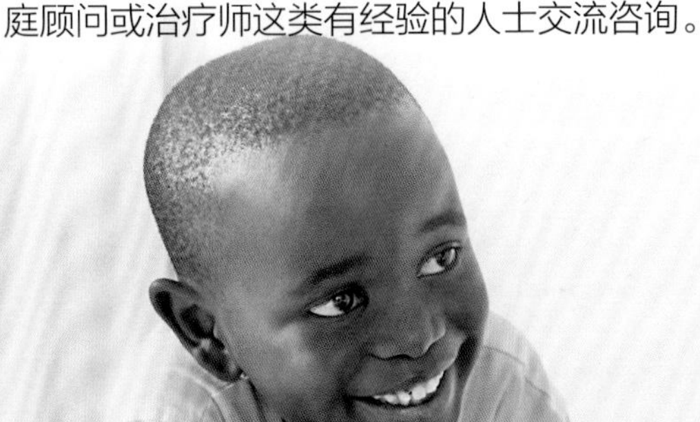

与孩子一起阅读与领养相关的书籍

根据孩子的年龄，与他们一起阅读领养相关书籍，这是一个就领养故事展开对话的好方法。你可以阅读的书籍如下。

- 《罗西的家人：一个领养家庭的故事》，作者：Lori Rosove。
- 《永远的家人》，作者：Kelly Bullard和Lindsey Bullard。
- 《那是你的姐姐吗？一个关于领养的真实故事》，作者：Catherine Bunin和Sherry Bunin。
- 《桑树鸟：一个领养家庭的故事》，作者：Anne Braff Brodzinsky。
- 《苏珊和乔登领养了一个宝宝》（芝麻街系列书籍），作者：Judy Freudberg。
- 《透过月亮星星和夜空》，作者：Ann Turner。
- 《为什么我被领养?》，作者：Carole Livingston。
- 《请再次告诉我我出生的那一晚》，作者：Jamie Lee Curtis。
- 《我爱你，就像爱疯狂甜点》，作者：Rose Lewis。
- 《我们属于彼此》，作者：Todd Parr。

照顾好自己 在全心全意关注家里的新成员时，你可能会忽略身边的一切——包括你自己的身体状况。但让自己疲惫不堪、压力极大对任何人都没有好处，事实上还会破坏依恋关系的建立。

与所有新手父母一样，面对育儿的巨大需求，感觉到巨大的压力再正常不过。接受亲朋好友帮你打扫房间，做其他家务，腾出给自己独处的时间，锻炼（即使只是在家门口散散步），按时吃饭,保持健康饮食。照顾好自己，这样你才能照顾好家人和新加入的宝宝。

在需要时寻求帮助 每个宝宝都是独一无二的个体，有着自己的喜好憎恶和与生俱来的性格特点。一些宝宝能迅速调整自己，兴高采烈地融入新家庭，而有的宝宝则可能需要更长时间去适应，而且适应过程也更加困难。

领养家庭间的互相交流可以让彼此受益，有助于这些家庭采取必要措施，保证心理和情感健康，建立家庭纽带。

如果你感到气馁或失落，或者宝宝表现出行为问题。或者不想跟你建立联系，你需要寻求专业人员的帮助。医疗服务机构、领养机构、社工或心理健康专业人士，都能帮助你了解并解决你所面临的挑战。

分享你的家庭故事

人们的关注点落到了领养儿童的幸福感上，这提升了领养的公开性。现在，更多人采取开放式领养，即领养家庭在领养过程中及领养后与孩子的亲生父母保持联系。以前，并非所有养父母都会告诉孩子他们是领养的，孩子总是从某个亲戚口中或在偶然情况下知道真相。这会让孩子不知所措、愤怒或感到遭遇背叛，而开放式领养能避免此类情况发生。

但即使是开放式领养，让孩子理解两对父母之间的关系也绝非易事。虽然最好不要遮掩领养关系，但你也不想孩子对领养关系表现出茫然无措。现在，你的养子（女）年龄还可能很小，无法理解这个问题，但随着他们长大，时机成熟时顺其自然地告知他们真相。早期去繁就简地告知孩子这一信息，可以为以后更加顺利地与孩子讨论这一复杂话题打下良好基础。请记住，这是你自己的家庭故事；你可以自行决定如何与家庭之外的其他人分享这个故事。

积极乐观 专家们认为，如果父母将收养当作一件正面、正常的经历轻松地谈起，他们的孩子也会对此感到舒服。当与收养相关的问题产生时，他们会更愿意说出心中的问题和担心。

利用书籍 在孩子大到可以说出问题之前，你也可以根据孩子的年龄，推荐合适的书籍，使用简单的概念和文字解释领养关系（请参阅第540页）。

讲述你的故事 许多专家建议父母为家庭的诞生编一个故事，然后一五一十地告诉孩子。虽然孩子一开始无法了解所有的事情，但这些词汇和短语会自然而然地成为他们日常用语的一部分。而且所有的孩子都喜欢听自己的故事。

用这个通俗易懂的故事向孩子介绍他（她）的亲生父母，解释你为什么会选择通过领养来建立家庭，让孩子了解自己的过去并找到归属感。例如，你可以说："正如你在亲生妈妈的肚子中长大一样，你也在我的心里长大。"在这个故事中加入你第一次见到孩子时的喜悦和任何细节，都能让孩子更加喜爱这个故事。

为孩子制作一本成长日记，这是庆祝孩子成为家庭一员的另一种方式。保存领养时和孩子一起到来的所有纪念品，例如，信件、玩具、医院姓名牌或文件；它们可以作为孩子今后的"寻根"资源。当然，也包括照片。保存孩子亲生父母直接提供的任何信息和纪念品，无论这些信息或纪念品多么微不足道。甚至孩子亲生父母手写的一张纸片都会成为孩子珍贵的财产。如果孩子来自其他国家，你的旅行照、票根和其他纪念品也能为孩子提供背景感。

诚实表达 关于孩子的故事要实事求是，但也要考虑到孩子的年龄。不要修饰或添加你不确定真假的细节，这很重要。故事的事实不完整会让你不安，你会希望自己知道一切答案。而同样的，孩子最终可能也会因为缺少这些细节而不开心。但是，承认信息不完整、应对不知情所带来的冲突，比编造你自己也不知真假的细节要好。不要觉得你需要立刻和孩子分享所有的信息；有的细节最好等孩子长大成人，可以应对时再告诉他们。

使用积极正面的语言 让你的语言反映出你自己对领养积极向上的看法。对领养开诚布公，但不要将领养当作标签。说"我孩子"，而不是"我领养的孩子"。像"领养弃婴"这类话会让孩子认为自己做错了什么，才会让亲生父母抛弃自己。告诉他们，他们的亲生父母是为了让他们获得更好的照顾，才会做出领养计划或者安排领养。

庆祝各种家庭纪念日 有些家庭有个传统——做点特别的事情来庆祝家庭成立纪念日，例如，家庭周年派对或者为亲生父母做点特别的事情。这也是一个你让其他孩子参与其中的好办法。

寻找其他类似家庭 尝试联系其他领养家庭。孩子和父母都会发现这种对等群体是非常有益的，是友谊和支持的源泉。对跨种族领养儿童而言尤为重要，他们可以接触到与他们同样的孩子以及其他家庭。

处理伤人之语

父母和孩子时不时会面对他人的指点甚至是伤害性的言论。有的人说话带着负面情绪或令人反感，但每次都要驳斥他们也有些困难，记住要让孩子感到幸福至关重要。你不必逐一回答别人的问题，也不必告诉别人你领养了孩子。你的回答应该从孩子的角度出发，而不是教育那些指指点点、喋喋不休的人。

你可能会有一套自己的方法来回答人们的问题。但是，我们也提供了一些常见问题解答方法。

- *谁是真正的父母* 我们就是——我们不是虚构的，我们才是真正抚育他的人（没有必要解释更多，亲生父母的信息让孩子知道就好）。
- *他们真的是兄弟姐妹吗* 是的，我们是他们的父母（他们是否是亲生兄弟姐妹也属于孩子的隐私）。
- *我真不知道怎么会有人不要自己的孩子* 对于任何人而言，让他人领养自己的孩子都是一个痛苦而艰难的决定，但做出这个决定，是替孩子着想。亲生父母不是不在意自己的孩子，而是他们当时没有办法养大孩子。
- *你不能怀孕真是太可惜了* 人的一生有很多无法体验的事物。我还可能无法环游世界呢。但领养孩子是一个无与伦比的体验，这是任何事情都无法与之媲美的体验。

养育就是养育

无论你通过何种途径成为父母，这都打开了获得了不起的成就和面对无法想象的挑战的机会大门。

总而言之，养育就是养育。从需要人照顾到成长为一个独立的成年人，每个孩子都需要生活在温暖有爱的环境中，享受始终如一的温情和照顾。养育孩子，才能为人父母，研究显示，养父母非常重视他们身为父母的责任。你和孩子共同构建了一个家庭，一个为未来的冒险做好充分准备的家庭。

第四十二章 照顾多胞胎

恭喜你有了两个甚至更多的宝宝！头几年你可能会手忙脚乱、焦头烂额，当然，你肯定是幸福地忙碌着。和任何新手父母一样，你有时会怀疑自己撑不下去，有时又会觉得一切付出都是值得的。

养育多个宝宝，特别是头几个月，很容易让人崩溃，这是因为多个宝宝需要更多的后勤保障、需要满足更多实际需求。照顾孩子的日常工作量可能会呈两倍，甚至三倍地增长。你留给自己的时间可能微乎其微。但大部分多胞胎的父母都能度过危机，并且在自己身上发现了无法想象的强大。

本书其他章节已经为你提供了很多有用的信息。本章旨在为你提供一些实用建议，帮助照顾好多个宝宝以及有时间照顾自己。如果你的宝宝是早产儿，你会发现第四十三章也非常有用。

喂养

很多多胞胎妈妈说，照顾宝宝需要面对的最大压力就是喂养他们。新生儿和小婴儿需要频繁喂养——通常是一天8～12次。如果这么频繁地喂养多个宝宝，你会觉得每天除了睡觉、吃饭，就是在喂奶。即使是配方奶这种相对便利的喂养方式，也需要花费大量的时间和技巧——更不要提还要清洗存放这么多的奶瓶了！

喂养婴儿似乎是一项艰巨的任务，但请记住两点，无论你选择用哪种方式喂养婴儿（母乳喂养或配方奶喂养），获得的支持和帮助对你而言是无价之宝。这些支持和帮助可能来自你的伴侣、孩子的祖父母、领养机构的团队或你请来的育婴人员。

这个阶段不会永远持续（虽然你感

觉如此)。正如一位有经验的妈妈说:“虽然每天感觉漫长,但经历这些日子的时间却很短暂。”几个月后,孩子开始吃其他食物,变得更为独立,你的压力就会逐渐减小。

需要说明的是:不要在他人的压力下选择某种喂养方式。这是你和伴侣基于医疗服务机构或其他专家的专业建议而做出的个人决定。最重要的是孩子茁壮成长,你和伴侣能享受这一过程(至少在某些时候)。

母乳喂养 很多育儿专家认为,母乳是婴儿营养的理想来源。母亲选择母乳喂养的最大原因是母乳具有的营养价值。尽管这需要一定的奉献精神,但许多母亲都能顺利用母乳将多胞胎喂养长大,你也可以做到的。有的母亲甚至说,只要乳汁分泌的量足够,母乳喂养比奶瓶喂养更容易,需要的时间也更少。研究显示,大部分女性通常能根据孩子需求分泌母乳,因此,母亲可以产生足够的母乳来喂养多个孩子。

如果你决定母乳喂养,你可以找母乳咨询师来为你提供意见和指导,这非常有帮助。可以是一名富有经验的多胞胎母亲或医疗服务机构的哺乳咨询师。加入为多胞胎父母提供的支持团体,比如美国多胞胎协会的地方分会,是让你与其他有经验的多胞胎父母交流的方式之一。

大部分女性刚开始母乳喂养的时候一次只能母乳喂养一个婴儿。这让她们有时间从生产中恢复、熟练母乳喂养的技巧以及和每一个孩子单独相处。你可以在第三章中找到更多的母乳喂养基本信息。

同时喂养 许多妈妈发现,一旦确定她们可供给小宝宝所需要的奶量,而且能够熟练给所有宝宝喂奶后,她们就能同时喂养两个孩子。不管这种方法适不适合你,都值得一试,因为它省时省力。和单独给一个孩子喂奶一样,你要保证孩子的舒适。使用一个枕头支撑自己和孩子。有些产品制造商还设计了多胞胎妈妈专用哺乳枕。

- *两个孩子均采用橄榄球式抱法* 你需要使用橄榄球式抱法分别抱住两个宝宝。在你身体两侧分别放置一个枕头,最好在膝盖上也放上一个。将两个宝宝分别放在你身体左右两侧的枕头上——靠近腋下——让宝宝的双腿朝向椅背。确保宝宝呈半坐卧姿势,正对你的胸前,让宝宝的头达到乳头水平高度。用你的手掌托住宝宝的头枕部位以提供支持。此外,你也可以将两个宝宝头对头放在枕头上,位于你的前方。确保让宝宝的身体朝向你，而不是朝上。用你的手掌托住两个宝宝的头枕部提供支持。

- *一个搂抱式，一个摇篮式*　采用这种姿势哺乳，就意味着你使用搂抱式抱住一个宝宝，一手前臂托住宝宝的头部，宝宝的整个身体朝向你，并用摇篮式抱住另一个宝宝。最好将更熟练吮吸母乳或者更容易吸到母乳的宝宝采用搂抱式。
- *两个孩子均采用摇篮式*　两个宝宝均采用摇篮式哺乳时，你需要用搂抱式将两个宝宝抱在胸前。让宝宝的双腿重叠，在你的膝盖上呈交叉姿势。

不要让宝宝一直吮吸一个乳房，尝试让他们交替吮吸两个乳房。这样，如果一个宝宝吮吸力度较弱，另一个宝宝就能做出弥补，平衡两侧乳房的奶量供应。如果你有三个或更多宝宝，可以使用轮换法，让每个宝宝都能吮吸到两个乳房。例如，如果你有三胞胎，你可以同时喂养两个宝宝，然后让第三个宝宝轮流吮吸两边乳房。下一次喂奶时，轮换他们的位置。

一次喂养两个宝宝时，你可能需要使用橄榄球式抱法分别抱住两个宝宝。确保宝宝呈半坐卧姿势正对你的胸前，让宝宝的头达到乳头水平。用你的手掌托住宝宝的枕部给予支撑。

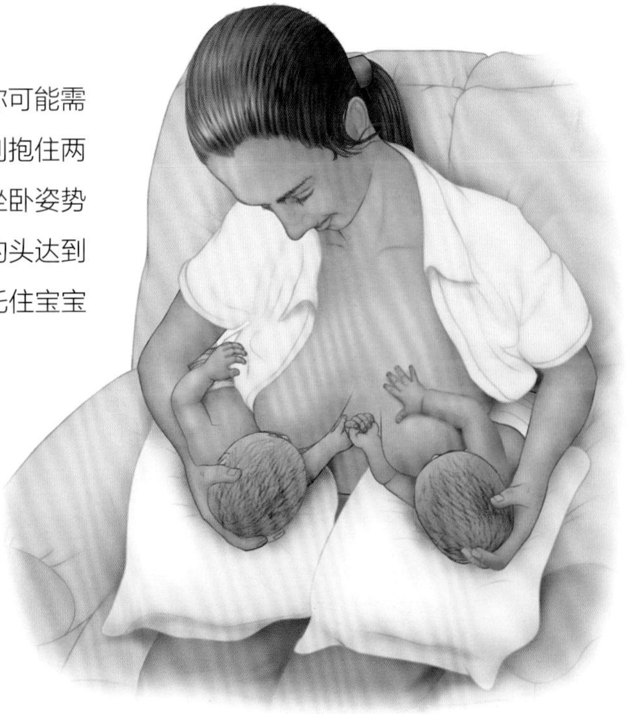

母乳和配方奶混合喂养 母乳喂养并不是一全是或全否的选择。但经常使用母乳喂养能够确保和维持你的正常奶量，无论宝宝喝下多少母乳，这都是有好处的。

许多妈妈发现母乳喂养和配方奶混合喂养（吸奶器吸的母乳或配方奶）非常有效，因为这样既能保证母乳喂养，又能让伴侣或其他照顾宝宝的人分担喂养工作。例如，你可以母乳喂养一个宝宝，而你的伴侣用奶瓶喂养另一个，然后，在下一次哺乳时交换宝宝的位置。或者你的伴侣可以用奶瓶同时喂养两个宝宝，让你有时间休息。你最好在确定宝宝的吃奶量之后，再定量加入配方奶喂养。

一些三胞胎妈妈更喜欢采用轮流哺乳的方法，她们用枕头支撑，母乳喂养两个宝宝，并同时使用奶瓶给坐在升高的婴儿座椅上的第三个宝宝喂奶。当宝宝长大一点，可以自主抬头时，这种方法更容易。

给宝宝喂配方奶时，切记，如果24小时内你母乳喂养或使用吸奶器吸奶的次数不足8 ~ 10次，你的奶量就会有所下降。

吸奶器吸奶 如果宝宝早产或者需要延长住院时间，你可以租用医疗级别的吸奶器吸奶来保证泌乳，直到你能哺乳。如果一个宝宝在家，另一个在医院，或者一个或多个宝宝无法保持喝奶的姿势或者无法熟练吮吸母乳，用吸奶器吸出母乳也同样有帮助。在你需要重

优化奶量小提示

照顾好自己的身体，能帮助你更好地进行母乳喂养。

- 尽可能多休息。虽然一夜好眠可能已经成为过去，但要抓住一切机会休息。极度疲劳会干扰母乳的产量。
- 饮食健康、足量。母乳喂养时应避免节食，因为母乳喂养本身会消耗热量。要保证饮食均衡，多喝水。
- 继续服用产前维生素。产前维生素能够提供日常饮食中缺少的营养素。
- 多喝水。虽然没有证据说多喝水可以增加奶量，但哺乳的确会让你感到口渴。坐下来喂奶之前喝一杯水或果汁，喂奶时将水杯放在随手可拿的位置。一些哺乳枕甚至设计了口袋来放置水瓶。

返工作岗位，但还是想继续母乳喂养时，你同样也可以使用吸奶器。请参阅第三章了解吸奶器的使用建议。

配方奶喂养　父母选择配方奶喂养宝宝的原因多种多样——母亲或宝宝患病、母亲难以维持足够的奶量、为了让父母都能喂养宝宝，或者只是觉得这样更方便。最终，是否使用配方奶喂养应取决于宝宝的需求——让宝宝获得充分的营养才是终极目标。

与母乳喂养一样，使用配方奶喂养时，最好也是一次只给一个孩子喂奶。第三章会告诉你有关的配方奶喂养的基本知识。宝宝熟练吸奶瓶后，你就能节省时间，使用正确的姿势用奶瓶同时喂养多个宝宝。不要托高奶瓶，这样会让你无法看到孩子，增加孩子呛咳或窒息的风险。

两名身为双胞胎妈妈的儿科医生提供了一些用奶瓶同时喂养双胞胎的不同方法。

- 坐在地板上，双腿呈“V”字形摆开。将宝宝放在你的双膝之间，宝宝双脚朝向你的方向，用枕头垫高宝宝头部。一手握住一个奶瓶，把大腿当作扶手。
- 坐在一张舒服的扶手椅上，让扶

手支撑左手肘。抱住两个宝宝，让他们的头靠着你的左臂，用膝盖支撑他们的身体。用右手握住一个奶瓶，另外一个奶瓶靠在胸口上。

- 用左臂搂住一个宝宝，左手腕绕过宝宝，左手用奶瓶给宝宝喂奶。用膝盖垫高另一个宝宝的头部，让他（她）的双脚朝外，右手用奶瓶喂奶。
- 靠坐在扶手椅上，或靠在枕头上，将两个宝宝放在你的大腿上，让他们的头部靠着你的胸部。一手拿一个奶瓶喂奶。
- 在你身边的地板上放一个升高的婴儿座椅，将一个宝宝放在婴儿座椅上，再将另一个宝宝放在膝盖上。一手拿一个奶瓶喂奶。
- 使用两个婴儿座椅，坐在地板上两个婴儿座椅之间的位置。一手拿一个奶瓶喂奶。

我的宝宝吃饱了吗 如果宝宝的生长发育正常，就表明他们营养充足。医生可能会建议你定期带宝宝到医院做体检，以确定每个宝宝的体重正常。你可以租一台宝宝体重秤来测量第一个月里每个宝宝的体重增长情况。如果宝宝摄入的奶量充足，体重增长正常，这会让你对母乳喂养更加有信心。一般而言，出生后第一周，宝宝每天体重增长为0.5 ~ 1盎司（15 ~ 30克）。宝宝出生后几周内，你可能会发现做表格记录每天的喂养情况、使用纸尿裤的数量以及排便次数会非常有用。总而言之，获取充分营养的宝宝一般一天要喝8 ~ 12次奶、更换4 ~ 6次尿不湿（至少有一次尿不湿是完全湿透的），一天至少排便一次。母乳喂养和奶瓶喂养的宝宝之间可能会有轻微的差异。如果你有任何疑问或担心，可以联系医生进行咨询。

培养个性化的个体

多胞胎一出生，彼此之间就有着紧密的联系。他们具有相似的遗传基因，出生的时间通常只会相差几分钟，而且会同时经历各个发育阶段。他们一来到世界上就有着与生俱来的同伴和玩伴，可能会共用卧室、玩具，甚至会分享他人的注意力。

人们很容易将双胞胎或多胞胎视为两个或多个一模一样的孩子。例如，你可能会给他们穿一样的衣物，其他人会称他们为双胞胎。这不一定有害，但有时却会妨碍每个孩子的单独成长。虽然在外貌上他们有相似之处，但是生长发育各不相同，性格也各自不同。如果你对待每个多胞胎中的方式完全一样，你又可能会错失一些有效率的育儿策略。

一对一时间 研究调查显示，大部分情况下，多胞胎的成长和发育与单胞胎儿童相同——早产儿除外，因为早产会影响宝宝的生长发育的各个阶段。

许多研究表明，多胞胎儿童的语言发展能力略晚于单胞胎儿童。语言发展能力的延迟是多胞胎父母普遍关注的问题之一。一项针对这种现象的研究发现，语言发展能力的延迟可能与亲子互动程度有关。在该研究中，双胞胎的母亲较少可能跟每个孩子进行有来有往的"对话"或定期一起看书——一起看着书讲图画或者指着图更深入地研究故事。

这似乎是理所当然的，因为双胞胎父母要应对更多的宝宝需求，因此，与单胞胎相比，他们与孩子一对一活动的时间也更少。但该研究仅限于研究母亲与孩子的互动，而在现实生活中，父亲和其他照顾婴儿的人同样也在日常照顾孩子中起着主要作用。从长远来看，一旦孩子到了上学的年纪，是不是双胞胎并不会影响学龄孩子的学业表现。虽然这类研究并不能说明多胞胎永远处于劣势，但也确实印证了父母亲应尽可能花时间与每个孩子有更多一对一的相处时间的价值。

育儿策略 将每个孩子视为独立个体——他们只是碰巧与自己的兄弟姊妹同时出生。还有一个原因是你可以学会辨别每个孩子不同的性格特质。特别是当孩子长大后，你可以用你对他们的个性的了解更有针对性地制定育儿策略。

例如，你发现一个孩子能够较快领悟到事情的变化，但另外一个就需要充分提示后才能明白事情的变化。了解两个孩子之间的这种差异能帮助你做好日常规划，避免问题的发生（请参阅第十一章关于性格特质的深度讨论）。但是，当你逐渐学会辨别这种差异，你要避免给双胞胎贴标签，例如，称他们其中一个为"安静的那个"，而另一个为"外向的那个"。

后勤保障

除了应对养育多胞胎的生理需求之外，你还面临着后勤保障的挑战。你需要的不只是一个摇篮、一辆婴儿推车、一把高脚婴儿座椅和一个汽车座椅，而是需要两个甚至更多。下方提供了一些实用提示，帮你省钱省力地实现后勤保障。

批量购买 如果你住在可以批量购买商品的量贩会员店附近，例如，好市多（Costo）、BJ家（BJ's）或山姆会员店，你可以考虑办一张会员卡。你可以在这些地方以折扣价批量购买配方奶粉、婴儿食品、尿不湿和湿巾。另一选择是在线上批量购买商品，让商家直接寄到你家里。一些零售网站对父母提供特殊会员方案，例如亚马逊家庭计划（Amazon Family），让父母能以折扣价买到婴幼儿产品。

日用品商店　学前班和儿童用品商店有专为一次性应对多个同龄儿童设计的设备。例如，内置多个座位的宝宝饭桌、尿不湿收纳箱、可供多个孩子使用的活动桌子和可堆叠的学步椅。而且，这些物品的设计都非常耐用。

加入父母社团组织　多胞胎父母亲社团不但能定期聚会、提供情感支持，社团成员还可以举办旧货出售活动，各家可以买卖用得不多的婴儿用品。

探索你的选择　谈到婴儿用品时，评估你的需求并了解，你会得到很多帮助。

- *门锁*　让你的家足够安全——在浴室和厨房楼道、楼梯前装上门，在橱柜门上装上儿童安全锁。这让你在忙着照顾一个小孩而无暇顾及另一个时能够更放心。
- *婴儿推车*　目前市面上有多种双人婴儿推车。并排双座婴儿推车非常适合你与宝宝在公园散步或慢跑，背靠背式推车则便于在狭窄的地方进出。你还可以将两辆轻便的伞式婴儿车固定到一起，做成一辆双人婴儿车。

最初几年，你的房子、汽车和所有其他区域可能会堆满了你所购买的婴幼儿用品。但是随着孩子长大，你会发现你可能不再需要一些东西，例如，婴儿秋千、幼儿围栏，最后是高脚椅和摇篮。

照顾好自己

最初几年，你全心全意照顾宝宝，根本无法想象没有他们的生活。但你放心，随着时间的推移，你照顾宝宝的工作强度会慢慢减小，他们也会越来越懂事，这会让你感到安慰。

与此同时，给自己留出时间也非常重要。可想而知，过度疲劳、缺少个人时间会令人沮丧、孤独。如果你不知所措，无法享受和宝宝在一起时的乐趣，向医生、咨询师、治疗师或其他心理健康专业人士咨询，他们能帮助你回到生活的正轨。

在你的待办事项清单上，你似乎总是会把照顾好自己放到最后。但实际上，这是照顾好家庭的第一步。如果你筋疲力尽，会让照顾宝宝的日常所需变得更加困难。

记住，对多胞胎父母而言，早期照顾孩子的工作会成倍数增长，而现实生活很少会像书本描述的那样井井有条。下面是一些让你的生活变得更轻松的建议。

保证充分的休息 别人跟你说要多睡觉，这简直像是一个玩笑。怎么可能？你会问。《应用护理研究》（*Applied Nursing Research*）上刊登过一项两个护士对双胞胎父母进行的调查，该调查的目的是找到解决睡眠难题的答案。她们的问题非常简单：在带双胞胎宝宝回家后的6个月内，父母亲使用什么方法来获得睡眠时间？

虽然没有一个答案可以完全有效，但父母可采用以下共同策略。

- 轮班或轮流夜间照顾宝宝。
- 让亲戚帮忙。
- 在宝宝睡着时睡觉，虽然有些父母会利用这一时间做其他事情。
- 让双胞胎的睡眠和进食时间保持一致。
- 使用白噪声调暗灯光帮助宝宝入睡。

在宝宝回家后几周内，要得到充分的睡眠几乎是一个不可能的任务，因为每个人都处在调整适应的阶段。但最终，你会制定一个作息时间表，然后你黑白颠倒的生活会变得正常一点。如果你难以获得充分睡眠或无法让宝宝入睡，请咨询医生。他（她）会评估你的需求，为你提供具体意见，帮助你改善现状。

寻求帮助和支持 寻求帮助会让一切大有不同。有些家庭雇用他人，有些依靠亲戚，而有些则从朋友、邻居、宗教社区或其他团体获得帮助。

同样，你也可以参加一个当地的双胞胎或多胞胎父母支持团体。你可以从其他父母那里获得许多宝贵的想法和实用建议。为多胞胎父母提供支持的网上社区也是不错的选择。

放下内疚 在经历了不育又生了多胞胎后，有些父母会在被照顾孩子弄得压力很大或筋疲力尽时感到愧疚。他们可能会觉得，他们终于梦想成真得到孩子后，应该又觉得幸福和快乐。

这是一个错误而不现实的想法。毫无疑问，在你可能觉得你不会有孩子的时候有了孩子，会给你带来很多快乐。但这不意味着你要不知疲倦、始终有条不紊、从不怀疑自己的处境。对任何父母而言，这些都是会面临的正常感受。结合自己的实际情况，设定预期，这点非常重要。

多胞胎父母有时会觉得自己可以承受一切，无怨无悔地照顾宝宝，因为

“他们已经得到了自己想要的一切。”这是一个需要小心避免的情感陷阱。接受帮助并不是说你是不合格的父母。实际上，正如上文所述，这能帮助你成为更合格的父母。

从容应对外界关注 双胞胎、三胞胎和多胞胎经常会吸引公众注意，这可能带来正面情绪，也可能带来负面情绪。无论其他人怎么谈论你或你的家庭，请记住你的目标——培养快乐健康、适应能力强的孩子，他们最终都会用自己的方式对社会做出贡献。

花时间给自己充电 初期，照顾孩子的工作和压力会影响到你的个人生活、婚姻和人际关系。灵活处理你在家庭中的角色转变，保持沟通渠道畅通，让彼此都知道对方在想什么。

试着留出自己的时间。定期休息，留出时间锻炼、放松和朋友相处——做一切能让你自己重新充满活力的事情。

此外，抽空培养你与伴侣的关系。这不是说一定得有多浪漫——你们可以在孩子入睡后一起看看喜欢的电视节目，或者一起做一顿丰盛的晚餐。像新手父母一样，寻找一个支持彼此的方式，赞美对方完成的工作。

如果你还没做好准备，请阅读本书第五部分。第五部分中有多个章节介绍了如何管理和享受父母的身份。

第四十三章
早产儿

尽管大多数宝宝都是足月出生，没有任何健康问题，但还是有一些出生太早了。早产指孕周不足37周出生——这会造成宝宝在子宫中发育成熟的时间不足。因此，早产儿通常需要在新生儿重症监护室（NICU）里接受专门的治疗。有的早产儿出院之后，仍要继续接受医学康复治疗。

如果你的宝宝早产，这个生命的奇迹可能会因对他（她）的健康和可能存在的长期影响的担忧而蒙上阴影。学会管理期望值、应对意外情况、找时间和宝宝相处，这些都会带来压力。但是，你还将承担更多工作，以便照顾好早产宝宝和自己。你需要了解宝宝出生后可能会发生什么，早产宝宝可能面对的健康问题，以及如何更好地照顾早产宝宝的准备。

为什么会早产

许多因素可以增加早产的风险，多胞胎妊娠就是其中一种。孕妇患有糖尿病、高血压、心脏病和肾病之类的慢性疾病，也会导致早产。但是，人们尚不清楚导致早产的具体原因。任何人都可能发生早产，包括不存在任何风险因素的女性。

作为早产儿的父母，你可能会责怪自己，认为是自己导致了宝宝早产；或者你可能会认为自己本来可以防止早产的发生。特别是妈妈们，她们总是会想，如果自己在孕期做出不同的决定，就可能会改变这一结果。与你宝宝的医疗服务机构和你的伴侣谈论这些问题，他们能给你安慰，缓解你的内疚。把精力集中在照顾和了解宝宝上。

定义　不是只有你的宝宝是早产婴儿。根据统计，在美国大约每10个孕妇中就有一个早产，而且多胞胎孕妇的早产发生率是60%左右。所有孕周不足37周出生的宝宝都可以称为早产，早产可以分成以下几个具体的类型。

- *轻型早产儿*　怀孕34 ~ 36周出生的婴儿。
- *中型早产儿*　怀孕32 ~ 34周出生的婴儿。
- *早期早产儿*　怀孕28 ~ 32周出生的婴儿。
- *极早早产儿*　怀孕不足28周出生的婴儿。
- *低出生体重儿*　出生时体重不足5磅8盎司（约2.5千克）的婴儿。
- *超低出生体重儿*　出生时体重不足3磅5盎司（约1.5千克）的婴儿。
- *极低出生体重儿*　出生时体重不足2磅3盎司（约1千克）的婴儿。

新生儿重症监护室　你首次近距离看到宝宝是在医院的新生儿重症监护室。这是为早产儿以及出生后出现问题的足月宝宝提供24小时医疗护理的地方。第一次看到自己的宝宝，你也许会惊讶、不知所措，甚至有点目瞪口呆。

你的孩子躺在恒温箱（暖箱）里。恒温箱有着保温作用，这点很重要，因为与足月出生的宝宝相比，早产儿的保护性体脂更少，在正常室温中容易感冒。恒温箱有一个圆形的舷窗，你和新生儿重症监护室的工作人员可以将手伸进舷窗，去触碰小家伙。你还会注意到宝宝身上贴着各种管子、导管和电引线。例如，宝宝被放置在一台心肺监控仪上来监控他（她）的心率和呼吸频率。看到这一幕会让人十分揪心。别

新生儿重症监护室团队

很多专科医生和其他医疗部门保健专业人员会在新生儿重症监护室中照顾宝宝。照顾宝宝的团队可能包括以下。

- *新生儿护士*。新生儿护士指接受过早产儿、高风险新生儿专业护理培训的持证护士。
- *新生儿护理师*。这是指已经完成新生儿护理、特别是新生儿重症监护室宝宝护理额外培训的新生儿护士。
- *新生儿学专家*。新生儿学专家指主修新生儿健康问题的诊断和治疗的儿科医生。
- *儿科住院医师*。儿科住院医师指接受过儿科专业培训的医生。
- *呼吸治疗师*。呼吸治疗师或呼吸内科医生评估新生儿呼吸问题，管理呼吸设备。
- *哺乳专家*。哺乳专家可以帮助希望母乳喂养的妈妈确定奶量，传授吸奶器使用技巧。
- *社工*。社工可以为父母提供支持和资源。请记住，宝宝的医疗团队也可以向诸如小儿外科医生或小儿心脏病专家这类其他专家请求帮助，以求为宝宝提供更好的护理。

慌，这些工具的作用是保证宝宝的健康，让工作人员了解宝宝的情况。

宝宝在新生儿重症监护室可以得到专业护理，包括根据需要来量身定制喂养方案。一些早产宝宝在出生后需要静脉注射或通过鼻饲管进食。如果一开始你无法进行母乳喂养，可以使用吸奶器吸出母乳。然后通过鼻饲管或奶瓶将母乳喂给宝宝。母乳中的抗体对早产宝宝相当重要。

照顾早产婴儿

早产新生儿可能需要特殊护理。医生将尽一切可能照顾宝宝帮助他（她）茁壮成长。作为父母，你的角色也至关重要。你应该考虑如何参与宝宝的护理，开始与新生儿建立联系。

外貌　早产宝宝的外貌可能与足月宝宝有一点差别，但也可能差别很大。

宝宝越早出生，个头就越小，相对于身体其他部分，头部也会看起来越大。与足月宝宝相比，早产宝宝五官看起来更瘦削，且没有那么圆润。

早产儿皮肤上的胎毛可能比足月婴儿更多，他们的皮肤看起来会更薄、更脆弱且透明。你很容易发现这些特征，因为大部分早产儿没有穿衣服，也没有包着毛毯，这样是为了让新生儿重症监护室的工作人员密切观察早产儿的呼吸和外表。医疗团队会小心地碰触宝宝的皮肤，避免使用乳液和软膏，而且会使用不刺激皮肤的专用胶带。

在接下来几周，你的宝宝要尽快长身体。很快，他（她）看起来就更像一个足月宝宝。

捐赠母乳

新生儿重症监护室可能会使用其他妈妈捐赠的母乳，喂养那些母亲无法提供母乳的早产儿，以补充他们所需的营养。新生儿重症监护室会很严格地审核这些捐赠母乳的来源，它们一般来自管理规范的母乳库。但宝宝不是随时都能获得捐赠的母乳，其部分原因是确保安全供应捐赠母乳的成本过高。

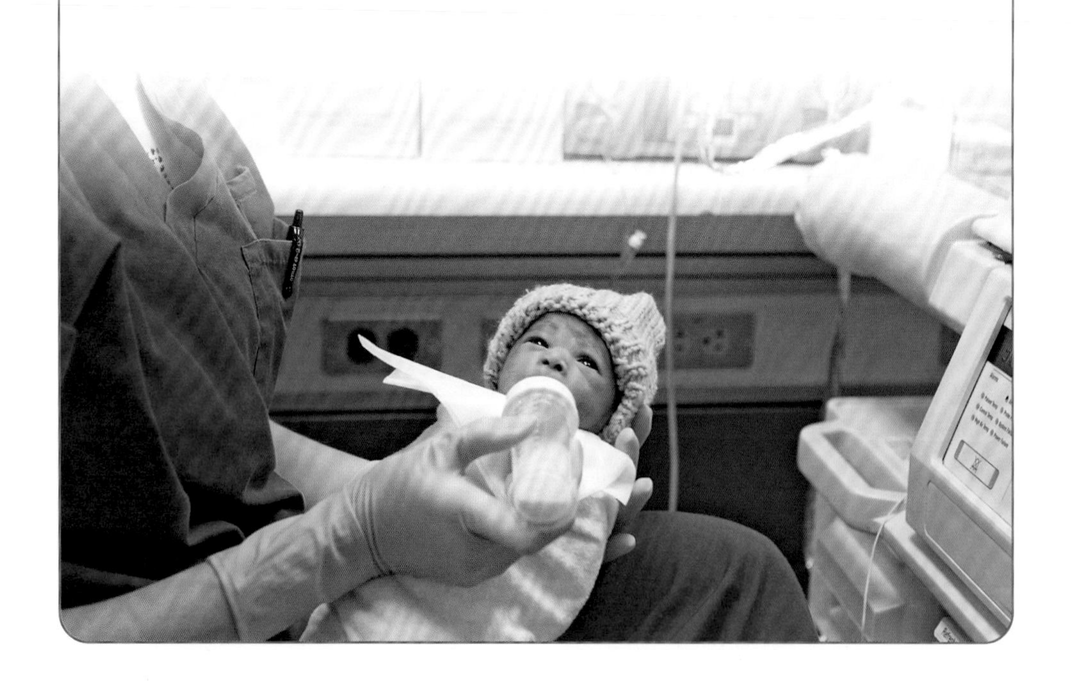

了解宝宝的身体状况　不确定性会带来恐惧——你听到、看到新生儿重症监护室中那些监控仪、呼吸机和其他医疗器械时，会感到恐惧。多询问宝宝的状况和相关护理信息，让自己了解宝宝的实际情况，你可以将问题写出来，在恰当的时候咨询宝宝的主管医生。阅读医院提供的资料或你自己购买的育儿书籍。如果你想旁观某次手术，请告知新生儿重症监护室的医生。如有必要，你可以和医生预约以讨论宝宝的身体健康状况。你知道得越多，就能越发应对自如。如果担心宝宝的病情变化，也应该咨询医生。

医疗团队　你可能会发现，为宝宝提供医疗护理的医疗专业人员有很多。每次见到新面孔时，记得自我介绍，询问他们在宝宝护理中承担的职责，直到熟悉每一轮值班员工。

营养　母乳中包含多种蛋白质，这些蛋白质有助于预防感染、促进婴儿发育。虽然一开始你可能不能亲自母乳或奶瓶喂养宝宝，但你可以采用其他方式母乳喂养——或者冷冻母乳，以供后续使用。在宝宝出生后尽快使用吸奶器，最好是在宝宝出生后2小时内。每24小时最好使用吸奶器吸出母乳8次。

请记住，确定吃奶量需要花费一定的时间，但对宝宝而言每一滴母乳都弥足珍贵，因为他头几次进食的量很小。将母乳放在容器内——贴上标签，清楚地标记宝宝的姓名以及母乳吸出的日期和时间——然后交给宝宝的护士，她们会将母乳放入冰箱保存或冷冻，并在宝宝需要时使用。

通常情况下，早产儿需要摄入更多热量来保证生长发育，也需要更多的矿物质来保证骨骼健康。因此，除了母乳之外，宝宝可能还需要其他营养的补充。

当宝宝可以自行吃奶时，他（她）可能会比足月出生的孩子需要花费更多时间来适应这一过程。给自己和宝宝时间去学习，如有需要，你可以向新生儿重症监护室团队寻求帮助。

成长发育　尽早和宝宝进行身体接触。给宝宝轻柔、充满爱意的触摸，有助于他（她）茁壮成长。

如果宝宝是极早产婴儿，你可以询问新生儿重症监护室的护士，了解安抚宝宝的最有效方式。即使宝宝身体虚弱，不能去抱，你也可以通过平静稳定的抚摸来安抚他（她）。刚出生的宝宝起初可能不适应拍打抚摸。这时，你可以用温柔的口吻和宝宝说话，为他（她）轻轻地哼唱摇篮曲。为宝宝读书也能让你感觉与他（她）的关系更为亲密。

转院

有时，需要将早产儿转送至提供专业护理的医院。医疗团队中的某个人会向你解释这种情况，并做出安排。根据宝宝的健康状况和运送的距离，他们可能会安排救护车、直升机或客机。医院的护送团队会在转院过程中陪伴宝宝。在转院过程中，宝宝可能会被放在移动式保温箱内，这样既能保暖，也能让宝宝得到任何所需的医疗关注。和宝宝分开可能会给你带来一些压力和挑战。一定要询问宝宝抵达新医院后，你将如何了解他（她）的状况。如果宝宝被转运到距离你较远的医院，你可以尝试咨询医院的出院规划师或社工，让他们帮你寻找附近价格实惠的住处，尽可能地和宝宝在一起。咨询医生，了解宝宝什么时候能回到离家较近的医院继续后续治疗。

新生儿重症监护室的护士会将宝宝放在你赤裸的胸口，帮助你抱住他（她），并为你们轻轻搭上一条毛毯，让你们肌肤接触。这种接触又叫作袋鼠式护理，是一种有效地帮助你和宝宝建立联系的方式。最终，你可以轻松自如地为小家伙进食、换衣、洗澡，顺利地安抚他（她）。新生儿重症监护室的护士能在这些事情上给予你帮助，教你如何使用呼吸管、静脉注射管或监测线这类装置。

询问新生儿重症监护室的工作人员你怎样才能更好地参与到宝宝的护理中。亲自照顾宝宝会给新手父母带来自信，让宝宝出院后在家的过渡衔接更为顺利。虽然宝宝出生后的头几天或头几周并非你预期的那样一帆风顺，但你们相处的时光是如此的特别。尽情享受你和宝宝的各种第一次，例如，你第一次给宝宝喂食，第一次给他（她）洗澡，以及他（她）的每一次进步。

健康问题

随着医学的进步，早产儿的成活率比几年前显著提高。实际上，目前24孕周出生的婴儿成活率为40%～60%。28孕周后出生，体重超过2磅3盎司（约1千克）的早产儿成活率几乎为百分之百。

虽然不是所有的早产儿都会有并发症，但太早出生还是会给宝宝带来短期或长期的健康问题。一般而言，宝宝越早出生，风险就越高。宝宝的出生体重也对他（她）的健康有重要影响。有些问题在宝宝一出生就出现了，而有些则要经过数天或数周才表现出来。早产儿并发症包括的健康问题如下所示。

呼吸问题 早产儿可能会因为呼吸系统发育不完全而出现呼吸问题。有时，呼吸问题会妨碍到宝宝身体中其他发育不完全的器官获得足够的氧气。如果肺部缺乏表面活性物质——一种让肺部保持扩张的物质——宝宝就可能会患上呼吸窘迫综合征（请参阅第594页）。这种状况主要在孕周不足35周的宝宝身上出现。此外，大部分不足34周出生的宝宝会出现长时间的呼吸暂停，也叫窒息。宝宝的医疗团队必须监控宝宝的呼吸和心率，及时发现并治疗呼吸问题。有呼吸问题的宝宝可能会需要吸氧治疗或使用呼吸机，或者使用一种名为持续气道正压通气（CPAP）的呼吸辅助技术。

早产儿，特别是那些23～32周出生的早产婴儿，可能会患上一种名为支气管肺发育不良（BPD，请参阅第593页）的慢性肺病。患有中度或严重支气管肺发育不良的宝宝回家后6～12个月内可能需要补充吸氧。如果是这样，应该有一名受过儿科肺病专业训练的医生（小儿肺科医生）密切观测你的宝宝。

心脏问题 早产儿常见的心脏类疾病是动脉导管未闭（PDA）和低血压。动脉导管未闭通常发生在不足30周出生或体重低于2磅3盎司（约1千克）的宝宝身上。这种疾病表现为从心脏引出的两条主动脉之间存在通道（请参阅第605页）。虽然通常这条通道会自行关闭，但如果不接受治疗，它会造成肺部血液过量，从而引发心衰竭以及其他并发症。患有动脉导管未闭的早产儿需要限制血液并接受静脉注射。

脑部问题 不足30周出生或者体重不足2磅12盎司（约为1.25千克）的早产儿容易发生脑出血，又名存在胚胎生发基质或脑室内出血。大部分脑出血症状较为温和，经过治疗几乎没有任何短期影响。但有些脑出血患儿最后可能会发展成脑部积液（脑积水）或神经问题，例如，大脑瘫痪和智力障碍。患有脑积水的早产儿需要接受手术治疗。如果宝宝肌张力异常，他（她）可能需要一名理疗师。

消化道问题 早产儿的消化系统可能发育不成熟。越早出生的宝宝，患上新生儿坏死性小肠结肠炎（NEC）的风险也就越高。NEC多发于早产儿开始吃奶后，其肠壁黏膜细胞受损。只喝母乳的宝宝患上新生儿坏死性小肠结肠炎的风险要低得多。虽然这种疾病有时需要手术治疗，但使用抗生素、静脉注射喂食以及暂停喂养让肠道休息这类措施可以帮助大部分宝宝康复。

婴儿胃食管反流（GER）是一种胃酸或胆汁流回食管（食道）引发的疾病，它也是早产儿常见病症之一。这种病会让宝宝在一天之内多次呕吐、影响宝宝体重的增长。婴儿胃食管反流相当常见，但长到足月后大部分宝宝就不再发生这种情况。少量多次进食可以有效缓解这一症状。如需了解更多胃食管反流信息，请参阅第458页。

早产儿也有患上疝气的风险。当肠道穿过肌肉比较薄弱的地方或体内异常开口时，就会引发疝气。大部分患有脐疝的幼儿无须采取干预措施，即可自行痊愈，但腹股沟疝气需要手术治疗。如需了解更多疝气信息，请参阅第17页。

血液问题　早产儿也可能会患上贫血或黄疸这类血液疾病。贫血是一种常见疾病，患有这种疾病的宝宝体内红细胞不足。虽然所有新生儿在出生后头几个月内红细胞数会缓慢降低，但早产儿下降的幅度会更大。多次采血化验的宝宝，贫血症可能会更为严重。没有症状的宝宝不需要接受治疗。但如果宝宝表现出低血压、心率加速、脉弱、肤色苍白和呼吸问题这类症状，则需要输血治疗。如需了解更多贫血信息，请参阅第428页。

新生儿黄疸表现为新生儿皮肤和眼睛中出现黄色的斑点，这是因为宝宝血液中的胆红素过量。胆红素是一种红细胞内的黄色色素。在不足38周出生的婴儿中，黄疸是一种非常常见的疾病。光疗对于大多数需要治疗的婴儿疗效显著。尽管黄疸很少引发并发症，但所有新生儿在出生后的头几周都需要进行黄疸评估，这是因为严重的婴儿黄疸会导致婴儿永久性耳聋和脑损伤。有关黄疸的更多信息，请参阅第16页。

代谢问题　早产儿通常有代谢问题。大部分早产儿血糖过低，即低血糖症（请参阅第591页）。这是因为与足月出生的婴儿相比，早产儿的糖原（储存的葡萄糖）不足。早产儿的肝脏发育不完全，难以产生葡萄糖。母亲怀孕前或孕期中患有糖尿病也会增加宝宝患上低血糖症的风险。此外，孕期内服用有助于控制母亲高血压的药物也会导致早产儿发生低血糖症。有低血糖症风险的宝宝可能需要从其脚踝处抽血取样，进行化验。治疗方法通常包括母乳或配方奶喂养，或静脉内注射葡萄糖（糖原）。

视力问题　妊娠不足30周的早产宝宝可能会发生早产儿视网膜病变

（ROP）。这种病是因为眼后感光神经层（视网膜）血管肿胀、增生引起的。有时，视网膜血管异常渗漏，最终会造成视网膜瘢痕化，并进一步牵拉视网膜，使其离开原位。如果视网膜被牵拉脱离眼后位置，就会发生视网膜脱离。视网膜脱离会损害视神经，甚至致盲。早产儿视网膜病变筛查有助于在眼病发展为视网膜脱离之前检测和治疗。

早产儿还可能发生其他视力问题，例如，眼错位（斜视）或近视。

如果宝宝不足30周出生或体重不足3磅5盎司（约1.5千克），眼科医生会在他（她）4~6周大时为他（她）检查眼睛。通常，早产儿每两周需要做一次眼部检查，直到他（她）视力发育完全。无论是否患有早产儿视网膜病变，宝宝的医疗服务机构可能会建议在宝宝学龄前让眼科医生定期检查眼睛。

听力问题 早产儿听力损失的风险更高。在达到1月龄矫正月龄（请参阅下方“矫正月龄”定义）后或从新生儿重症监护室（NICU）出院之前，宝宝可能需要接受新生儿听力检查。如果筛查结果异常，他（她）可能会需要专科医生跟踪体检。早期诊断至关重要。越早开始治疗，宝宝语言水平和交流技巧追赶上同龄足月宝宝的概率也就更大。

牙齿问题 危重症早产儿发生牙齿问题的风险更高，例如，出牙延迟、牙变色或牙齿不齐。

婴儿猝死综合征 早产儿患有婴儿猝死综合征（SIDS）的风险也更高。宝宝出院回家后，要让他（她）保持仰卧的姿势睡觉。在新生儿重症监护室，

矫正月龄

矫正月龄是指宝宝出生后的周数（实龄）减去他（她）早产的周数。在早产婴儿出生后的头两年，矫正月龄被用来调整宝宝的实足月龄，以便于更精确地反映宝宝的发育阶段。

例如，你的宝宝现在6月龄，但早产8周，那么，他（她）的矫正月龄实际上应该是4个月左右（6个月减去8周）。这意味着，宝宝的发育水平应该达到4个月大宝宝的标准。例如，他（她）可以保持头部稳定，冲你微笑。2岁后，大部分早产儿的各项发育指标均可达到足月宝宝的标准。

中期护理

虽然有些宝宝在新生儿重症监护室接受治疗后会直接出院回家，但也有宝宝会在出院前被转送到提供中级护理的病房。这类病房可能设在新生儿重症监护室内或附近，通常为需要强化治疗和监测的婴儿提供护理。你需要和宝宝的医疗服务机构沟通，进一步了解治疗方案以及在孩子治疗期间你能在哪些地方参与配合。

有呼吸问题的宝宝可能会趴着睡，而有婴儿胃食管反流的宝宝则会侧卧。由于这个原因，在宝宝出院之前，医疗团队会开始让宝宝仰卧。如需了解更多婴儿猝死综合征相关信息，请参阅第115页。

未来的问题　部分早产儿直到童年时期，甚至是长大成人后才会出现问题。早产儿童可能会经历发育迟缓、学习障碍、难以顺利控制其肌肉以及行为、心理或其他慢性健康问题。出生时体重极低的早产宝宝出现孤独症的概率更高。研究指出，一些早产宝宝，特别是严重宫内发育迟缓的宝宝，成年后发生2型糖尿病和高血压的风险增加。

振作起来。每个人都会担心自己孩子的健康，这很正常，尤其是孩子曾经被送进新生儿重症监护室。但大多数进过新生儿重症监护室的宝宝并没有明显身体障碍。许多早产宝宝很快就能迎头赶上，成长为健康的孩子。请记住，接下来几个月中你和家人对宝宝的照顾、与他（她）的互动、给他（她）的激励在宝宝成长中也起到重要作用。

照顾好自己

此时，你所有的注意力都在孩子身上，倾尽心血让他（她）健康成长。但是，请记住，你也需要爱与关心。照顾好自己，你才能更好地照顾宝宝。

留出让自己恢复的时间　从分娩的消耗中完全恢复，远比你预想的时间更多。确保饮食健康，并尽可能多地休息。在获得医生同意后，你就可以开始进行身体锻炼。

承认你的情绪　和预料的一样，你会感受到喜悦、愤怒、恐惧、无能为力和失落感。一些父母说，在人来人往的新生儿重症监护室（NICU）里，第一次见到他们的宝宝时，感觉有点奇怪。你可能前一天还在为成功欢呼，随后就会遭遇挫折。允许自己一天一天的坚持下去。请记住，你和伴侣可能会采取不同的方式应对压力和焦虑，但你们都希望为宝宝做到最好。遇到压力时，记得相互倾诉，给彼此支持。

留给自己休息的时间　如果你比宝宝先出院，你可以利用在家的时间，做好迎接宝宝回家的准备，并充分休息。宝宝需要你，平衡在医院逗留的时间和给自己以及家人的时间，这点至关重要。

和其他子女讲述事实经过　如果你有其他孩子，试着简单明了地回答他们对新宝宝提出的问题。你可以向他们解释，他们的小弟弟或小妹妹生病了，你很担心。告诉大孩子这些不是他们的错。咨询医生你是否可以带大孩子去新生儿重症监护室探望宝宝。如果不能，也可以给他们看小宝宝的照片。

寻求并接受帮助　让朋友、爱人来照顾大一点的孩子、准备食物、打扫房间、做些力所能及的事情。让他们知道你最需要什么帮助。让自己身边围满善解人意的朋友和爱你的人。与其他新生儿重症监护室的家长交流。考虑加入一个为早产儿父母提供支持的社群，或加入线上社群。如果你感到沮丧或者自己无法应对新的责任时，就寻求专业人士的帮助。

带宝宝回家

随着宝宝的病情开始好转，你可能会想什么时候才能带他（她）回家。这取决于不同的标准，但通常情况下，如果宝宝达到以下标准，医务人员就会考虑让你带他（她）回家。

- 可以自主呼吸。
- 心率稳定。
- 体温稳定。
- 可以母乳喂养或奶瓶喂养。
- 体重持续增加。

有时，即使没有达到上述任何标准，医院也会允许孩子回家——只要医疗团队和家属为宝宝制定并通过了家庭护理监测方案。等终于到了可以带宝宝回家时，你会如释重负、倍感兴奋，当然也有焦虑。在医院待了几天、数周，甚至数月后，离开医疗团队的支持可能会让人胆怯。随着你和宝宝相处得越久，你就能更好地了解怎样才能满足他（她）的需求，你们的关系也会越来越亲密。同时，你可以考虑如何准备迎接宝宝出院回家。

了解日常护理要求　离开医院之

再次入院治疗

有时，早产儿的健康问题会导致他们再次住院接受治疗。早产儿在出生后第一年再次住院治疗的可能性是足月出生婴儿的两倍。婴儿在预产期前出生越早，这种风险就越大。造成宝宝住院的常见原因包括感染、呼吸道问题、喂养问题和手术并发症。

如果宝宝需要再次入院治疗，不要沮丧或自责。你可以与宝宝上次住院期间为你提供帮助的医护人员重新取得联系。如果宝宝住院时间更长或更为频繁，你会发现在网上用博客记录宝宝的病情进展是有好处的，这样你不必不断打电话给家人和其他关心宝宝的人，告知他们宝宝康复的情况。如果你对宝宝的病情有任何疑问，向医生咨询，了解你在未来护理宝宝时需要掌握的事情。

前，你需要上一堂婴儿心肺复苏术（CPR）课程。如果你遇到任何问题，请询问宝宝的医疗团队并做好笔记。确保你能得心应手地护理宝宝，尤其是你需要管理药物、使用特殊器械、给宝宝补充氧气或其他治疗方式。询问是否会有医疗团队成员来家探视，宝宝回家后第一周，这种探视非常有帮助。

你可能需要将联系方式留给宝宝的主治医生，以便医生可以随时了解宝宝的健康状况。也可以就婴儿呼吸或喂养这类问题向医生咨询。请注意宝宝是否需要后续探视或转诊，确定好如果你有疑问或担心时，可以给谁打电话咨询。

讨论喂养问题 询问医疗团队，宝宝是否需要母乳强化剂或早产儿配方奶这类补充剂。请记住，与足月婴儿相比，早产儿通常吃得更少，需要喂奶的次数更多。早产儿通常比足月婴儿更嗜睡，而且会边吃边睡（请参阅第33页）。你需要了解宝宝进食的量和频率。

制定行程安排 半靠在汽车安全座椅上有可能会让宝宝呼吸困难或出现心跳减慢，因此，出院前需要检查宝宝的安全座椅状况，而且尽量只在接宝宝回家的途中使用。如果你需要带宝宝乘坐飞机，请咨询医生。飞行高度的变化可能会对孩子的肺部造成影响。不要将早产儿放在婴儿背带、背包或其他直立型的工具中，如需使用这类工具，请先咨询医生。这些装备可能会让宝宝呼吸更困难。

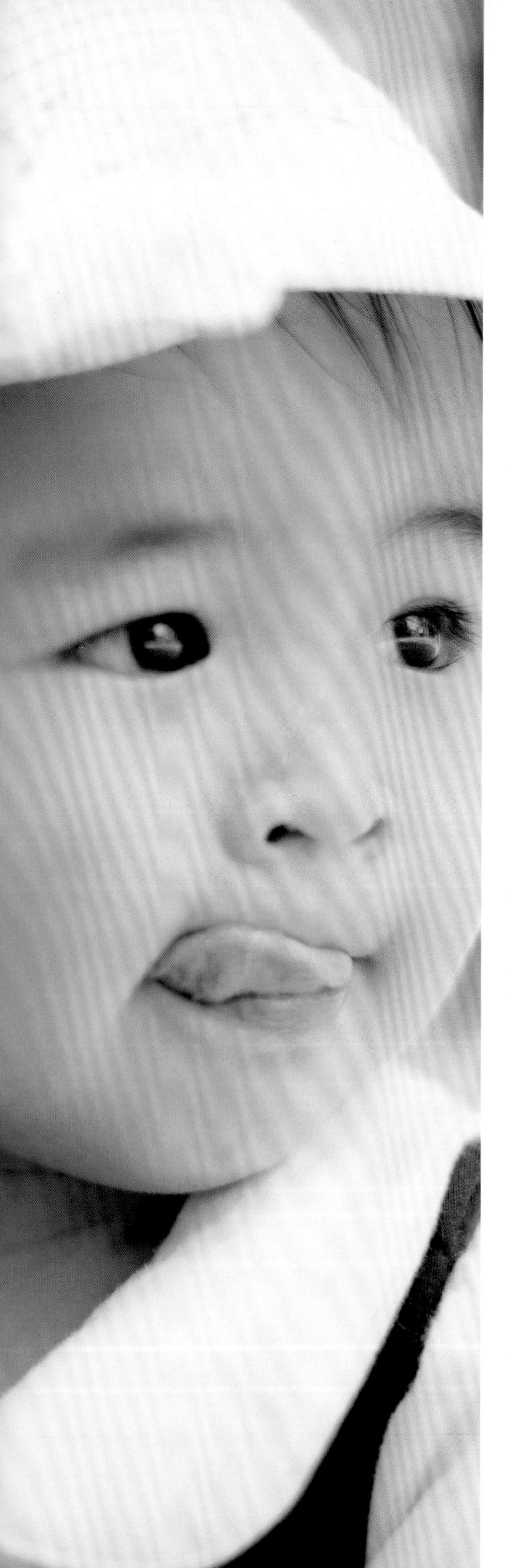

预防疾病 早产儿比其他新生儿更容易发生感染。尽量不要带早产儿去人多的地方，确保与宝宝接触的人清洗过双手。如果宝宝容易患上呼吸道并发症（例如，需要在家中吸氧的婴儿），应尽量避免孩子与其他幼儿接触。孩子出生后的第一年，至少是第一个冬天，最好不要让孩子去保育机构等场所。医生可能还会建议你进一步预防呼吸道合胞病毒（RSV）——一种造成感冒和其他上呼吸道感染的常见病毒。从新生儿重症监护室出院后的第一个冬天，宝宝应每月注射一次疫苗。

按照规定时间接种疫苗，对于所有孩子都很重要，早产儿也一样。建议根据早产儿的矫正月龄和健康稳定状况接种疫苗。但有时根据宝宝的月龄和在新生儿重症监护室发生的任何并发症，你可能需要一份疫苗接种时间表。遵从医生的建议，按时带宝宝接种疫苗。家人和经常接触宝宝的人每年接种流感疫苗也很重要，这能最大程度降低孩子感染流感的概率。

健康体检

根据宝宝的月龄、体重和健康状况，你可能需要在出院回家后的几天内安排宝宝的初次体检。宝宝的医疗服务机构会检查宝宝在重症监护室住院时以及目前正在使用的药物和治疗方案。此外，医疗服务机构还会讨论宝宝的成长、营养、疫苗接种和具体的医疗问题，并评估出院以来宝宝的发育情况。请务必将你遇到的所有问题告知医疗机构。此外，与医院的主管医生和相关专家讨论你将来的就诊需求。早产宝宝一开始可能需要每周或每隔两周去医院检查，以监测宝宝的生长发育情况和日常护理情况。

医生还会在未来几个月内监控宝宝是否有发育迟缓或发育障碍的问题。被确定有相关风险的宝宝应接受后续评估，并转诊以接受早期干预治疗，例如，婴儿物理治疗。请参阅第四十四章，了解更多与发育迟缓相关的信息。

在新生儿重症监护室发育随访门诊里，经常可以见到在新生儿重症监护室中发生并发症的极早产儿和其他宝宝。这类门诊专门监测和优化早产儿以及出生后需要重症监护婴儿的生长发育情况。它通常由一组专家组成，其中包括新生儿科医生、神经科医生、营养师、物理理疗师、职业理疗师和言语治疗师。宝宝可能会在这类诊所中就诊，直到3岁左右。

配合医生，了解宝宝可能经历的任何健康问题，以及你能做什么来改善宝宝健康和福祉。

第四十四章
发育迟缓

整个童年时期，医生会监测宝宝的生长发育，以确保他（她）稳步增长并在正常范围内。每次体检时，医生可能会根据宝宝的年龄，询问你与宝宝的相关问题或者让你填写调查问卷，其中可能包括宝宝是否在学习抬头、拿玩具、翻身、发出咕咕的声音、笑、走路或者叫爸爸妈妈。

有时，宝宝的能力会低于同龄儿童应该达到的标准。但这并非总能引起大人的警觉，因为宝宝会以各自不同的速度成长。他们可能在某一方面落后，例如语言，但却可能在其他方面取得长足的进步，例如爬行或走路。当他们掌握了某个技能后，就会转移注意力去学习进度落后的其他技能。

但如果宝宝达到某些发育指标的速度较慢，或者你担心宝宝的发育情况，可以请医生采取一些措施，来排查潜在的问题。越早发现问题，你就能越早采取措施帮助宝宝发挥他（她）最大的发展潜力。如果出现潜在疾病，治疗有助于防止其他问题的产生。

什么是发育迟缓

发育迟缓指宝宝无法达到同龄人在这一年龄范围内应该达到的发育指标。宝宝无法达到两个或者两个以上的发育指标，医生将这称为整体发育迟缓。通常情况下，发育迟缓的指标分类如下。

- 运动技巧——翻身、坐立、捡起小件物品、走路。
- 语言和沟通技巧——识别声音、模仿讲话、牙牙学语、指东西。
- 思维和推理技巧——开始理解因果、物体恒存性。
- 个体和社交技能——探索、微

我的孩子发育迟缓吗？

以足月儿的标准来看，一些早产儿会出现发育迟缓。但是，从矫正月龄后来看，他们不存在发育迟缓的问题。在学龄前真正发育迟缓的孩子中——这意味着他们在筛查测试中一直达不到某些指标——随着年龄的增长，大部分还是会继续发育迟缓。这就是为什么要尽早发现发育迟缓的原因。如果不尽早矫正孩子发育迟缓问题，你会错过早期开发他（她）潜力的机会。

笑、大笑、与他人互动。

- 日常活动——吃饭穿衣。

本书的第三部分讨论了0～3岁宝宝的生长发育标准。如果你担心宝宝没有达到某些指标或者发育不良，请咨询医生。他们会告诉你什么是正常现象，什么是异常现象，并为后续测评提供建议。

如何识别发育迟缓

通常，确定发育问题需要时间，而不仅仅是一次两次的体检。如果你或医生担心宝宝的发育问题，可以安排一次发育筛查测试，来确定宝宝是否存在发育障碍。

这类筛查一般时间不长，价格也不贵。医生会请宝宝玩游戏或参加某些活动，例如，与洋娃娃一起玩、捡起一个小物件。你可能需要填写一张调查问卷。医生将根据筛查结果，建议你静观其变，给孩子更多的发育时间；或者会为你推荐儿童发育专家来做进一步评估。

发育评估是一项更为复杂的程序，由一名接受过相关专业培训的人员进行。评估旨在确定宝宝存在哪些具体发育障碍。除发育评估外，宝宝还要接受医疗诊断评估。医疗诊断评估用于确定影响宝宝发育的可能潜在疾病。

如果确定了你的孩子有很高的发育障碍的风险，甚至在确诊之前，医疗服务机构或专家会建议孩子接受早期干预治疗。这类治疗通常会为诊断过程提供一些非常有用的评估以及帮助。

可能的原因

导致发育迟缓的原因多种多样，例如，遗传病、感染和接触有毒物质。但是大多数情况下，很难确定确切原因。

有时，孕期母体发热或感染会产生

免疫反应，进而损害胎儿大脑的发育。母亲怀孕期间接触到酒精或药物也会损害胎儿神经系统的发育。早产或难产会破坏血液循环，造成婴儿的发育问题。

大脑会在宝宝出生后继续发育。过度接触有毒物质（例如大量的铅），会伤害到宝宝的神经系统，导致智力缺陷。如果严重疏于照顾，宝宝的大脑得不到恰当的刺激和养分，也会造成发育迟缓。

染色体异常或遗传性疾病也会影响到宝宝的正常生长发育。像甲状腺功能不足这类代谢问题也会损害宝宝的生长发育，造成智力受损。美国许多州使用新生儿筛查来确定这类情况（请参阅第21页）。

诊断发育迟缓

宝宝的医疗服务机构或其他专家，例如，儿科医生、儿童神经学家或基因代谢遗传学医生，可能会为宝宝进行一次全面体检，以确定造成他（她）滞后于发育指标的原因。他们还会进行的各种检查，包括视力检查、听力检查、寻找可能存在的基因异常的基因测试、寻找受损的脑部成像测试以及代谢和甲状腺检测。

通常，宝宝不需要一次性完成所有测试，而是分步进行。根据某个检查或检测的结果，医疗机构会建议宝宝接下来应该进行的测试。

如何应对

有些发育迟缓可以治疗，但更多造成发育迟缓的疾病没有特效药物或治疗方法，甚至可能无法查出病因。尽早发现问题——无论是否发现根本原因——允许在最有帮助的时候提供治疗。

有特殊需求的宝宝可以使用早期干预服务。医生会向你推荐当地的早期干预门诊，方便宝宝在那里进行发育评估。你可以随时转诊到早期干预门诊。提出转诊后，宝宝将接受评估，他们会派出一名社会工作人员到你家里来协调早期干预服务，满足宝宝的特殊需求。你和社会工作人员和治疗师一起完成一份名为个性化家庭服务计划（IFSP）的书面方案，列出宝宝所需的服务以及提供服务的方式。

越早开始早期干预服务，宝宝就越能从中受益。治疗师会直接到你家里提供服务，但你也可以根据方案，去医疗中心或诊所就诊。早期干预项目提供的常见服务包括以下内容。

- 物理治疗能提高大运动和精细运动技能。
- 言语治疗有助于改善语言和沟通技能。

- 职业疗法有助于提高个体和社交技能。
- 家庭培训和咨询能帮你在家照顾好孩子。
- 如果孩子出行需要特殊设备，交通和辅助技术服务部门能为你提供帮助。
- 营养咨询能为有进食困难的孩子提供帮助。
- 医生和其他机构的服务协调治疗。

早期干预项目的相关资金主要来自各个州（美国），但联邦政府和当地资源也会提供相关支持。很多情况下，各个州的早期干预项目会向需要这类服务的家庭收取少许费用。工作人员会与你讨论这类服务的成本，并与你的医疗保险供应商协调，但支付能力不是获得这类服务的先决条件。总之，家庭需要为这类服务支付的费用很少，甚至无需支付任何费用。

一旦年满3周岁，孩子就可以去公立学校上学。大部分有特殊需求的孩子都能在适龄的时候上幼儿园，或者比别人晚一年。大多数孩子都会进入常规学

校，而不是专门的残障学校。

根据孩子的需求，他（她）在整个幼儿园、小学和中学期间会继续获得特殊服务。孩子要定期接受评估，来确认他（她）当前的情况。至于州政府赞助的项目何时结束，不同的州有着不同的政策。相关工作人员、学校职工或其他当地资源能帮助你了解你所在州的具体情况，并帮助你解决可能遇到的任何问题。

获得支持

确定宝宝是否有发育障碍，如果有，你可以采取什么措施来帮助他（她），这可能会花费一些时间。你可能需要去拜访不同的专家，让宝宝接受各种测试，等待测试的结果。应对这类过程并非易事，你经常要面对不确定性和焦虑。如果你已经成功加入了早期干预项目，这个项目所分配给你的医疗服务机构或为你家庭服务的工作人员能帮助你了解各种程序，协调你所需的服务。

同时，获得支持至关重要——这不仅仅是与专家见面、阅读资料，你还应该和与你处境相同的其他家长见面。他们最有可能了解你所经历过的一切，能为你提供从其他地方无法获得的宝贵信息，例如，告诉你一个擅长为有特殊需求孩子看病的牙医，哪种吸管杯最适合那些难以学会使用杯子的孩子。有时，与别的父母友好地谈谈你这一天经历的起起伏伏可以让你更有信心面对接下来的一天。

同样，你的医生或社工能帮助你与符合你需求的当地家长小组取得联系。或者你也可以在互联网上搜索为特殊发育障碍儿童提供支持的地方组织和全国性组织的线上社群。

第四十五章 孤独症谱系障碍

和大部分父母一样，你有时可能会想知道你的孩子是否在“顺顺利利”地成长。他现在不是应该学会微笑了吗？为什么她还不开口说话？每次我叫他名字时，他都没有抬头看我，这有什么不对劲的地方吗？

谈到婴幼儿主要发育指标时，有一系列的标准范围。每个宝宝发育的节奏不同。大多数时候，父母觉察到的差异其实都在正常范围内。但有的父母会本能地觉得不对劲，认为宝宝的语言能力或社交能力发育滞后。或者认为宝宝不但没有学会新的技能，而且似乎正在丧失沟通技能。他们并不确定自己的宝宝到底出了什么问题，甚至也不确定他是否真的存在问题，但他们最担心的是宝宝有孤独症。

本章将带你了解孤独症谱系障碍的早期迹象。你还可以了解到如何在婴幼儿期进行诊断和治疗孤独症，以及如何为患有孤独症的宝宝提供支持。好消息是，早期强化治疗会对许多患有孤独症的宝宝产生重大且长远的影响，让他们以自己的方式发育成长。

了解孤独症

孤独症谱系障碍是一种会影响到大脑和神经系统的疾病，它会影响到儿童社交互动以及与他人（包括儿童和成人）交流的能力。这种疾病还会导致重复的行为、兴趣或活动模式，因此可能会限制或减弱宝宝的日常行为。

但不是每一个被诊断为患有孤独症的宝宝，都表现出一模一样的症状或表现出所有迹象。这就是为什么孤独症谱系障碍中包含“谱系”这两个字。一些患有孤独症的宝宝可能经历较少的影响症状，而有些宝宝的日常生活却可能因此受到严重影响。每个宝宝所表现出来的迹象各不相同。

孤独症谱系障碍包括许多之前被单独定义的疾病——孤独症、阿斯佩格综合征、儿童期崩解征以及一种无法确定形式的普遍性发展障碍。一些人仍在使用阿斯佩格综合征一词来表示孤独症，但阿斯佩格综合征通常用来指轻度孤独症谱系障碍。

造成孤独症的原因是什么 造成孤独症谱系障碍并非只有简单的一种原因。孩子基因与环境之间复杂的相互作用，会影响到早期大脑发育，大多数情况下，很可能是这种相互作用造成了孤独症谱系障碍。人们仍然在对这一领域进行研究，但却尚未发现其他原因。

多年来，人们对可能造成这一疾病的原因提出过多种猜测。例如，有人声称这一定程度上归咎于父母的育儿方式。但是，没有任何证据表明孤独症是由不良育儿方式引起的。

人们对孤独症起因的一个最大争议是：一度有人提出过疫苗引发孤独症，但这一观点不久后被人反驳。虽然科学家对这一问题进行了广泛的研究，但仍然没有任何证据表明疫苗会导致孤独症。实际上，数年前首先引发这一争议的研究，因为设计错误和研究方法问题早已被取消。在2019年一项丹麦的全国性研究中，研究人员研究了超过65万名儿童，并对比了接种麻疹、腮腺炎和风疹（MMR）疫苗的儿童与未接种疫苗儿童的孤独症发生率。该项研究涉及的儿童数量众多，这使得该研究具有足够的能力去研究其他风险因素。该研究发现，麻疹、腮腺炎和风疹（MMR）疫苗不会提高孤独症的风险，也不会增加孤独症儿童兄弟姐妹的发病率。实际上，麻疹、腮腺炎和风疹（MMR）疫苗可以降低女孩患上孤独症的概率。

另一方面，不接种疫苗会提高孩子感染传播麻疹、腮腺炎和风疹等严重疾病的风险。（如需了解更多疫苗接种信息，请参阅第十四章。）

孤独症有多普遍 在过去几十年中，确诊为孤独症的儿童人数急剧增加。研究人员认为，很大程度上这是因为人们对这一疾病整体认识的提高，以及孤独症诊断标准的扩大。但我们还是需要通过进一步研究来排除其他因素。

美国疾病控制与预防中心估计，美国大约每59名儿童中就有1名患有孤独症谱系障碍。总而言之，研究人员认为孤独症发病率为总人口的1%～2%。男孩的孤独症发病率大约是女孩的4倍，并且任何种族和民族人群都有可能发生孤独症。

早期预警信号

下方所列内容仅作为参考，而不是诊断的方法。许多未患有孤独症的宝宝也会表现出下列行为中的几种。其中一些行为也被视为宝宝存在其他发育问题的迹象。另一方面，可能患有孤独症谱系障碍的宝宝也并不会表现出所列的全部迹象。如果你担心宝宝的行为，可以向医生咨询。医生会帮助你确定是否需要后续评估。

年龄	患有孤独症的孩子可能不会……
12个月	•牙牙学语或发出满足的哼哼声。 •对自己的名字有反应。 •对有来有往的互动有反应，例如，挥手或躲猫猫。 •看向别人所指的物体。
16个月	•说单个的词。
18~24个月	•玩角色扮演游戏（假扮游戏）。
24个月	•说两个词构成的有意义的短语。 •对指给他们看的物体表现出兴趣。
任何年龄	**患有孤独症的孩子可能会……**
	•缺失语言技能或社交技能。 •避开目光接触。 •喜欢盯着物体而不是人看。 •表现出强烈的独处倾向。 •难以适应日常生活或环境的微小变化。 •重复某些没有意义的词汇或短语（像鹦鹉一样）。 •不停做出某个动作，例如，摇摆、旋转或拍手。 •对声音、味道、纹理、光线或颜色特别敏感。 •似乎对疼痛或温度不敏感。 •很少或根本不想被人抱。 •几乎对玩具不感兴趣，或持续关注玩具的某个方面，例如，玩具有什么感觉，或者如何移动玩具的某个部分。

孤独症早期迹象

许多孤独症谱系障碍患儿在出生后的第一年就显示出孤独症症状。有些孩子则一开始看似发育正常，但随后会突然或逐渐退化并丧失了他们已经具备的语言能力。大多数儿童在两三岁之前会表现出明显的孤独症迹象。但是，某些轻症的孩子可能会到儿童期后期或者甚至直到青春期后才被确定为患有孤独症。

孤独症谱系障碍患儿的父母可能会注意到，自己的宝宝无法和其他同龄人一样，正常与大人小孩交流或互动。一开始，他们往往以为是宝宝的视力或听力问题，却没有怀疑宝宝发育迟缓。

一些被确诊患有孤独症的幼儿通常在其发育早期就表现出种种迹象。下面列举了一些幼儿可能表现出来的孤独症迹象。

在儿童早期识别孤独症

如果你始终担心宝宝的发育或行为，不要让自己独自面对这一问题。带着你的担心向医生咨询。虽然孤独症最常见于3岁或3岁以上儿童，但幼儿也可以接受孤独症的筛查和诊断。早期的强化治疗，会让在幼儿期和学龄前确诊的孤独症患儿受益匪浅。研究显示，早期治疗让许多孩子生活更为正常、在学校做得更好、更顺利地管理他们的病情。

孤独症筛查　医生可以在定期检查中发现发育迟缓的迹象，如果发现了孤独症迹象，或者你明确表明这一方面的担心，你可以让孩子接受孤独症筛查。美国儿科学会建议18 ~ 24个月大的儿童定期接受孤独症筛查。如果宝宝的哥哥姐姐患有孤独症，医生可能也会为你的孩子进行筛查。

医院在进行孤独症筛查时，通常会询问你与宝宝相关的各种问题。你对宝宝日常生活的深入了解，特别是对宝宝社交沟通技能和行为细节的了解，能够帮助医疗机构对宝宝进行准确评估。有时，医生可能会和宝宝进行简短的游戏互动，并且在这个过程中观察宝宝的反应、交谈和行为。

孤独症筛查最常用的方法是《婴幼儿孤独症筛查清单（修订本）》（M-CHAT-R）。这本清单使用了一系列问题来评估16 ~ 30个月大的儿童患有孤独症的风险。如果你担心宝宝患有孤独症，医生可能会使用《婴幼儿孤独症筛查清单（修订本）》。尽管这个清单中的问题并非专为筛查孤独症而设计，但它可用于确定9 ~ 12个月大的婴儿的潜在疾病风险。

孤独症诊断 如果初步筛查确定宝宝患有孤独症谱系障碍，你可能会被转介给主治儿童孤独症谱系障碍的医疗团队。这个团队将为宝宝进行评估，来最终确定他（她）是否患有孤独症。

孤独症的诊断是个复杂的过程。通常情况下，可以通过观察宝宝的行为、听取父母或主要照顾者对宝宝行为的描述来做出诊断。诊断有时也需要考虑到宝宝的年龄、发育水平、思维方式和语言能力。

因为一天当中某个时间、地点、与医务人员的熟悉程度以及许多其他因素都会影响到宝宝的行为。因此，在做出最终诊断之前，带宝宝多去几家医院进行筛查评估，这点至关重要。

通常情况下，会由不同的专家来进行测评观察。你和宝宝可能需要与儿科医生、儿科神经科医生、遗传学家、神经心理学家、精神科医生、言语治疗师、专业治疗师或物理治疗师以及医务社会工作人员交流。但是，宝宝可能不需要面对这些所有领域的专家。

被诊断出孤独症的宝宝主要表现出以下两大问题。

- *社交沟通* 这包括宝宝对目光接触或微笑这类社交线索的反应能力，例如，对挥手或用手指物体这类来回互动的反应。对家庭成员或其他孩子缺乏兴趣也属于这一类别。
- *重复行为* 这类行为包括重复做出某个动作、日常生活需要有严格的规律性、对特定感官体验的强烈关注，以及对味道、纹理、光线或声音特别敏感。

为了明确诊断，医生会使用美国精神病学协会出版的《精神障碍诊断与统计手册》（第5版）（DSM-5）中列出的标准为孩子进行诊断。医生可以帮助你

宝宝长大后能摆脱孤独症吗？

对大多数被诊断为孤独症的儿童来说，这是一种终身疾病。即便如此，随着时间的推移，接受治疗后宝宝的症状和体征可得到显著改善。一小部分儿童的症状和体征改善了很多，使其不再符合孤独症谱系障碍的标准。一般来说，这类孩子在很小的时候就接受了强化治疗，他们的症状轻微，智力一般。虽然这些宝宝不再被认为患有孤独症，但他们通常仍有一些社交、语言、学习和行为方面的障碍，还可能会出现注意力和情绪障碍。

了解适用于宝宝的标准。有些宝宝一开始并不能确诊，而是随着年龄的增长，其社交技能的要求变得越来越具有挑战性、困难也变得更加明显时，才能诊断出孤独症。

确诊后会发生什么

在美国，3岁以下的孤独症儿童将会被转介至当地的早期干预项目。这类项目旨在提供治疗，改善孤独症症状和迹象。这些服务由美国各州机构根据《身心障碍者教育法案》(IDEA)提供。

你所在的州不同，宝宝获得的早期干预服务也不同。有时，你会在各种选择面前不知所措。地方早期干预项目会为你指定一名协调工作人员，帮助你度过这一阶段。如果你打算通过地方和州政府机构为宝宝寻求帮助，社工也是一种宝贵的资源。社工可以为通过申请社

我的孩子能在未经诊断的情况下接受早期干预服务吗？

如果宝宝表现出发育迟缓的迹象，但尚未接受过任何孤独症诊断，他(她)仍然具有获得早期干预服务的资格。请医生为你转诊或直接联系你所在州的州早期干预服务办公室。要求让宝宝接受《身心障碍者教育法案》C部分项下的评估。根据该免费评估的结果，宝宝可能具备一些接受早期干预服务的资格。

会保障援助流程获得财务支持的家庭提供帮助。

另外，你也可以访问父母信息资源中心网站。这个网站具有搜索功能，可以帮你找到你所在州或地域的父母中心。这些机构为有孤独症儿童的家庭提供支持和帮助，并且能为你提供具体信息，帮你使用你所在州的早期干预项目。另一个有用的资源是孤独症之声（Autism Speaks）组织运营的孤独症团队咨询热线。其中的团队成员均接受过专业训练，能回答你提出的问题，帮你寻找你所在社区的孤独症服务和支持。

早期干预服务　没有任何方法可以治愈孤独症谱系障碍，也没有适合所有人的治疗方案。早期干预服务的目的是帮助宝宝掌握技能，帮助你的家庭学习满足宝宝需求的方式。这类服务能帮助改善宝宝的身体、思维、沟通、社交和情感技能。

一旦确定获得早期干预服务的资格，第一步是制订个性化家庭服务方案（IFSP）。个性化家庭服务方案是为未满3岁的儿童提供的一种个人方案。它帮助你了解如何满足孩子和家庭的需求。你通常需要与为你指定的协调工作人员和早期干预专家或治疗师一起制订这个个性化家庭服务方案。

个性化家庭服务方案落实后，宝宝

未经证实的治疗方法

目前尚无治愈孤独症的方法，因此，许多父母会想方设法地找一些未经证实的补充疗法和替代疗法来为宝宝治疗。特殊饮食方案是一种最常见疗法，例如无麸质饮食或无酪蛋白饮食方案。有人指出这种饮食方案可以帮助抑制孤独症。但是研究人员至今尚未找到令人信服的证据来支持这一说法。其他流行的说法包括使用维生素补充剂、益生菌和高压氧治疗。同样，至今为止也没有证据表明这些产品或方法对孤独症有益，而且这类产品或治疗费用都非常昂贵。

一些替代疗法不但未经证实，还存在潜在危险。据说螯合疗法可以清除人体内的汞和其他重金属，但这种疗法对身体非常有害，甚至致命。另一种可能有害且未经证实的治疗方法是静脉注射免疫球蛋白（IVIg）法。

如果你正在考虑为宝宝使用某种特殊疗法，请务必咨询医生，了解支持这种疗法的科学证据以及潜在风险和优点。

就可以开始接受早期干预服务。这通常是上门服务，但你也可能需要去医疗中心或其他门诊。许多孤独症早期干预服务有针对性地解决与孤独症谱系障碍相关的一系列社交、语言和行为问题。这类服务通常基于一种用于帮助患有孤独症的儿童及其家人的应用行为分析原理。还有一些疗法为孤独症患儿提供结构化学习机会，将复杂的技能细分成一个个适合于教学的小步骤。治疗中还融入了游戏环节和其他日常活动。父母在帮助宝宝康复的过程中起到关键作用，你可以接受培训，学习如何为孩子提供支持以及如何与宝宝合作。

给予支持　对宝宝的整体成长而言，父母为孩子提供的护理与任何专家给孩子的护理一样重要。孩子了解你、信任你，希望得到你的照顾。因此，耐心而持续地指导是帮助孩子学会自我管理的关键。

有很多帮助孤独症孩子在家里、社交过程中或社区环境中获得成功的方法。

- *成为儿童专家*　某些特定感官或社交体验会让宝宝大发脾气，或

外界支持的重要性

持续可靠的支持会给养育患有孤独症的宝宝的家庭带来很大的帮助。你应该尽量依靠下列三类支持。

- *大家庭和关系密切的朋友*。在那些祖父祖母、叔叔阿姨、母亲父亲、兄弟姐妹住在附近并愿意提供帮助的家庭中，孤独症宝宝的父母认为，他们作为父母的满足感得到极大提升，家庭互动也得到了改善。
- *专业人员*。向你、宝宝和家人提供任何专业的支持。这可能包括医生、早期行为干预专家、社工和治疗师。得到了专业人士支持的家庭表示，他们的幸福感更强。他们对孤独症及其症状的了解也更多，并相信自己有能力承担看护孩子的责任。
- *支持团体*。寻求当地为孤独症儿童父母和家庭提供支持的团体的帮助。你会发现，与支持团体成员的见面成了你生活中的试金石，在这个地方，你能真正做自己，团体成员能了解你所面对的一切。团体成员还能成为你情感支持的来源，为你提供宝贵的意见，帮你解决困难，应对压力。

做出其他挑衅行为吗？某些日常活动或行为能安抚宝宝，让他（她）恢复镇定保持愉快吗？如果你了解什么会给宝宝造成压力、什么能让宝宝镇定、开心，你就能更好地应对或处理宝宝的行为问题。

- *使用同理心处理发脾气* 发脾气是生活中很正常的一部分，而患有孤独症的宝宝更容易发脾气。试着了解并解决让宝宝发脾气的问题。忽略宝宝那些不会伤害到自己或他人的不良行为。（请参阅第147页）
- *表扬积极行为* 与其大费力气地纠正不良行为，不如将注意力转移到宝宝的积极行为上。给宝宝做榜样，教会他（她）如何在不同的环境中表现自如。快速捕捉到宝宝表现出来的积极行为，并加以表扬。
- *保持规律作息* 规律的日常作息和时间安排会让宝宝表现得更棒。许多患有孤独症的宝宝无法适应变化，所以当宝宝的规律作息发生变化会让他们做出挑衅行为。
- *提供社交体验* 尽可能带宝宝去接触社会，让他见见陌生人，去陌生的地方。安排宝宝们的玩耍聚会，让宝宝在你的看护下与其他宝宝互动。确保宝宝得到充分休息，做好外出准备。一开始你可以约上两三个宝宝，这样便于密切看护。当宝宝看起来玩够了，就可以回家休息了。
- *鼓励足够的睡眠* 宝宝会出现睡眠问题。花上30分钟或更少的时间帮助宝宝进行睡前放松，安排固定的睡觉和起床时间。宝宝睡觉时或睡觉前不要使用电子产品——包括电视、电子游戏和平

看到孤独症之外的东西

养育一名孤独症宝宝，很大程度上与养育其他宝宝没有任何不同。每个孩子都需要爱和关注，以及一个安全的家庭。虽然养育孤独症宝宝会面临很多其他挑战，但尽量不要让疾病控制你们的生活。努力发现宝宝的优点和兴趣，祝贺并鼓励他（她）。不要总盯着宝宝做得不完美的地方，而是花时间观察他（她）能做到的事情。与其将宝宝与别人做比较，不如坦然接受你的小家伙。

板电脑。让卧室保持凉爽、光线暗下来，有助于入睡。

- *保证营养摄入*　宝宝与同龄人有着相同的营养需求。但是，孤独症宝宝通常会挑食。你需要制定一个规律的饮食和零食时间表，一天多次给宝宝喂不同的食物，保证他（她）营养均衡。如果你担心宝宝需要限制饮食，请咨询医生。
- *照顾好你自己*　这似乎违背了你的直觉，但照顾好宝宝最好的方式之一就是花时间好好照顾自己。保持精力充沛，你才有更多精力应对养育宝宝的挑战。尝试制定一个规律的作息时间表，让自己得到休息，恢复精力，即使只有几分钟。让自己坐下休息、翻翻自己最喜欢的杂志或快速地做锻炼。你和伴侣可以轮流外出，去做自己喜欢做的事情。如果你雇用了一名保姆或请其他家庭成员协助你照看孩子，尽可能安排好时间，让你和伴侣共享一段休闲的时光。

孩子出生头几年

孩子年满3岁后，就能从早期干预服务转换到《身心障碍者教育法案》B部分中规定的特殊教育服务。特殊教育服务是通过当地公立学校为3～21岁的儿童和青少年提供的一种服务，或孩子直到高中毕业都能享受到的一种服务。

除了学习指导，特殊教育服务旨在提高宝宝的沟通、社交、行为和日常生活技能。这类服务可能由专门学校或中心负责，但也有被纳入普通学校教育的。

孤独症的挑战并不会随着孩子长大而消失，但宝宝带给你的回报也不会消失。你会发现你的家庭生活更为丰富多彩，到处都充满惊喜。你可能看到你的孩子取得了你认为不可能的里程碑。一路走来，你要让宝宝知道，无论风雨，你始终都在，爱他（她）并支持他（她）。

第四十六章
其他新生儿疾病

即使孕期一切顺利，但分娩过程中或者在分娩后不久的并发症，依旧让人防不胜防。如果宝宝遇到突如其来的问题，你会忧心忡忡、担惊受怕，甚至手足无措。

本节介绍了新生儿可能会出现的一些较常见疾病及其治疗方法。你需要倾听医务人员的建议、提出问题，直到了解病情，并学习可以采取的措施。你还要相信宝宝的医生和医疗团队会倾尽全力进行救治。请记住，许多婴儿疾病都可以成功治愈。

如果宝宝身体健康，你无需阅读本章。否则这些与宝宝无关或可能让你产生误解的内容，会让你产生不必要的担心。但如果你的亲朋好友遇到了新生儿健康问题，本章内容能为他们答疑解惑。

血液系统疾病

婴儿出现与血液有关的症状或疾病并不罕见。譬如黄疸就是一种非常常见的血液类疾病，有关这方面的介绍请参阅本书第16页。贫血是另一种常见的新生儿血液疾病（请参阅第428页）。以下是可能影响幼儿的其他血液疾病。

低血糖 人脑的主要供能来源是血糖（葡萄糖），因此，人体需要维持血糖的稳定供给。在母亲子宫内，胎儿不断从胎盘中获取营养，因此他们的血糖始终保持在相当稳定的水平。而出生后，婴儿必须迅速发展自行调节血糖水平的能力。大多数健康的婴儿都能做到这一点，因为他们肝脏中储存着糖分，又叫糖原。婴儿还发展出从体内其他食物储备中生成糖分的能力。这些能力十分重要，因为婴儿需要适应从持续的血糖供应到通过哺乳的阶段性供给的转变，因此这种能力至关重要。

幸运的是，大多数婴儿都能很好地应对这一过渡阶段。但如果过渡不顺利，就可能会引发低血糖症。低血糖是一种人体血糖低于正常水平的疾病。通常，母亲患有糖尿病的婴儿、妊娠期发育过大的足月婴儿、妊娠期发育过小的足月婴儿（宫内生长受限）和早产儿更容易发生低血糖。血糖过低会损害大脑功能。严重低血糖症或长期低血糖症还可能导致癫痫发作和严重脑损伤。

一些患有低血糖症的婴儿仅表现出轻微的体征和症状，有的甚至根本没有任何体征和症状。当然，也有的婴儿可能表现出更为严重的体征和症状。低血糖症常见症状为紧张不安、肤色发青（发绀）、呼吸困难、体温过低、食欲不振和嗜睡。

简单验血就可以诊断出低血糖症。通常，新生儿在出生后的几个小时内就要测量血糖水平，以确保血糖值处于正常范围之内。

治疗　如果婴儿血糖值低于正常水平，通常使用母乳或配方奶喂养就能让血糖水平恢复正常。如果在出生后的头几个小时里无法顺利完成喂养，这可能是因为婴儿血糖过低而引发困倦，可在婴儿脸颊内部擦上葡萄糖凝胶。也可以通过静脉注射管供给葡萄糖。虽然需要一两天才能逐渐关掉静脉葡萄糖，但这能迅速改善低血糖，让婴儿进食并维持正常的血糖水平。如果婴儿未能按照预期恢复，医疗团队可能会建议做进一步的检查，查出低血糖的潜在原因。但通常情况下，宝宝并不需要接受其他测试。

红细胞增多症　红细胞增多症是一种不常见的血液疾病，与贫血相反，它表现为骨髓中的红细胞过多。红细胞增多症也可能导致其他类型血细胞过多——白细胞和血小板。但是，红细胞过多会使血液增稠，并引发与这种病相关的大多数问题。

早产（“超期”）儿、妊娠期期发育过小的婴儿、母亲患有糖尿病的婴儿、染色体异常的婴儿、氧气水平持续下降的婴儿或双胞胎输血综合征中接受输血的婴儿容易患上红细胞增多症。

这种疾病通常没有任何症状，但也有可能出现皮肤红紫、嗜睡、食欲不振和呼吸困难。

治疗　患有这种疾病的新生儿，其病情可能会在几天内自行缓解。如需治疗，可通过抽血来降低血细胞数量和血量，让宝宝血液功能恢复正常。还可以通过输液来稀释血液。

呼吸障碍

肺是在孕晚期最后发育完全的器官之一。大多数新生儿呼吸都没问题，但有时也会出现呼吸问题，尤其是早产儿。以下是可能影响到婴儿呼吸系统的疾病。

支气管肺发育不良　因早产导致的呼吸困难通常会在几天到数周之内逐渐好转。出生一个月后仍然需要呼吸辅助或吸氧的早产儿通常患有慢性肺部疾病（支气管肺发育不良或BPD）。

BPD是出生时肺部尚未完全发育的早产儿最常见的疾病，它还常见于那些使用呼吸机或需要长时间补充吸氧的婴儿。

BPD的体征和症状包括呼吸急促、喘息、咳嗽、嘴唇发青和发绀。患有呼吸窘迫综合征的婴儿如果在数周内无法痊愈，往往也会被怀疑患有BPD。

治疗　患有BPD的婴儿需要长期补充氧气，甚至可能需要药物治疗。随着时间推移，大部分婴儿的病情会随着时间推移好转。然而，他们可能需要持续治疗几个月甚至几年。有些人在整个童年期甚至成年期都有肺部疾病，例如哮喘。

胎粪吸入　胎粪吸入综合征指在分娩过程中新生儿将胎粪和羊水的混合物吸入肺部的状况。

胎粪是新生儿第一次排出的粪便。通常，婴儿在出生后才排出胎粪。但是，在某些情况下，婴儿还是会在子宫内排便（胎粪）。一旦胎粪进入羊水中，婴儿就有可能将其吸入肺部，称为胎粪吸入。胎粪可能会阻塞婴儿的呼吸道，并可能造成婴儿肺部发炎、呼吸困难。胎粪吸入的症状通常表现为呼吸困难（婴儿必须用力呼吸）、皮肤发青（发绀）。

治疗　如果宝宝出生时的羊水中含有胎粪，宝宝出生后第一步就是用负压吸引装置抽吸他们的口腔。表现不活跃并且出生后没有立即啼哭的婴儿则需要进一步治疗。这时，放置气管插管，通过抽吸去除胎粪。

在大多数情况下，这种病情会很快好转并且不会对健康造成长期影响。但如果病情较严重，则可能需要抗生素治疗感染，使用专用呼吸机和其他技术以保持肺部扩张，并需要吸氧来维持正常的血液水平。

气胸　出生的奇迹之一是，在几次

呼吸之内，新生儿的肺就会充满空气，婴儿开始呼吸。但是，肺部第一次扩张时，肺部压力变化很大。

有时，肺部扩张不均匀、肺部压力差会导致一种被称为肺塌陷或气胸的疾病。这种情况下，婴儿肺部的小肺泡破裂，空气会渗漏到肺内薄膜与胸腔内壁之间的空隙中。气胸还可能导致其他呼吸道疾病。

如果渗漏少量空气，婴儿可能会出现呼吸短浅、呼吸急促或发出呼噜声，而且嘴唇和甲床可能会发紫（发绀）。如果渗漏大量空气，婴儿则可能会出现更严重的呼吸困难。

治疗 如果突然发生肺衰竭，气胸会变得非常严重。但大部分情况下，渗漏的空气量不大，身体可以自行吸收渗漏的空气。有时候不需要治疗。而在其他情况下，婴儿可能需要一段时间的吸氧治疗。但遇上严重气胸，则需要在肺部旁边的胸腔壁上插管清除渗漏到胸腔中的空气。

呼吸窘迫综合征 呼吸窘迫综合征（RDS）的特征是呼吸急促、呼吸困难，可能还会出现肤色发紫（发绀）。患有呼吸窘迫综合征的宝宝的呼吸声辨识度很高，即呼噜呼噜的声音。宝宝呼吸时，会发出一种类似羊羔或轻柔啼哭的声音，他们需要用力将空气吸入肺部。造成呼吸窘迫综合征的原因是肺部缺乏一种表面活性物质，这是一种光滑的保护性物质，其作用是帮助肺部扩张，吸入空气并防止气囊破裂。

早产儿的肺部发育不完全，因此经常会引发呼吸窘迫综合征，而足月儿中，这种疾病很少发生。呼吸窘迫综合征的严重程度受到婴儿胎龄和体重的影响。宝宝体重越轻，早产时间越早，患有呼吸窘迫综合征的概率就越高。但是，有早产风险的母亲服用类固醇后可以降低宝宝患呼吸窘迫综合征的风险。增加患病风险的其他因素还包括：哥哥或姐姐患有呼吸窘迫综合征、母亲患有糖尿病、剖宫产和妊娠多胎（双胞胎或多胞胎）。

大部分患有呼吸窘迫综合征的婴儿在出生时或在出生后几小时内会表现出呼吸困难。验血或肺部X光可以确诊这种疾病。患有呼吸窘迫综合征的婴儿通常会被送入新生儿重症监护室（NICU），以持续监测其生命体征。

治疗 大部分患有呼吸窘迫综合征的婴儿需要呼吸辅助。一些宝宝通过经鼻吸氧，或用面罩为他们提供持续的气道正压通气（CPAP）。如果呼吸窘迫综合征非常严重，可以通过呼吸机暂时辅助通气。另一种方法是将表面活性物质直接放入婴儿的肺部。也可以使用其他药物来帮助改善呼吸。

短暂性呼吸急促　新生儿短暂性呼吸急促（TTNB）是另一种呼吸窘迫的形式，不论是顺产或剖宫产出生的早产儿和足月儿，都可能出现新生儿短暂性呼吸急促。但它更容易在快速顺产或直接剖宫产出生的婴儿身上发生。

患有这种呼吸问题的婴儿通常只是呼吸短浅、急促，不会表现出其他症状。有些宝宝的皮肤也会发青（发绀）。

和患有呼吸窘迫综合征的宝宝不同，短暂性呼吸急促的婴儿很少会出现严重病情，而且大部分宝宝都能在几天内痊愈。但是，呼吸急促导致宝宝进食更困难。患有新生儿短暂性呼吸急促的宝宝呼吸一旦稳定，会更愿意接受母乳或奶瓶喂养。

治疗　通常不需要治疗。如果要治疗，通常会让宝宝吸氧，直到宝宝呼吸有所改善。如果宝宝呼吸过快，无法采用母乳或奶瓶喂养，这类宝宝可能会接受静脉注射液体或者通过鼻饲管向胃部导入奶液。

中枢神经系统疾病

中枢神经系统包括大脑和脊髓。三种最常见的婴儿中枢神经系统疾病发生在胎儿早期发育时或宝宝出生后不久。

脑瘫　脑瘫是婴儿出生之前大脑发育不完全引发感染、损伤或异常发育，从而造成运动、肌肉张力或姿势紊乱。大部分患有先天性脑瘫的宝宝，在胎儿期、分娩时都很顺利，并无任何征兆。

脑瘫会造成运动功能受损，表现为四肢和躯干动作夸张且僵硬、姿势不正常、不自主乱动、行走不稳或以上几种的混合表现。通常，宝宝出生6～12个月或更长时间后才会出现这些问题。患有脑瘫的宝宝也可能并发与脑发育异常有关的其他疾病，例如，智力障碍、视力和听力问题或癫痫。

可能造成脑瘫的原因有很多，其中之一就是脑组织中的血液供血不足。越来越多的人认为，怀孕初期胎儿大脑的异常发育是引起脑瘫的原因之一。分娩生产过程中对婴儿脑部的伤害，以及正在发育的胎儿脑部或周围感染、出血也是造成脑瘫的原因。妊娠或分娩过程中增加脑瘫风险的其他因素包括早产、出生体重低、臀位分娩和多胞妊娠（双胞胎或多胞胎）。

治疗　脑瘫无药可治，但有些情况下，手术可以减轻肌肉痉挛及其引起的畸形。物理治疗是一种常见治疗方法。

肌肉训练和强化锻炼可以帮助宝宝增强体力、柔韧性、平衡能力和运动能力。矫正器和助行器等辅助设备可帮助宝宝提高行动能力。治疗计划中还包括职能治疗和言语治疗。随着宝宝长大，也可以使用药物来减轻肌肉的紧绷感，控制并发症。

脑积水 脑积水是大脑产生和吸收脑脊液能力不平衡，使大脑中积聚过多液体。如果未经治疗，脑积水最终会导致宝宝头部过大和其他问题。

脑积水患儿的治疗前景取决于其病情的严重程度以及是否有其他潜在疾病。出生时病情严重的宝宝，可能会出现脑损伤和身体残疾。

早产儿脑部严重出血的风险更大，这最终会造成脑积水。怀孕时的一些问题也会增加宝宝发生脑积水的风险，包括子宫内感染或脊柱裂等胎儿发育问题。有时，遗传异常也会造成脑积水。

出生时不明显的先天性缺陷或发育缺陷会增加孩子长大一些后患上脑积水的风险。增加脑积水的风险因素还包括脑膜炎和脑出血。

治疗 脑积水通常需要手术治疗。最常见的治疗方法是手术插入被称为分流器的排水系统。分流器由一根有弹性、带阀门的长管子组成，这根管子能够保证大脑内的液体朝正确的方向、以适当的速度流动。管子的一头一般放置在大脑内充满液体的腔室，管子从皮下连接到腹腔中，这样多余的脑脊髓液更容易被吸收。

医疗服务机构会建议患有脑积水的宝宝去看专科门诊，专家会定期评估宝宝的发育进程，发现是否存在社交、智力、情感或身体发育迟缓的现象。如果需要的话，会采取有效干预措施来帮助宝宝。

脊柱裂 脊柱裂（脊膜膨出）是一组被称为神经管缺陷的先天性缺陷的一部分。神经管是一种胚胎结构，它最终会发育成婴儿的大脑和脊髓以及围绕它们的组织。

正常情况下，神经管会在怀孕初期形成，孕28天左右闭合。患有脊柱裂的宝宝，一部分神经管发育不良或未能完全闭合，造成脊髓和脊柱缺陷。

一般情况下，脊柱裂可能不会引起任何症状，或仅仅造成轻微身体缺陷。但更常见的情况是，这种疾病会造成严重的身体残疾，有时甚至是精神障碍。在很多情况下，脊柱裂会让宝宝丧失腿部、膀胱和肠的神经控制。有些婴儿也会发生脑液积聚（脑积水）或大脑周围组织感染（脑膜炎）。

造成脊柱裂的确切原因尚不清楚。

与许多其他神经系统疾病一样，脊柱裂似乎与遗传和环境因素有关，例如，家族中有神经管缺陷或叶酸缺乏病史。叶酸（维生素B_9）可以帮助预防脊柱裂，对胎儿的健康发育非常重要。叶酸是在补充剂和强化食品中发现的维生素合成形式。妊娠早期缺乏叶酸会增加发生神经管缺陷的风险。

治疗 脊柱裂的治疗方式取决于病情的严重程度。通常需要进行手术以将脊髓和裸露的组织放回原处，并关闭椎骨中的开口。在特殊情况下，这种手术可能会在孩子出生前仍在子宫里时进行。但这种疾病可能还需要更多的手术和其他形式的治疗。

消化系统紊乱

消化道疾病会造成很多问题，包括吃得太少和过度吐奶。本书其他章节讨论了胃食管反流（请参阅第458页）和奶过敏（请参阅第46页）这类影响新生儿的情况。以下是一些不那么常见的消化系统异常，这些异常也可能导致食物或粪便通道的完全或部分堵塞。

食管闭锁 患有先天性食管闭锁的婴儿，喉部到胃（食管）的管道连接异常。这种情况可能会伴随其他疾病。它可能与某些遗传疾病（包括唐氏综合征）同时发生。

通常新生儿出生后就能很快发现食道闭锁的迹象和症状。婴儿口腔内可能

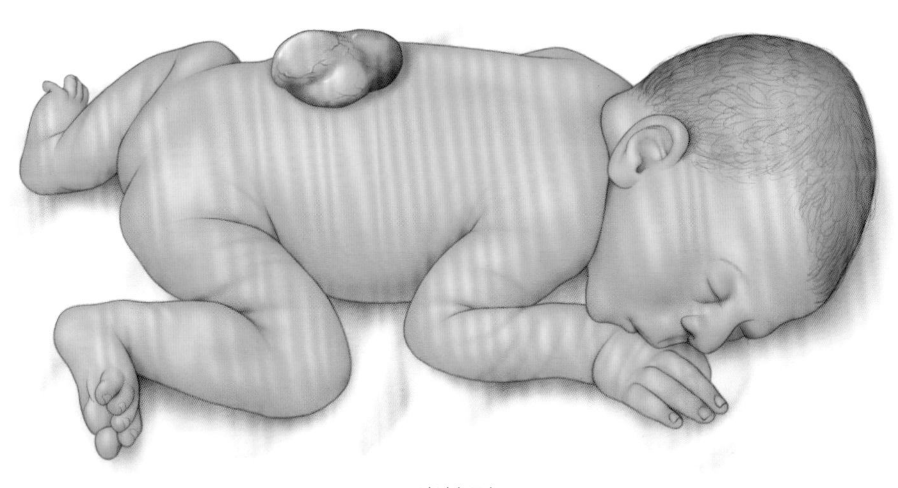

脊柱裂。

会有大量异常分泌物，或者宝宝在吃奶时可能会咳嗽、窒息或肤色发紫。

治疗 患有食管闭锁的婴儿需要接受手术治疗。如果发育不完全的食管很短，则应立即做修复。如果发育不完全的部分过长，可能需要让食管进一步发育，才能进行手术。在手术之前，会先使用一个临时管道通过腹壁插入胃部来喂养宝宝。

先天性巨结肠 患有先天性巨结肠的婴儿会逐渐发育出异常巨大（扩张）的结肠。这种疾病是由于结肠肌肉无法推动大便通过肛门排出体外而引起的。

肠道中的肌肉收缩，帮助消化后的物质通过肠道。肌肉层之间的神经与肠道肌肉收缩同时发生。在先天性巨结肠患儿中，部分肠道缺少这些关键的神经组织。没有这类神经的区域就无法推动消化后的物质通过肠道，从而造成肠道内容物阻塞。

先天性巨结肠的早期迹象包括婴儿第一次大便（胎粪）延迟或无法排出。婴儿可能还会出现呕吐和腹胀，脱水和体重减轻的现象也很常见。许多患有先天性巨结肠的婴儿会交替发生便秘和腹泻。

治疗 患有先天性巨结肠的婴儿通常需要接受手术治疗，以切除肠道的异常部分。在无法立即进行手术的情况下，医生会在婴儿腹部外侧开一个造瘘口，让粪便可以排入一次性小袋中。手术后，大多数宝宝能正常排便，但还需要长期跟踪复查便秘和其他问题。

肛门闭锁 患有肛门闭锁的婴儿尚未发育形成肛门的开口，因此无法排便。在婴儿体检时就能发现这种情况，或出生后几小时到几天内无法首次排便（胎便）时，医生也会怀疑他（她）患有肛门闭锁。肛门闭锁的患儿也可能患有其他先天性疾病。

治疗 肛门闭锁的治疗取决于堵塞的位置。如果肛门开口只是比较窄，医生可使用仪器轻轻扩大（扩张）肛门开口。但大部分情况下，需要手术治疗。通常轻度梗阻的儿童在手术后恢复良好，能发育出正常的控制肠道的功能。而严重梗阻的儿童则需要接受一系列手术，并且会长期受到便秘困扰。

肠梗阻 肠梗阻是一个医学术语，它用于描述肠道内任何地方的梗阻。这种梗阻可能是完全梗阻——梗阻所有尿液和肠道内容物，也可能是部分梗阻。这种疾病有时与某种基因疾病有关，例如，唐氏综合征。

高位阻塞刚好位于胃的贲门或小肠上部时，会导致婴儿持续呕吐。小肠下部或结肠梗阻则可能导致腹部肿胀（膨大）。低位梗阻也可能引发呕吐，但不会迅速出现症状。患有部分肠梗阻的宝宝可能不会立即表现出相关症状。

肠梗阻患儿通常不会排便，但如果小肠严重梗阻的情况下，宝宝可能会排出第一次粪便（胎便）。

治疗 肠梗阻的治疗取决于梗阻的类型。完全肠梗阻需要立即接受手术治疗，部分肠梗阻也可能需要手术治疗。只要诊断及时、治疗得当，大部分婴儿都能从肠梗阻中完全康复。

幽门狭窄

幽门狭窄是一种影响幽门肌肉的疾病。幽门位于胃部下端，幽门肌肉（幽门括约肌）连接着胃部和小肠。

幽门狭窄会让宝宝的幽门括约肌异常增大，造成胃的下部变窄。肿大的肌肉会阻塞食物进入小肠，造成过度反流或喷射性呕吐。

幽门狭窄常见于3～5周大的宝宝，3个月以上的宝宝很少出现这种情况。

除了反流和呕吐之外，幽门狭窄的其他症状包括持续的饥饿感——宝宝总是想吃东西，甚至在呕吐后也有进食的欲望——胃部起伏收缩、脱水、便秘、大便量非常少以及体重不增长或减重。不断呕吐会刺激宝宝的胃，造成轻微胃出血。宝宝胃部起伏收缩是因为胃部肌肉在尝试将食物推出幽门出口。

治疗 幽门狭窄通常需要手术治疗。外科医生通过手术将变厚的幽门肌肉的表层剪开，并将其铺开，以使胃下部变宽。宝宝在术后几小时至几天的时间内需要静脉输液，直到可以进食。手术不会增加宝宝未来出现胃部或肠道问题的风险。

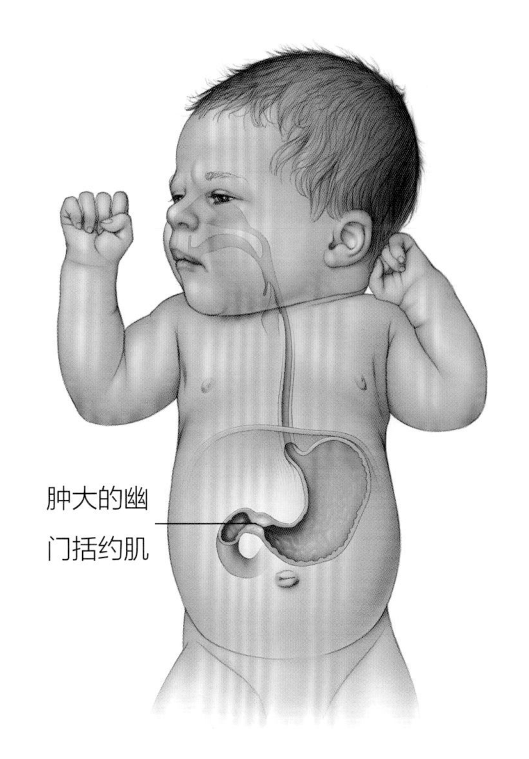

幽门狭窄。

面部和肢体功能紊乱

有些宝宝生来就有面部或手脚的先天缺陷。造成这种缺陷的原因尚不清楚。它可能是遗传易感性和环境因素共同作用的结果。怀孕期间接触某些药物或其他毒素可能也是原因之一。

大部分这类缺陷可以治疗。通过一系列手术后，大部分宝宝可以恢复正常功能，最大程度上降低疤痕问题，恢复正常的外貌。

唇裂和腭裂　唇裂和腭裂是最常见的先天性缺陷。裂隙指上唇、口腔顶部（上腭）或两者都出现的开口或裂口。唇裂和腭裂是因为宝宝在子宫中面部结构发育不完全，唇或腭部未长到一起造成的。

通常，产前超声检查可以诊断出唇裂或腭裂。即便没有，孩子一出生也会立刻发现这种情况。唇裂和腭裂可能影响到面部一侧或两侧。裂隙可以是嘴唇上出现的一个小豁口，也可以是从嘴部穿过上齿龈和上腭，直到鼻底的裂隙。少数情况下，裂口位于口腔后部，被口腔内膜覆盖的软腭肌肉也会出现裂缝（黏膜下腭裂）。黏膜下腭裂隐藏在口腔内部，因此很难在第一时间发现。

治疗　唇裂和腭裂手术取决于孩子

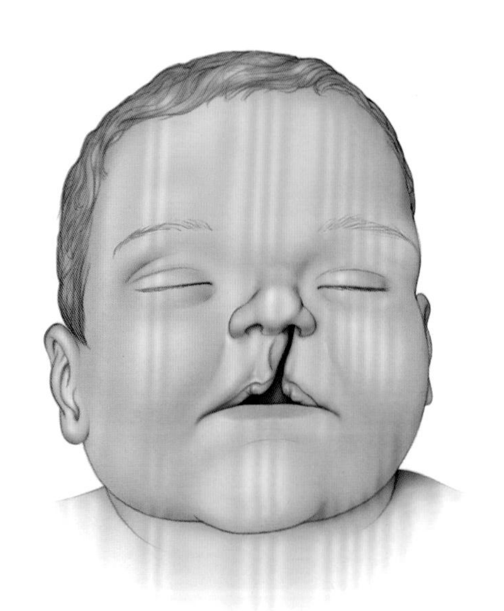

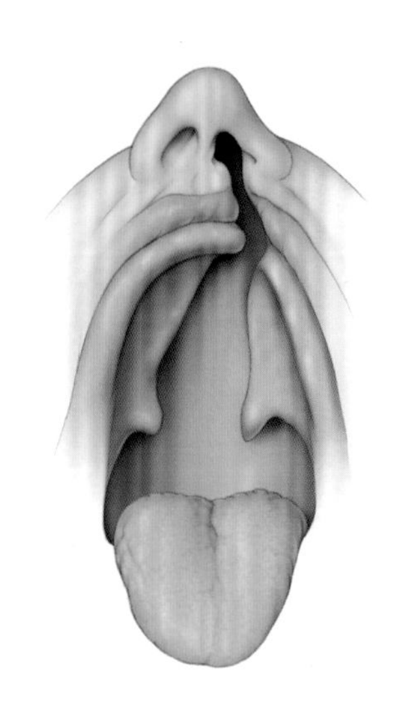

唇裂（左图）和腭裂（右图）。

的具体情况。首次裂隙修复后，医生会建议后续手术来提高语言功能或改善嘴巴和鼻子的外观。一般情况下，手术的顺序如下所示。

- *唇裂修复术*　出生后10周 ~ 3个月之间进行。
- *腭裂修复术*　出生后6 ~ 18个月进行。
- *后续手术*　2岁到十几岁之间进行。

手术之前，如有需要，医生会采用各种方法帮助宝宝进食，例如，特制奶瓶或喂食器。

畸形足　畸形足是指宝宝出生时，足部扭曲变形或错位造成的各种足部异常。畸形足的特征是脚部与脚踝呈锐角角度，但脚部向内卷曲。同侧的腿部受到影响，小腿后肌群通常会发育不良，而畸形的脚通常也会略短于另一只脚。

畸形足是一种相对常见的先天缺陷，一般是健康新生儿身上出现的孤立问题。这种病可轻可重，可影响一只或两只脚。一旦宝宝开始走路，畸形足就会妨碍宝宝的发育，因此，通常建议在宝宝出生后立即治疗畸形足，因为这时宝宝的骨骼关节灵活性非常好。

治疗　治疗的目的是在宝宝学习走路前恢复其脚部的外观和功能，避免产生长期残疾。治疗方案包括拉伸、定型或捆绑脚部。如果脚畸形严重或保守治疗没有效果，可能需要手术治疗。即使

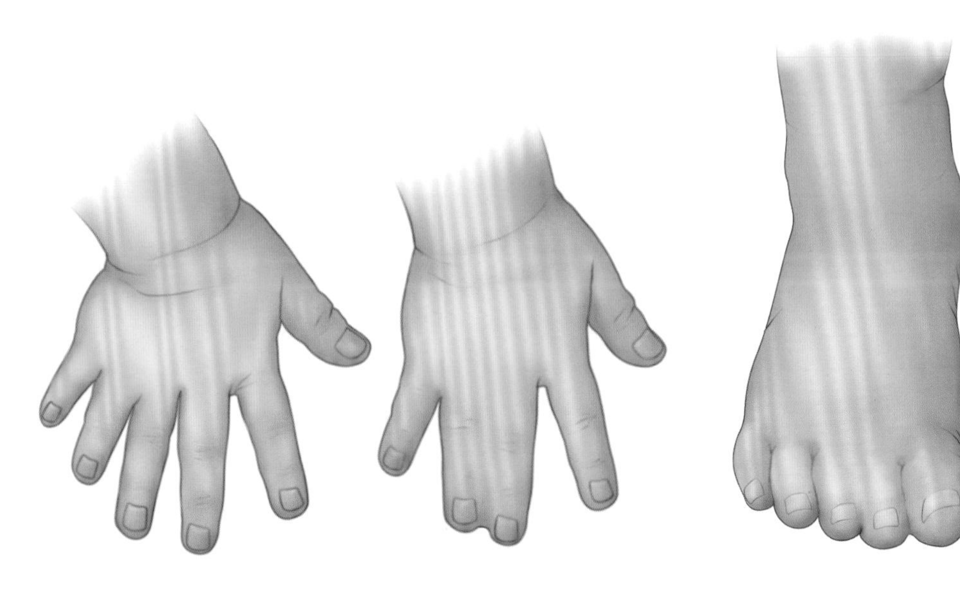

手指和脚趾畸形。

经过治疗，也无法完全矫正畸形足。孩子通常在整个儿童时期需要接受骨科护理。

手指和脚趾畸形 宝宝一出生，父母就会数数孩子的手指和脚趾，保证没有缺失。孩子十指不全的情况非常少见。

多余的手指或脚趾 有的宝宝可能天生多出一个或多个手指或脚趾，比如一只手上多了一根手指或拇指，或脚上多长了脚趾。多余的手指或脚趾通常仅有皮肤和软组织，很容易去除。如果多余手指或脚趾中包含骨骼或软骨，就必须手术。手术可以在婴儿几个月大的时候进行。

蹼状手指或脚趾 有的宝宝一个或多个手指或脚趾可能先天性相连（蹼状）。有的蹼状手指或脚趾仅简单涉及皮肤和其他软组织，但有的却包含着融合的骨头、神经、血管和肌腱。手术可以矫正这种情况，改善手指或脚趾的功能。

髋关节发育不良 髋关节发育不良是髋关节发育异常导致的疾病。髋部有一个球窝关节。有些新生儿球窝关节的关节窝太浅，造成关节球（股骨）从关节窝中部分或全部滑出。如果不加以治疗，可能会造成腿部向外弯曲，或双腿长短不一。

通常，宝宝出生后的第一次体检，或宝宝几周到几个月大时均能检测出髋关节发育不良。臀位出生的宝宝，髋关节发育不良的风险更高，而且在出生6周后需要进行髋部超声检查。

治疗 髋关节发育不良可以得到有效的治疗。及早诊断，可以在宝宝成长过程中使用吊带或固定器将髋关节固定到位。出生6个月后诊断出髋关节发育不良的宝宝需要进行手术治疗。

生殖器疾病

有些先天性疾病会影响到生殖器。通常，出生时的体检可以检查出这类疾病。

外阴性别不明 外阴性别不明是指宝宝外在性征不明显。有些女婴出生时卵巢正常，但子宫中雄激素过量，因此可能会有类似男性的生殖器。相反，有些男婴出生时虽然有睾丸，但生殖器模糊或具有女性生殖器。一些新生儿同时有卵巢和睾丸，生殖器的性征也不明显。

外阴性别不明会造成肿瘤、染色体

异常或其他遗传疾病以及激素过剩或激素不足。如果新生儿的性别无法确定，只有全面的测试和评估才能建立正确的诊断。因为两性畸形是一种罕见且复杂的问题，宝宝可能会被转介到拥有擅长诊治性别发育异常的有经验的医院接受治疗。

治疗　对于外阴性别不明的治疗取决于多种因素，其中包括激素治疗或重建手术。

阴蒂增大　由于影响生殖器区域的激素变化，刚出生的女婴经常出现阴蒂增大的情况，尤其是早产儿。

治疗　出生后大部分宝宝的阴蒂会自行缩小，因此无需治疗。如果阴蒂异常增大，则需要进行检查以确定婴儿的性别。

阴道溢液　阴道溢液常见于刚出生的女婴。宝宝出生后头三个月，你可能会发现她的阴道中有黏稠的白色分泌物或淡淡的血迹。

治疗　无需治疗，因为出血的情况通常会自行缓解。有时，阴道出血是新生女婴对出生后缺乏母体激素的一种反应。

鞘膜积液　鞘膜积液是指男孩睾丸的阴囊内充满了液体，造成阴囊肿胀、阴茎下皮肤松弛。高达10%的男婴在出生时有鞘膜积液现象，但大多在出生后1年内自动消失，不需要治疗。

治疗　如果可以轻松摸到睾丸，而且积液量保持不变，则无需治疗。一般情况下，液体会在一年内被吸收。如果一年内鞘膜积液没有消失或持续增多，则需要进行手术去除积液。有时，鞘膜积液也可能复发。

尿道下裂　尿道下裂是指尿道开口没有位于阴茎顶端，而是位于阴茎下侧。尿道是将膀胱中的尿液排出体外的管道。大多数情况下，尿道开口靠近阴茎顶部，但偶尔也有尿道开口位于阴茎中轴或底部的情况。

治疗　尿道下裂通常需要通过手术重造尿道开口。而且，必要时还需要拉直阴茎体。一般不需要进行二次手术。手术成功后，大部分男孩都能站立排尿，并且成年后性功能正常。

睾丸未降　睾丸未降是指男婴出生前睾丸没有正确滑入阴茎下方的囊袋（阴囊）。通常，只有一侧睾丸会发生这种情况，但有时也可能两侧睾丸都未落入阴囊。早产或早于37周出生的宝宝更容易出现睾丸未降的情况。

在胎儿发育阶段，睾丸在腹腔内发育，然后逐渐下降到阴囊。有时，这一过程会在胚胎发育的某个阶段停止或延迟，那么睾丸就不会降落在它本应所在的位置——而是可能还留在宝宝腹腔内。通常，新生儿体检时会发现这一问题。

治疗 出生后几个月内，大多数宝宝的睾丸会自动下降到阴囊中。有时，人们会采用激素治疗睾丸未降。如果宝宝一周岁时睾丸还是没有落入阴囊，那么它就不会自行下落了，必须通过手术治疗。

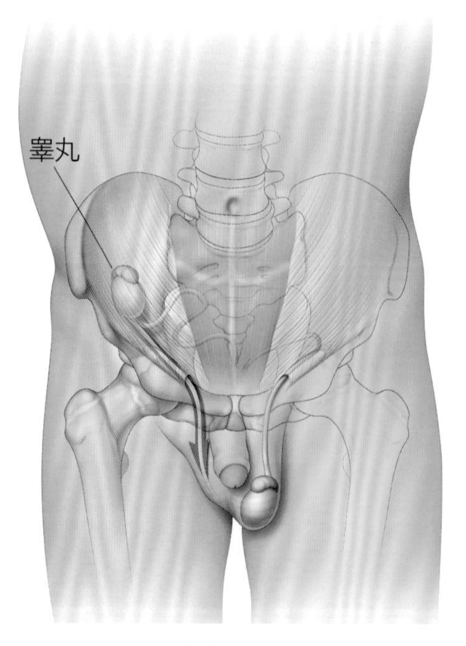

睾丸未降。

有时，未降的睾丸在腹肌上留下的开口无法正常愈合，导致肠道通过这一个开口向外膨出（即腹股沟疝）。因睾丸未降引发腹股沟疝的宝宝，可以通过手术修复疝气。通常在门诊就可以进行疝气手术。

心脏问题

一些婴儿一出生就有心脏缺陷——心脏结构有问题。通常是些小问题，但也可能很严重。如果你的其他孩子有心脏缺损或者你有先天性心脏缺损家族病史，你的宝宝患有先天性心脏疾病的风险更高。造成先天性心脏缺损的真正原因人们尚不可知。遗传缺陷或孕期病毒感染可能是造成心脏缺损的原因。但幸运的是，随着心脏外科手术技术的不断发展，目前很多心脏疾病都能治愈。这类疾病通常需要心脏病学专家长期随访，这是治疗中很重要的一部分。

主动脉瓣狭窄 主动脉瓣狭窄是指血液离开心脏进入负责将血液从心脏输送到全身的主动脉过窄。因为瓣膜无法完全打开，从心脏流出的血液减少。

严重的主动脉瓣狭窄通常会伴随着呼吸困难，一般在婴儿早期发生。轻度和中度主动脉瓣狭窄不会表现出明显的症状，但体检时，儿科医生经过心脏听诊很有可能会听到心脏杂音。

治疗 严重的主动脉瓣狭窄需要手术治疗。而轻度和中度则无需手术，只需定期检查监测宝宝的身体状况和病情，确保病情没有进一步恶化的迹象。

房间隔缺损 房间隔缺损是心脏左右心房之间遗留孔隙。这种孔隙会造成血流动力学异常，使含氧充足的血液和不充足的血液混合在一起。

如果孔隙大，混合的血液多，那么孩子身体中血液循环所携带的氧气量就会低于正常水平。这种疾病还会造成肺部血液的增加。房间隔缺损的患儿通常不会表现出任何迹象或症状。

治疗 如果孔隙小，孔隙会随时间自行愈合，无需治疗。如果病情更为严重，则需要通过手术来闭合孔隙。

主动脉狭窄 主动脉狭窄指将血液从心脏带到身体其他部分的主动脉狭窄（缩窄）。心脏需要更费力地收缩才能让血液通过变窄的区域，同时缩窄区域上方的血压也会升高。

一开始，患有这种疾病的宝宝可能不会表现出任何症状。如果缩窄严重干扰到血液流动，会造成宝宝皮肤苍白、呼吸困难。

治疗 较严重的主动脉狭窄，可能需要马上手术修复，促进血液流动。轻度主动脉狭窄也需要手术治疗，但手术不需要立即进行。

动脉导管未闭 动脉导管是当胎儿还在子宫中时，连接肺动脉（为肺部供血）和主动脉（为身体供血）的血管，动脉导管通过连接肺动脉和主动脉使血液绕过宝宝的肺部。婴儿出生后不久，肺部充满空气，这条血管就失去了它的作用，婴儿出生后几天内它会自动闭合。

如果动脉导管未能闭合，会造成心脏和肺部之间的血液循环异常。早产儿比足月出生的婴儿更容易患上动脉导管未闭（PDA）。

如果孔隙小，通常不会表现出任何症状。孔隙大则会造成心脏杂音，并且可能造成肺动脉高压和发育不良。

治疗 大部分宝宝的动脉导管会在几周内自行闭合，特别是动脉导管未闭的早产儿。如果动脉导管未闭合，可以使用药物或手术治疗来闭合孔隙。如果月龄较大的婴儿动脉导管长时间仍然没有闭合迹象，可以采用心脏导管插入术来闭合孔隙。

肺动脉瓣狭窄 肺动脉瓣狭窄是指肺动脉瓣变形或瓣膜上方或下方狭窄造成心脏到肺部的血液流动减缓。轻度或中度阻塞可能不会引发任何症状。肺动脉严重狭窄的新生儿会皮肤发紫（发绀），并出现心力衰竭。

婴儿出生后不久就能诊断出肺动脉瓣狭窄。如果体检时能在宝宝的胸部左上方区域听到心脏杂音，儿科医生很可能会认为宝宝患有肺动脉瓣狭窄。

治疗 轻度肺动脉瓣狭窄通常不会随着时间的推移而加重，但中度和重度病情可能会恶化并且需要手术治疗。幸运的是，这类手术的成功率非常高。肺动脉瓣狭窄患儿需要到医疗服务机构定期复查。

法洛四联症 法洛四联症是4种先天性心脏缺损的合称。这4种缺损会影响到心脏结构，让血氧浓度降低的血液从心脏流入到身体各处。

患有法洛四联症的婴幼儿血液中携带的氧气不足，会造成皮肤发紫（发绀）。有时法洛四联症患儿在啼哭、喂食、排便或醒来后踢腿时皮肤可能会突然呈深紫色。这种突发状况是由于血液中氧气含量快速下降造成的，被称为“缺氧发作”。

通常宝宝出生后不久就能诊断出法洛四联症。但是，根据病情和症状的严重度，这种疾病也可能要等到孩子长得更大时才能发现。

治疗 所有法洛四联症患儿都需要接受矫正手术。如果不进行治疗，婴儿可能无法正常生长发育，同时增加严重并发症的风险，例如感染性心内膜炎和病毒感染引起的心脏内壁烧灼感。尽早诊断、治疗得当，大多数患有法洛四联症的儿童能恢复良好，但他们仍然需要定期复查和护理，并且在运动方面会受到一定限制。

大动脉转位 这是一种复杂的疾病，会造成心脏引出的两根动脉——主动脉和肺动脉——位置连接错误。这会导致从身体流回到心脏的血液又直接会送回到身体，因为没有经由肺部完成气体交换而缺少氧气。大动脉转位的患儿通常皮肤发紫，出生后数小时或数日内就需要紧急危重症医疗护理。

治疗 最常见的治疗方法是动脉转换手术，将肺动脉和主动脉恢复到正常位置。也可以使用其他手术方法治疗。

室间隔缺损 室间隔缺损（VSD）是一种常见的先天性心脏缺损，它是心

室间隔上一个圆形的孔洞。室间隔缺损是胚胎发育期间分隔下方左右心室的室间隔发育不全造成的。这会留下一个开口，造成“红”血（含氧血）和“蓝”血（缺氧血）混合在一起。这些血液涌入肺部，造成肺部血液过量，同时也会增加心脏负担。缺损不大，对宝宝的影响微乎其微。但如果缺损很大，缺氧的血液可能会造成宝宝肤色青紫——出现肉眼可见的口唇、甲床青紫。其他症状还包括呼吸急促、胃口不佳以及体重无法增加。

先天性室间隔缺损通常不会对婴儿早期的生长发育产生影响。如果缺损不大，孩子可能到童年时期之前都不会出现症状，甚至永远不会出现任何症状。症状和表现因人而异，取决于缺损大小。常规体检可能会确诊这类疾病。医生使用听诊器听孩子心脏时会发现明显的心脏杂音。

治疗 许多室间隔缺损不大的宝宝不需要接受手术来闭合缺损。宝宝出生后，医生可能会进行观察，针对症状进行治疗，同时看缺损是否会自行闭合。室间隔缺损较大或症状明显的宝宝通常需要手术。手术治疗一般能够带来良好的长期效果。

其他疾病

还有两种可能影响新生儿的疾病是囊性纤维化和宫内生长受限。

囊性纤维化 囊性纤维化是一种遗传性疾病，会影响到产生黏液、汗液和消化液细胞。通常，这类分泌物稀薄润滑，但是如果患有囊性纤维化，缺陷基因会导致分泌物变得黏稠厚重。它们无法再起到润滑剂的作用，而是会堵塞管道、血管和通道，特别是在胰腺和肺部的管道。

病情严重程度不同，宝宝所表现出来的症状也不同。即使是同一个宝宝，显现出的症状也会随着时间的推移恶化或改善。有些宝宝在婴儿时期就开始表现出囊性纤维化的症状，而有些孩子却直到青春期或成年后才出现相关症状。

囊性纤维化最先表现出来的症状之一就是皮肤上浓重的咸味。患有这种疾病的宝宝汗液中盐的含量往往高于正常水平，父母亲吻宝宝时往往能尝到咸味。

大多数囊性纤维化的症状会影响呼吸系统或消化系统。囊性纤维化让黏液变得黏稠厚重，堵塞了空气进出肺部的管道，引发持续性咳嗽、喘息，并造成肺部和鼻窦反复感染。

浓稠的黏液还会阻塞从胰脏输送消

化酶到小肠的管道。没有这些消化酶，小肠就无法充分吸收食物中的营养。这会导致大便恶臭且油腻、体重增加、生长缓慢、便秘引起的腹部膨胀和肠道阻塞，尤其是新生儿。

在美国，新生儿需要定期筛查囊性纤维化。筛查通过检查血样中的特定成分，来诊断宝宝是否患有囊性纤维化。如果宝宝患有此疾病，这种成分的数值通常会升高。但若想确诊还需要进行其他测试，而早期诊断意味着早治疗。

治疗　目前囊性纤维化没有特效药。但通过治疗可以缓解症状，减少并发症。囊性纤维化治疗一般包括药物治疗和康复治疗。

囊性纤维化的患儿可服用药物来治疗感染、分解肺部黏液、缓解肺部炎症。每餐为宝宝补充酶的摄入，也能帮助他（她）消化食物。

要帮助孩子稀释肺内的黏液，父母或保姆可能需要将一只手握成杯状，敲打宝宝的胸部，通常每天需要拍打两次，每次30分钟左右。目前也有可用于拍打的穿戴装置，例如，振动背心。

过去，大部分患有囊性纤维化的孩子在青少年时期就会去世。随着筛查和治疗水平的进步，现在许多患有囊性纤维化的孩子都能活到50多岁，甚至更久。

宫内生长受限　出生体重过低通常指足月出生、但体重不足5磅8盎司（约2.5千克）的宝宝。在医学上这种情况被称为宫内生长受限或IUGR。

宫内生长受限是指孕期内宝宝发育不良，特别是在相同胎龄条件下，正在发育的婴儿体重不到其他婴儿的90%。遗传、代谢和环境因素均可能造成宫内生长受限。先天性因素或染色体异常也会造成宝宝体重低于正常水平。孕期感染也可能会影响发育中的胎儿的体重，胎盘太小或功能不正常也会导致婴儿成长受限。

出生体重偏低的宝宝，出生后生长发育会受到影响。许多宫内生长受限的患儿在出生数月后，发育能够得以改善。但是有些宝宝尽管获得了充足的营养，还是会发育缓慢。

治疗　出生时体重偏低的宝宝，住院时间可能比健康宝宝更长。他们需要等到体重增加、黄疸消退或体温保持正常等问题得以解决后方可出院。宫内生长受限的患儿可能需要特定的营养补充剂和喂养辅助，直到发育情况转为良好。

宫内生长受限的宝宝通常无法安全使用汽车座椅。一些宝宝乘坐汽车时，需要使用防撞击的便携婴儿床，直到他们长到足够大，可以使用普通的婴儿安全座椅。

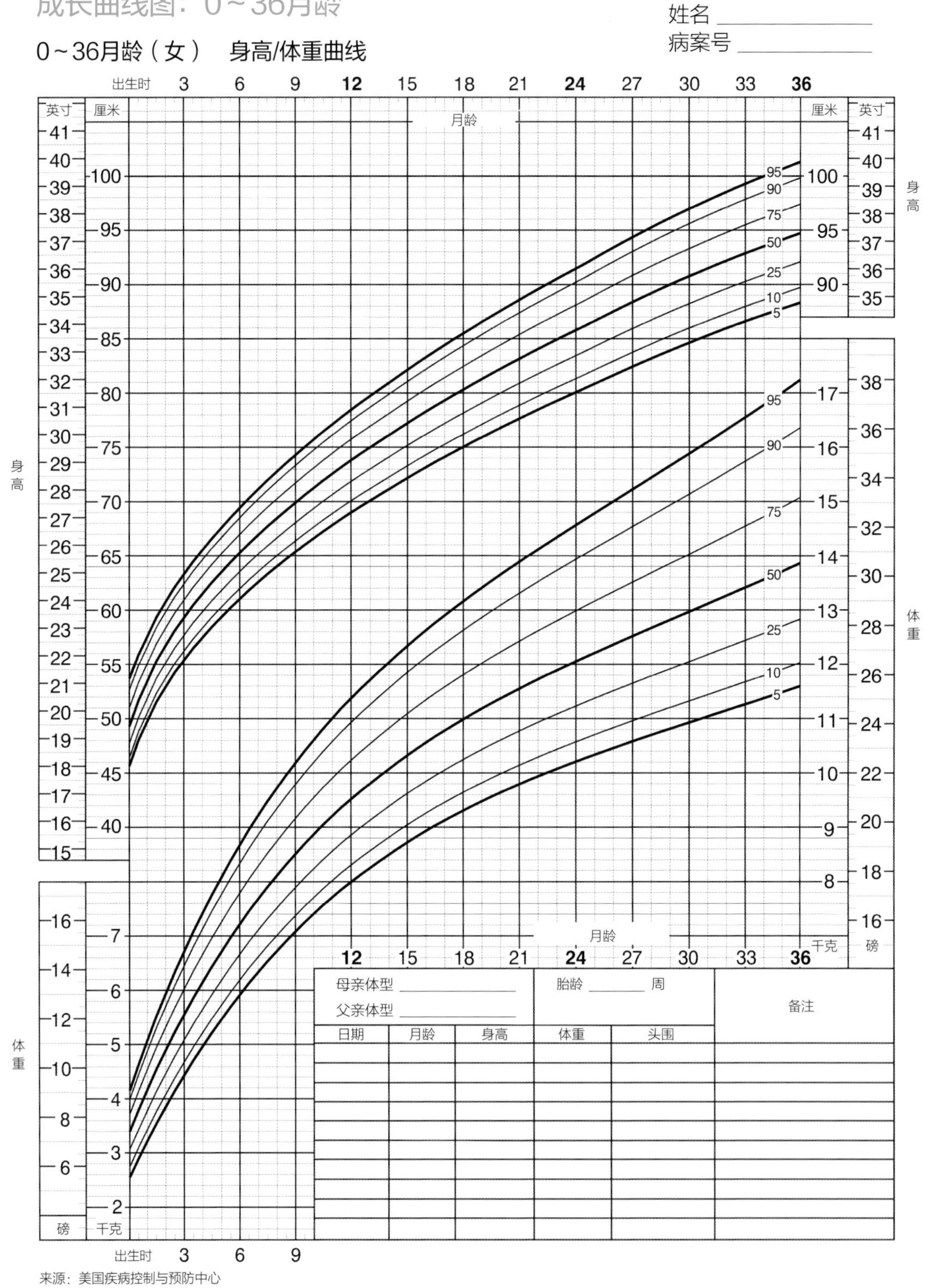
姓名
病案号
0～36月龄（女） 身高/体重曲线
出生时 3 6 9 12 15 18 21 24 27 30 33 36
月龄
英寸
厘米
身高
体重
千克
磅
95
90
75
50
25
10
5
母亲体型
父亲体型
胎龄 周
备注
日期
月龄
身高
体重
头围
来源：美国疾病控制与预防中心

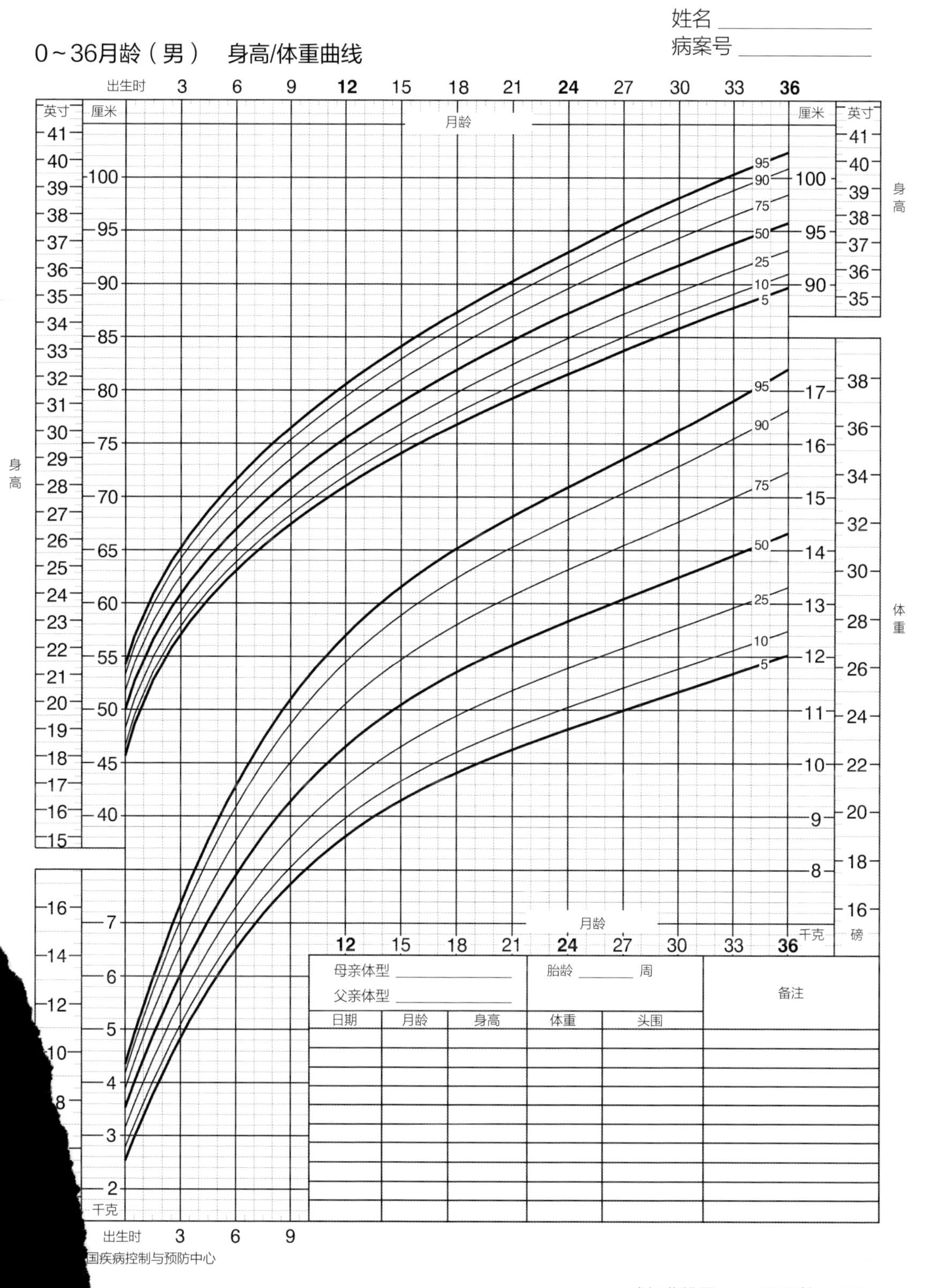
姓名
病案号
0～36月龄（男） 身高/体重曲线
出生时
3
6
9
12
15
18
21
24
27
30
33
36
月龄
英寸
厘米
身高
体重
95
90
75
50
25
10
5
千克
磅
母亲体型
父亲体型
胎龄
周
备注
日期
月龄
身高
体重
头围
国疾病控制与预防中心

根据体重计算的退热药剂量参考

对乙酰氨基酚（如泰诺等）——2月龄以上适用

体重	计量 婴幼儿口服混悬液 （每5毫升160毫克）	儿童咀嚼片 （80毫克/片）
6～11磅（2.7～5千克）	1.25毫升 （40毫克）	—
12～17磅（5.4～7.7千克）	2.5毫升 （80毫克）	—
18～23磅（8.1～10.4千克）	3.75毫升 （120毫克）	—
24～35磅（10.9～15.9千克）	5毫升 （160毫克）	2片 （160毫克）
36～47磅（16.3～21.3千克）	7.5毫升 （240毫克）	3片 （240毫克）
48～59磅（21.8～26.8千克）	10毫升 （320毫克）	4片 （320毫克）
60～71磅（27.2～32.2千克）	12.5毫升 （400毫克）	5片 （400毫克）
72～95磅（32.7～43.1千克）	15毫升 （480毫克）	6片 （480毫克）
96～146磅（43.5～66.2千克）	—	—

资料来源：Mayo Clinic。

小于2月龄的宝宝在使用对乙酰氨基酚之前，请遵医嘱。

请使用药品自带的剂量测量工具（厨房用的茶匙并不是药物的准确计量单位）。

每4小时给药1次，24小时内不超过5次。

“—”表示该剂型不适合左侧体重的孩子服用。

	普通咀嚼片（160毫克/片）	成人片剂（325毫克/片）	成人增强片剂（500毫克/片）
	—	—	—
	—	—	—
	—	—	—
	1片（160毫克）	—	—
	1.5片（240毫克）	—	—
	2片（320毫克）	1片（325毫克）	—
	2.5片（400毫克）	1片（325毫克）	—
	3片（480毫克）	1.5片（487.5毫克）	1片（500毫克）
	4片（640毫克）	2片（650毫克）	1片（500毫克）

布洛芬（如艾德维尔、美林或其他）——6月龄以上适用

体重	计量	
	婴儿口服混悬滴剂（每1.25毫升50毫克）	儿童口服混悬液（每5毫升100毫克）
12~17磅（5.4~7.7千克）	1.25毫升（50毫克）	—
18~23磅（8.1~10.4千克）	1.875毫升（75毫克）	—
24~35磅（10.9~15.9千克）	—	5毫升（100毫克）
36~47磅（16.3~21.3千克）	—	7.5毫升（150毫克）
48~59磅（21.8~26.8千克）	—	10毫升（200毫克）
60~71磅（27.2~32.2千克）	—	12.5毫升（250毫克）
72~95磅（32.7~43.1千克）	—	15毫升（300毫克）
95磅以上（大于43.1千克）	—	20毫升（400毫克）

资料来源：Mayo Clinic。
6月龄以下儿童在使用布洛芬之前，请遵医嘱。
药物剂量小于100毫克时，请使用婴儿滴剂。
请使用药品自带的剂量测量工具（厨房用的茶匙并不是药物的准确计量单位）。
每6~8小时给药1次，24小时内不超过4次。
“—”表示该剂型不适用于左侧体重的孩子服用。

	儿童咀嚼片（50毫克/片）	普通咀嚼片（100毫克/片）	成人片剂（200毫克/片）
	—	—	—
	—	—	—
	2片（100毫克）	1片（100毫克）	—
	3片（150毫克）	1.5片（150毫克）	—
	4片（200毫克）	2片（200毫克）	1片（200毫克）
	5片（250毫克）	2.5片（250毫克）	1片（200毫克）
	6片（300毫克）	3片（300毫克）	1.5片（300毫克）
	8片（400毫克）	4片（400毫克）	2片（400毫克）